单片机 C 语言程序设计实训 100 例
——基于 AVR+Proteus 仿真

彭 伟 编著

北京航空航天大学出版社

内 容 简 介

基于 AVR Studio＋WinAVR(GCC)组合环境和 Proteus 硬件仿真平台，精心安排了 100 个 AVR 单片机 C 程序设计案例。全书提供了所有案例完整的 C 语言源程序，各案例设计了难易适中的实训目标。

基础设计类案例涵盖 AVR 单片机最基本的端口编程、定时/计数器应用、中断程序设计、A/D 转换、比较器程序设计、EEPROM、Flash、USART 及看门狗程序设计；硬件应用类案例涉及单片机存储器扩展、接口扩展、译码、编码、驱动、光电、机电、传感器、I^2C/TWI 及 SPI 接口器件、MMC、红外等器件；综合设计类案例涉及消费类电子产品、仪器仪表及智能控制设备相关技术，相关案例涉及 485 及 RTL8019 的应用。

本书适合用作大专院校学生学习实践 AVR 单片机 C 语言程序设计技术的参考书，也可用作电子工程技术人员、单片机技术爱好者的学习参考书。

图书在版编目(CIP)数据

单片机 C 语言程序设计实训 100 例：基于 AVR＋Proteus 仿真/彭伟编著．——北京：北京航空航天大学出版社，2010.5

ISBN 978-7-5124-0068-9

Ⅰ.①单… Ⅱ.①彭…… Ⅲ.①单片微型计算机—C 语言—程序设计　Ⅳ.①TP368.1②TP312

中国版本图书馆 CIP 数据核字(2010)第 068448 号

版权所有，侵权必究。

单片机 C 语言程序设计实训 100 例——基于 AVR＋Proteus 仿真

彭　伟　编著

责任编辑　冯　颖

*

北京航空航天大学出版社出版发行

北京市海淀区学院路 37 号（邮编 100191）　http://www.buaapress.com.cn
发行部电话：(010)82317024　传真：(010)82328026
读者信箱：bhpress@263.net　邮购电话：(010)82316936

北京时代华都印刷有限公司印装　各地书店经销

*

开本：787×1 092　1/16　印张：36　字数：922 千字
2010 年 5 月第 1 版　2012 年 1 月第 2 次印刷　印数：4 001～7 000 册
ISBN 978-7-5124-0068-9　定价：65.00 元

前　言

目前，各高校电类专业都将 C 语言作为专业基础课程纳入教学计划。由于 C 语言功能强大、便于模块化开发、所带库函数非常丰富、编写的程序易于移植，因此，它成为单片机应用系统开发最快速高效的程序设计语言。仅具有 C 语言基础知识但不熟悉单片机指令系统的读者也能很快掌握单片机 C 程序设计技术，C 语言在单片机应用系统设计上的效率优势已经远远高于汇编、BASIC 等开发语言。

单片机 C 程序设计不同于通用计算机应用程序设计，它必须针对具体的微控制器及外围电路来完成。为便于学习单片机应用程序设计和系统开发，很多公司推出了单片机实验箱、仿真器和开发板等，这些硬件设备可用于验证单片机程序、开发和调试单片机应用系统。但由于这些设备价格不菲，它们阻碍了普通读者对单片机技术的学习和研究。令人高兴的是，英国 Labcenter 公司推出了具有单片机系统仿真功能的 Proteus 软件，单片机系统开发通常是基于上位机加目标系统进行的，Proteus 的出现使读者仅用一台 PC 在纯软件环境中完成系统设计与调试成为可能。目前 Proteus 支持 8051、AVR、PIC 等多种单片机，系统库中包含有大量的模拟、数字、光电和机电类元器件，系统还提供了多种虚拟仪器，用 AVR Studio＋WinAVR（GCC）开发的程序可以在用 Proteus 设计的仿真电路中调试和交互运行。这无疑为读者学习和提高 AVR 单片机 C 程序设计技术，为单片机应用系统高水平工程师的成长提供了理想平台。

为帮助读者快速提高 AVR 单片机 C 程序设计水平，本书基于 AVR Studio＋WinAVR（GCC）组合开发环境和 Labcenter 公司的 Proteus 仿真平台，精心安排了 100 个 AVR 单片机 C 程序设计案例，各案例同时给出了难易适中的实训目标。

前 2 章分别对 AVR－GCC 程序设计和 Proteus 操作基础作了概述。第 3 章基础程序部分给出的案例涵盖 AVR 单片机端口编程、定时/计数器应用、A/D 转换、模拟比较器程序设计、中断程序设计、EEPROM、Flash、USART 及看门狗程序设计，各案例分别对相关知识和技术要点作了阐述与分析，源程序中也给出了丰富的注释信息。第 4 章硬件应用部分针对 AVR 单片机的存储器扩展、接口扩展、译码、编码、驱动、光电、机电、传感器、I^2C/TWI 及 SPI 接口器件、MMC、红外等器件给出了数十个案例，对案例中涉及的硬件技术资料亦进行了有针对性的分析，以便于读者快速理解相关代码的编写原理。第 5 章的案例综合应用了单片机内部资源和外部扩展硬件，通过对这些案例的独立分析研究与调试运行，读者用 C 语言开发 AVR 单片机应用系统的能力会得到大幅提升。

本书是单片机 C 语言程序设计实训仿真系列 8051 版之后的第 2 册。为使本书能早日与读者见面，笔者坚持挤出时间不懈耕耘。在编写过程中，刘静、张力、王魏参与了案例的调试与校稿工作，在此对他们深表感谢！本书从选题、撰稿到出版的全过程中，学院领导、学院科研处及高教研究所对本选题始终给予大力支持，并提供项目资助，教务处和信息技术系也一直关注本书的编写与进展情况,在此一并对学院和部门领导的关心与支持表示由衷感谢!

本书提供完整的案例压缩包,需要的读者可到北京航空航天大学出版社网站 http://www.buaapress.com.cn 的"下载中心"免费下载。

由于编者水平有限,加之时间仓促,书中错漏之处在所难免,在此真诚欢迎读者对本书多多提出宝贵意见(笔者的邮箱为:pw95aaa@foxmail.com)。

至此,本套单片机 C 语言程序设计实训仿真系列的 8051 版与 AVR 版已经编写完成,PIC 版正在后续编撰之中,笔者将努力争取使之早日出炉,以飨读者。

彭 伟

2010 年 3 月于武昌

目 录

第1章 AVR 单片机 C 语言程序设计概述 ... 1
1.1 AVR 单片机简介 ... 1
1.2 AVR Studio+WinAVR 开发环境安装及应用 ... 4
1.3 AVR-GCC 程序设计基础 ... 7
1.4 程序与数据内存访问 ... 14
1.5 I/O 端口编程 ... 14
1.6 外设相关寄存器及应用 ... 16
1.7 中断服务程序 ... 31
1.8 GCC 在 AVR 单片机应用系统开发中的优势 ... 33

第2章 Proteus 操作基础 ... 35
2.1 Proteus 操作界面简介 ... 35
2.2 仿真电路原理图设计 ... 37
2.3 元件选择 ... 39
2.4 仿真运行 ... 44
2.5 Proteus 与 AVR Studio 的联合调试 ... 45
2.6 Proteus 在 AVR 单片机应用系统开发中的优势 ... 46

第3章 基础程序设计 ... 48
3.1 闪烁的 LED ... 48
3.2 左右来回的流水灯 ... 50
3.3 花样流水灯 ... 52
3.4 LED 模拟交通灯 ... 54
3.5 单只数码管循环显示 0~9 ... 57
3.6 8 只数码管滚动显示单个数字 ... 59
3.7 8 只数码管扫描显示多个不同字符 ... 61
3.8 K1~K4 控制 LED 移位 ... 62

- 3.9 数码管显示 4×4 键盘矩阵按键 ………………………… 65
- 3.10 数码管显示拨码开关编码 ………………………… 68
- 3.11 继电器控制照明设备 ………………………… 70
- 3.12 开关控制报警器 ………………………… 72
- 3.13 按键发音 ………………………… 74
- 3.14 INT0 中断计数 ………………………… 76
- 3.15 INT0 与 INT1 中断计数 ………………………… 79
- 3.16 TIMER0 控制单只 LED 闪烁 ………………………… 83
- 3.17 TIMER0 控制流水灯 ………………………… 85
- 3.18 TIMER0 控制数码管扫描显示 ………………………… 87
- 3.19 TIMER1 控制交通指示灯 ………………………… 90
- 3.20 TIMER1 与 TIMER2 控制十字路口秒计时显示屏 ………………………… 94
- 3.21 用工作于计数方式的 T/C0 实现 100 以内的脉冲或按键计数 ………………………… 98
- 3.22 用定时器设计的门铃 ………………………… 100
- 3.23 报警器与旋转灯 ………………………… 103
- 3.24 100 000 s 以内的计时程序 ………………………… 106
- 3.25 用 TIMER1 输入捕获功能设计的频率计 ………………………… 109
- 3.26 用工作于异步模式的 T/C2 控制的可调式数码管电子钟 ………………………… 113
- 3.27 TIMER1 定时器比较匹配中断控制音阶播放 ………………………… 117
- 3.28 用 TIMER1 输出比较功能调节频率输出 ………………………… 120
- 3.29 TIMER1 控制的 PWM 脉宽调制器 ………………………… 123
- 3.30 数码管显示两路 A/D 转换结果 ………………………… 126
- 3.31 模拟比较器测试 ………………………… 128
- 3.32 EEPROM 读/写与数码管显示 ………………………… 130
- 3.33 Flash 程序空间中的数据访问 ………………………… 136
- 3.34 单片机与 PC 机双向串口通信仿真 ………………………… 141
- 3.35 看门狗应用 ………………………… 147

第 4 章 硬件应用 ………………………… 150

- 4.1 74HC138 与 74HC154 译码器应用 ………………………… 150
- 4.2 74HC595 串入并出芯片应用 ………………………… 153
- 4.3 用 74LS148 与 74LS21 扩展中断 ………………………… 157
- 4.4 62256 扩展内存实验 ………………………… 160
- 4.5 用 8255 实现接口扩展 ………………………… 163
- 4.6 可编程接口芯片 8155 应用 ………………………… 168
- 4.7 可编程外围定时/计数器 8253 应用 ………………………… 173
- 4.8 数码管 BCD 解码驱动器 7447 与 4511 应用 ………………………… 178
- 4.9 8×8 LED 点阵屏显示数字 ………………………… 181
- 4.10 8 位数码管段位复用串行驱动芯片 MAX6951 应用 ………………………… 183

4.11	串行共阴显示驱动器 MAX7219 与 7221 应用	188
4.12	16 段数码管演示	193
4.13	16 键解码芯片 74C922 应用	196
4.14	1602 LCD 字符液晶测试程序	199
4.15	1602 液晶显示 DS1302 实时时钟	205
4.16	1602 液晶工作于 4 位模式实时显示当前时间	211
4.17	2×20 串行字符液晶演示	214
4.18	LGM12864 液晶显示程序	217
4.19	PG160128A 液晶图文演示	226
4.20	TG126410 液晶串行模式显示	247
4.21	用带 SPI 接口的 MCP23S17 扩展 16 位通用 I/O 端口	257
4.22	用 TWI 接口控制 MAX6953 驱动 4 片 5×7 点阵显示器	262
4.23	用 TWI 接口控制 MAX6955 驱动 16 段数码管显示	266
4.24	用 DAC0832 生成多种波形	270
4.25	用带 SPI 接口的数/模转换芯片 MAX515 调节 LED 亮度	273
4.26	正反转可控的直流电机	276
4.27	正反转可控的步进电机	279
4.28	DS18B20 温度传感器测试	282
4.29	SPI 接口温度传感器 TC72 应用测试	293
4.30	SHT75 温、湿度传感器测试	299
4.31	用 SPI 接口读/写 AT25F1024	309
4.32	用 TWI 接口读/写 24C04	318
4.33	MPX4250 压力传感器测试	326
4.34	MMC 存储卡测试	329
4.35	红外遥控发射与解码仿真	340

第 5 章 综合设计 348

5.1	多首电子音乐的选播	348
5.2	电子琴仿真	353
5.3	普通电话机拨号键盘应用	357
5.4	1602 LCD 显示仿手机键盘按键字符	363
5.5	数码管模拟显示乘法口诀	369
5.6	用 DS1302 与数码管设计的可调电子钟	372
5.7	用 DS1302 与 LGM12864 设计的可调式中文电子日历	380
5.8	用 PG12864LCD 设计的指针式电子钟	393
5.9	高仿真数码管电子钟	401
5.10	1602 LCD 显示的秒表	409
5.11	用 DS18B20 与 MAX6951 驱动数码管设计的温度报警器	413
5.12	用 1602 LCD 与 DS18B20 设计的温度报警器	421

5.13	温控电机在 L298 驱动下改变速度与方向运行	431
5.14	PG160128 中文显示日期时间及带刻度显示当前温度	439
5.15	液晶屏曲线显示两路 A/D 转换结果	447
5.16	用 74LS595 与 74LS154 设计的 16×16 点阵屏	452
5.17	用 8255 与 74LS154 设计的 16×16 点阵屏	457
5.18	8×8 LED 点阵屏仿电梯数字滚动显示	461
5.19	用内置 EEPROM 与 1602 液晶设计的带 MD5 加密的电子密码锁	466
5.20	12864LCD 显示 24C08 保存的开机画面	480
5.21	12864LCD 显示 EPROM27C256 保存的开机画面	488
5.22	I^2C－AT24C1024×2 硬字库应用	491
5.23	SPI－AT25F2048 硬件字库应用	498
5.24	带液晶显示的红外遥控调速仿真	505
5.25	能接收串口信息的带中英文硬字库的 80×16 点阵显示屏	511
5.26	用 AVR 与 1601 LCD 设计的计算器	523
5.27	电子秤仿真设计	531
5.28	模拟射击训练游戏	537
5.29	PC 机通过 485 远程控制单片机	546
5.30	用 IE 访问 AVR＋RTL8019 设计的以太网应用系统	550

参考文献 ········· 568

第1章 AVR 单片机 C 语言程序设计概述

1997年，美国 Atmel 公司将其先进的 Flash 技术与 8051 单片机结合起来，推出了 8 位 AVR 单片机。与传统的采用复杂指令系统(CISC)的 8051 单片机不同的是，AVR 单片机采用了更适合中高档电子产品和嵌入式系统应用需求的精简指令系统(RISC)。

为适应不同层次与不同场合的应用需要，Atmel 公司推出了多个系列的 AVR 单片机，它们广泛应用于工控系统、计算机外部设备、通信设备、仪器仪表及应用类电子产品。本书所有案例使用的是 ATmega 系列单片机，涉及的型号有 ATmega8515/8535、ATmega8/16/32/64/128。

作为 Atmel 公司免费推出的 AVR 单片机开发平台，AVR Studio 提供了编写和调试 AVR 单片机应用程序的集成开发环境。它为源程序编写、设备编程、仿真及片上调试提供一个项目管理工具、源代码编辑器、模拟器、集成环境和前端。AVR Studio 支持全部的 Atmel AVR 工具集，每个版本总是包含有最新的 AVR 器件和工具支持。

但是，当前版本的 AVR Studio 仅提供汇编语言编译器，并未提供 C/C++程序编译器。要在 AVR Studio 集成环境中开发 AVR 单片机 C 程序，显然还需要安装配置第三方提供的 C/C++语言程序编译器。本书案例开发所使用的 WinAVR 是一套用于 Atmel AVR 系列 RISC 微处理器程序开发的开源的软件开发工具集，它以著名的自由软件 GCC 为 C/C++编译器。

使用 AVR Studio 提供的程序开发与调试前端及 WinAVR 提供的 AVR-GCC 编译程序组合搭建的 AVR 单片机 C 语言程序开发平台，可大大降低开发成本，缩短开发周期，大幅提高开发效率，程序可读性好且易于移植。

本书的编写，旨在进一步提高读者的 AVR 单片机 C 语言程序开发能力，全书的 100 个案例全部在 AVR Studio+WinAVR 环境下编写并调试通过，同时给出了完整 Proteus 仿真电路。当前版本的 AVR Studio 已经支持内嵌 Proteus 进行跟踪调试与仿真。

阅读使用本书之前要求读者已经学习了基本的 AVR 单片机 C 程序设计技术，本章仅介绍使用 C 语言设计单片机应用系统必须参考和重点掌握的技术内容，这些内容会对阅读、调试、研究本书案例及进行设计实训提供重要参考。

1.1 AVR 单片机简介

本书案例使用的 AVR 单片机有 ATmega8515/8535、ATmega8/16/32/64/128，图 1-1 给出了全书案例中出现最多的 ATmega16(L)单片机的不同封装形式及引脚分布，本节仅对该单片机端口及引脚作简要介绍。

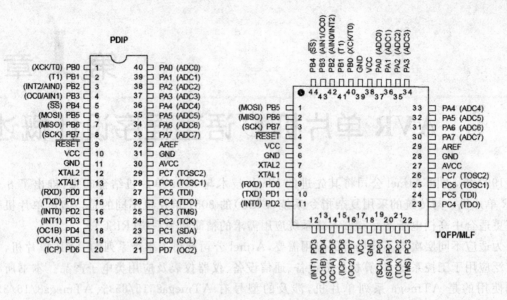

图 1-1 ATmega16(L)单片机不同封装形式及引脚

ATmega16(L)的主要特征如下：

(1) 非易失性程序与数据存储器(Nonvolatile Program and Data Memories)

- 16 KB 的系统内可编程 Flash,可擦写 10000 次,支持 ISP(在系统编程)和 IAP(在应用编程)。
- 单片机内部数据存储器 SRAM 空间达 1 KB。
- 512 字节的 EEPROM 可擦写 100000 次,可以在系统掉电时保存用户数据信息。

(2) 端口及外设特征(Peripheral Features)

- 32 个可编程 I/O 口分为 PA~PD 共 4 组,每组 8 位。
- 2 个具有独立预分频器和比较器功能的 8 位定时/计数器,1 个具有预分频器、比较功能和捕获功能的 16 位定时/计数器。
- 具有独立振荡器的实时计数器 RTC。
- 4 通道 PWM。
- 内置 8 通道 10 位精度的逐次逼近式 A/D 转换器(ADC),支持单端和双端差分信号输入,内含增益可编程运算放大器。
- 片内模拟比较器。
- 面向字节的两线式串行接口 TWI(Two-Wire serial Interface)。
- 可工作于主机/从机模式的串行接口 SPI(Serial Peripheral Interface)。
- 2 个可编程的串行 USART。
- 具有独立片内振荡器的可编程看门狗定时器。

(3) 工作电压与速度等级

- ATmega16L:2.7 ~ 5.5 V;ATmega16:4.5 ~ 5.5 V。
- ATmega16L:0 ~ 8 MHz;ATmega16:0 ~ 16 MHz。

在了解 ATmega16(L)单片机的主要特征以后,再来看一下单片机的引脚说明:

(1) 4 个通用 I/O 端口

PA～PD 端口都是 8 位的双向 I/O 端口,具有可编程的内部上拉电阻,其输出缓冲器具有对称的驱动特性,可以输出和吸收较大电流。作为输入端口使用时,如果使能内部上拉电阻,端口被外部电路拉低时将输出电流。

(2) PA～PD 端口的第二功能

PA 端口(PA7～PA0)可作为 A/D 转换器的模拟输入端 ADC7～ADC0。

PB 端口(PB7～PB0)的第二功能如下:

  PB7:SCK(SPI 总线的串行时钟);

  PB6:MISO(SPI 总线的主机输入/从机输出信号);

  PB5:MOSI(SPI 总线的主机输出/从机输入信号);

  PB4:SS(SPI 从机选择引脚);

  PB3:AIN1(模拟比较负输入)/OC0(T/C0 输出比较匹配输出);

  PB2:AIN0(模拟比较正输入)/INT2(外部中断 2 输入);

  PB1:T1(T/C1 外部计数器输入);

  PB0:T0(T/C0 外部计数器输入)/XCK(USART 外部时钟输入/输出)。

PC 端口(PC7～PC0)引脚第二功能如下:

  PC7:TOSC2(定时振荡器引脚 2);

  PC6:TOSC1(定时振荡器引脚 1);

  PC5:TDI(JTAG 测试数据输入);

  PC4:TDO(JTAG 测试数据输出);

  PC3:TMS(JTAG 测试模式选择);

  PC2:TCK(JTAG 测试时钟);

  PC1:SDA(两线串行总线数据输入/输出线);

  PC0:SCL(两线串行总线时钟线)。

PD 端口(PD7～PD0)的第二功能如下:

  PD7:OC2(T/C2 输出比较匹配输出);

  PD6:ICP1(T/C1 输入捕获引脚);

  PD5:OC1A(T/C1 输出比较 A 匹配输出);

  PD4:OC1B(T/C1 输出比较 B 匹配输出);

  PD3:INT1(外部中断 1 输入引脚);

  PD2:INT0(外部中断 0 输入引脚);

  PD1:TXD(USART 输出引脚);

  PD0:RXD(USART 输入引脚)。

(3) 其他引脚

RESET:复位输入引脚,持续时间超过最小门限时间的低电平将引起系统复位。

XTAL1:反向振荡放大器与片内时钟操作电路的输入端。

XTAL2:反向振荡放大器的输出端。

AVCC:端口 A 与 A/D 转换器的电源,不使用 ADC 时,该引脚应直接与 VCC 连接,使用

ADC 时应通过一个低通滤波器与 VCC 连接。

AREF：A/D 的模拟基准输入引脚。

VCC/GND：数字电路的电源/地。

Proteus 仿真时电源已默认连接，仿真电路图中电源连接全部默认。AVCC 在未使用 ADC 的多数电路中没有连接 VCC，在实物电路设计时应注意连接 VCC。

1.2 AVR Studio＋WinAVR 开发环境安装及应用

AVR Studio 是 Atmel 官方针对 AVR 系列单片机推出的集成开发环境，它集开发调试于一体，有很好的用户界面与很好的稳定性。由于 AVR Studio 仅支持编译汇编语言程序，不支持对 C 语言程序的编译，要基于 AVR Studio 搭建 AVR 单片机 C 语言程序开发环境，除免费下载安装 AVR Studio 以外，还需要下载安装 C/C++ 编译器。本书通过下载安装 WinAVR 来提供 AVR-GCC 编译器。

搭建基于 AVR Studio＋WinAVR 的案例开发环境时，所使用的安装包分别为 WinAVR-20090313-install.exe 及 AvrStudio416Setup.exe，这两个安装包都可以从网上免费下载。在实际应用中，可根据需要随时获取最新版本的安装包。

当前版本的 AVR Studio 对中文路径支持得还不够好，在创建新项目时建议用英文或数字等非全角字符命名文件夹或文件。图 1-2 所示窗口中创建的 LCD_Test 项目保存于 E:\my_avr_c 文件夹下，单击 Next 按钮后可进一步选择设备（Device）。

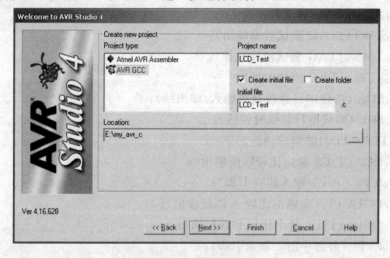

图 1-2 创建新项目

图 1-3 所示为 AVR Studio 主窗体，左边的 AVR GCC 窗口以树形方式列出了当前项目的所有相关文件，该窗口中除初始时创建的 LCD_Test.c 文件以外，还添加了 LCD1602.c。编写完该项目 C 程序后，在开始编译并生成 HEX、ELF、EEP 等文件之前，要先单击工具栏上的编辑当前配置选项（Edit Current Configuration Options）按钮。该按钮在图 1-3 所示窗口第 2 条工具栏的最右边。

图 1-4 是当前项目选项设置窗口，在常规（General）选项中可以看到当前项目的默认输出文件夹是 default。如果还没有设置当前 AVR 单片机选型，可在设备（Device）下拉框中选

取,当前选择的是 ATmega16。设备下面是时钟频率(Frequency)设置文本框,当前设置的频率是 4 MHz。编译优化(Optimization)选项当前选择是"-Os",它优化所输出的可执行程序文件的大小(Optimize for size)。有关该窗口中配置选项的更多细节,可单击帮助按钮查看。

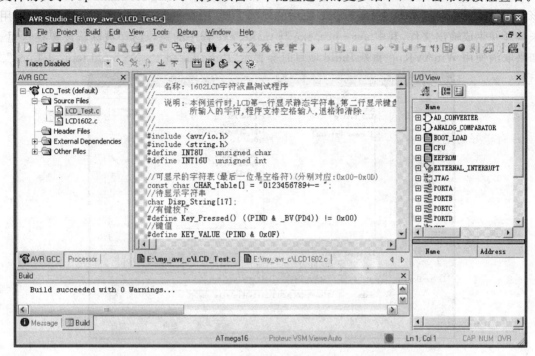

图 1-3　AVR Studio 主窗体

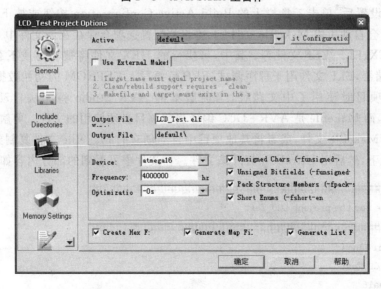

图 1-4　当前项目的常规配置选项窗口

该窗口的 Unsigned Chars(-funsigned char)设置选项应引起重视,此选项是默认选中的,它将程序中的 char 类型默认为无符号类型,这一点与 Keil C 是不一样的。假如程序中出现-50~125 ℃范围内的正负温度比较,编写程序时就需要使用 signed char 类型定义变量,而不能直接使用char类型进行定义,除非取消该设置。

该窗口中的其他配置选项可保持为默认值,不作任何改动。

当打开项目选项中的自定义选项(Custom Options)时可看到图1-5所示的配置窗口,在该窗口的最下端可以看到 AVR Studio 使用的外部工具(External Tools)是 WinAVR,它被用来编译并生成输出文件,其中 avr-gcc.exe 与 make.exe 程序的路径已经被默认设置在这里。如果取消使用 WinAVR,在重新 Build 项目时会提示"Build failed... No build tools defined"。

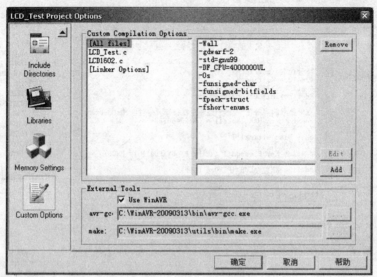

图1-5 自定义选项配置窗口

完成所有设置后,单击工具栏上的 Build Active Configuration 按钮或按下 F7,这时 default 文件夹下会自动生成 Makefile 文件(上述相关配置选项会保存在该文件中),并生成输出文件,包括 HEX、ELF、EEP 文件等。其中,可执行的 HEX 文件将被烧写或下载到单片机的 Flash 程序存储器,ELF 文件用于程序调试,EEP 是要写入 EEPROM 的初始数据文件。

如果创建项目时使用了中文路径,当前版本的 AVR Studio 将无法自动创建或修改 Makefile 文件,而 Makefile 是 AVR-GCC 编译当前项目必须使用的文件。要解决这一问题,可以手动创建 Makefile 文件,或者将其他项目中自动创建的 Makefile 文件复制到当前项目的 default 文件夹下,然后用 UltraEdit 打开该文件。在文件中可看到的部分内容如下:

```
###################################################
# Makefile for the project LCD_Test
###################################################
## General Flags
PROJECT = LCD_Test
MCU = atmega16
TARGET = LCD_Test.elf
CC = avr-gcc
......
CFLAGS + = ...... -DF_CPU = 4000000UL -Os -funsigned-char ......
......
```

```
## Objects that must be built in order to link
OBJECTS = LCD_Test.o LCD1602.o
……
## Compile
LCD_Test.o：../LCD_Test.c
    $(CC) $(INCLUDES) $(CFLAGS) -c  $<
LCD1602.o：../LCD1602.c
    $(CC) $(INCLUDES) $(CFLAGS) -c  $<
……
```

该文件中的以下相关项目要在 UltraEdit 内根据需要进行修改并保存：

PROJECT——设置输出的项目名称，这需要根据当前项目名称进行修改；

MCU——设置当前项目所选用微控制器；

TARGET——设置输出目标调试文件（*.ELF）；

DF_CPU——设置所选择的时钟频率；

OBJECTS——列出 build 时所使用的目标文件（*.o），有多个目标文件时中间用空格隔开；

＃＃Compile——列出了当前项目中的所有源程序文件名（*.c）及生成的目标文件名（*.o），根据当前新创建的项目文件中的源程序文件名称及文件个数，这里需要进行相应的增删或修改。

通过 UltreaEdit 修改 Makefile 以后，处于中文路径下的 AVR 单片机 GCC 程序项目仍然可以正常编译并生成输出文件。

有关在 AVR Studio 中通过 Debug 菜单选择设备及调试平台（Select Device and Debug Platform），对当前生成的程序文件进行跟踪调试的方法将在第 2 章介绍。

1.3　AVR-GCC 程序设计基础

AVR-GCC 是一款优秀的 AVR 编译软件，是 GUN C 编译器在 AVR 上的移植，支持多种操作系统。本节不准备全面讲述 AVR-GCC 程序设计的所有基础内容，下面仅列举部分编写调试本书案例程序时需要引起注意的部分和在编写过程中容易出现错误的部分。本节最后还列出了部分 AVR-GCC 对标准 C 语言的扩展功能。

1. 基本数据类型、有符号与无符号数应用、数位分解、位操作

在讨论本节内容之前需要先熟悉 GCC 基本数据类型，本书 C 程序中所使用的部分基本数据类型如表 1-1 所列。表中的第 2 列与第 3 列分别是 GCC 头文件＜stdint.h＞及本书所使用的各种数据类型的重定义。要使用精确定义的数据宽度，建议引入头文件＜stdint.h＞，使用该文件所定义的类型，这些类型都以"_t"结尾。另外，如果要在程序中使用布尔类型（bool，取值为 true/false），可在程序中引入头文件＜stdbool.h＞。

表 1-1 AVR-GCC 部分常用基本数据类型

数据类型	stdint.h 定义	本书定义	长度/位	取值范围
signed char (char)	int8_t	INT8	8	$-128 \sim 127$
unsigned char	uint8_t	INT8U	8	$0 \sim 255$
char			8	取值范围为上述两者之一,具体范围由配置选项决定
int (signed int)	int16_t	INT16	16	$-32768 \sim 32767$
unsigned int	uint16_t	INT16U	16	$0 \sim 65535$
long (signed long)	int32_t	INT32	32	$-2147483648 \sim 2147483647$
unsigned long	uint32_t	INT32U	32	$0 \sim 4294967295$
float/double			32	$-3.4 \times 10^{38} \sim 3.4 \times 10^{38}$

本书大多数案例使用的都是无符号数,对于 0～255 以内的整数,本书全部定义为 INT8U 类型,相当于字节类型 BYTE 或＜stdint.h＞定义的 uint8_t 类型;对于 0～65535 以内的整数,本书定义为 INT16U 类型,相当于字类型 WORD 或＜stdint.h＞定义的 uint16_t 类型。另外,GCC 不支持 float 类型,它将 float 直接解释为 double 类型。

如果涉及正负数的处理,在定义类型时要注意使用 signed 类型。例如温度控制程序中有正负温度,传感器实际上可处理的温度范围为 $-55 \sim 125$ ℃。为使程序能对温度值进行正确比较,程序中将温度类型定义为 INT8 类型(即 signed char 或 int8_t 类型,其取值范围为 $-128 \sim 127$)。在 Keil C 中 char 类型默认为 signed char,但在 AVR Studio 的配置窗口中,char 类型默认为 unsigned char 类型,在定义可能出现正负值的温度变量时,不能定义使用 char temp,除非修改配置选项,将 char 默认为 signed char。

本书大量案例要将整数或浮点数显示在数码管上,这需要对待显示数据各数位进行分解,例如:

```
INT8U d = 227;
INT8U c[3];
c[0] = d/100;
c[1] = d/10 % 10;
c[2] = d % 10;
```

又如:

```
float x = 123.45;
```

如果要得到 x 的各个数位,可以先将 x 乘以 100,然后再分解各数位:

```
INT16U y = x * 100;
INT8U c[5], i;
for (i = 4 ; i != 0xFF; i--)
{
    c[i] = y % 10;  y /= 10;
}
```

上面 for 循环中的循环条件一般都会写成 i>=0 的,但由于当 i=0 时,如果将 i 再减 1,i 将变为 0xFF,这个无符号数仍被认为大于等于 0,这样就不能保证 5 次循环了,因此要改写成 i!=0xFF。如果将 i 定义成 INT8 类型(signed char)而不是 INT8U 类型(unsigned char),使用 i>=0 时才能得到正确结果。

使用<stdlib.h>提供的函数 itoa 或 utoa 可将有符号或无符号整数转换为字符串,将字符串中各字符编码减去 0x30 或'0'也能分解出其各个数位,其使用方法可参考 1.4 节内容。

上述十进数的数位分解方法常用于数码管显示程序,显示时需要根据各数位提取数码管段码。

在本书案例中位操作也会大量出现,例如在有关 LED 流水灯、数码管位控制、串行收发、键盘扫描等大量案例中,各种位操作符都会频繁使用,例如位左移(<<)、右移(>>)、与(&)、或(|)、取反(~)、异或(^)等。这些位操作符都要熟练掌握和运用。

下面是有关位操作符的几个应用示例:

① 例如,要 PB 端口 PB7~PB0 逐位轮流循环置 1,可先定义变量 i,并使之在 7~0 范围内循环取值,然后使 PORTB=1<<i 或 PORTB=_BV(i),其中_BV(i)等价于 1<<i。在循环过程中,PORTB 将分别输出 10000000、01000000、00100000、……、00000001,如此往复。

② 如果要 PB7~PB0 逐位轮流循环置 0,可有 PORTB=~(1<<i)或 PORTB=~_BV(i)。这类位操作在 LED 流水灯设计或集成式数码管位码扫描显示程序中都会用到。

③ 又如,已知 PD7 外接 LED 或蜂鸣器,要 LED 闪烁或蜂鸣器发声,可先定义:#define LED_BLINK() PORTD ^= _BV(PD7) 或 #define BEEP() PORTD ^= _BV(PD7)。然后在循环中反复调用 LED_BLINK() 或 BEEP() 即可实现所要求的输出。因为_BV(PD7)即 10000000,在异或(^)操作过程中,低 7 位的 0000000 不会使 PORTD 的低 7 位发生任何变化,而最高位的 1 会在每次异或(^)时使 PORTD 的最高位取反,从而在 PD7 引脚实现所要求的输出系列…01010101…。

④ 在 3.9 节的 4×4 键盘矩阵扫描程序中,假设 PB 高 4 位连接矩阵行,低 4 位连接矩阵列,为判断整个键盘中是否有键按下,通常会先在行上发送 4 位扫描码 0000(即 PORTB=0x0F),然后检查列上是否出现 0,这时使用的位操作语句是:

if((PINB & 0x0F) != 0x0F) {//有键按下}

因为!=的优先级高于&,该语句中的"与"操作表达式要加上括号。

本书中多个案例使用了字符液晶,向连接在 PC 端口的液晶屏发送显示数据时,需要先判断液晶是否忙,其忙标志在读取字节的最高位,因此又有类似语句:

if((PINC & 0x80) == 0x80) {//液晶忙}

⑤ 本节前面讨论了十进制数的数位分解及应用,对于十六进制数,例如 k=0x3E,如果需要分解出 3 和 E(14),可有:

INT8U a, b;
a = k/16; b = k % 16;

或使用位操作符实现分解,即:

a = k>>4; b = k & 0x0F;

2. 数组、字符串、指针

设计 AVR 单片机 C 程序时,常会使用到数组定义,例如在数码管显示程序中,一般总是会给出数码管段码表 SEG_CODE,它定义了七段数码管 0~9 的段码(共阳):

```
const INT8U SEG_CODE[] = {0xC0,0xF9,0xA4,0xB0,0x99,0x92,0x82,0xF8,0x80,0x90};
```

字符串类型定义在单片机程序设计中也会大量使用,特别是在有关液晶屏、点阵显示屏程序设计或串口通信程序设计中。下面是几个字符数组定义:

```
char s[20] = "Current Voltage:";
char s[20] = {"Current Voltage:"};
char s[20] = {'R','e','s','u','l','t',':'};
```

这 3 种定义是相同的,它们都占用 20 个字节空间,实际串长为 16 个字符,最后未明确赋值的 4 个字节全部为 0x00(即'\0'),在液晶屏上显示这类字符串时可用以下方法:

```
for(i = 0; i < 16; i++) { //显示字符 s[i] };
for(i = 0; i < strlen(s); i++) { //显示字符 s[i] };
i = 0; while (s[i++]!= '\0') { //显示字符 s[i] };
```

要注意的是,如果字符串长为 16,而字符数组空间也只固定给出了 16 个字节,那么上述方法中的后两种方法就不可靠了,因为最后一个字符后面不一定会自动分配有字符串结束标志'\0'。

字符串还可以这样定义:

```
char s[] = "Current Voltage:";
char * s = "Current Voltage:";
```

这两种定义也是相同的,其串长均为 16 个字符,所占用的字节空间均为 17,因为字符串末尾被自动附加了结束标志字节 0x00(即'\0')。

在已知串长时,上述 3 种字符串显示方法均可使用,在字符串长未知时可使用上述的方法中的后 2 种。另外,上述显示方法还可以改写成:

```
for(i = 0; i<16; i++ ) { //显示字符 *(s+i) };
for(i = 0; i<strlen(s1); i++ ) { //显示字符 *(s+i) };
i = 0; while ( *(s+i)!= '\0' ) { //显示字符 *(s+i);i++; };
```

编写 C 程序时,除使用字符数组(字符串)外,还会使用到字符串数组,例如:

```
char s[][20] = {"Current Voltage:","Counter:    ","TH:    TL:    "};
```

如果要在液晶上显示"Counter: "这个字符串,可用以下语句实现:

```
for(i = 0; i<strlen(s[1]); i++ ) { //显示字符 s[1][i] };
```

当要在英文字符液晶上显示数值时,需要将待显示的整型或浮点数据转换为字符串,这时可用此前提到的数位分解方法先分解出各位数字,然后加上 0x30(即'0')得到对应数字的 ASCII 编码,这些 ASCII 编码可直接送 LCD 显示。

除使用上述方法外,还可以使用<stdlib.h>提供的将有符号或无符号整数转换为字符串的函数 itoa 和 utoa，代码示例如下：

```
int a = -12345;
unsigned int b = 9850;
char sa[7], sb[5];
itoa(a, (char *)sa, 10);
utoa(b, (char *)sb, 10);
```

2 个函数的第 3 个参数用于设置基数（radix），这里所选择的是 10（十进制）。经转换后，a、b 所对应的字符串保存于 sa 与 sb 中，这 2 个字符串可以直接送 LCD 显示。如果要显示在数码管上，除 sa 中的符号位以外，显示其他各位时，可通过执行 sa[i]－'0'或 sb[i]－'0'将第 i 个字符转换为数字，然后根据数字 0～9 提取段码再送数码管显示。不过本书数码管显示程序中未采用这种方法分解数位。

另一种将数值转换为字符串的方法是使用 sprintf 函数，示例代码如下：

```
char Buf[10];
float x = -123.45;
sprintf(Buf, "%5.2f", x);
```

遗憾的是，Keil C 支持在 sprintf 函数中使用%f 占位符，而 AVR-GCC 却不支持，上述最后一行语句要用下面的语句代替：

```
sprintf(Buf,"%d.%2d",(int)x,(int)(fabs(x)*100)%100);
```

由于 x 可能为正数，也可能为负数，为适应这种可能性，语句中添加了取绝对值函数 fabs。运行改写后的语句，字符串缓冲 Buf 将被以下字节填充：0x2D,0x31,0x32,0x33,0x2E,0x34,0x35,0x00,0x00,0x00。这些字节就是字符串"-123.45"中各字符的 ASCII 码，Buf 可直接送字符液晶屏显示。

又如，假设已有语句：

```
char Buf[25] = "Result:        ";
```

执行 sprintf(Buf+7, "%d.%2d",(int)x,(int)(fabs(x)*100)%100)时会使 Buf 中的字符串变为："Result:-123.45"。使用下面的语句也可以得到相同的结果：

```
char Buf[25];
sprintf(Buf, "Result:%d.%2d",(int)x,(int)(fabs(x)*100)%100);
```

显然，与 itoa 和 utoa，包括未举例的 ltoa、ultoa、dtostrf 等函数相比，使用 sprintf 的优点是它能根据要求输出"格式化"的字符串，而前者仅将数值直接转换为字符串，在实际应用中大家可根据具体需要进行选择。

另外，GCC 还提供了多个与字符串/数字操作有关的函数，例如 atoi、atol、atof、strtod、strtol、strtoul。其中部分函数将在 5.26 节"计算器"和 5.27 节"电子秤"的案例中使用，这两个案例都涉及数字字符串输入及数据运算与显示。在程序设计中涉及数据输入/输出及运算与显示时可恰当使用这些函数。

指针是 C 语言的重要特色之一，对于语句：

```
INT8U a[10] = {1,2,3,4,5,6,7,8,9,10};
INT8U * ptr = a;
```

其中 ptr 指向数组 a 的第 0 个字节,显示数组内容可使用下面的代码:

```
for(i = 0; i<10; i++) { //输出 a[i]、*(ptr + i)、*ptr ++ 或 *(a + i) };
```

但是不能使用下面的代码:

```
for(i = 0; i<10; i++) { //输出 *a ++ };
```

因为数组名 a 虽然也是数组中第 0 个字节的地址,但它不能在运行过程中改变。也正是因为数组名同样也是第 0 个元素的指针;因此某些函数定义中的形参为数组,调用函数时给出的实参常为指向同类型数据的指针;反之形参为指针,实参为数组名也很常见。

前面字符串示例中也出现了指针应用,对它们同样要能熟练掌握。

3. 程序流程控制

用 C 语言开发 AVR 单片机程序时,流程控制语句 if、switch、for、while、do while、goto 都可能频繁使用,下面仅对单片机程序中几个不同于常规的流程控制语句作简要说明。例如程序中可能会有如下代码(有关端口寄存器的设置可参阅 1.5 节):

```
DDRB = 0x00; PORTB = 0xFF;
if (PINB != 0xFF) {//执行相应操作}
```

这段程序会让初学者感到奇怪,这里 if 语句中的条件什么时候会成立呢? 前面没有任何语句设置 PINB 的值呀?

实际情况是:PB 端口外接一组按键,各按键一端连接 PB 端口,另一端接地,PB 端口设置了内部上拉;没有按键按下时,从 Proteus 中观察到 PB 端口引脚都是红色的,读取的 PINB 为 0xFF;如果按键中有一个或多个被按下,则对应引脚将变为蓝色,从 PINB 读取的输入信号也会发生变化。可见,用 C 语言设计单片机程序时,某些寄存器的值不同于程序中某些变量的值,它们的值会随时因外部事件(包括外部操作、中断、定时/计数等)影响而改变。

如果编写的程序中要用 if 语句进行多路平行判断,在这种情况下多用 switch 语句编写代码。使用 switch 语句时要注意各 case 后的 break 语句,恰当地使用 break 和省略 break 可以使分支独立,或者使多个 case 分支共用某个代码块。

对于 for 循环,AVR-GCC 中允许将其控制变量直接定义在循环内,例如:

```
for (int i = 0; i<100; i++) {//…}
```

在 AVR 单片机程序的 main 函数中还会经常看到这样的代码块:

```
while (1)
{
    //循环体;
}
```

用标准 C 语言编写程序时,这段代码的循环体内必定有退出循环的语句存在,但是编写单片机程序时,几乎多数主程序中类似语句内都找不到退出循环的语句,这是因为单片机应用系统不同于普通的软件系统,它一旦开始运行就会一直持续下去,对外部的操作或状态变化作出实时响应或处理,除非系统关闭或出现其他故障。

类似的,很多案例中的主程序最后有一行代码:"while(1);"或"for(;;);",这显然是两个死循环,在出现该语句的案例中,外部事件的处理工作必定被放在中断服务程序(ISR,Interrupt Service Routine)内。主程序完成若干初始化工作并使能中断以后就不再执行其他操作,它一直等待在 while 或 for 循环所在的语句行;一旦中断发生即保存现场,进入中断服务程序进行处理,完成后恢复现场并返回,直到有后续中断继续发生。

4. AVR-GCC 对标准 C 语言的部分扩展

AVR-GCC 支持 C99 规范,对标准 C 语言进行多项扩展,下面列举部分供大家在编写 AVR 单片机 C 程序时参考使用。

(1) switch 语句

标准的 C 语言程序中,各 case 分支只能适配一个常量,而 GCC 则允许一个 case 匹配多个常量。例如:

```
switch (x)
{
    case 1 … 3: 语句块 1; break;
    case 4 … 5: 语句块 2; break;
}
```

注意:在编写上述 switch 语句时,"1 … 3"及"4 … 5"中"…"的前后都要空一格。

(2) 函数嵌套定义

标准 C 语言不允许在函数内部定义函数,而 GCC 允许这样定义。例如:

```
double sqr_sum (double a, double b)
{
    double square (double z) { return z * z; }
    return square (a) + square (b);
}
```

上述 sqr_sum 函数中的最后一行代码调用了其内部定义的函数 square。

(3) 数组空间的动态定义

标准 C 语言的数组空间大小必须是常量,不允许在程序中使用变量定义数组空间大小,但 GCC 允许这样定义,不过这些数组只允许是局部数组。例如:

```
void merge_string (char * s1, char * s2)
{
    //动态分配能容纳 2 个字符串的 str 空间
    char str[strlen (s1) + strlen (s2) + 1];
    strcpy (str, s1);  strcat (str, s2);
    //执行其他操作
}
```

(4) 用变量初始化数组及根据索引初始化数组

标准 C 语言数组初始化时不允许使用变量给元素赋值,而 GCC 则允许这样赋值。例如:

```
void fg_Handle(float f, float g)
{
    float fg[2] = { f - g, f + g };
    //执行其他操作
}
```

而且,在初始化数组时,还可以根据索引给部分元素赋值,例如:

```
int a[6] = { [4] = 29, [2] = 15 };
```

该语句与下面的语句等价:

```
int a[6] = { 0, 0, 15, 0, 29, 0 };
```

1.4 程序与数据内存访问

ATmega16 单片机的存储器空间分为独立的 Flash 程序存储器、片内 SRAM 和 EEPROM 数据存储器。

16 KB 的 Flash 程序存储器空间分为两个区:引导程序区和应用程序区。在使用 Proteus 软件仿真执行程序时,所生成的 HEX 程序通过设置芯片的 Program File 属性绑定到单片机的应用程序区。

在全书大量案例中,一般变量都被分配在 SRAM 数据存储空间内,例如:

```
unsigned char i; char c; int a[20]; long x; 或 INT8U k, INT32U addr, uint16_t m;
```

有的案例代码内有大量汉字点阵或图像点阵数据,这些数据在程序运行过程不会改变,属于只读数据。由于 SRAM 空间大小有限,如果将这些数据分配于 SRAM 内,可能会因为空间限制导致分配失败,或导致其他自由变量没有空间可以分配。本书案例中,这类数据都被分配到 Flash 存储器空间。

为访问 Flash 存储器中的只读数据,在编写 GCC 程序时要引入头文件<avr/pgmspace.h>。该文件提供了访问 Flash 程序空间中所保存的只读数据的大量函数,例如 pgm_read_byte 与 pgm_read_word 可分别从 Flash 存储器中指定地址读取字节或字。要将 char 或 unsigned char 类型数据保存于 Flash 存储器,可使用类型:prog_char 和 prog_uchar。

编程读/写 EEPROM 数据存储器时,可引入头文件<avr/eeprom.h>。该头文件提供了大量专门用于读/写 EEPROM 的函数,例如 eeprom_read_byte 与 eeprom_write_byte 函数可分别从 EEPROM 中指定地址读取字节或向指定地址写入字节,在读/写时可通过函数 eeprom_busy_wait 执行忙等待。

本书有关以太网应用的案例中使用了实时操作系统 Nut/OS,该操作系统也提供了读/写 EEPROM 存储器的 API,通过调用 Nut/OS 提供的 API 也可以很方便地访问 EEPROM。

1.5 I/O 端口编程

全书所有单片机应用案例都涉及对 I/O 端口的访问,所有 C 程序无一例外地需要引入头文件<avr/io.h>。对于本书案例大量使用的 ATmega16 单片机,defalut/Makefile 文件设置微控制器为 ATmega16,即 MCU=atmega16,AVR-GCC 在编译程序时定义宏__AVR_ATmega16__,<avr/io.h>通过判断定义__AVR_ATmega16__而引入头文件<avr/iom16.h>,该头文件给出了 ATmega16 单片机的所有寄存器及大量引脚定义。

对于 PA~PD 端口,在不涉及第二功能时,其基本 I/O 功能是相同的。与每个端口相关的寄存器有 3 个,它们分别是数据方向寄存器 DDRx(Port x Data Direction Register)、端口数据寄存器 PORTx(Port x Data Register)及端口输入引脚地址寄存器 PINx(Port x Input Pins Address Register)(其中 x=A、B、C、D)。表 1-2 给出了 ATmega16 单片机 I/O 端口的配置方法。

表 1-2 ATmega16 I/O 端口的配置方法

DDRx0~7	PORTx0~7	I/O	上 拉	备 注
0	0	输入	关闭	三态(高阻)
0	1	输入	打开	提供弱上拉,被外部电路拉低时输出电流
1	0	输出	关闭	输出 0
1	1	输出	关闭	输出 1

下面是端口的几个配置示例。

示例一:

```
DDRA = 0x00;            //PA 端口全部设为输入
PORTA = 0xFF;           //PA 端口全部设内部上拉
x = PINA;               //读取 PA 端口的输入信号
```

如果将 PORTA=0xFF 改成 PORTA=0x00 则不设内部上拉,无输入时处于高阻状态。

示例二:

```
DDRB = 0x0F;            //将 PB 端口的高 4 位设为输入,低 4 位设为输出
PORTB = 0xF0;           //打开 PB 端口高 4 位内部上拉电阻,低 4 位则直接输出 0000
```

示例三:

```
DDRC = 0xFF;            //PC 端口全部设为输出
PORTC = 0xF0;           //PC 端口输出 11110000
```

除了上述对端口的整体操作以外,在实际编程时还会遇到大量对某个引脚的输入或输出操作,例如 PD3 引脚外接按键,按键另一端接地,为判断按键是否按下。常见的代码如下:

```
DDRD &= 0B11110111;     // PD3 引脚设为输入
PORTD |= 0B00001000;    //PD3 内部上拉
```

有了上述配置后,为判断 PD3 外接按键是否按下,可编写代码:

```
If ((PIND & 0B00001000) == 0x00)    //如果按键按下
{
    ……
}
```

为简化设计,增加可读性,上述代码中的 0B00001000 可改写成_BV(PD3),而

0B11110111则可改写成~_BV(PD3)。

又如，要在PD7引脚输出010101……序列，可先定义PD7为输出：

```
DDRD |= _BV(PD7);
```

然后反复调用：

```
PORTD ^= _BV(PD7);
```

如果要通过某引脚（例如PB2）串行输出一字节数据dat，且要求先发送高位，后发送低位。常见的代码如下：

```
//因为写1/0的代码出现很频繁，程序中常使用它们的宏定义
#define w_1()  PORTB |=  _BV(PB2)
#define w_0()  PORTB &= ~_BV(PB2)
//……
DDRB |= _BV(PB2);              //PB2 设为输出
for(i = 0; i<8; i++)           //通过PB2引脚串行输出8位，先发送高位，后发送低位
{
    if(dat & 0x80 ) w_1(); else w_0();
    dat <<= 1;
}
```

上述for循环还可以改写成：

```
for(i = 0x80; i != 0x00; i >>= 1)
{
    if(dat & i ) w_1(); else w_0();
}
```

在涉及按键控制的程序实例中，常需要判断某引脚所连接的按键是否按下，例如PB3外接按键K1，在程序中可以定义：

```
#define K1_DOWN() (PINB & _BV(PB3)) == 0x00
```

除了通过"与"操作（&）判断按键状态以外，还可以使用<avr/io.h>提供的宏bit_is_clear判断按键状态，等价的定义语句如下：

```
#define K1_DOWN() bit_is_clear(PINB, PB3)
```

如果要将PB3外按开关S1拨至高电平定义为ON，类似的可有如下定义：

```
#define S1_ON() (PINB & _BV(PB3))  或
#define S1_ON() bit_is_set(PINB, PB3)
```

1.6 外设相关寄存器及应用

本书大量案例都会涉及外部中断、定时/计数器、USART、TWI、SPI、ADC、比较器等外设程序设计，使用AVR-GCC开发程序时大量使用这些外设的相关控制、状态或数据寄存器。

本节列出有关这些寄存器的技术内容。若需要完整的 ATmega16 单片机技术资料,可参阅其 PDF 技术手册文件。

(1) 状态寄存器——SREG (Status Register)

I	T	H	S	V	N	Z	C

SREG 的最高位 I 为全局中断使能(Global Interrupt Enable)位。单独的中断使能由其他独立的控制寄存器控制。如果清零位 I,则不论单独中断标志置位与否,中断都不会产生。

本书置位和清零位 I 时,多使用 AVR-GCC 所定义的宏 sei() 和 cli(),部分程序使用:

SREG |= 0x80   或   SREG &= 0x7F

(2) 通用中断控制寄存器——GICR(General Interrupt Control Register)

INT1	INT0	INT2	—	—	—	IVSEL	IVCE

GICR 中的最高 3 位为 INT1、INT0、INT2,在将它们设为 1 且状态寄存器 SREG 中的 I 置位时,即可使能相应引脚的外部中断。

以 INT0 为例,置位和清零语句可分别写成:

GICR |= _BV(INT0)   和   GICR &= ~_BV(INT0)

置位 SREG 位 I 的语句中不能使用_BV(I),因为<iom16.h>中没有定义 SREG 的位 I。

(3) 通用中断标志寄存器——GIFR (General Interrupt Flag Register)

INTF1	INTF0	INTF2	—	—	—	—	—

INTF0~INTF2(External Interrupt Flag 0~2)分别为 INT0~INT2 的外部中断标志位。INT0~INT2 引脚的逻辑电平或边缘变化将触发中断请求,并置位相应的中断标志位。如果 SREG 的位 I 为 1 且 GICR 中的相应位使能,MCU 即跳转到相应的中断向量地址,进入中断服务服务后该标志自动清零。

(4) MCU 控制寄存器——MCUCR(MCU Control Register)

SM2	SE	SM1	SM0	ISC11	ISC10	ISC01	ISC00

MCUCR 的中断触发控制(Interrupt Sense Control)位 ISC01/ISC00 与 ISC11/ISC10 分别用于设置 INT0 与 INT1 的中断触发方式,两者各自的 4 种取值组合及对应的触发方式如下:

00——INT0/1 为低电平时产生中断请求;
01——INT0/1 引脚上任意的逻辑电平变化都将引发中断;
10——INT0/1 的下降沿产生异步中断请求;
11——INT0/1 的上升沿产生异步中断请求。

对于 INT2,其中断控制方式由 MCUCSR(MCU 控制与状态寄存器)中的 ISC2 位控制,ISC2 取 0/1 时,分别对应于下降沿和上升沿中断触发方式。有关 MCUCR 及 MCUCSR 寄存器相关位的更详细说明可参阅技术手册文件。

3.14 节"INT0 中断计数"、3.15 节"INT0 及 INT1 中断计数"及第 4、5 章大量案例程序设计中使用上述寄存器中的 SREG、GICR、MCUCR。

(5) T/C 中断屏蔽寄存器——TIMSK(Timer/Counter Interrupt Mask Register)

OCIE2	TOIE2	TICIE1	OCIE1A	OCIE1B	TOIE1	OCIE0	TOIE0

TOIE0~TOIE2(T/C0~2 Overflow Interrupt Enable)分别是 T/C0~T/C2 的溢出中断使能位。

TICIE1(T/C1 Input Capture Interrupt Enable)是 T/C1 输入捕获中断使能位。

OCIE0、OCIE2(Output Compare Match Interrupt Enable 0,2)分别是 T/C0 与 T/C2 的输出比较匹配中断使能位，OCIE1A、OCIE1B 分别是 T/C1 输出比较 A 匹配与输出比较 B 匹配中断使能位。

使能 T/C0 溢出中断时可使用语句 TIMSK |= _BV(TOIE0)，要同时使能 T/C0 与 T/C1 溢出中断，所使用的语句为：TIMSK |= _BV(TOIE0) | _BV(TOIE1)。其他 T/C 中断的使能设置与此类似。

本书有数十个案例中出现了 TIMSK 寄存器，例如 3.22 节"用定时器设计的门铃"、3.35 节"看门狗应用"案例及第 4、5 章的大量相关案例。

(6) T/C 中断标志寄存器——TIFR (Timer/Counter Interrupt Flag Register)

OCF2	TOV2	ICF1	OCF1A	OCF1B	TOV1	OCF0	TOV0

当 T/C0~T/C2 溢出中断时，定时/计数器溢出标志(Timer/Counter Overflow Flag)位 TOV0~TOV2 置位，且 SREG 的位 I 置位时，溢出中断服务器程序得以执行。

当 T/C0、T/C2 输出比较匹配中断时，输出比较匹配标志(Output Compare Flag)位 OCF0、OCF2 置位，且 SREG 的位 I 置位时，中断服务器程序得以执行。

外部引脚 ICP1 出现捕获事件时 T/C1 输入捕获标志(Input Capture Flag)位 ICF1 置位。此外，当 ICR1 作为计数器的 TOP 值时，一旦计数器值达到 TOP，ICF1 也置位。

当 TCNT1 与 OCR1A 匹配成功时，T/C1 输出比较 A 匹配标志(Output Compare A Match Flag)位 OCF1A 被设为 1。当 TCNT1 与 OCR1B 匹配成功时，T/C1 输出比较 B 匹配标志(Output Compare B Match Flag)位 OCF1B 被设为 1。

3.17 节"TIMER0 控制流水灯"及 3.32 节"EEPROM 读/写与数码管显示"案例中使用了 TIFR 寄存器。

(7) T/C0 控制寄存器——TCCR0(Timer/Counter Control Register)

FOC0	WGM00	COM01	COM00	WGM01	CS02	CS01	CS00

FOC0(Force Output Compare 0)为强制输出比较位。

WGM01/00(Waveform Generation Mode 01/00)为波形产生模式位。

COM01/0(Compare Match Output Mode 1/0)为比较匹配输出模式位。

对它们的详细设置可参阅技术手册文件。

寄存器最后 3 位的 CS02~CS00(Clock Select02~00)为时钟选择位，其设置如下：

— 取值为 000 时，无时钟，T/C0 不工作；

— 取值为 001、010、011、100、101 时，分别对应于 1、8、64、256、1024 分频；

— 取值为 110、111 时表示时钟由 T0 引脚输入，两者分别对应于下降沿/上升沿触发。

(8) T/C0 定时/计数器寄存器——TCNT0(T/C0 Timer/Counter Register)

TCNT0 在预分频时钟或 T0 引脚输入脉冲驱动下计数,TCNT0 的 8 位数据可以直接进行读/写访问。

3.21 节"用工作于计数方式的 T/C0 实现 100 以内的脉冲或按键计数"、3.26 节"用工作于异步模式的 T/C2 控制的可调式数码管电子钟"案例及其他章节共计 20 多个案例中使用了 TCCR0 及 TCNT0 寄存器。

(9) T/C0 输出比较寄存器——OCR0(Output Compare Register)

输出比较寄存器包含一个 8 位的数据,它不间断地与 TCNT0 进行比较,匹配事件可以用来产生输出比较中断,或者用来在 OC0 引脚上产生波形。

(10) T/C1 控制寄存器 A——TCCR1A(Timer/Counter1 Control Register A)

COM1A1	COM1A0	COM1B1	COM1B0	FOC1A	FOC1B	WGM11	WGM10

COM1A1:A0 与 COM1B1:B0 是通道 A、B 的比较输出模式(Compare Output Mode)。FOC1A、FOC1B 分别为通道 A、B 的强制输出比较。

WGM11:10 为波形发生模式,这两位与位于 TCCR1B 寄存器的 WGM13:12 相结合,用 WGM13~WGM10 共 4 位控制计数器的计数序列——计数器计数的上限值和确定波形发生器的工作模式。所支持的模式有普通模式(计数器),比较匹配时清零定时器(CTC)模式及 3 种脉宽调制(PWM)模式。详细设置可参阅技术手册文件。

3.28 节"用 TIMER1 输出比较功能调节频率输出"及 3.29 节"TIMER1 控制的 PWM 脉宽调制器"及其他章节等多个案例中出现了 TCCR1A 寄存器。

(11) T/C1 控制寄存器 B——TCCR1B(Timer/Counter1 Control Register B)

ICNC1	ICES1	—	WGM13	WGM12	CS12	CS11	CS10

ICNC1(Input Capture Noise Canceler 1)置位时使能输入捕获噪声抑制功能,此时外部引脚 ICP1 的输入被滤波。其作用是从 ICP1 引脚(Input Capture Pin)连续进行 4 次采样,如果 4 个采样值都相等,那么信号送入边沿检测器。因此,使能该功能使得输入捕获被延迟了 4 个时钟周期。

ICES1(Input Capture Edge Select)为输入捕获触发沿选择位,选择使用 ICP1 上的哪个边沿触发捕获事件。ICES1 为 0 时选择下降沿触发输入捕获,ICES1 为 1 时选择上升沿触发输入捕获。按照 ICES1 的设置捕获到一个事件后,计数器的数值被复制到输入捕获寄存器 ICR1。捕获事件还会置位 ICF1。如果此时中断使能,输入捕获中断即被触发。

WGM13:12 为波形发生模式,与 TCCR1A 中的 WGM11:10 配合使用。

寄存器最后 3 位的 CS12~CS10 为时钟选择位,其设置如下:

— 取值为 000 时,无时钟,T/C1 不工作;

— 取值为 001、010、011、100、101 时,分别对应于 1、8、64、256、1024 分频;

— 取值为 110、111 时表示时钟由 T1 引脚输入,两者分别对应于下降沿/上升沿触发。

3.24 节"100 000 s 以内的计时程序"及 5.18 节"8×8 LED 点阵屏仿电梯数字滚动显示"等多个案例了出现了 TCCR1B 寄存器。

(12) T/C1 定时/计数器寄存器——TCNT1(T/C1 Timer/Counter Register)

T/C1 的 16 位的数据寄存器 TCNT1 由高 8 位的 TCNT1H 与低 8 位的 TCNT1L 组成,在单片机 GCC 程序中,可以通过对两者独立进行访问来读/写 TCNT1,也可以直接单独访问

TCNT1。

3.20节"TIMER1与TIMER2控制十字路口秒计时显示屏"及5.28节"模拟射击训练游戏"等多个案例中出现了TCNT1寄存器。

(13) 输出比较寄存器1A——OCR1A(Output Compare Register 1 A)

T/C1的16位的输出比较寄存器OCR1A由高8位的OCR1AH与低8位的OCR1AL组成,它与TCNT1寄存器中的计数值进行连续比较,一旦数据匹配即产生一个输出比较中断,或在OC1A引脚生成波形输出。在AVR-GCC程序中,可以通过访问2个8位的寄存器来访问OCR1A,也可以单独直接访问OCR1A。

3.27节"TIMER1定时器比较匹配中断控制音阶播放"、3.29节"TIMER1控制的PWM脉宽调制器"及5.2节"电子琴仿真"、5.24节"带液晶显示的红外遥控调速仿真"等案例使用了OCR1A寄存器。

(14) 输出比较寄存器1B——OCR1B(Output Compare Register 1 B)

T/C1的16位输出比较寄存器OCR1B由高8位的OCR1BH与低8位的OCR1BL组成,OCR1B与TCNT1寄存器中的计数值进行连续比较,一旦数据匹配即产生一个输出比较中断,或在OC1B引脚生成波形输出。该寄存器的访问方法与OCR1A类似。

(15) 输入捕获寄存器1——ICR1(Input Capture Register 1)

16位的ICR1由高8位的ICR1H与低8位的ICR1L组成,当外部引脚ICP1有输入捕获触发信号产生时,计数寄存器TCNT1中的值将写入ICR1,模拟比较器的输出也可用来触发T/C1的输入捕获功能。ICR1的设定值可作为计数器的TOP值。3.25节"用TIMER1输入捕获功能设计的频率计"案例中使用了ICR1寄存器。

(16) T/C控制寄存器——TCCR2(Timer/Counter Control Register 2)

FOC2	WGM20	COM21	COM20	WGM21	CS22	CS21	CS20

FOC2为强制输出比较位,WGM21:20设置波形产生模式,COM21:20设置比较匹配输出模式。CS22:20为时钟选择位,取值为000时无时钟,T/C2不工作;当取值为001~111时,分别对应1、8、32、64、128、256、1024分频。

(17) T/C2定时/计数器寄存器——TCNT2(T/C2 Timer/Counter Register)

通过TCNT2可以直接对T/C2计数器的8位数据进行读/写访问。对TCNT2寄存器的写访问将在下一个时钟阻止比较匹配。在计数器运行的过程中修改TCNT2的数值有可能丢失一次TCNT2和OCR2的比较匹配。

5.9节"高仿真数码管电子钟"及5.10节"1602 LCD显示的秒表"等多个案例中使了TCCR2及TCNT2寄存器。

(18) 输出比较寄存器2——OCR2(Output Compare Register 2)

OCR2包含一个8位的数据,它与计数器数值TCNT2持续进行比较,匹配事件用来产生输出比较中断,或者用来在OC2引脚产生波形。

(19) 异步状态寄存器——ASSR(Asynchronous Status Register)

—	—	—	—	—	AS2	TCN2UB	OCR2UB	TCR2UB

AS2(Asynchronous T/C2)为0时,T/C2由I/O时钟$clk_{I/O}$驱动,AS2为1时,T/C2由连接到TOSC1引脚的晶体振荡器驱动。改变AS2有可能破坏TCNT2、OCR2与TCCR2的内

容。ASSR 寄存器其他位的有关说明可参阅技术手册文件。

3.26 节"用工作于异步模式的 T/C2 控制的可调式数码管电子钟"及 5.9 节"高仿真数码管电子钟"等数个案例中使用了 ASSR 寄存器。

(20) SPI 状态寄存器——SPSR(SPI Status Register)

SPIF	WCOL	—	—	—	—	—	SPI2X

SPIF(SPI Interrupt Flag)为 SPI 中断标志位,串行发送结束后 SPIF 置位。

WCOL 为写碰撞标志位(Write Collision flag),在发送当中对 SPI 数据寄存器 SPDR 写数据将置位 WCOL。WCOL 可以通过先读 SPSR,再紧接着访问 SPDR 来清零。

SPI2X 为 SPI 倍速位(Double SPI Speed Bit)。置位后 SPI 的速度加倍。若为主机,则 SCK 频率可达 CPU 频率的一半。若为从机,则只能保证 $f_{osc}/4$。

(21) SPI 控制寄存器——SPCR(SPI Control Register)

SPIE	SPE	DORD	MSTR	CPOL	CPHA	SPR1	SPR0

SPIE 为 SPI 中断使能位(SPI Interrupt Enable),SPE 为 SPI 使能位,进行任何 SPI 操作之前必须置位 SPE。

DORD 为数据次序位(Data Order),置位时先发送 LSB,否则先发送 MSB。

MSTR 为主/从选择位(Master/Slave Select Bit),置位时选择主机模式,否则为从机模式。

CPOL 设置时钟极性(Clock Polarity),置位表示空闲时 SCK 为高电平,否则为低电平。

CPHA 设置时钟相位(Clock Phase),它决定数据是在 SCK 的起始沿采样还是结束沿采样。

最后 2 位 SPR1 与 SPR0 为 SPI 时钟速率选择位(SPI Clock Rate Select Bit),确定主机的 SCK 速率。SPR1 和 SPR0 对从机没有影响。当 SPR1、SPR0 取值 00、01、10、11 时,SCK=时钟频率 $f_{osc}/4$、/16、/64、/128。如果 SPI 状态寄存器 SPSR 中的倍速位 SPIX2 置位,则 SCK=时钟频率 $f_{osc}/2$、/8、/32、/64。

本书有关 SPI 的案例中,将 SPI 初始化为主机模式的常见函数语句如下:

SPCR |= _BV(SPE) | _BV(MSTR) | _BV(SPR1) | _BV(SPR0);

(22) SPI 数据寄存器——SPDR (SPI Data Register)

8 位的 SPI 数据寄存器 SPDR 为读/写寄存器,用来在通用寄存器和 SPI 移位寄存器之间传输数据。写 SPDR 将启动数据传输,读 SPDR 将读取接收缓冲器。

4.21 节"用带 SPI 接口的 MCP23S17 扩展 16 位通用 I/O 端口"、4.31 节"用 SPI 接口读/写 AT25F1024"等多个案例中使用了上 SPSR、SPCR、SPDR 寄存器。

(23) TWI 数据寄存器——TWDR (TWI Data Register)

TWI 即两线串行接口(Two-Wire Serial Interface)。在发送模式,TWDR 寄存器包含了要发送的字节;在接收模式,TWDR 寄存器包含了接收到的数据。

(24) TWI(从机)地址寄存器——TWAR (TWI Address Register)

TWA6	TWA5	TWA4	TWA3	TWA2	TWA1	TWA0	TWGCE

TWAR 的 TWA6~TWA0 为从机地址,工作于从机模式时,TWI 将根据这个地址进行

响应,主机模式不需要此地址。在多主机系统中,TWAR 需要进行设置以便其他主机访问自己。TWGCE(TWI General Call Recognition Enable)位使能 TWI 广播识别,置位后 MCU 可以识别 TWI 总线广播。

(25) TWI 状态寄存器——TWSR (TWI Status Register)

TWS7	TWS6	TWS5	TWS4	TWS3	—	TWPS1	TWPS0

TWS7~TWS3 为 TWI 状态位,用来反映 TWI 逻辑和总线的状态。从 TWSR 读出的值包括 5 位状态值与 2 位预分频值,检测状态位时应屏蔽预分频位。

AVR-GCC 的头文件<util/twi.h>文件定义了所有的 TWI 状态,形如 TW_MT_xxx 与 TW_MR_xxx 的符号分别表示主机发送与接收,形如 TW_ST_xxx 与 TW_SR_xxx 的符号分别表示从机发送与接收。另外,在<util/twi.h>还有如下定义:

```
#define TW_STATUS_MASK   \
(_BV(TWS7) | _BV(TWS6) | _BV(TWS5) | _BV(TWS4) | _BV(TWS3))
```

即 TW_STATUS_MASK=0B11111000,或 TW_STATUS_MASK=0xF8,将 TWI 状态寄存器 TWSR 与 TW_STATUS_MASK 进行"与"(&)操作即可获取高 5 位的状态码。<util/twi.h>所定义的 TWI 状态宏如下:

```
#define TW_STATUS (TWSR & TW_STATUS_MASK)
```

要在 C 程序中获取 TWI 状态,可直接读取 TW_STATUS。

TWSR 的最低 2 位 TWPS1、TWPS0 为 TWI 预分频位(TWI Prescaler Bits),可以读/写,用于控制比特率预分频因子。取值为 00、01、10、11 时,分别对应于 1、4、16、64 分频。

(26) TWI 控制寄存器——TWCR (TWI Control Register)

TWINT	TWEA	TWSTA	TWSTO	TWWC	TWEN	—	TWIE

TWI 控制寄存器 TWCR 用来控制 TWI 操作。它用来使能 TWI,通过施加 START 到总线上来启动主机访问、产生接收器应答、产生 STOP 状态以及在写入数据到 TWDR 寄存器时控制总线的暂停等。这个寄存器还可以给出在 TWDR 无法访问期间,试图将数据写入到 TWDR 而引起的写入冲突信息。

TWINT 为 TWI 中断标志位(TWI Interrupt Flag Bit),当 TWI 完成当前工作,希望应用程序介入时 TWINT 置位。若 SREG 的 I 标志以及 TWIE 标志也置位,则 MCU 执行 TWI 中断例程。

当 TWINT 置位时,SCL 信号的低电平被延长。TWINT 标志的清零必须通过软件写 1 来完成。执行中断时硬件不会自动将其改写为 0。要注意的是,只要这一位被清零,TWI 立即开始工作。因此,在清零 TWINT 之前一定要首先完成对地址寄存器 TWAR、状态寄存器 TWSR 以及数据寄存器 TWDR 的访问。

TWEA(TWI Enable Acknowledge)控制应答脉冲的产生。若 TWEA 置位,则以下条件出现时接口发出 ACK 脉冲:

① 器件的从机地址与主机发出的地址相符合;

② TWAR 的 TWGCE 置位时接收到广播呼叫;

③ 在主机/从机接收模式下接收到一个字节的数据。

将 TWEA 清零可以使器件暂时脱离总线。置位后器件重新恢复地址识别。

TWSTA 为 TWI 启始状态位(TWI START Condition Bit)。当 CPU 希望自己成为总线上的主机时需要置位 TWSTA。TWI 硬件检测总线是否可用。若总线空闲,接口就在总线上产生 START 状态。若总线忙,接口就一直等待,直到检测到一个 STOP 状态,然后产生 START 以声明自己希望成为主机。发送 START 之后软件必须清零 TWSTA。

TWSTO 为 TWI 停止状态位(TWI STOP Condition Bit)。在主机模式下,如果置位 TWSTO,TWI 接口将在总线上产生 STOP 状态,然后 TWSTO 自动清零。在从机模式下,置位 TWSTO 可以使接口从错误状态恢复到未被寻址的状态。此时总线上不会有 STOP 状态产生,但 TWI 返回一个定义好的未被寻址的从机模式且释放 SCL 与 SDA 为高阻态。

TWWC 为 TWI 写碰撞标志(TWI Write Collision Flag)。当 TWINT 为低时写数据寄存器 TWDR 将置位 TWWC。当 TWINT 为高时,每一次对 TWDR 的写访问都将更新此标志。

TWEN 位用于使能 TWI 操作(TWI Enable)及激活 TWI 接口。当 TWEN 位置为 1 时,TWI 将 I/O 引脚切换到 SCL 与 SDA 引脚,使能波形斜率限制器与尖峰滤波器。如果该位清零,TWI 接口模块将被关闭,所有 TWI 传输将被终止。

TWIE 位用于使能 TWI 中断(TWI Interrupt Enable),当 SREG 的 I 以及 TWIE 置位时,只要 TWINT 为 1,TWI 中断即被激活。

以下是本书所有 TWI 接口器件的通用操作宏定义:

```
#define Wait()        while ((TWCR & _BV(TWINT)) == 0)
#define START()       {TWCR = _BV(TWINT) | _BV(TWSTA) | _BV(TWEN); Wait();}
#define STOP()        (TWCR = _BV(TWINT) | _BV(TWSTO) | _BV(TWEN))
#define WriteByte(x)  {TWDR = (x);TWCR = _BV(TWINT) | _BV(TWEN); Wait(); }
#define ACK()         (TWCR |= _BV(TWEA))
#define NACK()        (TWCR &= ~_BV(TWEA))
#define TWI()         {TWCR = _BV(TWINT) | _BV(TWEN); Wait(); }
```

除 WriteByte(x) 以外的所有宏定义全部与 TWI 控制寄存器 TWCR 相关。

4.22 节"用 TWI 接口控制 MAX6953 驱动 4 片 5×7 点阵显示器"、4.32 节"用 TWI 接口读/写 24C04"等数个案例中使用了与上述 TWI 接口操作相关的寄存器。

(27) TWI 比特率寄存器——TWBR (TWI Bit Rate Register)

8 位的 TWI 比特率寄存器用于设置比特率发生器分频因子。比特率发生器是一个分频器,在主机模式下产生 SCL 时钟频率,其计算公式如下:

$$\text{SCL 频率} = \text{CPU 时钟频率}/[16 + 2(\text{TWBR}) \times 4^{\text{TWPS}}]$$

其中 TWPS 是状态寄存器 TWSR 中由 TWPS1、TWSP0 设置的预分频值。本书案例中未设置 TWBR,其默认值为 0x00,TWSR 中的 TWPS1、TWSP0 也默认为 00,因此有:

$$\text{SCL 频率} = \text{CPU 时钟频率}/16$$

(28) USART 波特率寄存器——UBRR(USART Baud Rate Registers)

URSEL	—	—	—	UBRR[11:8]			
UBRR[7:0]							

16 位的 UBRR 由 UBRRH 与 UBRRL 构成,其中 UBRRH 包含了 USART 波特率的高 4

位,UBRRL 包含了低 8 位。波特率的改变将造成正在进行的数据传输受到破坏,写 UBRRL 将立即更新波特率分频器。

UBRRH 的最高位 UBSEL 为寄存器选择位,通过该位选择访问 UCSRC 寄存器或 UBRRH 寄存器,因为 UBRRH 与 UCSRC 具有相同的地址。读 UBRRH 时该位为 0,写 UBRRH 时,URSEL 要置为 0。

异步正常模式的 UBRR 计算公式为:

$$UBRR = f_{osc}/16/BAUD - 1;$$

异步倍速模式(U2X=1)的 UBRR 计算公式为:

$$UBRR = f_{osc}/8/BAUD - 1;$$

同步主机模式的 UBRR 计算公式为:

$$UBRR = f_{osc}/2/BAUD - 1;$$

(29) USART I/O 数据寄存器——UDR (USART Data Registers)

USART 发送数据缓冲寄存器和 USART 接收数据缓冲寄存器共享相同的 I/O 地址,称为 USART 数据寄存器或 UDR。将数据写入 UDR 时实际操作的是发送数据缓冲器存器(TXB),读 UDR 时实际返回的是接收数据缓冲寄存器(RXB)的内容。

(30) USART 控制和状态寄存器 A——UCSRA(USART Control and Status Register A)

RXC	TXC	UDRE	FE	DOR	PE	U2X	MPCM

RXC 与 TXC 分别为 USART 接收结束(Receive Complete)和发送结束(Transmit Complete)标志位,可分别用于产生接收结束中断和发送结束中断。

UDRE 为 USART 数据寄存器空标志(USART Data Register Empty flag),用于指出发送缓冲器(UDR)是否准备好接收新数据。UDRE 为 1 说明缓冲器为空,已准备好进行数据接收。UDRE 标志可用来产生数据寄存器空中断。复位后 UDRE 置位,表明发送器已经就绪。

U2X 为倍速发送位(Double the USART Transmission Speed Bit),这一位仅对异步操作有影响。使用同步操作时将此位清零。此位置 1 可将波特率分频因子从 16 降到 8,将异步通信模式的传输速率倍增。

其他寄存器位的说明可参考 ATmega16 的技术手册文件。

(31) USART 控制和状态寄存器 B——UCSRB(USART Control and Status Register B)

RXCIE	TXCIE	UDRIE	RXEN	TXEN	UCSZ2	RXB8	TXB8

RXCIE 与 TXCIE 分别为接收结束中断使能位(RX Complete Interrupt Enable Bit)与发送结束中断使能位(TX Complete Interrupt Enable Bit)。

UDRIE 为 USART 数据寄存器空中断使能位(USART Data Register Empty Interrupt Enable Bit)。

RXEN 与 TXEN 分别使能接收与使能发送。

UCSZ2 为字符长度位 2(Character Size Bit2),它与 UCSRC 寄存器的 UCSZ1:0 结合在一起设置数据帧所包含的数据位数(字符长度)。

RXB8 为接收数据位 8,对 9 位串行帧进行操作时,RXB8 是第 9 个数据位。读取 UDR 包含的低位数据之前首先要读取 RXB8。

TXB8 为发送数据位 8,对 9 位串行帧进行操作时,TXB8 是第 9 个数据位。写 UDR 之前首先要对它进行写操作。

(32) USART 控制和状态寄存器 C——UCSRC(USART Control and Status Register C)

| URSEL | UMSEL | UPM1 | UPM0 | USBS | UCSZ1 | UCSZ0 | UCPOL |

UCSRC 寄存器与 UBRRH 寄存器共用相同的 I/O 地址，寄存器选择位 URSEL 用于选择访问 UCSRC 寄存器或 UBRRH 寄存器。读 UCSRC 时该位为 1，当写 UCSRC 时 URSEL 要置为 1。

UMSEL 为 USART 模式选择位(USART Mode Select Bit)，用于选择同步/异步工作模式。UMSEL 默认为 0，选择异步工作模式，置为 1 时选择同步模式。在同步模式下，PB0(XCK)引脚的数据方向寄存器 DDR_XCK 决定时钟源是由内部产生(主机模式)还是由外部产生(从机模式)，XCK 仅在同步模式下有效。

UPM1、UPM0 用于设置 USART 奇偶校验模式(USART Parity Mode)。

USBS 为停止位设置，取值为 0、1 时，停止位分别为 1、2。USBS 默认为 0，停止位为 1 位。

UCSRC 中的 UCSZ1、UCSZ0 与 UCSRB 中 UCSZ23 的 3 位 UCSZ[2：0]用于设置数据帧包含的数据位数。取值为 000~011 时，分别设置长度为 5、6、7、8 位，100~110 为保留值，取值 111 时设置长度为 9 位。其默认值为 011，设置长度为 8 位。

本书 USART 初始化函数中的常见语句如下：

```
UCSRB = _BV(RXEN) | _BV(TXEN) | _BV(RXCIE);     //允许接收和发送，接收中断使能
UCSRC = _BV(URSEL)|_BV(UCSZ1)|_BV(UCSZ0);       //8 位数据位，1 位停止位(此行可省)
UBRRL = (F_CPU/9600/16 - 1) % 256;              //这两行根据 UBRR 的计算公式
UBRRH = (F_CPU/9600/16 - 1)/256;                //设置波特率 9 600
```

最后两行还可以改写成：

```
UBRRL = (F_CPU/9600/16 - 1) & 0xFF;
UBRRH = (F_CPU/9600/16 - 1) >> 8;
```

AVR - GCC 不允许直接设置 UBRR 寄存器，UBRR＝F_CPU/9600/16－1 这种"最简写法"是不允许的。

对于 UCSRA、UCSRB、UCSRC 及 URBB 寄存器，上述语句设置了除 UCSRA 以外的其他几个寄存器，其中第二行语句对 UCSRC 的设置与默认值相同，该行语句可以省略。如果要进一步设置异步倍速模式，则还需要设置 UCSRA 中的 U2X 位，即：

```
UCSRA |= _BV(U2X);    //异步倍速模式
```

在 USART 程序中，PutChar 函数通过 UDR 发送一个字节数据后，接着执行语句：

```
while(!(UCSRA & _BV(UDRE)));
```

它循环检查 UCSRA 寄存器中的空标志位 UDRE，直到数据缓冲器 UDR 为空(Empty)。

3.34 节"单片机与 PC 机双向串口通信仿真"、4.17 节"2×20 串行字符液晶演示"及 5.25 节"能接收串口信息的带中英文硬字库的 80×16 多汉字点阵显示屏"、5.29 节"PC 机通过 485 远程控制单片机"等多个案例使用了上述 USART 相关寄存器。

通用同步/异步串行接收器和转发器(USART)是一个高度灵活的串行通信设备，当前版

本的 Proteus 中，ATmega16 仅仅能仿真通用异步串行收发器（UART），但对奇偶校验及倍速模式还不支持。对于通用同步串行收发器（USRT）则还完全不能仿真，后续版本会将会实现对同步模式的仿真。

（33）ADC 多工选择寄存器——ADMUX（ADC Multiplexer Selection Register）

REFS1	REFS0	ADLAR	MUX4	MUX3	MUX2	MUX1	MUX0

REFS1 与 REFS0（Reference Selection Bits1～0）为参考电压选择位，这两位的默认值为 00，对应选择 AREF 引脚参考电压，内部 V_{REF} 关闭。

ADLAR（ADC Left Adjust Result）为 ADC 转换结果左对齐选择位，它影响 ADC 转换结果在 ADC 数据寄存器中的存放形式，其取值默认为 0，为右对齐方式，ADLAR 置位时则选择左对齐方式。ADLAR 的改变将立即影响 ADC 数据寄存器的内容，不论是否有转换正在进行。

MUX4～MUX0 为模拟通道与增益选择位（Analog Channel and Gain Selection Bits），通过这 5 位可以选择连接到 ADC 的模拟输入通道，也可对差分通道增益进行选择：

MUX4～MUX0 取值为 00000～00111 可分别选择单端输入通道 ADC0～ADC7。本书 AVR-GCC 程序在选择单端模拟输入通道时，直接使用 ADMUX＝0x00～0x07，或使用 ADMUX＝ch，其中 INT8U 类型的变量 ch 取值为 8 个 ADC 通道之一（0～7）。

MUX4～MUX0 取值为 01000～11100 用于设置差分通道增益。相关设置可参阅技术手册文件。

（34）ADC 控制和状态寄存器 A——ADCSRA（ADC Control and Status Register A）

ADEN	ADSC	ADATE	ADIF	ADIE	ADPS2	ADPS1	ADPS0

ADEN（ADC ENable）为 ADC 使能位，置位即可启动 ADC，否则 ADC 功能关闭。在转换过程中关闭 ADC 将立即中止正在进行的转换。

ADSC（ADC Start Conversion）为 ADC 开始转换位，在单次转换模式下，ADSC 置位将启动一次 ADC 转换。在连续转换模式下，ADSC 置位将启动首次转换。第一次转换（在 ADC 启动之后置位 ADSC，或者在使能 ADC 的同时置位 ADSC）需要 25 个 ADC 时钟周期，而不是正常情况下的 13 个。第一次转换执行 ADC 初始化的工作。

在转换进行过程中读取 ADSC 的返回值为 1，直到转换结束。ADSC 清零不产生任何动作。

ADATE（ADC Auto Trigger Enable）为 ADC 自动触发使能位，其置位将启动 ADC 自动触发功能。触发信号的上跳沿启动 ADC 转换。触发信号源通过 SFIOR 寄存器的 ADC 触发信号源选择位 ADTS 设置。

ADIF（ADC Interrupt Flag）为 ADC 中断标志，在 ADC 转换结束且数据寄存器被更新后，ADIF 置位。如果 ADIE 及 SREG 中的全局中断使能位 I 也置位，ADC 转换结束中断服务程序即得以执行，同时 ADIF 硬件清零。此外，还可以通过向此标志写 1 来清 ADIF。要注意的是，如果对 ADCSRA 进行读/修改/写操作，那么待处理的中断会被禁止。

ADIE（ADC Interrupt Enable）为 ADC 中断使能位，若 ADIE 及 SREG 的位 I 置位，ADC 转换结束中断即被使能。

ADPS2～ADPS0（ADC Prescaler Select Bits2～0）为 ADC 预分频器选择位，用来确定

XTAL 与 ADC 输入时钟之间的分频因子。取值 000～111 时，分别对应于分频因子：2、2、4、8、16、32、64、128。其中默认值 000 与取值 001 所设置的分频因为子都是 2。

(35) ADC 数据寄存器——ADCL 及 ADCH (ADC Data Register-ADCL and ADCH)

当 ADLAR＝0 时，ADCL 与 ADCH 的数据默认为右对齐，其格式如下：

—	—	—	—	—	—	ADC9	ADC8
ADC7	ADC6	ADC5	ADC4	ADC3	ADC2	ADC1	ADC0

当 ADLAR＝1 时，ADCL 与 ADCH 的数据选择左对齐，其格式如下：

ADC9	ADC8	ADC7	ADC6	ADC5	ADC4	ADC3	ADC2
ADC1	ADC0	—	—	—	—	—	—

ADC 转换结束后，转换结果存放于这 2 个寄存器之中。如果采用差分通道，结果由 2 的补码形式表示。读取 ADCL 之后，ADC 数据寄存器一直要等到 ADCH 也被读出才可以进行数据更新。因此，如果转换结果为左对齐，且要求的精度不高于 8-bit，那么仅须读取 ADCH 就足够了。否则必须先读出 ADCL 再读 ADCH。

对于单端通道，转换结果为：$ADC = V_{IN} \times 1024/V_{REF}$。

其中 V_{IN} 为被选中通道的输入引脚电压，V_{REF} 为参考电压。

在差分模式下，结果为：$ADC = (V_{POS} - V_{NEG}) \times GAIN \times 512/V_{REF}$。

其中，V_{POS} 为输入引脚正电压，V_{NEG} 为输入引脚负电压，GAIN 为选定的增益因子。

在 AVR-GCC 程序中，可以使用下面的语句读取转换结果：

```
Result = (INT16U)(ADCL + (ADCH << 8));
```

也可以直接读取 ADC 的结果，即"Result＝ADC；"，其中 Result 为 16 位的整型变量。
3.30 节"数码管显示两路 A/D 转换结果"、4.33 节"MPX4250 压力传感器测试"、5.27 节"电子秤仿真设计"等数个案例中使用了上述 ADC 相关寄存器。

(36) 模拟比较器控制和状态寄存器——ACSR (Analog Comparator Control and Status Register)

ACD	ACBG	ACO	ACI	ACIE	ACIC	ACIS1	ACIS0

ACD(Analog Comparator Disable)为模拟比较器禁用位，ACD 置位时，模拟比较器的电源被切断。可以在任何时候设置此位来关掉模拟比较器，这可以减少器件工作模式及空闲模式下的功耗。改变 ACD 位时，必须清零 ACSR 寄存器的 ACIE 位来禁止模拟比较器中断。否则 ACD 改变时可能会产生中断。

ACBG(Analog Comparator Bandgap Select)选择模拟比较器的能隙基准源，ACBG 置位后，模拟比较器的正极输入由能隙基准源所取代。否则，AIN0 连接到模拟比较器的正极输入。

ACO(Analog Comparator Output)为模拟比较器输出位，模拟比较器的输出经过同步后直接连到 ACO。同步机制引入了 1～2 个时钟周期的延时。

ACI(Analog Comparator Interrupt Flag)为模拟比较器中断标志位，当比较器的输出事件触发了由 ACIS1 及 ACIS0 定义的中断模式时，ACI 置位。如果 ACIE 和 SREG 寄存器的全局中断标志 I 也置位，那么模拟比较器中断服务程序即得以执行，同时 ACI 被硬件清零。

ACI 也可以通过写 1 来清零。

ACIE(Analog Comparator Interrupt Enable)为模拟比较器中断使能位,当 ACIE 置 1 且状态寄存器中的全局中断标志 I 也被置位时,模拟比较器中断被激活。否则中断被禁止。

ACIC(Analog Comparator Input Capture Enable)为模拟比较器输入捕捉使能位,ACIC 置位后允许通过模拟比较器来触发 T/C1 的输入捕捉功能。此时比较器的输出被直接连接到输入捕捉的前端逻辑,从而使得比较器可以利用 T/C1 输入捕捉中断逻辑的噪声抑制器及触发沿选择功能。ACIC 为 0 时模拟比较器及输入捕捉功能之间没有任何联系。为了使比较器可以触发 T/C1 的输入捕捉中断,定时器中断屏蔽寄存器 TIMSK 的 TICIE1 必须置位。

ACIS1、ACIS0(Analog Comparator Interrupt Mode Select1、0)为模拟比较器中断模式选择位,这两位确定触发模拟比较器中断的事件,所有取值组合如下:

00——比较器输出变化即可触发中断;
01——保留;
10——比较器输出的下降沿产生中断;
11——比较器输出的上升沿产生中断。

3.31 节"模拟比较器测试"案例中使用了 ACSR 寄存器及下面的 SFIOR 寄存器。

(37) 特殊功能 I/O 寄存器——SFIOR(Special Function I/O Register)

ADTS2	ADTS1	ADTS0	—	ACME	PUD	PSR2	PSR10

ADTS2~ADTS0 为 ADC 自动触发源(ADC Auto Trigger Source)选择位,若 ADCSRA 寄存器的 ADATE 置位,ADTS 的值将确定触发 ADC 转换的触发源,否则 ADTS 的设置无任何意义。被选中的中断标志在其上升沿触发 ADC 转换。从一个中断标志清零的触发源切换到中断标志置位的触发源会使触发信号产生一个上升沿。如果此时 ADCSRA 寄存器的 ADEN 为 1,ADC 转换即被启动。切换到连续运行模式(ADTS[2:0]=0)时,即使 ADC 中断标志已经置位也不会产生触发事件。

下面列出的是所有的 ADC 自动触发源选择组合:

000——连续转换模式(默认组合);
001——模拟比较器;
010——外部中断请求 0;
011——定时/计数器 0 比较匹配;
100——定时/计数器 0 溢出;
101——定时/计数器比较匹配 B;
110——定时/计数器 1 溢出;
111——定时/计数器 1 捕捉事件。

ACME 为模拟比较器多路复用器使能(Analog Comparator Multiplexer Enable)位。该位置位且 ADC 处于关闭状态时(ADCSRA 寄存器的 ADEN 为 0),ADC 多路复用器为模拟比较器选择负极输入。当此位为 0 时,AIN1 连接到比较器的负极输入端。

PUD(Pull-Up Disable)为禁用上拉电阻位。置位时,即使将寄存器 DDxn 和 PORTxn 配置为使能上拉电阻({DDxn, PORTxn}=0b01),I/O 端口的上拉电阻也被禁止。

PSR2(PreScaler Reset Timer/Counter2)用于复位预分频 T/C2 预分频器。该位置 1 时

T/C2 预分频器复位。操作完成后,该位被硬件清零,该位写 0 无效。若内部 CPU 时钟作为 T/C2 时钟,该位读为 0。当 T/C2 工作在异步模式时,直到预分频器复位该位保持为 1。

PSR10(PreScaler Reset Timer/Counter1 and Timer/Counter0)用于复位 T/C1 与 T/C0 预分频器,置位时 T/C1 与 T/C0 的预分频器复位。操作完成后这一位由硬件自动清零。写入零时不会引发任何动作。T/C1 与 T/C0 共用同一预分频器,且预分频器复位对 2 个定时器均有影响。该位总是读为 0。

(38) 看门狗定时器控制寄存器——WDTCR(WatchDog Timer Control Register)

—	—	—	WDTOE	WDE	WDP2	WDP1	WDP0

WDTOE(WatchDog Turn-Off Enable)为看门狗关闭使能位,清零 WDE 时必须置位 WDTOE,否则不能禁止看门狗。一旦置位,硬件将在紧接的 4 个时钟周期之后将其清零。

WDE(WatchDog Enable)看门狗使能位,WDE 为 1 时使能看门狗,否则看门狗将被禁止。只有在 WDTOE 为 1 时 WDE 才能清零。

看门狗定时器由独立的 1 MHz 片内振荡器驱动,WDP2～WDP0(Watchdog Timer Prescaler 2～0)用于设置看门狗定时器预分频器,当 VCC=5 V 时,WDP2～WDP0 取值 000～111 所设置的超时值为 16.3 ms、32.5 ms、65 ms、0.13 s、0.26 s、0.52 s、1.0 s、2.1 s。

3.35 节"看门狗应用"案例中,C 程序引入了看门狗头文件<avr/wdt.h>,该头文件提供了以下用于看门狗控制的宏定义:

① wdt_reset() 复位看门狗,它调用看门狗复位汇编指令 WDR(watchdog reset)。

② wdt_disable() 禁止看门狗,它将 WDTCR 寄存器的 WDE 位清零。

③ wdt_enable(value) 配置超时值,并置位 WDE,使能看门狗。其中 value 的取值影响 WDTCR 寄存器的低 3 位 WDP2～WDP0,取值为符号常量 WDTO_15MS、WDTO_30MS、WDTO_60MS、WDTO_120MS、WDTO_250MS、WDTO_500MS、WDTO_1S、WDTO_2S,它们分别对应于 0～7(即 000～111)。这 8 个符号常量分别将超时值设为 15 ms～2 s 的近似值,符号定义中 WDTO 表示看门狗超时值(WatchDog Timeout)。

由于<avr/wdt.h>提供了上述宏定义与超时值符号常量,在 AVR-GCC 程序中不需要直接访问看门狗定时器控制寄存器 WDTCR。

本书案例使用了本节列出的大部分寄存器,通过 AVR 单片机的 C 语言程序设计实训,读者要进一步熟练掌握这些寄存器的应用。

在 AVR Studio 开发环境中,图 1-3 中右边的 I/O 窗口(I/O View)会列出当前 MCU 的所有寄存器及各寄存器位,当用鼠标指针指向寄存器或寄存器位时,会出现相应的提示信息。

另外,在 ATmega 系列各种型号单片机的技术手册文件中,其最后附录有一张寄存器摘要表(Register Summary),其中 ATmega16(L)的寄存器摘要如表 1-3 所列,表中列出了所有寄存器及各寄存器位。该表可进一步方便大家全面了解 ATmega 系列单片机的所有寄存器,以及对各寄存器相关技术细节的阅读与研究。

表 1-3 中的寄存器和大部分寄存器位定义在头文件<iom16.h>中,在访问这些寄存器时,恰当使用所定义的"位"名称可大大提高程序的可读性。

表 1-3 ATmega16 寄存器摘要表

名称	位 7	位 6	位 5	位 4	位 3	位 2	位 1	位 0	手册页码
SREG	I	T	H	S	V	N	Z	C	7
SPH	—	—	—	—	—	SP10	SP9	SP8	10
SPL	SP7	SP6	SP5	SP4	SP3	SP2	SP1	SP0	10
OCR0	T/C0 比较输出寄存器								80
GICR	INT1	INT0	INT2	—	—	—	IVSEL	IVCE	46,66
GIFR	INTF1	INTF0	INTF2	—	—	—	—	—	67
TIMSK	OCIE2	TOIE2	TICIE1	OCIE1A	OCIE1B	TOIE1	OCIE0	TOIE0	80,107,123
TIFR	OCF2	TOV2	ICF1	OCF1A	OCF1B	TOV1	OCF0	TOV0	80,108,123
SPMCR	SPMIE	RWWSB	—	RWWSRE	BLBSET	PGWRT	PGERS	SPMEN	238
TWCR	TWINT	TWEA	TWSTA	TWSTO	TWWC	TWEN	—	TWIE	169
MCUCR	SM2	SE	SM1	SM0	ISC11	ISC10	ISC01	ISC00	30,65
MCUCSR	JTD	ISC2	—	JTRF	WDRF	BORF	EXTRF	PORF	39,66,218
TCCR0	FOC0	WGM00	COM01	COM00	WGM01	CS02	CS01	CS00	78
TCNT0	T/C0(8 位)								80
OSCCAL	振荡器校准寄存器								27
OCDR	片上调试寄存器								214
SFIOR	ADTS2	ADTS1	ADTS0	—	ACME	PUD	PSR2	PSR10	55,82,124,189,207
TCCR1A	COM1A1	COM1A0	COM1B1	COM1B0	FOC1A	FOC1B	WGM11	WGM10	103
TCCR1B	ICNC1	ICES1	—	WGM13	WGM12	CS12	CS11	CS10	106
TCNT1H	T/C1—计数器寄存器高字节								106
TCNT1L	T/C1—计数器寄存器低字节								106
OCR1AH	T/C1—输出比较寄存器 A 高字节								106
OCR1AL	T/C1—输出比较寄存器 A 低字节								106
OCR1BH	T/C1—输出比较寄存器 B 高字节								106
OCR1BL	T/C1—输出比较寄存器 B 低字节								106
ICR1H	T/C1—输入捕获寄存器高字节								106
ICR1L	T/C1—输入捕获寄存器低字节								106
TCCR2	FOC2	WGM20	COM21	COM20	WGM21	CS22	CS21	CS20	120
TCNT2	T/C2(8 位)								120
OCR2	T/C2 输出比较寄存器								121
ASSR	—	—	—	—	AS2	TCN2UB	OCR2UB	TCR2UB	122
WDTCR	—	—	—	WDTOE	WDE	WDP2	WDP1	WDP0	40
UBRRH	URSEL	—	—	—	UBRR[11∶8]				156
UCSRC	URSEL	UMSEL	UPM1	UPM0	USBS	UCSZ1	UCSZ0	UCPOL	154
EEARH	—	—	—	—	—	—	—	EEAR8	17
EEARL	EEPROM 地址寄存器低字节								17

续表 1-3

名称	位 7	位 6	位 5	位 4	位 3	位 2	位 1	位 0	手册页码
EEDR	EEPROM 数据寄存器								17
EECR	—	—	—	—	EERIE	EEMWE	EEWE	EERE	17
PORTA	PORTA7	PORTA6	PORTA5	PORTA4	PORTA3	PORTA2	PORTA1	PORTA0	63
DDRA	DDA7	DDA6	DDA5	DDA4	DDA3	DDA2	DDA1	DDA0	63
PINA	PINA7	PINA6	PINA5	PINA4	PINA3	PINA2	PINA1	PINA0	63
PORTB	PORTB7	PORTB6	PORTB5	PORTB4	PORTB3	PORTB2	PORTB1	PORTB0	63
DDRB	DDB7	DDB6	DDB5	DDB4	DDB3	DDB2	DDB1	DDB0	63
PINB	PINB7	PINB6	PINB5	PINB4	PINB3	PINB2	PINB1	PINB0	63
PORTC	PORTC7	PORTC6	PORTC5	PORTC4	PORTC3	PORTC2	PORTC1	PORTC0	64
DDRC	DDC7	DDC6	DDC5	DDC4	DDC3	DDC2	DDC1	DDC0	64
PINC	PINC7	PINC6	PINC5	PINC4	PINC3	PINC2	PINC1	PINC0	64
PORTD	PORTD7	PORTD6	PORTD5	PORTD4	PORTD3	PORTD2	PORTD1	PORTD0	64
DDRD	DDD7	DDD6	DDD5	DDD4	DDD3	DDD2	DDD1	DDD0	64
PIND	PIND7	PIND6	PIND5	PIND4	PIND3	PIND2	PIND1	PIND0	64
SPDR	SPI 数据寄存器								131
SPSR	SPIF	WCOL	—	—	—	—	—	SPI2X	131
SPCR	SPIE	SPE	DORD	MSTR	CPOL	CPHA	SPR1	SPR0	129
UDR	USART I/O 数据寄存器								152
UCSRA	RXC	TXC	UDRE	FE	DOR	PE	U2X	MPCM	152
UCSRB	RXCIE	TXCIE	UDRIE	RXEN	TXEN	UCSZ2	RXB8	TXB8	153
UBRRL	USART 波特率寄存器低字节								156
ACSR	ACD	ACBG	ACO	ACI	ACIE	ACIC	ACIS1	ACIS0	190
ADMUX	REFS1	REFS0	ADLAR	MUX4	MUX3	MUX2	MUX1	MUX0	204
ADCSRA	ADEN	ADSC	ADATE	ADIF	ADIE	ADPS2	ADPS1	ADPS0	206
ADCH	ADC 数据寄存器高字节								207
ADCL	ADC 数据寄存器低字节								207
TWDR	两线串行接口数据寄存器								170
TWAR	TWA6	TWA5	TWA4	TWA3	TWA2	TWA1	TWA0	TWGCE	171
TWSR	TWS7	TWS6	TWS5	TWS4	TWS3	—	TWPS1	TWPS0	170
TWBR	两线串行接口位率寄存器								169

1.7 中断服务程序

本书案例中使用最频繁的 ATmega16(L)单片机具有 20 个中断源和 1 个复位中断。表 1-4 给出了该单片机完整的中断向量表,处于低地址的中断源具有更高的中断优先级,所有中断源都有独立的中断使能位(Interrupt Enable Bit),当相应的中断使能位和全局中断使能位(SREG 寄存器中的 I 位)置 1 时才允许触发中断,相应的中断服务器程序才能被自动调用。

在 AVR-GCC(4.3.2 及以上版本)开发环境中,中断向量表通过预先确定的名称指向预先定义的中断服务程序,通过中断向量名称可使得中断发生时相应的 ISR 被调用。表 1-4 列出了 ATmega16(L)的所有中断向量名,每个中断向量名都以_vect 结尾(vector,向量)。

表 1-4 ATmega16(L)的中断向量表

向量号	程序地址	中断向量名称	中断定义
1	$000	无	外部引脚电平引发的复位、上电复位、掉电测试复位、看门狗复位以及 JTAG AVR 复位
2	$002	INT0_vect	外部中断请求 0
3	$004	INT1_vect	外部中断请求 1
4	$006	TIMER2_COMP_vect	定时/计数器 2 比较匹配
5	$008	TIMER2_OVF_vect	定时/计数器 2 溢出
6	$00A	TIMER1_CAPT_vect	定时/计数器 1 事件捕获
7	$00C	TIMER1_COMPA_vect	定时/计数器 1 比较匹配 A
8	$00E	TIMER1_COMPB_vect	定时/计数器 1 比较匹配 B
9	$010	TIMER1_OVF_vect	定时/计数器 1 溢出
10	$012	TIMER0_OVF_vect	定时/计数器 0 溢出
11	$014	SPI_STC_vect	SPI 串行传输结束
12	$016	USART_RXC_vect	USART,Rx 结束
13	$018	USART_UDRE_vect	USART 数据寄存器空
14	$01A	USART_TXC_vect	USART,Tx 结束
15	$01C	ADC_vect	ADC 转换结束
16	$01E	EE_RDY_vect	EEPROM 就绪
17	$020	ANA_COMP_vect	模拟比较器
18	$022	TWI_vect	两线串行接口
19	$024	INT2_vect	外部中断请求 2
20	$026	TIMER0_COMP_vect	定时/计数器 0 比较匹配
21	$028	SPM_RDY_vect	保存程序存储器内容就绪

在本书所使用的 AVR-GCC 版本下,所有的中断服务程序都使用宏 ISR()定义,其中 ISR 即中断服务程序(Interrupt Service Routine),也称为中断例程。

下面是某中断服务程序示例:

```
#include <avr/interrupt.h>
ISR(XXX_vect)
{
    //中断发生后要执行的代码
}
```

中断发生后,在执行中断服务程序之前,单片机硬件将清除 SREG 中的全局中断使能标志位 I,后续中断将被禁止,直到该处理程序完成中断处理后退出,从而许可后续中断。显然,此时的中断函数是不能嵌套调用的,而且很多中断本来就不允许嵌套,以免出现无限递归,例如 UART 中断和设为电平触发(level-triggered)方式的外部中断。

在某些情况下,为了避免延误中断处理或为了响应更高优先级的中断事件,可在中断服务程序内最前面使用 sei()开中断,置位 SREG 寄存器的位 I。

使用中断函数内置位 I 的方法,编译程序仍会先生成禁止全局中断的代码。为了不阻塞后续中断的处理,另一种方法是按下面的格式编写中断服务程序:

```
ISR(XXX_vect, ISR_NOBLOCK)
{
    //中断发生后要执行的代码
}
```

其中 ISR_NOBLOCK 表示不阻塞中断处理。

当前版本的 AVR-GCC 还支持共享中断服务程序,编写示例如下:

```
ISR(XXX0_vect)
{
    //中断发生后要执行的代码
}
ISR(XXX1_vect, ISR_ALIASOF(XXX0_vect));
```

第 2 个中断服务程序程序没有语句体,它通过中断别名宏 ISR_ALIASOF 实现对 XXX0_vect 中断服务程序的共享。

第 3 章有关案例中编写了外部中断、定时器溢出中断、比较匹配中断、串行异步接收中断、模拟比较中断、输入捕获中断等中断的服务程序,程序中提供了很详细的注释语句,对这些中断程序的设计要熟练掌握。

1.8 GCC 在 AVR 单片机应用系统开发中的优势

GCC 编译器是一种被广泛使用的 C 编译器,它本是 GNU 项目的一个组成部分。用于开发 AVR 单片机的 GCC 编译器称为 AVR-GCC(也称为 gcc-avr)。

目前,AVR-GCC 可运行于多种主流操作系统,各种不同操作系统平台的开发人员都可以用 AVR-GCC 开发 AVR 单片机 C 程序。AVR-GCC 支持绝大部分的 AVR 单片机,而且受支持的单片机数目还在不断扩展。

使用 AVR-GCC 开发单片机应用程序的优势如下:

➢ 在不了解 AVR 单片机指令系统,仅熟悉单片机存储结构及相关寄存器时就可以开发单片机应用程序;
➢ 寄存器分配和不同存储器寻址及数据类型等细节可由编译器管理;
➢ 程序可分解为多个不同函数,便于进行结构化程序设计,所编写的程序可读性强;
➢ avr-libc 提供了丰富的库函数,数据处理能力、存储器访问能力很强;

> 程序编写及调试时间大大缩短,开发效率远高于汇编语言;
> 通用的 GCC 程序模块很容易植入新的程序项目,可进一步提高开发效率;
> 免费的开发环境可大大降低项目的开发成本。

安装好 WinAVR 以后即可在 Windows 操作系统下开始基于 AVR-GCC 的单片机应用程序开发,WinAVR 提供 Programmers Notepad 用于源程序编辑,Mfile 用于创建或编辑 Makefile 文件。当然,更为方便的是利用 AVR Studio+WinAVR 组合平台开发 AVR 单片机 GCC 程序,这一平台实际上是 AVR Studio 与 AVR-GCC 的组合。在该平台下,Makefile 文件的创建与配置由 AVR Studio 自动完成,程序的编译、调试、下载、仿真等可在一个理想的集成环境中完成。

本书提供了 100 个 AVR 单片机 GCC 程序设计案例,各案例均有完整的 Proteus 仿真电路图及 GCC 程序源代码,通过对这些案例的学习研究、调试、仿真及实训设计,AVR 单片机的 C 程序开发能力一定会得到大幅提高。

第 2 章

Proteus 操作基础

Proteus 是英国 Labcenter 公司开发的电路分析与实物仿真及印制电路板设计软件,可以仿真、分析各种模拟电路与集成电路。系统提供了大量模拟与数字元器件及外部设备,各种虚拟仪器,例如电压表、电流表、示波器、逻辑分析仪、信号发生器等,特别是它具备对单片机及外围电路组成的综合应用系统的交互仿真功能。

目前,Proteus 仿真系统支持的主流单片机有 ARM7(LPC21xx)、8051/52 系列、AVR 系列、PIC10/12/16/18/24 系列、HC11 系列等,它支持的第三方软件开发、编译和调试环境有 Keil μVision2/3、MPLAB、AVR Studio 等。

2.1 Proteus 操作界面简介

Proteus 主要由 ISIS 和 ARES 两部分组成,ISIS 的主要功能是原理图设计、与电路原理图的交互仿真,ARES 主要用于印制电路板设计。

ISIS 提供的 Proteus VSM(Virtual System Modelling)实现了混合式的 SPICE(Simulation Program with Integrated Circuit Emphasis)电路仿真,它将虚拟仪器、高级图表应用、单片机仿真、第三方程序开发与调试环境有机结合,在搭建硬件模型之前即可在 PC 上完成原理图设计、电路分析与仿真以及单片机程序实时仿真、测试及验证。

图 2-1 是 Proteus ISIS 7.5 操作界面,窗体左边是由 3 个部分组成的模式选择工具栏,主要包括主模式图标、部件模式图标和二维图形模式图标。下面给出了这些模式图标功能的简要说明。

(1) 主模式图标

选择模式(Selection Mode)——在选取仿真电路图中的元件等对象时使用该图标模式;

元器件模式(Component Mode)——用于打开元件库选取各种元器件;

连接点模式(Junction Dot Mode)——用于在电路中放置连接点;

连线标签模式(Wird Label Mode)——用于放置或编辑连线标签;

文本脚本模式(Text Script Mode)——用于在电路中输入或编辑文本;

总线模式(Buses Mode)——用于在电路中绘制总线;

子电路模式(Subcircuit Mode)——用于在电路中放置子电路框图或放置子电路元器件。

(2) 部件模式图标

终端模式(Terminals Mode)——提供各种终端,如输入、输出、电源、地等;

设备引脚模式(Device Pins Mode)——提供 6 种常用的元件引脚;

图形模式(Graph Mode)——列出可供选择的各种仿真分析所需要的图表，如模拟分析图表、数字分析图表、频率响应图表等；

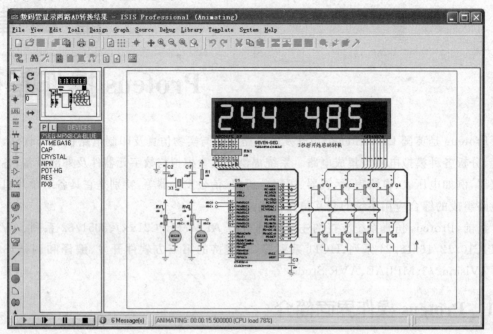

图 2-1 Proteus ISIS7.5 操作界面

磁带记录器模式(Tape Recorder Mode)——对原理图分析分割仿真时用来记录前一步的仿真输出，作为下一步仿真的输入；

发生器模式(Generator Mode)——用于列出可供选择的模拟和数字激励源，例如正弦波信号、数字时钟信号及任意逻辑电平序列等；

电压探针模式(Voltage Probe Mode)——用于记录模拟或数字电路中探针处的电压值；

电流探针模式(Current Probe Mode)——用于记录模拟电路中探针处的电流值；

虚拟仪器(Virtual Instruments Mode)——提供的虚拟仪器有示波器、逻辑分析仪、虚拟终端、SPI 调试器、I^2C 调试器、直流与交流电压表、直流与交流电流表。

(3) 二维图形模式图标

直线模式(2D Graphics Line Mode)——用于在创建元件时绘制直线，或者直接在原理图中绘制直线；

框线模式(2D Graphics Box Mode)——用于在创建元件时绘制矩形框，或者直接在原理图中绘制矩形框；

圆圈模式(2D Graphics Circle Mode)——用于在创建元件时绘制圆圈，或者直接在原理图中绘制圆圈；

封闭路径模式(2D Graphics Close Path Mode)——用于在创建元件时绘制任意多边形，或者直接在原理图中绘制多边形；

文本模式(2D Graphics Text Mode)——用于在原理图中添加说明文字；

符号模式(2D Graphics Symbol Mode)——用于从符号库中选择各种元件符号；

标记模式（2D Graphics Markers Mode）——用于在创建或编辑元器件、符号、终端、引脚时产生各种标记图标。

以上介绍了 Proteus 模式工具栏中的各种操作模式图标，紧挨着模式工具栏的另一工具栏上有对象旋转与镜像按钮，其右边的两个小窗口分别是预览窗口和对象选择窗口。预览窗口显示的是当前仿真电路的缩略图；对象选择窗口中列出的是当前仿真电路中用到的所有元件、可用的所有终端、所有虚拟仪器等，当前所显示的可选择对象与当前所选择的操作模式图标对应。

Proteus 主窗体右边的大面积区域是仿真电路原理图（Schematic）编辑窗口，仿真电路原理图的设计与编辑将在 2.2 节中介绍。Proteus 主窗体最下面还有仿真运行、暂停及停止等控制铵钮。

2.2 仿真电路原理图设计

本书案例以 ATmega 系列单片机为核心，在设计原理图时根据当前电路复杂程度和特定要求，可在 Proteus 提供的模板中选择恰当的模板进行设计。打开模板时可单击"文件"→"新建设计"（File→New Design）菜单命令打开"创建新设计"（Create New Design）对话框，然后选择相应模板。直接单击工具栏上的"新文件"（New File）按钮时，Proteus 会以默认模板建立原理图文件，调整图纸大小或样式时可单击"系统"→"设置图纸尺寸"（System→Set Paper Size）菜单进行设置，默认图纸背景是灰色的，如果需要改成本书所有案例使用的白色，可单击"模板"→"设置设计默认值"（Template→Set Design Default）菜单命令，将对话框中的"图纸颜色"（Paper Colour）改成白色。

创建空白文件后，建议在开始后续操作之前先将 DSN 文件保存到指定位置，然后向图纸中添加元件。单击模式工具栏上的元件模式（Component Mode）图标，对象选择窗口上会显示出设备（DEVICE）。对于空白 DSN 文件，对象选择器中不会显示任何元件。这时可单击"P"（Pick）按钮打开图 2-2 所示的元件选择窗口，在元件库中选择各种模拟元件、数字芯片、微控制器、光电元件、机电元件、显示器件等，2.3 节会给出元件的分类介绍。

放置在图纸中的所有元件旁边都会出现 TEXT，单击"模板/设置设计默认值"菜单，在打开的窗口中取消选择"显示隐藏文本"（Show hidden text?）可快速隐藏所有<TEXT>。

放置元件后，用左键或右键单击都可以选中元件，在元件上双击可打开元件属性窗口，先单击右键再单击左键也可以打开属性窗口，右键双击则会删除元件。主工具栏上还提供了在当前电路图内块复制（Block Copy）、块移动（Block Move）元件或子电路的红绿色相间的工具按钮，对于选取的块电路通过右键菜单"复制到剪贴板"（Copy to Clipboard）可以很方便地将部分或全部电路或元件复制到其他 DSN 文件中。

放置元件后即可开始连线。当鼠标指向连线的起始引脚时，在起始引脚上会出现红色小方框，这时单击，然后移动鼠标指向终点引脚再单击，连线即成功完成。如果连线过程中要按自己的要求拐弯时，只需在移动鼠标的路径上单击要拐弯的地方即可。移动鼠标时还可以配合 CTRL 按键，这样的连线会保持水平或垂直。

如果电路中并行的连线较多或连接线路较长，这时可以使用模式工具栏中的总线模式

(Buses Mode)图标绘制总线。绘制总线后,将起点出发的连线和到终点的连线都连接到总线上。需要注意的是,这样连线时必须给各连线加上标签(Label),标有同名标签的连线被认为是连通的,加标签时可直接在连线上右击,选"Place Wire Label"命令,或先单击模式工具栏中的标签模式(Label Mode)图标,然后用鼠标指向连线,在连线上出现"×"号时单击,在弹出的对话框中输入标签即可。

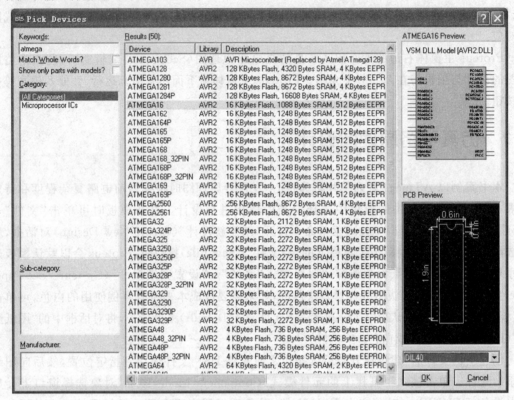

图 2-2 元件选择窗口

对于连接到总线的同样长度与形状的连线,可先绘制好其中一条,绘制其他连线时只需要双击新的起点即可。

本书大量案例电路使用了总线,对于连接到总线的双方要进行同名对等标记,如果这些标记全部用逐个添加 Label 的方法完成,将会浪费很多时间。为了实现快速标记,Proteus 提供了专门的属性赋值工具(Property Assignment Tool)。操作方法如下:

按下键盘 A 键或单击菜单"Tools/ Property Assignment Tool"打开图 2-3 所示窗口,在 String 文本框中输入"NET=D#",Count 默认为 0,Increment 默认为 1,然后单击 OK。接下来将鼠标指向连接到总线的任意一条连线时,指针旁边将出现绿色的"="号,依次单击这些连线时,它们会被分别标上 D0、D1、D2…。显然,D#中的"#"号初值为 Count,在单击过程中不断递增 1。

有的案例中与总线的连线太多且连线距离较长,电路显得非常复杂,通过属性赋值工具逐一单击输入 Label 的工作量也很大,例如 5.25 节"能接收串口信息的带中英文硬字库的 80×16 点阵显示屏"案例。为简化连线并快速标记,该案例使用了大量的默认连接端子(TERMI-

NALS/DEFAULT)。假设某 8 个端子要赋值为 R0～R7，可先选中这 8 个连接端子，然后打开属性赋值工具窗口输入"NET=R#"，Count 与 Increment 保持为默认值，然后单击 OK，这 8 个端子的名称即可实现一次性快速批量标记。如果要赋值为 R8～R15，Count 应设为 8。如果一组端子标记为 C0～C7，而显示出来的标记为 C7～C0，这时可将 Count 设为 7，然后将 Increment 设为-1，当前版本的 Proteus 不支持根据圈选方向自动设置递增方向。

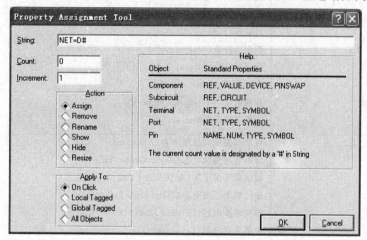

图 2-3 属性赋值窗口

在布线过程还可能会遇到这样的问题：将一个 DSN 文件中的部分元件或子电路复制到另一文件时，粘贴进来的部分无法与电路中已有的元件连线。这是因为两者在绘图时设置的网格分辨率不一样。遇到该问题时，可打开"查看"（View）菜单，在 10th 到 0.5in 之间选择不同的吸附（Snap）分辨率，分辨率越小越便于绘制密集的线条，Proteus 的默认设置是 Snap 100th。

在设计电路原理图过程中，可能会有元件加入 DSN 文件但电路中没有使用该元件，或者曾经使用过，但随后又将其删除了。如果要将这些元件从文件中彻底清除，可执行菜单命令"编辑"→"清理文件中没有用的器件"（Edit→Tidy）。另外，执行"工具"→"材料清单"（Tools→Materials List）命令可以很方便地生成当前案例的所有元件清单。

2.3 元件选择

设计仿真电路时要从元件库中选择所需要的元件，在图 2-2 所示窗口中输入元件名全称或者部分名称，元件拾取窗口会随即进行快速模糊查询。为便于选取元件，表 2-1 给出了 Proteus 提供的所有元件分类与子类，其中 CMOS 系列与 TTL 系列多数子类是相同的，本表将它们列在同一行中。

表 2-1　Proteus 提供的所有元件分类及子类

元件分类	元件子类
所有分类(All Categories)	无子类
模拟芯片(Analogy ICs)	放大器(Amplifiers) 比较器(Comparators) 显示驱动器(Display Drivers) 过滤器(Filters) 数据选择器(Multiplexers) 稳压器(Regulators) 定时器(Timers) 基准电压(Voltage References) 杂类(Miscellaneous)
电容(Capacitors)	可动态显示充放电电容(Animated) 音响专用轴线电容(Audio Grade Axial) 轴线聚苯烯电容(Axial Lead Polypropene) 轴线聚苯乙烯电容(Axial Lead Polypropene) 陶瓷圆片电容(Ceramic Disc) 去耦片状电容(Decoupling Disc) 普通电容(Generic) 高温径线电容(High Temp Radial) 高温轴线电解电容(High Temperature Axial Electrolytic) 金属化聚酯膜电容(Metallised Polyester Film) 金属化聚烯电容(Metallised Ploypropene) 金属化聚烯膜电容(Metallised Ploypropene Film) 小型电解电容(Miniture Electrolytic) 多层金属化聚酯膜电容(Multilayer Metallised Polyester Film) 聚脂膜电容(Mylar Film) 镍栅电容(Nickel Barrier) 无极性电容(Non Polarised) 聚脂层电容(Polyester Layer) 径线电解电容(Radial Electrolytic) 树脂蚀刻电容(Resin Dipped) 钽珠电容(Tantalum Bead) 可变电容(Variable) VX 轴线电解电容(VX Axial Electrolytic)
连接器(Connectors)	音频接口(Audio) D 型接口(D-Type) 双排插座(DIL) 插头(Header Blocks) PCB 转接器(PCB Transfer) 带线(Ribbon Cable) 单排插座(SIL) 连线端子(Terminal Blocks) 杂类(Miscellaneous)

续表 2-1

元件分类	元件子类
所有分类(All Categories)	无子类
数据转换器(Data Converters)	模/数转换器(A/D Converters) 数/模转换器(D/A Converters) 采样保持器(Sample & Hold) 温度传感器(Temperature Sensors)
调试工具(Debugging Tools)	断点触发器(Breakpoint Triggers) 逻辑探针(Logic Probes) 逻辑激励源(Logic Stimuli)
二极管(Diodes)	整流桥(Bridge Rectifiers) 普通二极管(Generic) 整流管(Rectifiers) 肖特基二极管(Schottky) 开关管(Switching) 隧道二极管(Tunnel) 变容二极管(Varicap) 齐纳击穿二极管(Zener)
ECL 10000 系列 (ECL 10000 Series)	各种常用集成电路
机电(Electromechanical)	各类直流和步进电机
电感(Inductors)	普通电感(Generic) 贴片式电感(SMT Inductors) 变压器(Transformers)
拉普拉斯变换(Laplace Primitives)	一阶模型(1st Order) 二阶模型(2st Order) 控制器(Controllers) 非线性模式(Non-Linear) 算子(Operators) 极点/零点(Poles/Zones) 符号(Symbols)
存储芯片(Memory ICs)	动态数据存储器(Dynamic RAM) 电可擦除可编程存储器(EEPROM) 可擦除可编程存储器(EPROM) I^2C 总线存储器(I^2C Memories) SPI 总线存储器(SPI Memories) 存储卡(Memory Cards) 静态数据存储器(Static Memories)

续表 2-1

元件分类	元件子类
所有分类(All Categories)	无子类
微处理器芯片(Microprocessor ICs)	68000 系列(68000 Family) 8051 系列(8051 Family) ARM 系列(ARM Family) AVR 系列(AVR Family) Parallax 公司微处理器(BASIC Stamp Modules) HCF11 系列(HCF11 Family) PIC10 系列(PIC10 Family) PIC12 系列(PIC12 Family) PIC16 系列(PIC16 Family) PIC18 系列(PIC18 Family) Z80 系列(Z80 Family) CPU 外设(Peripherals)
杂项(Miscellaneous)	含天线、ATA/IDE 硬盘驱动模型、单节与多节电池、串行物理接口模型、晶振、动态与通用保险、模拟电压与电流符号、交通信号灯
建模源(Modelling Primitives)	模拟(仿真分析)(Analogy(SPICE)) 数字(缓冲器与门电路)(Digital(Buffers & Gates)) 数字(杂类)(Digital(Miscellaneous)) 数字(组合电路)(Digital(Combinational)) 数字(时序电路)(Digital(Sequential)) 混合模式(Mixed Mode) 可编程逻辑器件单元(PLD Elements) 实时激励源(Realtime(Actuators)) 实时指示器(Realtime(Indictors))
运算放大器(Operational Amplifiers)	单路运放(Single) 二路运放(Dual) 三路运放(Triple) 四路运放(Quad) 八路运放(Octal) 理想运放(Ideal) 大量使用的运放(Macromodel)
光电子类器件(Optoelectronics)	七段数码管(7-Segment Displays) 英文字符与数字符号液晶显示器(Alphanumeric LCDs) 条形显示器(Bargraph Displays) 点阵显示屏(Dot Matrix Displays) 图形液晶(Graphical LCDs) 灯泡(Lamp) 液晶控制器(LCD Controllers) 液晶面板显示(LCD Panels Displays) 发光二极管(LEDs) 光耦元件(Optocouplers) 串行液晶(Serial LCDs)

续表 2-1

元件分类	元件子类
所有分类(All Categories)	无子类
可编程逻辑电路与现场可编程门阵列(PLD & FPGA)	无子分类
电阻(Resistors)	0.6 W 金属膜电阻(0.6 W Metal Film)
	10 W 绕线电阻(10 W Wirewound)
	2 W 金属膜电阻(2 W Metal Film)
	2 W 金属膜电阻(2 W Metal Film)
	3 W 金属膜电阻(3 W Metal Film)
	7 W 金属膜电阻(7 W Metal Film)
	通用电阻符号(Generic)
	高压电阻(High Voltage)
	负温度系数热敏电阻(NTC)
	排阻(Resistor Packs)
	滑动变阻器(Variable)
	可变电阻(Varistors)
仿真源(Simulator Primitives)	触发器(Flip-Flops)
	门电路(Gates)
	电源(Sources)
扬声器与音响设备(Speakers & Sounders)	无子分类
开关与继电器(Switchers & Relays)	键盘(Keypads)
	普通继电器(Generic Relays)
	专用继电器(Specific Relays)
	按键与拨码开关(Switchs)
开关器件(Switching Devices)	双端交流开关元件(DIACs)
	普通开关元件(Generic)
	可控硅(SCRs)
	三端可控硅(TRIACs)
热阴极电子管(Thermionic Valves)	二极真空管(Diodes)
	三极真空管(Triodes)
	四极真空管(Tetrodes)
	五极真空管(Pentodes)
转换器(Transducers)	压力传感器(Pressure)
	温度传感器(Temperature)
晶体管(Transistors)	双极性晶体管(Bipolar)
	普通晶体管(Generic)
	绝缘栅场效应管(IGBT/Insulated Gate Bipolar Transistors)
	结型场效应晶体管(JFET)
	金属-氧化物半导体场效应晶体管(MOSFET)
	射频功率 LDMOS 晶体管(RF Power LDMOS)
	射频功率 VDMOS 晶体管(RF Power VDMOS)
	单结晶体管(Unijunction)

续表 2-1

元件分类	元件子类
所有分类(All Categories)	无子类
CMOS 4000 系列 (CMOS 4000 series) TTL 74 系列 (TTL 74 Series) TTL 74 增强型低功耗肖特基系列 (TTL 74ALS Series) TTL 74 增强型肖特基系列 (TTL 74AS Series) TTL 74 高速系列 (TTL 74F Series) TTL 74HC 系列/CMOS 工作电平 (TTL 74HC Series) TTL 74HCT 系列/TTL 工作电平 (TTL 74HCT Series) TTL 74 低功耗肖特基系列 (TTL 74LS Series) TTL 74 肖特基系列 (TTL 74S Series)	加法器(Adders) 缓冲器/驱动器(Buffers & Drivers) 比较器(Comparators) 计数器(Counters) 解码器(Decoders) 编码器(Encoders) 触发器/锁存器(Flip-Flop & Latches) 分频器/定时器(Frequency Dividers & Timers) 门电路/反相器(Gates & Inverters) 数据选择器(Multiplexers) 多谐振荡器(Multivibrators) 振荡器(Oscillators) 锁相环(Phrase-Locked-Loops,PLL) 寄存器(Registers) 信号开关(Signal Switches) 收发器(Transceivers) 杂类逻辑芯片(Misc. Logic)

2.4 仿真运行

完成单片机系统仿真电路图设计后,给案例中的 AVR 单片机绑定程序文件即可开始仿真运行。本书所有案例的 C 程序保存在 AVR-C 文件夹下。为运行生成的 HEX 程序文件,可双击单片机,打开单片机属性窗口(也可以先在单片机上右击,再单击,或者选中单片机后按下 CTRL+E),在 Program Files 项中选择对应的 HEX 文件。

对于需要为外围芯片绑定映象文件(Image file)的案例(例如第 5 章综合设计中 5.20 节"12864LCD 显示 24C08 保存的开机画面"等),可打开相应芯片的属性窗口,在"Image file"中选择对应的 BIN 文件,BIN 文件的创建方法将在相关案例中讨论。给 AVR 单片机的 EEPROM 绑定初始文件时,可先打开单片机属性窗口,找到增强属性(Advanced Properties)下拉框中的 EEPROM 初始内容(Initial Contents of EEPROM),然后选择对应的 BIN 文件。对于编译生成的 ELF 文件,它不能像 BIN 文件那样直接绑定到单片机的 EEPROM。

在仿真电路和程序都没有问题时,单击 Proteus 主窗体下的"运行"(Play)按钮即可仿真运行 AVR 单片机系统,运行过程中可如同在硬件环境下一样与单片机交互。

观察单片机 SRAM、EEPROM 内存数据、24C0X、温度寄存器、时钟芯片等内部数据时,可在案例运行时单击"单步"(Step)或"暂停"(Pasue)按钮,然后在"调试"(Debug)菜单中打开相应目标设备。

如果要观察仿真电路中某些位置的电压或波形等,可向电路中添加虚拟仪器(Virtual Instruments),例如直流电压表(DC voltmeter)、示波器(Oscilloscope)等。如果添加的虚拟仪器(例如虚拟示波器)在系统运行时没有任何显示,可在"调试"菜单中将它们打开。

2.5 Proteus 与 AVR Studio 的联合调试

对于较为复杂的程序,如果运行没有达到预期效果,这时可能需要对 Proteus 与 AVR Studio 进行联合调试。

Proteus 与 AVR Studio 的联合调试和 Proteus 与 Keil μVision 的联合调试不同,后者是同时运行两个软件,两者之间通过套接字进行通信,前者则只需要运行 AVR Studio 4.16 及以上版本,打开当前 AVR-GCC 项目程序,这里以"1602 液晶显示 DS1302 实时实钟.aps"为例,然后执行菜单命令"调试"→"选择平台与设备"(Debug→Select Platform and Device),在如图 2-4 所示窗口中选择调试平台为"Proteus VSM Viewer",在设备中选择"ATmega16",然后确定。这时 AVR Studio 主窗体中会出现 Proteus VSM 窗口,如图 2-5 左边窗口所示。

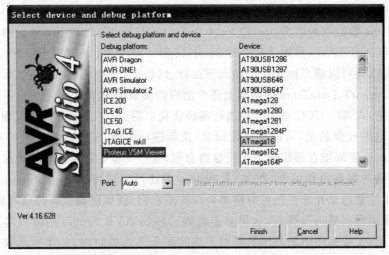

图 2-4 选择调试平台与设备

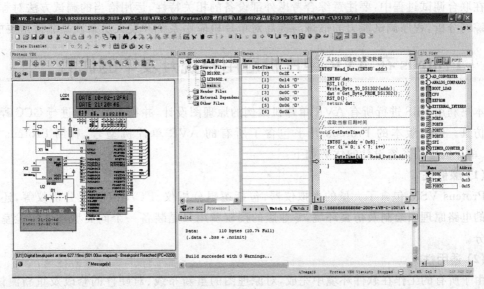

图 2-5 Proteus 与 AVR Studio 联合调试

Proteus VSM Viewer 提供了嵌入式软件开发与电路原理图之间的连接,它使 Proteus 虚拟电路模型可以作为 AVR Studio 的一个插件。该插件使得在 AVR Studio 平台进行软件开发、编译、调试以及与电路原理图进行联合仿真、实现无隙的设计流程成为可能。

单击 Proteus VSM Viewer 中的打开按钮,调入相应的 Proteus 仿真电路图文件(*.DSN),图 2-5 中调入的是"1602 液晶显示 DS1302 实时实钟.DSN"。调入仿真电路以后,单击工具栏上的"开始调试"按钮(Start Debugging),该按钮为绿色三角形。如果要全速运行系统,可接着单击"运行"按钮(Run)或按下快捷键 F5。如果需要观察某些变量的值,可设置断点,在相应变量上右击,选择"添加观察"(Add Watch)。

在图 2-5 所示窗口中,为观察依次读取的 7 个字节:秒、分、时、日、月、星期、年,可首先在 DateTime[i]=Read_Data(addr)的下一行设置断点,设置时先将光标定位于这一行,然后右击选择"设置断点"(Toggle Breakpoint),或直接单击工具栏上设置断点的红色圆形按钮。除使用鼠标设置断点外,还可以使用快捷键 F9。设置断点后,单击"运行"按钮(Run),在 7 次到达断点后,DateTime 数组中的值为:0x2E、0x14、0x15、0x0C、0x02、0x06、0x0A,经转换后它们对应于:(20)10 年 2 月 12 日,星期五,21 时 20 分 46 秒。其中 0x06 对应于星期五(0x06-1)。如果不设置断点,还可以将光标定位于断点所在行,然后 7 次单击工具栏上的"运行到光标处"按钮(Run to Cursor),DateTime 中同样会逐个出现新读取的字节。

要注意的是,AVR-GCC 对源程序进行编译优化以后,某些变量在调试过程中无法观察。如果仍要观察这些变量的值,可取消优化设置,重新进行编译,或在相应变量前添加 volatile,由于当前版本的开发环境在跟踪能力上仍显得有限,某些变量的值可能仍然无法观察。

除以上提到的跟踪操作以外,在 AVR Studio 中还可以使用 Step in、Step out、Step over 等进行跟踪,要注意的是并非在任何时候都可以使用它们,例如键盘矩阵扫描时就不能用单步跟踪,因为程序运行到某一步骤时,如果敲击按键后再到 AVR Studio 中继续单步跟踪,这时按键早已释放了;又如程序中某些函数模拟了访问某个芯片的时序,如果在函数内单步跟踪,这样也会失去对芯片时序的仿真模拟,跟踪也是达不到效果的。

在联合调试过程中,要注意综合考虑外部设备的相关特性,运用恰当的调试方法对程序进行跟踪与分析,程序调试能力的锻炼与提高对单片机应用系统开发人员来说是非常重要的。

2.6 Proteus 在 AVR 单片机应用系统开发中的优势

本书利用 ISIS 进行所有 AVR 单片机案例的原理图设计,并在原理图上进行 GCC 程序调试与仿真。当前版本的 Proteus 几乎包含了所有的 AVR 单片机型号,利用 Proteus 进行 AVR 单片机应用系统设计的优势如下:

(1) 廉价性

Proteus VSM 包含了大量的虚拟仪器,包括逻辑分析仪、I^2C/SPI 协议分析仪等,还包括通用的电路原理图绘制及仿真环境,专业版的授权费用只是装备一个同类型硬件实验室的一小部分。

(2) 适用性

由于所有的工作在软件环境中完成,对原理图的重新布线、对硬件的修改及重新测试,这些都只需要很少的时间。如果要优化设计或对软硬件进行试验,这都可以很快地完成。并且在这样的透明环境中,设计者所作的修改效果可以立即观察到,对硬件的修改如同对软件的修改、验证一样简单和快捷。

(3) 独特性

Proteus VSM 包括大量不能够或不容易在硬件环境中实现的特征,例如:诊断消息(Diagnostic messaging)功能允许访问系统器件,获取所有与组件、外部电路及系统其他部分交互的动态报告文本。

Proteus 仿真引擎可监视整个仿真过程,能够自动给出硬件和软件的错误警告,包括系统器件之间的时序与逻辑冲突、写非法内存地址或破坏硬件堆栈。

Proteus 与系统硬件的交互及对系统测试非常容易且效果明显,例如要测试系统中的温度传感器代码,可简单地调整外围温度并检查硬件程序响应,并将所获取的结果与等效的外围硬件原型环境温度进行比较。

(4) 高效性

利用 Proteus 开发的 AVR 单片机应用系统将非常易于测试、分析与调试,易于修改与校正,从而快速改进系统设计,实现高效开发。

第 3 章

基础程序设计

通过对前 2 章的学习，大家进一步熟悉了 AVR 单片机的基本硬件结构与内部资源，归纳了用 C 语言开发单片机程序必须重点掌握的技术内容，同时还熟悉了 Proteus 的基本操作、Proteus 与 AVR Studio 的联合调试技术等。这为本章及后续章节中 Proteus 环境下 AVR 单片机的 C 语言程序设计案例的学习调试与研究打下了基础。

本章案例涉及 AVR 单片机内部资源的程序设计以及基本外围元件的应用，案例包括 3 个部分：

第一部分包括 3.1～3.13 号案例，涉及基本 I/O 控制，内容包括 LED、数码管、按键、开关与继电器、蜂鸣器等程序设计；

第二部分包括 3.14～3.29 号案例，主要涉及外部中断与定时/计数器程序设计；

第三部分包括 3.30～3.35 号案例，内容涉及模/数转换、模拟比较器、EEPROM 与 Flash 数据访问、看门狗应用及串口控制等。

通过对这些案例的学习研究与跟踪调试，通过对各案例中提出实训目标的独立实践，可以全面掌握 AVR 单片机的 C 语言基础程序设计技术，熟练使用 C 语言控制和运用单片机内部资源，为 AVR 单片机扩展资源的应用以及 AVR 单片机系统的综合设计打下良好的基础。

3.1 闪烁的 LED

本例单片机 PC0 引脚连接 LED，程序按设定的时间间隔在 PC0 引脚不断输出 010101…，使 LED 按固定时间间隔持续闪烁。通过这个案例可以掌握最基本的单片机 C 程序设计与仿真调试方法，以及在后续案例中大量出现的延时函数的用法。案例电路如图 3-1 所示。注意仿真电路中限流电阻 R2 的阻值，未设置或设置过大都可能导致 LED 无法闪烁。

1. 程序设计与调试

本例及后续所有程序都必须添加头文件＜avr/io.h＞，缺少该头文件时将会显示如下编译提示：

```
Build started 10.11.2009 at 09:56:50
avr-gcc.exe  -mmcu=atmega16-Wall-gdwarf-2
-DF_CPU=4000000UL  -O1-fsigned-char-MD-MP-MT LED.o-MF dep/LED.o.d  -c ../LED.c
../LED.c: In function 'main':
../LED.c:15: error: 'DDRC' undeclared (first use in this function)
../LED.c:15: error: (Each undeclared identifier is reported only once
../LED.c:15: error: for each function it appears in.)
```

../LED.c:19: error: `PORTC' undeclared (first use in this function)
../LED.c:19: warning: implicit declaration of function `_BV'
../LED.c:19: error: `PC0' undeclared (first use in this function)
make: *** [LED.o] Error 1

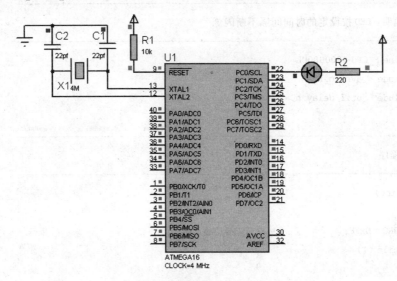

注：按国标⊕应为⊢⊣，下同。

图 3-1 闪烁的 LED

编译显示 DDRC、PORTC、PC0、_BV 均未描述，编译出错。

在 8051 版的案例中，各程序都单独编写了延时函数，由于 AVR-GCC 提供了便于使用的延时函数，本例及后续程序中的延时都可用_delay_ms 和_delay_us 实现。

查看_delay_ms 和_delay_us 延时函数的细节时，可单击 AVRStudio 的菜单 Help/avr-libc Reference Manual（即帮助菜单下的 avr 库函数参考手册），在打开的帮助首页中单击链接 Library Reference，然后在所列出的所有模块（modules）中单击＜util/delay.h＞：Convenience functions for busy-wait delay loops 即可。

需要注意的是：对于不同的版本的 WinAVR，相关头文件的存放位置可能会改变；在使用不同版本的 WinAVR 时需要自行修改相关头文件的路径。

本例电路中，为使单只 LED 持续闪烁，程序首先通过 DDRC 将 PC 端口设为输出（本例将该端口各引脚全部设成了输出），然后对 PORTC 与_BV(PC0)不断进行"异或"操作，其中_BV(PC0)即 00000001（PC0 对应的最低位为 1，其他位为 0），当用 00000001 与 PORTC 执行异或操作时，由于 0 与任何数位异或时都会使对方的值保持不变，1 与任何数位异或时都会使对方取反，这使得 PORTC 的前 7 位始终保持不变，而最低位将不断被取反，从而在该引脚输出 010101…。

另外，本书所有主函数返回值类型均设为 int，主函数声明为 int main()，但主函数末尾的 return 0 或 return 1 等可以省略。

2. 实训要求

① 修改延时参数，改变 LED 的闪烁频率。
② 修改仿真电路与 C 程序，实现对不同端口多个 LED 的闪烁控制。

3. 源程序代码

```
01  //--------------------------------------------------------------
02  //    名称：闪烁的 LED
03  //--------------------------------------------------------------
04  //    说明：LED 按设定的时间间隔不断闪烁
05  //--------------------------------------------------------------
06  #define F_CPU 4000000UL
07  #include <avr/io.h>
08  #include <util/delay.h>
09
10  //--------------------------------------------------------------
11  //    主程序
12  //--------------------------------------------------------------
13  int main()
14  {
15      DDRC = 0xFF;               //PC 端口设为输出
16      while (1)
17      {
18          PORTC ^= _BV(PC0);     //通过异或操作对 PC0 引脚反复取反,输出…01010101
19          _delay_ms(120);        //延时
20      }
21  }
```

3.2 左右来回的流水灯

本例连接 PA 端口的 8 只 LED 左右来回循环滚动点亮,形成走马灯效果。案例电路及部分运行效果如图 3-2 所示。本例重点在于左右移位控制。

1. 程序设计与调试

案例中的 8 只 LED 连接在 PA 端口,根据本例 LED 的连接方向,PA 端口对应位输出 1 时 LED 点亮,反之则熄灭。

对于程序中定义的移动位数变量 b:当 0x01 左移 b 位(即 00000001<<b)时,对应的 LED 位被点亮;当 0x80 右移 b 位(即 10000000>>b)时,对应的 LED 位亦被点亮。无论左移还是右移,当 b 由 0 递增到 7 时即完成一趟单向移动,在 b 等于 8 时即可改变方向。本例中方向由变量 direction 控制,通过修改移动方向并配合应用左移(<<)与右移(>>)操作符即实现了 LED 左右回来的滚动显示效果。

AVR-GCC 的头文件<stdint.h>中有如下定义:

```
typedef signed char          int8_t
typedef unsigned char        uint8_t
typedef signed int           int16_t
typedef unsigned int         uint16_t
```

```
typedef signed long int              int32_t
typedef unsigned long int            uint32_t
typedef signed long long int         int64_t
typedef unsigned long long int       uint64_t
```

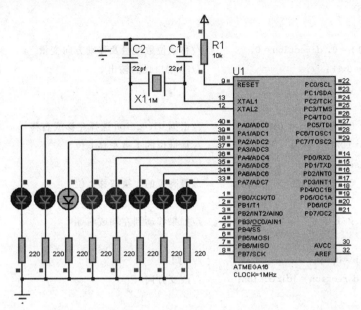

图 3-2 左右来回的流水灯

如果添加头文件＜stdint.h＞,则本例中变量 b 和 direction 可定义为 int8_t 类型,即"int8_t b,direction;"。

本书案例没有引用该头文件,所有代码中的无符号字符类型(即字节类型 BYTE)与无符号整数类型(即字类型 WORD)分别重新定义为 INT8U 与 INT16U。

2. 实训要求

① 程序中将两行 b=0 的语句均改为 b=1 亦可实现左右来回滚动效果,但效果稍有差异,比较差异并思考原因。

② 修改电路并重新编写程序,使 8 只 LED 分成左右两组(每组 4 个),分别实现左右来回滚动显示。

3. 源程序代码

```
01  //------------------------------------------------
02  //    名称：左右来回的流水灯
03  //------------------------------------------------
04  //    说明：LED 按设定的时间左右来回滚动显示
05  //
06  //------------------------------------------------
07  # include <avr/io.h>
08  # include <util/delay.h>
09  # define INT8U   unsigned char
```

```
10    #define INT16U unsigned int
11    //-----------------------------------------------
12    // 主程序
13    //-----------------------------------------------
14    int main()
15    {
16        INT8U b = 0, direction = 0;      //移动位数变量及移动方向变量
17        DDRA = 0xFF;                     //PA端口设为输出
18        while (1)
19        {
20            if (direction == 0)          //根据direction选择左移或右移
21                PORTA = 0x01 << b;       //最低位的1被左移b位
22            else
23                PORTA = 0x80 >> b;       //最高位的1被右移b位
24
25            if( ++b == 8)                //如果移动到左端或右端
26            {
27                b = 0;                   //b归0
28                direction = !direction;  //改变方向
29            }
30            _delay_ms(60);
31        }
32    }
```

3.3 花样流水灯

在3.2节的案例中,LED只能按某种单调的规律显示,无法实现复杂多变的显示花样。本例中两组LED连接在PC和PD端口,它们按自定义的预设花样变换显示。本例电路如图3-3所示。

1. 程序设计与调试

本例将设计的花样预设在两个数组中,它们分别与两组LED对应,各数组中的每个字节对应一种显示组合,程序循环读取数组中的显示组合并送往端口,实现自定义花样的自由显示。

2. 实训要求

① 将本例2个INT8U类型的花样数组合并成1个INT16U类型的数组,请改写程序,要求仍实现本例运行效果。

② 重新设计规划花样数组内容,改变数组大小,实现自定义的花样显示。

③ 在学习调试本章Flash内存数据访问案例后,重新将花样数组存放于Flash存储器,编程实现同样的显示效果。

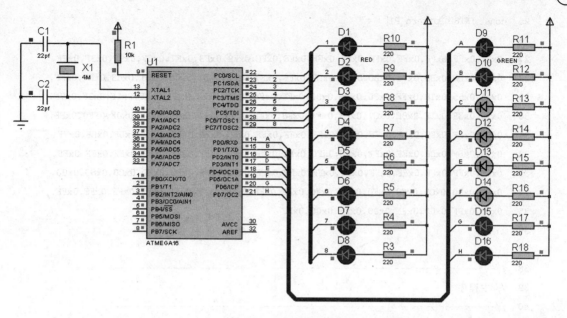

图 3-3 花样流水灯

3. 源程序代码

```
01  //--------------------------------------------------------------
02  //   名称：花样流水灯
03  //--------------------------------------------------------------
04  //   说明：两组 LED 按预设的花样数组变化显示
05  //--------------------------------------------------------------
06  #define F_CPU 4000000UL
07  #include <avr/io.h>
08  #include <util/delay.h>
09  #define INT8U unsigned char
10
11  //两组花样定义
12  const INT8U Pattern_P0[] =
13  {
14  0xFC,0xF9,0xF3,0xE7,0xCF,0x9F,0x3F,0x7F,0xFF,0xFF,0xFF,0xFF,0xFF,0xFF,0xFF,0xFF,
15  0xE7,0xDB,0xBD,0x7E,0xBD,0xDB,0xE7,0xFF,0xE7,0xC3,0x81,0x00,0x81,0xC3,0xE7,0xFF,
16  0xAA,0x55,0x18,0xFF,0xF0,0x0F,0x00,0xFF,0xF8,0xF1,0xE3,0xC7,0x8F,0x1F,0x3F,0x7F,
17  0x7F,0x3F,0x1F,0x8F,0xC7,0xE3,0xF1,0xF8,0xFF,0x00,0x00,0xFF,0xFF,0x0F,0xF0,0xFF,
18  0xFE,0xFD,0xFB,0xF7,0xEF,0xDF,0xBF,0x7F,0xFF,0xFF,0xFF,0xFF,0xFF,0xFF,0xFF,
19  0xFF,0xFF,0xFF,0xFF,0xFF,0xFF,0xFF,0xFF,0x7F,0xBF,0xDF,0xEF,0xF7,0xFB,0xFD,0xFE,
20  0xFE,0xFC,0xF8,0xF0,0xE0,0xC0,0x80,0x00,0x00,0x00,0x00,0x00,0x00,0x00,0x00,
21  0x00,0x00,0x00,0x00,0x00,0x00,0x00,0x00,0x80,0xC0,0xE0,0xF0,0xF8,0xFC,0xFE,
22  0x00,0xFF,0x00,0xFF,0x00,0xFF,0x00,0xFF
23  };
24
```

```
25    const INT8U Pattern_P1[] =
26    {
27        0xFF,0xFF,0xFF,0xFF,0xFF,0xFF,0xFF,0xFE,0xFC,0xF9,0xF3,0xE7,0xCF,0x9F,0x3F,0xFF,
28        0xE7,0xDB,0xBD,0x7E,0xBD,0xDB,0xE7,0xFF,0xE7,0xC3,0x81,0x00,0x81,0xC3,0xE7,0xFF,
29        0xAA,0x55,0x18,0xF0,0x0F,0x00,0xFF,0xF8,0xF1,0xE3,0xC7,0x8F,0x1F,0x3F,0x7F,
30        0x7F,0x3F,0x1F,0x8F,0xC7,0xE3,0xF1,0xF8,0xFF,0x00,0x00,0xFF,0xFF,0x0F,0xF0,0xFF,
31        0xFF,0xFF,0xFF,0xFF,0xFF,0xFF,0xFF,0xFE,0xFD,0xFB,0xF7,0xEF,0xDF,0xBF,0x7F,
32        0x7F,0xBF,0xDF,0xEF,0xF7,0xFB,0xFD,0xFE,0xFF,0xFF,0xFF,0xFF,0xFF,0xFF,0xFF,
33        0xFF,0xFF,0xFF,0xFF,0xFF,0xFF,0xFF,0xFE,0xFC,0xF8,0xF0,0xE0,0xC0,0x80,0x00,
34        0x00,0x80,0xC0,0xE0,0xF0,0xF8,0xFC,0xFE,0xFF,0xFF,0xFF,0xFF,0xFF,0xFF,0xFF,0xFF,
35        0x00,0xFF,0x00,0xFF,0x00,0xFF,0x00,0xFF
36    };
37
38    //-------------------------------------------------------------
39    // 主程序
40    //-------------------------------------------------------------
41    int main()
42    {
43        INT8U i;
44        DDRC = 0xFF;    PORTC = 0xFF;          //配置端口
45        DDRD = 0xFF;    PORTD = 0xFF;
46        while (1)
47        {
48            for(i = 0; i<136; i ++)            //循环显示全部花样字节
49            {
50                PORTC = Pattern_P0[i];         //第一组发送给 PORTC 端口
51                PORTD = Pattern_P1[i];         //第二组发送给 PORTD 端口
52                _delay_ms(80);
53            }
54        }
55    }
```

3.4 LED 模拟交通灯

本例中的 12 只 LED 分成东西向和南北向两组,各组指示灯均有相向的 2 只红色、2 只黄色与 2 只绿色的 LED,程序运行时模拟了十字形路口交通信号灯的红绿灯切换显示及黄灯闪烁显示效果。本例电路如图 3-4 所示。

1. 程序设计与调试

本例源程序最前面用"与"(&)、"或"(|)、"异或"(^)操作符对各路指示灯的开、关、闪烁分别进行操作定义,这样可提高主程序中各指示灯操作代码的可读性。阅读调试本例时重点研究操作的切换方法及延时控制。

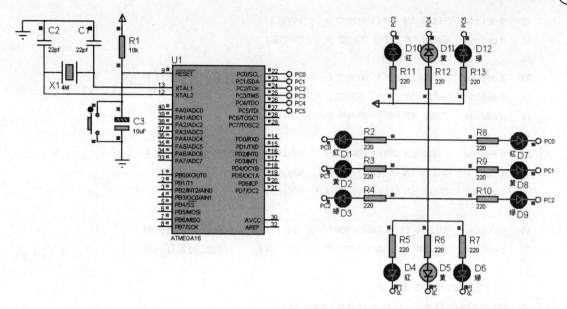

图 3-4 LED 模拟交通灯

2. 实训要求

① 本例将交通指示灯切换时间设置得较短,这样可在调试的时候快速观察到运行效果。在调试运行本例后,重新修改本例程序,模拟实际应用中的交通指示灯切换效果。

② 观察不同路口的指示灯切换效果,重新设计电路与程序进行仿真。

3. 源程序代码

```
01  //-------------------------------------------------------------
02  // 名称:LED模拟交通灯
03  //-------------------------------------------------------------
04  // 说明:东西向绿灯亮若干秒后,黄灯闪烁,闪烁5次后亮红灯
05  //      红灯亮后,南北向由红灯变为绿灯,若干秒后南北向黄灯闪烁
06  //      闪烁5次后亮红灯,东西向绿灯亮,如此往复
07  //      本例将切换时间设得较短,以便快速观察运行效果
08  //
09  //-------------------------------------------------------------
10  #include <avr/io.h>
11  #include <util/delay.h>
12  #define INT8U    unsigned char
13  #define INT16U   unsigned int
14
15  #define    RED_EW_ON()     PORTC &= ~_BV(PC0)    //东西向指示灯开
16  #define    YELLOW_EW_ON()  PORTC &= ~_BV(PC1)
17  #define    GREEN_EW_ON()   PORTC &= ~_BV(PC2)
18
19  #define    RED_EW_OFF()    PORTC |=  _BV(PC0)    //东西向指示灯关
```

```c
20   #define   YELLOW_EW_OFF()  PORTC |=  _BV(PC1)
21   #define   GREEN_EW_OFF()   PORTC |=  _BV(PC2)
22
23   #define   RED_SN_ON()    PORTC &= ~_BV(PC3)    //南北向指示灯开
24   #define   YELLOW_SN_ON() PORTC &= ~_BV(PC4)
25   #define   GREEN_SN_ON()  PORTC &= ~_BV(PC5)
26
27   #define   RED_SN_OFF()   PORTC |=  _BV(PC3)    //南北向指示灯关
28   #define   YELLOW_SN_OFF() PORTC |=  _BV(PC4)
29   #define   GREEN_SN_OFF()  PORTC |=  _BV(PC5)
30
31   #define   YELLOW_EW_BLINK() PORTC ^= _BV(PC1)   //东西向黄灯闪烁
32   #define   YELLOW_SN_BLINK() PORTC ^= _BV(PC4)   //南北向黄灯闪烁
33
34   //闪烁次数,操作类型变量
35   INT8U Flash_Count = 0, Operation_Type = 1;
36   //-------------------------------------------------------------
37   // 交通灯切换子程序
38   //-------------------------------------------------------------
39   void Traffic_Light()
40   {
41       switch (Operation_Type)
42       {
43           case 1:   //东西向绿灯与南北向红灯亮
44               RED_EW_OFF(); YELLOW_EW_OFF(); GREEN_EW_ON();
45               RED_SN_ON();  YELLOW_SN_OFF(); GREEN_SN_OFF();
46               _delay_ms(300);                    //延时
47               Operation_Type = 2;                //下一操作
48               break;
49
50           case 2:   //东西向黄灯开始闪烁,绿灯关闭
51               _delay_ms(300);
52               YELLOW_EW_BLINK();
53               GREEN_EW_OFF();
54               //闪烁 5 次
55               if ( ++Flash_Count != 10) return;
56               Flash_Count = 0;
57               Operation_Type = 3;                //下一操作
58               break;
59
60           case 3:   //东西向红灯与南北向绿灯亮
61               RED_EW_ON();  YELLOW_EW_OFF(); GREEN_EW_OFF();
62               RED_SN_OFF(); YELLOW_SN_OFF(); GREEN_SN_ON();
```

```
63                    //南北向绿灯亮若干秒后切换
64                    _delay_ms(300);
65                    Operation_Type = 4;           //下一种操作类型
66                    break;
67
68            case 4:  //南北向黄灯开始闪烁
69                    _delay_ms(300);
70                    YELLOW_SN_BLINK();
71                    GREEN_SN_OFF();
72                    //闪烁5次
73                    if ( ++Flash_Count != 10) return;
74                    Flash_Count = 0;
75                    Operation_Type = 1;           //回到第一种操作、
76            }
77   }
78
79   //------------------------------------------------------------
80   // 主程序
81   //------------------------------------------------------------
82   int main()
83   {
84        DDRC = 0xFF; PORTC = 0xFF;
85        while(1) Traffic_Light();
86   }
```

3.5 单只数码管循环显示 0～9

本例运行时,电路中的单只共阴数码管循环显示数字 0、1、2、…、7、8、9。学习调试本例时,要首先掌握共阴/共阳数码管的段码设计。案例电路及部分运行效果如图 3-5 所示。

1. 程序设计与调试

本例的单只共阴数码管连接在 PC 端口,当 PORTC 某位设为 1 时,对应数码管段将被点亮。程序中预设了数字 0～9 的共阴数码管段码,0～9 的段码按固定时间间隔由 PORTC 循环输出,形成数字循环显示效果。

本例及后续大量案例中均使用数码管显示数据,数码管段码是相对固定的。本例提供的数码管段码表 SEG_CODE 将在后续案例中继续使用。

2. 实训要求

① 仍使用本例提供的共阴段码表,在单只共阳数码管上滚动显示数字 0～9。
② 将本例段码表改为共阳数码管段码表,改写本例程序,仍实现相同功能。
③ 在 PD 端口再连接 1 只数码管,通过 2 只独立数码管组合实现 00～99 的循环显示。

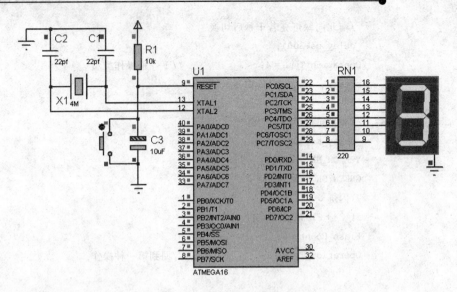

图 3-5　单只数码管循环显示 0～9

3. 源程序代码

```
01  //------------------------------------------------------
02  //  名称：单只数码管循环显示 0～9
03  //------------------------------------------------------
04  //  说明：主程序中的循环语句反复将 0～9 的段码送 PC 口，形成数字 0～9 的
05  //        循环显示
06  //
07  //------------------------------------------------------
08  #include <avr/io.h>
09  #include <util/delay.h>
10  #define INT8U   unsigned char
11  #define INT16U  unsigned int
12
13  //0～9 的共阴数码管段码
14  const INT8U SEG_CODE[] = {0x3F,0x06,0x5B,0x4F,0x66,0x6D,0x7D,0x07,0x7F,0x6F};
15  //------------------------------------------------------
16  // 主程序
17  //------------------------------------------------------
18  int main()
19  {
20      INT8U i = 0;
21      DDRC = 0xFF;                    //PC 端口设为输出
22      while (1)
23      {
24          PORTC = SEG_CODE[i];        //发送数字段码
25          i = (i + 1) % 10;           //数字在 0～9 以内循环
26          _delay_ms(200);
```

```
 27      }
 28  }
```

3.6 8只数码管滚动显示单个数字

本例运行时,单个数字0～7显示在8只集成式数码管的相应位置上。通过本例调试研究后,要熟悉集成式数码管的内部构造与工作原理,为下一案例设计打下基础。本例电路及部分运行效果如图3-6所示。

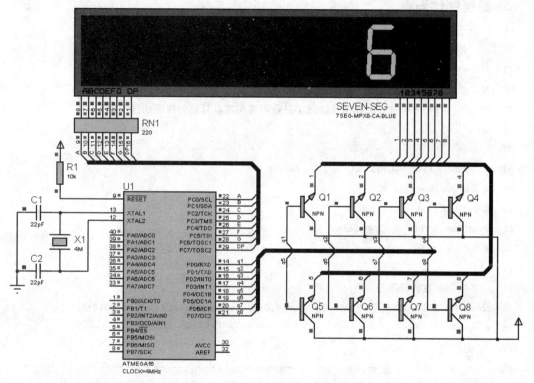

图3-6 8只数码管滚动显示单个数字

1. 程序设计与调试

本例使用了8位集成式七段蓝色共阳数码管(SEG - MPX8 - CA - BLUE),CA表示共阳(Common Anode),若为CC则为共阴(Common Cathode),所有数码管a引脚并联在一起,b、c、d、e、f、g、dp亦分别并联。任何时候发送的段码都会传送给所有数码管的各段,集成式数码管各位共阳极1～8是独立的,共阳极分别与8只NPN三极管射极相连,本例程序运行时,任一时刻仅允许一只数码管的位引脚(共阳极)连接+5 V。当PD端口输出段码时,相应数字就只会显示在某一只数码管上,在依次循环选中8只数码管之一时,即可形成滚动显示效果。

例如要在最左边数码管上显示数字,对于本例中的共阳数码管,其位引脚1要设为1(+5 V),由于使用的是NPN三极管,在PD0为1,即PD端口输出00000001时,第一只三极管导通,对应数码管共阳极连接+5 V。又如,要在第3只数码管上显示数字,PD端口必需输出00000100。

本例for循环中通过PORTD=_BV(i)发送位码,当i取值0~7时,PORTD分别输出位码00000001、00000010、00000100、……、100000000;在输出数字i时,第i只共阳数码管被选通,数字i即显示在第i只数码管上。

2. 实训要求

① 重新修改代码,使单个数字从右向左滚动显示。
② 改用集成式共阴数码管实现同样的显示效果。
③ 尝试改用7407驱动数码管,仍实现本例显示效果。

3. 源程序代码

```
01  //------------------------------------------------------------
02  //   名称:8只数码管滚动显示单个字符
03  //------------------------------------------------------------
04  //   说明:数码管从左到右依次滚动显示 0~7
05  //        程序通过每次仅循环选通1只数码管实现单只数码管滚动显示效果
06  //
07  //------------------------------------------------------------
08  #define F_CPU    4000000UL      //4 MHz
09  #include <avr/io.h>
10  #include <util/delay.h>
11  #define INT8U   unsigned char
12  #define INT16U  unsigned int
13
14  //各数字的数码管段码
15  const INT8U SEG_CODE[] = {0xC0,0xF9,0xA4,0xB0,0x99,0x92,0x82,0xF8,0x80,0x90};
16  //------------------------------------------------------------
17  // 主程序
18  //------------------------------------------------------------
19  int main()
20  {
21      INT8U i;
22      DDRC = 0xFF;   DDRD = 0xFF;    //PC、PD 端口均设为输出
23      while(1)
24      {
25          for(i = 0; i < 8; i++)
26          {
27              PORTD = _BV(i);        //发送数码管位码
28              PORTC = SEG_CODE[i];   //发送数字 i 的段码
29              _delay_ms(240);
30          }
31      }
32  }
```

3.7　8只数码管扫描显示多个不同字符

不同于上一案例的是本例在集成式数码管上同时显示了多个不同字符。有了3.6节案例的基础,掌握本例集成式数码管的扫描显示方法就很容易了。本例电路及运行效果如图3-7所示。

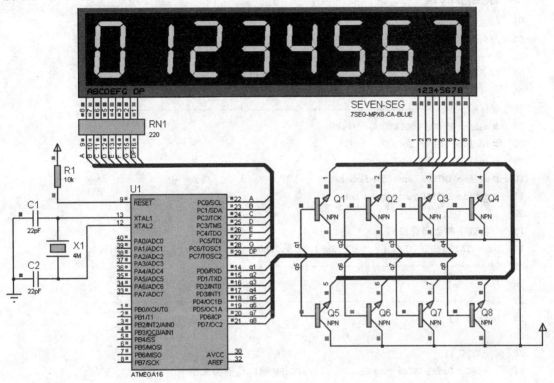

图3-7　8只数码管显示多个不同字符

1. 程序设计与调试

前面已经讨论过,对于集成式数码管,任何时候发送的段码都会被所有数码管收到。如果本例中所有共阳数码管的位码均为1(0xFF),则所有数码管都会显示同一字符。

为使不同数码管显示不同字符,本例使用的是集成式多位数码管显示常用的动态扫描显示技术,它利用了人的视觉暂留特征。在选通第1只数码管时,发送第1个数字的段码,选通第2只数码管时发送第2个数字的段码,选通第3只数码管时发送第3个数字的段码,以此类推。每次仅选通1只数码管发送对应的段码,在切换选通下一数码管并发送相应段码的时间间隔非常短,视觉惰性使人感觉不到字符是一个接一个显示在不同数码管上的,你会觉得到所有字符是很稳定地同时显示在不同数码管上的。

可见这种设计方法和上一案例类似的是仍在数码管不同位置逐个显示不同字符,只是切换速度大大增加了。在控制切换延时的时候,要注意全屏的扫描频率要高于视觉暂留频率16~20 Hz。电影胶片正是采取了每秒24张的播放速度,观众才会察觉不到人物或景色是一帧一帧地显示出来,而是觉得画面非常连贯,没有任何抖动或闪烁感。

2. 实训要求

① 将代码中的最后一行语句_delay_ms(4)的参数修改为10、20或100并编译运行,观察会出现什么样的效果。

② 本例显示的是有规律的数字0~7,在调试运行本例后重新设计程序,实现任意数字串的显示,例如"23－57－39",其中"－"的段码可在原码表的后面添加。

3. 源程序代码

```
01  //-----------------------------------------------------------------
02  //  名称:8只数码管扫描显示多个字符
03  //-----------------------------------------------------------------
04  //  说明:本例运行时,数字0~7同时显示在8位集成式数码管上
05  //
06  //-----------------------------------------------------------------
07  #define F_CPU 4000000UL    //4MHz
08  #include <avr/io.h>
09  #include <util/delay.h>
10  #define INT8U    unsigned char
11  #define INT16U   unsigned int
12
13  //各数字的数码管段码
14  const INT8U SEG_CODE[] = {0xC0,0xF9,0xA4,0xB0,0x99,0x92,0x82,0xF8,0x80,0x90};
15  //-----------------------------------------------------------------
16  //  主程序
17  //-----------------------------------------------------------------
18  int main()
19  {
20      INT8U i;
21      DDRC = 0xFF; DDRD = 0xFF;           //PC、PD 端口均设为输出
22      while (1)
23      {
24          for(i = 0; i<8; i ++)
25          {
26              PORTC = 0xFF;               //先暂时关闭段码
27              PORTD = _BV(i);             //发送位码
28              PORTC = SEG_CODE[i];        //发送段码
29              _delay_ms(4);
30          }
31      }
32  }
```

3.8　K1~K4 控制 LED 移位

运行本例时,按下独立按键 K1~K4 可分别控制连接在 PC、PD 端口的 LED 上下移位显示。通常本例学习与调试,要熟练掌握最基本的按键输入检测方法。本例电路及部分运行效果如图 3-8 所示。

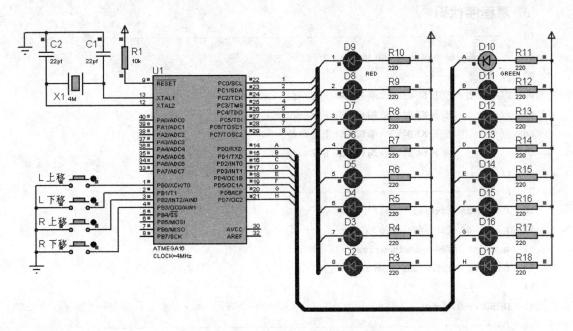

图 3-8 K1~K4 控制 LED 移位

1. 程序设计与调试

由于 K1~K4 连接在 PB 端口的低 4 位,本例在识别按键时将 PB 端口读取的值 PINB 分别与 0x01、0x02、0x04、0x08 进行"与"操作(&),如果与其中之一相与后结果为 0x00,则表明对应按键按下。这 4 个数的低 4 位分别是:0001(1)、0010(2)、0100(4)、1000(8)。

案例运行时,每当有键按下时都会立即导致 LED 移位显示,但按键未释放时不会形成 LED 连续移位显示,这是因为按键后 Recent_Key 保存了 PB 端口的按键状态信息。在下一趟循环中,如果 PB 端口的按键尚未释放,则 PINB 与 Recent_Key 相等,if 语句内的代码不会执行,Move_LED 函数不会被调用,LED 不会继续出现移位显示。

每当按键释放时,PINB 变为 0xFF,此时 PINB 与 Recent_Key 不相等,if 语句内的代码又再次执行,Recent_Key 也变为 0xFF,Move_LED 函数也被调用,但由于 Move_LED 函数内部 PINB 和 0x01、0x02、0x04、0x08 执行与操作时均不等于 0,因此不会导致移位显示。

当再次有键按下时,由于 PINB 不等于值为 0xFF 的 Recent_Key,故 LED 继续移位显示。整个程序的执行如此往复。

本例中的函数 Move_LED() 内的语句:

i=(i-1) & 0x07; i=(i+1) & 0x07; j=(j-1) & 0x07; j=(j+1) & 0x07;

将 i 和 j 的增减限制在 0~7 以内,然后通过语句 PORTC=~(1<<i) 与 PORTD=~(1<<j) 移位输出,两组各 8 只 LED 中将总是仅有 1 只 LED 被点亮。

2. 实训要求

① 将 K1~K4 改接在 PB 端口的高 4 位,重新修改程序实现同样的功能。
② 在单只数码管显示 0~9 的案例中添加按键,使按键每次按下时切换数字显示。

3. 源程序代码

```
01  //------------------------------------------------------------
02  //  名称：K1~K4 控制 LED 移位
03  //------------------------------------------------------------
04  //  说明：按下 K1 时，PC 端口 LED 上移一位
05  //        按下 K2 时，PC 端口 LED 下移一位
06  //        按下 K3 时，PD 端口 LED 上移一位
07  //        按下 K4 时，PD 端口 LED 下移一位
08  //
09  //------------------------------------------------------------
10  #include <avr/io.h>
11  #include <util/delay.h>
12  #define INT8U   unsigned char
13  #define INT16U  unsigned int
14
15  INT8U i = 0, j = 0;
16  //------------------------------------------------------------
17  // 根据 PB 口的按键移动 LED
18  //------------------------------------------------------------
19  void Move_LED()
20  {
21      if      ((PINB & 0x01) == 0x00) i = ( i - 1 ) & 0x07;   //K1
22      else if ((PINB & 0x02) == 0x00) i = ( i + 1 ) & 0x07;   //K2
23      else if ((PINB & 0x04) == 0x00) j = ( j - 1 ) & 0x07;   //K3
24      else if ((PINB & 0x08) == 0x00) j = ( j + 1 ) & 0x07;   //K4
25
26      PORTC = ~(1 << i);              //PC 端口第 i 位 LED 点亮
27      PORTD = ~(1 << j);              //PD 端口第 j 位 LED 点亮
28  }
29
30  //------------------------------------------------------------
31  // 主程序
32  //------------------------------------------------------------
33  int main()
34  {
35      INT8U Recent_Key = 0x00;        //最近按键
36      DDRB = 0x00; PORTB = 0xFF;      //PB 端口按键输入，内部上拉
37      DDRC = 0xFF; PORTC = 0xFE;      //PC 端口输出，初始输出 0xFE
38      DDRD = 0xFF; PORTD = 0xFE;      //PD 端口初值，初始输出 0xFE
39      while (1)
40      {
41          if (PINB != Recent_Key)
```

```
42      {
43          Recent_Key = PINB;          //保存最近按键
44          Move_LED();                 //LED移位显示
45          _delay_ms(10);              //延时消抖
46      }
47  }
48 }
```

3.9 数码管显示4×4键盘矩阵按键

当按键较多时会占用更多的控制器端口,为减少对端口的占用,本例使用了4×4键盘矩阵,这样大大减少了端口占用,但识别按键的代码比独立按键的代码要复杂一些。本例运行过程中,按下不同按键时,其对应的键值将显示在数码管上。本例电路及部分运行效果如图3-9所示。

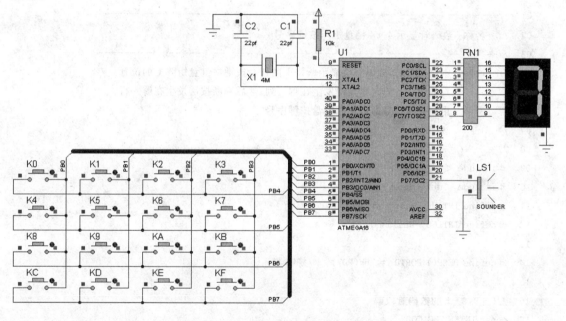

图3-9 数码管显示4×4键盘矩阵按键

1. 程序设计与调试

本例键盘矩阵行线连接PB4～PB7,列线连接PB0～PB3,扫描过程如下:

① 程序首先判断是否有键按下。为判断16个按键中是否有键按下,第29行的函数KeyMatrix_Down首先通过方向寄存器DDRB设置PB端口高4位连接的行线为输出,低4位连接的列线为输入,PORTB=0x0F在行线上先放置4个0,并将列线设为内部上拉,以便从低4位对应的列线上读取数据。这时PB端口的初值为0x0F,如果键盘矩阵中有任一按键按下,则4条列线上必有一位为0,PINB读取的将不再是0x0F了。因此,通过判断PINB是否保持为0x0F即可知道是否有键按下。

② 在判断有键按下后,这时PINB读取的值会有4种可能,即由原来的00001111变为

00001110、00001101、00001011、00000111 这4者之一,通过这4个值就可以分别判断出按键发生在0、1、2、3列中的哪一列了。

③ 得出当前按键所在的列以后,还需要判断出按键处于哪一行。代码中第55行重新设置了PB端口的I/O配置,DDRB=0x0F 将高4位设为输入,低4位设为输出,PORTB=0xF0 将高4位设为内部上拉,低4位先输出4个0,这时PB端口的数据线上出现11110000,所合上的按键将使高4位中出现一个0,由于这个0所出现的位置有4种(也就是出现在4行中的某一行),11110000 被改变为01110000、10110000、11010000、11100000 这4者之一。在得到所在行后,由于每行按键键值的起点分别是0、4、8、12,将此值与列号相加即得到最终键值了。

2. 实训要求

① 修改键盘行线与列线连接方法,将高4位连接列线,低4位连接行线,重新编写程序实现键盘矩阵扫描。

② 设计 4×5 矩阵键盘,编程实现按键扫描与键值显示。

3. 源程序代码

```
01  //---------------------------------------------------
02  //   名称:数码管显示4*4键盘矩阵按键序号
03  //---------------------------------------------------
04  //   说明:本例运行时,数码管会显示所按下的任意按键在键盘矩阵上的位置
05  //         扫描程序首先判断按键发生在哪一列,然后判断按键发生在哪一行
06  //         由列号和行号即可得到键盘按键序号
07  //
08  //---------------------------------------------------
09  #include <avr/io.h>
10  #include <util/delay.h>
11  #define INT8U    unsigned char
12  #define INT16U   unsigned int
13
14  #define BEEP() PORTD ^= _BV(PD7)    //蜂鸣器
15
16  //0-9,A-F的数码管段码
17  const INT8U SEG_CODE[] =
18  {
19     0x3F,0x06,0x5B,0x4F,0x66,0x6D,0x7D,0x07,
20     0x7F,0x6F,0x77,0x7C,0x39,0x5E,0x79,0x71
21  };
22
23  //当前按键序号,该矩阵中序号范围为0~15,16表示无按键
24  INT8U KeyNo = 16 ;
25
26  //---------------------------------------------------
27  // 判断键盘矩阵是否有键按下
28  //---------------------------------------------------
```

```
29  INT8U KeyMatrix_Down()
30  {
31      //高4位输出,低4位输入,高4位先置0,放入4行
32      DDRB = 0xF0; PORTB = 0x0F; _delay_ms(1);
33      return PINB != 0x0F ? 1 : 0;
34  }
35
36  //----------------------------------------------------------------
37  // 键盘矩阵扫描子程序
38  //----------------------------------------------------------------
39  void Keys_Scan()
40  {
41      //在判断是否有键按下的函数 KeyMatrix_Down 中,
42      //高4位输出,低4位输入,高4位先置0,放入4行
43      //按键后 00001111 将变成 0000XXXX,X 中有1个为0,3个仍为1
44      //下面判断按键发生于 0～3 列中的哪一列
45      switch (PINB)
46      {
47          case 0B00001110: KeyNo = 0; break;
48          case 0B00001101: KeyNo = 1; break;
49          case 0B00001011: KeyNo = 2; break;
50          case 0B00000111: KeyNo = 3; break;
51          default: KeyNo = 0xFF;
52      }
53
54      //高4位输入,低4位输出,低4位先置0,放入4列
55      DDRB = 0x0F; PORTB = 0xF0; _delay_ms(1);
56
57      //按键后 11110000 将变成 XXXX0000,X 中1个为0,3个仍为1
58      //下面对 0～3 行分别附加起始值 0、4、8、12
59      switch (PINB)
60      {
61          case 0B11100000: KeyNo + = 0; break;
62          case 0B11010000: KeyNo + = 4; break;
63          case 0B10110000: KeyNo + = 8; break;
64          case 0B01110000: KeyNo + = 12;break;
65          default: KeyNo = 0xFF;
66      }
67  }
68
69  //----------------------------------------------------------------
70  // 蜂鸣器子程序
71  //----------------------------------------------------------------
```

```
72  void Beep()
73  {
74      INT8U i;
75      for (i = 0; i<100; i++)
76      {
77          _delay_ms(1); BEEP();
78      }
79  }
80
81  //-----------------------------------------------------------
82  // 主程序
83  //-----------------------------------------------------------
84  int main()
85  {
86      //配置数码管显示端口
87      DDRC = 0xFF; PORTC = 0x00;
88      while (1)
89      {
90          //如果键盘矩阵有键按下则扫描键值
91          if (KeyMatrix_Down()) Keys_Scan(); else continue;
92          if (KeyNo<16)                      //得到有效键值
93          {
94              PORTC = SEG_CODE[KeyNo];       //显示键值
95              Beep();                        //响铃
96          }
97          while (KeyMatrix_Down());          //如果按键未释放则等待
98      }
99  }
```

3.10 数码管显示拨码开关编码

拨码开关常用于配置编码或设置状态,例如某些多媒体教室常用的硬件广播卡就是用拨码开关来配置编码的。本例用数码管显示当前拨码开关所设定的编码,系统运行过程中如果改动拨码设置,新的编码会立即显示在数码管上。本例电路及运行效果如图 3-10 所示。

1. 程序设计与调试

本例直接读取连接在 PB 端口的拨码开关编码值,然后将其分解为 3 个数位并显示在数码管上。语句 PORTD=~_BV(i+1)用于设置共阴数码管位码,当 i 取值为 0、1、2 时,~_BV(i+1)的值为 11111101、11111011、11110111,它们分别与 4 位数码管的 2、3、4 位对应(即数码管的右 3 位),所读取的编码值将会显示在这 3 位数码管上。

在系统运行时调整拨码开关,新的编码会立即显示在数码管上。

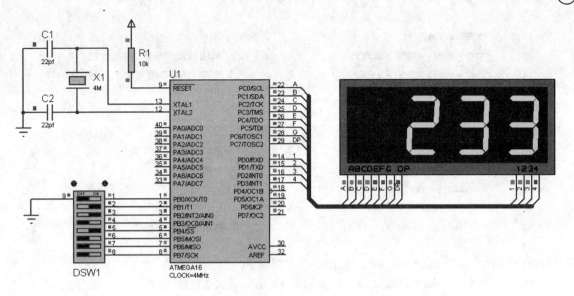

图 3-10 数码管显示拨码开关编码

2. 实训要求

① 重新修改本例程序,使 3 个数位从数码管左边开始显示,并将高位无效的 0 屏蔽。

② 将本例拨码开关改为 4 位的拨码开关,然后预备 16 种花样数组,重新编写程序,要求根据不同的编码设置显示不同的自定义花样流水灯。

3. 源程序代码

```
01  //---------------------------------------------------------------
02  //   名称:数码管显示拨码开关编码
03  //---------------------------------------------------------------
04  //   说明:系统显示拨码开关所设置的编码 000~255
05  //
06  //---------------------------------------------------------------
07  #include <avr/io.h>
08  #include <util/delay.h>
09  #define INT8U   unsigned char
10  #define INT16U  unsigned int
11
12  //各数字的数码管段码
13  const INT8U SEG_CODE[] = {0x3F,0x06,0x5B,0x4F,0x66,0x6D,0x7D,0x07,0x7F,0x6F};
14
15  //显示缓冲
16  INT8U DSY_Buffer[3] = {0,0,0};
17  //---------------------------------------------------------------
18  // 主程序
19  //---------------------------------------------------------------
20  int main()
```

```
21  {
22      INT8U i,Num;
23      DDRB = 0xFF; PORTB = 0xFF;           //PB 端口设为输入,内部上拉
24      DDRC = 0xFF; PORTC = 0xFF;           //PB 与 PD 端口设为输出,初值为 0xFF
25      DDRD = 0x00; PORTD = 0xFF;
26      while(1)
27      {
28          Num = PINB;                       //读取拨码开关的值
29          DSY_Buffer[0] = Num /100;         //分解 3 个数位
30          DSY_Buffer[1] = Num /10 % 10;
31          DSY_Buffer[2] = Num % 10;
32          for(i = 0; i<3; i++)              //刷新显示在数码管上
33          {
34              PORTD = ~_BV(i+1);            //发送位码
35              PORTC = SEG_CODE[ DSY_Buffer[i] ];  //发送段码
36              _delay_ms(8);
37          }
38      }
39  }
```

3.11 继电器控制照明设备

本例用继电器控制照明设备。运行本例时,按下 K1 可点亮灯泡,再次按下时则关闭。本例电路及运行效果如图 3-11 所示。

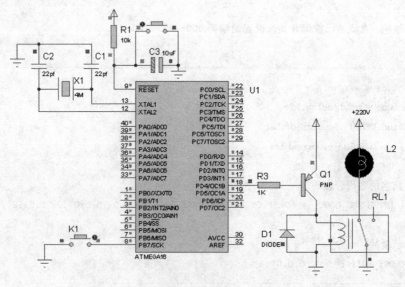

图 3-11 继电器控制照明设备

1. 程序设计与调试

本例用继电器控制外部设备，程序中将继电器定义为由 PD4 引脚控制，每次按下 K1 并释放时对 RELAY 取反。当 RELAY 为 0 时，PNP 三极管导通，继电器吸合，灯泡点亮；反之则三极管截止，继电器断开，灯泡熄灭。本例的按键定义与继电器开关定义与此前有关案例中的定义类似，大家可自行对比研究。

2. 实训要求

① 改用 NPN 型三极管控制继电器，并实现对外部直流电机的启停控制。
② 使用多个按键和多个继电器实现对多路设备的开关控制。

3. 源程序代码

```
01  //--------------------------------------------------------------
02  //    名称：继电器控制照明设备
03  //--------------------------------------------------------------
04  //    说明：按下 K1 时灯泡点亮，再次按下时灯泡熄灭
05  //
06  //--------------------------------------------------------------
07  # include <avr/io.h>
08  # include <util/delay.h>
09  # define INT8U    unsigned char
10  # define INT16U   unsigned int
11
12  # define K1_DOWN()        !(PINB & _BV(PB7))     //K1 按键定义
13  # define RELAY_SWITCH()   PORTD ^= _BV(PD4)      //继电器开关切换控制
14  //--------------------------------------------------------------
15  // 主程序
16  //--------------------------------------------------------------
17  int main()
18  {
19      DDRD  = 0xFF;                    //PD 端口输出
20      PORTD = 0xFF;                    //关闭继电器
21      DDRB  = 0x00;                    //PB 端口输入
22      PORTB = 0xFF;                    //PB 端口内部上拉
23      while(1)
24      {
25          if (K1_DOWN())               //K1 按下
26          {
27              while (K1_DOWN());       //等待释放 K1
28              RELAY_SWITCH();          //切换继电器开关
29              _delay_ms(20);
30          }
31      }
32  }
```

3.12 开关控制报警器

本例运行过程中,将开关拨至高电平时系统发出报警声音。案例电路如图3-12所示。

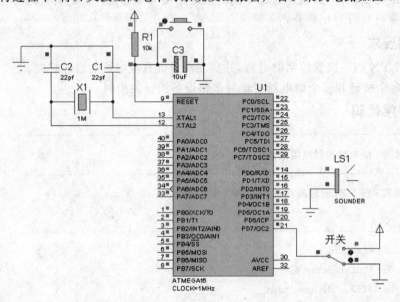

图3-12 开关控制报警器

1. 程序设计与调试

本例代码编写关键在于Alarm函数的设计,函数中SPK()定义为:

SPK() (PORTD ^= _BV(PD0))

_BV(PD0)即00000001,它将PD0对应的第0位设为1。在PORTD与00000001"异或"时,前7位0000000不会使PORTD的前7位任意值发生任何变化;而最低位的1与PORTD的最低位"异或"时,如果PORTD最低位为1,"异或"操作会使之变为0。反之,如果PORTD的最低位为0,"异或"操作会使之变为1。

Alarm函数中循环调用SPK()时,PD0引脚将持续输出1010101010…序列,形成的脉冲使SOUNDER发出声音。如果SPK()语句的执行时间间隔相等,系统会发出单调的声音,不会模拟出报警效果。

本例Alarm函数的双重for循环中,内层的for循环使用了参数t。不同的t值使SPK()在不同的延时间隔后被调用,因此形成了不同的输出频率。主程序中的Alarm(3)和Alarm(50)使SOUNDER循环发出2种不同频率的声音,模拟出很逼真的报警器效果。

2. 实训要求

① 使用虚拟示波器,观察PD0引脚的输出波形。
② 重新修改参数3与50,看能够听到什么样的声音效果。
③ 进一步修改程序,使系统模拟出其他的报警声音效果输出。

3. 源程序代码

```c
//-----------------------------------------------------------------
//  名称：开关控制报警器
//-----------------------------------------------------------------
//  说明：本例用开关 S1 控制报警器，程序控制 PD0 输出 2 种不同频率的声音
//        模拟了很逼真的报警效果
//
//-----------------------------------------------------------------
#include <avr/io.h>
#include <util/delay.h>
#define INT8U    unsigned char
#define INT16U   unsigned int

#define S1_ON()  ((PIND & _BV(PD7)) == 0x80)   //S1 接高电平
#define SPK()    (PORTD ^= _BV(PD0))           //蜂鸣器
//-----------------------------------------------------------------
// 发声子程序
//-----------------------------------------------------------------
void Alarm(INT8U t)
{
    INT8U i;
    for(i = 0;i < 200;i ++)
    {
        SPK(); _delay_us(t);    //由参数 t 控制形成不同的频率输出
    }
}

//-----------------------------------------------------------------
// 主程序
//-----------------------------------------------------------------
int main()
{
    DDRD  = 0x7F;           //PD 端口最高位输入，其他为输出
    PORTD = 0xFF;           //PD 端口先置高电平，其中 PD7 设为内部上拉
    while (1)
    {
      if( S1_ON() )         //如果开关 S1 接高电平
      {
          Alarm(3);         //输出高频声音
          Alarm(50);        //输出低频声音
      }
    }
```

3.13 按键发音

本例运行时,按下不同按键会听到不同频率的声音。程序中对按键操作给出了 2 种判断定义。案例电路如图 3-13 所示。

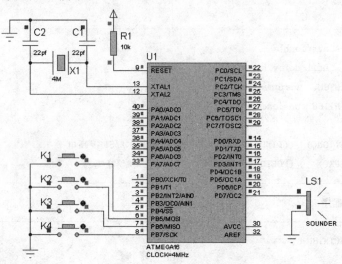

图 3-13 按键发音

1. 程序设计与调试

本例要点在于 Play 函数的编写,在按下不同按键时传给所调用的函数 Play 的参数值不同,Play 函数调用 BEEP()的_delay_us 延时间隔也不同,从而产生不同的频率输出。

对于按键操作定义,本例除了通过与操作(&)判断按键状态以外,还使用宏 bit_is_clear。宏调用格式为 bit_is_clear(sfr, bit),其中 sfr 是 AVR 单片机的特别功能寄存器,bit 是寄存器的某一位,它用于判断 sfr 中的某一位是否清零。类似地,宏 bit_is_set 用于判断 sfr 中的第 bit 位是否置位。

2. 实训要求

① 在电路中放置 7 个按键,使各键按下时可分别输出 DO、RE、ME、FA、SO、LA、XI 的声音。

② 在电路中添加一组 LED,当输出声音频率越高时点亮的 LED 越多,反之点亮的 LED 越少。

3. 源程序代码

```
01  //------------------------------------------------------------
02  //  名称:按键发音
03  //------------------------------------------------------------
04  //  说明:本例运行时,按下不同的按键会使 SOUNDER 发出不同频率的声音。
05  //       本例使用延时子程序实现不同频率的声音输出,后续类似案例使用
```

```
06   //            的是定时器技术
07   //
08   //-----------------------------------------------------------
09   #include <avr/io.h>
10   #include <util/delay.h>
11   #define INT8U    unsigned char
12   #define INT16U   unsigned int
13
14   //蜂鸣器定义
15   #define  BEEP()  (PORTD ^= 0x80)              //蜂鸣器
16   //K1~K4 按键定义
17   #define  K1_DOWN() ((PINB & 0x10) == 0x00)    //K1 按键按下
18   #define  K2_DOWN() ((PINB & 0x20) == 0x00)    //K2 按键按下
19   #define  K3_DOWN() ((PINB & 0x40) == 0x00)    //K3 按键按下
20   #define  K4_DOWN() ((PINB & 0x80) == 0x00)    //K4 按键按下
21
22   /* 按键 K1~K4 还可以用以下语句定义
23   #define  K1_DOWN() bit_is_clear(PINB, PB4)    //K1 按键按下
24   #define  K2_DOWN() bit_is_clear(PINB, PB5)    //K2 按键按下
25   #define  K3_DOWN() bit_is_clear(PINB, PB6)    //K3 按键按下
26   #define  K4_DOWN() bit_is_clear(PINB, PB7)    //K4 按键按下
27   */
28   //-----------------------------------------------------------
29   // 按周期 t 发音
30   //-----------------------------------------------------------
31   void Play(INT8U t)
32   {
33       INT8U i;
34       for(i = 0; i<100; i++)
35       {
36           BEEP(); _delay_ms(t);
37       }
38   }
39
40   //-----------------------------------------------------------
41   // 主程序
42   //-----------------------------------------------------------
43   int main()
44   {
45       INT8U Pre_Key = 0xFF;
46       DDRB = 0x00; PORTB = 0xFF;        //PB 端口输入,内部上拉
47       DDRD = 0xFF;                      //PD 端口输出
48       while (1)
```

```
49      {
50          while (Pre_Key == PINB);        //如果按键状态未改变则等待
51          Pre_Key = PINB;                 //保存新按键
52          if (K1_DOWN()) Play(1);         //根据不同按键输出不同频率声音
53          if (K2_DOWN()) Play(2);
54          if (K3_DOWN()) Play(3);
55          if (K4_DOWN()) Play(4);
56      }
57  }
```

3.14 INT0 中断计数

本例用 3 只七段数码管显示按键计数值。前面数个案例已多次使用过按键。本例清零键与前面某些案例一样单独作了定义,但计数键未作任何定义,该按键的识别使用了新的外部中断技术。本例使用的多只数码管是独立的,因而不存在数码管位码控制及刷新显示问题。案例电路及部分运行效果如图 3-14 所示。

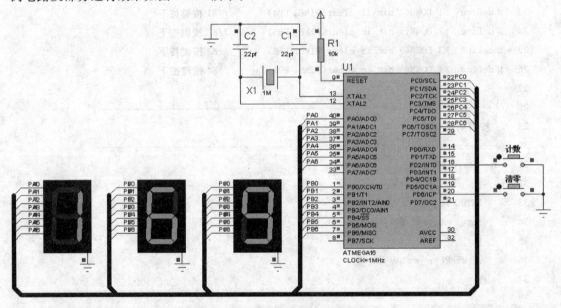

图 3-14 INT0 中断计数

1. 程序设计与调试

与此前的其他案例相比,本例新增了中断头文件<avr/interrupt.h>。
本例中的计数按键连接在单片机的 PD2 引脚(INT0),代码核心部分如下:

```
MCUCR = 0x02;        //INT0 为下降沿触发
GICR  = 0x40;        //INT0 中断使能
SREG  = 0x80;        //使能中断,也可使用 sei()开中断
```

其中,MCU 控制寄存 MCUCR 低 4 位由高到低分别是:ISC1[1:0]、ISC0[1:0]。其中前

2 位控制 INT1 中断触发方式,后 2 位控制 INT0 中断触发方式。程序中设 MCUCR 为 0x02,即设置 ISC0[1:0] 为 10,它将 INT0 设为下降沿触发异步中断。

通用中断控制寄存器 GICR 的高 3 位分别为 INT1、INT0、INT2,语句 GICR＝0x40 将 INT0 置位,允许 INT0 中断。

状态寄存器 SREG 的最高位 I 为全局中断标志位(Global Interrupt Flag Bit),设为 0 时中断被禁止,设为 1 时中断被开放,语句 SREG＝0x80 将其最高位置位。

上述语句中,GICR＝0x40 还可以写成 GICR＝_BV(INT0),后者可读性更好,且容易编写。SREG＝0x80 还可用函数 sei()代替。

通过以上设置,PD2(INT0)引脚上由高到低的跳变会触发 INT0 中断。如果按下后没有释放,则中断不会持续触发。只有在释放按键后再次按下时,才会因为又出现了高电平到低电平的跳变而再次触发中断,这样设置会使计数值仅在计数键每次重新按下时累加,不会在未释放或来不及释放时不停累加。

在本书使用的 WinAVR 版本下,中断服务例程格式为:

ISR(中断向量名称)
{
    //中断发生后要执行的语句
}

其中 ISR 即中断服务例程(Interrupt Service Routine),在查找不同芯片的中断向量名称时,可在 AVRStudio 的 Help 菜单中单击 avr - libc Reference Manual(AVR 库函数参数手册),打开 Library Reference 中有关 Interrupt.h 的参考资料,向下找到中断向量表,查找不同芯片和不同中断的中断向量名。本例中断向量名为 INT0_vect。

本例中 2 个按键的识别完全不同:

— 计数键是通过中断触发来识别的,每次中断触发时即表示计数键按下,第 65 行的中断例程 ISR (INT0_vect) 将被自动调用,计数变量 Count 随之累加。

— 清零键是通过主程序中的 while 循环来轮询判断的,它持续不断地查看 PD6 是否变为 0,如果变为 0 则表示清零键按下。

2. 实训要求

① 修改电路和代码,用查询方式判断计数键,用中断方式控制清零键,实现相同的运行效果。

② 将两键分别连接 PD2(INT0)和 PD3(INT1),添加 INT1 中断子程序实现计数清零。

3. 源程序代码

```
01  //--------------------------------------------------
02  //   名称：INT0 中断计数
03  //--------------------------------------------------
04  // 说明：每次按下计数键时触发 INT0 中断,中断程序累加计数,
05  //       计数值显示在 3 只数码管上,按下清零键时数码管清零
06  //
07  //--------------------------------------------------
08  #include <avr/io.h>
```

```c
09  #include <avr/interrupt.h>
10  #define INT8U   unsigned char
11  #define INT16U  unsigned int
12
13  //清零键按下
14  #define  KEY_CLEAR_ON() ((PIND & _BV(PD6)) == 0x00)
15  //0~9 的数字编码,最后一位为黑屏(索引为 10)
16  const INT8U DSY_CODE[] = {0x3F,0x06,0x5B,0x4F,0x66,0x6D,0x7D,0x07,0x7F,0x6F,0x00};
17  //计数值
18  INT8U Count = 0;
19  //计数值分解后的各待显示数位
20  INT8U Display_Buffer[3] = {0,0,0};
21  //-----------------------------------------------------------------
22  // 在数码管上显示计数值
23  //-----------------------------------------------------------------
24  void Show_Count_ON_DSY()
25  {
26      Display_Buffer[2] = Count/100;          //分解 3 个数位
27      Display_Buffer[1] = Count % 100/10;
28      Display_Buffer[0] = Count % 10;
29
30      if(Display_Buffer[2] == 0)              //高位为 0 时不显示
31      {
32          Display_Buffer[2] = 10;
33          //高位为 0 时,如果第二位为 0 则同样不显示
34          if(Display_Buffer[1] == 0 ) Display_Buffer[1] = 10;
35      }
36
37      PORTA = DSY_CODE[Display_Buffer[2]];    //3 只数码管独立显示
38      PORTB = DSY_CODE[Display_Buffer[1]];
39      PORTC = DSY_CODE[Display_Buffer[0]];
40  }
41
42  //-----------------------------------------------------------------
43  // 主程序
44  //-----------------------------------------------------------------
45  int main()
46  {
47      DDRA = 0xFF; PORTA = 0xFF;              //PA、PB、PC 端口设为输出
48      DDRB = 0xFF; PORTB = 0xFF;
49      DDRC = 0xFF; PORTC = 0xFF;
50      DDRD = 0x00; PORTD = 0xFF;              //PD 端口设为输入,内部上拉
51      MCUCR = 0x02;                           //INT0 为下降沿触发
```

```
52        GICR   = 0x40;                        //INT0 中断使能
53        SREG   = 0x80;                        //使能总中断
54        //sei();                              //或者使用 sei()开中断
55        while(1)
56        {
57            if (KEY_CLEAR_ON()) Count = 0;    //清零
58            Show_Count_ON_DSY();               //持续刷新显示
59        }
60    }
61
62  //------------------------------------------------------
63  // INT0 中断函数
64  //------------------------------------------------------
65  ISR (INT0_vect)
66  {
67      Count ++ ;                              //计数值递增
68  }
```

3.15 INT0 与 INT1 中断计数

本例同时允许 INT0 和 INT1 中断，连接 PD2 和 PD3 的 2 个按键触发中断时，对应的中断例程会分别进行计数，两组计数值将分别显示在左右各 3 只数码管上，另外 2 个按键分别用于两组计数的清零操作，对它们的判断仍使用查询法。本例电路及部分运行效果如图 3-15 所示。

1. 程序设计与调试

通过上一案例调试研究，大家已经熟悉了通用中断控制寄存器 GICR 的作用。本例同时允许 INT0 和 INT1 中断，允许 INT0 与 INT1 中断的语句 GICR＝0xC0 还可以改写成：

GICR = _BV(INT0) | _BV(INT1);

主程序中 MCUCR＝0x0A(00001010)将 2 个 INT0 和 INT1 中断的触发方式均设为下降沿触发，其设置方法可参考第 1 章有关中断部分的内容及 3.14 节案例中有关中断触发方式的说明。

由于主程序 while 内有对显示计数函数 Show_Counts 的循环调用，持续刷新计数值的显示，因此中断例程不需要管理计数值的显示，只需要完成累加计数。

显示计数函数 Show_Counts 首先完成 2 个计数值的数位分解，计数器 Count_A 分解后放入 Buffer_Counts 的低 3 位，Count_B 分解后放入 Buffer_Counts 的高 3 位。这 6 个数位分别显示在 6 只数码管上。

对于集成式的数码管，它们的位选择通常使用两种方法：
① 使用_BV(i)或~_BV(i)选通共阳或共阴数码管的第 i 位。
② 使用位码表，例如本例中的 Scan_BITs。由于本例使用的是共阳数码管，数码管位控

制引脚连接 PC 端口,因此 PC 端口对应位引脚输出 1 时表示相应数码管选通,所提供的位码表正是这样设计的,每个字节中仅有一位为 1,其他均为 0,每次发送 1 个位码字节时,只有 1 只数码管选通,程序用 for 循环逐个发送位码和段码,实现数码管的动态扫描显示。

本例使用的是第二种数码管扫描方法。

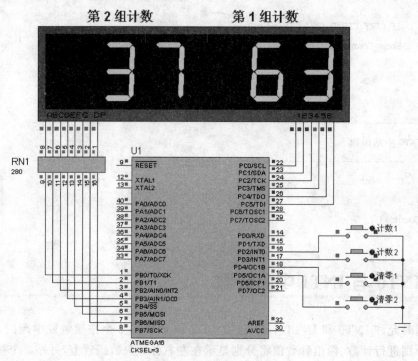

图 3-15 INT0 与 INT1 中断计数

2. 实训要求

① 修改代码,按第一种动态扫描显示方法实现数码管 6 个数位的显示。

② 本例 2 个清零键全部用查询法控制。完成本例调试后,去掉一个清零键,另一个则改接 PB2(INT2)引脚,占用 PB 端口的段码输出线改接在 PA 端口,重新编写程序,用 INT2 中断实现对两组计数统一清零。

③ 重新设计本例,实现篮球比赛的电子计分牌功能,每次可以计 1 分、2 分或 3 分,且具备撤消最近一次分数输入的功能,使用户可以取消误操作。

④ 在完成后续有关 EEPROM 案例调试后,继续改进上述程序,为避免意外掉电而丢失当前记分成绩,系统能将当前两组成绩保存于 EEPROM,重新开机后能在原有成绩上继续累加。

3. 源程序代码

```
01  //------------------------------------------------
02  //  名称:INT0 与 INT1 中断计数
03  //------------------------------------------------
04  //  说明:每次按下第 1 个计数键时第 1 组计数值累加并显示在右边的 3 只管上
05  //        每次按下第 2 个计数键时第 2 组计数值累加并显示在左边的 3 只管上
```

```
06  //         后 2 个按键分别清零
07  //
08  //------------------------------------------------------------
09  # include <avr/io.h>
10  # include <avr/interrupt.h>
11  # include <util/delay.h>
12  # define INT8U    unsigned char
13  # define INT16U   unsigned int
14
15  # define K1_CLEAR_ON() ((PIND & 0x10) == 0x00)    //清零键 1 按键按下
16  # define K2_CLEAR_ON() ((PIND & 0x20) == 0x00)    //清零键 2 按键按下
17
18  //0~9 的段码表,最后一个为黑屏(索引为 10)
19  const INT8U SEG_CODE[]  = {0xC0,0xF9,0xA4,0xB0,0x99,0x92,0x82,0xF8,0x80,0x90,0xFF};
20  //数码管位扫描码
21  const INT8U SCAN_BITs[] = {0x20,0x10,0x08,0x04,0x02,0x01};
22  //2 组计数的显示缓冲,前 3 位为一组,后 3 位为另一组
23  INT8U Buffer_Counts[] = {0,0,0,0,0,0};
24  //2 个计数值
25  INT16U Count_A = 0,Count_B = 0;
26  //------------------------------------------------------------
27  // 数据显示
28  //------------------------------------------------------------
29  void Show_Counts()
30  {
31      INT8U i;
32      //分解计数值 Count_A
33      Buffer_Counts[2] = Count_A/100;
34      Buffer_Counts[1] = Count_A % 100/10;
35      Buffer_Counts[0] = Count_A % 10;
36
37      if(Buffer_Counts[2] == 0)                 //高位为 0 时不显示
38      {
39         Buffer_Counts[2] = 10;
40         if(Buffer_Counts[1] == 0) Buffer_Counts[1] = 10;
41      }
42
43      //分解计数值 Count_B
44      Buffer_Counts[5] = Count_B/100;
45      Buffer_Counts[4] = Count_B % 100/10;
46      Buffer_Counts[3] = Count_B % 10;
47
48      if(Buffer_Counts[5] == 0)                 //高位为 0 时不显示
```

```
49          {
50              Buffer_Counts[5] = 10;
51              if(Buffer_Counts[4] == 0) Buffer_Counts[4] = 10;
52          }
53
54      //数码管显示
55      for(i = 0; i<6; i ++)
56      {
57          PORTC = SCAN_BITs[i];                       //位码
58          PORTB = SEG_CODE[Buffer_Counts[i]];         //段码
59          _delay_ms(1);
60      }
61  }
62
63  //-----------------------------------------------------------------
64  // 主程序
65  //-----------------------------------------------------------------
66  int main()
67  {
68      DDRB = 0xFF; PORTB = 0xFF;                      //配置端口
69      DDRC = 0xFF; PORTC = 0xFF;
70      DDRD = 0x00; PORTD = 0xFF;
71      MCUCR = 0x0A;                                   //INT0、INT1 中断下降沿触发
72      GICR  = 0xC0;                                   //INT0、INT1 中断许可
73      sei();                                          //开中断
74      while(1)
75      {
76          if(K1_CLEAR_ON()) Count_A = 0;
77          if(K2_CLEAR_ON()) Count_B = 0;
78          Show_Counts();
79      }
80  }
81
82  //-----------------------------------------------------------------
83  // INT0 中断服务程序
84  //-----------------------------------------------------------------
85  ISR (INT0_vect)
86  {
87      Count_A ++ ;
88  }
89
90  //-----------------------------------------------------------------
91  // INT1 中断服务程序
```

```
92    //-----------------------------------------------------------
93    ISR (INT1_vect)
94    {
95        Count_B ++ ;
96    }
```

3.16 TIMER0 控制单只 LED 闪烁

前面已有案例设计了单只或多只 LED 的闪烁,这些案例都是使用延时函数使 LED 按一定时间间隔开关显示,形成闪烁效果。本例对 LED 的闪烁延时使用了新的定时器技术。案例电路如图 3-16 所示。

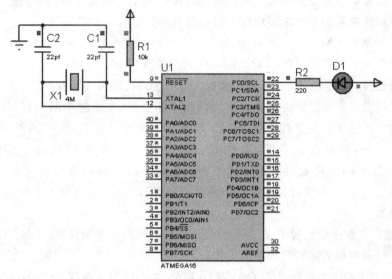

图 3-16 TIMER0 控制单只 LED 闪烁

1. 程序设计与调试

本例使用的 8 位定时器 TIMER0(T/C0)工作于定时方式,其核心计数寄存器 TCNT0 的计数时钟由系统时钟经预分频后提供,TCNT0 溢出时触发中断,中断服务程序控制 LED 点亮或关闭,形成闪烁效果。使 T/C0 工作于定时溢出中断方式时需要完成以下几项工作:

① 设置预分频比(TCCR0 的 CS02、CS01、CS00 位),选择 1、8、64、256、1024 分频比;
② 设置定时/计数寄存器初值(TCNT0),设置范围为 0~255;
③ 设置 T/C0 中断屏蔽寄存器,允许溢出中断(TIMSK 的最低位 TOIE0 用于允许或禁止 T/C0 溢出中断);
④ 编写定时溢出中断服务程序 ISR(本例 T/C0 溢出中断向量为:TIMER0_OVF_vect);
⑤ 开中断(设置 SREG 或使用 sei())。
⑥ 编写定时器溢出中断例程,当 TCNT0 计数溢出时触发中断,所编写的相应中断例程将被自动调用。

8 位 T/C0 定时器的计数寄存器 TCNT0 累加计数,从设定的初值累加到全 1(即 255)时,如果再增加1即溢出，TCNT0变为全0。如果需要在计数n以后溢出，则TCNT0的初值应设为TCNT0=256−n。

如果要T/C0实现x秒(s)定时，需将x秒(s)换算成所需要的计数次数n，若系统时钟频率为F_CPU(Hz)，在分频后TCNT0的实际计数时钟t_clk=F_CPU/分频，t_clk即1 s时间内TCNT0的计数次数，如果需要定时0.05 s，则所需要计数次数n=t_clk×0.05，由于TCNT0是累加计数，因此还需要用256减去n，即256−t_clk×0.05。

由以上分析，可得T/C0定时器的计数寄存器TCNT0的初值计算公式为：
TCNT0=256−F_CPU/预分频*定时长度(s)

当然，此公式中减号后面的部分（也就是上面的n值）不得大于255，否则是不能实现预期的定时效果的。由公式也可以看出，在固定时钟频率下，如果需要实现尽可能大的定时长度，可将预分频比设置得尽可能大些或者选择较小的时钟频率。在实际应用中，还可以通过在定时器溢出中断程序内累加定时来实现更大时间范围内的定时。

本例时钟频率为4 MHz，1024分频，所要求的定时长度为0.05 s，根据公式可得：
TCNT0=256−4 000 000/1 024×0.05≈60

这个结果是没有四舍五入的，需要四舍五入时可在公式后面加上0.5。

为使定时器溢出中断能始终按固定时间间隔不断触发，在定时中断例程(ISR)内还需要在每次中断发生后重新恢复定时计数寄存器TCNT0的初值。

需要注意的是，只要设置了T/C0的控制寄存器TCCR0即可启动T/C0定时器（除TCCR0低3位为全0，使得定时器无时钟而不能工作以外），即使没有语句对TCNT0赋值(TCNT0默认为0x00)，只要允许定时器中断并通过SREG或sei()开了中断，定时器中断程序仍会持续触发：

① 如果仅在主程序中设置了TCNT0初值，中断例程内未重新设置TCNT0初值，则中断程序将以该定时器的最大定时周期持续工作；

② 如果在中断程序内重新设置了TCNT0初值，主程序中未设置TCNT0初值，则第一次触发的周期是最长的，以后会以中断程序中TCNT0指定的定时周期持续触发。

③ 如果主程序和中断程序中都没有指定TCNT0的初值，则定时器自启动的时候起，中断将一直以最大定时周期被持续触发。

另外，本例定时器每隔0.05 s触发中断，为实现0.25 s的定时长度，定时中断程序内使用累加全局变量来实现更长的计时。本例使用T_Count累加实现了5倍于定时器计时周期(0.05 s)的更长计时周期(0.25 s)。如果其他函数不需要使用T_Count变量，可将该变量定义成中断例程内的静态变量。

2. 实训要求

① 用定时器0计时溢出中断控制单只数码管按一定时间间隔滚动显示数字0~9。

② 在电路中改用蜂鸣器，用定时器实现某频率声音的输出。

3. 源程序代码

```
01  //-----------------------------------------------------------
02  //    名称：定时器0控制单只LED闪烁
03  //-----------------------------------------------------------
```

```
04   //   说明:LED在T0定时器溢出中断控制下不断闪烁
05   //
06   //------------------------------------------------------------
07   #define F_CPU    4000000UL
08   #include <avr/io.h>
09   #include <avr/interrupt.h>
10   #define INT8U    unsigned char
11   #define INT16U   unsigned int
12
13   #define LED_BLINK() (PORTC ^= 0x01)        //LED闪烁
14   INT16U T_Count = 0;                       //用于延时累加的变量
15   //------------------------------------------------------------
16   // 主程序
17   //------------------------------------------------------------
18   int main()
19   {
20       DDRC = 0x01;                          //PC0引脚设为输出
21       TCCR0 = 0x05;                         //预分频:1024
22       TCNT0 = 256 - F_CPU/1024.0 * 0.05;    //晶振4 MHz,0.05 s定时
23       TIMSK = 0x01;                         //使能T0中断
24       sei();                                //开中断
25       while (1);
26   }
27
28   //------------------------------------------------------------
29   // T0定时器溢出中断服务程序
30   //------------------------------------------------------------
31   ISR (TIMER0_OVF_vect)
32   {
33       TCNT0 = 256 - F_CPU/1024.0 * 0.05;    //重装0.05 s定时
34       if ( ++T_Count != 5 ) return;         //不到0.05 * 5 = 0.25 s时返回
35       T_Count = 0;
36       LED_BLINK();                          //每0.25 s开或关一次LED,形成闪烁效果
37   }
```

3.17 TIMER0控制流水灯

本例使用定时器TIMER0控制P0端口和P2端口的两组LED滚动显示。本案例中定时器工作于查询方式,3.16节案例中的定时器工作于中断方式。本例电路及部分运行效果如图3-17所示。

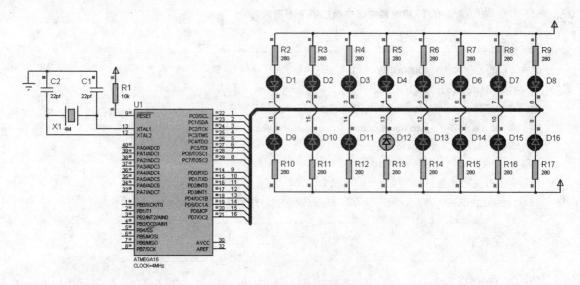

图 3-17 TIMER0 控制流水灯

1. 程序设计与调试

主程序首先将 Pattern 设为 0xFFFE,Pattern 的 16 位中只有最低位为 0。程序中第 21、22 行完成设置后定时器随即启动,定时/计数开始。

本例控制 LED 滚动时没有使用定时溢出中断程序,主程序中第 23 行的 while 循环用来不断检测定时/计数器中断标志寄存器 TIFR 的最低位 TOV0 是否为 1(注意:TOV0 是 T/C0 Timer Overflow 的缩写),在溢出时 TOV0 被置位,通过写入 1 可将其清零。30～34 行完成 16 只 LED 的循环滚动显示,每次定时溢出时滚动一位。

2. 实训要求

① 仍使用本例的定时器溢出查询方式,实现单只数码管滚动显示单个数字。
② 重新使用定时器溢出中断方式改写本例代码,实现相同的运行效果。

3. 源程序代码

```
01  //-----------------------------------------------------------
02  //   名称:TIMER0 控制流水灯
03  //-----------------------------------------------------------
04  //   说明:定时器控制 PC,PD 端口的 LED 滚动显示,本例定时器工作于查询方式,
05  //        上一案例中的定时器工作于中断方式
06  //
07  //-----------------------------------------------------------
08  #define F_CPU  4000000UL
09  #include <avr/io.h>
10  #define INT8U   unsigned char
11  #define INT16U  unsigned int
12
13  INT16U Pattern = 0xFFFE;              //16 只 LED 的显示初值
14  //-----------------------------------------------------------
```

```
15     // 主程序
16     //------------------------------------------------------------
17     int main()
18     {
19         DDRC  = 0xFF; DDRD  = 0xFF;         //PC,PD 端口均设为输出
20         PORTC = 0xFF; PORTD = 0xFF;         //初始时关闭所有 LED
21         TCCR0 = 0x05;                       //预分频:1024
22         TCNT0 = 256 - F_CPU/1024.0 * 0.05;  //晶振 4 MHz,0.05 s 定时初值
23         while (1)
24         {
25             while( !(TIFR & _BV(TOV0)) );   //等待 T0 溢出标志 TOV0 置位
26             TIFR  = _BV(TOV0);              //通过对 TOV0 写 1 实现软件清零
27 
28             TCNT0 = 256 - F_CPU/1024.0 * 0.05; //重装 T0 定时初值
29 
30             PORTC = (INT8U)Pattern;         //PC 端口对应 Patter 的低 8 位
31             PORTD = (INT8U)(Pattern >> 8);  //PD 端口对应 Patter 的高 8 位
32 
33             Pattern = Pattern << 1 | 0x0001;  //16 位 Pattern 中唯一的 0 左移 1 位
34             if (Pattern == 0xFFFF) Pattern = 0xFFFE;
35         }
36     }
```

3.18 TIMER0 控制数码管扫描显示

对于集成式数码管的多位显示,一般采用的是动态扫描刷新显示方法,在发送段码与位码完成一位数码显示后,调用_delay_ms 函数,在短暂延时后显示下一位数码。如此不停地快速刷新显示,用户将感觉不到数码管的任何显示抖动或闪烁,而会觉得所有数位是同时呈现在数码管上的。

本例改用了新的动态显示方法,数码管动态刷新程序放在 T/C0 定时器溢出中断函数内,案例同样实现了多位集成式数码管的动态显示。本例电路及部分运行效果如图 3-18 所示。

1. 程序设计与调试

本例技术要点在于数码管的动态刷新显示过程由定时器溢出中断子程序完成的,位间延时不再通过调用延时函数_delay_ms 来完成,而此前的集成式多位数码管则是使用循环和延时子程序来控制数码管持续刷新显示的。

定时器 T/C0 的计数寄存器 TCNT0 初值选择很重要,设置不当将导致数码管显示闪烁、亮度不足或字符抖动。对于本例的 8 位数码管,程序将其设为每隔 4 ms 切换显示下一位字符。由于人的视觉惰性,在快速切换显示时感觉不到它们是逐个出现并在 4 ms 后消失的,而是觉得所有字符是同时稳定地显示在所有数码管上。

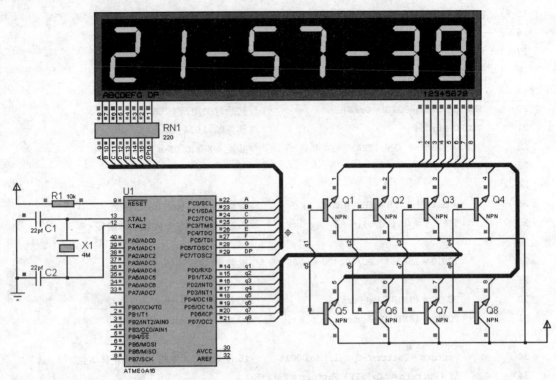

图 3-18　TIMER0 控制数码管扫描显示

中断子程序内控制的变量 i、j 分别是二维数组 Table_OF_Digits 的行/列索引，定时器中断每隔 4 ms 触发，数组第 i 行 j 列字符被显示，同时 j 递增，4 ms 后中断再次触发时，下一字符被显示，依次下去，第 i 行的 8 个字符会被反复循环刷新显示在 8 位数码管上。

二维数组中一行 8 个字符的持续刷新显示时间由变量 t 控制，时间近似等于 $t \times 4$ ms，增加 t 值会延长一行字符保持显示在数码上的时间长度。本例中 t 取值为 350，要注意将 t 定义为 INT16U 类型。在一行 8 个字符保持显示若干时间后，i 的增加会使数码管显示出下一行字符。

如果细心的话，大家可能会发现，每一趟刷新需要显示 8 个字符，在 t 值为 350 时开始切换到下一行，由于 $43 \times 8 = 344$，t 增加到 350 时，刚刚显示完的是第 44 趟第 6 个字符，在第 44 趟还剩 2 个字符未显示时，变化 i 值而切换到另一行，这样会不会出现显示错误呢？

实际结果是不管 t 的上限是否能整除 8，显示结果都是正常的。在 $t = 350$ 时，t 归 0，数码管上前 6 个字符仍是数组当前行的，i 值变更后，后续显示的将是新行的第 7、8 个字符，这时数码管上前 6 个字符是一行的，后 2 个字符是另一行的，这样显然会出现 2 行混合出现的情况，但由于每个字符仅停留 4 ms 即被刷新，前面 6 个异常的字符会在极短的时间内在第 45 趟（或称为新开始的第 0 趟）被刷新为新行的前 6 个字符，因此根本看不到这种混合出现的情况。

如果希望切换显示新行时不出现可能的瞬间混合显示现象，要么将 t 上限取为可与 8 除尽，或者直接在变更 i 值后，再添加语句：

```
j = 0;
```

这会使得任何时候切换到新行时，数据都从新行第 0 个元素开始重新刷新显示。

2. 实训要求

① 在本例第 18 行的二维数组中再添加一行待显示数据,实现 3 组数据的切换显示。

② 重新编写程序,使每组数据能从左向右滚动进入显示屏,保持刷新显示一段时间后再切换显示下一组数据。

3. 源程序代码

```
01  //-----------------------------------------------------------
02  //   名称:T0 定时器控制数码管扫描显示
03  //-----------------------------------------------------------
04  //   说明:8 只数码管分两组动态显示年月日与时分秒,本例的位显示延时
05  //        用定时器实现,未使用前面案例中常用的延时函数
06  //
07  //-----------------------------------------------------------
08  #define F_CPU    4000000UL
09  #include <avr/io.h>
10  #include <avr/interrupt.h>
11  #define INT8U    unsigned char
12  #define INT16U   unsigned int
13
14  //0~9 的数码管段码,最后一位是"-"的段码,索引为 10
15  const INT8U SEG_CODE[] =
16  { 0xC0,0xF9,0xA4,0xB0,0x99,0x92,0x82,0xF8,0x80,0x90,0xBF };
17
18  //待显示数据 09-12-25 与 21-57-39(分为两组显示)
19  const INT8U Table_OF_Digits[][8] =
20  {
21      {0,9,10,1,2,10,2,5},
22      {2,1,10,5,7,10,3,9}
23  };
24
25  INT8U   i = 0,j = 0;
26  INT16U Keep_Time = 0;                        //保持显示时长
27  //-----------------------------------------------------------
28  // 主程序
29  //-----------------------------------------------------------
30  int main()
31  {
32      DDRC = 0xFF;   PORTC = 0x00;             //配置输出端口
33      DDRD = 0xFF;   PORTD = 0x00;
34      TCCR0 = 0x03;                            //预设分频:64
35      TCNT0 = 256 - F_CPU/64.0 * 0.004;        //晶振 4 MHz,4 ms 定时初值
36      TIMSK = 0x01;                            //允许 T0 定时器溢出中断
```

```
37        sei();                                          //开中断
38        while(1);
39   }
40
41   //--------------------------------------------------------------
42   // T0 定时器溢出中断程序(控制数码管扫描显示)
43   //--------------------------------------------------------------
44   ISR(TIMER0_OVF_vect)
45   {
46        TCNT0 = 256 - F_CPU/64.0 * 0.004;                //位间延时 4 ms
47        PORTC = 0xFF;                                    //先关闭段码
48        PORTC = SEG_CODE[ Table_OF_Digits[i][j]];        //输出数码管段码
49        PORTD = _BV(j);                                  //输出位扫描码
50
51        //数组第 i 行的下一字节索引(0～7)
52        j = (j + 1) % 8;                                 //或使用 j = (j + 1) & 0x07;
53        //每组的 8 个字符位保持刷新一段时间
54        if( ++ Keep_Time != 350 ) return;
55        Keep_Time = 0;
56        //刷新若干遍数后切换
57        //数组行 i = 0 时显示年月日,i = 1 时显示时分秒
58        i = (i + 1) % 2;                                 //或使用 i = (i + 1) & 0x01;
59   }
```

3.19 TIMER1 控制交通指示灯

Proteus 内置了交通指示灯组件,本例用 T/C1 定时器控制交通指示灯按一定时间间隔切换显示。为了能快速观察到红绿灯切换及黄灯闪烁的效果,本例调短了切换时间间隔。本例电路如图 3-19 所示。

1. 程序设计与调试

本例使用的 T/C1 定时器工作于定时溢出中断方式,实现对交通指示灯所有切换过程的控制,因为指示灯切换有 4 种不同操作,程序中用变量 Operation_Type 表示当前的操作类型,取值 1～4 对应的操作分别如下:

① 东西向绿灯与南北向红灯亮 5 s;
② 东西向绿灯灭,黄灯闪烁 5 次;
③ 东西向红灯与南北向绿灯亮 5 s;
④ 南北向绿灯灭,黄灯闪烁 5 次。

在第④项操作后回到第①项操作继续重复。

本例所使用的 T/C1 定时器是 16 的定时/计数器,定时控制寄存器 TCCR1B 的低 3 位用于设置分频比,TCCR1B=0x03 设置 64 分频,本例设置 T/C1 定时/计数寄存器 TCNT1 初值

的计算公式如下:
$$TCNT1 = 65\,536 - F\_CPU/分频 \times 定时长度(s)$$
上述公式中减号后面的部分计算出来的值必须在 0~65535 以内。

本例其他设计类似于 3.4 节 LED 模拟交通灯的案例,大家可以自行比对阅读。

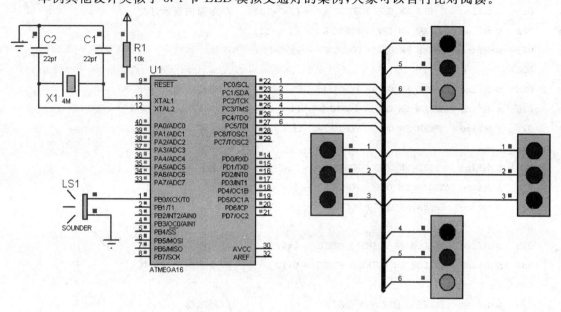

图 3-19 TIMER1 控制交通指示灯

2. 实训要求

① 用 T0 定时器重新设计本例,实现相同的显示效果。
② 重新调整切换与闪烁时间,实现完整的交通指示灯仿真效果。

3. 源程序代码

```
001  //--------------------------------------------------------------
002  //    名称:定时器 T1 控制交通指示灯
003  //--------------------------------------------------------------
004  //    说明:东西向绿灯亮 5 s 后,黄灯闪烁,闪烁 5 次后亮红灯
005  //          红灯亮后,南北向由红灯变为绿灯,5 s 后南北向黄灯闪烁
006  //          闪烁 5 次后亮红灯,东西向绿灯亮,如此往复。
007  //          本例将时间设得较短是为了调试的时候能较快地观察到运行效果
008  //
009  //--------------------------------------------------------------
010  #define F_CPU   4000000UL
011  #include <avr/io.h>
012  #include <avr/interrupt.h>
013  #include <util/delay.h>
014  #define INT8U   unsigned char
015  #define INT16U  unsigned int
016
```

```c
017    #define    RED_EW_ON()    PORTC |=  (1<<0)        //东西向指示灯开
018    #define    YELLOW_EW_ON() PORTC |=  (1<<1)
019    #define    GREEN_EW_ON()  PORTC |=  (1<<2)
020
021    #define    RED_EW_OFF()   PORTC &= ~(1<<0)        //东西向指示灯关
022    #define    YELLOW_EW_OFF() PORTC &= ~(1<<1)
023    #define    GREEN_EW_OFF() PORTC &= ~(1<<2)
024
025    #define    RED_SN_ON()    PORTC |=  (1<<3)        //南北向指示灯开
026    #define    YELLOW_SN_ON() PORTC |=  (1<<4)
027    #define    GREEN_SN_ON()  PORTC |=  (1<<5)
028
029    #define    RED_SN_OFF()   PORTC &= ~(1<<3)        //南北向指示灯关
030    #define    YELLOW_SN_OFF() PORTC &= ~(1<<4)
031    #define    GREEN_SN_OFF() PORTC &= ~(1<<5)
032
033    #define    YELLOW_EW_BLINK() PORTC ^= 0x02        //东西向黄灯闪烁
034    #define    YELLOW_SN_BLINK() PORTC ^= 0x10        //南北向黄灯闪烁
035
036    #define    BEEP() (PORTB ^= 0x01)                 //蜂鸣器
037
038    //延时倍数,闪烁次数,操作类型变量
039    INT8U Time_Count = 0, Flash_Count = 0, Operation_Type = 1;
040    //-----------------------------------------------------------------
041    // 主程序
042    //-----------------------------------------------------------------
043    int main()
044    {
045        DDRB  = 0xFF;   PORTB = 0xFF;                 //配置输出端口
046        DDRC  = 0xFF;   PORTC = 0x00;
047        TCCR1B = 0x03;                                //T1 预设分频:64
048        TCNT1 = 65536 - F_CPU/64.0 * 0.5;             //晶振 4 MHz,0.5 s 定时初值
049        TIMSK = _BV(TOIE1);                           //允许 T1 定时器溢出中断
050        sei();                                        //开中断
051        while (1);
052    }
053
054    //-----------------------------------------------------------------
055    // 黄灯警报声音输出
056    //-----------------------------------------------------------------
057    void Yellow_Light_Alarm()
058    {
```

```
059        INT8U i;
060        for (i = 0; i<100; i++)
061        {
062            BEEP(); _delay_us(380);
063        }
064    }
065
066    //-------------------------------------------------------------------
067    // T1 定时器溢出中断服务程序(控制交通指示灯切换显示)
068    //-------------------------------------------------------------------
069    ISR (TIMER1_OVF_vect)
070    {
071        TCNT1 = 65536 - F_CPU/64.0 * 0.5;              //重装 0.5 s 定时初值
072        switch (Operation_Type)
073        {
074            case 1:    //东西向绿灯与南北向红灯亮,5 s 后绿灯灭
075                       RED_EW_OFF(); YELLOW_EW_OFF(); GREEN_EW_ON();
076                       RED_SN_ON();  YELLOW_SN_OFF(); GREEN_SN_OFF();
077                       //5 s 后切换操作(0.5 s * 10 = 5 s)
078                       if ( ++ Time_Count != 10) return;
079                       Time_Count = 0;
080                       Operation_Type = 2;             //下一操作
081                       break;
082
083            case 2:    //东西向绿灯灭,黄灯开始闪烁
084                       Yellow_Light_Alarm();
085                       GREEN_EW_OFF();
086                       YELLOW_EW_BLINK();
087                       //闪烁 5 次
088                       if ( ++ Flash_Count != 10) return;
089                       Flash_Count = 0;
090                       Operation_Type = 3;             //下一操作
091                       break;
092
093            case 3:    //东西向红灯与南北向绿灯亮
094                       RED_EW_ON();  YELLOW_EW_OFF(); GREEN_EW_OFF();
095                       RED_SN_OFF(); YELLOW_SN_OFF(); GREEN_SN_ON();
096                       //南北向绿灯亮 5 s 后切换(0.5 s * 10 = 5 s)
097                       if ( ++ Time_Count != 10) return;
098                       Time_Count = 0;
099                       Operation_Type = 4;             //下一种操作类型
100                       break;
```

```
101
102        case 4:    //南北向绿灯灭,黄灯开始闪烁
103            Yellow_Light_Alarm();
104            GREEN_SN_OFF();
105            YELLOW_SN_BLINK();
106            //闪烁 5 次
107            if ( ++Flash_Count != 10) return;
108            Flash_Count = 0;
109            Operation_Type = 1;                    //回到第一种操作
110        }
111    }
```

3.20 TIMER1 与 TIMER2 控制十字路口秒计时显示屏

本例运行时,东西向蓝色数码管与南北向红色数码管同步倒计时,若干秒后交换,如此往复。在倒计时过程中,如果仅剩下 5 s 时,系统会发现报警提示声音。本例同时启用了 2 个定时器 T/C1 和 T/C2,其中 16 位的 T/C1 定时器负责递减秒数及切换方向,8 位的 T/C2 定时器负责刷新数码管显示。本例电路及部分运行效果如图 3-20 所示。

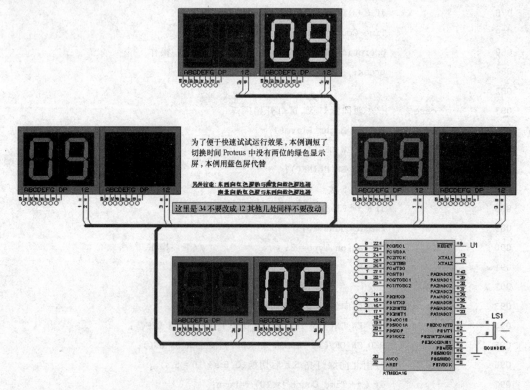

图 3-20　TIMER1 与 TIMER2 控制十字路口秒计时显示屏

1. 程序设计与调试

本例同时启用 16 位的 T/C1 和 8 位的 T/C2 定时器。以下代码分别设置了 T/C1 与 T/C2 的分频比及定时初值，定时中断屏蔽寄存器 TIMSK 设置为同时允许 T/C1 和 T/C2 定时溢出中断。

```
TCCR1B = 0x03;                            //T1 预设分频:64
TCNT1 = 65536 - F_CPU/64.0 * 1.0;         //晶振 4 MHz, 1 s 定时初值
TCCR2 = 0x04;                             //T2 预设分频:64
TCNT2 = 256 - F_CPU/64.0 * 0.004;         // 4 MHz 系统时钟,0.004 s 定时初值
TIMSK = _BV(TOIE1) | _BV(TOIE2);          //同时允许 T1、T2 定时器溢出中断
```

T/C1 定时溢出中断每秒触发一次，中断程序控制秒数递减，并在仅剩下 5 s 时开始发出警报声音。T/C2 定时溢出中断程序以 4 ms 周期刷新数码管显示。该中断程序中根据方向的切换，控制(0、1)位或(2、3)位数码管的刷新显示。

2. 实训要求

① 进一步完善本例设计，仿真十字路口计时屏的切换效果。
② 重新用 T/C0 和 T/C2 定时器改编本例。

3. 源程序代码

```
001  //------------------------------------------------------------
002  //   名称：TIMER1 与 TIMER2 控制十字路口秒计时显示屏
003  //------------------------------------------------------------
004  //  说明：本例运行时,东西向蓝色数码管与南北向红色数码管同步倒计时,
005  //        若干秒后交换,如此反复。
006  //        本例使用的两个定时器中,T/C1 定时器负责递减秒数及切换方向,
007  //        T/C2 定时器负责刷新显示数码管
008  //
009  //------------------------------------------------------------
010  #define F_CPU    4000000UL
011  #include <avr/io.h>
012  #include <avr/interrupt.h>
013  #include <util/delay.h>
014  #define INT8U    unsigned char
015  #define INT16U   unsigned int
016
017  #define BEEP() (PORTB ^= 0x01)
018
019  //设置最大秒数为 12 s,每 12 s 将切换通行方向
020  //这里为了能尽快观察到运行效果而将该值设得较小
021  #define MAX_SECOND 12
022
023  //通行方向类型(东西/南北)
024  enum TRAFFIC_DIRECTION {EW,SN} Current_Direct;
```

```
025
026    //0～9 的数码管段码
027    const INT8U SEG_CODE[] = {0xC0,0xF9,0xA4,0xB0,0x99,0x92,0x82,0xF8,0x80,0x90};
028
029    //当前剩余秒数(两位)及秒显示缓冲
030    int     Remain_Second;
031    INT8U Second_Display_Buffer[] = {0,0};
032    //-----------------------------------------------------------------
033    // 根据剩余秒数 Remain_Second 刷新秒显示缓冲
034    //-----------------------------------------------------------------
035    void Refresh_Second_Display_Buffer()
036    {
037        Second_Display_Buffer[0] = Remain_Second/10;
038        Second_Display_Buffer[1] = Remain_Second % 10;
039    }
040
041    //-----------------------------------------------------------------
042    // 警报声输出函数
043    //-----------------------------------------------------------------
044    void Alarm()
045    {
046        INT8U i;
047        for (i = 0 ; i< 80; i ++ )
048        {
049            BEEP(); _delay_us(300);
050        }
051    }
052
053    //-----------------------------------------------------------------
054    // 主程序
055    //-----------------------------------------------------------------
056    int main()
057    {
058        Current_Direct = EW;                              //初始通行方向设为东西方向
059        Remain_Second =     MAX_SECOND;                   //初始剩余秒数为最大秒数
060        Refresh_Second_Display_Buffer();                  //刷新秒显示缓冲
061
062        TCCR1B = 0x03;                                    //T1 预设分频:64
063        TCNT1   = 65536 - F_CPU/64.0 * 1.0;               //晶振 4 MHz,1 s 定时初值
064        TCCR2   = 0x04;                                   //T2 预设分频:64
065        TCNT2   = 256 - F_CPU/64.0 * 0.004;               //晶振 4 MHz,0.004 s 定时初值
066        TIMSK   = _BV(TOIE1) | _BV(TOIE2);                //允许 T1、T2 定时器溢出中断
067        DDRB = 0xFF;                                      //配置输出端口
```

```
068        DDRC = 0xFF;
069        DDRD = 0xFF;
070        sei();                                                    //开中断
071        while (1);
072    }
073
074    //----------------------------------------------------------------
075    // T1 定时器溢出中断程序,控制倒计时
076    //----------------------------------------------------------------
077    ISR (TIMER1_OVF_vect)
078    {
079        //重装 1 s 定时初值
080        TCNT1    = 65536 - F_CPU/64.0 * 1.0;
081        //计时值递减,递减到终点后重新从最大秒数 MAX_SECOND 开始,
082        //同时切换通行方向
083        if ( -- Remain_Second == - 1 )
084        {
085            Remain_Second = MAX_SECOND;
086            Current_Direct = Current_Direct == EW ? SN : EW;
087        }
088        //刷新秒显示缓冲
089        Refresh_Second_Display_Buffer();
090        //剩余时间在 5 s 以内时输出声音
091        if (Remain_Second < = 5) Alarm();
092    }
093
094    //----------------------------------------------------------------
095    // T2 定时器溢出中断程序,控制数码管扫描显示
096    //----------------------------------------------------------------
097    ISR (TIMER2_OVF_vect)
098    {
099        //当前待显示位索引(注意设为静态变量)
100        static INT8U i = 0;
101        //位间延时 4 ms
102        TCNT2    = 256 - F_CPU/64.0 * 0.004;
103        //先关闭段码
104        PORTC = 0xFF;
105        //输出数码管段码
106        PORTC = SEG_CODE[ Second_Display_Buffer[i] ];
107        //根据当前方向输出(0,1)位或(2,3)位的扫描码
108        if (Current_Direct == EW)
109            PORTD = _BV(i);
110        else
```

```
111        PORTD = _BV(i + 2);
112        //i在0,1之间切换(扫描输出的数位将是0,1或2,3)
113        i = (i == 0) ? 1 : 0;
114    }
```

3.21 用工作于计数方式的 T/C0 实现 100 以内的脉冲或按键计数

本例 T/C0 时钟由 T0(PB0)引脚输入。利用这一特点,本例实现了按键和脉冲计数及显示功能,学习调试要点在于掌握 T/C0 工作于计数方式的程序设计方法。案例电路及部分运行效果如图 3-21 所示。

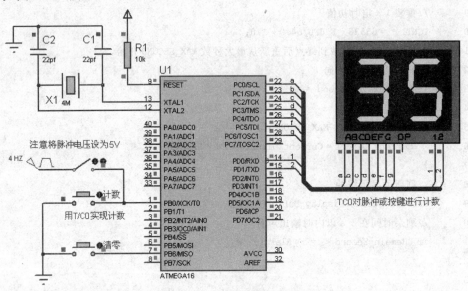

图 3-21　用工作于计数方式的 T/C0 实现 100 以内的脉冲或按键计数

1. 程序设计与调试

此前案例中使用的 T/C0、T/C1、T/C2 均工作于定时方式,本例中 T/C0 工作于计数方式,其区别在于此前 TCNTx 的计数时钟由系统时钟分频后提供。所提供的时钟具有固定频率(周期),因而 TCNTx 的计数可换算成计时。

本例中的 T/C0 工作于计数方式,TCNT0 的计数时钟不再由系统时钟分频提供,而是由来自 T0(PB0)引脚的外部信号提供,这些信号可能是无固定周期的(例如本例的按键计数操作),也可能是有固定周期的(例如本例中的外部输入计数脉冲)。

主程序中 TCCR0=0x06,该行代码将 TCCR0 的低 3 位(CS02、CS01、CS00)设为 110,它使得 TCNT0 的计数时钟来自于 T0(PB0)引脚,且为下降沿触发。主程序中设置 TCCR0 后,T0(PB0)引脚每次由高电平到低电平的跳变都将使 TCNT0 递增 1。

主程序中的 while 循环完成了清零控制,显示上限控制,数码管刷新显示控制等操作。

2. 实训要求

① 利用 T/C0 计数溢出中断实现计数,每次按键或脉冲输入信号的下降沿使计数变量累

加,程序中注意要将 TCNT0 初值设为 255,这样才能使得每次下降沿累加 TCNT0 都会导致溢出,触发 T/C0 计数溢出中断,在中断程序中完成对计数变量的累加。显然,如果将 TCNT0 设为 254 的话,每 2 次脉冲或按键输入才会实现 1 次计数变量累加。

② 改用 4 位集成式数码管,实现更大范围的计数操作。

3. 源程序代码

```
01  //------------------------------------------------------------
02  //  名称:用工作于计数方式的 TC0 实现 100 以内的脉冲或按键计数
03  //------------------------------------------------------------
04  //  说明:TC0 工作于计数器方式且设为下降沿触发,外部的每次按键或脉冲
05  //       出现的下降沿都将导致 TCNT0 累加计数一次,TCNT0 的计数值将被实时
06  //       刷新并显示在两位数码管上
07  //
08  //------------------------------------------------------------
09  #define  F_CPU    4000000UL          //4 MHz 晶振
10  #include <avr/io.h>
11  #include <util/delay.h>
12  #define INT8U   unsigned char
13  #define INT16U  unsigned int
14
15  //清除键定义
16  #define Clear_Key_DOWN() ((PINB & 0x40) == 0x00)
17
18  //0~9 的数字编码
19  const INT8U SEG_CODE[] = {0x3F,0x06,0x5B,0x4F,0x66,0x6D,0x7D,0x07,0x7F,0x6F};
20  //------------------------------------------------------------
21  // 在两位数码管上显示计数值
22  //------------------------------------------------------------
23  void Show_Count_ON_DSY()
24  {
25      PORTD = 0xFF;
26      PORTC = SEG_CODE[TCNT0/10];
27      PORTD = 0xFE;
28      _delay_ms(2);
29      PORTD = 0xFF;
30      PORTC = SEG_CODE[TCNT0 % 10];
31      PORTD = 0xFD;
32      _delay_ms(2);
33  }
34
35  //------------------------------------------------------------
36  // 主程序
```

```
37    //------------------------------------------------------------
38    int main()
39    {
40        DDRC = 0xFF; PORTC = 0xFF;            //配置输出端口
41        DDRD = 0xFF; PORTD = 0xFF;
42        DDRB = 0x00; PORTB = 0xFF;            //配置输入端口
43
44        TCCR0 = 0x06;                         //T0 工作于计数方式,下降沿触发
45        TCNT0 = 0x00;                         //设置计数初值
46        while(1)
47        {
48            if(Clear_Key_DOWN()) TCNT0 = 0;   //如果按下清零键则将 TCNT0 重新置 0
49            if (TCNT0 >= 100) TCNT0 = 0;      //计数值限制在 100 以内
50            Show_Count_ON_DSY();              //持续刷新显示
51        }
52    }
```

3.22 用定时器设计的门铃

本例用定时器控制蜂鸣器模拟发出"叮咚"的门铃声,其中"叮"的声音用较短定时形成较高频率,"咚"的声音用较长定时形成较低频率。仿真电路中加入了虚拟示波器,按下按键时除听到门铃声外,还会从示波器中观察到 2 种不同频率的波形。本例电路及输出的部分波形如图 3-22 所示。

1. 程序设计与调试

主程序控制变量 soundDelay 分别取值−700 与−1 000,它影响定时器溢出中断程序中 TCNT1 的取值,从而控制输出 2 种不同频率的声音。

定时器初始定时为 700 μs,按键使能定时器溢出中断后,在前 300 ms 时间内的每次中断触发时间间隔都是 0.7 ms(初值为−700),这使得 DoorBell() 可以输出 1000/(0.7×2)≈714 Hz 的声音频率,在后 500 ms 内的每次中断触发时间间隔为 1 ms(初值为−1 000),DoorBell() 输出 1000/(1.0×2)=500 Hz 声音频率。按下按键后的"叮咚"声正是这样产生的。

在一次"叮咚"声音输出完成后,TMISK=0x00 使定时器溢出中断被禁止,声音输出也随即停止。

设置 T/C1 定时器初值时所使用的公式是:

$$TCNT1 = 65536 - F\_CPU/分频 \times 定时长度(s)$$

本例最初定时长度设为 700 μs,即 0.000 7 s,代入公式可得:TCNT1=65 536−1 000 000/1× 0.000 7=65 536−700。

对于语句 TCNT1=65 536−700,在编写程序时还可直接写成 TCNT1=−700,因为 65 536 即 17 位二进制数 10000000000000000,其最高位为 1,其余 16 位为 0。对于 16 位的寄存器,65 536 与 0 是相等的,因此有 TCNT1=0−700=−700,实际存入 TCNT1 是−700 的补

码,将 700 进行二进制数分解可得 00000001010111100,将其取反加 1 得到 1111110101000100,即 64 836,而 65 536－700 也等于 64 836。

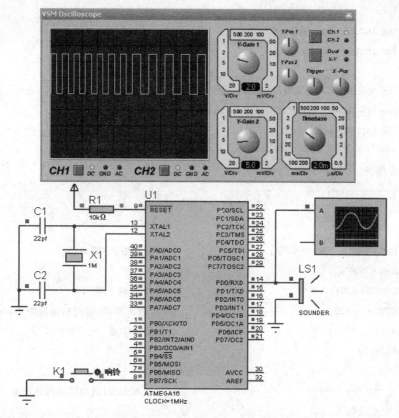

图 3－22 用定时器设计的门铃

可见,对于 16 位的 T/C1 定时器,在 1 MHz 时钟频率、分频为 1 时,要实现 x 微秒(μs)的延时,可直接使用语句 TCNT1＝－ x,当然,x 的取值应在 0～65 535 范围之内。同样,对于 8 位的 T/C0 与 T/C2 定时器,在同样时钟与分频比下,设置延时初值时也可以有 TCNT0＝－ x 和 TCNT2＝－ x。当然,这里 x 取值应在 0～255 范围之内。

2. 实训要求

① 修改定时器初值－700 和－1000,并改变 2 种频率声音的输出时长,再观察输出效果。
② 重新编写程序,用定时器控制输出另一种包含 3 个不同频率的门铃声音效果。

3. 源程序代码

```
01  //----------------------------------------------------------------
02  // 名称:用定时器设计的门铃
03  //----------------------------------------------------------------
04  // 说明:按下按键时蜂鸣器发出叮咚的门铃声
05  //
06  //----------------------------------------------------------------
07  #define F_CPU    1000000UL               //1 MHz 晶振
```

```c
08  #include <avr/io.h>
09  #include <avr/interrupt.h>
10  #include <util/delay.h>
11  #define INT8U   unsigned char
12  #define INT16U  unsigned int
13
14  #define DoorBell()  (PORTD ^= 0x01)              //门铃定义
15  #define Key_DOWN()  ((PINB & 0x80) == 0x00)      //按键定义
16  volatile INT16U soundDelay;                     //2个不同取值分别对应于"叮"、"咚"
17  //-----------------------------------------------------------------
18  // 主程序
19  //-----------------------------------------------------------------
20  int main()
21  {
22      DDRB = 0x00; PORTB = 0xFF;                   //配置输入/输出端口
23      DDRD = 0xFF;
24      TCCR1B = 0x01;                               //T1 预设分频:1
25      TCNT1 = -700;                                //1 MHz 时钟,定时初值设为 700 μs
26      sei();                                       //开总中断
27      while(1)
28      {
29          if(Key_DOWN())                           //按下 K1 时启动定时溢出中断
30          {
31              TIMSK = _BV(TOIE1);                  //允许 T1 定时器溢出中断
32              soundDelay = -700;                   //700 μs 延时对应输出"叮"的声音
33              _delay_ms(400);                      //声音保持 400 ms
34              soundDelay = -1000;                  //1000 μs 延时对应输出"咚"的声音
35              _delay_ms(600);                      //声音保持 600 ms
36              TIMSK = 0x00;                        //禁止 T1 定时器溢出中断
37          }
38      }
39  }
40
41  //-----------------------------------------------------------------
42  // T/C1 定时器中断程序控制门铃声音输出
43  //-----------------------------------------------------------------
44  ISR(TIMER1_OVF_vect )
45  {
46      DoorBell();                                  //门铃声音输出
47      TCNT1 = soundDelay;                          //按主程序设定的 -700 或 -1000 设置延时
48  }
```

3.23 报警器与旋转灯

本例运行时,按下报警开启按键后系统将发出逼真的警报声音,连接 PC 端口的 LED 中相邻的 3 只将随之不断循环滚动点亮,按下关闭键时警报输出停止,所有 LED 熄灭。本例同时启用了 3 个中断程序。案例电路及部分运行效果如图 3-23 所示。

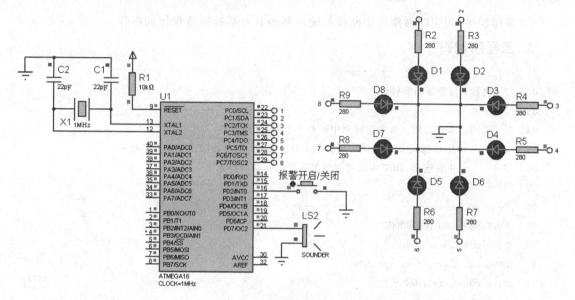

图 3-23 报警器与旋转灯

1. 程序设计与调试

本例同时启用了 INT0 中断、T/C0 溢出中断、T/C1 溢出中断,它们分别负责系统启停控制、LED 旋转滚动显示与警报声音输出。本例的报警声音非常逼真,它模拟了声音频率均匀拉高、还原、再拉高的过程。

本例中 16 位的 T/C1 定时/计数寄存器 TCNT1=0xFE00+FRQ,其中 FRQ 由主程序控制在 0x00~0xFF(0~255)之间反复递增循环取值,由于 FRQ 的变化由 main 函数控制,T/C1 溢出中断程序中需要使用该变量,因此要注意在定义 FRQ 时添加 volatile 关键字。

本例程序中 T/C1 溢出中断程序输出的频率范围计算如下:

① TCNT1 计数寄存器取值范围为 0xFE00~0xFEFF,即 65 024~65 279;

② 延时值范围为(65 536-65 024)~(65 536-65 279),即 512~257;

③ 对于 1 MHz 的时钟,其输出频率范围为 1 000 000/(512×2)~1 000 000/(257×2)Hz,即 976~1 945 Hz。

由于 FRQ 类型为 INT8U,主程序中的 while 循环控制 FRQ 变量由 0x00 持续递增,FRQ 将在 0x00~0xFF 范围内反复循环取值,而 T/C1 中断程序内的 TCNT1 寄存器在每次中断触发时都将获取这个不断变化的 FRQ 值,使得 TCNT1 不断由 0xFE00 向 0xFEFF 循环递增,每次中断触发都使下一次的中断触发时间变得更短,T/C1 中断的触发频率越来越高,中断程序输出的…01010101…序列的频率也越来越高,从而形成了 976~1 945 Hz 频率的平滑递增输出,案例输出的报警器声音效果非常逼真。

2. 实训要求

① 修改主程序中 while 循环内_delay_ms 函数参数为 1、2、3 或 4 等,重新编译并运行程序,试听输出警报声音的急促程度是否会发生变化。

② 第 5 章有与射击游戏相关的程序,参考该游戏程序修改本例代码,模拟出枪支射击的声音。

③ 编写程序,用定时器溢出中断模拟输出其他具有某种特殊规律的声音。

3. 源程序代码

```
01  //--------------------------------------
02  //   名称：报警器与旋转灯
03  //--------------------------------------
04  //   说明：本例启用了 2 个定时器中断和 1 个外部中断
05  //         其中 T0 定时器溢出中断控制 LED 旋转,T1 定时器溢出中断控制报警
06  //         声音输出,INT0 中断控制报警系统的启动与停止
07  //
08  //--------------------------------------
09  #define F_CPU 1000000UL           //1 MHz 晶振
10  #include <avr/io.h>
11  #include <avr/interrupt.h>
12  #include <util/delay.h>
13  #define INT8U   unsigned char
14  #define INT16U  unsigned int
15
16  //蜂鸣器输出定义
17  #define SPK() (PORTD ^= _BV(PD7))
18
19  volatile INT8U FRQ = 0x00;         //定时初值循环递增控制频率循环递增(volatile 不可省略)
20  INT8U ON_OFF = 0;                  //开关变量
21  INT8U Pattern = 0xE0;              //旋转灯端口花样初值 11100000
22  //--------------------------------------
23  // 主程序
24  //--------------------------------------
25  int main()
26  {
27      DDRC = 0xFF;                         //配置 LED 输出端口
28      DDRD = ~_BV(PD2); PORTD = _BV(PD2);  //配置按键输入与蜂鸣器输出端口
29      TCCR0  = 0x05;                       //T0 预设分频:1024
30      TCNT0  = 256 - F_CPU/1024.0 * 0.1;   //1 MHz 时钟,0.1 s 定时初值
31      TCCR1B = 0x01;                       //T1 预设分频:1
32      MCUCR  = 0x02;                       //INT0 为下降沿触发
33      GICR   = 0x40;                       //INT0 中断使能
```

```c
34      sei();                          //开中断
35      while (1)
36      {
37          //定时初值循环递增控制频率循环递增
38          // FRQ 在超过 255 溢出后从 0 开始再继续递增
39          FRQ ++ ;
40          //改变延时参数可调整报警声音输出的急促程度(例如 1、2、3、4)
41          _delay_ms(1);
42      }
43  }
44
45  //--------------------------------------------------------------
46  // 外部中断 0,启停报警器声音和 LED 旋转
47  //--------------------------------------------------------------
48  ISR (INT0_vect )
49  {
50      ON_OFF = !ON_OFF;               //启停切换
51      if(ON_OFF )
52      {
53          TIMSK |= 0x05;              //开启 2 个定时器中断,分别控制报警器和 LED
54          Pattern = 0xE0;             //11100000,开 3 个灯旋转
55      }
56      else
57      {
58          TIMSK = 0x00;               //关闭所有定时器中断
59          PORTC = 0x00;               //关闭所有 LED
60          PORTD &= ~_BV(PD7);         //在蜂鸣器连接的 PD7 引脚输出低电平
61      }
62  }
63
64  //--------------------------------------------------------------
65  // T0 定时器中断程序控制 LED 旋转
66  //--------------------------------------------------------------
67  ISR (TIMER0_OVF_vect )
68  {
69      //重装 0.1 s 计时初值
70      TCNT0   = 256 - F_CPU/1024.0 * 0.1;
71      //以下两行实现 111 的循环左移(高位为 1 时左移后右端补 1,否则直接左移)
72      if (Pattern & 0x80)  Pattern = (Pattern << 1) | 0x01;
73      else                 Pattern <<= 1;
74      PORTC = Pattern;                //LED 显示
75  }
76
```

```
77   //-----------------------------------------------
78   // T1 定时器中断控制报警器声音输出
79   //-----------------------------------------------
80   ISR (TIMER1_OVF_vect)
81   {
82       TCNT1 = 0xFE00 + FRQ;        //主程序中 FRQ 的递增导致输出频率递增
83       SPK();
84   }
```

3.24 100 000 s 以内的计时程序

本例程序运行时,首次按下 K1 即开始启动精度为 0.1 s 的计时,计时刷新显示在 6 位数码管上,再次按下 K1 时暂停计时,当前计时值保持显示在数码管上,第三次按下 K1 时计时值归 0。本例最大计时为 99 999.9 s。案例电路及部分运行效果如图 3-24 所示。

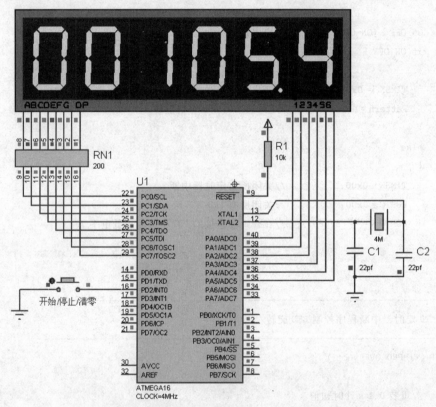

图 3-24 100 000 s 以内的计时程序

1. 程序设计与调试

本例设计与调试要点如下:

① 本例计数(计时)方法与此前案例不同,此前案例的计数值一般是保存在全局变量中,或者是保存在计数寄存器内,需要显示在数码管上时,再将待显示数据分解为多个数位。本例

直接定义了含 6 个元素的数组 Digits_Buffer,定时中断子程序每 0.1 s 对 Digits_Buffer[0]累加,累加到 10 时即进位到下一元素,以此类推。这样设计后的计数值在显示时不需要再用整除(/)和取余(%)进行分解。

② 对于同一按键上实现的 3 种操作,程序中使用变量 KeyOperation 进行标识,每次出现按键中断时递增 KeyOperation,根据不同的 KeyOperation 值完成不同的操作。变量 KeyOperation 可以定义为全局变量,也可以在函数内部定义为静态变量,本例使用的是后一种定义方式,这样可读性更好一些。注意:编写调试程序不可忽略了 static 关键字。

③ 由于主程序中第 47 行已设置 TIMSK 允许定时器溢出中断,按键中断函数中第 89 行只需要设置 TCCR1B 为非 0 的分频比(本例设为 8 分频)即可开始启动计时并每隔 0.1 s 触发中断。停止或清零计时时,第 91 行也只需要将 TCCR1B 设置为 0 分频(无时钟,T/C1 不工作)即可,虽然 TIMSK 仍然允许定时器溢出中断,但由于 T/C1 已无时钟,溢出中断也亦不会发生,0.1 s 的计时亦停止。

④ 案例使用了 6 位集成式七段数码管,在完成 0.1 s 精度计时的同时完成数码管的刷新显示,并实现对小数点的显示控制。由于 Digits_Buffer[0]～Digits_Buffer[5]分别存放的依次是小数位、个位、十位一直到最高位,在 6 位数码管上显示该数组时,循环控制变量 i=0～5,如果用 PORTC=～_BV(i)来输出位码,这会将小数位显示在数码管最左边,而最高位却显示在最右边,因此输出位码的语句应为 PORTC=～_BV(5－i),凡是共阴数码管均需要添加"～"来输出位码,而_BV 的参数 5－i 显然是起到了将顺序读取的 0～5 号数组元素在数码管上逆向显示的作用。

2. 实训要求

① 修改程序,将计时精度设为 0.01 s,并重新进行调试与仿真运行。

② 在本例中实现两段计时,第一次暂停后再次按下 K1 时,可在前一段时间的基础上再继续计时,最后按下 K1 时才将计时清零。

3. 源程序代码

```
01  //--------------------------------------------------------------
02  // 名称:100000 s 以内的计时程序
03  //--------------------------------------------------------------
04  // 说明:在 6 只数码管上完成 00000.0～99999.9 s 计时
05  //
06  //--------------------------------------------------------------
07  #define  F_CPU    4000000UL           //4 MHz 晶振
08  #include <avr/io.h>
09  #include <avr/interrupt.h>
10  #include <util/delay.h>
11  #define INT8U   unsigned char
12  #define INT16U  unsigned int
13
14  //共阴数码管 0～9 的数字段码
15  const INT8U SEG_CODE[] =
```

```
16   { 0x3F,0x06,0x5B,0x4F,0x66,0x6D,0x7D,0x07,0x7F,0x6F };
17
18   //6 只数码管上显示的数字缓冲
19   INT8U Digits_Buffer[] = {0,0,0,0,0,0};
20   //-----------------------------------------------------------------
21   // 在数码管上显示计时值
22   //-----------------------------------------------------------------
23   void Show_Count_ON_DSY()
24   {
25       INT8U i;
26       for (i = 0; i <= 5; i++)
27       {
28           PORTC = 0x00;                        //暂时关闭段码
29           PORTA = ~_BV(5 - i);                 //输出位码
30           PORTC = SEG_CODE[ Digits_Buffer[i] ]; //输出段码
31           if (i == 1) PORTC |= 0x80;           //在个位数上加小数点
32           _delay_ms(3);                        //位间延时
33       }
34   }
35
36   //-----------------------------------------------------------------
37   // 主程序
38   //-----------------------------------------------------------------
39   int main()
40   {
41       DDRA = 0xFF; PORTA = 0xFF;               //配置端口
42       DDRC = 0xFF; PORTC = 0xFF;
43       DDRD = 0x00; PORTD = 0xFF;
44       MCUCR = 0x02;                            //INT0 为下降沿触发
45       GICR  = 0x40;                            //INT0 中断使能
46       TCNT1 = 65536 - F_CPU/8 * 0.1;           //0.1 s 定时(T1 预设 8 分频在 INT0 中断中完成)
47       TIMSK = _BV(TOIE1);                      //允许 T1 定时器溢出中断
48       sei();                                   //开中断
49       while(1) Show_Count_ON_DSY();            //持续刷新显示
50   }
51
52   //-----------------------------------------------------------------
53   // T1 定时器溢出中断实现计时
54   //-----------------------------------------------------------------
55   ISR (TIMER1_OVF_vect )
56   {
57       INT8U i;
```

```c
58      TCNT1 = 65536 - F_CPU/8 * 0.1;          //重设 0.1s 定时初值
59      Digits_Buffer[0] ++ ;                   //0.1s 位累加
60      for (i = 0; i <= 5; i ++)               //进位处理
61      {
62          if(Digits_Buffer[i] == 10)
63          {
64              Digits_Buffer[i] = 0;
65              //如果是 0~4 位则分别向高一位进位
66              if(i != 5 ) Digits_Buffer[i + 1] ++ ;
67          }
68          //循环过程中如果某个低位没有进位,则循环可提前结束
69          else break;
70      }
71  }
72
73  //-----------------------------------------------------------------
74  // INT0 中断函数完成 K1 按键的 3 种操作
75  //-----------------------------------------------------------------
76  ISR (INT0_vect)
77  {
78      INT8U i;
79      //按键操作标识:0 停止,1 开始,2 暂停
80      static INT8U KeyOperation = 0;
81      //每次按键时,操作标识在 0,1,2 中循环选择
82      if ( ++ KeyOperation == 3) KeyOperation = 0;
83
84      switch (KeyOperation)
85      {
86          case 0: TCCR1B = 0x00;               //停止(清零)
87              for (i = 0; i<6; i ++) Digits_Buffer[i] = 0;
88              break;
89          case 1: TCCR1B = 0x02;               //开始计时(提供 8 分频时钟)
90              break;
91          case 2: TCCR1B = 0x00;               //暂停计时
92              break;
93      }
94  }
```

3.25 用 TIMER1 输入捕获功能设计的频率计

本例 T/C1 工作于一般模式下的定时器方式,外部被测信号从 ICP(PD6)输入,程序利用 T/C1 的输入捕获(Input Capture)功能,在按下 K1 按键时,通过检测 2 次捕获的计数差值计

算出被测信号频率,并显示在 4 位数码管上。本例电路及部分运行效果如图 3-25 所示。

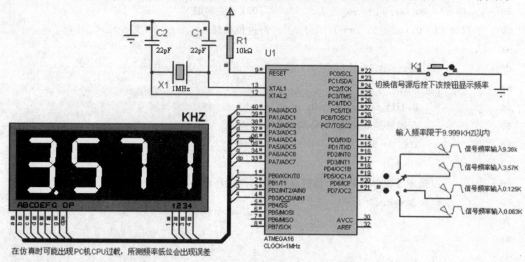

图 3-25 用 TIMER1 输入捕获功能设计的频率计

1. 程序设计与调试

本例 T/C1 工作于定时器方式,TCNT1 计数脉冲由系统时钟分频后提供,本例系统时钟为 1 MHz,TCCR1B 设置分频比为 1,计数时钟仍为 1 MHz,在该计数时钟下,每 1 μs 时间 TCNT1 计数 1 次。

主程序通过设置 TCCR1B = _BV(ICNC1) | _BV(ICES1),设置了输入捕获噪音消除 (ICNC1=1)位和 ICP 上升沿触发输入捕获(ICES1=1)位。由于 PD6(ICP)输入捕获引脚输入信号的每次上升沿都将触发捕获,在捕获发生时,当前计数寄存器 TCNT1 的计数值被复制到输入捕获寄存器 ICR1 中;在连续 2 次 ICP 引脚上升沿触发捕获中断时,中断服务程序通过计算 2 次所读取的 ICR1 的差值,即可得出相邻 2 次 TCNT1 的计数差值。本例的输入捕获中断向量名称为 TIMER1_CAPT_vect。

在本例配置下,TCNT1 的每次计数为 1 μs,如果差值为 8,则该输入信号周期为 8 μs,倒数处理后即可得到信号频率。

因本例仿真电路中放入了多路外部信号源,Proteus 仿真时可能会提示 PC 机 CPU 过载,仿真未能在实时模式下运行,这会影响所检测频率的精度。在运行本例检测外部信号频率时,所显示出来的频率低位数可能会出现误差。

2. 实训要求

① 进一步改进本例,使每次按下 K1 按键后能重复进行 6 次捕获,求得 3 个捕获差值后计算平均频率,以提高系统检测结果的精度。

② 设置 T/C1 工作于计数方式,重新编写本例程序实现频率检测。

3. 源程序代码

```
01  //--------------------------------------------------------------
02  //  名称:用 TIMER1 输入捕获功能设计的频率计
03  //--------------------------------------------------------------
```

```
04  //    说明:本例运行时,切换不同的频率输入,然后按下 K1 按键,数码管上将
05  //          显示当前频率值。2 次捕获的时间差值即为当前输入频率的周期,
06  //          周期倒数即可得到当前频率
07  //
08  //-----------------------------------------------------------------
09  #define F_CPU  1000000UL                    //1 MHz 晶振
10  #include <avr/io.h>
11  #include <avr/interrupt.h>
12  #include <util/delay.h>
13  #define INT8U   unsigned char
14  #define INT16U  unsigned int
15
16  //共阴数码管 0~9 的数字编码,最后一位为黑屏
17  const INT8U SEG_CODE[] =
18  {0x3F,0x06,0x5B,0x4F,0x66,0x6D,0x7D,0x07,0x7F,0x6F,0x00};
19
20  //分解后的待显示数位
21  INT8U Display_Buffer[] = {0,0,0,0};
22
23  //连续 2 次捕获计数变量
24  INT16U CAPi = 0,CAPj = 0;
25  //-----------------------------------------------------------------
26  // 数码管显示频率
27  //-----------------------------------------------------------------
28  void Show_FRQ_ON_DSY()
29  {
30      INT8U i = 0;
31      for (i = 0; i<4; i++)
32      {
33          PORTA = 0x00;                        //先暂时关闭段码
34          PORTB = ~_BV(i);                     //发送扫描码
35          PORTA = SEG_CODE[ Display_Buffer[i] ]; //发送数字段码
36          if (i == 0) PORTA |= 0x80;           //最高位加小数点
37          _delay_ms(2);
38      }
39  }
40
41  //-----------------------------------------------------------------
42  // 主程序
43  //-----------------------------------------------------------------
44  int main()
45  {
46      INT8U LastKey = 0xFF;                    //最近按键状态
```

```c
47      DDRA = 0xFF;                                    //配置输出端口
48      DDRB = 0xFF;
49      DDRC = 0x00; PORTC = 0xFF;
50      DDRD = 0x00; PORTD = 0xFF;
51      //输入捕获噪音消除,ICP上升沿触发输入捕获,
52      //分频系数:1(1 MHz,每1 μs 计数1次)
53      TCCR1B = _BV(ICNC1) | _BV(ICES1);               //初始时无分频,按下 K1 后提供1分频
54      sei();                                          //开中断
55      while(1)
56      {
57          if(LastKey != PINC )                        //PC 端口有键按下(K1 按下)
58          {
59              TIMSK = _BV(TICIE1);                    //使能 TC1 输入捕获中断
60              TCCR1B |= 0x01;                         //提供1分频计数时钟
61              LastKey = PINC;                         //保存最近按键状态
62          }
63          Show_FRQ_ON_DSY();                          //数码管显示频率
64      }
65  }
66
67  //-----------------------------------------------------------------
68  // T1 输入捕获中断子程序
69  //-----------------------------------------------------------------
70  ISR (TIMER1_CAPT_vect)
71  {
72      INT8U i;
73      if (CAPi == 0) CAPi = ICR1;                     //第1次捕获
74      else                                            //第2次捕获
75      {
76          CAPj = ICR1 - CAPi;                         //2次相减得到周期(μs)
77          CAPj = 1000000UL/CAPj;                      //周期倒数后乘以 1 000 000 得到频率
78          TIMSK = 0x00;                               //第2次捕获后禁止输入捕获中断
79          TCCR1B &= 0xFC;                             //关闭计数时钟
80          for (i = 3; i != 0xFF; i--)                 //分解频率数位并放入显示缓冲
81          {
82              Display_Buffer[i] = CAPj % 10;
83              CAPj /= 10;
84          }
85          TCNT1 = CAPi = CAPj = 0;                    //相关变量和寄存器清零
86      }
87  }
```

3.26 用工作于异步模式的 T/C2 控制的可调式数码管电子钟

本例所使用的 T/C2 定时器工作于异步模式,由 PB6(TOSC1)与 PB7(TOSC1)外接 32768 Hz 晶振提供时钟,利用晶振提供的钟表时钟,本例设计了可调式数码管电子钟。案例电路及部分运行效果如图 3-26 所示。

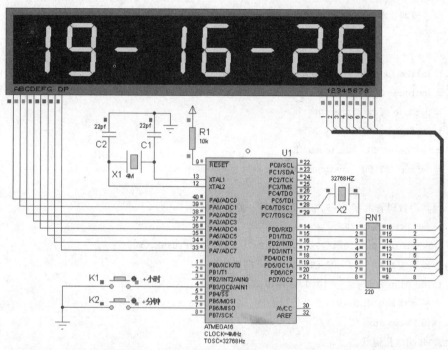

图 3-26 用工作于异步模式的 T2 控制的可调式数码管电子钟

1. 程序设计与调试

对于 T/C2 定时/计数器,通过设置异步状态寄存器 ASSR 可选择 T/C2 的时钟源,程序中 72~74 行对 T/C2 进行了相应设置,ASSR 寄存器中的 AS2 位是 T/C2 的时钟选择位,其中 72 与 73 行:

```
ASSR |= _BV(AS2);        用于选择外部时钟
TCCR2 = 0x04;            将分频系数设为 64
```

由这两行设置可得 T/C2 计数时钟频率为 32768 Hz/64 = 512 Hz。

第 74 行将 8 位定时/计数器 T/C2 的计数寄存器 TCNT2 初值设为 0,计数 256 次后溢出,在 512 Hz 时钟频率下耗时 0.5 s,T/C2 溢出中断程序将每隔 0.5 s 被调用,中断程序利用 0.5 s 实现时分秒分隔标志"—"的闪烁显示,在每遇到第 2 个 0.5 s 时递增秒数,并进行秒分时的进位处理。

本例数码管的刷新显示则由 T/C0 定时器每隔 4 ms 刷新完成。

2. 实训要求

① 修改电路,使用 3 组 2 位集成数码管,分别显示时分秒,每组数码管之间用 2 位 LED

实现闪烁。

② 将 T/C2 分频系数改为 32,重新修改代码实现本例功能。

3. 源程序代码

```
001  //--------------------------------------------------------------
002  //  名称:用工作于异步模式的 T2 控制的可调式数码管电子钟
003  //--------------------------------------------------------------
004  //  说明:本例 T2 使用外部 32768 Hz 时钟,K1、K2 分别用来调整小时和分钟
005  //
006  //--------------------------------------------------------------
007  #define  F_CPU    4000000UL  //1 MHz 晶振
008  #include <avr/io.h>
009  #include <avr/interrupt.h>
010  #include <util/delay.h>
011  #define INT8U   unsigned char
012  #define INT16U  unsigned int
013
014  //共阴数码管数字 0~9 的段码(最后一位为黑屏)
015  const INT8U SEG_CODE[] =
016  { 0x3F,0x06,0x5B,0x4F,0x66,0x6D,0x7D,0x07,0x7F,0x6F,0x00 };
017  //显示缓冲 00-00-00 (0x40 为"-"的段码)
018  INT8U Disp_Buffer[] = {0,0,0x40,0,0,0x40,0,0};
019  //显示缓冲索引 0~7
020  INT8U Disp_Idx;
021  //PB 端口按键状态
022  INT8U Key_State = 0xFF;
023  //时分秒
024  INT8U h,m,s;
025  //--------------------------------------------------------------
026  // 小时处理函数
027  //--------------------------------------------------------------
028  void Increase_Hour()
029  {
030      if( ++h > 23) h = 0;
031      Disp_Buffer[0] = SEG_CODE[h/10];
032      Disp_Buffer[1] = SEG_CODE[h % 10];
033  }
034
035  //--------------------------------------------------------------
036  // 分钟处理函数
037  //--------------------------------------------------------------
038  void Increase_Minute()
039  {
```

```
040         if( ++m > 59)
041         {
042             m = 0; Increase_Hour();
043         }
044         Disp_Buffer[3] = SEG_CODE[m/10];
045         Disp_Buffer[4] = SEG_CODE[m % 10];
046     }
047
048 //------------------------------------------------------------
049 // 秒处理函数
050 //------------------------------------------------------------
051 void Increase_Second()
052 {
053     if( ++s > 59)
054     {
055         s = 0; Increase_Minute();
056     }
057     Disp_Buffer[6] = SEG_CODE[s/10];
058     Disp_Buffer[7] = SEG_CODE[s % 10];
059 }
060
061 //------------------------------------------------------------
062 // 主程序
063 //------------------------------------------------------------
064 int main()
065 {
066     DDRA = 0xFF; PORTA = 0xFF;              //配置端口
067     DDRD = 0xFF; PORTD = 0xFF;
068     DDRB = 0x00; PORTB = 0xFF;
069
070     TCCR0 = 0x03;                           //预设分频:64
071     TCNT0 = 256 - F_CPU/64.0 * 0.004;       //晶振 4 MHz,4 ms 定时初值
072     ASSR = 0x08;                            //异步时钟使能
073     TCCR2 = 0x04;                           //预设分频:64,32 768 Hz/64 = 512 Hz
074     TCNT2 = 0;                              //T2 计时初值
075     TIMSK = _BV(TOIE2) | _BV(TOIE0);        //允许 T0、T2 定时器中断
076
077     h = 12;    m = s = 0;
078     //将初始时分秒段码放入显示缓冲
079     Disp_Buffer[0] = SEG_CODE[h/10];
080     Disp_Buffer[1] = SEG_CODE[h % 10];
081     Disp_Buffer[3] = SEG_CODE[m/10];
082     Disp_Buffer[4] = SEG_CODE[m % 10];
```

```c
083        Disp_Buffer[6] = SEG_CODE[s/10];
084        Disp_Buffer[7] = SEG_CODE[s % 10];
085
086        sei();                              //开中断
087        while (1)
088        {
089            if(PINB ^ Key_State)            //如果按键状态变化
090            {
091                _delay_ms(10);              //延时消抖
092                if(PINB ^ Key_State)        //再次判断按键状态是否变化
093                {
094                    Key_State = PINB;       //获取当前按键状态
095                    if(!(Key_State & _BV(PB3)))     //K1
096                        Increase_Hour();    // + 小时
097                    else
098                    if(!(Key_State & _BV(PB6)))     //K2
099                        Increase_Minute();  // + 分钟
100                }
101            }
102        }
103    }
104
105    //-----------------------------------------------------------------
106    // T0 定时器溢出中断程序(控制数码管扫描显示)
107    //-----------------------------------------------------------------
108    ISR (TIMER0_OVF_vect)
109    {
110        static INT8U Disp_Idx = 0;          //显示数位索引
111        TCNT0 = 256 - F_CPU/64.0 * 0.004;   //位间延时 4 ms
112        PORTA = 0x00;                       //先关闭段码(共阴)
113        PORTA = Disp_Buffer[Disp_Idx];      //输出数码管段码
114        //输出位码(本例使用的是共阴数码管,注意将_BV取反)
115        PORTD = ~_BV(Disp_Idx);
116        Disp_Idx = (Disp_Idx + 1) & 0x07;   //数码管位索引在 0～7 内循环
117    }
118
119    //-----------------------------------------------------------------
120    // T2 中断控制时钟运行
121    //-----------------------------------------------------------------
122    ISR (TIMER2_OVF_vect)
123    {
124        //由于TCNT2溢出时自动归0,因此不需要在中断函数中重装初值
125        //TCNT2 = 0;
```

```
126            //T2 时钟为 512 Hz,TCNT2 由 0 计数到 256 时溢出,故每 0.5 s 中断一次
127            if (Disp_Buffer[2] == 0x40)
128            {
129                Disp_Buffer[2] = Disp_Buffer[5] = 0x00;   //前 0.5 s 关闭"-"显示
130            }
131            else
132            {
133                Disp_Buffer[2] = Disp_Buffer[5] = 0x40;   //后 0.5 s(即 1 s)打开"-"显示
134                Increase_Second();                         //秒递增
135            }
136        }
```

3.27 TIMER1 定时器比较匹配中断控制音阶播放

本例运行时,按下 K1 按键将输出一段有 14 个音符的音阶,音符输出由定时器控制完成。在输出声音时,通过连接的虚拟示波器可观察到脉宽逐步缩小,频率不断升高。如果 PC 机 CPU 因连接虚拟示波器而过载,导致声音播放失真,这时可断开示波器再播放。本例电路及部分波形如图 3-27 所示。

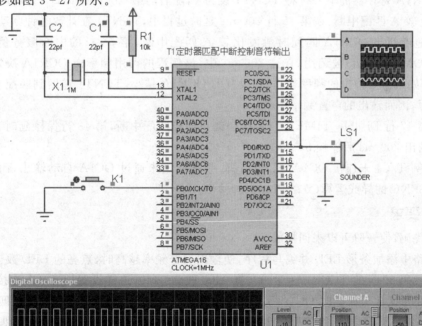

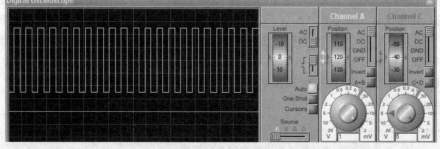

图 3-27　TIMER1 定时器比较匹配中断控制音阶播放

1. 程序设计与调试

本例程序运行时将输出 DO、RE、ME、……的声音,下面是其中前 7 个音符的频率:

简 谱	1	2	3	4	5	6	7
音 符	C5	D5	E5	F5	G5	A5	B5
频 率	523	587	659	698	784	880	987

以上频率的计时初值可根据下面的关系式推出:

① 根据频率可得方波周期: $t = 1/$频率$\times 1000000$ (单位为 μs);

② 由于所输出的 $t(\mu s)$ 周期方波中,高/低电平各占 50%,因此定时器定时(计数)长度为 Count $= t/2$,即 Count $= 1000000/2/$频率。

主程序中第 32、33 两行将 TCCR1A 与 TCCR1B 分别设为 0x00 与 0x09,它们共同将 WGM1[3:0] 设为 0100,使 T/C1 工作于 CTC 模式(即 OCR1A/B 与 TCNT1 比较匹配时清零 T/C1),TCCR1B=0x09 还将 TCNT1 计数时钟设为使用 1 分频的系统时钟,即 F_CPU。

根据公式 Count $= 1000000/2/$频率,可设置输出比较寄存器 OCR1A:

$$OCR1A = F\_CPU/2/TONE\_FRQ[i]$$

本例 F_CPU 为 1 MHz,由此设定的 OCR1A 决定了相应的输出频率。

设置 OCR1A 寄存器的下一行将 TCNT1 设为 0,随后的第 45 行 Enable_TIMER1_OCIE()允许输出比较 A 匹配中断,在第 46 行 200 ms 延时过程中,TCNT1 在计数时钟驱动下每微秒递增 1,当递增到与 OCR1A 匹配时触发比较 A 匹配中断,第 56 行的中断服务例程 ISR(TIMER1_COMPA_vect)被调用,在这 200 ms 中,该例程的调用频率由 OCR1A 决定,在第 43 行代码中,如果需要输出的频率越高,则设置的 OCR1A 越小,TCNT1 递增到匹配 OCR1A 的周期也越短,因而输出的声音频率越高。

主程序第 47 行 Disable_TIMER1_OCIE()禁止比较匹配中断,第 48 行保持延时,这样可使每个音符输出 200 ms 后停顿 80 ms。

另外,本例 T/C1 未连接 OC1A(PD5)引脚,频率输出未通过 OC1A 自动输出,而通过中断程序中的 SPK()的异或运算(^)在 PD0 引脚输出。

2. 实训要求

① 修改代码,使音阶可以来回播放。

② 在电路中添加条形 LED 并编写程序,使输出音符频率越高时,点亮的 LED 数也越多。

③ 修改代码 32 行的 TCCR1A=0x00,将 0x00 改为 0x40,这样设置后 T/C1 连接 OC1A(PD5)引脚,在每次比较匹配时 OC1A 引脚会自动取反。通过该设置,程序中的比较匹配中断允许与禁止语句可删除,中断服务程序也可以删除,将蜂鸣器改接至 OC1A(PD5)引脚同样可听到音符输出。根据以上说明修改代码进行调试时需要注意的是,在输出完最后一个音符后,由于比较匹配会继续出现,最后的高频率音符将持续输出,这个问题要注意解决。

3. 源程序代码

```
01  //—————————————————————————————————————————————
02  //  名称:TIMER1 定时器比较匹配中断控制音阶播放
03  //—————————————————————————————————————————————
```

```
04  //  说明：本例运行时,按下 K1 将在定时器控制下演奏一段音阶 1,2,3,4,5,6,7...
05  //        本例使用了 T1 的定时器比较匹配中断实现不同频率音符输出
06  //
07  //------------------------------------------------------------
08  #define  F_CPU    1000000UL
09  #include <avr/io.h>
10  #include <avr/interrupt.h>
11  #include <util/delay.h>
12  #define INT8U    unsigned char
13  #define INT16U   unsigned int
14
15  #define K1_DOWN() ((PINB & _BV(PB0)) == 0x00)      //按键定义
16  #define SPK()     (PORTD ^= _BV(PD0))              //蜂鸣器定义
17  //TC1 输出比较 A 匹配中断使能开关
18  #define Enable_TIMER1_OCIE()  (TIMSK |= _BV(OCIE1A))
19  #define Disable_TIMER1_OCIE() (TIMSK &= ~_BV(OCIE1A))
20
21  //C 调 15 个音符频率表
22  const INT16U TONE_FRQ[] =
23  { 0,262,294,330,349,392,440,494,523,587,659,698,784,880,988,1046 };
24  //------------------------------------------------------------
25  // 主程序
26  //------------------------------------------------------------
27  int main()
28  {
29      INT8U i;
30      DDRB = 0x00; PORTB = 0xFF;                //配置端口
31      DDRD = 0xFF; PORTD = 0xFF;
32      TCCR1A = 0x00;                            //TC1 与 OC1A 不连接,禁止 PWM 功能
33      TCCR1B = 0x09;                            //TC1 预设分频:1
34                                                //CTC 模式(比较匹配时 TC1 自动清零)
35      sei();                                    //开中断
36      while(1)
37      {
38          while (!K1_DOWN());                   //未按键等待
39          while(K1_DOWN());                     //等待释放
40
41          for( i = 1; i<16; i++)
42          {
43              OCR1A = F_CPU/2/TONE_FRQ[i];      //根据频率计算延时,设置 OCR1A
44              TCNT1 = 0;                        //在播放新的音符之前将 TCNT0 清零
45              Enable_TIMER1_OCIE();             //允许 TC1 比较匹配中断,播放当前音符
46              _delay_ms(200);                   //播放延时
```

```
47          Disable_TIMER1_OCIE();                    //禁止 TC1 比较匹配中断,停止播放
48          _delay_ms(80);                            //停顿延时
49      }
50   }
51 }
52
53 //--------------------------------------------------------------
54 // T1 定时器比较匹配中断程序,控制音符频率输出
55 //--------------------------------------------------------------
56 ISR (TIMER1_COMPA_vect)
57 {
58      SPK();
59 }
```

3.28 用 TIMER1 输出比较功能调节频率输出

本例运行时,通过按下 K1~K4 按键可分别调整输出频率的千位、百位、十位与个位数,当前频率将显示在 4 只数码管上。案例电路图及部分运行效果如图 3-28 所示。

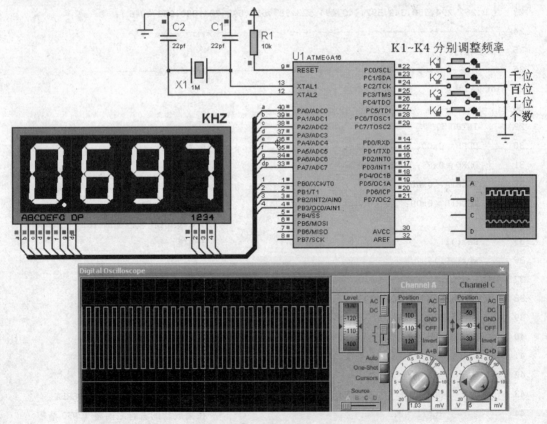

图 3-28 用 TIMER1 输出比较功能调节频率输出

1. 程序设计与调试

本例仍然使用 T/C1 的 CTC（比较匹配清零计数器）模式，相关设置与上一案例很相似。在阅读调试本例时，有 2 个要点：

① 上一案例中 T/C1 与 OC1A 不连接，本例 T/C1 连接了 OC1A 引脚（PD5），所生成的频率由该引脚输出。

② 本例程序中对按键的扫描未使用"未释放则等待的语句"，这是因为数码管刷新显示与按键扫描都由主程序中的 while(1) 循环控制完成，在此循环中，如果对按键使用 while（按键未释放）；这样的语句来等待释放，在按下某按键调整频率时，如果未及时释放则会出现数码管不能被连贯快速扫描而出现缺位的现象。

2. 实训要求

① 本例电路中各按键只能对相应频率数位进行递增循环调节，完成本例调试仿真后修改仿真电路及程序，使按键可以任意增减输出频率。

② 将频率输出引脚改为 OC1B（PD6），重新修改程序，使用比较匹配中断或非中断方式在该引脚输出所设定的频率。

3. 源程序代码

```
01  //------------------------------------------------------------
02  //  名称：用 TIMER1 比较输出功能调节频率输出
03  //------------------------------------------------------------
04  //  说明：本例运行过程中，通过 K1～K4 这 4 个不同按键分别调节频率值的
05  //        千位、百位、十位、个位，通过虚拟示波器可以观察到不同的频率输出
06  //
07  //------------------------------------------------------------
08  #define  F_CPU    1000000UL            //1 MHz 晶振
09  #include <avr/io.h>
10  #include <util/delay.h>
11  #define INT8U   unsigned char
12  #define INT16U  unsigned int
13
14  //定义按键
15  #define K1 (INT8U)(~_BV(PC0))
16  #define K2 (INT8U)(~_BV(PC2))
17  #define K3 (INT8U)(~_BV(PC4))
18  #define K4 (INT8U)(~_BV(PC6))
19
20  //共阴数码管 0～9 的数字编码
21  const INT8U SEG_CODE[] =
22  {0x3F,0x06,0x5B,0x4F,0x66,0x6D,0x7D,0x07,0x7F,0x6F};
23  //分解后的待显示频率数位（初值为 100 Hz）
24  INT8U FRQ_DATA[] = {0,1,0,0};
25  //------------------------------------------------------------
```

```c
26   // 数码管显示频率
27   //----------------------------------------------------------------
28   void Show_FRQ_ON_DSY()
29   {
30       INT8U i = 0;
31       for (i = 0; i<4; i++)
32       {
33           PORTB = ~ _BV(i);                        //发送扫描码
34           PORTA = SEG_CODE[ FRQ_DATA[i] ];         //发送数字段码
35           if (i == 0) PORTA |= 0x80;
36           _delay_ms(2);
37       }
38   }
39
40   //----------------------------------------------------------------
41   // 频率设置
42   //----------------------------------------------------------------
43   void Set_Frequency()
44   {
45       INT16U f;
46       f = FRQ_DATA[0] * 1000 +                     //根据 FRQ_DATA 数组中的各数位
47           FRQ_DATA[1] * 100 +                      //计算出频率
48           FRQ_DATA[2] * 10 +
49           FRQ_DATA[3];
50       OCR1A = F_CPU/2.0/f;                         //由频率计算出输出比较寄存器 OCR1A 初值
51   }
52
53   //----------------------------------------------------------------
54   // 主程序
55   //----------------------------------------------------------------
56   int main()
57   {
58       INT8U i = 0, Key_State = 0xFF;
59       DDRA = 0xFF; PORTA = 0xFF;                   //配置端口
60       DDRB = 0xFF; PORTB = 0xFF;
61       DDRD = 0xFF; PORTD = 0xFF;
62       DDRC = 0x00; PORTC = 0xFF;
63       TCCR1A = 0x40;                               //TC1 连接 OC1A 引脚,每次比较匹配时 OC1A 取反
64       TCCR1B = 0x09;                               //CTC 模式(比较匹配时清零计数器),分频:1
65       TCNT1 = 0;                                   //清除定时器值
66       Set_Frequency();                             //设置频率
67       while(1)
68       {
```

```
69            if(PINC ^ Key_State )              //如果按键状态变化
70            {
71                Key_State = PINC;              //获取当前按键状态
72                if(Key_State != 0xFF)          //如果有键按下
73                {
74                    switch (Key_State)         //根据不同按键分别调整千、百、十、个位
75                    {
76                        case K1: i = 0; break;
77                        case K2: i = 1; break;
78                        case K3: i = 2; break;
79                        case K4: i = 3; break;
80                    }
81                    //修改频率数组的第 i 位(千、百、十、个位)
82                    FRQ_DATA[i] = (FRQ_DATA[i] + 1) % 10;
83                    Set_Frequency();           //设置频率
84                }
85            }
86            Show_FRQ_ON_DSY();                 //数码管显示频率
87        }
88    }
```

3.29　TIMER1 控制的 PWM 脉宽调制器

本例运行时,调节可变电阻,系统程序进行模/数转换后,根据不同的转换结果调节输出不同占空比波形,驱动电机以不同速度转动。在仿真运行过程中,连接虚拟示波器以后如果提示 PC 机 CPU 过载,这会使电机转速不正常,这时可删除示波器再运行仿真。案例电路及部分运行效果如图 3-29 所示。

1. 程序设计与调试

T/C1 可工作于一般模式(定时/计数)、CTC 模式(比较匹配时清零计数器),以及快速 PWM、相位可调 PWM 及相位频率可调的 PWM 模式,通过外部运放可构成 8 位、9 位、10 位或 16 位的 D/A 转换器。

本例主程序中 TCCR1A=0x83(10000011)、TCCR1B=0x02(00000010)完成如下设置:

① 0x83 的低 2 位将 TCCR1A 寄存器最低 2 位的波形发生器模式(Waveform Generation mode)选择位 WGM1[1:0]设为 11,0x02 的中间 2 位 00 将 WGM1[3:2]设为 00,因此 WGM1[3:0]为 0011,根据这 4 位 WGM 的设置可知 T/C1 工作模式为 10 位 PWM,相位可调。

② 0x83 的高 4 位 1000 对应于 TCCR1A 的高 4 位 COM1A[1:0]和 COM1B[1:0],它们用于设置 T/C1 的比较输出模式(Compare Output Modulation:COM)。

由 TCCR1A 与 TCCR1B 共同配置的 4 位波形发生模式位 WGM1[3:0]及由 TCCR1A 高 4 位 COM1A[1:0]与 COM1B[1:0]的取值可知比较输出模式为:加 1 计数与 OCR1A 比较匹配时将 OC1A 引脚清零,减 1 计数与 OCR1A 比较匹配时将 OC1A 引脚置 1,程序中将该行注

释为：10位正向PWM。

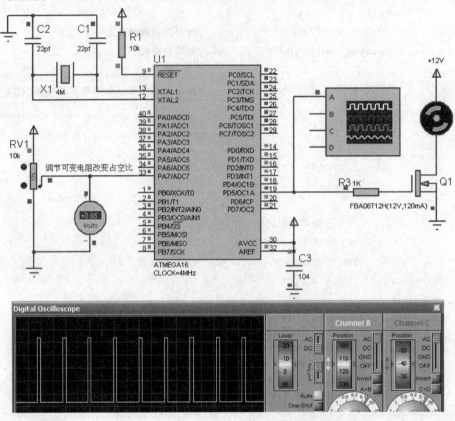

图 3-29　TIMER1 控制的 PWM 脉宽调制器

对于本例 10 位的 PWM，其上限 TOP 值为 1023，主程序中 10 位的模/数转换结果为 0～1023，通过设置 OCR1A 为模/数转换的值，可使 OCR1A 取值范围在 0～1023 之间，OCR1A 的取值决定了 OC1A(PD5)引用脚输出脉冲的起始相位和脉宽。在正向 PWM 模式下，OCR1A 取值越小时，占空比越低；OCR1A 取值越大时，占空比越高。但对于 2 个极值 0 与 1023 例外。

在本例相位可调的 PWM 模式下，PWM 波形频率由以下公式确定：

　　F_OC1A=F_CPU/N/2/TOP　（其中 F_CPU 为系统时钟，N 为分频设置）

根据本例配置数据可得 OC1A 引脚输出 PWM 波形频率为：

　　F_OC1A=4 000 000/8/2/1023≈244 Hz

2. 实训要求

① 修改程序，改用 OC1B(PD4)引脚控制电机转速。

② 本例 T/C1 配置为相位可调的 PWM 模式，在调试本例后重新将 T/C1 配置为快速 PWM 模式，在 OC1A 或 OC1B 引脚输出占空比可调的 PWM 波形。

3. 源程序代码

```
01  //------------------------------------------------
02  //　名称：TIMER1 控制的 PWM 脉宽调制器
```

```
03  //------------------------------------------------------------
04  //   说明:本例运行过程中,调节 RV1 可改变输出波形的占空比
05  //
06  //------------------------------------------------------------
07  #define  F_CPU    4000000UL
08  #include <avr/io.h>
09  #include <util/delay.h>
10  #define INT8U    unsigned char
11  #define INT16U   unsigned int
12
13  //------------------------------------------------------------
14  // 对通道 CH 进行模/数转换
15  //------------------------------------------------------------
16  INT16U ADC_Convert(INT8U CH)
17  {
18      int Result;
19      ADMUX = CH;                              //ADC 通道选择
20      Result = (INT16U)(ADCL + (ADCH << 8));   //读取转换结果
21      return Result;
22  }
23
24  //------------------------------------------------------------
25  // 主程序
26  //------------------------------------------------------------
27  int main()
28  {
29      INT16U x = 0, PRE_ADC_Result = 0;
30      //float Duty = 1.0;                      //占空比
31      DDRA = 0x00; PORTA = 0xFF;               //配置端口
32      DDRD = 0xFF; PORTD = 0xFF;
33      DDRC = 0xFF;
34      ADCSRA = 0xE6;                           //10 位 ADC 转换置位,启动转换,64 分频
35      _delay_ms(3000);                         //延时等待系统稳定
36      TCCR1A = 0x83;                           //10 位 PWM(1023),正向 PWM
37      TCCR1B = 0x02;                           //时钟 8 分频,PWM 频率:F_CPU/8/2046
38      while(1)
39      {
40          x = ADC_Convert(7);
41          if (x != PRE_ADC_Result)             //如果模/数转换值变化则修改 OCR1A
42          {
43              PRE_ADC_Result = x;              //保存最后一次模/数转换结果
44              //Duty = x/1023.0;               //由模/数转换结果计算占空比 Duty
45              //x = 1023 * Duty;               //根据占空比求 OCR1A
```

```
46                                           //上述两行未改变x的值,因此可注销
47           if (x == 1023) x = 0;           //如果调节到极值时将极值交换
48           else if (x == 0) x = 1023;
49           OCR1A = x;                      //设置输出比较寄存器 OCR1A(0~1023)
50        }
51     }
52  }
```

3.30 数码管显示两路 A/D 转换结果

本例单片机对 PA 端口输入的多路模拟量进行 A/D 转换,最大转换精度为 10 位。在本例中,ADC0(PA0)、ADC1(PA1)引脚外接两组可变电阻,分别调节 RV0 与 RV1 时,对应两组的模拟电压在进行数字转换后将显示在 8 位数码管上。本例电路及部分运行效果如图 3-30 所示。

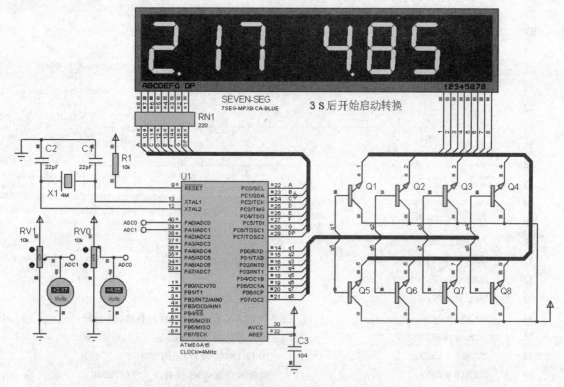

图 3-30 数码管显示两路 A/D 转换结果

1. 程序设计与调试

本例程序设计要点在于:

ADC 控制与状态寄存器 A——ADCSRA,程序中其取值为 0xE6(11100110),其最高位 ADEN 置位启动 ADC,ADSC 置位开始转换,ADATE 置位启动 ADC 自动触发功能。ADCSRA 的低 3 位 ADPS[2:0]设置为 110,分频比设为 64。

多路复用选择寄存器——ADMUX,其低 4 位 MUX3~MUX0 为模拟通道选择位,用于选择模拟通道,取值 0000~0111 对应于 ADC0~ADC7。

ADC 数据寄存器——ADC(ADCH/ADCL),转换结束后数据存放于该寄存中。在读取 ADC 中的数据时,本例 26 行和 27 行提供了分 ADCL 与 ADCH 读取的语句和直接通过 ADC 读取的语句,经编译测试,两种写法都能获取正确的转换结果。

本例程序中单独编写了 ADC 转换函数,参数为待转换通道 CH,函数中 ADMUX 直接等于通道参数 CH。CH 分别取 0 和 1 时,它相当于将低 4 位 MUX3~MUX0 分别设为 0000 和 0001,选择 ADC0 通道和 ADC1 通道进行转换。第 26 行将转换结果除以 1023 再乘以 500,可将 10 位的模/数转换结果 0x0000~0x03FF(即 0~1023)转换为 000~500 之间的待显示数据值(它们对应于电压 0.00~5.00 V),在显示时两组数值的高位后面单独附加小数点。

2. 实训要求

① 选择其他 ADC 通道进行模/数转换并显示结果。
② 重新编写本例程序,利用 ADC 中断程序完成转换结果显示。

3. 源程序代码

```
01  //-----------------------------------------------------------------
02  //  名称:数码管显示两路 A/D 转换结果
03  //-----------------------------------------------------------------
04  //  说明:调节 RV1 和 RV2 时,两路模拟电压将显示在 8 只集成式数码管上
05  //
06  //-----------------------------------------------------------------
07  #define F_CPU 4000000UL                //4 MHz
08  #include <avr/io.h>
09  #include <util/delay.h>
10  #define INT8U   unsigned char
11  #define INT16U  unsigned int
12
13  //各数字的数码管段码,最后一位为空白
14  const INT8U SEG_CODE[] =
15  {0xC0,0xF9,0xA4,0xB0,0x99,0x92,0x82,0xF8,0x80,0x90,0xFF};
16  //两路模拟转换结果显示缓冲,显示格式为:X.XX X.XX,第 4 位和第 8 位不显示
17  INT8U Display_Buffer[] = {0,0,0,10,0,0,0,10};
18  //-----------------------------------------------------------------
19  // 对通道 CH 进行模/数转换
20  //-----------------------------------------------------------------
21  void ADC_Convert(INT8U CH)
22  {
23      int Result;
24      ADMUX = CH;                        //ADC 通道选择
25      //读取转换结果,并转换为电压值
26      Result = (int)((ADCL + (ADCH << 8)) * 500.0/1023.0);
27      //或使用语句:Result = (int)(ADC * 500.0/1023.0);
```

```c
28
29      //ADC0 的结果放入数组 0、1、2 单元，ADC1 的结果放入数组 4、5、6 单元
30      Display_Buffer[CH * 4]     = Result/100;
31      Display_Buffer[CH * 4 + 1] = Result/10 % 10;
32      Display_Buffer[CH * 4 + 2] = Result % 10;
33  }
34
35  //-----------------------------------------------------------
36  // 主程序
37  //-----------------------------------------------------------
38  int main()
39  {
40      INT8U i;
41      DDRA = 0xFC;                              //配置 A/D 转换端口 ADC0、ADC1 为输入
42      DDRC = 0xFF; PORTC = 0x00;                //配置数码管显示端口
43      DDRD = 0xFF; PORTD = 0x00;
44      ADCSRA = 0xE6;                            //ADC 转换置位,启动转换,64 分频
45      _delay_ms(3000);                          //延时等待系统稳定
46      while(1)
47      {
48          ADC_Convert(0);  ADC_Convert(1);      //对 2 个通道进行 A/D 转换
49          for(i = 0; i<8; i ++)
50          {
51              PORTC = 0xFF;                     //先关闭段码
52              PORTD = _BV(i);                   //发送数码管位码
53              PORTC = SEG_CODE[ Display_Buffer[i] ];   //发送数字段码
54              if(i == 0 || i == 4) PORTC &= 0x7F;      //对整数位加小数点
55              _delay_ms(4);
56          }
57      }
58  }
```

3.31 模拟比较器测试

本例程序运行时,模拟比较器的正极 AN0 与负极 AN1 所输入的模拟电压将进行比较,如果 AN0 上的电压高于 AN1 上的电压时,LED0 点亮,否则 LED1 点亮。本例电路及部分运行效果如图 3-31 所示。

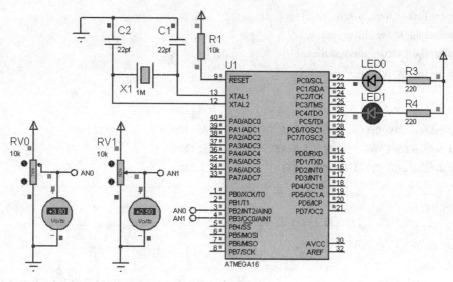

图 3-31 模拟比较器测试

1. 程序设计与调试

本例程序要点在于 SFIOR(Special Function IO Register)与 ACSR(Analog Comparator Control and Status Register)寄存器的设置：

① 主程序将特殊功能 I/O 寄存器 SFIOR 中的 ACME 位清零，使 AIN1 连接比较器的负极输入端，在模/数转换状态寄存器 ADCSRA 中的 ADEN 为 0 时，如果将 ACME 置位，模拟比较器将使用 ADC 的多路输入作为负极输入端。

② 将 SFIOR 中的 PUD 置位，禁用内部上拉电阻。

③ 将模拟比较器控制及状态寄存器 ACSR 中的 ACIE 位置位，以允许模拟比较器中断。

在完成上述设置并开中断后，如果 AN0 上的电压高于 AN1 上的电压时，LED0 点亮，否则 LED1 点亮。

2. 实训要求

① 重新配置 25 行的特殊功能 I/O 寄存器 SFIOR 的 ACME 位，并将模/数转换控制与状态寄存器 ADCSRA 的 ADEN 位置 0，利用 ADC 多路输入选择器 ADMUX 将 ADC0～ADC7 中的某一路模拟电压作为模拟比较器的反相(即"−"端)输入源，完成上述模拟比较器测试。

② 在 AN1 引脚提供 1.5 V 电压，编程检测 AN0 引脚模拟电压向上穿越 1.5 V 电压的次数。

3. 源程序代码

```
01  //--------------------------------------------------
02  //    名称：模拟比较器测试
03  //--------------------------------------------------
04  //    说明：当 AN0 上的电压高于 AN1 时，模拟比较器置位，LED1 点亮，反之 LED2 点亮
05  //
06  //--------------------------------------------------
07  #define F_CPU    1000000UL              //1 MHz 晶振
```

```
08    #include <avr/io.h>
09    #include <avr/interrupt.h>
10    #define INT8U    unsigned char
11    #define INT16U   unsigned int
12
13    #define LED0_ON()   (PORTC &= 0xFE)      //开 LED0
14    #define LED0_OFF()  (PORTC |= 0x01)      //关 LED0
15    #define LED1_ON()   (PORTC &= 0xEF)      //开 LED1
16    #define LED1_OFF()  (PORTC |= 0x10)      //关 LED1
17    //-----------------------------------------------------------
18    // 主程序
19    //-----------------------------------------------------------
20    int main()
21    {
22        DDRB = 0x00;                          //PB2,PD3(AIN0/AIN1)设置为输入(无内部上拉)
23        DDRC = 0xFF;                          //PC端口设置为输出(外接 LED)
24        SFIOR &= ~_BV(ACME);                  //AIN1连接比较器的负极输入端
25        SFIOR |= _BV(PUD);                    //禁用内部上拉电阻
26        ACSR  = _BV(ACIE);                    //允许模拟比较器中断
27        sei();                                //开总中断
28        while(1);
29    }
30
31    //-----------------------------------------------------------
32    // 模拟比较器中断服务程序
33    //-----------------------------------------------------------
34    ISR(ANA_COMP_vect)
35    {
36        if (ACSR & _BV(ACO))                  //检查ACO位,判断AN0电压是否大于AN1电压
37        {
38            LED0_ON(); LED1_OFF();
39        }
40        else
41        {
42            LED0_OFF(); LED1_ON();
43        }
44    }
```

3.32 EEPROM 读/写与数码管显示

AVR 单片机内部存储器有 Flash、SRAM、EEPROM 这 3 种。本例程序演示了 EEPROM 数据存储空间透明地址数据和不透明地址数据的读/写与显示。案例电路及部分运行效果如

图 3-32 所示。

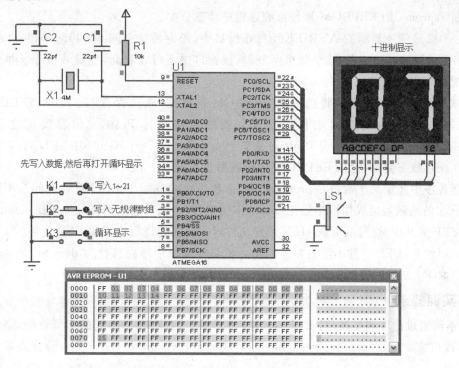

图 3-32 EEPROM 读/写与数码管显示

1. 程序设计与调试

AVR-GCC 提供了专门用于访问 EEPROM 的函数,这使得 EEPROM 的读/写变得非常简单。在编写本例程序时,需要添加头文件＜avr/eeprom.h＞。打开 AVRStudio 帮助菜单中的 avr-libc 参考手册,然后打开 Library Manual,可找到 avr/eeprom.h。该头文件给出了 EEPROM 操作的重要函数:

eprom_is_ready()　　　　　　　　　//EEPROM 就绪
eeprom_busy_wait()　　　　　　　　//EEPROM 忙等待
eeprom_read_byte(地址)　　　　　　//从指定地址读取并返回一字节数据
eeprom_write_byte(地址,一字节数据)　//向指定地址写入一字节数据

在参考手册中,还可以看到对字数据进行读/写的函数。

本例读/写的 21 个字节数据中,前 20 个数据地址是固定的,其地址空间为 0x0001～0x0014,第 21 个字节数据(对应于 eepromx)的地址是编译程序分配的,字节变量 eepromx 通过以下语句申明:

INT8U eepromx __attribute__((section("eeprom")));

该语句还可以写成:

INT8U eepromx EEMEM;

其中 EEMEM 即 __attribute__((section("eeprom"))),它定义在头文件＜avr/eeprom.h＞

里面。

变量eepromx的EEPROM地址由编译程序动态分配。

图3-32底端所显示的AVR EEPROM窗口中,固定地址空间0x0001~0x0014将被写入1~20(0x01~0x14)或者20个随机字节,从该窗口中还可以看到,变量eepromx被编译器动态分配到0x0070地址。

调试本例程序时,如果要将已写入EEPROM的数据"永久保存"到AVR的EEPROM空间,在退出Proteus时应单击保存按钮。如果要在运行Proteus仿真案例之前清除EEPROM中原有的数据,可单击Proteus菜单Debug/Reset Persistent Model Data,系统会将所有持久保存数据复位,包括EEPROM中的数据。

本例程序中还定义了数组eeprom_array,该数组也被分配于EEPROM空间。不同于变量eepromx的是该数组数据被初始化,Build本例项目时,该数组数据将被生成到default文件夹下的EEP文件中,烧写或下载HEX程序文件时需要同时烧写或下载EEP文件。

要说明的是,EEP文件不能直接作为单片机属性窗口中增强属性(Advanced Properties)下的EEPROM初始内容(Initial Contents of EEPROM)进行绑定。

2. 实训要求

① 本例通过循环调用读/写EEPROM字节函数访问前20个连续的字节数据,完成本例调试后,改用块读函数(eeprom_read_block)与块写函数(eeprom_write_block)完成对它们的读/写操作。

② 编程向EEPROM空间中先写入20个字数据(word data),然后读取显示。

③ 编程向eeprom_array数组中写入新的数据,然后读取并显示。

3. 源程序代码

```
001   //-----------------------------------------------------------
002   //    名称：EEPROM读/写与数码管显示
003   //-----------------------------------------------------------
004   //    说明：本例运行时,按下K1将向EEPROM中写入1~21,按下K2时写入无规律
005   //          的21个数,按下K3时读取EEPROM中的21个数并循环显示。
006   //          所读/写的21个数中,前20个在EEPROM中的地址是透明的(0x0001~0x0014),
007   //          最后的第21个数其地址是不透明的
008   //
009   //-----------------------------------------------------------
010   #define  F_CPU    4000000UL            //4 MHz 晶振
011   #include <avr/io.h>
012   #include <avr/eeprom.h>
013   #include <util/delay.h>
014   #include <stdlib.h>
015   #define INT8U    unsigned char
016   #define INT16U   unsigned int
017
018   //按键定义
```

```
019  #define Write_1_21_Key_DOWN()    ((PINB & 0x01) == 0x00)  //写 1~21(0x01~0x15)
020  #define Write_Random_Key_DOWN()  ((PINB & 0x08) == 0x00)  //写随机数
021  #define Loop_Show_Key_DOWN()     ((PINB & 0x40) == 0x00)  //循环显示
022  //蜂鸣器定义
023  #define BEEP() (PORTD ^= 0x80)
024
025  //将字节变量 eepromx 分配于 EEPROM 存储器(地址不透明)
026  INT8U eepromx __attribute__((section("eeprom")));
027
028  //下面的数组也被分配于 EEPROM,编译后生成 EEP 文件
029  //(其中 EEMEM 即__attribute__((section("eeprom")))
030  //后续代码未使用该数组
031  INT8U eeprom_array[] EEMEM =
032  {
033     0x0A,0x0B,0x0C,0x0D,0x0E,0x0F,0x1A,0x1B,0x1C,0x1D,0x1E,0x1F,
034     0x2A,0x2B,0x2C,0x2D,0x2E,0x2F,0x2A,0x2B,0x2C,0x2D,0x2E,0x2F,
035  };
036
037  //0~9 的数字编码,最后一位为黑屏
038  const INT8U SEG_CODE[] =
039  {0x3F,0x06,0x5B,0x4F,0x66,0x6D,0x7D,0x07,0x7F,0x6F,0x00};
040  //分解后的待显示数位
041  INT8U Display_Buffer[] = {0,0};
042  //-----------------------------------------------------------
043  // 数码管显示字节
044  //-----------------------------------------------------------
045  void Show_Count_ON_DSY()
046  {
047      PORTD = 0xFF;
048      PORTC = SEG_CODE[Display_Buffer[1]];
049      PORTD = 0xFE;
050      _delay_ms(2);
051      PORTD = 0xFF;
052      PORTC = SEG_CODE[Display_Buffer[0]];
053      PORTD = 0xFD;
054      _delay_ms(2);
055  }
056
057  //-----------------------------------------------------------
058  // 响铃子程序
059  //-----------------------------------------------------------
060  void Play_BEEP()
```

```
061    {
062        INT16U i;
063        for (i = 0 ; i< 300; i++)
064        {
065            BEEP(); _delay_us(200);
066        }
067    }
068
069    //-------------------------------------------------------------------
070    // 主程序
071    //-------------------------------------------------------------------
072    int main()
073    {
074        INT8U Current_Data,LOOP_SHOW_FLAG = 0;
075        INT16U i,Current_Read_Addr = 0x0001;
076        DDRC = 0xFF; PORTD = 0xFF;              //配置输出端口
077        DDRD = 0xFF; PORTD = 0xFF;
078        DDRB = 0x00; PORTB = 0xFF;              //配置输入端口
079        srand(200);                             //设置随机种子
080        while(1)
081        {
082            start:
083            //K1:循环显示------------------------------------------------
084            if(Loop_Show_Key_DOWN())
085            {
086                Current_Read_Addr = 0x0001;     //设为从地址 0x0001 开始显示
087                eeprom_busy_wait();
088                Current_Data = eeprom_read_byte((INT8U *)Current_Read_Addr);
089
090                //因为写入的数据都不超过 100,如果读 0x0001 时出现 0xFF(255),
091                //则说明还未写入过新的数据,这时循环显示标志 LOOP_SHOW_FLAG 仍为关闭
092                //否则才打开循环显示标志
093                if (Current_Data != 0xFF) LOOP_SHOW_FLAG = 1;
094                Play_BEEP();
095                while (Loop_Show_Key_DOWN());   //等待释放
096            }
097            //K2:写入 1~21(0x01~0x15)----------------------------------
098            if (Write_1_21_Key_DOWN())
099            {
100                LOOP_SHOW_FLAG = 0;
101                for (i = 1; i <= 20; i ++)      //根据 Atmel 公司建议,不使用 0 地址
102                {
103                    eeprom_busy_wait();
```

```c
104            eeprom_write_byte((INT8U*)i,(INT8U)i);
105        }
106        //前20个数的EEPROM地址透明,第21个数的EEPROM地址不透明
107        eeprom_busy_wait();
108        eeprom_write_byte(&eepromx,0x15);
109        Play_BEEP();
110        while (Write_1_21_Key_DOWN());  //等待释放
111    }
112    //K3:写入21个随机数------------------------------------
113    if (Write_Random_Key_DOWN())
114    {
115        LOOP_SHOW_FLAG = 0;
116        for (i = 1; i <= 20; i++)
117        {
118            eeprom_busy_wait();
119            eeprom_write_byte((INT8U*)i,rand() % 100);
120        }
121        //前20个数地址透明,第21个数地址不透明
122        eeprom_busy_wait();
123        eeprom_write_byte(&eepromx,rand() % 100);
124
125        Play_BEEP();
126        while (Write_Random_Key_DOWN()); //等待释放
127    }
128    if (LOOP_SHOW_FLAG)//------------------------------------
129    {
130        eeprom_busy_wait();
131        if (Current_Read_Addr != 21)    //前20个数从透明地址读取
132            Current_Data = eeprom_read_byte((INT8U*)Current_Read_Addr);
133        else                            //第21个数从不透明地址读取
134            Current_Data = eeprom_read_byte(&eepromx);
135
136        Display_Buffer[1] = Current_Data/10;
137        Display_Buffer[0] = Current_Data % 10;
138
139        //每个数显示保持一段时间
140        for (i = 0; i<160; i++)
141        {
142            Show_Count_ON_DSY();
143            //显示过程中如果某个写入键按下则停止显示
144            if (Write_1_21_Key_DOWN() || Write_Random_Key_DOWN())
145            {
146                LOOP_SHOW_FLAG = 0;
```

```
147                    PORTD = 0xFF;
148                    goto start;
149              }
150         }
151         //地址循环递增(1～21)
152         Current_Read_Addr = Current_Read_Addr % 21 + 1;
153     }
154   }
155 }
```

3.33 Flash 程序空间中的数据访问

对于在程序运行过程不会发生变化,而且占用空间较大的数据块,本例将其保存到 Flash 程序空间内,并演示了对这些数据的读取与显示。由于本例通过串口发送数据到虚拟终端显示,程序还应用了异步串行接口程序设计技术。本例电路及部分运行效果如图 3-33 所示。

1. 程序设计调试

AVR-GCC 提供了访问 Flash 程序内存空间的相关函数,在编写本例程序时,需要添加头文件<avr/pgmspace.h>,相关细节说明可参考 avr-libc 参考手册。

程序中第 19 行和 22 行分别用 prog_int8_t 类型和 prog_int16_t 类型将含有 320 个字节的数组 Flash_Byte_Array 及含有 60 个字的 Flash_Word_Array 数组保存到 Flash 程序内存中,这大大节省了对 AVR 单片机 RAM 空间的占用。

本例分别使用了 pgm_read_byte 和 pgm_read_byte 函数从 Flash 程序内存中读取字节数据与字数据。

为显示所读取的数据,仿真电路中虚拟终端的 RXD 引脚连接单片机的 TXD 引脚,从单片机串口发送的字节数据和字数据将显示到虚拟终端上。

在应用串口发送数据时,需要先初始化串口,初始化步骤如下:

① 设置异步串行通信波特率,收发双方的设置要完全一致,否则会出现收发失败或出现乱码。

② 确定 USART 字符帧结构,包括数据位位数、奇偶校验类型及停止位个数等。

③ 使能发送或接收。

本例的 Init_USART 函数中编写了如下语句:

```
UCSRB = _BV(TXEN);                              //允许发送
UCSRC = _BV(URSEL) | _BV(UCSZ1)| _BV(UCSZ0);    //8 位数据位,1 位停止位
UBRRL = (F_CPU/9600/16-1) % 256;                //波特率:9600
UBRRH = (F_CPU/9600/16-1)/256;
```

前两行设置了 USART 的控制与状态寄存 UCSRB 与 UCSRC:

第 1 行将 UCSRB 中的 TXEN 置位,允许串口数据发送,如果要允许接收,可再将 RXEN 置位。

第 2 行 UCSRC 寄存中的 UCSZ1,UCSZ0 位与第一行 UCSRB 寄存器中的 UCSZ2 位,即

UCSZ[2∶0]共3位,共同设置发送或接收字符帧中的数据位位数大小。UCSZ[2∶0]3位的取值为000、001、010、011、111时,字符帧数据位位数大小分别为5、6、7、8、9。本例的设置为011,即数据位位数为8位。另外,由于UCSRC中的停止位USBS位未置位,取值为0,表示停止位为1位,如果将USBS置位则停止位为2位。由于该行的设置与默认值相同,故此行可以省略。

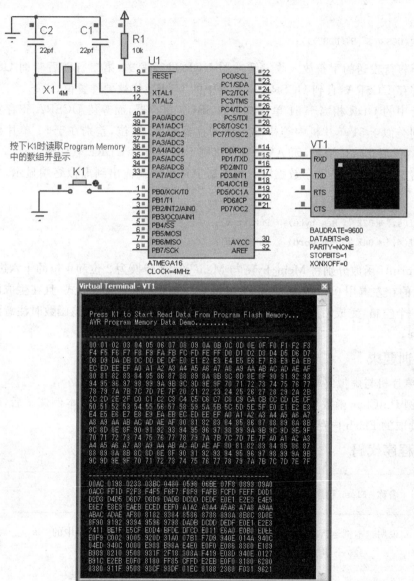

图3-33 Flash程序空间中的数据访问

初始化程序最后还需要设置波特率,不同于51单片机是,AVR单片机含有独立的高精度波特率发生器,不需要像51单片机那样占用一个定时/计数器。

波特率寄存器UBRR由UBRRH与UBRRL构成,其中UBRRH的低4位与UBRRL的8位共12位用于保存波特率设置值,UBRRH的低4位是12位波特率的高4位,UBRRL中存放的则是 12 位波特率的低 8 位。

初始化程序中给出了根据波特率设置 UBRRL 与 UBRRH 的公式,本例将波特率设置为 9600。公式计算结果与精确值之间会存在一定误差,一般误差在 5% 以内是允许的。

完成上述步骤后,就可以进入第③步,利用串口收发数据。本例仅应用串口进行数据发送操作。在第 66 行的 PutChar 函数中,发送字符 c 的关键语句如下:

```
UDR = c;
while(!(UCSRA & _BV(UDRE)));
```

第 1 行将待发送的字符放入收发缓冲器 UDR 进行发送,第二行随后轮询 USART 的控制与状态寄存 UCSRA,直到 UCSRA 寄存器中的 UDRE 位被硬件置位。

这两行中的 UDR 相当于 51 单片机中的 SBUF 寄存器,而等待 UCSRA 寄存器的 UDRE 硬件置位则类似于 51 单片机中等待 SCON 寄存器的 TI 置位,差别在于 51 单片机中需要在 TI 被硬件置位后用软件清零,而 AVR 单片机则不需要再对 UDRE 软件清零。

为了将十六进制字节或字数据以十六进制字符串形式输出到虚拟终端显示,本例使用了语句:

```
sprintf(s,"%02X ",Mem_byte);   PutStr(s);
sprintf(s,"%04X ",Mem_word);   PutStr(s);
```

其中 sprintf 函数分别将 Mem_byte 与 Mem_word 转换为 2 位和 4 位的十六进制数,不足 2 位或 4 位的在左端用 0 补齐,其中 a~f 与 A~F 全部转换为大写形式,且在生成的字符串后面补充了一个空格,完成格式转换后,直接输出字符串 s 即可。引用该函数时注意添加头文件 <stdio.h>。

2. 实训要求

① 为单片机与虚拟终端重新选择另一波特率,完成数据发送。

② 本例 PutChar 函数中使用轮询标志的方式发送字符,在完成本例调试后,改用中断方式发送所读取的 Flash 内存数据。

3. 源程序代码

```
001  //---------------------------------------------------------
002  //  名称:Flash 程序空间的数据访问
003  //---------------------------------------------------------
004  //  说明:本例运行时,按下 K1 将读取并显示存放于 Flash 程序内存中的
005  //        320 个字节数据及 60 个字数据
006  //
007  //---------------------------------------------------------
008  #define  F_CPU    4000000UL         //4 MHz 晶振
009  #include <avr/pgmspace.h>
010  #include <stdio.h>
011
012  #define INT8U   unsigned char
013  #define INT16U  unsigned int
```

```
014
015    //按键定义
016    #define K1_DOWN() (PINB & _BV(PB0)) == 0x00
017
018    //存放于Flash程序内存中的字节数据(16*20 = 320个字节)
019    prog_int8_t Flash_Byte_Array[] =
020    {
021        0x00,0x01,0x02,0x03,0x04,0x05,0x06,0x07,0x08,0x09,0x0A,0x0B,0x0C,0x0D,0x0E,0x0F,
022        0xF0,0xF1,0xF2,0xF3,0xF4,0xF5,0xF6,0xF7,0xF8,0xF9,0xFA,0xFB,0xFC,0xFD,0xFE,0xFF,
023        0xD0,0xD1,0xD2,0xD3,0xD4,0xD5,0xD6,0xD7,0xD8,0xD9,0xDA,0xDB,0xDC,0xDD,0xDE,0xDF,
024        0xE0,0xE1,0xE2,0xE3,0xE4,0xE5,0xE6,0xE7,0xE8,0xE9,0xEA,0xEB,0xEC,0xED,0xEE,0xEF,
025        0xA0,0xA1,0xA2,0xA3,0xA4,0xA5,0xA6,0xA7,0xA8,0xA9,0xAA,0xAB,0xAC,0xAD,0xAE,0xAF,
026        0x80,0x81,0x82,0x83,0x84,0x85,0x86,0x87,0x88,0x89,0x8A,0x8B,0x8C,0x8D,0x8E,0x8F,
027        0x90,0x91,0x92,0x93,0x94,0x95,0x96,0x97,0x98,0x99,0x9A,0x9B,0x9C,0x9D,0x9E,0x9F,
028        0x70,0x71,0x72,0x73,0x74,0x75,0x76,0x77,0x78,0x79,0x7A,0x7B,0x7C,0x7D,0x7E,0x7F,
029        0x20,0x21,0x22,0x23,0x24,0x25,0x26,0x27,0x28,0x29,0x2A,0x2B,0x2C,0x2D,0x2E,0x2F,
030        0xC0,0xC1,0xC2,0xC3,0xC4,0xC5,0xC6,0xC7,0xC8,0xC9,0xCA,0xCB,0xCC,0xCD,0xCE,0xCF,
031        0x50,0x51,0x52,0x53,0x54,0x55,0x56,0x57,0x58,0x59,0x5A,0x5B,0x5C,0x5D,0x5E,0x5F,
032        0xE0,0xE1,0xE2,0xE3,0xE4,0xE5,0xE6,0xE7,0xE8,0xE9,0xEA,0xEB,0xEC,0xED,0xEE,0xEF,
033        0xA0,0xA1,0xA2,0xA3,0xA4,0xA5,0xA6,0xA7,0xA8,0xA9,0xAA,0xAB,0xAC,0xAD,0xAE,0xAF,
034        0x80,0x81,0x82,0x83,0x84,0x85,0x86,0x87,0x88,0x89,0x8A,0x8B,0x8C,0x8D,0x8E,0x8F,
035        0x90,0x91,0x92,0x93,0x94,0x95,0x96,0x97,0x98,0x99,0x9A,0x9B,0x9C,0x9D,0x9E,0x9F,
036        0x70,0x71,0x72,0x73,0x74,0x75,0x76,0x77,0x78,0x79,0x7A,0x7B,0x7C,0x7D,0x7E,0x7F,
037        0xA0,0xA1,0xA2,0xA3,0xA4,0xA5,0xA6,0xA7,0xA8,0xA9,0xAA,0xAB,0xAC,0xAD,0xAE,0xAF,
038        0x80,0x81,0x82,0x83,0x84,0x85,0x86,0x87,0x88,0x89,0x8A,0x8B,0x8C,0x8D,0x8E,0x8F,
039        0x90,0x91,0x92,0x93,0x94,0x95,0x96,0x97,0x98,0x99,0x9A,0x9B,0x9C,0x9D,0x9E,0x9F,
040        0x70,0x71,0x72,0x73,0x74,0x75,0x76,0x77,0x78,0x79,0x7A,0x7B,0x7C,0x7D,0x7E,0x7F
041    };
042
043    //存放于Flash程序内存中的字数据(10*6 = 60个字)
044    prog_int16_t Flash_Word_Array[] =
045    {
046        0x00AC,0x0198,0x0233,0x03BC,0x0480,0x0598,0x06BE,0x07F8,0x0899,0x09A0,
047        0x0ACC,0xFF1D,0xF2F3,0xF4F5,0xF6F7,0xF8F9,0xFAFB,0xFCFD,0xFEFF,0xD0D1,
048        0xD2D3,0xD4D5,0xD6D7,0xD8D9,0xDADB,0xDCDD,0xDEDF,0xE0E1,0xE2E3,0xE4E5,
049        0xE6E7,0xE8E9,0xEAEB,0xECED,0xEEF0,0xA1A2,0xA3A4,0xA5A6,0xA7A8,0xA9AA,
050        0xABAC,0xADAE,0xAF80,0x8182,0x8384,0x8586,0x8788,0x898A,0x8B8C,0x8D8E,
051        0x8F90,0x9192,0x9394,0x9596,0x9798,0xDADB,0xDCDD,0xDEDF,0xE0E1,0xE2E3
052    };
053    //--------------------------------------------------------------
054    // USART 初始化
055    //--------------------------------------------------------------
056    void Init_USART()
```

```
057   {
058       UCSRB = _BV(TXEN);                              //允许发送
059       UCSRC = _BV(URSEL) | _BV(UCSZ1)| _BV(UCSZ0);    //8位数据位,1位停止位
060       UBRRL = (F_CPU/9600/16 - 1) % 256;              //波特率:9600
061       UBRRH = (F_CPU/9600/16 - 1)/256;
062   }
063   //-----------------------------------------------------------------
064   // 发送一个字符
065   //-----------------------------------------------------------------
066   void PutChar(char c)
067   {
068       if(c == '\n') PutChar('\r');
069       UDR = c;                                        //将待发送字符放入收发缓冲器
070       while(!(UCSRA & _BV(UDRE)));                    //等待 UDRE 被硬件置位(发送完毕)
071   }
072   //-----------------------------------------------------------------
073   // 发送字符串
074   //-----------------------------------------------------------------
075   void PutStr(char * s)
076   {
077       while ( * s) PutChar( * s++);
078   }
079
080   //-----------------------------------------------------------------
081   // 主程序
082   //-----------------------------------------------------------------
083   int main()
084   {
085       INT8U  Mem_byte;
086       INT16U Mem_word, i,j = 0;;
087       char s[6];
088
089       Init_USART();                                   //串口初始化
090       PutStr("\n\n  Press K1 to Start Read Data From Program Flash Memory...");
091
092       DDRB = 0x00; PORTB = 0xFF;                      //配置端口
093       DDRD = 0xFF;
094
095       while(1)
096       {
097           if (K1_DOWN())
098           {
099               PutStr("\n  AVR Program Memory Data Demo.........\n  ");
```

```
100         PutStr("\n ------------------------------------\n ");
101         //读取所有字节并显示
102         for ( i = 0,j = 0; i< sizeof(Flash_Byte_Array); i ++ )
103         {
104             //从 Flash 中读取 1 字节
105             Mem_byte = pgm_read_byte(&Flash_Byte_Array[i]);
106             //将 1 字节转换为字符串(后带 1 个空格)并送虚拟终端显示
107             sprintf(s,"%02X ", Mem_byte);   PutStr(s);
108             if ( ++ j == 20 ) //每行显示 20 个字节
109             {
110                 j = 0; PutStr("\n  ");
111             }
112         }
113         PutStr("\n ------------------------------------\n ");
114         //读取所有字并显示
115         for ( i = 0,j = 0; i< sizeof(Flash_Word_Array); i ++ )
116         {
117             //从 Flash 中读取 1 个字
118             Mem_word = pgm_read_word(&Flash_Word_Array[i]);
119             //将读取的 1 个字整数转换为字符串(后带 1 个空格)并送虚拟终端显示
120             sprintf(s,"%04X ", Mem_word);   PutStr(s);
121             if ( ++ j == 10 ) //每行显示 10 个字(整数)
122             {
123                 j = 0;  PutStr("\n  ");
124             }
125         }
126     }
127 }
128 }
```

3.34　单片机与 PC 机双向串口通信仿真

通常情况下,虚拟仿真系统是不能与物理环境交互通信的,但 Proteus 虚拟系统模拟了这种能力,它使 Proteus 仿真环境下的系统能与实际的物理环境直接交互,这种模型被称为物理接口模型(PIM)。Proteus 的 COMPIM 组件是一种串行接口组件,当由 CPU 或 UART 软件生成的数字信号出现在 PC 机物理 COM 端口时,它能缓存所接收的数据,并将它们以数字信号的形式发送给 Proteus 仿真电路。如果不希望使用物理串口而使用虚拟串口,使串口调试助手软件能与 Proteus 仿真系统中的单片机串口直接交互,这时还需要安装虚拟串口驱动软件 Virtual Serial Port Driver,简称 VSPD。

本例设计的系统中,单片机可接收 PC 机的串口调试助手软件所发送的数字串,并逐个显示在数码管上,当按下单片机系统的 K1 按键时,会有一串中文字串由单片机串口发送给串口调试助手软件并显示在软件接收窗口中。

本例电路如图 3-34 所示,串口调试助手的运行效果如图 3-35 所示。

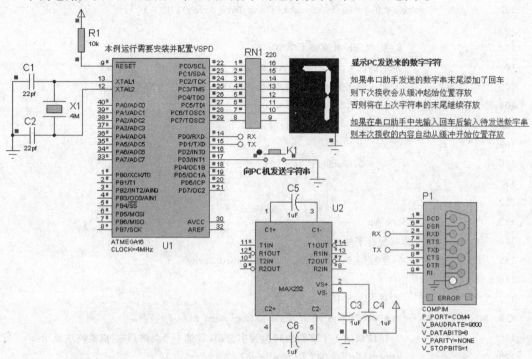

图 3-34 单片机与 PC 机双向串口通信仿真

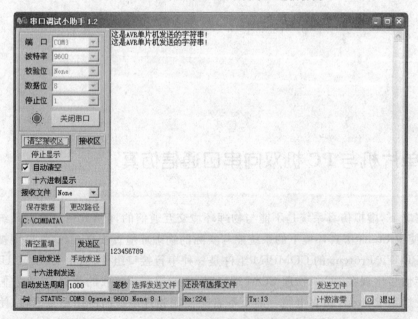

图 3-35 串口调试助手

1. 程序设计与调试

与上一案例中有关串口程序设计代码相比,本例有如下差别:

① 初始化程序中第 45 行添加对 RXEN 与 RXCIE 的置位,分别允许接收及允许接收中断。

② 对字符的接收,本例编写了串口接收中断函数 ISR(USART_RXC_vect),读取所接收的字符时使用语句:c=UDR。

③ 在接收与缓存数字串时,使用了数据结构中线性表结构形式。

以上这些部分要重点阅读与调试。

因为本例实现的是 PC 机与单片机之间的双向通信,而且是在纯虚拟仿真环境完成的,下面重点说明本案例的调试方法。

本例实现的 PC 与单片机通信,实际上是 PC 机与 Proteus 中单片机仿真系统的通信,两者的通信通过串口进行,而串口又有虚拟串口和物理串口两种,对于本例也就有了以下几种调试方式,现假设 Proteus 安装在 PC1 中,如果都使用物理串口,调试方法有:

方法一:将串口调试助手软件安装在 PC2,然后用交叉串口线连接 PC1 与 PC2,如果两机都是使用的 COM1,那么在连接好串口线后,应设置 PC1 中的 COMPIM 属性,将串口设为 COM1,波特率等按程序要求设置,对 PC2 中的串口调试软件也要选择 COM1,波特率等要设成与 PC1 中的 COMPIM 相同。完成这些设置后,打开 PC2 中的串口调试软件,并运行 PC1 中的 Proteus 仿真系统,这时如果在串口助手软件输入一串数字并单击发送,PC1 中的数码管即会依次显示这些数字,如果按下 PC1 中单片机系统的 K1 按键,PC2 中的串口调试助手软件会显示:"这是由 AVR 单片机发送的字符串!"并换行,这样即实现了 PC 机与仿真单片机之间的物理串口通信。当然,如果两 PC 都使用 COM2 或一个连接 COM1、另一个连接 COM2 也可以,只是要注意在 COMPIM 组件和串口调试助手上也要做相应改动。

方法二:如果希望串口调试软件与单片机仿真系统同在一台 PC 中运行,假定使用的是 PC1,如果 PC1 有物理串口 COM1 和 COM2,这时可以将这两个串口用交叉线连接,然后仍按上述方法进行调试。不同的是 COMPIM 组件与串口调试软件要分别占用 COM1 和 COM2,不能占用同一个端口。

上述两种方式均使用的是物理串口,如果没有找到合适的串口线,或者使用的 PC 机没有物理串口,这就需要以虚拟串口软件为桥梁,实现串口调试助手与 Proteus 仿真单片机系统的串口通信。调试过程如下:

① 安装虚拟串口驱动程序 VSPD(Virtual Serial Port Driver),安装完成后运行该程序,在图 3-36 所示窗口的 First Port 中选择 COM3,在 Second Port 中选择 COM4(当然,也可以选择 COM5 和 COM6,除非它们已被占用),然后单击 Add Paris 按钮,这两个端口会立即出现在左边的 Virtual Ports 分支下,且会有蓝色虚线将它们连接起来。如果打开 PC 机的设备管理器,会发现在其中的端口下多出了两个串口。显示窗口如图 3-37 所示。

② 将这两个串口中的 COM4 分配给 COMPIM 组件使用,COM3 分配给串口助手使用,由于 COM3 与 COM4 这两个虚拟串口已经由虚拟串口驱动程序 VSPD 虚拟连接,运行同一台 PC 中的串口调试助手软件和 Proteus 中的单片机仿真系统时,两者之间就可以进行正常通信了,这如同使用物理串口连接一样。

2. 实训要求

① 在仿真电路中改用一组 8 位的数码管,重新编程程序,将从 PC 机串口助手软件发送的数据滚动显示在数码管上。

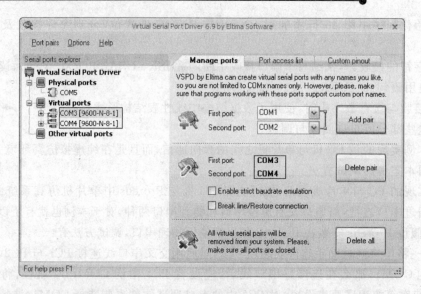

图3-36 虚拟串口驱动软件

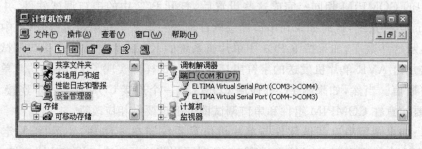

图3-37 计算机端口管理

② 自编一个上位机 Windows 软件(使用 VB6、VC6、VS. NET 等开发工具),实现对下位单片机系统的控制。在软件中单击"开"按钮时,单片机能控制电机启动;单击"关"按钮时电机停止。调节单片机电路中的可变电阻 RV1 时,模/数转换结果能发送给上位机软件显示。

3. 源程序代码

```
001   //--------------------------------------------------------------
002   //  名称:单片机与 PC 机双向串口通信仿真
003   //--------------------------------------------------------------
004   //  说明:单片机可接收 PC 机发送的数字字符,按下单片机 K1 按键时,单片机
005   //        可向 PC 机发送字符串。在 Proteus 环境下完成本实验时,需要先安
006   //        装 Virtual Serial Port Driver 和串口调试助手软件。
007   //        建议在 VSPD 中将 COM3 和 COM4 设为对联端口。Proteus 中设 COMPIM
008   //        为 COM4,在串口助手中选择 COM3,然后实现单片机程序与 XP 下串口
009   //        助手的通信
010   //
011   //        本例缓冲为 100 个数字字符,如果发送的字符串末尾没有回车符,
012   //        则下次接收的字符串将在上次接收字符串的后面接着存放,否则
013   //        将重新从开始位置存放
```

```
014    //
015    //          如果本次 PC 发送的数字串是先输入回车符,再输入任意数字串,
016    //          则本次新接收的数字串也将从缓冲开始位置存放
017    //
018    //------------------------------------------------------------------
019    #define  F_CPU    4000000UL           //4 MHz 晶振
020    #include <avr/io.h>
021    #include <avr/interrupt.h>
022    #include <util/delay.h>
023    #define INT8U   unsigned char
024    #define INT16U  unsigned int
025
026    //数字串接收缓冲
027    struct
028    {
029        INT8U Buf_Array[100];            //缓冲空间
030        INT8U Buf_Len;                   //当前缓冲长度
031    } Receive_Buffer ;
032
033    //清空缓冲标志
034    INT8U Clear_Buffer_Flag = 0;
035    //0～9 的数字编码,最后一位为黑屏
036    const INT8U SEG_CODE[] =
037    {0x3F,0x06,0x5B,0x4F,0x66,0x6D,0x7D,0x07,0x7F,0x6F,0x00};
038
039    char * s = "这是 AVR 单片机发送的字符串! \n", * p;
040    //------------------------------------------------------------------
041    // USART 初始化
042    //------------------------------------------------------------------
043    void Init_USART()
044    {
045        UCSRB = _BV(RXEN) | _BV(TXEN) | _BV(RXCIE);    //允许接收和发送,接收中断使能
046        UCSRC = _BV(URSEL)| _BV(UCSZ1) | _BV(UCSZ0);   //8 位数据位,1 位停止位
047        UBRRL = (F_CPU/9600/16 - 1) % 256;             //波特率:9600
048        UBRRH = (F_CPU/9600/16 - 1)/256;
049    }
050    //------------------------------------------------------------------
051    // 发送一个字符
052    //------------------------------------------------------------------
053    void PutChar(char c)
054    {
055        if(c == '\n') PutChar('\r');
056        UDR = c;
```

```
057        while(!(UCSRA & _BV(UDRE)));
058    }
059 //-----------------------------------------------------------------
060 // 显示所接收的数字字符(数字字符由 PC 串口发送,AVR 串口接收)
061 //-----------------------------------------------------------------
062 void Show_Received_Digits()
063 {
064    INT8U i;
065    for (i = 0; i< Receive_Buffer.Buf_Len; i ++)
066    {
067        PORTC = SEG_CODE[ Receive_Buffer.Buf_Array[i] ];
068        _delay_ms(400);
069    }
070 }
071 //-----------------------------------------------------------------
072 // 主程序
073 //-----------------------------------------------------------------
074 int main()
075 {
076    Receive_Buffer.Buf_Len = 0;
077    DDRB = 0x00; PORTB = 0xFF;              //配置端口
078    DDRC = 0xFF; PORTC = 0x00;
079    DDRD = 0x02; PORTD = 0xFF;
080    MCUCR = 0x08;                            //INT1 中断下降沿触发
081    GICR  = _BV(INT1);                       //INT1 中断许可
082    Init_USART();                            //串口初始化
083    sei();
084    while(1) Show_Received_Digits();         //显示所接收到数字
085 }
086
087 //-----------------------------------------------------------------
088 // 串口接收中断函数
089 //-----------------------------------------------------------------
090 ISR (USART_RXC_vect)
091 {
092    INT8U c = UDR;
093    //如果接收到回车换行符则设置清空缓冲标志
094    if (c == '\r' || c == '\n') Clear_Buffer_Flag = 1;
095    if (c >= '0' && c <= '9')
096    {
097        //如果上次曾收到清空缓冲标志,则本次从缓冲开始位置存放
098        if (Clear_Buffer_Flag == 1)
099        {
100            Receive_Buffer.Buf_Len = 0;
```

```
101                 Clear_Buffer_Flag = 0;
102             }
103             //缓存新接收的数字
104             Receive_Buffer.Buf_Array[Receive_Buffer.Buf_Len] = c - '0';
105             //刷新缓冲长度(不超过最大长度)
106             if (Receive_Buffer.Buf_Len<100 ) Receive_Buffer.Buf_Len ++ ;
107         }
108 }
109
110 //---------------------------------------------------------------
111 // INT1 中断函数(向 PC 发送字符串)
112 //---------------------------------------------------------------
113 ISR (INT1_vect)
114 {
115     INT8U i = 0;
116     while (s[i]!= '\0') PutChar(s[i ++ ]); //向 PC 发送字符串
117 }
```

3.35 看门狗应用

单片机的工作常会受到来自外界电磁场的干扰,造成程序跑飞,单片机系统无法继续正常工作。本例演示了启动看门狗,用定时器喂狗以及停止喂狗导致单片机重启的过程。在启动完成后,LED1 熄灭,LED2 开始持续闪烁,一旦停止喂狗则系统自动重启,LED1 在启动时被再次点亮一次,然后熄灭,LED2 再次重新开始闪烁,系统重新进入正常运行状态。本例电路及部分运行效果如图 3-38 所示。

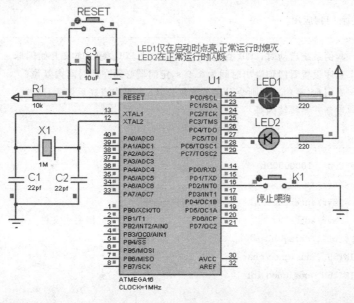

图 3-38 看门狗应用

1. 程序设计与调试

AVR-GCC 提供了看门狗(watchdog)的相关控制函数,在应用看门狗时需要添加头文件:<avr/wdt.h>。通过 wdt.h 的宏定义 wdt_enable 和 wdt_reset 可以非常方便地启用和复位看门狗。

电路中 LED1 仅在开始时点亮,完成 T/C1 定时器溢出中断与外部 INT0 中断配置后,通过调用 wdt_enable 启动看门狗,喂狗时间设为 2 s(1.9 s),LED2 熄灭,随后即进入主程序中的 while(1)循环,应用系统要正常处理的事务将在该循环中完成,本例所放置的代码仅控制 LED2 的闪烁,它表示单片机处于正常运行状态下。

当 LED2 开始闪烁时,表示程序开始运行正常,T/C1 定时器溢出中断函数每隔 1.5 s(<1.9 s)调用 wdt_reset 复位看门狗(喂狗),这样可使系统持续正常运行。当按下 K1 时,它模拟了异常事件导致定时器停止工作。系统出现故障、喂狗停止、程序跑飞的状态,由于喂狗时间超过 2 s,这导致单片机应用系统自动重启。LED1 被再次点亮,然后熄灭,随后 LED2 再次开始持续闪烁,系统重新恢复正常。

在调试运行本例时,按下 K1 停止喂狗可使单片机自动重启。这与按下电路中的热启动键 RESET 所观察到的效果是一样的,区别在于按下 RESET 键是"手动重启"系统,而按下 K1 则模拟了系统遇到故障后"自动重启"的过程。

2. 实训要求

① 重新配置喂狗时间为 8 s,并修改相关定时器中断程序,实现上述仿真效果。

② 本例将 LED2 闪烁作为正常运行的任务,在完成本例调试后,将数码管显示当前时钟信息作为主程序的正常运行任务,在系统出现故障时能自动重启,然后再重新进入正常运行状态。

3. 源程序代码

```
01  //-----------------------------------------------------------
02  //   名称:看门狗应用
03  //-----------------------------------------------------------
04  //   说明:本例系统启动时,LED1 点亮,正常运行时,LED1 熄灭,LED2 开始闪烁
05  //         程序设置看门狗溢出时间为 1.9 s,定时器必须在此时间内复位
06  //         看门狗(喂狗),否则会引起系统复位,LED1 再次点亮后熄灭,LED2
07  //         重新开始持续闪烁
08  //
09  //-----------------------------------------------------------
10  #define F_CPU    1000000UL
11  #include <avr/io.h>
12  #include <avr/interrupt.h>
13  #include <avr/wdt.h>                    //看门狗相关头文件
14  #include <util/delay.h>
15  #define INT8U    unsigned char
16  #define INT16U   unsigned int
17
18  //分别定义 LED1 开/关,LED2 闪烁
19  #define LED1_ON()      (PORTC &= ~_BV(PC0))
```

```c
20   #define LED1_OFF()   (PORTC |=  _BV(PC0))
21   #define LED2_BLINK() (PORTC ^=  _BV(PC5))
22   //------------------------------------------------------------
23   // 主程序
24   //------------------------------------------------------------
25   int main()
26   {
27       DDRC = 0xFF; PORTC = 0xFF;              //配置端口
28       DDRD = 0x00; PORTD = 0xFF;
29       LED1_ON();                              //LED1 点亮
30       _delay_ms(1600);
31
32       MCUCR = 0x02;                           //INT0 中断下降沿触发
33       GICR  = _BV(INT0);                      //INT0 中断许可
34       TCCR1B = 0x03;                          //T1 预设分频:64
35       TCNT1  = 65536 - F_CPU/64.0 * 1.5;      //晶振 4 MHz,1.5 s 定时初值
36       TIMSK  = 0x04;                          //允许 T1 定时器溢出中断
37       wdt_enable(WDTO_2S);                    //启动看门狗(溢出时间 1.9 s,约等于 2.0 s)
38       //WDTCR = 0x0F;                         //用这一行也可以
39       LED1_OFF();                             //LED1 熄灭
40       sei();                                  //开中断
41       while(1)
42       {
43           LED2_BLINK();                       //LED2 闪烁
44           _delay_ms(200);
45       }
46   }
47
48   //------------------------------------------------------------
49   // 定时器 1 中断程序负责喂狗(1.9 s 以内)
50   //------------------------------------------------------------
51   ISR (TIMER1_OVF_vect)
52   {
53       TCNT1 = 65536 - F_CPU/64.0 * 1.5;       //1.5 s 定时初值
54       wdt_reset();                            //看门狗复位
55   }
56
57   //------------------------------------------------------------
58   // INT0 中断函数(按下 K1 时关闭定时器,停止喂狗)
59   //------------------------------------------------------------
60   ISR (INT0_vect)
61   {
62       TIMSK = 0x00;
63   }
```

第 4 章

硬件应用

通过对第 3 章基础案例的学习与调试,大家已经熟悉了 AVRStudio+WinAVR 开发环境下单片机内部资源的基本程序设计方法,知道如何利用 AVR 单片机 C 语言程序设计实现基本的系统功能。本章将在此基础上就单片机的外围硬件扩展提出数十个案例,这些硬件包括大量数字逻辑芯片、驱动芯片、机电器件、显示器件、传感器件等。通过认真的学习研究与跟踪调试,以及对实训要求的认真完成,大家一定会进一步熟悉和掌握单片机外围扩展硬件的应用方法与技巧,积累更多应用经验,进一步提高 AVR 单片机应用系统的 C 语言程序开发能力,为单片机系统的综合设计打下基础。

4.1 74HC138 与 74HC154 译码器应用

本例单片机 PB 与 PC 端口分别外接 3-8 译码器与 4-16 译码器,程序在 PB 端口低 3 位输出 000、001、010、011、…、111,通过 3-8 译码器控制 8 只 LED 滚动点亮。在 PC 端口低 4 位则循环输出 0000、0001、0010、0011、…、1111,通过 4-16 译码器控制 16 只 LED 循环滚动显示。本例电路及部分运行效果如图 4-1 所示。

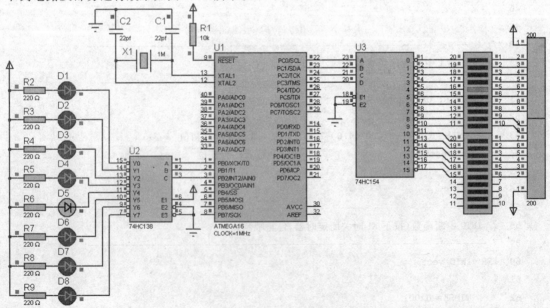

图 4-1　74HC138 与 74HC154 译码器应用

1. 程序设计与调试

表4-1是3-8译码器74HC138的真值表。PB端口低3位连接3-8译码器的CBA输入端,依次输入000、001、010、011、…、111。根据3-8译码器的真值表可知,在向3-8译码器输入000时,输出端Y0引脚为0;输入001时,输出端Y1引脚为0;输入111时,输出端Y7引脚为0,这样即形成了8只LED逐个滚动点亮的效果。

表4-1 3-8译码器74HC138的真值表

输入					输出							
使能位		选择位										
G1	G2*	C	B	A	Y0	Y1	Y2	Y3	Y4	Y5	Y6	Y7
X	H	X	X	X	H	H	H	H	H	H	H	H
L	X	X	X	X	H	H	H	H	H	H	H	H
H	L	L	L	L	L	H	H	H	H	H	H	H
H	L	L	L	H	H	L	H	H	H	H	H	H
H	L	L	H	L	H	H	L	H	H	H	H	H
H	L	L	H	H	H	H	H	L	H	H	H	H
H	L	H	L	L	H	H	H	H	L	H	H	H
H	L	H	L	H	H	H	H	H	H	L	H	H
H	L	H	H	L	H	H	H	H	H	H	L	H
H	L	H	H	H	H	H	H	H	H	H	H	L

注:G2=G2A+G2B(本例中GA=E2+E3)。

控制3-8译码器的语句是PORTB=(PORTB+1)& 0x07。该语句使PB端的输出范围为0~7,即00000000~00000111,其高5位保持为00000,而低3位由000、001、010、……,一直递增到111,经译码器译码后即形成LED滚动显示的效果。

单片机PC端口低4位连接4-16译码器的DCBA输入端,依次输入0000、0001、0010、0011、……,直到1111。根据4-16译码器的真值表可知,输入0000时,输出端引脚0(Y0)为0;当输入0001时,输出端引脚1(Y1)为0;当输入1111时,输出端引脚15(Y15)为0;16只LED逐个滚动点亮的效果由此形成。表4-2给出了4-16译码器74HC154的真值表。

表4-2 4-16译码器74HC154的真值表

输入		输出															
G1G2	DCBA	0	1	2	3	4	5	6	7	8	9	10	11	12	13	14	15
L L	LLLL	L	H	H	H	H	H	H	H	H	H	H	H	H	H	H	H
L L	LLLH	H	L	H	H	H	H	H	H	H	H	H	H	H	H	H	H
L L	LLHL	H	H	L	H	H	H	H	H	H	H	H	H	H	H	H	H
L L	LLHH	H	H	H	L	H	H	H	H	H	H	H	H	H	H	H	H
L L	LHLL	H	H	H	H	L	H	H	H	H	H	H	H	H	H	H	H
L L	LHLH	H	H	H	H	H	L	H	H	H	H	H	H	H	H	H	H

续表 4-2

输入		输出															
G1G2	DCBA	0	1	2	3	4	5	6	7	8	9	10	11	12	13	14	15
L L	LHHL	H	H	H	H	H	H	L	H	H	H	H	H	H	H	H	H
L L	LHHH	H	H	H	H	H	H	H	L	H	H	H	H	H	H	H	H
L L	HLLL	H	H	H	H	H	H	H	H	L	H	H	H	H	H	H	H
L L	HLLH	H	H	H	H	H	H	H	H	H	L	H	H	H	H	H	H
L L	HLHL	H	H	H	H	H	H	H	H	H	H	L	H	H	H	H	H
L L	HLHH	H	H	H	H	H	H	H	H	H	H	H	L	H	H	H	H
L L	HHLL	H	H	H	H	H	H	H	H	H	H	H	H	L	H	H	H
L L	HHLH	H	H	H	H	H	H	H	H	H	H	H	H	H	L	H	H
L L	HHHL	H	H	H	H	H	H	H	H	H	H	H	H	H	H	L	H
L L	HHHH	H	H	H	H	H	H	H	H	H	H	H	H	H	H	H	L
L H	XXXX	H	H	H	H	H	H	H	H	H	H	H	H	H	H	H	H
H L	XXXX	H	H	H	H	H	H	H	H	H	H	H	H	H	H	H	H
H H	XXXX	H	H	H	H	H	H	H	H	H	H	H	H	H	H	H	H

控制 4-16 译码器的语句是 PORTC=(PORTC+1) & 0x0F，它使 PC 端口的输出范围为 0~15（即 00000000~00001111），其高 4 位保持为 0000，而低 4 位由 0000、0001、0010、……，一直递增到 1111，经译码器译码后使相应的 LED 点亮，形成 LED 滚动显示的效果。

2. 实训要求

① 删除所有连接 3-8 译码器的 LED，重新加入 8 位七段数码管，用 3-8 译码器控制数码管位码，用 PA 端口控制段码，实现数码管数据显示。

② 在成功调试 4.9 节有关 LED 点阵屏的案例后，删除本例中连接 4-16 译码器的条形 LED，重新加入两片水平并排 8×8 LED 点阵显示屏，用 4-16 译码器控制列码（两片共 16 列），行码由 PA 端口控制，实现 2 片点阵屏的静态或滚动显示效果。这样设计可大大减少对单片机 I/O 端口的占用，如果直接控制 16 列，单片机将有 2 个端口被完全占用，使用译码器后只需要一个端口的 4 只引脚即可。

3. 源程序代码

```
01  //--------------------------------------------------------------
02  // 名称：74HC138 与 74HC154 译码器应用
03  //--------------------------------------------------------------
04  // 说明：本例运行时，PB 与 PC 端口分别循环输出 0x00~0x07,0x00~0x0F
05  //       两译码器的输出端 Y0~Y7 与 Y0~Y15 分别逐个呈现低电平
06  //       两组 LED 分别循环滚动显示
07  //
08  //--------------------------------------------------------------
09  #define  F_CPU   1000000UL
10  #include <avr/io.h>
```

```
11    #include <util/delay.h>
12    #define INT8U    unsigned char
13    #define INT16U   unsigned int
14
15    //---------------------------------------------------------
16    // 主程序
17    //---------------------------------------------------------
18    int main()
19    {
20        DDRB = 0xFF; PORTB = 0x00;      //配置 PB,PC 端
21        DDRC = 0xFF; PORTC = 0x00;      //初始输出均为 0x00
22        while(1)
23        {
24            PORTB = (PORTB + 1) & 0x07;     //3-8 译码器输出
25            PORTC = (PORTC + 1) & 0x0F;     //4-16 译码器输出
26            //以上两行还可以改写成:
27            //PORTB = (PORTB + 1) % 8;
28            //PORTC = (PORTC + 1) % 16;
29            _delay_ms(80);                  //延时
30        }
31    }
```

4.2 74HC595 串入并出芯片应用

本例单片机外接一片串入并出芯片 74HC595,该芯片仅占用单片机 PC 端口 3 只引脚,驱动单只数码管实现数字滚动显示。74HC595 芯片在后续有关 LED 点阵显示屏的案例中还会再次用到,通过本例调试要熟练掌握该芯片的程序设计方法。本例电路及部分运行效果如图 4-2 所示。

1. 程序设计与调试

74HC595 的输出端为 Q0~Q7,这 8 位并行输出端可以直接控制数码管的 8 个管段(本例数码管没有小数点,仅连接了数码管的 7 个引脚)。Q7′为级联输出端,它用来连接下一片 595 的串行数据输入端 DS。

74HC595 的控制端说明如下:

① SH_CP(11 脚)用于输入移位时钟脉冲,在上升沿时移位寄存器(Shift Register)数据移位,Q0→Q1→Q2→Q3→Q4→Q5→Q6→Q7→Q7′,其中 Q7′用于 595 的级联。本例中595 串行输入函数 Serial_Input_595 使用了 SH_CP 引脚及下面的 DS 引脚。

② DS(14 脚)为串行数据输入引脚,Serial_Input_595 函数通过移位运算符由高位到低位将位数据通过 DS 引脚串行送入 595 芯片,串行发送时由 SH_CP 引脚提供移位时钟。for 循环控制完成 8 次移位即可完成一个字节的串行传送。

③ ST_CP(12 脚)提供锁存脉冲,在上升沿时移位寄存器的数据被传入存储寄存器,由于

$\overline{OE}$ 引脚接地，传入存储寄存器的数据会直接出现在输出端 Q0～Q7。在串行输入函数完成一个字节的传送后，并行输出函数 Parallel_Output_595 在 ST_CP 的上升沿将数据送出。

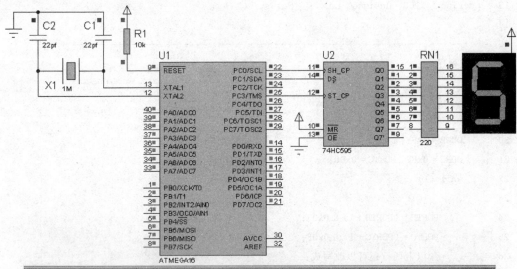

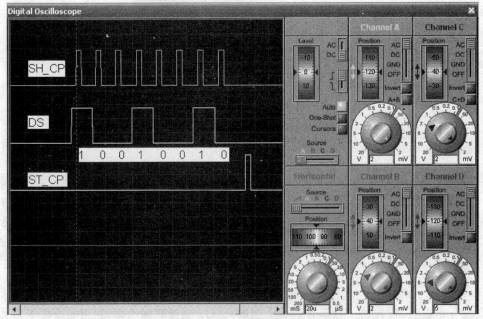

图 4-2　74HC595 串入并出芯片应用

④ $\overline{MR}$（10 脚）在低电平时将移位寄存器数据清零，本例中该引脚直接连接 Vcc。

⑤ $\overline{OE}$（13 脚）在高电平时禁止输出（高阻态），本例中该引脚接地。

75HC595 其主要优点是能锁存数据，在移位过程中输出端的数据保持不变，这有利于使数码管在串行速度较慢的场合不会出现闪烁感。

图 4-2 中所示虚拟示波器的 A、B、C 通道与 SH_CP、DS、ST_CP 引脚对应，当前显示的波形与显示数字"5"（段码为 0x92，即 10010010）的操作时序对应，其中 A、B 通道波形与函数 Serial_Input_595 对应，该函数向 DS 引脚发送数据与并向 SH_CP 引脚输出移位时钟。通道 C 的波形与函数 Parallel_Output_595 对应，在完成一个字节发送后，向 ST_CP 引脚输入锁存

脉冲,在脉冲上升沿将所输入的字节送到输出锁存器。

本例的重要函数 Serial_Input_595 通过 for 循环在 SH_CP 引脚模拟输出 8 个时钟周期,将一个字节由高到低逐位通过 DS 线串行移入 595。该函数的编写模式对其他串行器件的数据写入代码编写都有参考作用,大家要熟练掌握。

2. 实训要求

① 思考源程序中第 42 行为什么可以省略,移到 for 循环后面又有什么作用?

② 再添加 1 片 74HC595 和 1 只数码管,将 2 片 74HC595 级联,仍使用 PC 端口 3 只引脚,实现对两只独立数码管的显示控制。

③ 重新修改本例电路与程序,用两片 595 芯片分别控制 8 位集成式七段数码管的段码与位码,以静态或滚动方式显示指定数据信息。

3. 源程序代码

```
01  //-----------------------------------------------
02  //   名称:74HC595 串入并出芯片应用
03  //-----------------------------------------------
04  //   说明:74HC595 具有一个 8 位串入并出的移位寄存器和一个 8 位输出锁存器
05  //          本例使用 74HC595,通过串行输入数据来控制数码管显示
06  //
07  //-----------------------------------------------
08  #define  F_CPU    1000000UL
09  #include <avr/io.h>
10  #include <util/delay.h>
11  #define INT8U   unsigned char
12  #define INT16U  unsigned int
13
14  //595 引脚定义
15  #define SH_CP PC0              //移位时钟脉冲
16  #define DS    PC1              //串行数据输入
17  #define ST_CP PC3              //输出锁存器控制脉冲
18
19  //595 引脚操作定义
20  #define SH_CP_0()   PORTC &= ~_BV(SH_CP)
21  #define SH_CP_1()   PORTC |=  _BV(SH_CP)
22  #define DS_0()      PORTC &= ~_BV(DS)
23  #define DS_1()      PORTC |=  _BV(DS)
24  #define ST_CP_0()   PORTC &= ~_BV(ST_CP)
25  #define ST_CP_1()   PORTC |=  _BV(ST_CP)
26
27  //数码管段码表
28  const INT8U SEG_CODE[] =
29  {0xC0,0xF9,0xA4,0xB0,0x99,0x92,0x82,0xF8,0x80,0x90};
30  //-----------------------------------------------
```

```c
31    // 串行输入子程序
32    //-----------------------------------------------------------
33    void Serial_Input_595(INT8U dat)
34    {
35        INT8U i;
36        for(i = 0; i<8; i ++)
37        {
38            if (dat & 0x80) DS_1(); else DS_0();    //发送高位
39            dat <<= 1;                              //次高位左移到高位
40            SH_CP_0(); _delay_us(2); //移位时钟线拉低
41            SH_CP_1(); _delay_us(2); //放在 DS 线的 0 或 1 在移位时钟脉冲上升沿被移入 595
42            SH_CP_0(); _delay_us(2); //本行可以省略,也可移到 for 循环后面
43        }
44    }
45
46    //-----------------------------------------------------------
47    // 并行输出子程序
48    //-----------------------------------------------------------
49    void Parallel_Output_595()
50    {
51        ST_CP_0(); _delay_us(1);
52        ST_CP_1(); _delay_us(1);    //上升沿将数据送到输出锁存器
53        ST_CP_0(); _delay_us(1);
54    }
55
56    //-----------------------------------------------------------
57    // 主程序
58    //-----------------------------------------------------------
59    int main()
60    {
61        INT8U i = 0;
62        DDRC = 0xFF;                //PC 端口设为输出
63        while (1)
64        {
65            for(i = 0; i<10; i ++)
66            {
67                //将数字 i 的段码字节串行输入 595
68                Serial_Input_595(SEG_CODE[i]);
69                //595 移位寄存器数据传输到存储寄存器并出现在输出端
70                Parallel_Output_595();
71                _delay_ms(300);
72            }
73        }
74    }
```

4.3 用 74LS148 与 74LS21 扩展中断

本例所选用单片机的 PD2(INT0)、PD3(INT1)、PB2(INT2) 用于输入外部中断信号，当需要对更多的外部中断信号作出响应时就需要进行中断扩展了。实现中断扩展的方法较多，本例使用 8-3 编码芯片 74LS148 实现中断扩展，8 路外部中断信号可按优先级进行处理。另外，本例还利用具有双四路输入的与门芯片 74LS21 扩展中断，两者的差别将在程序设计与调试部分中阐述。本例电路及部分运行效果如图 4-3 所示。

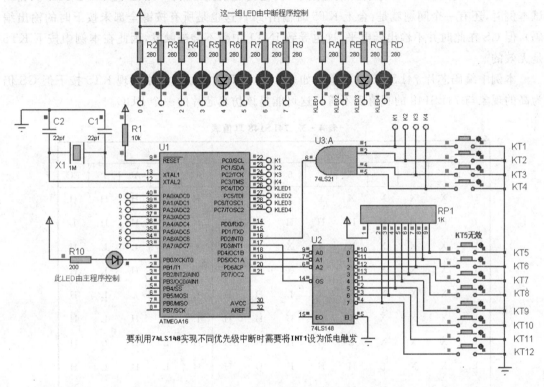

图 4-3 用 74LS148 与 74LS21 扩展中断

1. 程序设计与调试

74LS148 是带优先级的 8-3 编码芯片，对于外部的 8 路数据输入线，只要有 1 路或几路被置为 0，编码芯片即会按由高到低的优先级进行编码，并由 A2~A0 引脚输出 3 位二进制数，而且 GS 引脚会自动变为 0。在没有任何输入、8 路数据线均为高电平时，GS 自动变为 1。

本例将 GS 连接单片机的 PD3(INT1) 引脚，当 GS 为 0 时即会触发 INT1 中断，中断程序根据 A2~A0 引脚输入的 3 位二进制编码执行相应操作。

由于 74LS148 是带优先级的，按键 KT12~KT5 模拟的中断级别由高到低，如果单击 KT9 右边的红色双向箭头将 KT9 按下锁住，这时再按下 KT5~KT8 中的任何按键，8-3 编码器的输出都不会发生变化，只有按下 KT10~KT12 时输出的 3 位编码才会变化。

在调试本例时会发现，如果将 KT9 锁住（保持按下状态），这时按下更高级别的按键，虽然输出的 3 位编码会发生变化，但对应的指示 LED 却没有移动，这是因为本例设 INT1 为下降沿触发,如果希望有低级别按键按下且锁定时,按下高级别按键还能立即触发 INT1 中断,这要通过设 MCUCR＝0x02 将 INT1 配置为低电平触发。

这样设置后,即使低级别按键未释放,高级别按键事件也会马上被处理,指示 LED 会立即变化。如果释放高级别按键,LED 会立即回到原位,除非低级别按键也释放了。

在设为低电平触发后,大家又会发现另一个问题,那就是左边由主程序控制的 LED 不能正常闪烁了。这是因为设为低电平触发后,只要有按键没有释放,INT1 的中断程序就会处于无限次调用之中,主程序中控制 LED 闪烁的语句也就没有足够的时间执行了。

对于 8-3 编码器,0～7 号引脚按键按下时,输出编码为 111～000(不是 000～111)。在调试本例时,还有一个问题就是:合上 KT5 时输出 111(这也是所有按键全部未按下时的输出编码),但 GS 在此时并不输出低电平,这也导致 INT1 中断不会被触发,因此在本例中按下 KT5 是无效的。

本例中编码芯片 74LS148 的真值表如表 4-3 所列。调试过程中发现 KT5 按下但 GS 仍为高的现象与 74LS148 的真值表不符。这可能是该仿真芯片的一个 BUG。

表 4-3　74LS148 真值表

输　入									输　出			
EI	0	1	2	3	4	5	6	7	A2	A1	A0	GS	EO
H	X	X	X	X	X	X	X	X	H	H	H	H	H
L	H	H	H	H	H	H	H	H	H	H	H	H	L
L	X	X	X	X	X	X	X	L	L	L	L	L	H
L	X	X	X	X	X	X	L	H	L	L	H	L	H
L	X	X	X	X	X	L	H	H	L	H	L	L	H
L	X	X	X	X	L	H	H	H	L	H	H	L	H
L	X	X	X	L	H	H	H	H	H	L	L	L	H
L	X	X	L	H	H	H	H	H	H	L	H	L	H
L	X	L	H	H	H	H	H	H	H	H	L	L	H
L	L	H	H	H	H	H	H	H	H	H	H	L	H

对于另一组中断扩展,电路中使用了双四路输入的 74LS21 与门芯片(本例电路中只用了"半片"74LS21),按键 KT1～KT4 右端接地,左端接与门输入端,且全部由 PC 端口高 4 位内部上拉(设为输入),显然,KT1～KT4 中任何一个铵键按下,与门输出端都会向 PD2(INT0)引脚输入 0,触发 INT0 中断,INT0 中断程序通过读取 PC 端口(PINC)高 4 位即可知道是哪一按键触发中断,这种设计不具有 8-3 编码器所具有的优先级,占用的引脚数也更多。

2. 实训要求

① 将 INT1 配置为低电平触发,使多路按键按下时能按不同优先级作出响应。模拟多路按键按下时,可先单击一个或多个按键右上角的红色双向箭头将其按下并锁住。

② 使用整片 74LS21 实现对外部 8 路中断的处理(输出端占用 INT0 与 INT1)。

③ 搜索 Proteus 芯片库,选用其他数字芯片实现中断扩展。

3. 源程序代码

```
01  //---------------------------------------------------------------
02  // 名称：用 74LS148/74LS21 扩展中断
03  //---------------------------------------------------------------
04  // 说明：本例利用 74LS148 扩展外部中断，对于外部的 8 个控制开关，任意
05  //       一个开关合上都将在 GS 引脚输出低电平，触发外部中断，优先级最
06  //       高的是输入引脚 7，最低的是输入引脚 0。中断触发后，中断例程通过
07  //       读取 A2、A1、A0 的输出，判断是哪一路按键触发中断
08  //
09  //       对于 74LS21，任何一个按键都会触发中断，它并没能真正实现中断
10  //       扩展，而是仅利用了 INT0，省去了对多个按键的轮询判断
11  //
12  //---------------------------------------------------------------
13  #include <avr/io.h>
14  #include <avr/interrupt.h>
15  #include <util/delay.h>
16  #define INT8U   unsigned char
17  #define INT16U  unsigned int
18
19  //此 LED 由主程序控制
20  #define LED_BLINK()  PORTB ^= _BV(PB0)
21  //---------------------------------------------------------------
22  // 主程序
23  // 说明：由于 Proteus 中 74LS148 存在问题，与输入引脚 0 对应的开关控制无效
24  //---------------------------------------------------------------
25  int main()
26  {
27      DDRA = 0xFF; PORTA = 0xFF;
28      DDRB = 0xFF; PORTB = 0xFF;
29      DDRC = 0xF0; PORTC = 0xFF;        //PC 端口低 4 位输入，高 4 位输出
30      DDRD = 0x00; PORTD = 0xFF;
31      MCUCR = 0x0A;                     //INT0、INT1 中断下降沿触发
32      GICR = 0xC0;                      //INT0、INT1 中断许可
33      sei();                            //开总中断
34      while(1)
35      {
36          LED_BLINK();                  //主程序控制一只 LED 闪烁
37          _delay_ms(100);               //延时
38      }
39  }
40
41  //---------------------------------------------------------------
```

```
42      // INT0 中断服务程序(4 个按键中任何一个按下时都会触发 INT0 中断)
43      //-------------------------------------------------------------
44      ISR(INT0_vect)
45      {
46          PORTC = PINC << 4 | 0x0F;          //"|0x0F"用于保持 PC 低 4 位内部上拉
47      }
48
49      //-------------------------------------------------------------
50      // INT1 中断服务程序(当有按钮按下时,GS 为零,触发 INT1 中断)
51      //-------------------------------------------------------------
52      ISR(INT1_vect)
53      {
54          INT8U bidx = (PIND >> 4) & 0x07;   //得到按键编号
55          PORTA = ~_BV(bidx);                //点亮对应的 LED
56      }
```

4.4 62256 扩展内存实验

本例给出了 ATMEGA8515 单片机外部内存扩展电路。所使用的是 62256SRAM 存储器,该芯片共有地址线 15 根,可提供 2^{15}=32K 字节空间,提供地址锁存的是 74LS373,它是常用的地址锁存器芯片,其实质是一个带三态缓冲输出的 8D 触发器。本例演示了内存扩展芯片 62256 的读/写实验,这种扩展对学习后续案例中有关接口扩展的案例也有很好的参考作用。案例电路如图 4-4 所示。

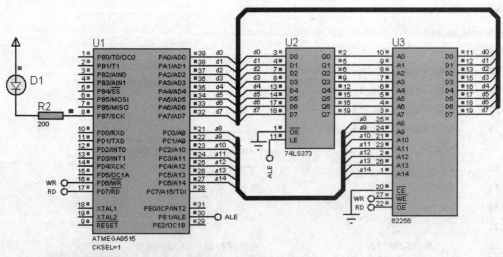

图 4-4 62256 扩展内存实验

1. 程序设计与调试

设计本例仿真电路时,要掌握三总线(CB、AB、DB)的连接方法,本例中控制总线涉及 ALE、$\overline{\text{RD}}$、$\overline{\text{WR}}$;对于由 PA、PC 端口提供的 16 位地址总线 A0~A15,本例使用了 A0~A14,数据总线则复用了 PA 端口的 D0~D7。在程序设计方面,应熟练掌握 MCUCR 中 SRE 位的设置及外部内存地址定义等:

① 仿真电路的 74LS373、62256 与 AVR 单片机的连接。其中,单片机 ALE 引脚(Address Latch Enable,地址锁存使能)与 74LS373 的 LE(锁存使能,Latch Enable)引脚的连接,74LS373 地址锁存由单片机 ALE 引脚控制。单片机读/写控制引脚 $\overline{\text{RD}}$、$\overline{\text{WR}}$ 与 62256 的 $\overline{\text{OE}}$(Output Enable,输出使能)、$\overline{\text{WE}}$(Write Enable,写使能)连接。这 3 条控制总线引脚负责地址锁存及读/写控制。

② 为了访问外部扩展内存,一定要在主程序内将 ATMEGA8515 单片机 MCUCR 寄存的最高位 SRE(External SRAM/XMEM Enable)置位,这样才能访问外部内存(或访问外部扩展接口地址)。在 ATMEGA 系列中,8515/64/128 等单片机提供了三总线以扩展外部内存或接口,但 8/16/32 等单片机则没有提供扩展总线。

③ 外部内存地址(或接口地址)访问定义。本例中定义为:

```
#define EXTMEM_ADDR (INT8U *)0x8000
```

62256 地址线共有 15 根,所定义的 0x8000 超出内部 SRAM 地址空间,指向某个外部内存地址,0x8000 即 1000000000000000 地址,后面共 15 个 0,它们与 62256 的 15 条地址线对应,高位的 1 与 62256 无关,当从 0x8000 地址开始读/写时,实际上是从 62256 的 0 地址开始读/写。

④ 主程序中第 32 行和 37 行对外部内存进行读/写,语句如下:

```
*(EXTMEM_ADDR + i) = i + 1;  //写操作
*(EXTMEM_ADDR + i + 0x0100) = *(EXTMEM_ADDR + 199 - i);  //读/写操作
```

在搞清楚上述内容后,对程序所完成的其他任务就容易理解了。程序运行时首先向 62256 开始处写入 1~200,接着读取这些数,并将其逆向写到 62256 内存中 0x0100 开始的位置。

前面已经提到了单片机的 $\overline{\text{WR}}$ 与 $\overline{\text{RD}}$ 引脚,单片机通过这两只引脚对读/写时序进行自动管理,删除 $\overline{\text{WR}}$ 连线时会出现写入失败,删除 $\overline{\text{RD}}$ 连线时会导致读取失败。

本例程序完成对外部 SRAM 的读/写操作后,LED 开始闪烁。如果要观察 62256 芯片内的数据,可按下 Pause 按钮暂停程序,然后单击 Debug 菜单,打开 Memory Contents 即可观察到图 4-5 所示窗口中显示的内存数据。

2. 实训要求

① 重新编写程序,向 62256 写入 1001~1200 共 200 个整数。这些整数不能用 200 个单字节来保存,因为它们已经超过了 INT8U 类型的最大值 255,这时所占空间应为 400 个字节。编程时注意定义指针类型。

② 在 Proteus 中搜索 ROM 存储芯片对单片机外部 ROM 进行扩展,将固定数据绑定到该芯片后,在程序中读取外部 ROM 中的数据并通过虚拟终端显示。

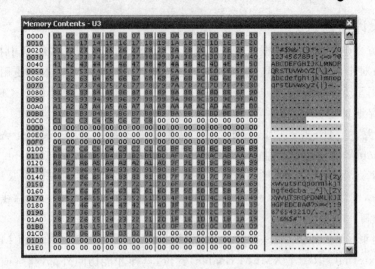

图 4-5 62256 内存内容

3. 源程序代码

```
01  //-----------------------------------------------------------------
02  // 名称：用 62256 扩展内存(32 KB)
03  //-----------------------------------------------------------------
04  // 说明：程序运行时首先向 62256 开始处写入 1～200,然后读取这些数据,并将
05  //       其逆向写到 62256 内存中 0x0100 开始位置
06  //
07  //-----------------------------------------------------------------
08  #define F_CPU 1000000UL
09  #include <avr/io.h>
10  #include <util/delay.h>
11  #define INT8U    unsigned char
12  #define INT16U   unsigned int
13
14  //外部内存地址定义
15  #define EXTMEM_ADDR    (INT8U *)0x8000
16  //LED 控制
17  #define LED_ON()      (PORTB &= ~_BV(PB7))   //LED 点亮
18  #define LED_BLINK()   (PORTB ^= _BV(PB7))    //LED 闪烁
19  //-----------------------------------------------------------------
20  // 主程序
21  //-----------------------------------------------------------------
22  int main()
23  {
24      INT8U i;
25      DDRB = 0xFF; PORTB = 0xFF;
```

```
26      LED_ON(); _delay_ms(1000);
27      //允许访问外部存储器
28      MCUCR |= 0x80;
29      //向 62256 的 0x0000 地址开始写入 1~200
30      for (i = 0; i<200; i++)
31      {
32          *(EXTMEM_ADDR + i) = i + 1;
33      }
34      //将 62256 中的 1~200 逆向拷贝到 0x0100 开始处
35      for (i = 0; i<200; i++)
36      {
37          *(EXTMEM_ADDR + i + 0x0100) = *(EXTMEM_ADDR + 199 - i);
38      }
39      //扩展内存数据读/写操作完成后 LED 闪烁
40      //这时可暂停 Proteus,打开菜单 Debug/Memory Contents 查看数据
41      while (1)
42      {
43          LED_BLINK();
44          _delay_ms(200);
45      }
46  }
```

4.5 用 8255 实现接口扩展

本例利用 ATMEGA8515 的三总线,通过 8255 接口扩展芯片控制 8 只集成式七段数码管显示,在 8255 的 PC 端口还添加有 3 个按键,用于调节所显示时间数据。仿真本例时要注意给 8255 单独添加 VDD 引脚。本例电路及部分运行效果如图 4-6 所示。

1. 程序设计与调试

本例的接口扩展电路与上一案例中的数据内存扩展电路非常相似,都使用了地址锁存芯片 74LS373。单片机的控制引脚 ALE、$\overline{RD}$、$\overline{WR}$ 连接方法也与上一案例类似。

正是因为本例的接口扩展电路与上一案例非常类似,上一案例中扩展内存的地址访问方法同样可以应用到本例中的扩展接口的地址访问上。

表 4-4 列出了 8255 的基本操作,通过仔细对比表格与本例电路即可得出 8255 的 3 个 I/O 端口和 1 个命令端口的定义。由于 8255 的接口地址仅需要单片机地址端口的高 8 位控制,这 8 位地址中实际仅使用了低 3 位,它们分别对应 CS、A1、A0,其中 A1 与 A0 地址线可选择 8255 的 4 个端口地址之一。

以 PB 端口为例,由于 A1/A0 为 01,且 CS 为 0,则地址可定义为 11111111 00000001(定义中将未使用的高 8 位地址全部设为 1),由此可得 8255PB 端口地址为 0xFF01。在向 8255PB 端口写入数据时,单片机会自动将 $\overline{WR}$ 置为低电平,读 8255PB 端口数据时单片机则自动将 $\overline{RD}$ 置为低电平。

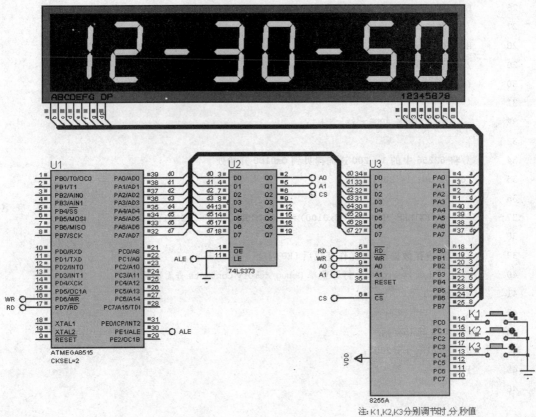

图 4-6 用 8255 实现接口扩展

以下是 8255 的 PA、PB、PC 及命令端口的地址定义：

#define PA   (INT8U *)0xFF00
#define PB   (INT8U *)0xFF01
#define PC   (INT8U *)0xFF02
#define COM   (INT8U *)0xFF03

表 4-4 8255 的基本操作

操作	A1	A0	$\overline{CS}$	$\overline{RD}$	$\overline{WR}$	说明
输入（读）	0	0	0	0	1	PA→数据总线
	0	1	0	0	1	PB→数据总线
	1	0	0	0	1	PC→数据总线
	1	1	0	0	1	控制字→数据总线
输出（写）	0	0	0	1	0	数据总线→PA
	0	1	0	1	0	数据总线→PB
	1	0	0	1	0	数据总线→PC
	1	1	0	1	0	数据总线→控制字

8255命令口对工作方式的设置可参阅8255芯片的技术手册文件。图4-7给出了8255工作模式字节格式及本例所选择的设置。本例选择模式0,8255工作于基本I/O模式,使用PA和PB端口输出控制数码管显示,PC端口则用于读取按键状态并进行相应处理,各位配置如图4-7右半部分所示。

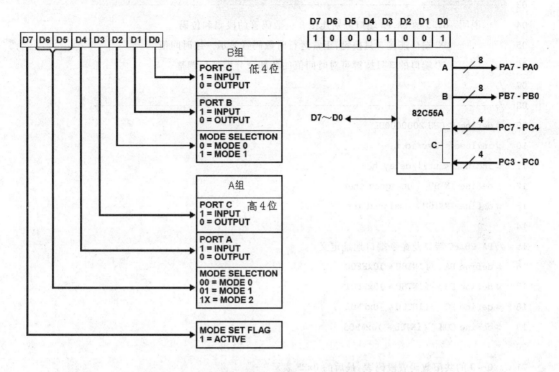

图4-7 8255工作模式字节格式(左)及本例设置(右)

在完成相关定义与配置后,其他操作与扩展内存的操作就很相似了:

① 源程序第67行向命令口COM写控制字节,实现对8255工作方式的配置:

* COM = 0B10001001;

② 第73、74行通过PB、PA端口输出位码与段码,控制数码管扫描显示:

* PB = _BV(i);

* PA = (INT8U)SEG_CODE[Disp_Buffer[i]];

③ 第34行读入8255PC端口的按键状态,以便分别进行时分秒的调节:

Key_State = * PC;

2. 实训要求

① 重新设计本例电路,再加一组相同的8位数码管,用PA控制两组数码管段码,PB与PC用于控制16位的扫描码。在两组数码管上同时显示出年月日和时分秒信息。

② 保持本例的电路设计,仅将PC端口按键改成4×4键盘矩阵,利用键盘矩阵控制数码管显示、关闭及时分秒调节等自定义功能。

3. 源程序代码

```
01  //-----------------------------------------------------------------
02  //   名称：用 8255 实现接口扩展
03  //-----------------------------------------------------------------
04  //   说明：8255 的 PA、PB 端口分别连接 8 位数码管的段码和位码
05  //         PC 端口连接 3 只按键,正常运行时数码管显示一组时间值
06  //         PC 端口的 3 只按键可对时间值的各部分分别进行调整
07  //
08  //-----------------------------------------------------------------
09  #define F_CPU 2000000UL
10  #include <avr/io.h>
11  #include <util/delay.h>
12  #define INT8U    unsigned char
13  #define INT16U   unsigned int
14
15  //PA,PB,PC 端口及命令端口地址定义
16  #define PA    (INT8U *)0xFF00
17  #define PB    (INT8U *)0xFF01
18  #define PC    (INT8U *)0xFF02
19  #define COM   (INT8U *)0xFF03
20
21  //0～9 的共阳数码管段码表,最后的 0xBF 表示"-"
22  const INT8U SEG_CODE[] =
23  { 0xC0,0xF9,0xA4,0xB0,0x99,0x92,0x82,0xF8,0x80,0x90,0xBF };
24  //待显示信息缓冲 12-30-50
25  INT8U Disp_Buffer[] = {1,2,10,3,0,10,5,0};
26  //上次按键状态
27  INT8U Pre_Key_State = 0x00;
28  //-----------------------------------------------------------------
29  // 8255PC 端口按键处理
30  //-----------------------------------------------------------------
31  void Key_Process()
32  {
33      INT8U Key_State, t;
34      Key_State = *PC;                                    //读 8255PC 端口按键状态
35      if (Key_State == Pre_Key_State) return;
36      Pre_Key_State = Key_State;
37      switch (Key_State)
38      {
39          case (INT8U)~_BV(0):                            //K1:小时递增
```

```c
40          t = Disp_Buffer[0] * 10 + Disp_Buffer[1];
41          if ( ++t == 24) t = 0;
42          Disp_Buffer[0] = t / 10;
43          Disp_Buffer[1] = t % 10;
44           break;
45       case (INT8U)~_BV(2):                    //K2:分钟递增
46          t = Disp_Buffer[3] * 10 + Disp_Buffer[4];
47          if ( ++t == 60) t = 1;
48          Disp_Buffer[3] = t / 10;
49          Disp_Buffer[4] = t % 10;
50           break;
51       case (INT8U)~_BV(4):                    //K3:秒数递增
52          t = Disp_Buffer[6] * 10 + Disp_Buffer[7];
53          if ( ++t == 60) t = 1;
54          Disp_Buffer[6] = t / 10;
55          Disp_Buffer[7] = t % 10;
56           break;
57       default: break;
58    }
59 }
60
61 //-----------------------------------------------------------------
62 // 主程序
63 //-----------------------------------------------------------------
64 int main()
65 {
66     INT8U i;
67     MCUCR |= 0x80;              //允许访问外部存储器/接口等
68     * COM = 0B10001001;         //8255 工作方式选择:工作于方式 0,PA、PB 输出,PC 输入
69     while(1)
70     {
71        for(i = 0; i<8; i ++)                  //数码管显示
72        {
73           * PB = _BV(i);                       //向 PB 端口发送位码
74           * PA = (INT8U)SEG_CODE[ Disp_Buffer[i] ];   //向 PA 端口发送段码
75           _delay_ms(2);
76           Key_Process();                       //PC 端口按键处理
77        }
78     }
79 }
```

4.6 可编程接口芯片 8155 应用

可编程接口芯片 8155 内含 256 字节 RAM 存储器、2 个可编程的 8 位并行端口、1 个 6 位并行端口及 1 个 14 位的定时/计数器。本例用 8155 的 PA 与 PB 端口控制数码管显示，PC 端口连接按键，案例演示了 8155 控制数码管显示，通过按键调整定时初值、启/停 8155 定时器，用定时器中断触发蜂鸣器，以及写 8155 内存等。本例电路及部分运行效果如图 4-8 所示。

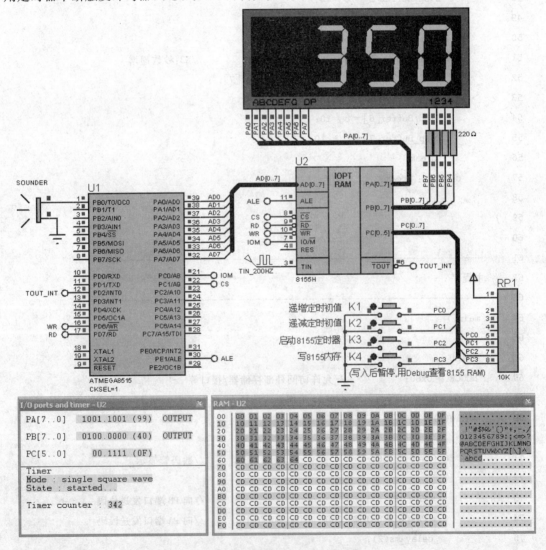

图 4-8 可编程接口芯片 8155 应用

1. 程序设计与调试

图 4-8 所示电路中，8155 的 AD[0：7]为三态数据/地址线，TIN 是定时/计数器输入引脚，TOUT 是定时器输出引脚，可以是方波或脉冲波形。IO/$\overline{M}$ 是 I/O 与 RAM 选择线，设为 1

时选择 I/O,设为 0 时选择 RAM。其他引脚与 8255 类似。

本例程序重点在于以下地址定义：

#define COMM_8155	(INT8U*)0xFD00	//命令字端口
#define PA_8155	(INT8U*)0xFD01	//PA 端口地址
#define PB_8155	(INT8U*)0xFD02	//PB 端口地址
#define PC_8155	(INT8U*)0xFD03	//PC 端口地址
#define CONT_8155_L8	(INT8U*)0xFD04	//计数器低 8 位地址
#define CONT_8155_H8	(INT8U*)0xFD05	//计数器高 6 位 + 2 位方式地址
#define PMEM_8155	(INT8U*)0xFC00	//8155RAM 地址

单片机 PC 端口提供地址的高 8 位,其中 PC7~PC2 未用,定义中将它们全部设为 1,PC1 连接的 CS 位设为 0,PC0 对应的 IO/$\overline{M}$分别取 0/1,因此上述地址高 4 位定义中,除最后的 PMEM 定义为 0xFC 以外,其他全部为 0xFD。其他地址定义可根据表 4-5 所列的 8155 内部 I/O 地址表得到。

表 4-5 8155 内部 I/O 地址表

A2	A1	A0	I/O 端口
0	0	0	命令端口
0	0	1	PA 端口
0	1	0	PB 端口
0	1	1	PC 端口
1	0	0	定时器低 8 位
1	0	1	定时器高 6 位及方式

完成地址定义后,还需要根据 8155 命令字对端口及定时器进行配置管理,程序中第 56 行与 123 行对定时/计数器进行设置,并对端口进行管理。8155 命令字格式如表 4-6 所列。

表 4-6 8155 命令字格式

TM2	TM1	IEB	IEA	PC2	PC1	PB	PA

完成地址定义后,还需要根据 8155 命令字对端口及定时器进行配置管理,程序中第 56 行与 123 行的设置都向 8155 写入了命令字,其中：

第 123 行设 * COMM_8155 = 0B00000011,其中 TM2/TM1 为 00,定时器空操作。同时低 4 位 0011 设置 PA 与 PB 端口为输出,PC 端口为输入。

第 56 行设 * COMM_8155 = 0B11000011,它将 TM2/TM1 设为 11,在装入定时器方式和初值后立即启动计数。PA、PB、PC 端口配置不变。

本例运行时：

按下 K4 可向 8155RAM 中写入 0~100(0x00~0x64),在暂停程序后可通过 Proteus 的 Debug 菜单下的 RAM 菜单查看 8155RAM 数据,如图 4-8 右下角所示。

按下 K3 时可启动定时器,程序已经给 14 位的定时器设置了固定初值,定时溢出时,8155 的 $\overline{TOUT}$引脚触发单片机 INT0 中断,输出报警声音,同时还原定时初值,使中断能在同样时间后继续触发。

K1 与 K2 按键则用于改变 8155 定时器初值,在不同定时初值定义下,中断的触发间隔不同,这通过报警声音输出的间隔就可以分辨出来。

在暂停程序运行时,按下 Debug 菜单下的 I/O ports and timer 菜单可查看 I/O 端口与定时器配置及工作状态,如图 4-8 左下部分窗口所示。

2. 实训要求

① 修改本例程序，对 TIN 引脚输入的脉冲进行计数（改用按键或低频率脉冲），并将计数值显示在 4 位数码管上。

② 在实现计数的基础上进一步修改程序，当计数值每次累加达到 5000 时，将当前计数值累加到 8155RAM 中的指定地址，然后再从 0 开始累加计数。

3. 源程序代码

```
001  //--------------------------------------------------------------
002  //   名称：可编程序接口芯片 8155 应用
003  //--------------------------------------------------------------
004  //   说明：本例利用 8155 的 PA、PB 连接数码管，显示 8155 当前定时初值
005  //         PC 端口连接按键，分别用于调整定时初值，启动定时器，写 8155RAM 等
006  //         启动定时器后，在定时溢出时 8155 TOUT 将触发 INT0 中断，输出提示音
007  //         在调节的定时初值不同时，声音输出的间隔也不同
008  //
009  //--------------------------------------------------------------
010  #define F_CPU 2000000UL
011  #include <avr/io.h>
012  #include <avr/interrupt.h>
013  #include <util/delay.h>
014  #define INT8U    unsigned char
015  #define INT16U   unsigned int
016
017  //8155 地址定义
018  #define COMM_8155     (INT8U *)0xFD00    //命令字端口
019  #define PA_8155       (INT8U *)0xFD01    //PA 端口地址
020  #define PB_8155       (INT8U *)0xFD02    //PB 端口地址
021  #define PC_8155       (INT8U *)0xFD03    //PC 端口地址
022  #define CONT_8155_L8  (INT8U *)0xFD04    //计数器低 8 位地址
023  #define CONT_8155_H8  (INT8U *)0xFD05    //计数器高 6 位+2 位方式地址
024  #define PMEM_8155     (INT8U *)0xFC00    //8155RAM 地址
025
026  //蜂鸣器定义
027  #define BEEP() PORTB ^= _BV(PB0)
028  //0～9 的共阳数码管段码表，最后一位为黑屏幕
029  const INT8U SEG_CODE[] =
030  { 0xC0,0xF9,0xA4,0xB0,0x99,0x92,0x82,0xF8,0x80,0x90,0xFF };
031  //待显示信息缓冲
032  INT8U Disp_Buffer[4] = {10,3,5,0};
033  //8155 定时计数初值
```

```
034    volatile INT16U cnt_8155 = 350;
035    //定时初值递增或递减
036    enum OP_Type {ADD,SUB};
037    //-----------------------------------------------------------------
038    // 输出提示音
039    //-----------------------------------------------------------------
040    void Sounder()
041    {
042        INT8U i;
043        for (i = 0; i<50; i++)
044        {
045            BEEP(); _delay_us(160);
046        }
047    }
048
049    //-----------------------------------------------------------------
050    // 设置 8155 定时初值
051    //-----------------------------------------------------------------
052    void Set_8155_TC()
053    {
054        * CONT_8155_L8 = (INT8U)cnt_8155;              //装入定时初值低字节
055        * CONT_8155_H8 = (INT8U)(cnt_8155>>8);         //装入定时初值高字节
056        * COMM_8155 = 0B11000011;                      //设置 PA、PB、PC 端口方式及定时器命令
057    }
058
059    //-----------------------------------------------------------------
060    // 8155 定时初值调整
061    //-----------------------------------------------------------------
062    void adjust_tCount(enum OP_Type op)
063    {
064        INT8U i;
065        INT16U cnt;
066        cnt_8155 = (op == ADD) ? cnt_8155 + 50 : cnt_8155 - 50;
067        if    (cnt_8155 > 500) cnt_8155 = 500;
068        else if (cnt_8155<100) cnt_8155 = 100;
069        cnt = cnt_8155;
070        for (i = 3; i >= 1; i--)
071        {
072            Disp_Buffer[i] = cnt % 10;    //从低位开始逐位分解
073            cnt /= 10;
074        }
```

```
075     }
076
077  //------------------------------------------------------------
078  // 8155PC 端口按键处理
079  //------------------------------------------------------------
080  void Key_Process()
081  {
082      INT8U i;
083      //上次按键状态
084      static INT8U Pre_Key_State = 0xFF;
085      //读 8255PC 端口按键状态
086      INT8U curr_Key_State = * PC_8155 | 0xF0;
087      //按键状态未改变则返回
088      if (Pre_Key_State == curr_Key_State) return;
089      //保存当前按键状态(用于下一次判断状态是否改变)
090      Pre_Key_State = curr_Key_State;
091      //处理按键操作
092      switch (curr_Key_State)
093      {
094          case (INT8U)~_BV(0): //K1:递增 8155 定时初值,每次递增 50
095                      adjust_tCount(ADD);
096                      break;
097          case (INT8U)~_BV(1): //K2:递减 8155 定时初值,每次递减 50
098                      adjust_tCount(SUB);
099                      break;
100          case (INT8U)~_BV(2): //K3:设置并启动 8155 定时器
101                      Set_8155_TC();
102                      break;
103          case (INT8U)~_BV(3): //K4:写 8155RAM: 0~100
104                      for (i = 0 ; i <= 100; i++)
105                      {
106                          *(PMEM_8155 + i) = i;
107                      }
108                      break;
109      }
110  }
111
112  //------------------------------------------------------------
113  // 主程序
114  //------------------------------------------------------------
115  int main()
```

```
116   {
117       INT8U  i;
118       DDRA = 0xFF;                        //配置端口
119       DDRB = 0xFF;
120       DDRC = 0xFF;
121       DDRD = 0x00; PORTD = 0xFF;
122       MCUCR = 0x82;                       //允许访问外部存储器/接口等,INT0 中断下降沿触发
123       * COMM_8155 = 0B00000011;           //设置 8155 命令字:PA、PB 输出,PC 输入,不影响计数器工作
124       GICR  = _BV(INT0);                  //INT0 中断使能
125       sei();                              //开中断
126       while(1)
127       {
128           for(i = 0; i<4; i++)            //4 位数码管显示
129           {
130               * PB_8155 = 0x00;           //暂时关闭
131               * PA_8155 = SEG_CODE[Disp_Buffer[i]];  //向 8155 PA 端口发送段码
132               * PB_8155 = _BV(7 - i);     //向 8155 PB 端口发送位码
133               _delay_ms(4);
134               Key_Process();              //8155 PC 端口按键处理
135           }
136       }
137   }
138
139   //--------------------------------------------------------------
140   // INT0 中断子程序
141   //--------------------------------------------------------------
142   ISR (INT0_vect)
143   {
144       Sounder();                          //蜂鸣器输出
145       Set_8155_TC();                      //重置 8155 TC 初值并启动
146   }
```

4.7 可编程外围定时/计数器 8253 应用

8253 可编程定时/计数器片内含 3 个独立的 16 位计数器,计数器均为递减计数,各计数器的工作方式与初值由软件设置。本例运行时,如果按下 8255 上的"启动 8253TC0"按键,单片机将向 8253 写入随机定时初值,由于定时初值不同,定时溢出中断将以不同时间间隔触发,每次触发时单片机输出报警声音。单片机随机写入 8253 的定时初值由 8255 控制数码管显示。本例电路及部分运行效果如图 4-9 所示。

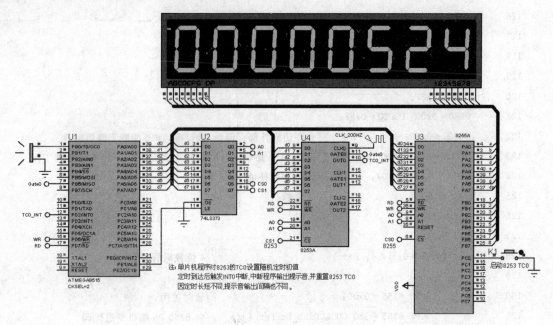

图 4-9 可编程外围定时/计数器 8253 应用

1. 程序设计与调试

本例要点之一在于 8255 与 8253 的接口扩展地址定义:

不同于上一案例中 8255 地址定义的是,本例 8255 地址定义的最前面添加有"＊"号,这样定义后,再读/写所定义的地址空间时就不需要在 PA_8255 等符号前面添加"＊"。对于 8253 的地址定义则未添加"＊",其用法与上一案例中的 8255 端口操作类似。

由于 8255 与 8253 都没有占用 16 位接口扩展地址的高 8 位(即 PC 端口 A8~A15 不连接 8255 与 8253),因此地址定义中将它们全部设为全 1(FF)。地址低 8 位中的 PA7 与 PA6 分别通过地址锁存器 74LS373 连接 8253 的 CS1 和 8255 的 CS0 引脚,在片选 8253 与 8255 时,它们分别互斥为 0,地址低 8 位中的高 4 位中后 2 位未用,因此 8253 与 8255 低 8 位地址中高 4 位分别为 B(1011)和 7(0111),8255 地址的最低 4 位定义可参考前面的 8255 案例。

```
#define PA_8255      *(INT8U *)0xFFB0
#define PB_8255      *(INT8U *)0xFFB1
#define PC_8255      *(INT8U *)0xFFB2
#define COM_8255     *(INT8U *)0xFFB3
```

在 16 位的扩展接口地址中,8253 和 8255 一样都有 A1 与 A0 引脚,其定义也很相似。查阅 8253 的技术手册可知,A1 与 A0 组合为 00、01、10、11 时,分别选择计数器 0、1、2、及控制寄存器。由于本例仅使用了 8253 的 TC0 并需要对其进行命令控制,于是有如下地址定义:

```
#define TC0_8253    (INT8U *)0xFF70
#define COM_8253    (INT8U *)0xFF73
```

下面再来看一下函数 Set_8253_TC0 中的代码:

· 174 ·

```
* COM_8253 = 0x3A;                              //工作方式为5,先读/写低字节,后读/写高字节
TC0_Count = rand() % 600;                       //初值限制于600以内
* (INT16U *)TC0_8253 = (INT8U)TC0_Count;        //送低字节
* TC0_8253 = (INT8U)(TC0_Count>>8);             //送高字节
```

在阅读这些代码之前要参阅 8253 的控制字格式,表 4-7 给出了 8253 的命令字格式。

表 4-7 8253 命令字格式

SC1	SC0	RL1	RL0	M2	M1	M0	BCD

其中高 2 位 SC1/0 用于选择计数器,取值 00、01、10、11 分别对应计数器 0、1、2、非法。

RL1/0 用于设定对计数器的读/写顺序,00、01、10、11 分别表示闩锁、只读/写高字节、只读/写低字节、先读/写低字节后读/写高字节。

M2/1/0 取值 000~101,分别用于选择计数器的工作方式 0~5,本例选择的工作方式为 5,即硬件触发选通方式。写入方式控制字和计数初值后,输出保持高电平,只有在门控信号 GATE 的上升沿之后才开始计数,完成最后一个计数后输出一个时钟周期的负脉冲。

最后一位 BCD 取 0~1 表示按二进制计数或按 BCD 码计数。

上述代码中 * COM_8253 取值 0x3A(00111010),设定计数器 0 工作方式为 5,先读/写低字节后读/写高字节。

2. 实训要求

① 修改本例程序,对 CLK0 与 CLK1 两路输入脉冲进行计数,计数值分成两组显示在数码管上。

② 修改本例电路,利用 8255 控制条形 LED,利用 8253 控制扬声器,实现自定义音乐片段输出,根据不同的输出频率,8255 控制的条形 LED 可实现同步闪烁。

3. 源程序代码

```
001  //------------------------------------------------------------
002  //  名称:可编程外围定时计数器 8253 应用
003  //------------------------------------------------------------
004  //  说明:本例运行时,按下 8255 PC 端口按键 K1 可启动 8253 定时器 0,定时器 0
005  //        工作于方式 5,程序给 8253 提供随机的定时初值,定时到达后 GATE0
006  //        触发 INT0 中断,中断程序输出提示音,并重置定时器
007  //
008  //------------------------------------------------------------
009  #define F_CPU 2000000UL
010  #include <avr/io.h>
011  #include <avr/interrupt.h>
012  #include <util/delay.h>
013  #include <stdlib.h>
014  #define INT8U   unsigned char
015  #define INT16U  unsigned int
```

```
016
017    //8255 PA、PB、PC 端口及命令端口地址定义
018    //(定义前面加 * 可使得后面使用时不用再加 * )
019    #define PA_8255      *(INT8U*)0xFFB0
020    #define PB_8255      *(INT8U*)0xFFB1
021    #define PC_8255      *(INT8U*)0xFFB2
022    #define COM_8255     *(INT8U*)0xFFB3
023
024    //8253 定时/计数器 0 及命令端口地址定义
025    #define TC0_8253     (INT8U*)0xFF70
026    #define COM_8253     (INT8U*)0xFF73
027
028    //8253 定时/计数器 0/1 的门控制位操作定义
029    #define TC0_G1()   PORTB |=  _BV(PB6)
030    #define TC0_G0()   PORTB &= ~_BV(PB6)
031
032    //蜂鸣器定义
033    #define BEEP()  PORTB ^= _BV(PB0)
034    //0~9 的共阳数码管段码表,最后一位为黑屏
035    const INT8U SEG_CODE[] =
036    { 0xC0,0xF9,0xA4,0xB0,0x99,0x92,0x82,0xF8,0x80,0x90,0xFF };
037
038    //待显示信息缓冲
039    INT8U Disp_Buffer[8] = {0,0,0,0,0,0,0,0};
040    //上次按键状态
041    INT8U Pre_Key_State = 0x00;
042    //对 TC0 设置的定时/计数初值
043    volatile INT16U TC0_Count = 510;
044    //----------------------------------------------------------
045    // 输出提示音
046    //----------------------------------------------------------
047    void Sounder()
048    {
049        INT8U i;
050        for (i = 0; i<100; i++)
051        {
052            BEEP(); _delay_us(180);
053        }
054    }
055
056    //----------------------------------------------------------
```

```c
057    // 设置 8253 TC0 定时初值
058    //--------------------------------------------------------------
059    void Set_8253_TC0()
060    {
061        TC0_G0();                               //先关闭 TC0 门控制位
062        * COM_8253 = 0x3A;                      //工作方式为 5,先读/写低字节,后读/写高字节
063        TC0_Count = rand() % 600;               //初值限制于 600 以内
064        * (INT16U *)TC0_8253 = (INT8U)TC0_Count;  //送低字节
065        * TC0_8253 = (INT8U)(TC0_Count>>8);     //送高字节
066        TC0_G1();                               //开 TC0 门控制位
067    }
068
069    //--------------------------------------------------------------
070    // 8255 PC 端口按键处理
071    //--------------------------------------------------------------
072    void Key_Process()
073    {
074        INT8U Key_State;
075        Key_State = PC_8255;                    //读 8255 PC 端口按键状态
076        if (Key_State == Pre_Key_State) return;
077        Pre_Key_State = Key_State;
078        switch (Key_State)
079        {
080            case (INT8U)~_BV(0): Set_8253_TC0();  //K1:重置 8253 TC0
081                                 sei();           //使能总中断
082                                 break;
083            //这里可添加 case,用于 8255 PC 端口的其他按键处理
084            default: break;
085        }
086    }
087
088    //--------------------------------------------------------------
089    // 主程序
090    //--------------------------------------------------------------
091    int main()
092    {
093        INT8U i; INT16U cnt;
094        DDRA = 0xFF; DDRB = 0xFF;
095        DDRD = ~(_BV(PD2) | _BV(PD3));
096        srand(87);                              //设置随机种子
097
```

```
098     MCUCR |= 0x82;              //允许访问外部存储器/接口等,INT0 中断下降沿触发
099     COM_8255 = 0B10001001;      //8255 工作方式选择:工作于方式 0,PA、PB 输出,PC 输入
100     GICR   = 0x40;              //INT0 中断使能
101     while(1)
102     {
103         cnt = TC0_Count;
104         for(i = 0; i<8; i++)                            //数码管显示
105         {
106             Disp_Buffer[i] = cnt % 10;
107             cnt /= 10;
108             PB_8255 = _BV(7 - i);                       //向 8255PB 端口发送位码
109             PA_8255 = (INT8U)SEG_CODE[ Disp_Buffer[i] ]; //向 8255PA 端口发送段码
110             _delay_ms(2);
111             Key_Process();                              //8255PC 端口按键处理
112         }
113     }
114 }
115
116 //-----------------------------------------------------------------
117 // INT0 中断子程序
118 //-----------------------------------------------------------------
119 ISR (INT0_vect)
120 {
121     Sounder();                  //蜂鸣器输出
122     Set_8253_TC0();             //重置 8253 TC0
123 }
```

4.8 数码管 BCD 解码驱动器 7447 与 4511 应用

此前有关数码管显示的案例中,单片机必须向数码管发送段码。本例使用的七段数码管显示译码器 7447 与 4511 各自仅占用 PB 端口高/低各 4 位引脚,单片机向 7447 与 4511 分别写入 4 位 8421BCD 码,经 2 块芯片译码后再向数码管输出数字段码,实现数码管显示。本例电路及部分运行效果如图 4-10 所示。

1. 程序设计与调试

本例使用了七段数码管显示驱动器 7447 与 4511,它们接收数字 0~9 的 4 位 BCD 编码,译码后输出 0~9 的段码,因此本例代码中没有出现数码管段码表,待显示的数字可以直接输出。

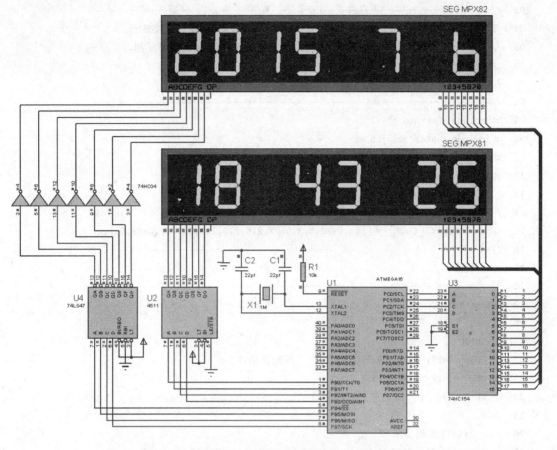

图 4-10 数码管 BCD 解码驱动器 7447 与 4511 应用

传输给 4511 的 4 位 BCD 码只能是 0000～1001,即 0～9 的 BCD 码;超过 1001 的编码会使输出为 00000000,共阴数码管各段均不显示,数码管黑屏。本例中发送给 4511 的 BCD 码为 1、8、0xFF、4、3、0xFF、2、5,数码管显示是 18 43 25。

传输给 7447 的 4 位 BCD 码与 4511 类似,由于 7447 是驱动共阳数码管的,同样的 BCD 码输入后,它的段码输出与 4511 完全相反。

本例两组数码管全部是共阴的,4511 可以直接驱动,但对 7447 则需要在输出端添加非门,如果改用共阳数码管,则输出端不需要添加非门,但本例中由 4-16 译码器控制的扫描码输出端(标号为 9～16)就需要添加非门了。

2. 实训要求

① 将两组数码管全部改用 4511 或 7447 驱动显示。

② 在 Proteus 中输入 "bcd to 7-segment" 可以找到多种其他七段码数码管译码/驱动器,尝试改用搜索到的其他译码/驱动芯片控制数码管显示。

3. 源程序代码

```
01  //------------------------------------------------------------
02  // 名称:数码管 BCD 解码驱动器 7447 与 4511 应用
```

```c
//------------------------------------------------------------
// 说明：BCD码经7447或4511译码后输出数码管段码,实现数码管显示
//       (7447驱动共阳数码管,本例用的是共阴数码管,因此需要反相,
//        4511驱动共阴极数码管)
//
//------------------------------------------------------------
#include <avr/io.h>
#include <util/delay.h>
#define INT8U   unsigned char
#define INT16U  unsigned int

//待显示的数字串"18 43 25"和"2015 7 6",其中00xFF是不显示的
const INT8U BCD_CODE[] = {1,8,0xFF,4,3,0xFF,2,5,2,0,1,5,0xFF,7,0xFF,6,};
//------------------------------------------------------------
// 主程序
//------------------------------------------------------------
int main()
{
    INT8U i;
    DDRB = 0xFF; PORTB = 0xFF;        //配置端口
    DDRC = 0xFF; PORTC = 0xFF;
    while(1)
    {
        //4511解码显示
        for(i = 0; i < 8; i++)
        {
            //译码器输出0~7对应的扫描码,控制数码管7SEG_MPX81
            PORTC = i;
            //向4511输出待显示数字的BCD码(非段码)
            PORTB = BCD_CODE[i];
            _delay_us(500);
        }
        //7447解码显示
        for(i = 8; i < 16; i++) //或改成 for (; i < 16; i++)
        {
            //译码器输出8~15对应的扫描码,控制数码管7SEG_MPX82
            PORTC = i;
            //向7447输出待显示数字的BCD码(非段码)
            //因为7447的输入端DCBA连接PC端口高4位,故这里需要左移
            PORTB = BCD_CODE[i] << 4;
            _delay_us(500);
        }
    }
}
```

4.9　8×8 LED 点阵屏显示数字

本例 8×8 LED 点阵屏的行驱动由 PC 端口控制,列选通由 PD 端口控制,程序运行时,8×8 LED 点阵屏依次循环显示数字 0~9,刷新过程由 T/C0 定时器溢出中断程序控制完成。本例电路及部分运行效果如图 4-11 所示。

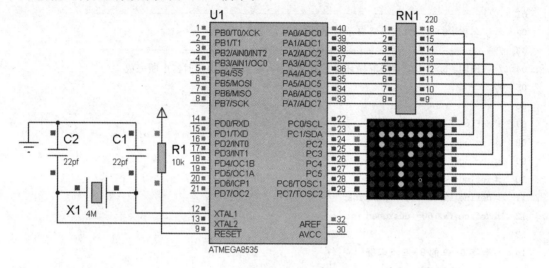

图 4-11　8×8 LED 点阵屏显示数字

1. 程序设计调试

点阵显示屏的动态刷新显示与集成式 8 位数码管的动态刷新显示非常相似,8 位数码管中的一只相当于点阵屏中的一列,数码管的段码相当于点阵屏的行码,位码则相当于点阵屏的列码,两者逻辑结构完全相同,只是外观不一样。由于逻辑结构相似,因此本例点阵屏的中断刷新显示代码与上一案例中的代码也非常相似。

如果点阵屏中每一行 LED 是共阳连接,那么每一列必定是共阴连接;如果将其旋转 90°,则行是共阴连接,列是共阳连接;如果将其旋转 180°旋转,则逻辑结构没有改变,但在编程控制显示时,点阵的取法或行码与列码字节的发送顺序需要作相应调整。

程序中数组 Table_OF_Digits 共有 80 个字节,每 8 个字节为一个数字的点阵代码,其中每个字节的 8 位对应于一列中的 8 个点,例如数组中第 0 行的 8 个字节 0x00、0x3C、0x66、0x42、0x42、0x66、0x3C、0x00 就是数字 0 第 0~7 列的点阵编码,这类似于数码管一个数字的段码,在点阵屏中就是行码,它们将被分别发送到显示屏的第 0~7 列。各字节的高位对应于列中上面的点还是下面的点,这由 PA 端口与显示屏 8 只行引脚的连接顺序决定。

变量 Num_Index 标明了将要显示的数字,取值范围为 0~9,变量 i 的取值范围为 0~7,表达式 Table_OF_Digits[Num_Index * 8+i]使程序取得第 Num_Index 个数字的第 i 个字节,因为每个数字的点阵编码由 8 个字节构成,每次取得 0~7 个字节中的一个,通过 PC 端口发送到点阵屏的行引脚上。在发送行码之前,PC 端口先发送相应的列码选通对应列。由语句 PORTC=_BV(i)可以看出,在本例点阵屏连接方式下,各列中的 LED 是共阳的,_BV(i)总是使第 i 列变为高电平,其他列为低电平,这时发送的行码将仅仅显示在第 i 列,这类似于当前发送给 8 位集成式数码管中的段码将仅仅显示在第 i 位上。

2. 实训要求

① 应用单片机的 4 个端口,控制 16×16 点阵 LED 显示屏显示。

② 利用 2 片 595 串入并出芯片分别控制 8×8 点阵屏的行码与列码,实现数字或字符显示。

3. 源程序代码

```
01  //-----------------------------------------------------------------
02  //   名称:8*8 LED 点阵屏显示数字
03  //-----------------------------------------------------------------
04  //   说明:8*8 LED 点阵屏循环显示数字 0~9,刷新过程由定时器中断完成
05  //
06  //-----------------------------------------------------------------
07  #define F_CPU 4000000UL
08  #include <avr/io.h>
09  #include <avr/interrupt.h>
10  #include <util/delay.h>
11  #define INT8U    unsigned char
12  #define INT16U   unsigned int
13
14  //数字 0~9 的 8*8 点阵编码
15  const INT8U Table_OF_Digits[] =
16  {
17      0x00,0x3C,0x66,0x42,0x42,0x66,0x3C,0x00,//0
18      0x00,0x08,0x38,0x08,0x08,0x08,0x3E,0x00,//1
19      0x00,0x3C,0x42,0x04,0x08,0x32,0x7E,0x00,//2
20      0x00,0x3C,0x42,0x1C,0x02,0x42,0x3C,0x00,//3
21      0x00,0x0C,0x14,0x24,0x44,0x3C,0x0C,0x00,//4
22      0x00,0x7E,0x40,0x7C,0x02,0x42,0x3C,0x00,//5
23      0x00,0x3C,0x40,0x7C,0x42,0x42,0x3C,0x00,//6
24      0x00,0x7E,0x44,0x08,0x10,0x10,0x10,0x00,//7
25      0x00,0x3C,0x42,0x24,0x5C,0x42,0x3C,0x00,//8
26      0x00,0x38,0x46,0x42,0x3E,0x06,0x3C,0x00 //9
27  };
28
29  //-----------------------------------------------------------------
30  // 主程序
31  //-----------------------------------------------------------------
32  int main()
33  {
34      DDRA = 0xFF; PORTA = 0xFF;                    //配置端口
35      DDRC = 0xFF; PORTC = 0xFF;
36      TCCR0 = 0x03;                                 //预设分频:64
37      TCNT0 = 256 - F_CPU / 64.0 * 0.004;           //晶振 4 MHz,4 ms 定时初值
38      TIMSK = 0x01;                                 //允许 T0 定时器溢出中断
```

```
39        sei();                                    //开总中断
40        while(1);
41   }
42
43   //--------------------------------------------------------------
44   // T0 定时器中断控制 LED 点阵屏刷新显示
45   //--------------------------------------------------------------
46   ISR(TIMER0_OVF_vect)
47   {
48        static INT8U i = 0,t = 0,Num_Index = 0;
49        TCNT0 = 256 - F_CPU / 64.0 * 0.004;         //列间延时 4 ms
50        PORTC = _BV(i);                             //列码
51        PORTA = ~Table_OF_Digits[Num_Index * 8 + i];//行码(用~反相显示)
52        if( ++ i == 8) i = 0;                       //每屏一个数字由 8 个字节构成
53        if( ++ t == 250)                            //每个数字刷新显示一段时间
54        {
55           t = 0;
56           if( ++ Num_Index == 10) Num_Index = 0;   //显示下一个数字
57        }
58   }
```

4.10 8 位数码管段位复用串行驱动芯片 MAX6951 应用

  Maxim 公司推出的 MAX6950/51 都是串行接口的共阴数码管显示驱动器,工作电压可低至 2.7 V,它们可分别驱动 5 位或 8 位的七段数码管。驱动芯片内置十六进制字符译码器(0~9,A~F)、复用扫描电路、段码和位码驱动器以及用于存储每一位数字的静态 RAM。

  使用 MAX6950/51 时可以为每一位数字选择十六进制译码或非译码模式驱动任何七段数码管,每位数字不需要重写整个显示器即可单独寻址和刷新。该器件具有低功耗关断模式、数字亮度控制电路、扫描范围寄存器(允许用户选择 1~8 位显示数字),各驱动器可相互保持同步的段闪烁控制以及强制所有 LED 打开的测试模式。本例电路及部分运行效果如图 4-12 所示。

1. 程序设计与调试

  在设计 MAX6951 应用电路与应用程序之前,先简要介绍一下 6951 的引脚:
  $\overline{DIN}$:串行数据输入,在 CLK 的上升沿将数据移入内部 16 位移位寄存器。
  CLK:串行时钟输入,片选 CS 有效时,在 CLK 的上升沿,数据移入内部移位寄存器。
  DIGX/SEGX:位码与段码复用驱动位,DIGX 吸入来自数码管共阴极的电流,SEGX 输出电流,位码与段码在关断时处于高阻状态。
  ISET:电流设定,此引脚与 GND 之间串接电阻 R_{SET},设置峰值电流,该电阻器还与电容器 C_{SET} 一起设置多路复用的显示时钟频率。
  OSC:多路复用显示时钟输出。
  CS:片选引脚,低电平时串行数据移入移位寄存器,在 CS 的上升沿锁存最后的 16 位数据。

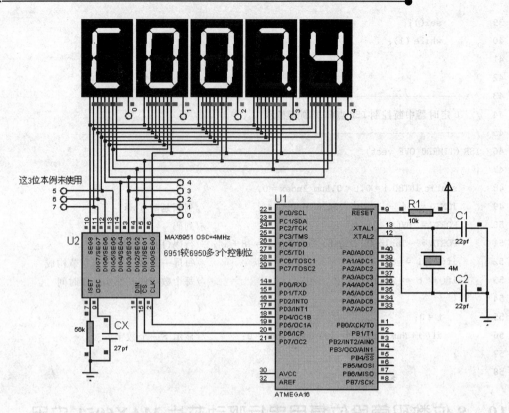

图 4-12　8 位数码管段位复用串行驱动芯片 MAX6951 应用

表 4-8 给出了 6951 与分立式数码管的连接方法，由于使用了段/位复用设计，本例中不能选用集成式数码管。图 4-12 中的 5 只独立数码管正是参照表 4-8 连接的，本例电路中还可以再添加 3 只数码管。

表 4-8　MAX6951 与 8 位分立式数码管的连接方法

	DIG/SEG 0	DIG/SEG 1	DIG/SEG 2	DIG/SEG 3	DIG/SEG 4	DIG/SEG 5	DIG/SEG 6	DIG/SEG 7	SEG8
位 0	CC0	DP	G	F	E	D	C	B	A
位 1	DP	CC1	G	F	E	D	C	B	A
位 2	DP	G	CC2	F	E	D	C	B	A
位 3	DP	G	F	CC3	E	D	C	B	A
位 4	DP	G	F	E	CC4	D	C	B	A
位 5	DP	G	F	E	D	CC5	C	B	A
位 6	DP	G	F	E	D	C	CC6	B	A
位 7	DP	G	F	E	D	C	B	CC7	A

MAX6950/51 的 16 位串行数据格式为：D15～D0，其中高 8 位为地址，低 8 位为数据。本例函数 Write 完成对 16 位地址与数据字节的串行写入操作。本例中数码管 0～7 的地址分别为 0x60～0x67（本例实际使用了 5 位，即 0x60～0x64），主程序中的 3 种演示将分别对这些地址进行写入。

为尽可能充分演示 MAX6950/51 的功能，主程序完成了全解码演示、部分解码演示、全部不解码演示。主程序中的 86、90、94 行代码如下：

```
Write(0x01,0B00011111);     //解码模式:对 0～4 位全部解码
Write(0x01,0B00010110);     //解码模式:对 1,2,4 解码,第 0,3 位不解码
Write(0x01,0B00000000);     //解码模式:全部不解码
```

它们分别向 MAX6950/51 的 0x01 地址（即解码模式地址）写入了不同字节，其中置为 1 的对应位为解码，置为 0 的则不解码。以下分别进行说明：

① 在第 1 组演示所使用的解码模式下，只需要向 MAX6950/51 写入数据字节本身即可，其优点是不需要提供任何字符段码，不足之处是有些特殊字符在这种模式下无法显示，例如温度符号就是其内置编码表中没有的。

② 在第 2 组混合解码模式演示中，发送给 MAX6951 的一部分是数据字节本身，一部分则是待显示字符的段码。

③ 在第 3 种模式下，由于全部不解码，因此需要提供所有待发送字符的段码。需要注意的是，这里的段码顺序与此前数码管由 A～DP 进行逆向编码的顺序是不同的，这是因为驱动线的连接不同，具体编码顺序可参考源程序中的相关说明。

阅读 MAX6950/51 初始化函数 Init_MAX695X 时，可进一步参阅 6951 的技术手册文件，该初始化函数分别设置了亮度、扫描范围及非关断模式。

2. 实训要求

① 6951 最多可驱动 8 位独立数码管，完成本例调试后，在电路中再添加 3 只独立数码管，并进一步改写程序，选用不同解码模式显示自定义数据内容。

② 同时使用 6950/51 两块芯片，驱动更多数据信息显示。

3. 源程序代码

```
001  //--------------------------------------------------------------
002  //   名称:8 位数码管段位复用串行驱动芯片 MAX6951 应用
003  //--------------------------------------------------------------
004  //   说明:本例程序仅占用 PD 端口 3 只引脚即实现了多位数码管的显示控制
005  //
006  //--------------------------------------------------------------
007  #include <avr/io.h>
008  #include <util/delay.h>
009  #define INT8U    unsigned char
010  #define INT16U   unsigned int
011
012  //MAX695X 引脚操作定义
013  #define CLK_1()  PORTD |=  _BV(PD5)
014  #define CLK_0()  PORTD &= ~_BV(PD5)
015  #define DIN_1()  PORTD |=  _BV(PD7)
016  #define DIN_0()  PORTD &= ~_BV(PD7)
017  #define CS_1()   PORTD |=  _BV(PD6)
018  #define CS_0()   PORTD &= ~_BV(PD6)
019
020  //695X 待显示的几组数据------------------------------------------
```

```
021   //1.显示 A、C、2、2、0,全解码(直接发送)
022   const INT8U Test1[] = {0x0A,0x0C,0x02,0x02,0x00};
023
024   //2.显示温度:-32℃,其中第 0 位 0x01,第 3 位 0x63 不解码,
025   //它们分别是"-"的段码及"℃"中小圆圈的段码
026   const INT8U Test2[] = {0x01,0x03,0x02,0x63,0x0C};
027
028   //3.显示 C000.0 递增,全部不解码
029   //显示此数组时要使用 MAX695X 的段码表
030   INT8U Test3[] = {0x0C,0,0,0,0};
031
032   //在非解码模式下 MAX6950/1 对应的段码表,此表不同于直接驱动时所使用的段码表
033   //原来的各段顺序是:       DP,G,F,E,D,C,B,A
034   //MAX6950/1 的驱动顺序是:DP,A,B,C,D,E,F,G
035   //除小数点位未改变外,其他位是逆向排列的
036   const INT8U SEG_CODE_695X[] =
037   { 0x7E,0x30,0x6D,0x79,0x33,0x5B,0x5F,0x70,
038     0x7F,0x7B,0x77,0x1F,0x4E,0x3D,0x4F,0x47
039   };
040   void Count_Demo();
041   //-----------------------------------------------------------------
042   // 向 MAX695X 写数据
043   //-----------------------------------------------------------------
044   void Write(INT8U Addr,INT8U Dat)
045   {
046       INT8U i;
047       CS_0();
048       for(i = 0; i<8; i++)              //串行写入 8 位地址 Addr
049       {
050           CLK_0();
051           if (Addr & 0x80) DIN_1(); else DIN_0();
052           CLK_1(); _delay_us(20);       //时钟上升沿移入数据
053           Addr <<= 1;
054       }
055       for(i = 0; i<8; i++)              //串行写入 8 位数据 Dat
056       {
057           CLK_0();
058           if (Dat & 0x80)  DIN_1(); else DIN_0();
059           CLK_1(); _delay_us(20);       //时钟上升沿移入数据
060           Dat <<= 1;
061       }
062       CS_1();
063   }
064
```

```
065   //--------------------------------------------------------------
066   // MAX695X 初始化
067   //--------------------------------------------------------------
068   void Init_MAX695X()
069   {
070       Write(0x02,0x07);              //设置亮度:中等亮度
071       Write(0x03,0x05);              //扫描所有数码管
072       Write(0x04,0x01);              //非关断 0x01;关断:0x00
073   }
074
075   //--------------------------------------------------------------
076   // 主程序
077   //--------------------------------------------------------------
078   int main()
079   {
080       INT8U i;
081       DDRD = 0xFF; PORTD = 0xFF;
082       Init_MAX695X();                //695X 初始化
083       while (1)
084       {
085           //1－显示 A、C、2、2、0(全解码)------------------------
086           Write(0x01,0B00011111); //解码模式:对 0～4 位全部解码
087           for(i = 0; i<5; i++) Write( 0x60 | i, Test1[i]);
088           _delay_ms(1000);
089           //2－显示温度:－32 ℃(部分解码)------------------------
090           Write(0x01,0B00010110); //解码模式:对 1、2、4 解码,第 0、3 位不解码
091           for(i = 0; i<5; i++) Write( 0x60 | i, Test2[i]);
092           _delay_ms(1000);
093           //3－C000.0 递增演示(全部不解码,发送段码)------------------
094           Write(0x01,0B00000000); //解码模式:全部不解码
095           Count_Demo();
096           _delay_ms(2000);
097       }
098   }
099
100   //--------------------------------------------------------------
101   // 数码管数码递增演示 C000.0～C999.9(本例实际演示到 C015.0 时停止)
102   //--------------------------------------------------------------
103   void Count_Demo()
104   {
105       INT8U i,j,k,l;
106       Write( 0x60, SEG_CODE_695X[Test3[0]]); //显示第一个字符 C
107       //以下分别显示 3 个整数位和 1 个小数位
108       for (i = 0; i<10; i++)
```

```
109         {
110             //显示百位数
111             Test3[1] = i; Write( 0x61, SEG_CODE_695X[Test3[1]]);
112             for (j = 0; j<10; j ++ )
113             {
114                 //显示十位数
115                 Test3[2] = j;    Write( 0x62, SEG_CODE_695X[Test3[2]]);
116                 for (k = 0; k<10; k ++ )
117                 {
118                     //显示个位数,小数点显示个位数旁边
119                     Test3[3] = k; Write( 0x63, SEG_CODE_695X[Test3[3]] | 0x80);
120                     for (l = 0; l<10; l ++ )
121                     {
122                         //显示小数位
123                         Test3[4] = l; Write( 0x64, SEG_CODE_695X[Test3[4]]);
124                         _delay_ms(80);
125                         //为提前结束演示,这里添加演示到 15.0 时退出的语句
126                         if (i == 0 && j == 1 && k == 5) return;
127                     }
128                 }
129             }
130         }
131     }
```

4.11 串行共阴显示驱动器 MAX7219 与 7221 应用

本例所使用的 MAX7219/7221 是串行集成式共阴显示驱动器,它用来连接单片机与 8 位七段数码管,也可以连接条形 LED 或者 8×8 LED 点阵屏。本例中的两片 MAX7219/7221 驱动两组 8 位七段共阴数码管,两块芯片的串行数据输入线(DIN)与时钟线(CLK)分别共用 PC0 与 PC2 引脚,片选线($\overline{CS}$)与数据加载线(LOAD)独立。案例电路及部分运行效果如图 4-13 所示。

1. 程序设计与调试

本例用共阴显示驱动芯片 MAX7219/7221 控制数码管显示,每只仅占用单片机 3 只引脚。本例中通过复用串行数据线(DIN)与时钟线(CLK),两者共占用了 PC 端口的 4 只引脚。

除了对单片机端口的占用很少外,使用 MAX7219/7221 最大的优点还在于单片机向它输出所要显示的内容以后,不再需要用动态扫描法高速刷新数码管显示,这显然大大节省了对单片机时间的占用。

表 4-9 给出了 MAX7219/7221 的引脚功能说明,表 4-10 给出了 MAX7219/7221 的串行数据格式(16 位)及寄存器地址表,阅读源程序中的初始化函数 Init_MAX72XX 和 Write 函数时可参考这些表格。

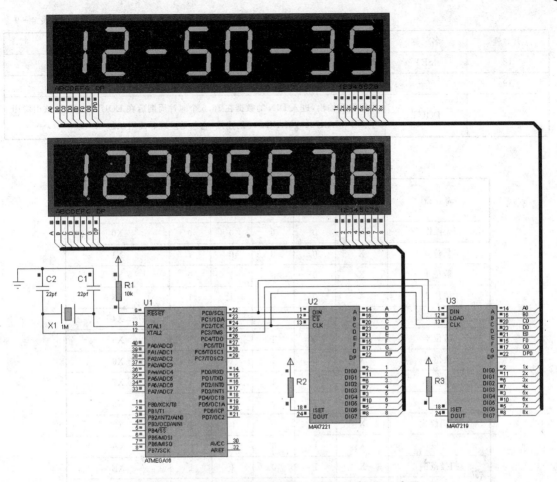

图 4-13 串行共阴显示驱动器 MAX7219 与 7221 应用

表 4-9 MAX7219/MAX7221 引脚功能表

引 脚	名 称	功 能
1	DIN	串行数据输入,数据在时钟上升沿进入内部 16 位的移位寄存器
2,3,5~8,10,11	DIG0~DIG7	接入 8 位共阴数码管反向电流的驱动线。在关闭时,MAX7219 将数字输出拉到 V+,而 MAX7221 的数字驱动线呈现高阻状态
4,9	GND	地端(两个 GND 都必须接地)
12	LOAD (MAX7219)	加载数据输入,最近的 16 位串行数据在 LOAD 的上升沿锁存
	CS/ (MAX7221)	片选输入,当 CS 为低电平时,串行数据加载到移位寄存器,最近的 16 位串行数据在 CS 的上升沿锁存
13	CLK	串行时钟输入,最大速率为 10 MHz,在时钟上升沿时数据移入内部移位寄存器,下降沿时数据由 DOUT 移出,对于 MAX7221,时钟仅在 CS 为低电平时有效
14~17,20~23	SEGA~SEGG,DP	数码管段驱动线(含小数位),它们为数码管显示提供驱动电流,在关闭时,MAX7219 段驱动被拉到地,而 MAX7221 为高阻状态

续表 4-9

引脚	名称	功能
18	ISET	通过电阻连接 VDD(R_{SET})以控制最高段电流
19	V+	正电源电压,连接+5 V
24	DOUT	串行数据输出,进入 DIN 的数据在 16.5 个时钟周期后在 DOUT 上有效,该引脚用于多个 MAX7219/MAX7221 的连接,它总是呈现非高阻状态

表 4-10 MAX7219/MAX7221 寄存器地址表

寄存器	地址					十六进制编码
	D15~D12	D11	D10	D9	D8	
无操作	X	0	0	0	0	X0
数位 0	X	0	0	0	1	X1
数位 1	X	0	0	1	0	X2
数位 2	X	0	0	1	1	X3
数位 3	X	0	1	0	0	X4
数位 4	X	0	1	0	1	X5
数位 5	X	0	1	1	0	X6
数位 6	X	0	1	1	1	X7
数位 7	X	1	0	0	0	X8
解码模式	X	1	0	0	1	X9
亮度	X	1	0	1	0	XA
扫描范围	X	1	0	1	1	XB
关闭	X	1	1	0	0	XC
显示测试	X	1	1	1	1	XF

注:16 个数据位中,D11~D8 位为寄存器地址,D7~D0 为发送的数据。

2. 实训要求

① 将 MAX7219 或 7221 设为全部不解码,使数码管可同时显示普通字符与特殊字符。

② 重新设计电路,用两片 MAX7219 或 7221 控制两片 8×8 LED 点阵显示屏显示图文信息。

③ 重新设计电路,使两片 MAX7219 或 7221 的 $\overline{CS}$(或 LOAD)、CLK 分别并联到 PC1 与 PC2 引脚,串行数据通过单片机 PC0 引脚传入第一片的 DIN 引脚,第一片的 DOUT 引脚则连接第二片的 DIN 引脚,重新编程在两片 MAX7219/7221 控制的数码管上显示两组数据信息。

④ 在完成上一设计后可再添加多片 MAX7219/7221,控制更多组数码管的显示。显然,采用 DOUT 与 DIN 级联的方法可使多片芯片只占用单片机的 3 只引脚。

3. 源程序代码

```
01 //---------------------------------------------------------
02 // 名称:串行共阴显示驱动器 MAX7219/7221 控制数码管显示
03 //---------------------------------------------------------
04 // 说明:本例用 MAX7219/7221 控制 8 只数码管动态显示,每组数字输出后
```

```
05  //          不必再高速刷新,该芯片的使用大大减少了对单片机引脚和单片
06  //          机时间的占用
07  //
08  //----------------------------------------------------------------
09  # include <avr/io.h>
10  # include <util/delay.h>
11  # define INT8U    unsigned char
12  # define INT16U   unsigned int
13
14  //引脚操作定义
15  # define DIN_1()    PORTC |=    (INT8U)_BV(PC0)
16  # define DIN_0()    PORTC & = ~(INT8U)_BV(PC0)
17  # define CLK_1()    PORTC |=    (INT8U)_BV(PC2)
18  # define CLK_0()    PORTC & = ~(INT8U)_BV(PC2)
19
20  # define CS7221_1() PORTC |=    (INT8U)_BV(PC1)
21  # define CS7221_0() PORTC & = ~(INT8U)_BV(PC1)
22  # define CS7219_1() PORTC |=    (INT8U)_BV(PC3)
23  # define CS7219_0() PORTC & = ~(INT8U)_BV(PC3)
24
25  //7219 待显示的数字串"2015 9 5"、"12-50-35"(其中 10 是不显示的)
26  const INT8U Disp_Buffer0[] = {2,0,1,5,10,9,10,5,1,2,10,5,0,10,3,5};
27  //7221 待显示的 1～8,8～1;
28  const INT8U Disp_Buffer1[] = {1,2,3,4,5,6,7,8,8,7,6,5,4,3,2,1};
29  //----------------------------------------------------------------
30  // 向 MAX7221/7219 写数据
31  //----------------------------------------------------------------
32  void Write(INT8U Addr,INT8U Dat,INT8U Chip_N0)
33  {
34      INT8U i;
35      if (Chip_N0 == 1) CS7221_0(); else CS7219_0(); //片选 MAX7219 或 7221
36      for(i = 0; i<8; i++)                           //串行写入 8 位地址 addr
37      {
38          CLK_0(); if (Addr & 0x80) DIN_1(); else DIN_0();
39          CLK_1(); _delay_us(2);
40          CLK_0(); Addr <<= 1;
41      }
42      for(i = 0; i<8; i++)                           //串行写入 8 位数据 dat
43      {
44          CLK_0(); if (Dat & 0x80)  DIN_1(); else DIN_0();
45          CLK_1(); _delay_us(2);
46          CLK_0(); Dat <<= 1;
47      }
48      if (Chip_N0 == 1) CS7221_1(); else CS7219_1(); //片选禁止
49  }
```

```c
//------------------------------------------------------------
// MAX7221 初始化
//------------------------------------------------------------
void Init_MAX72XX(INT8U i)
{
    Write(0x09,0xFF, i);        //解码模式地址 0x09(0x00 为不解码,0xFF 为全解码)
    Write(0x0A,0x07, i);        //亮度地址 0x0A(0x00～0x0F,0x0F 最亮)
    Write(0x0B,0x07, i);        //扫描数码管个数地址 0x0B(0x07 为扫描数码管 0～7)
    Write(0x0C,0x01, i);        //工作模式地址 0x0C(0x00:关闭,0x01:正常)
}

//------------------------------------------------------------
// 主程序
//------------------------------------------------------------
int main()
{
    INT8U i;
    DDRC = 0xFF; PORTC = 0xFF;
    Init_MAX72XX(0);            //MAX7219 初始化
    Init_MAX72XX(1);            //MAX7221 初始化
    while (1)
    {
        for(i = 0; i<8; i++)    //显示 Disp_Buffer0 数组的前 8 个数位
        {
            Write( i+1, Disp_Buffer0[i],0);
        }
        _delay_ms(200);
        for(i = 8; i<16; i++)   //显示 Disp_Buffer0 数组的后 8 个数位
        {
            Write( i-7, Disp_Buffer0[i],0);
        }
        _delay_ms(200);
        for(i = 0; i<8; i++)    //显示 Disp_Buffer1 数组的前 8 个数位
        {
            Write( i+1, Disp_Buffer1[i],1);
        }
        _delay_ms(200);
        for(i = 8; i<16; i++)   //显示 Disp_Buffer1 数组的后 8 个数位
        {
            Write( i-7, Disp_Buffer1[i],1);
        }
        _delay_ms(200);
    }
}
```

4.12 16段数码管演示

本例16段集成式共阴数码管直接由单片机控制显示,程序设计中最主要的工作在于16段数码管的段码编写。案例电路及部分运行效果如图4-14所示。

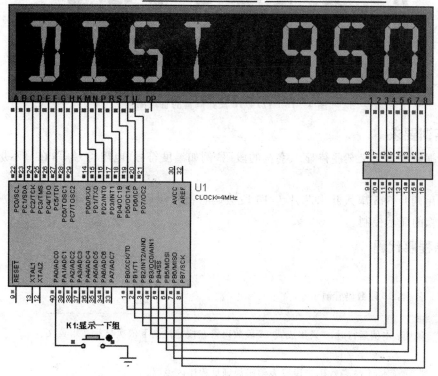

图4-14 16段数码管演示

1. 程序设计与调试

驱动16段数码管显示时,需要首先编写16段数码管的段码表。图4-15给出了7段、14段、16段数码管各段位的一般排序顺序。图4-14中的16段集成式数码管A~DP引脚与图4-15中16段数码管的各段对应关系如表4-11所列。

表4-11 PROTEUS中16段数码管引脚A~DP与数码管各段的对应关系表

A	B	C	D	E	F	G	H	K	M	N	P	R	S	T	U	DP
a1	a2	b	c	d2	d1	e	f	h	i	j	g2	k	l	m	g1	dp

其中A~H引脚与数码管外围"口"由"a1~f"沿顺时钟方向循环一一对应,K~U与内部"米"字由"h~g1"笔划仍然是沿顺时钟方向循环一一对应。根据以上对应关系可得出所有字符的段码,16段数码管的段码设计与8段数码管类似。注意:dp为最高位,a1为最低位。例如16段共阳数码管数字0~9的编码为:0xff00,0xfff3,0x7788,0x77c0,0x7773,0x7744、

0x7704、0xfff0、0x7700、0x7740。

本例程序中提供的是16段共阳数码管的段码表,其中"S"与"5","O"与"0"在数码管上的显示是相同的,有必要的话可加以修改,以示区别。在电路中共阴数码管上输出时还要注意将各字符的16位段码取反(~)。

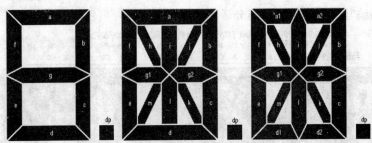

图4-15 7/14/16段数码管的管段编号

2. 实训要求

① 根据需要自定义某些待显示字符的段码,例如温度符号、电阻符号等,在显示屏完成显示测试。

② 使用两片595串入并出芯片为16段数码管提供段码,用3-8译码器提供位码,实现16段数码管的显示控制。

3. 源程序代码

```
01  //-------------------------------------------------
02  //  名称：16段数码管演示
03  //-------------------------------------------------
04  //  说明：本例运行时,8只集成式16段数码管在按键控制下依次显示几组英文
05  //        与数字字符串
06  //        本例16段数码管段码表编码规则见程序内说明
07  //
08  //-------------------------------------------------
09  #define  F_CPU    4000000UL
10  #include <avr/io.h>
11  #include <util/delay.h>
12  #include <ctype.h>
13  #include <string.h>
14  #include <math.h>
15  #define INT8U   unsigned char
16  #define INT16U  unsigned int
17
18  //本例编码按数码管各段字母顺序设计编码(先外框循环,后内部米字循环):
19  //A1 A2 B C D2 D1 E F H I J G2 K L M G1 DP(编码时注意逆向)
20  const INT16U SEG_CODE16[] = //16段共阳数码管段码表(本例用的是共阴数码管,输出时要取反)
21  { //以下编码中"S"与"5","O"与"0"的显示是相同的,必要时可加以修改
```

```c
22      0xff00,0xfff3,0x7788,0x77c0,0x7773,0x7744,0x7704,0xfff0,0x7700,0x7740,//0-9
23      0x7730,0x7304,0xff0c,0xddc0,0x770c,0x773c,0xf704,0x7733,0xddcc,0xdd9c,//A-J
24      0x6b3f,0xff0f,0xfa33,0xee33,0xff00,0x7738,0xef00,0x6738,0x7744,0xddfc,//K-T
25      0xff03,0xbb3f,0xaf33,0xaaff,0xdaff,0xbbcc,                            //U-Z
26  };
27  //待显示字符串
28  char str_buffer[] = "DIST 950abcdefghijKLMNOPQRSTUVWXYZ 0123456789";
29  //----------------------------------------------------------------
30  // 获取 ASCII 字符的 16 位段码
31  //----------------------------------------------------------------
32  INT16U get_16_segcode(char c)
33  {
34      if (isdigit(c))                     //取得数字段码
35      {
36          c = c - '0';
37          return SEG_CODE16[(INT8U)c];
38      }
39      else if (isalpha(c))                //取得字母段码
40      {
41          c = toupper(c) - 'A' + 10;
42          return SEG_CODE16[(INT8U)c];
43      }
44      else return 0xFFFF;                 //其他字符返回黑屏段码
45  }
46
47  //----------------------------------------------------------------
48  // 主程序
49  //----------------------------------------------------------------
50  int main()
51  {
52      int i,j,len = strlen(str_buffer);
53      INT8U   pre_key = 0xFF;
54      INT16U sCode = 0x0000;
55      DDRA = 0x00; PORTA = 0xFF;          //配置端口
56      DDRB = 0xFF;
57      DDRC = 0xFF;
58      DDRD = 0xFF;
59      while(1)
60      {
61          i = 0;                          //组索引,每组显示8个字符
62          while ( i<ceil(len / 8.0) )     //用取天花板函数获取组数
63          {
64              for (j = 0; j<8 && 8 * i+j<len; j++)
```

```c
65      {
66          PORTB = 0xFF;                              //暂时关闭所有数码管
67                                                    //获取当前字符段码
68          sCode = ~get_16_segcode(str_buffer[8 * i+j]);
69          PORTD = sCode >> 8;                        //发送段码高8位
70          PORTC = sCode & 0x00FF;                    //发送段码低8位
71          PORTB = ~_BV(j);                           //发送位扫描码
72          _delay_ms(4);                              //延时
73      }
74      if (PINA != pre_key)                           //如果有键按下则显示下一组
75      {
76          if ( PINA != 0xFF ) i ++;
77          pre_key = PINA;
78      }
79    }
80  }
81 }
```

4.13 16 键解码芯片 74C922 应用

第 3 章中已经设计调试了 4×4 键盘矩阵扫描程序,键盘矩阵占用了单片机的一整个 8 位端口。本例电路使用了 16 键专用解码芯片,该芯片的使用将使程序设计变得非常简单。本例电路及部分运行效果如图 4-16 所示。

1. 程序设计与调试

16 键解码芯片 74C922 采用 CMOS 工艺技术制造,工作电压为 3~15 V,具有二键锁定功能,编码为三态输出,可与单片机直接相连,内部振荡器完成 4×4 键盘矩阵扫描,外接电容用于消抖,键盘矩阵的 4 行分别连接解码芯片 X1~X4 引脚,4 列分别连接 Y1~Y4 引脚。当有按键按下时,解码芯片的 DA 引脚向单片机 PA7 引脚输出高电平,同时封锁其他按键,片内锁存器将保持当前按键的 4 位编码。

本例单片机 PA3~PA0 分别与 74C922 的 D~A 这 4 位引脚连接。在检测到有键按下时,DA 为高电平,主程序检测到连接 DA 的 PA7 为高电平时,即可读取这 4 位按键编码,得到 0000~1111,即 0~15 号按键的键值。

2. 实训要求

① 将解码芯片 DA 引脚连接至 PD2(INT0)或 PD3(INT1)中断输入引脚,用中断程序响应按键操作,在配置 INT0 或 INT1 时,注意选择上升沿触发中断。

② 74C923 是 20 键的解码芯片,当前版本的 Proteus 中未提供该组件,大家可查阅芯片资料,设计应用电路并编写程序,在实物硬件上进行测试。

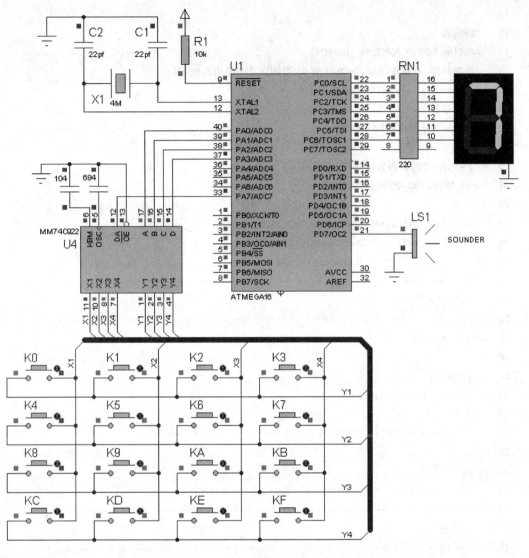

图 4-16 16 键解码芯片 74C922 应用

3. 源程序代码

```
01  //-----------------------------------------------------------------
02  // 名称：16 键解码芯片 74C922 应用
03  //-----------------------------------------------------------------
04  // 说明：本例因为使用了 74C922 解码芯片，使得程序代码非常简单
05  //      在按下不同按键时，数码管将显示对应键值
06  //
07  //-----------------------------------------------------------------
08  # include <avr/io.h>
09  # include <util/delay.h>
10  # define INT8U   unsigned char
11  # define INT16U  unsigned int
```

```c
12
13  //蜂鸣器
14  #define BEEP() PORTD ^= _BV(PD7)
15  //按键判断(有键按下时,74C922 的 DA 引脚向 PA7 输出高电平)
16  #define Key_Pressed ((PINA & 0x80) == 0x80)
17  //获取键值
18  #define Key_NO (PINA & 0x0F)
19
20  //0~9,A~F 的数码管段码
21  const INT8U SEG_CODE[] =
22  {
23      0x3F,0x06,0x5B,0x4F,0x66,0x6D,0x7D,0x07,
24      0x7F,0x6F,0x77,0x7C,0x39,0x5E,0x79,0x71
25  };
26  //-----------------------------------------------------------------
27  // 发声子程序
28  //-----------------------------------------------------------------
29  void Sounder()
30  {
31      INT8U i;
32      for (i = 0; i<100; i++)
33      {
34          _delay_us(190);  BEEP();
35      }
36  }
37
38  //-----------------------------------------------------------------
39  // 主程序
40  //-----------------------------------------------------------------
41  int main()
42  {
43      DDRA = 0x00; PORTA = 0xFF;              //配置端口
44      DDRC = 0xFF; PORTC = 0x00;
45      DDRD = 0xFF; PORTD = 0xFF;
46      while(1)
47      {
48          if ( Key_Pressed )                  //有键按下
49          {
50              PORTC = SEG_CODE[ Key_NO ];     //根据键值 Key_NO 显示按键
51              Sounder();
52          }
53      }
54  }
```

4.14 1602 LCD 字符液晶测试程序

本例使用了基于 HD44780 控制芯片的 1602 液晶显示屏。程序运行时,当前按键值将显示在 1602 液晶屏上。本案例将通用的 LCD 显示控制代码编写在独立的 LCD1602.c 文件中,这样设计可便于以后移植到其他案例。本例电路及部分运行效果如图 4-17 所示。

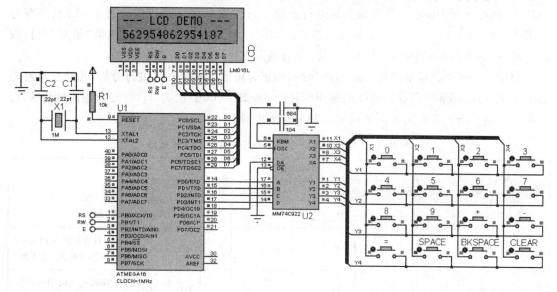

图 4-17 1602 LCD 字符液晶测试程序

1. 程序设计与调试

本例源程序由 main.c 和 LCD1602.c 两个文件构成,main.c 完成按键处理与数字显示等,LCD1602.c 是通用的 1602 液晶显示控制程序。后续案例使用 1602 液晶屏时,可直接复制并添加该程序文件,然后根据数据与控制引脚的不同连接在程序中作相应修改即可。

表 4-12 给出了本例使用的液晶指令集,对照表格可分析液晶初始化子程序 Initialize_LCD 的设计,例如初始化子程序中的以下两行:

Write_LCD_Command(0x38); _delay_ms(15); //置功能,8位,双行,5×7

Write_LCD_Command(0x01); _delay_ms(15); //清屏

第 1 行向液晶发送的命令为 0x38,即 00111000,它对应指令表中第 6 行的功能设置 (FUNCTION SET),DL=1,表示输出为 8 位;N=1,表示 2 行;F=0,表示 5×7 点阵。

第 2 行发送的命令为 0x01,即 00000001,在指令表中可查到它控制液晶清屏,光标归位。

又例如,程序中第 82、83 两行分别控制显示位置在第 0 行与第 1 行的第 x 个字符位置:

if(y == 0) Write_LCD_Command(0x80 | x); else

if(y == 1) Write_LCD_Command(0xC0 | x);

根据命令表设置 DDRAM 地址的命令可知该命令最高位为 1,其后是 7 位的 DDRM 地址,写入 DDRAM 对应地址的字符将显示在液晶屏上相应位置。

根据该地址命令格式可知，DDRAM 的最大显示地址范围为 0B10000000～0B11111111，即 0x80～0xFF，最多可设置的字符地址个数为 128 个。对于"最宽"的双行液晶，每行可分配的最大地址个为 64 个，因而可得出如下地址划分：

第 0 行：0x80～0xBF（64 个字符）；

第 1 行：0xC0～0xFF（64 个字符）。

由此划分可知，上下两行的起始地址分别为：0x80 与 0xC0，上述代码中的 0x80|x 和 0xC0|x 即可分别将显示位置设置为第 0 行或第 1 行的第 x 个字符位置。表 4-12 后半部分给出了 2×8、2×16、2×20 这几种双行液晶的 DDRAM 显示地址，刚才讨论的"最宽"双行液晶(2×64)并未在该表中列出，这种"最宽"双行液晶在市面也是不多见到的。

对于源程序中其他液晶屏显示控制代码，阅读时可参考表 4-12 进行分析，凡是发送液晶命令字节时，液晶屏的寄存器选择引脚 RS(Register Selection)设为 0，读/写数据时则设为 1。有必要的话要进一步参阅液晶屏的完整相关技术手册。

表 4-12 字符液晶命令集及双行液晶 DDRAM 地址

命 令	命令位										功 能
	RS*	R/W	DB7～DB0								
复位显示器	0	0	0	0	0	0	0	0	0	1	清屏，光标归位
光标归位	0	0	0	0	0	0	0	0	1	*	设地址计数器清零，DDRAM 数据不变，光标移到左上角
字符进入模式	0	0	0	0	0	0	0	1	I/D	S	设置字符进入时的屏幕移位方式
显示开关	0	0	0	0	0	0	1	D	C	B	设置显示开关，光标开关，闪烁开关
显示光标移位	0	0	0	0	0	1	S/C	R/L	*	*	设置字符与光标移动
功能设置	0	0	0	0	1	DL	N	F	*	*	设置 DL，显示行数，字体
设置 CGRAM 地址	0	0	0	1	CGRAM 地址						设置 6 位的 CGRAM 地址以读/写数据
设置 DDRAM 地址	0	0	1	DDRAM 地址							设置 7 位的 DDRAM 地址值以读/写数据
忙标志/地址计数器	0	1	BF	由最后写入的 DDRAM 或 CGRAM 地址设置指令设置的 DDRAM/CGRAM 地址							读忙标志及地址计数器
CGRAM/DDRAM 写数据	1	0	写入一字节数据(先设置 RAM 地址)								向 CGRAM/DDRAM 写入一字节数据
CGRAM/DDRAM 读数据	1	1	读取一字节数据(先设置 RAM 地址)								从 CGRAM/DDRAM 读取一字节数据

续表 4-12

命　令	命令位			功　能
	RS*	R/W	DB7～DB0	

RS*为寄存器选择位 RS＝0 时选择命令寄存/状态寄存器,RS＝1 时选择数据寄存器
I/D＝1 递增,I/D＝0 递减
S＝0 时显示屏不移动,S＝1 时,如果 I/D＝1 且有字符写入时显示屏左移,否则右移
D＝1 显示屏开,D＝0 显示屏关
C＝1 时光标出现在地址计数器所指的位置,C＝0 时光标不出现
B＝1 时光标出现闪烁,B＝0 时光标不闪烁
S/C＝0 时,RL＝0 则光标左移,否则右移
S/C＝1 时,RL＝0 则字符和光标左移,否则右移
DL＝1 时数据长度为 8 位,DL＝0 时为使用 D7～D4 共 4 位,分两次发送一个字节
N＝0 为单行显示,N＝1 时为双行显示
F＝1 时为 5×10 点阵字体,F＝0 时为 5×7 点阵字体
BF＝1 时 LCD 忙,BF＝0 时 LCD 就绪

双行液晶的 DDRAM 地址																				
2×20 LCD DDRAM(80～93/C0～E3)																				
2×16 LCD DDRAM(80～8F/C0～CF)																				
2×8 LCD DDRAM(80～87/C0～C7)																				
80	81	82	83	84	85	86	87	88	89	8A	8B	8C	8D	8E	8F	90	91	92	93	
C0	C1	C2	C3	C4	C5	C6	C7	C8	C9	CA	CB	CC	CD	CE	CF	D0	D1	D2	D3	

2. 实训要求

① 第 3 章中有利用工作于异步模式的 T/C2 控制的可调式数码管电子钟的案例,在完成本例调试后,将该案例中的显示器件改用液晶显示屏,实现相同的显示效果。

② 重新设计第 3 章有关 A/D 转换的案例,将转换结果显示在 1602 液晶显示屏上。

3. 源程序代码

```
01   //------------------------ LCD1602.C ------------------------
02   // 名称：LCD1602 液晶控制与显示程序
03   //-------------------------------------------------------------
04   # include <avr/io.h>
05   # include <util/delay.h>
06   # define INT8U   unsigned char
07   # define INT16U  unsigned int
08
09   //LCD 控制引脚定义
10   # define RS PB0                        //寄存器选择
11   # define RW PB1                        //读/写
12   # define E  PB2                        //使能
13
14   //LCD 控制端口定义
15   # define LCD_CRTL_PORT PORTB
```

```c
16
17   //LCD 数据端口定义
18   #define LCD_PORT    PORTC                    //发送 LCD 数据端口
19   #define LCD_PIN     PINC                     //读取 LCD 数据端口
20   #define LCD_DDR     DDRC                     //LCD 数据端口方向
21
22   //LCD 控制引脚操作定义
23   #define RS_1() LCD_CRTL_PORT |=   _BV(RS)
24   #define RS_0() LCD_CRTL_PORT &= ~ _BV(RS)
25   #define RW_1() LCD_CRTL_PORT |=   _BV(RW)
26   #define RW_0() LCD_CRTL_PORT &= ~ _BV(RW)
27   #define EN_1() LCD_CRTL_PORT |=   _BV(E)
28   #define EN_0() LCD_CRTL_PORT &= ~ _BV(E)
29   //-----------------------------------------------------------------
30   // LCD 忙等待
31   //-----------------------------------------------------------------
32   void LCD_BUSY_WAIT()
33   {
34       RS_0();  RW_1();                         //读状态寄存器
35       LCD_DDR  = 0x00;                         //将端口设为输入
36       EN_1();  _delay_us(10);
37       loop_until_bit_is_clear(LCD_PIN,7);      //LCD 忙等待,直到 LCD_PIN 最高位为 0
38       EN_0();
39       LCD_DDR = 0xFF;                          //还原 LCD 端口为输出
40   }
41
42   //-----------------------------------------------------------------
43   // 写 LCD 命令寄存器
44   //-----------------------------------------------------------------
45   void Write_LCD_Command(INT8U cmd)
46   {
47       LCD_BUSY_WAIT();
48       RS_0();  RW_0();                         //写命令寄存器
49       LCD_PORT = cmd;                          //发送命令
50       EN_1();  EN_0();                         //写入
51   }
52
53   //-----------------------------------------------------------------
54   // 写 LCD 数据寄存器
55   //-----------------------------------------------------------------
56   void Write_LCD_Data(INT8U dat)
57   {
58       LCD_BUSY_WAIT();
```

```
59      RS_1();  RW_0();                       //写数据寄存器
60      LCD_PORT = dat;                        //发送数据
61      EN_1();  EN_0();                       //写入
62    }
63
64    //----------------------------------------------------------------
65    // LCD 初始化
66    //----------------------------------------------------------------
67    void Initialize_LCD()
68    {
69      Write_LCD_Command(0x38); _delay_ms(15); //置功能,8位,双行,5x7
70      Write_LCD_Command(0x01); _delay_ms(15); //清屏
71      Write_LCD_Command(0x06); _delay_ms(15); //字符进入模式:屏幕不动,字符后移
72      Write_LCD_Command(0x0C); _delay_ms(15); //显示开,关光标
73    }
74
75    //----------------------------------------------------------------
76    // 显示字符串
77    //----------------------------------------------------------------
78    void LCD_ShowString(INT8U x, INT8U y,char * str)
79    {
80      INT8U i = 0;
81      //设置显示起始位置
82      if(y == 0) Write_LCD_Command(0x80 | x); else
83      if(y == 1) Write_LCD_Command(0xC0 | x);
84      //输出字符串
85      for ( i = 0; i<16 && str[i]!='\0';i++ )
86         Write_LCD_Data(str[i]);
87    }


01    //------------------------- main.c -------------------------
02    // 名称:1602LCD 字符液晶测试程序
03    //----------------------------------------------------------------
04    // 说明:本例运行时,LCD 第一行显示静态字符串,第二行显示键盘矩阵
05    //      所输入的字符,程序支持空格输入、退格和清除
06    //
07    //----------------------------------------------------------------
08    #include <avr/io.h>
09    #include <string.h>
10    #define INT8U    unsigned char
11    #define INT16U   unsigned int
12
13    //可显示的字符表(最后一位是空格符)(分别对应:0x00~0x0D)
```

```c
14    const char CHAR_Table[] = "0123456789+-= ";
15    //待显示字符串
16    char Disp_String[17];
17    //有键按下
18    #define Key_Pressed() ((PIND & _BV(PD4)) != 0x00)
19    //键值
20    #define KEY_VALUE (PIND & 0x0F)
21
22    //液晶相关函数
23    extern void Initialize_LCD();
24    extern void LCD_ShowString(INT8U x, INT8U y,char * str);
25    //-----------------------------------------------------------------
26    // 主程序
27    //-----------------------------------------------------------------
28    int main()
29    {
30        char c;    INT8U sLen;
31        DDRB = 0xFF;                              //配置 LCD 与键盘端口
32        DDRD = 0x00; PORTD = 0xFF;
33        Initialize_LCD();
34        LCD_ShowString(0,0," --- LCD DEMO --- ");
35        while (1)
36        {
37            if (Key_Pressed())
38            {
39                sLen = strlen(Disp_String);
40                if ( KEY_VALUE <= 0x0D)           //处理按键 0x00 - 0x0D
41                {
42                    c = CHAR_Table[KEY_VALUE];    //获取新输入的字符
43                    if ( sLen<16 )
44                    {
45                        Disp_String[sLen] = c;
46                        Disp_String[sLen + 1] = '\0';
47                    }
48                }
49                else                              //处理按键 0x0E、0x0F(退格和清除)
50                {
51                    switch (KEY_VALUE)
52                    {
53                        case 0x0E:
54                            if (sLen > 0) Disp_String[sLen - 1] = '\0';
55                            break;
56                        case 0x0F:
```

```
57                    Disp_String[0] = '\0';
58                    break;
59                }
60            }                                            //LCD 清除并重新显示
61            LCD_ShowString(0,1,"                ");
62            LCD_ShowString(0,1,Disp_String);
63            while (Key_Pressed());
64        }
65    }
66 }
```

4.15 1602 液晶显示 DS1302 实时时钟

DS1302 是 DALLAS 公司推出的一种高性能、低功耗、带 RAM 的实时时钟芯片,它可以对年、月、日、周、时、分、秒进行计时,具有闰年补偿功能,最大有效年份可达 2100 年。运行本例时,单片机不断从 DS1302 读取当前日期时间信息并刷新显示在 1602 液晶显示屏上。本例电路及运行效果如图 4-18 所示。

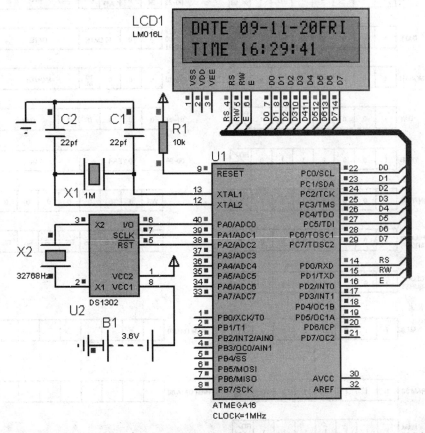

图 4-18 1602 液晶显示 DS1302 实时时钟

1. 程序设计与调试

本例的液晶显示驱动程序与上一案例相似,使用时仅需要修改数据与控制端口定义即可。

DS1302 实时时钟程序在后续多个案例中还会使用,与上一案例中的 LCD1602 一样,本例将其单独编写在 DS1302.c 文件中。

在编写 DS1302 读取当前日期时间的函数 GetTime 时,可参考图 4-19 所示的 DS1302 地址/命令字节(ADDRESS/COMMAND BYTE)格式、A. 时钟(CLOCK)与 B. RAM 的寄存器地址(REGISTER ADDRESS)与寄存器定义(REGISTER DEFINITION)。在该函数中,addr

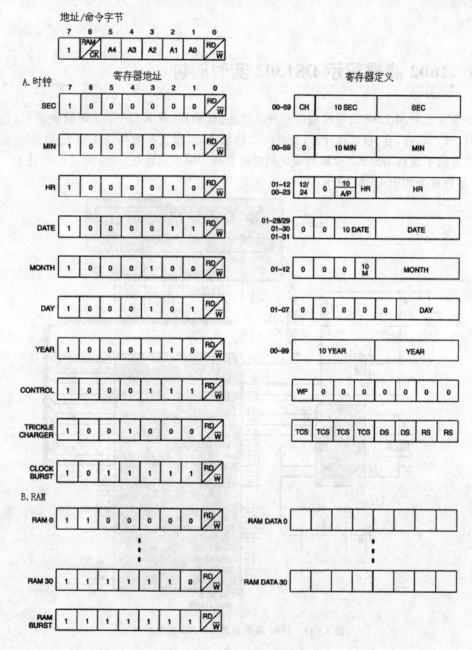

图 4-19 DS1302 时钟及 RAM 寄存器地址与定义

初值为 0x81(即 10000001),最高两位 10 表示要读/写 CLOCK 数据(如果为 11 则表示要读/写 RAM 数据),最后一位为 1 表示读(RD),其余 5 位 A4A3A2A1A0 为 00000,表示访问的是秒(SEC)寄存器,可见该函数将从秒开始读取 7 个字节数据,分别是秒、分、时、日、月、周、年。函数中地址每次递增 2,这是因为 CLOCK 寄存器地址第 0 位为读/写(RD/W)位,在该函数中保持为 1,最低地址位从第 1 位开始,该位每次递增 1 时,相当于地址递增 2。

编写 DS1302 字节读/写函数 Get_Byte_FROM_DS1302 与 Write_Byte_TO_DS1302 时,要参考图 4-20 所示的时序图,时序图上半部分是读单字节的时序,下半部分的是写单字节的时序,图中 R/C 即 RAM/CLOCK。根据时序图可知,读/写 DS1302 时要首先写入地址,在写入地址字节时,要由低位到高位逐位写入,读取数据也是由低位到高位逐位读取。

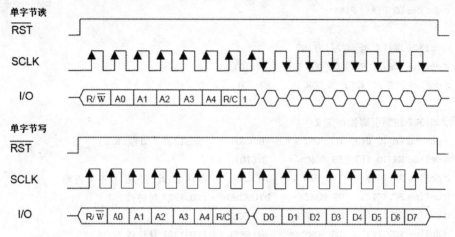

图 4-20 DS1302 单字节读/写时序

另外,还要注意 DS1302 所保存的数据是 BCD 码,在读/写时要注意转换。本例中从 DS1302 读取一字节的函数在返回值之前用表达式 dat / 16 * 10 + dat % 16 进行转换。

每次运行本例时,LCD 所显示的都是 PC 机时间,这是因为在 DS1302 的属性设置中,默认选中了自动根据 PC 机时间初始化(Automatically Initialize form PC Clock?)选项。如果取消此项(注意:不能在选项中出现问号),再次运行本例时所显示的日期时间将全部为 0。在后续相关案例中将讨论如何将调整后的时间写入 DS1302。

2. 实训要求

① 取消 PC 机时钟初始化设置,编程在显示时间之前先写入某个自定的初始时间,然后由该时间开始显示日期与时间信息。

② 重新设计本例,改用数码管显示当时日期时间信息。

3. 源程序代码

```
01  //------------------------- DS1302.c -------------------------
02  //  名称:DS1302 实时时钟程序
03  //-----------------------------------------------------------
04  # include <avr/io.h>
05  # include <util/delay.h>
06  # define INT8U    unsigned char
```

```
07  #define INT16U    unsigned int
08
09  //DS1302引脚定义
10  #define IO    PA0
11  #define SCLK PA1
12  #define RST  PA2
13
14  //DS1302端口定义
15  #define DS_PORT   PORTA
16  #define DS_DDR    DDRA
17  #define DS_PIN    PINA
18
19  //DS1302端口数据读/写(方向)
20  #define DDR_IO_RD()  DS_DDR &= ~_BV(IO)
21  #define DDR_IO_WR()  DS_DDR |=  _BV(IO)
22
23  //DS1302控制引脚操作定义
24  #define WR_IO_0()   DS_PORT &= ~_BV(IO)     //DS1302 I/O线(W/R)
25  #define WR_IO_1()   DS_PORT |=  _BV(IO)
26  #define RD_IO()    (DS_PIN &  _BV(IO))      //注意:此行的括号不可省略
27  #define SCLK_1()   DS_PORT |=  _BV(SCLK)    //DS1302时钟线
28  #define SCLK_0()   DS_PORT &= ~_BV(SCLK)
29  #define RST_1()    DS_PORT |=  _BV(RST)     //DS1302复位线
30  #define RST_0()    DS_PORT &= ~_BV(RST)
31
32  //0、1、2、3、4、5、6分别对应周日、周一~周六
33  char * WEEK[] = {"SUN","MON","TUS","WEN","THU","FRI","SAT"};
34  //所读取的日期时间
35  INT8U DateTime[7];
36  //-----------------------------------------------------------
37  // 向 DS1302 写入 1 字节
38  //-----------------------------------------------------------
39  void Write_Byte_TO_DS1302(INT8U x)
40  {
41      INT8U i;
42      DDR_IO_WR();                            //写 DS1302 I/O口
43      for(i = 0x01; i != 0x00 ; i <<= 1)      //写1字节(上升沿写入)
44      {
45          if (x & i) WR_IO_1(); else WR_IO_0(); SCLK_0();SCLK_1();
46      }
47  }
48
49  //-----------------------------------------------------------
50  // 从 DS1302 读取 1 字节
```

```
51   //-----------------------------------------------------------------
52   INT8U Get_Byte_FROM_DS1302()
53   {
54       INT8U i,dat = 0x00;
55       DDR_IO_RD();                          //读 DS1302 IO 口
56       for(i = 0; i<8; i++)                  //串行读取1字节(下降沿读取)
57       {
58           SCLK_1(); SCLK_0(); if (RD_IO()) dat |= _BV(i);
59       }
60       return dat / 16 * 10 + dat % 16;      //将BCD码转换为十进制数并返回
61   }
62
63   //-----------------------------------------------------------------
64   // 从 DS1302 指定位置读数据
65   //-----------------------------------------------------------------
66   INT8U Read_Data(INT8U addr)
67   {
68       INT8U dat;
69       RST_1();                              //将 RST 拉高
70       Write_Byte_TO_DS1302(addr);           //向 DS1302 写地址
71       dat = Get_Byte_FROM_DS1302();         //从指定地址读字节
72       RST_0();                              //将 RST 拉低
73       return dat;
74   }
75
76   //-----------------------------------------------------------------
77   // 读取当前日期时间
78   //-----------------------------------------------------------------
79   void GetDateTime()
80   {
81       INT8U i,addr = 0x81;                  //从读秒地址 0x81 开始
82       for (i = 0; i<7; i++)                 //依次读取7字节,分别是秒、分、时、日、月、周、年·
83       {
84           DateTime[i] = Read_Data(addr);
85           addr + = 2;                       //读日期时间地址依次为 0x81、0x83、0x85…
86       }
87   }


01   //-------------------------- main.c -------------------------------
02   // 名称:1602LCD 液晶显示 DS1302 实时实钟
03   //-----------------------------------------------------------------
04   // 说明:本例运行时,程序每隔 0.5 s 读取 DS1302 实时时钟芯片时间数据,
05   //       通过格式转换后显示在 1602LCD 上
06   //
```

```
07  //------------------------------------------------------------
08  #define F_CPU 1000000UL
09  #include <avr/io.h>
10  #include <util/delay.h>
11  #include <string.h>
12  #include <stdio.h>
13  #define INT8U    unsigned char
14  #define INT16U   unsigned int
15
16  //液晶相关函数
17  extern void Initialize_LCD();
18  extern void LCD_ShowString(INT8U x, INT8U y,char * str);
19  // DS1302 相关函数与数据
20  extern void GetTime();
21  extern INT8U DateTime[];
22  extern char * WEEK[];
23  //LCD 显示缓冲
24  char LCD_DSY_BUFFER[17];
25  //------------------------------------------------------------
26  // 主程序
27  //------------------------------------------------------------
28  int main()
29  {
30      DDRA = 0xFF;                          //端口配置
31      DDRC = 0xFF;   DDRD = 0xFF;
32      Initialize_LCD();                     //初始化 LCD
33      while (1)
34      {
35          GetTime();                        //读取 DS1302 实时时钟
36          //按格式:"DATE 00-00-00XXX"显示年月日与星期
37          sprintf(LCD_DSY_BUFFER,"DATE %02d- %02d- %02d %3s",
38                  DateTime[6],DateTime[4],DateTime[3],WEEK[DateTime[5] - 1]);
39          LCD_ShowString(0,0,LCD_DSY_BUFFER);
40
41          //按格式:"TIME 00:00:00"显示时分秒
42          sprintf(LCD_DSY_BUFFER,"TIME %02d: %02d: %02d",
43                  DateTime[2],DateTime[1],DateTime[0]);
44          LCD_ShowString(0,1,LCD_DSY_BUFFER);
45
46          _delay_ms(100);
47      }
48  }
```

4.16 1602 液晶工作于 4 位模式实时显示当前时间

本例 1602LCD 仅使用低 4 位数据线与 3 位控制线实现液晶显示,减少了单片机的端口引脚占用,程序运行效果与上一案例相同。本例电路如图 4-21 所示。

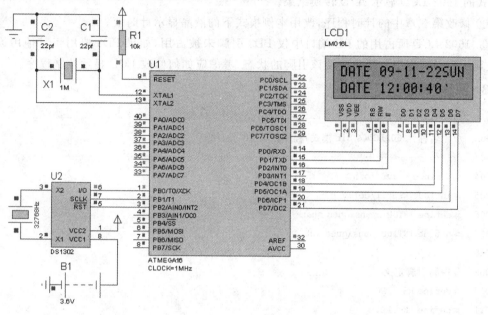

图 4-21 1602 液晶工作于 4 位模式实时显示当前时间

1. 程序设计与调试

本例源程序文件有:LCD1602.c、DS1302.c、main.c。后 2 个源程序文件与上一案例类似,引用 DS1302.c 时只需要对数据与控制引脚定义进行修改即可,在主程序中则需要对端口配置进行相应修改。

本例中 1602 液晶的 8 位数据线中仅使用了高 4 位的 D7~D4,在读/写字节时需要分为两次,先读/写高 4 位,后读/写低 4 位。

表 4-13 单独给出了 4-Bit 模式的设置,在初始程序中需要先给命令/数据端口发送命令 0x20(即 00100000),它将 DL 设为 0,选择 4 位模式,这条命令仅通过一次写入完成,最开始的 4Bit 设置命令是在默认的 8 位模式下进行的。

初始化程序随后又发送了命令 0x28,这发送的仍是功能设置命令,即 00101000,高 4 位没有变,低 4 位设置 N=1,F=0,选择双行、5×7 点阵字体,不同的是发送的 0x28 即其他数据/命令都是分两次发送的,先发高 4 位,后发低 4 位。

表 4-13 字符液晶 4Bit 模式设置

功能设置	RS	R/W	D7	D6	D5	D4	D3	D2	D1	D0
设置 DL,显示行数,字体	0	0	0	0	1	DL	N	F	*	*

注:DL=0 时使用 D7~D4 共 4 位,分两次发送一个字节,N=0 为单行显示,N=1 时为双行显示。
F=1 时为 5×10 点阵字体,F=0 时为 5×7 点阵字体。

其他所有命令都可参考表 4-12 所列的液晶控制命令集，不同的是本例对这些命令的发送都要分两次完成。

2. 实训要求

① 第 3 章中有关 A/D 转换的结果是用数码管显示的，完成本例调试后改成用工作于 4 位模式的 1602 LCD 显示 A/D 转换结果。

② 修改第 3 章中的计时程序，改用本例模式下的液晶显示计时值。

③ 1602 LCD 所占用的 PD 端口中仅 PD3 引脚未被占用，如果 PD3 要用于其他用途，在 LCD 显示控制程序中要禁止改动该引脚的状态，考虑应如何修改 LCD 显示控制程序。

3. 源程序代码

```
001  //--------------------------- LCD1602.c ---------------------------
002  //  名称：1602LCD(4-Bit 模式)程序
003  //-----------------------------------------------------------------
004  #include <avr/io.h>
005  #include <util/delay.h>
006  #define INT8U    unsigned char
007  #define INT16U   unsigned int
008
009  //控制引脚定义
010  #define RS   PD0
011  #define RW   PD1
012  #define EN   PD2
013
014  //液晶端口定义
015  #define LCD_PORT  PORTD
016  #define LCD_PIN   PIND
017  #define LCD_DDR   DDRD
018
019  //控制引脚操作
020  #define EN_1()   LCD_PORT |=  _BV(EN)
021  #define RS_1()   LCD_PORT |=  _BV(RS)
022  #define RW_1()   LCD_PORT |=  _BV(RW)
023  #define EN_0()   LCD_PORT &= ~_BV(EN)
024  #define RS_0()   LCD_PORT &= ~_BV(RS)
025  #define RW_0()   LCD_PORT &= ~_BV(RW)
026  //-----------------------------------------------------------------
027  // 液晶忙等待
028  //-----------------------------------------------------------------
029  void LCD_BUSY_WAIT()
030  {
031      INT8U Hi,Lo ;
032      LCD_DDR = 0x0F;  //高 4 位设为输入，以便读取忙状态
```

```
033     do
034     {
035         LCD_PORT = 0x00;
036         RW_1(); RS_0();
037         EN_1(); _delay_us(3); Hi = LCD_PIN; EN_0();
038         EN_1(); _delay_us(3); Lo = LCD_PIN; EN_0();
039     } while( Hi & 0x80);
040 }
041
042 //------------------------------------------------------------
043 // 写液晶命令
044 //------------------------------------------------------------
045 void Write_LCD_Command (INT8U cmd)
046 {
047     LCD_BUSY_WAIT();
048     LCD_DDR = 0xFF;           //设置方向为输出
049     LCD_PORT = cmd & 0xF0;    //输出高4位
050     RW_0(); RS_0(); EN_1(); _delay_us(2); EN_0();
051     LCD_PORT = cmd << 4;      //输出低4位
052     RW_0(); RS_0(); EN_1(); _delay_us(2); EN_0();
053 }
054
055 //------------------------------------------------------------
056 // 向液晶写数据
057 //------------------------------------------------------------
058 void Write_LCD_Data(INT8U dat)
059 {
060     LCD_BUSY_WAIT();
061     LCD_DDR = 0xFF;           //设置方向为输出
062     LCD_PORT = dat & 0xF0;    //输出高4位
063     RW_0(); RS_1(); EN_1(); _delay_us(2); EN_0();
064     LCD_PORT = dat << 4;      //输出低4位
065     RW_0(); RS_1(); EN_1(); _delay_us(2); EN_0();
066 }
067
068 //------------------------------------------------------------
069 // 液晶初始化
070 //------------------------------------------------------------
071 void Initialize_LCD()
072 {
073     LCD_DDR = 0xFF;           //液晶数据端口设为输出
074     LCD_PORT = 0x20;          //通过功能设置命令设置为4位模式
075     EN_1(); _delay_us(2); EN_0(); _delay_us(40);
```

```
076
077        //以下每条命令都需要通过分别发送高4位与低4位完成
078        Write_LCD_Command(0x28);      //功能设置(4-Bit,双行,5*7点阵)
079        Write_LCD_Command(0x08);      //关显示
080        Write_LCD_Command(0x01);      //清屏
081        Write_LCD_Command(0x06);      //模式设置
082        Write_LCD_Command(0x0C);      //开显示
083        Write_LCD_Command(0x02);      //光标归于左上角
084    }
085
086    //-------------------------------------------------------------
087    // 将光标定位于指定行列
088    //-------------------------------------------------------------
089    void Set_LCD_Pos(INT8U x, INT8U y)
090    {
091        if(y == 0) Write_LCD_Command(0x80 | x); else
092        if(y == 1) Write_LCD_Command(0xC0 | x);
093    }
094
095    //-------------------------------------------------------------
096    // 在指定位置显示字符串
097    //-------------------------------------------------------------
098    void LCD_ShowString(INT8U x, INT8U y,char * str)
099    {
100        INT8U i = 0;
101        //设置显示起始位置
102        Set_LCD_Pos(x,y);
103        //输出字符串
104        for ( i = 0; i<16 && str[i]!= '\0';i++ )
105           Write_LCD_Data(str[i]);
106    }
```

4.17 2×20串行字符液晶演示

本例液晶屏同样基于 HD44780 控制芯片,它连接单片机串口,显示单片机串口所发送的字符信息。运行本例时,虚拟终端 VT1－INTPUT 中输入的字符也可以显示在串行液晶屏上。本例电路及运行效果如图 4-22 所示。

1. 程序设计与调试

第3章的基础程序设计部分已经提供了有关单片机串口程序设计的案例。设计本例时仍要注意单片机、虚拟终端及串行液晶的波特率设置要保持一致(9600,8,1)。

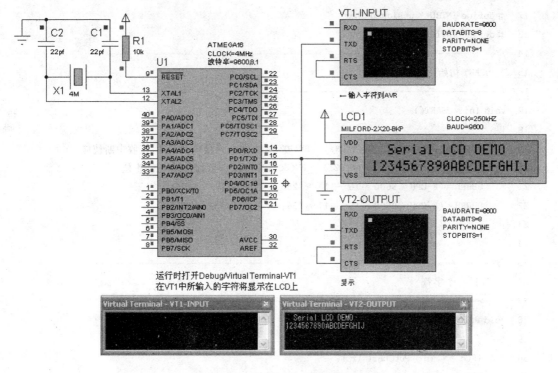

图 4-22 2×20 串行字符液晶演示

阅读该液晶的控制程序时可参考表 4-12 提供的液晶指令集及 2×20 液晶的地址表,不同的是每次向串行液晶写入命令时需要先写入 0xFE,然后写入命令字节。查阅 HD44780 技术手册中的字模表(16x16)时会发现,0xFE 编码未分配给任何可显示字符,凡以 0xFE 为前导的后续一字节为命令字节,而非待显示字符的编码字节。

在本例串行液晶上发送字符数据时直接通过 PutChar 写入即可。

2. 实训要求

① 参阅液晶命令表,关闭本例中的光标。
② 将以前液晶显示实时时钟案例中的液晶屏改为串行液晶并重新设计,实现相同功能。

3. 源程序代码

```
01  //----------------------------------------------------------------
02  //  名称:2*20 串行液晶演示
03  //----------------------------------------------------------------
04  //  说明:程序执行时串行液晶上显示:Serial LCD DEMO
05  //        当光标在第二行闪烁时,虚拟终端中输入的字符将显示在
06  //        LCD 上,按下退格键时光标左移,按下回车键时清屏
07  //----------------------------------------------------------------
08  #define  F_CPU    4000000UL            //4 MHz 晶振
09  #include <avr/io.h>
10  #include <avr/interrupt.h>
11  #include <util/delay.h>
```

```
12    #define INT8U    unsigned char
13    #define INT16U   unsigned int
14    //------------------------------------------------------------
15    // USART 初始化
16    //------------------------------------------------------------
17    void Init_USART()
18    {
19        UCSRB = _BV(RXEN) | _BV(TXEN) | _BV(RXCIE); //允许接收和发送,接收中断使能
20        UCSRC = _BV(URSEL)| _BV(UCSZ1)| _BV(UCSZ0);//8 位数据位,1 位停止位
21        UBRRL = (F_CPU / 9600 / 16 - 1) % 256;        //波特率:9600
22        UBRRH = (F_CPU / 9600 / 16 - 1) / 256;
23    }
24
25    //------------------------------------------------------------
26    // 发送一个字符
27    //------------------------------------------------------------
28    void PutChar(char c)
29    {
30        if(c == '\n') PutChar('\r');
31        UDR = c;
32        while(!(UCSRA & _BV(UDRE)));
33    }
34
35    //------------------------------------------------------------
36    // 发送字符串
37    //------------------------------------------------------------
38    void PutStr(char * s)
39    {
40        INT8U i = 0;
41        while (s[i] != '\0')
42        {
43            PutChar(s[i++]);
44            _delay_ms(5);
45        }
46    }
47
48    //------------------------------------------------------------
49    // 写 LCD 命令
50    //------------------------------------------------------------
51    void Write_LCD_COMMAND(INT8U comm)
52    {
53        PutChar(0xFE);              //发送串行液晶命令先导字节 0xFE
54        PutChar(comm);              //发送命令字节
```

```
55      }
56
57  //-----------------------------------------------------------------
58  // 主程序
59  //-----------------------------------------------------------------
60  int main()
61  {
62      Init_USART();                        //串口初始化
63      sei();                               //开总中断
64      _delay_ms(300);                      //等待液晶初始化完成
65      PutStr("  Serial LCD DEMO  ");       //在 LCD 上显示提示字符串
66      Write_LCD_COMMAND(0xC0);             //光标定位到第二行
67      Write_LCD_COMMAND(0x0D);             //显示光标
68      while (1);                           //等待中断接收并显示
69  }
70
71  //-----------------------------------------------------------------
72  // 串口接收中断函数
73  //-----------------------------------------------------------------
74  ISR (USART_RXC_vect)
75  {
76      INT8U c = UDR;
77      if ( c == 0x0D )                     //按下回车键时 LCD 清屏
78      {
79          Write_LCD_COMMAND(0x01);
80          return;
81      }
82      if ( c == 0x08 )                     //按下退格键时光标后移
83      {
84          Write_LCD_COMMAND(0x10);
85          return;
86      }
87      PutChar( c );                        //在串行 LCD 上显示输入的字符
88  }
```

4.18 LGM12864 液晶显示程序

本例演示了 LGM12864 液晶屏的汉字显示效果,该液晶屏使用 KS0108 控制芯片。阅读调试本例时需要参考该液晶的指令表及相关技术手册文件。本例电路如图 4-23 所示。

1. 程序设计与调试

本例源程序文件包括 LCD12864.c 与 main.c,前者提供了 LGM12864 液晶显示驱动程序，main.c 提供了由 Zimo 软件取得的"液晶屏测试程序"这一行汉字的点阵字模，并调用液晶显示程序根据字模数据显示对应的汉字。下面首先谈一下取模方法。

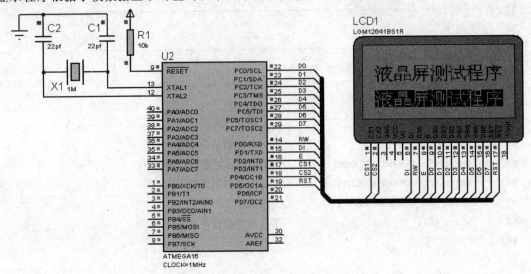

图 4-23 LGM12864 液晶显示程序

根据图 4-24 所示的 LGM12864(KS0108)液晶像素与显示 RAM 的映射关系(左半屏)可知，在显示字符"A"时，首先输出的是它最左边的像素，也就是第一列像素，且高位在下，低位在上，然后再输出第 2 列、第 3 列，每列 8 位(1 字节)。

获取待显示汉字的点阵数据时，本例使用了字模软件 Zimo，为获取本例所用的汉字点阵，首先要在图 4-25 所示窗口中单击"参数设置/文字输入区字体选择"，将字体设为宋体小四号，然后在文字输入区中输入"液晶屏测试程序"并按下 Ctrl+Enter，接着单击图 4-25 所示窗口中的"参数设置/其他选项"，按图 4-26 所示对话框设置取模方式为"纵向取模，字节倒序"，最后单击"取模方式/C51 格式"即可生成汉字点阵数据，生成的数据显示在"点阵生成区"中，这些数据直接复制粘贴到源程序中即可。

下面再来讨论如何编写 LGM12864 液晶驱动程序：

① **显示定位**：对照表 4-14 与图 4-25 中 Page0~Page7 可知，设置 X 地址即页地址，在设置页地址后还需要设置列地址(Y)，如果不从该页第 0 行开始显示时，还需要设置行地址。根据表 4-14，在 LCD12864.c 的开始部分定义了以下 3 条常用指令：

```
#define LCD_START_ROW    0xC0        //起始行
#define LCD_PAGE         0xB8        //页指令
#define LCD_COL          0x40        //列指令
```

② **通用显示函数 Common_Show 的编写**：由于 12864 是由 64×64 左半屏和右半屏构成的，通过设置 CS1 与 CS2 为 10 与 01 可分别选择左半屏与右半屏进行显示操作。通用显示函数的参数为 P,L,W,*r，它们表示从第 P 页(X 地址)开始，在左边距为 L 的位置开始显示 W 个字节，字节缓冲地址为 r。

在上述参数中，P 取值只能为 0~7，L 取值可以为 0~127，在函数内部要将 0~127 分成左右两半屏分别进行控制。该函数内部给出了非常完整的说明，大家可以仔细对比图 4-25

及表 4-14 进行分析。

另外,本例液晶的数据/命令引脚 DI(Data/Instruction)用于选择发送命令字节还是读/写数据字节,DI=0 时选择命令寄存器,DI=1 时则选择数据寄存器,该引脚类似于 1602 LCD 中的寄存器选择引脚 RS。

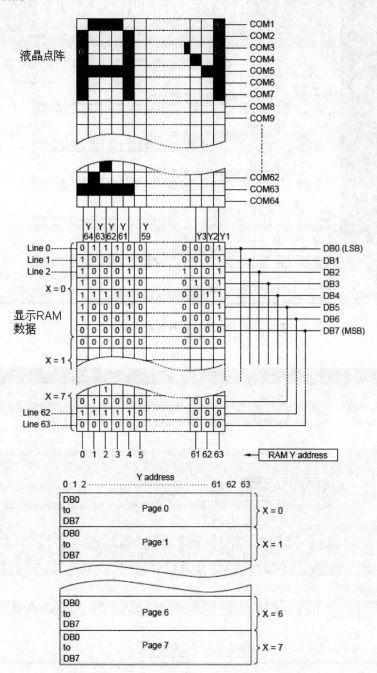

图 4-24　LGM12864(KS0108)液晶像素与显示 RAM 的映射关系(左半屏)

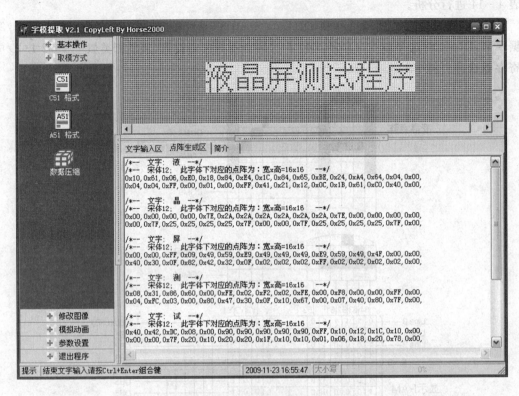

图 4-25　用 Zimo 软件提取汉字字模

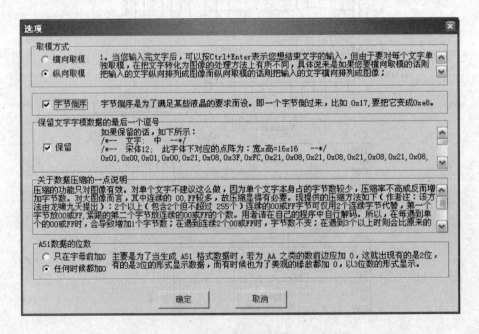

图 4-26　LGM1284 液晶汉字取模方式设置

表 4-14 LGM12864(KS0108)液晶显示控制命令表

命令	R/W	DI	DB7	DB6	DB5	DB4	DB3	DB2	DB1	DB0	功能
显示开/关	0	0	0	0	1	1	1	1	1	0/1	控制显示开:1/关:0
设置列(Y地址)	0	0	0	1	Y地址(0~63)						设置Y地址
设置页(X地址)	0	0	1	0	1	1	1	页(0~7)			设置X地址
显示起始行	0	0	1	1	显示起始行(0~63)						设置显示开关,光标开关,闪烁开关
读状态	1	0	B	0	On/Off	Rst	0	0	0	0	DB7(1:忙,0:就绪) DB5(显示开关1:关,0:开) DB4(1:复位 0:正常)
写显示数据	0	1	待写入数据字节								写入后Y地址自动递增
读显示数据	1	0	读取数据字节								从显示数据RAM读数据

2. 实训要求

① 将本例汉字点阵重新保存到 Flash 程序存储器中,然后读取点阵并显示汉字。
② 将一幅面小于等于 128×64 点阵的位图显示在 LGM12864 液晶屏上。
③ 为本例液晶设计 Pixel、Line、Circle 与 Rectangle 函数。

3. 源程序代码

```
001  //--------------------------------- LCD12864.C ----------------------------------
002  // 名称:LGM12864LCD 显示驱动程序(不带字库)
003  //-------------------------------------------------------------------------------
004  #include <avr/io.h>
005  #include <util/delay.h>
006  #include <string.h>
007  #define INT8U   unsigned char
008  #define INT16U  unsigned int
009
010  //LCD 起始行/页/列指令定义
011  #define LCD_START_ROW    0xC0         //起始行
012  #define LCD_PAGE         0xB8         //页指令
013  #define LCD_COL          0x40         //列指令
014
015  //液晶控制引脚
016  #define RW   PD0                      //读/写
017  #define DI   PD1                      //数据/指令
018  #define E    PD2                      //使能
019  #define CS1 PD3                       //右半屏选择
020  #define CS2 PD4                       //右半屏选择
```

```c
021    #define RST PD5                              //复位
022
023    //液晶端口
024    #define LCD_PORT        PORTC                //液晶 DB0～DB7
025    #define LCD_DDR         DDRC                 //设置数据方向
026    #define LCD_PIN         PINC                 //读状态数据
027    #define LCD_CTRL        PORTD                //液晶控制端口
028
029    //液晶引脚操作定义
030    #define RW_1()   LCD_CTRL |=  _BV(RW)
031    #define RW_0()   LCD_CTRL &= ~_BV(RW)
032    #define DI_1()   LCD_CTRL |=  _BV(DI)
033    #define DI_0()   LCD_CTRL &= ~_BV(DI)
034    #define E_1()    LCD_CTRL |=  _BV(E)
035    #define E_0()    LCD_CTRL &= ~_BV(E)
036    #define CS1_1()  LCD_CTRL |=  _BV(CS1)
037    #define CS1_0()  LCD_CTRL &= ~_BV(CS1)
038    #define CS2_1()  LCD_CTRL |=  _BV(CS2)
039    #define CS2_0()  LCD_CTRL &= ~_BV(CS2)
040    #define RST_1()  LCD_CTRL |=  _BV(RST)
041    #define RST_0()  LCD_CTRL &= ~_BV(RST)
042
043    //是否反相显示(白底黑字/黑底白字)
044    INT8U Reverse_Display = 0;
045    //-----------------------------------------------------------------
046    // 等待液晶就绪
047    //-----------------------------------------------------------------
048    void Wait_LCD_Ready()
049    {
050        Check_Busy:
051        LCD_DDR  = 0x00;                          //设置数据方向为输入
052        LCD_PORT = 0xFF;                          //内部上拉
053        RW_1(); asm("nop"); DI_0();               //读状态寄存器
054        E_1();  asm("nop"); E_0();
055        if (LCD_PIN & 0x80) goto Check_Busy;
056    }
057
058    //-----------------------------------------------------------------
059    // 向 LCD 发送命令
060    //-----------------------------------------------------------------
061    void LCD_Write_Command(INT8U cmd)
062    {
063        Wait_LCD_Ready();                         //等待 LCD 就绪
```

```c
064        LCD_DDR  = 0xFF;                          //设置方向为输出
065        LCD_PORT = 0xFF;                          //初始输出高电平
066        RW_0(); asm("nop"); DI_0();               //写命令寄存器
067        LCD_PORT = cmd;                           //发送命令
068        E_1();   asm("nop"); E_0();               //写入
069    }
070
071    //-----------------------------------------------------------------
072    // 向 LCD 发送数据
073    //-----------------------------------------------------------------
074    void LCD_Write_Data(INT8U dat)
075    {
076        Wait_LCD_Ready();                         //等待 LCD 就绪
077        LCD_DDR  = 0xFF;                          //设置方向为输出
078        LCD_PORT = 0xFF;                          //初始输出高电平
079        RW_0(); asm("nop"); DI_1();               //写数据寄存器
080        //发送数据,根据 Reverse_Display 决定是否反相显示
081        if ( !Reverse_Display )  LCD_PORT = dat; else LCD_PORT = ~dat;
082        E_1();   asm("nop"); E_0();               //写入
083    }
084
085    //-----------------------------------------------------------------
086    // 初始化 LCD
087    //-----------------------------------------------------------------
088    void LCD_Initialize()
089    {
090        LCD_Write_Command(0x3F); _delay_ms(15);//开显示(0x3E 为关显示)
091    }
092
093    //-----------------------------------------------------------------
094    //
095    // 通用显示函数
096    //
097    // 从第 P 页第 L 列开始显示 W 个字节数据,数据在 r 所指向的缓冲
098    // 每字节 8 位是垂直显示的,高位在下,低位在上
099    // 每个 8 * 128 的矩形区域为一页
100    // 整个 LCD 又由 64 * 64 的左半屏和 64 * 64 的右半屏构成
101    //-----------------------------------------------------------------
102    void Common_Show(INT8U P,INT8U L,INT8U W,INT8U * r)
103    {
104        INT8U i;
105        //显示在左半屏或左右半屏
106        if( L<64 )
```

```
107         {
108             CS1_1(); CS2_0();
109             LCD_Write_Command( LCD_PAGE + P );
110             LCD_Write_Command( LCD_COL  + L );
111             //全部显示在左半屏
112             if( L + W<64 )
113             {
114                 for(i = 0;i<W;i++) LCD_Write_Data(r[i]);
115             }
116             //如果越界则跨越左右半屏显示
117             else
118             {
119                 //左半屏显示
120                 for(i = 0;i< 64 - L;i++) LCD_Write_Data(r[i]);
121                 //右半屏显示
122                 CS1_0(); CS2_1();
123                 LCD_Write_Command( LCD_PAGE + P );
124                 LCD_Write_Command( LCD_COL );
125                 for(i = 64 - L;i<W;i++) LCD_Write_Data(r[i]);
126             }
127         }
128         //全部显示在右半屏
129         else
130         {
131             CS1_0(); CS2_1();
132             LCD_Write_Command( LCD_PAGE + P );
133             LCD_Write_Command( LCD_COL + L - 64 );
134             for( i = 0;i<W; i++) LCD_Write_Data(r[i]);
135         }
136 }
137
138 //------------------------------------------------------------
139 // 显示一个 8 * 16 点阵字符
140 //------------------------------------------------------------
141 void Display_A_Char_8X16(INT8U P,INT8U L,INT8U * M)
142 {
143     Common_Show( P,     L, 8, M );        //显示上半部分 8 * 8
144     Common_Show( P + 1, L, 8, M + 8 );    //显示下半部分 8 * 8
145 }
146
147 //------------------------------------------------------------
148 // 显示一个 16 * 16 点阵汉字
149 //------------------------------------------------------------
```

```
150  void Display_A_WORD(INT8U P,INT8U L,INT8U * M)
151  {
152      Common_Show( P,    L, 16, M );        //显示汉字上半部分 16 * 8
153      Common_Show( P+1,L, 16, M+16);        //显示汉字下半部分 16 * 8
154  }
155
156  //-----------------------------------------------------------
157  // 显示一串 16 * 16 点阵汉字
158  //-----------------------------------------------------------
159  void Display_A_WORD_String(INT8U P,INT8U L,INT8U C,INT8U * M)
160  {
161      INT8U i;
162      for (i = 0; i<C; i++)
163      {
164          Display_A_WORD(P, L+i * 16, M+i * 32);
165      }
166  }


01   //-------------------------- main.c --------------------------
02   // 名称：LGM12864 液晶显示程序
03   //-----------------------------------------------------------
04   // 说明：本例运行时，液晶屏上将以正常与反白方式显示两行文字
05   //
06   //-----------------------------------------------------------
07   #include <avr/io.h>
08   #include <util/delay.h>
09   #define INT8U     unsigned char
10   #define INT16U    unsigned int
11
12   //12864LCD 相关函数与变量
13   extern void LCD_Initialize();
14   extern void Display_A_WORD_String(INT8U P,INT8U L,INT8U C,INT8U * M);
15   extern INT8U Reverse_Display;
16   //待显示汉字点阵（在 Zimo 软件中取模时，设宋体小四号，纵向取模，字节倒序）
17   const INT8U WORD_Dot_Matrix[] =
18   {
19   //液
20   0x10,0x61,0x06,0xE0,0x18,0x84,0xE4,0x1C,0x84,0x65,0xBE,0x24,0xA4,0x64,0x04,0x00,
21   0x04,0x04,0xFF,0x00,0x01,0x00,0xFF,0x41,0x21,0x12,0x0C,0x1B,0x61,0xC0,0x40,0x00,
22   //晶
23   0x00,0x00,0x00,0x00,0x7E,0x2A,0x2A,0x2A,0x2A,0x2A,0x2A,0x7E,0x00,0x00,0x00,0x00,
24   0x00,0x7F,0x25,0x25,0x25,0x25,0x7F,0x00,0x00,0x7F,0x25,0x25,0x25,0x25,0x7F,0x00,
25   //屏
```

```
26      0x00,0x00,0xFF,0x09,0x49,0x59,0xE9,0x49,0x49,0x49,0xE9,0x59,0x49,0x4F,0x00,0x00,
27      0x40,0x30,0x0F,0x82,0x42,0x32,0x0F,0x02,0x02,0x02,0xFF,0x02,0x02,0x02,0x02,0x00,
28      //测
29      0x08,0x31,0x86,0x60,0x00,0xFE,0x02,0xF2,0x02,0xFE,0x00,0xF8,0x00,0x00,0xFF,0x00,
30      0x04,0xFC,0x03,0x00,0x80,0x47,0x30,0x0F,0x10,0x67,0x00,0x07,0x40,0x80,0x7F,0x00,
31      //试
32      0x40,0x42,0xDC,0x08,0x00,0x90,0x90,0x90,0x90,0x90,0xFF,0x10,0x12,0x1C,0x10,0x00,
33      0x00,0x00,0x7F,0x20,0x10,0x20,0x20,0x1F,0x10,0x10,0x01,0x06,0x18,0x20,0x78,0x00,
34      //程
35      0x10,0x12,0xD2,0xFE,0x91,0x11,0x80,0xBF,0xA1,0xA1,0xA1,0xBF,0x80,0x00,0x00,
36      0x04,0x03,0x00,0xFF,0x00,0x41,0x44,0x44,0x44,0x7F,0x44,0x44,0x44,0x44,0x40,0x00,
37      //序
38      0x00,0x00,0xFC,0x04,0x04,0x14,0x14,0x35,0x56,0x94,0x54,0x34,0x14,0x04,0x04,0x00,
39      0x80,0x60,0x1F,0x00,0x01,0x01,0x01,0x41,0x81,0x7F,0x01,0x01,0x01,0x03,0x01,0x00
40      };
41
42      //-----------------------------------------------------------------
43      // 主程序
44      //-----------------------------------------------------------------
45      int main()
46      {
47          //配置端口
48          DDRD = 0xFF;   PORTD = 0xFF;
49          //初始化 LCD
50          LCD_Initialize();
51          //从第 2 页开始(即 LCD 的第 16 行),左边距 8,显示 7 个汉字
52          Display_A_WORD_String(2,8,7,(INT8U*)WORD_Dot_Matrix);
53          //从第 5 页开始(即 LCD 的第 40 行),左边距 8,反相显示 7 个汉字(黑底白字)
54          Reverse_Display = 1;
55          Display_A_WORD_String(5,8,7,(INT8U*)WORD_Dot_Matrix);
56          while (1);
57      }
```

4.19 PG160128A 液晶图文演示

本例 PG160128A 液晶屏使用 T6963C 控制芯片。运行本例时可显示一幅内置图像,图像可滚动与反白显示,将开关拨到"图文"时还可以显示一组条形统计图,本例中显示的条形统计图不是通过获取图形文件的点阵数据来绘制的,而是根据代码中所提供的统计值动态绘制线条来实现的。本例电路及运行效果如图 4-27、图 4-28 所示。

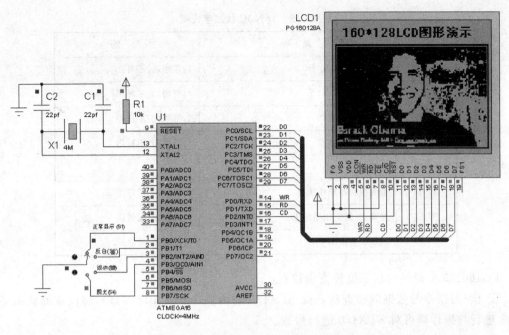

图 4-27　PG160128A 液晶图文演示-1

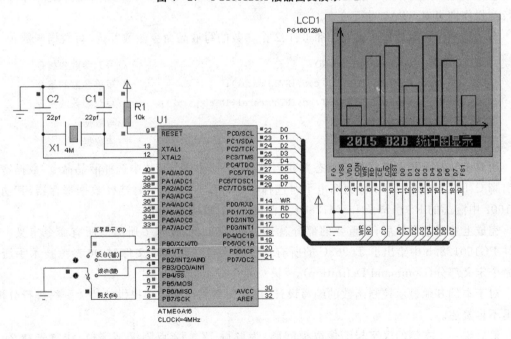

图 4-28　PG160128A 液晶图文演示-2

1. 程序设计与调试

本例难点在于 PG160128.c 与 PG160128.h 的编写。T6963C 控制器在执行指令时可以带 0 个、1 个或 2 个参数,每条指令执行时都是先送入 1 个或 2 个参数(除无参以外),然后再发送命令。每次执行操作前需要先检查状态字,表 4-15 给出了 T6963C 的 8 位状态字。由于状态字的作用不一样,在执行不同指令时必须检查不同的状态位。

表 4-15 T6963C 状态字说明

位	说 明	设 置
STA0	指令读/写状态	1:可用,0:不可用
STA1	数据读/写状态	1:可用,0:不可用
STA2	数据自动读状态	1:可用,0:不可用
STA3	数据自动写状态	1:可用,0:不可用
STA4	未用	
STA5	检测控制器操作状态	1:可用,0:不可用
STA6	屏幕读/复制出错标志	1:错误,0:无错误
STA7	闪烁状态检测	1:正常,0:关显示

PG160128.c 提供的状态位检查函数有：

① 读/写指令与数据时检查状态位 STA1/0 的函数 Status_BIT_01()，将读取的状态字和 0x03 进行与操作即可对 STA1/0 进行检查。

② 在数据自动读/写时检查状态位 ST3 的函数 Status_BIT_3()，对读取的状态字和 0x08 进行与操作即可对 STA3 进行检查。

有了这两个函数后即可编写出带 0、1、2 个参数的写液晶命令函数及读/写数据函数：

```
INT8U LCD_Write_Command(INT8U cmd);                              //写无参数的指令
INT8U LCD_Write_Command_P1(INT8U cmd,INT8U para1);               //写单参数的指令
INT8U LCD_Write_Command_P2(INT8U cmd,INT8U para1,INT8U para2);   //写双参数的指令
INT8U LCD_Write_Data(INT8U dat);                                 //写数据
INT8U LCD_Read_Data();                                           //读数据
```

所有函数都需要先进行相应状态判断再进行下一步操作，函数中选择液晶命令/数据寄存的引脚 C/D(Command/Data)为高电平时选择命令寄存器，低电平时选择数据寄存器，其功能与 1602 中液晶的 RS 引脚及 LGM12864 液晶的 DI 引脚功能相同。

完成上述函数设计后，最重要的部分就是根据 T6963C 技术手册编写所有命令定义。头文件 PG160128.h 中给出了 T6963C 的所有命令定义。在阅读该文件时，可参考技术手册中的命令定义部分(Command Definition)。

对于本例其他显示控制函数的编写设计，可参阅案例压缩包中提供的相关资料进行分析，这里不再赘述。

最后说一下本例的汉字与图像取模问题：为取得 12×12 点阵汉字字模，注意先在 Zimo 软件中设置字体字号为宋体小五号，并设置取模方式为"横向取模"、"字节不倒序"，然后输入汉字"统计图表显示"并按下 Ctrl+Enter，最后单击取模按钮获取字模点阵。

在为图像取模时，首先导入案例文件夹下的 BMP 文件，然后同样设置取模方式为"横向取模"、"字节不倒序"，最后单击取模按钮即可得到图像点阵数据。本例的图像点阵数据存放于 PictureDots.h 文件。

本例图像的取模效果如图 4-29 所示。

图 4-29 用 Zimo 提取 PG160128.bmp 点阵数据

2. 实训要求

① 重新选择 3 幅不同图像，用 Zimo 软件分别取得图像点阵数据，修改本例程序，通过按钮切换 3 幅不同图像的显示。

② 编写程序在本例液晶屏上显示正弦曲线。

3. 源程序代码

```
001  //---------------------------- PG160128.c ----------------------------
002  //   名称：PG12864LCD 显示驱动程序(T6963C)（不带字库）
003  //--------------------------------------------------------------------
004  # include <avr/io.h>
005  # include <avr/pgmspace.h>
006  # include <util/delay.h>
007  # include <string.h>
008  # include <math.h>
009  # include <string.h>
010  # include "PG160128.h"
011  # define INT8U   unsigned char
012  # define INT16U unsigned int
013
014  //--------------------------------------------------------------------
015  // 变更 LCD 与 MCU 的连接时，
016  // 只需要修改以下数据端口、控制端口及控制引脚定义
017  //--------------------------------------------------------------------
```

```
018  //LCD 数据端口
019  #define LCD_DATA_PORT    PORTC
020  #define LCD_DATA_PIN     PINC
021  #define LCD_DATA_DDR     DDRC
022  //LCD 控制端口
023  #define LCD_CTRL_PORT    PORTD
024  //LCD 控制引脚定义(读,写,命令/数据寄存选择)
025  #define WR PD0
026  #define RD PD1
027  #define CD PD2
028  //---------------------------------------------------------------
029
030  //LCD 控制引脚相关操作
031  #define WR_1() LCD_CTRL_PORT |=  _BV(WR)
032  #define WR_0() LCD_CTRL_PORT &= ~_BV(WR)
033  #define RD_1() LCD_CTRL_PORT |=  _BV(RD)
034  #define RD_0() LCD_CTRL_PORT &= ~_BV(RD)
035  #define CD_1() LCD_CTRL_PORT |=  _BV(CD)
036  #define CD_0() LCD_CTRL_PORT &= ~_BV(CD)
037
038  //ASCII 字模宽度及高度定义
039  #define ASC_CHR_WIDTH    8
040  #define ASC_CHR_HEIGHT   12
041  #define HZ_CHR_HEIGHT    12
042  #define HZ_CHR_WIDTH     12
043  //液晶宽度与高度定义
044  const INT8U LCD_WIDTH  = 20;    //宽 160 像素(160/8 = 20 个字节)
045  const INT8U LCD_HEIGHT = 128;   //高 128 像素
046
047  //下面的英文,数字,标点符号等字符点阵存放于程序 Flash 空间中
048  //使用时要用 pgm_read_byte(INT8U *)函数读取,该函数在 avr/pgmspace.h 中申明
049  //本例使用的图像点阵也存放于 Flash 中
050  prog_uchar ASC_MSK[96 * 12] = {
051  0x00,0x00,0x00,0x00,0x00,0x00,0x00,0xff,0xff,0xff,0xff,0xff,//<0x20 时
052  0x00,0x00,0x00,0x00,0x00,0x00,0x00,0x00,0x00,0x00,0x00,0x00,//' '
053  0x00,0x30,0x78,0x78,0x78,0x30,0x30,0x00,0x30,0x30,0x00,0x00,//'!'
054  0x00,0x66,0x66,0x66,0x24,0x00,0x00,0x00,0x00,0x00,0x00,0x00,//'"'
055  0x00,0x6c,0x6c,0xfe,0x6c,0x6c,0x6c,0xfe,0x6c,0x6c,0x00,0x00,//'#'
056  0x30,0x30,0x7c,0xc0,0xc0,0x78,0x0c,0x0c,0xf8,0x30,0x30,0x00,//'$'
057  0x00,0x00,0x00,0xc4,0xcc,0x18,0x30,0x60,0xcc,0x8c,0x00,0x00,//'%'
058  0x00,0x70,0xd8,0xd8,0x70,0xfa,0xde,0xcc,0xdc,0x76,0x00,0x00,//'&'
059  0x00,0x30,0x30,0x30,0x60,0x00,0x00,0x00,0x00,0x00,0x00,0x00,//'''
060  0x00,0x0c,0x18,0x30,0x60,0x60,0x60,0x30,0x18,0x0c,0x00,0x00,//'('
```

```
061   0x00,0x60,0x30,0x18,0x0c,0x0c,0x0c,0x18,0x30,0x60,0x00,0x00,//´)´
062   0x00,0x00,0x00,0x66,0x3c,0xff,0x3c,0x66,0x00,0x00,0x00,0x00,//´*´
063   0x00,0x00,0x00,0x18,0x18,0x7e,0x18,0x18,0x00,0x00,0x00,0x00,//´+´
064   0x00,0x00,0x00,0x00,0x00,0x00,0x00,0x00,0x38,0x38,0x60,0x00,//´,´
065   0x00,0x00,0x00,0x00,0x00,0xfe,0x00,0x00,0x00,0x00,0x00,0x00,//´-´
066   0x00,0x00,0x00,0x00,0x00,0x00,0x00,0x00,0x38,0x38,0x00,0x00,//´.´
067   0x00,0x00,0x02,0x06,0x0c,0x18,0x30,0x60,0xc0,0x80,0x00,0x00,//´/´
068   0x00,0x7c,0xc6,0xce,0xde,0xd6,0xf6,0xe6,0xc6,0x7c,0x00,0x00,//´0´
069   0x00,0x10,0x30,0xf0,0x30,0x30,0x30,0x30,0x30,0xfc,0x00,0x00,//´1´
070   0x00,0x78,0xcc,0xcc,0x0c,0x18,0x30,0x60,0xcc,0xfc,0x00,0x00,//´2´
071   0x00,0x78,0xcc,0x0c,0x0c,0x38,0x0c,0x0c,0xcc,0x78,0x00,0x00,//´3´
072   0x00,0x0c,0x1c,0x3c,0x6c,0xcc,0xfe,0x0c,0x0c,0x1e,0x00,0x00,//´4´
073   0x00,0xfc,0xc0,0xc0,0xc0,0xf8,0x0c,0x0c,0xcc,0x78,0x00,0x00,//´5´
074   0x00,0x38,0x60,0xc0,0xc0,0xf8,0xcc,0xcc,0xcc,0x78,0x00,0x00,//´6´
075   0x00,0xfe,0xc6,0xc6,0x06,0x0c,0x18,0x30,0x30,0x30,0x00,0x00,//´7´
076   0x00,0x78,0xcc,0xcc,0xec,0x78,0xdc,0xcc,0xcc,0x78,0x00,0x00,//´8´
077   0x00,0x78,0xcc,0xcc,0xcc,0x7c,0x18,0x18,0x30,0x70,0x00,0x00,//´9´
078   0x00,0x00,0x00,0x38,0x38,0x00,0x00,0x38,0x38,0x00,0x00,0x00,//´:´
079   0x00,0x00,0x00,0x38,0x38,0x00,0x00,0x38,0x38,0x18,0x30,0x00,//´;´
080   0x00,0x0c,0x18,0x30,0x60,0xc0,0x60,0x30,0x18,0x0c,0x00,0x00,//´<´
081   0x00,0x00,0x00,0x00,0x7e,0x00,0x7e,0x00,0x00,0x00,0x00,0x00,//´=´
082   0x00,0x60,0x30,0x18,0x0c,0x06,0x0c,0x18,0x30,0x60,0x00,0x00,//´>´
083   0x00,0x78,0xcc,0x0c,0x18,0x30,0x30,0x00,0x30,0x30,0x00,0x00,//´?´
084   0x00,0x7c,0xc6,0xc6,0xde,0xde,0xde,0xc0,0xc0,0x7c,0x00,0x00,//´@´
085   0x00,0x30,0x78,0xcc,0xcc,0xcc,0xfc,0xcc,0xcc,0xcc,0x00,0x00,//´A´
086   0x00,0xfc,0x66,0x66,0x66,0x7c,0x66,0x66,0x66,0xfc,0x00,0x00,//´B´
087   0x00,0x3c,0x66,0xc6,0xc0,0xc0,0xc0,0xc6,0x66,0x3c,0x00,0x00,//´C´
088   0x00,0xf8,0x6c,0x66,0x66,0x66,0x66,0x66,0x6c,0xf8,0x00,0x00,//´D´
089   0x00,0xfe,0x62,0x60,0x64,0x7c,0x64,0x60,0x62,0xfe,0x00,0x00,//´E´
090   0x00,0xfe,0x66,0x62,0x64,0x7c,0x64,0x60,0x60,0xf0,0x00,0x00,//´F´
091   0x00,0x3c,0x66,0xc6,0xc0,0xc0,0xce,0xc6,0x66,0x3e,0x00,0x00,//´G´
092   0x00,0xcc,0xcc,0xcc,0xcc,0xfc,0xcc,0xcc,0xcc,0xcc,0x00,0x00,//´H´
093   0x00,0x78,0x30,0x30,0x30,0x30,0x30,0x30,0x30,0x78,0x00,0x00,//´I´
094   0x00,0x1e,0x0c,0x0c,0x0c,0x0c,0xcc,0xcc,0xcc,0x78,0x00,0x00,//´J´
095   0x00,0xe6,0x66,0x6c,0x6c,0x78,0x6c,0x6c,0x66,0xe6,0x00,0x00,//´K´
096   0x00,0xf0,0x60,0x60,0x60,0x60,0x62,0x66,0x66,0xfe,0x00,0x00,//´L´
097   0x00,0xc6,0xee,0xfe,0xfe,0xd6,0xc6,0xc6,0xc6,0xc6,0x00,0x00,//´M´
098   0x00,0xc6,0xc6,0xe6,0xf6,0xfe,0xde,0xce,0xc6,0xc6,0x00,0x00,//´N´
099   0x00,0x38,0x6c,0xc6,0xc6,0xc6,0xc6,0xc6,0x6c,0x38,0x00,0x00,//´O´
100   0x00,0xfc,0x66,0x66,0x66,0x7c,0x60,0x60,0x60,0xf0,0x00,0x00,//´P´
101   0x00,0x38,0x6c,0xc6,0xc6,0xc6,0xce,0xde,0x7c,0x0c,0x1e,0x00,//´Q´
102   0x00,0xfc,0x66,0x66,0x66,0x7c,0x6c,0x66,0x66,0xe6,0x00,0x00,//´R´
103   0x00,0x78,0xcc,0xcc,0xc0,0x70,0x18,0xcc,0xcc,0x78,0x00,0x00,//´S´
```

```
104    0x00,0xfc,0xb4,0x30,0x30,0x30,0x30,0x30,0x30,0x78,0x00,0x00,// 'T'
105    0x00,0xcc,0xcc,0xcc,0xcc,0xcc,0xcc,0xcc,0x78,0x00,0x00,0x00,// 'U'
106    0x00,0xcc,0xcc,0xcc,0xcc,0xcc,0xcc,0xcc,0x78,0x30,0x00,0x00,// 'V'
107    0x00,0xc6,0xc6,0xc6,0xc6,0xd6,0xd6,0x6c,0x6c,0x6c,0x00,0x00,// 'W'
108    0x00,0xcc,0xcc,0xcc,0x78,0x30,0x78,0xcc,0xcc,0xcc,0x00,0x00,// 'X'
109    0x00,0xcc,0xcc,0xcc,0xcc,0x78,0x30,0x30,0x30,0x78,0x00,0x00,// 'Y'
110    0x00,0xfe,0xce,0x98,0x18,0x30,0x60,0x62,0xc6,0xfe,0x00,0x00,// 'Z'
111    0x00,0x3c,0x30,0x30,0x30,0x30,0x30,0x30,0x30,0x3c,0x00,0x00,// '['
112    0x00,0x00,0x80,0xc0,0x60,0x30,0x18,0x0c,0x06,0x02,0x00,0x00,// '\'
113    0x00,0x3c,0x0c,0x0c,0x0c,0x0c,0x0c,0x0c,0x0c,0x3c,0x00,0x00,// ']'
114    0x10,0x38,0x6c,0xc6,0x00,0x00,0x00,0x00,0x00,0x00,0x00,0x00,// '^'
115    0x00,0x00,0x00,0x00,0x00,0x00,0x00,0x00,0x00,0x00,0xff,0x00,// '_'
116    0x30,0x30,0x18,0x00,0x00,0x00,0x00,0x00,0x00,0x00,0x00,0x00,// '`'
117    0x00,0x00,0x00,0x00,0x78,0x0c,0x7c,0xcc,0xcc,0x76,0x00,0x00,// 'a'
118    0x00,0xe0,0x60,0x60,0x7c,0x66,0x66,0x66,0x66,0xdc,0x00,0x00,// 'b'
119    0x00,0x00,0x00,0x00,0x78,0xcc,0xc0,0xc0,0xcc,0x78,0x00,0x00,// 'c'
120    0x00,0x1c,0x0c,0x0c,0x7c,0xcc,0xcc,0xcc,0xcc,0x76,0x00,0x00,// 'd'
121    0x00,0x00,0x00,0x00,0x78,0xcc,0xfc,0xc0,0xcc,0x78,0x00,0x00,// 'e'
122    0x00,0x38,0x6c,0x60,0x60,0xf8,0x60,0x60,0x60,0xf0,0x00,0x00,// 'f'
123    0x00,0x00,0x00,0x00,0x76,0xcc,0xcc,0xcc,0x7c,0x0c,0xcc,0x78,// 'g'
124    0x00,0xe0,0x60,0x60,0x6c,0x76,0x66,0x66,0x66,0xe6,0x00,0x00,// 'h'
125    0x00,0x18,0x18,0x00,0x78,0x18,0x18,0x18,0x18,0x7e,0x00,0x00,// 'i'
126    0x00,0x0c,0x0c,0x00,0x3c,0x0c,0x0c,0x0c,0x0c,0xcc,0xcc,0x78,// 'j'
127    0x00,0xe0,0x60,0x60,0x66,0x6c,0x78,0x6c,0x66,0xe6,0x00,0x00,// 'k'
128    0x00,0x78,0x18,0x18,0x18,0x18,0x18,0x18,0x18,0x7e,0x00,0x00,// 'l'
129    0x00,0x00,0x00,0x00,0xfc,0xd6,0xd6,0xd6,0xd6,0xc6,0x00,0x00,// 'm'
130    0x00,0x00,0x00,0x00,0xf8,0xcc,0xcc,0xcc,0xcc,0xcc,0x00,0x00,// 'n'
131    0x00,0x00,0x00,0x00,0x78,0xcc,0xcc,0xcc,0xcc,0x78,0x00,0x00,// 'o'
132    0x00,0x00,0x00,0x00,0xdc,0x66,0x66,0x66,0x66,0x7c,0x60,0xf0,// 'p'
133    0x00,0x00,0x00,0x00,0x76,0xcc,0xcc,0xcc,0xcc,0x7c,0x0c,0x1e,// 'q'
134    0x00,0x00,0x00,0x00,0xec,0x6e,0x76,0x60,0x60,0xf0,0x00,0x00,// 'r'
135    0x00,0x00,0x00,0x00,0x78,0xcc,0x60,0x18,0xcc,0x78,0x00,0x00,// 's'
136    0x00,0x00,0x20,0x60,0xfc,0x60,0x60,0x60,0x6c,0x38,0x00,0x00,// 't'
137    0x00,0x00,0x00,0x00,0xcc,0xcc,0xcc,0xcc,0xcc,0x76,0x00,0x00,// 'u'
138    0x00,0x00,0x00,0x00,0xcc,0xcc,0xcc,0xcc,0x78,0x30,0x00,0x00,// 'v'
139    0x00,0x00,0x00,0x00,0xc6,0xc6,0xd6,0xd6,0x6c,0x6c,0x00,0x00,// 'w'
140    0x00,0x00,0x00,0x00,0xc6,0x6c,0x38,0x38,0x6c,0xc6,0x00,0x00,// 'x'
141    0x00,0x00,0x00,0x00,0x66,0x66,0x66,0x66,0x3c,0x0c,0x18,0xf0,// 'y'
142    0x00,0x00,0x00,0x00,0xfc,0x8c,0x18,0x60,0xc4,0xfc,0x00,0x00,// 'z'
143    0x00,0x1c,0x30,0x30,0x60,0xc0,0x60,0x30,0x30,0x1c,0x00,0x00,// '{'
144    0x00,0x18,0x18,0x18,0x18,0x00,0x18,0x18,0x18,0x18,0x00,0x00,// '|'
145    0x00,0xe0,0x30,0x30,0x18,0x0c,0x18,0x30,0x30,0xe0,0x00,0x00,// '}'
146    0x00,0x73,0xda,0xce,0x00,0x00,0x00,0x00,0x00,0x00,0x00,0x00,// '~'
```

```c
147     };
148
149     struct typFNT_GB16              //汉字字模数据结构
150     {
151         char Index[2];              //汉字内码,2字节
152         INT8U Msk[24];              //汉字点阵
153     };
154
155     //取本例汉字 12*12 点阵库时,先在 Zimo 软件中设置字体字号为宋体小五号,
156     //取点阵前先设置横向取模,字节不倒序,然后输入汉字并按下 Ctrl+Enter,
157     //最后按下取模按钮获取字模
158     const struct typFNT_GB16 GB_16[] = {
159     {{"统"},{0x21,0x00,0x27,0xE0,0x51,0x00,0xF2,0x00,0x24,0x40,0x47,0xE0,
160             0xF2,0x80,0x02,0x80,0x32,0xA0,0xC4,0xA0,0x18,0xE0,0x00,0x00}},
161     {{"计"},{0x41,0x00,0x21,0x00,0x01,0x00,0x01,0x00,0xCF,0xE0,0x41,0x00,
162             0x41,0x00,0x41,0x00,0x51,0x00,0x61,0x00,0x41,0x00,0x00,0x00}},
163     {{"图"},{0x7F,0xE0,0x48,0x20,0x5F,0x20,0x6A,0x20,0x44,0x20,0x4A,0x20,
164             0x75,0xA0,0x42,0x20,0x4C,0x20,0x42,0x20,0x7F,0xE0,0x00,0x00}},
165     {{"显"},{0x3F,0x80,0x20,0x80,0x3F,0x80,0x20,0x80,0x3F,0x80,0x00,0x00,
166             0x4A,0x40,0x2A,0x40,0x2A,0x80,0x0B,0x00,0xFF,0xE0,0x00,0x00}},
167     {{"示"},{0x00,0x80,0x7F,0xC0,0x00,0x00,0x00,0x00,0xFF,0xE0,0x04,0x00,
168             0x14,0x80,0x24,0x40,0x44,0x20,0x84,0x20,0x1C,0x00,0x00,0x00}}
169     };
170
171     INT8U gCurRow,gCurCol;          //当前行、列
172     //----------------------------------------------------------------
173     // LCD 控制相关函数
174     //----------------------------------------------------------------
175     INT8U Status_BIT_01();          //状态位 STA1,STA0 判断(读/写指令和读/写数据)
176     INT8U Status_BIT_3();           //状态位 ST3 判断(数据自动写状态)
177     INT8U LCD_Write_Command(INT8U cmd);                             //写无参数指令
178     INT8U LCD_Write_Command_P1(INT8U cmd,INT8U para1);              //写单参数指令
179     INT8U LCD_Write_Command_P2(INT8U cmd,INT8U para1,INT8U para2);  //写双参数指令
180     INT8U LCD_Write_Data(INT8U dat);                                //写数据
181     INT8U LCD_Read_Data();                                          //读数据
182
183     void Clear_Screen();                                            //清屏
184     char LCD_Initialise();                                          //LCD 初始化
185     void Set_LCD_POS(INT8U row, INT8U col);                         //设置当前地址
186     void OutToLCD(INT8U Dat,INT8U x,INT8U y);                       //输出到液晶
187     void Line(INT8U x1, INT8U y1, INT8U x2, INT8U y2, INT8U Mode);  //绘制直线
188     void Pixel(INT8U x,INT8U y, INT8U Mode);                        //绘点
189
```

```c
190    //-----------------------------------------------------------
191    // 读状态
192    //-----------------------------------------------------------
193    INT8U Read_LCD_Status()
194    {
195        INT8U st;
196        LCD_DATA_DDR = 0x00;
197        CD_1(); RD_0(); _delay_us(1);
198        st = LCD_DATA_PIN; RD_1(); LCD_DATA_DDR = 0xFF;
199        return st;
200    }
201
202    //-----------------------------------------------------------
203    // 读数据
204    //-----------------------------------------------------------
205    INT8U Read_LCD_Data()
206    {
207        INT8U dat;
208        LCD_DATA_DDR = 0x00;
209        CD_0(); RD_0(); _delay_us(1);
210        dat = LCD_DATA_PIN; RD_1(); LCD_DATA_DDR = 0xFF;
211        return dat;
212    }
213
214    //-----------------------------------------------------------
215    // 写数据
216    //-----------------------------------------------------------
217    void Write_Data(INT8U dat)
218    {
219        LCD_DATA_DDR = 0xFF;
220        CD_0(); LCD_DATA_PORT = dat; WR_0(); _delay_us(2); WR_1();
221    }
222
223    //-----------------------------------------------------------
224    // 写命令
225    //-----------------------------------------------------------
226    void Write_Command(INT8U cmd)
227    {
228        LCD_DATA_DDR = 0xFF;
229        CD_1(); LCD_DATA_PORT = cmd; WR_0(); _delay_us(2); WR_1();
230    }
231
232    //-----------------------------------------------------------
```

```c
233    // 状态位 STA1,STA0 判断(读/写指令和读/写数据)
234    //------------------------------------------------------------
235    INT8U Status_BIT_01()
236    {
237        INT8U i;
238        for(i = 10;i > 0;i--)
239        {
240            if((Read_LCD_Status() & 0x03) == 0x03) break;
241        }
242        return i; //错误时返回 0
243    }
244
245    //------------------------------------------------------------
246    // 状态位 ST3 判断(数据自动写状态)
247    //------------------------------------------------------------
248    INT8U Status_BIT_3()
249    {
250        INT8U i;
251        for(i = 10;i > 0; i--)
252        {
253            if((Read_LCD_Status() & 0x08) == 0x08) break;
254        }
255        return i; //错误时返回 0
256    }
257
258    //------------------------------------------------------------
259    // 写双参数的指令
260    //------------------------------------------------------------
261    INT8U LCD_Write_Command_P2(INT8U cmd,INT8U para1,INT8U para2)
262    {
263        if(Status_BIT_01() == 0) return 1;
264        Write_Data(para1);
265        if(Status_BIT_01() == 0) return 2;
266        Write_Data(para2);
267        if(Status_BIT_01() == 0) return 3;
268        Write_Command(cmd);
269        return 0;                              //成功时返回 0
270    }
271
272    //------------------------------------------------------------
273    // 写单参数的指令
274    //------------------------------------------------------------
275    INT8U LCD_Write_Command_P1(INT8U cmd,INT8U para1)
```

```c
276    {
277        if(Status_BIT_01() == 0) return 1;
278        Write_Data(para1);
279        if(Status_BIT_01() == 0) return 2;
280        Write_Command(cmd);
281        return 0;                          //成功时返回 0
282    }
283
284 //------------------------------------------------------------
285 // 写无参数的指令
286 //------------------------------------------------------------
287 INT8U LCD_Write_Command(INT8U cmd)
288 {
289     if(Status_BIT_01() == 0) return 1;
290     Write_Command(cmd);
291     return 0;                             //成功时返回 0
292 }
293
294 //------------------------------------------------------------
295 // 写数据
296 //------------------------------------------------------------
297 INT8U LCD_Write_Data(INT8U dat)
298 {
299     if(Status_BIT_3() == 0) return 1;
300     Write_Data(dat);
301     return 0;                             //成功时返回 0
302 }
303
304 //------------------------------------------------------------
305 // 读数据
306 //------------------------------------------------------------
307 INT8U LCD_Read_Data()
308 {
309     if(Status_BIT_01() == 0) return 1;
310     return Read_LCD_Data();
311 }
312
313 //------------------------------------------------------------
314 // 设置当前地址
315 //------------------------------------------------------------
316 void Set_LCD_POS(INT8U row, INT8U col)
317 {
318     INT16U Pos;
```

```
319         Pos = row * LCD_WIDTH + col;
320         LCD_Write_Command_P2(LC_ADD_POS,Pos % 256, Pos / 256);
321         gCurRow = row;
322         gCurCol = col;
323     }
324
325     //-----------------------------------------------------------------
326     // 清屏
327     //-----------------------------------------------------------------
328     void Clear_Screen()
329     {
330         INT16U i;
331         LCD_Write_Command_P2(LC_ADD_POS,0x00,0x00);   //置地址指针
332         LCD_Write_Command(LC_AUT_WR);                  //自动写
333         for(i = 0;i<0x2000; i ++ )
334         {
335             Status_BIT_3();
336             LCD_Write_Data(0x00);                      //写数据
337         }
338         LCD_Write_Command(LC_AUT_OVR);                 //自动写结束
339         LCD_Write_Command_P2(LC_ADD_POS,0x00,0x00);   //重置地址指针
340         gCurRow = 0;
341         gCurCol = 0;
342     }
343
344     //-----------------------------------------------------------------
345     // LCD 初始化
346     //-----------------------------------------------------------------
347     char LCD_Initialise()
348     {
349         LCD_Write_Command_P2(LC_TXT_STP,0x00,0x00);            //文本显示区首地址
350         LCD_Write_Command_P2(LC_TXT_WID,LCD_WIDTH,0x00);      //文本显示区宽度
351         LCD_Write_Command_P2(LC_GRH_STP,0x00,0x00);            //图形显示区首地址
352         LCD_Write_Command_P2(LC_GRH_WID,LCD_WIDTH,0x00);      //图形显示区宽度
353         LCD_Write_Command(LC_CUR_SHP | 0x01);                  //光标形状
354         LCD_Write_Command(LC_MOD_OR);                          //显示方式设置
355         LCD_Write_Command(LC_DIS_SW  | 0x08);
356         return 0;
357     }
358
359     //-----------------------------------------------------------------
360     // ASCII 及汉字显示(wb 表示是否反白显示)
361     //-----------------------------------------------------------------
```

```c
362  void Display_Str_at_xy(INT8U x,INT8U y,char * Buffer,INT8U wb)
363  {
364      char c1,c2,cData;
365      INT8U i = 0,j,k,uLen = strlen(Buffer);
366      while(i<uLen)
367      {
368          c1 = Buffer[i]; c2 = Buffer[i + 1];
369          Set_LCD_POS(y, x / 8);
370          //ASCII 字符显示
371          if((c1 & 0x80) == 0x00)
372          {
373              if(c1<0x20)
374              {
375                  switch(c1)
376                  {
377                      case CR:
378                      case LF: i ++ ; x = 0;   //回车或换行
379                          if(y<112) y + = HZ_CHR_HEIGHT;
380                          continue;
381                      case BS: i ++ ;           //退格
382                          if(y > ASC_CHR_WIDTH) y - = ASC_CHR_WIDTH;
383                          cData = 0x00;
384                          break;
385                  }
386              }
387              //从 Flash 程序 ROM 中读取字符点阵并显示
388              for(j = 0; j<ASC_CHR_HEIGHT; j ++ )
389              {
390                  if(c1 > = 0x1F)
391                  {
392                      cData = pgm_read_byte(ASC_MSK + (c1 - 0x1F) * ASC_CHR_HEIGHT + j);
393                      if (wb) cData = ~cData;
394                      Set_LCD_POS( y + j , x / 8);
395                      if( (x % 8) == 0)
396                      {
397                          LCD_Write_Command(LC_AUT_WR);
398                          LCD_Write_Data(cData);
399                          LCD_Write_Command(LC_AUT_OVR);
400                      }
401                      else OutToLCD(cData, x, y + j);
402                  }
403                  Set_LCD_POS(y + j, x / 8);
404              }
```

```
405            if(c1 != BS) x + = ASC_CHR_WIDTH;
406        }
407        //中文字符显示
408        else
409        {
410            //在字库中查找汉字
411            for(j = 0;j<sizeof(GB_16)/sizeof(GB_16[0]);j ++)
412            {
413                if(c1 == GB_16[j].Index[0] && c2 == GB_16[j].Index[1])
414                break;
415            }
416            //从中文点阵库中读取点阵并显示
417            for(k = 0;k<HZ_CHR_HEIGHT; k ++)
418            {
419                Set_LCD_POS(y + k, x / 8);
420                if(j<sizeof(GB_16)/sizeof(GB_16[0]))
421                {
422                    c1 = GB_16[j].Msk[k * 2];
423                    c2 = GB_16[j].Msk[k * 2 + 1];
424                }
425                else c1 = c2 = 0;
426                if((x % 8) == 0)
427                {
428                    LCD_Write_Command(LC_AUT_WR);
429                    if (wb) c1 = ~c1;
430                    LCD_Write_Data(c1);
431                    LCD_Write_Command(LC_AUT_OVR);
432                }
433                else
434                {
435                    if (wb) c1 = ~c1;
436                    OutToLCD(c1, x, y + k);
437                }
438
439                if(((x + 2 + HZ_CHR_WIDTH / 2) % 8) == 0)
440                {
441                    LCD_Write_Command(LC_AUT_WR);
442                    if (wb) c2 = ~c2;
443                    LCD_Write_Data(c2);
444                    LCD_Write_Command(LC_AUT_OVR);
445                }
446                else
447                {
```

```
448                    if (wb) c2 = ~c2;
449                    OutToLCD(c2,x + 2 + HZ_CHR_WIDTH / 2,y + k);
450                }
451            }
452            x + = HZ_CHR_WIDTH;   i ++ ;
453        }
454        i ++ ;
455    }
456 }
457
458 //--------------------------------------------------------------
459 // 输出起点 x 不是 8 的倍数时,原字节分成两部分输出到 LCD
460 //--------------------------------------------------------------
461 void OutToLCD(INT8U Dat,INT8U x,INT8U y)
462 {
463     INT8U dat1,dat2,a,b;
464     b = x % 8; a = 8 - b;
465     Set_LCD_POS(y,x / 8);
466     LCD_Write_Command(LC_AUT_RD);
467     dat1 = LCD_Read_Data();
468     dat2 = LCD_Read_Data();
469     //将读取的前后两字节分别与待显示字节的前后部分组合
470     dat1 = (dat1 & (0xFF<<a)) | (Dat>>b);
471     dat2 = (dat2 & (0xFF>>b)) | (Dat<<a);
472     LCD_Write_Command(LC_AUT_OVR);
473     Set_LCD_POS(y,x / 8);
474     //输出组合后的两字节
475     LCD_Write_Command(LC_AUT_WR);
476     LCD_Write_Data(dat1);
477     LCD_Write_Data(dat2);
478     LCD_Write_Command(LC_AUT_OVR);
479 }
480
481 //--------------------------------------------------------------
482 // 绘点函数
483 // 参数:点的坐标,模式 1/0 分别为显示与清除点
484 //--------------------------------------------------------------
485 void Pixel(INT8U x,INT8U y, INT8U Mode)
486 {
487     INT8U start_addr, dat;
488     start_addr = 7 - ( x % 8);
489     dat = LC_BIT_OP | start_addr;          //生成位操作命令绘点数据
490     if (Mode) dat |= 0x08;
```

```
491        Set_LCD_POS(y, x / 8);
492        LCD_Write_Command(LC_BIT_OP | dat);    //写数据
493    }
494
495    //------------------------------------------------------------------
496    // 两数交换
497    //------------------------------------------------------------------
498    void Exchange(INT8U * a, INT8U * b)
499    {
500        INT8U t;
501        t = * a;  * a = * b;  * b = t;
502    }
503
504    //------------------------------------------------------------------
505    // 绘制直线函数
506    // 参数:起点与终点坐标,模式为显示(1)或清除(0),点阵不超过 255 * 255)
507    //------------------------------------------------------------------
508    void Line(INT8U x1,INT8U y1, INT8U x2,INT8U y2, INT8U Mode)
509    {
510        INT8U x,y;           //绘点坐标
511        float k,b;           //直线斜率与偏移
512
513        if( fabs(y1 - y2) < = fabs( x1 - x2) )
514        {
515            k = (float)(y2 - y1) / (float)(x2 - x1) ;
516            b = y1 - k * x1;
517            if( x1 > x2 ) Exchange(&x1, &x2);
518            for(x = x1;x < = x2; x ++ )
519            {
520                y = (INT8U)(k * x + b);
521                Pixel(x, y, Mode);
522            }
523        }
524        else
525        {
526            k = (float)(x2 - x1) / (float)(y2 - y1) ;
527            b = x1 - k * y1;
528            if( y1 > y2 ) Exchange(&y1, &y2);
529            for(y = y1;y < = y2; y ++ )
530            {
531                x = (INT8U)(k * y + b);
532                Pixel( x , y,Mode );
533            }
```

```
534         }
535    }
536
537    //--------------------------------------------------------------
538    // 绘制图像(图像数据来自于 Flash 程序 ROM 空间)
539    //--------------------------------------------------------------
540    void Draw_Image(prog_uchar * G_Buffer, INT8U Start_Row, INT8U Start_Col)
541    {
542        INT16U i,j,W,H;
543        //图像行数控制(G_Buffer 的前两个字节分别为图像宽度与高度)
544        W = pgm_read_byte(G_Buffer + 1);
545        for(i = 0; i < W; i ++)
546        {
547            Set_LCD_POS(Start_Row + i,Start_Col);
548            LCD_Write_Command(LC_AUT_WR);
549            //绘制图像每行像素
550            H = pgm_read_byte(G_Buffer);
551            for( j = 0; j < H / 8; j ++)
552              LCD_Write_Data(pgm_read_byte(G_Buffer + i * ( H / 8 ) + j + 2));
553            LCD_Write_Command(LC_AUT_OVR);
554        }
555    }


01     //-------------------------- PG160128.h --------------------------
02     // 名称: PG160128 显示驱动程序头文件
03     //--------------------------------------------------------------
04     #include <stdio.h>
05     #include <math.h>
06     #include <string.h>
07     #define STX    0x02
08     #define ETX    0x03
09     #define EOT    0x04
10     #define ENQ    0x05
11     #define BS     0x08
12     #define CR     0x0D
13     #define LF     0x0A
14     #define DLE    0x10
15     #define ETB    0x17
16     #define SPACE  0x20
17     #define COMMA  0x2C
18
19     #define TRUE   1
20     #define FALSE  0
```

```
21
22   #define HIGH      1
23   #define LOW       0
24
25   //T6963C 命令定义
26   #define LC_CUR_POS    0x21    //光标位置设置
27   #define LC_CGR_POS    0x22    //CGRAM 偏置地址设置
28   #define LC_ADD_POS    0x24    //地址指针位置
29   #define LC_TXT_STP    0x40    //文本区首址
30   #define LC_TXT_WID    0x41    //文本区宽度
31   #define LC_GRH_STP    0x42    //图形区首址
32   #define LC_GRH_WID    0x43    //图形区宽度
33   #define LC_MOD_OR     0x80    //显示方式:逻辑或
34   #define LC_MOD_XOR    0x81    //显示方式:逻辑异或
35   #define LC_MOD_AND    0x82    //显示方式:逻辑与
36   #define LC_MOD_TCH    0x83    //显示方式:文本特征
37   #define LC_DIS_SW     0x90    //显示开关:
38                                //D0=1/0:光标闪烁启用/禁用
39                                //D1=1/0:光标显示启用/禁用
40                                //D2=1/0:文本显示启用/禁用
41                                //D3=1/0:图形显示启用/禁用
42   #define LC_CUR_SHP    0xA0    //光标形状选择:0xA0~0xA7 表示光标占的行数
43   #define LC_AUT_WR     0xB0    //自动写设置
44   #define LC_AUT_RD     0xB1    //自动读设置
45   #define LC_AUT_OVR    0xB2    //自动读/写结束
46   #define LC_INC_WR     0xC0    //数据写,地址加1
47   #define LC_INC_RD     0xC1    //数据读,地址加1
48   #define LC_DEC_WR     0xC2    //数据写,地址减1
49   #define LC_DEC_RD     0xC3    //数据读,地址减1
50   #define LC_NOC_WR     0xC4    //数据写,地址不变
51   #define LC_NOC_RD     0xC5    //数据读,地址不变
52   #define LC_SCN_RD     0xE0    //读屏幕
53   #define LC_SCN_CP     0xE8    //屏幕拷贝
54   #define LC_BIT_OP     0xF0    //位操作:B0~B2 对应 D0~D7 位;B3:1 置位/0:清除

//-------------------------- PictureDots.h --------------------------
001  //显示在 LCD 上的图像点阵,数组数据存放于程序 Flash 空间中
002  prog_uchar ImageX[] = { //用 Zimo 取本例图像点阵时,注意"横向取模,字节不倒序"
003  0x00,0x00,0x00,0x00,0x00,0x00,0x00,0x00,0x00,0x00,0x00,0x00,0x00,0x00,0x00,0x00,
004  0x00,0x00,0x00,0x00,0x00,0x00,0x00,0x00,0x00,0x00,0x00,0x00,0x00,0x00,0x00,0x00,
……因篇幅限制,这里省略了待显示图像的大部分点阵数据。
161  0x00,0x00,0x00,0x00,0x00,0x00,0x00,0x00,0x00,0x00,0x00,0x00,0x00,0x00,0x00,0x00,
162  0x00,0x00,0x00,0x00,0x00,0x00,0x00,0x00,0x00,0x00,0x00,0x00,0x00,0x00,0x00,0x00
```

163   };

```
001  //------------------------  main.c  ------------------------
002  //  名称:PG160128液晶图形滚动演示
003  //-----------------------------------------------------------
004  //  说明:本例可显示一幅图像,可控制图像滚动,反白,合上"图文"开关时,
005  //        还可以显示一幅条形统计图
006  //
007  //-----------------------------------------------------------
008  # include <avr/io.h>
009  # include <avr/pgmspace.h>
010  # include <util/delay.h>
011  # include <stdio.h>
012  # include "PG160128.h"
013  # include "PictureDots.h"
014  # define INT8U  unsigned char
015  # define INT16U unsigned int
016
017  extern void Clear_Screen();                                     //清屏
018  extern INT8U LCD_Initialise();                                  //LCD初始化
019  extern INT8U LCD_Write_Command(INT8U cmd);                      //写无参数的命令
020                                                                  //写双参数命令
021  extern INT8U LCD_Write_Command_P2(INT8U cmd,INT8U para1,INT8U para2);
022  extern INT8U LCD_Write_Data(INT8U dat);                         //写数据
023  extern void Set_LCD_POS(INT8U row, INT8U col);                  //设置当前地址
024                                                                  //绘制线条
025  extern void Line(INT8U x1,INT8U y1, INT8U x2,INT8U y2, INT8U Mode);
026                                                                  //显示字符串
027  extern INT8U Display_Str_at_xy(INT8U x,INT8U y,char * fmt);
028  extern INT8U LCD_WIDTH;
029  extern INT8U LCD_HEIGHT;
030
031  //开关定义
032  # define S1_ON() (PINB & _BV(PB0)) == 0x00                      //正常显示
033  # define S2_ON() (PINB & _BV(PB1)) == 0x00                      //反白
034  # define S3_ON() (PINB & _BV(PB2)) == 0x00                      //滚动
035  # define S4_ON() (PINB & _BV(PB3)) == 0x00                      //图文
036
037  //当前操作序号
038  INT8U Current_Operation = 0;
039  //待显示的统计数据
040  INT8U Statistics_Data[] = {20,70,80,40,90,65,30};
041  //-----------------------------------------------------------
```

```
042    // 绘制条形图
043    //------------------------------------------------------------
044    void Draw_Bar_Graph(INT8U d[])
045    {
046        INT8U i,h;
047        Line(4,2,4,100,1);                        //纵轴
048        Line(4,100,158,100,1);                    //横轴
049        Line(4,2,1,10,1);                         //纵轴箭头
050        Line(4,2,7,10,1);
051        Line(158,100,152,97,1);                   //横轴箭头
052        Line(158,100,152,103,1);
053        for ( i = 0; i<7; i ++ )
054        {
055            h = 100 - d[i];
056            Line(10 + i * 20, h,    10 + i * 20,    100, 1);
057            Line(10 + i * 20, h,    10 + i * 20 + 15, h, 1);
058            Line(10 + i * 20 + 15,h, 10 + i * 20 + 15,100, 1);
059        }
060    }
061
062    //------------------------------------------------------------
063    // 主程序
064    //------------------------------------------------------------
065    int main()
066    {
067        INT8U i,j,m,c = 0;   INT16U k;
068        //配置端口
069        DDRB = 0x00; PORTB = 0xFF;
070        DDRC = 0xFF; PORTC = 0xFF;
071        DDRD = 0xFF; PORTD = 0xFF;
072        //初始化 LCD
073        LCD_Initialise();
074        //从 LCD 左上角开始清屏
075        Set_LCD_POS(0,0);
076        Clear_Screen();
077        while(1)
078        {
079            if     (S1_ON()) Current_Operation = 1;     //正常
080            else if (S2_ON()) Current_Operation = 2;    //反白
081            else if (S3_ON()) Current_Operation = 3;    //滚动
082            else if (S4_ON()) Current_Operation = 4;    //图文
083            //如果操作类型未改变则仅执行延时
084            if ( c == Current_Operation) goto delayx;
```

```c
085        c = Current_Operation;
086        switch (Current_Operation)
087        {
088            case 1://正常或反白显示
089            case 2:
090                    LCD_Write_Command_P2( LC_GRH_STP,0x00,0x00);
091                    //行循环,LCD_HEIGHT = 128
092                    for(i = 0;i<LCD_HEIGHT; i ++ )
093                    {
094                        //设置从每行起点开始显示
095                        Set_LCD_POS(i,0);
096                        //写数据
097                        LCD_Write_Command(LC_AUT_WR);
098                        //显示每行中的 160 个像素,LCD_WIDTH = 160/8
099                        for( j = 0; j<LCD_WIDTH; j ++ )
100                        {
101                            m = pgm_read_byte(ImageX + i * LCD_WIDTH + j);
102                            //如果合上 S2 则反白显示
103                            if (S2_ON()) m = ~m;
104                            //向 LCD 输出图像素,每次输出 1 字节,8 个像素
105                            LCD_Write_Data(m);
106                        }
107                        LCD_Write_Command(LC_AUT_OVR);
108                    }
109                    break;
110            case 3://滚动显示
111                    //每次向下移动一行 GFXHOME 地址(20 字节),使前面的图像向上滚动出屏幕
112                    k = 0;
113                    //宽度单位为字节(相当于 8 像素),高度单位为像素
114                    while ( k != LCD_WIDTH * LCD_HEIGHT)
115                    {
116                        //设置图形区首地址
117                        LCD_Write_Command_P2( LC_GRH_STP, k % 256, k / 256) ;
118                        _delay_ms(20);//延时
119                        k + = LCD_WIDTH;
120                    }
121                    break;
122            case 4://图文显示
123                    LCD_Write_Command_P2( LC_GRH_STP,0x00,0x00);
124                    Set_LCD_POS(0,0);
125                    Clear_Screen();
126                    Draw_Bar_Graph(Statistics_Data);    //根据统计数据数组显示条形图
127                    Display_Str_at_xy(3,110," 2015 B2B 统计图显示 ");//显示统计图标识
```

```
128                    break;
129               }
130         delayx: _delay_ms(300);
131     }
132 }
```

4.20　TG126410 液晶串行模式显示

本例 TG126410 液晶使用的控制芯片为 SED1565，程序将其配置成工作于串行模式，开关和按键可控制 LCD 显示不同画面，所显示的画面有的完全由程序控制显示，有的则根据画面图形点阵数据显示。本例电路及部分运行效果如图 4-30 所示。

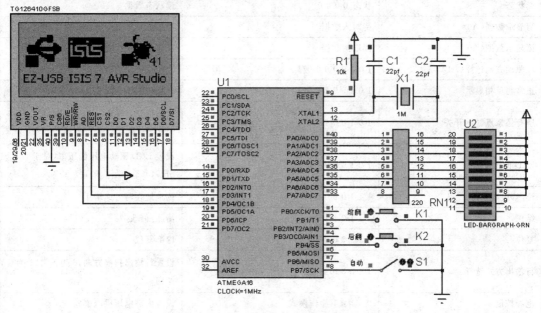

图 4-30　TG126410 液晶串行模式显示

1. 程序设计与调试

本例液晶使用 SED1565 控制芯片，下面对其引脚作简要说明：

① P/S 引脚用于选择并行（Parallel）与串行（Serial）方式，当 P/S 引脚接高电平时选择并行方式，反之则选择串行方式，本例将该引脚接低电平。

② 本例液晶工作于并行方式时，D0～D7 为 8 位双向数据总线；在工作于串行方式时，D7 为串行数据输入线（SI），D6 为串行时钟线。其他引脚呈高阻状态。

③ A0 引脚用于决定所发送是待显示数据还是控制命令。当 A0=1 时所发送的是数据，当 A0=0 时为命令。

④ CS1 与 CS2 为片选信号输入线，当 CS1=0，CS2=1 时数据与命令 I/O 端口有效。

需要详细了解其他引脚功能时可参阅本书网上资料案例压缩包中"芯片资料"/TG12640-SED1565.pdf 文件。

为编写本例液晶显示程序，还需要给出该液晶的控制命令，表 4-16 是 TG126410（SED1565）

液晶命令集。

表 4-16 TG126410(SED1565)液晶命令集

命 令	命令代码(在读/写数据时 A0=1,在写命令时 A0=0) D7~D0	功 能
显示开关	1010111 0/1	液晶显示开关(0:关,1:开)
设置显示起始行	0 1 起始行(0x00~0x3F)	设置显示 RAM 的显示起始行
页地址	1011 页地址(0~7)	设置页地址
列地址高位 列地址低位	0001 列地址高 4 位 0000 列地址低 4 位	分别设置列地址的高 4 位与低 4 位
读状态	状态 0000	读状态数据
写显示数据(A0=1)	待写入数据	将数据写入显示 RAM
读显示数据(A0=1)	读取的数据	从显示 RAM 中读数据
段驱动方向选择(ADC)	1010000 0/1	0 为正常,1 为逆向
正常与反相显示	1010011 0/1	0 为正常,1 为反相
所有像素点显示开关	1010010 0/1	所有像素点显示 0 为正常显示,1 为反黑
LCD 偏压设置	1010010 0/1	设置 LCD 驱动电压偏压率,对于 SEG1565,0 为 1/9,1 为 1/7
读/修改/写	11100000	列地址在写时递增 1
结束	11101110	清除/修改/写
复位	11100010	内部复位
行输出方式选择	1100 0/1 * * *	设置行输出扫描方向,0 为正常,1 为逆向
电源控制	00101 操作模式	设置内部电压供电模式
V5 电压调节内部电阻率设置	00100 电阻率	设置内部电阻率模式(Rb/Ra)
电量模式设置 电量寄存器设置	10000001 * * 电量值	设置 V5 输出电压电量寄存器
静态指示器开关 静态指示寄存器设置	1010110 0/1 * * * * * * 模式	0:关,1:开 设置刷新模式
无操作命令(NOP)	11100011	无操作
测试命令	1111 * * * *	用于 IC 测试
测试模式复位	11110000	进入刷新序列

注:以上标有 * 的数位是无用的。

图 4-31 给出了 TG126410 液晶 DDRAM(Display DATA RAM,显示数据 RAM)的页地址、行地址及列地址示意图。另外表 4-16 第 8 行给出了段驱动方向设置命令,通过该命令可颠倒列地址与段输出之间的关系,该命令的最低位设为 0 时,列地址 0x00~0x83 对应于段 0x00~0x83(SEG0~SEG131);反之,如果该位设为 1,则列地址与段输出的对应关系刚好相

反。显然,通过设置该位可"水平翻转"画面。

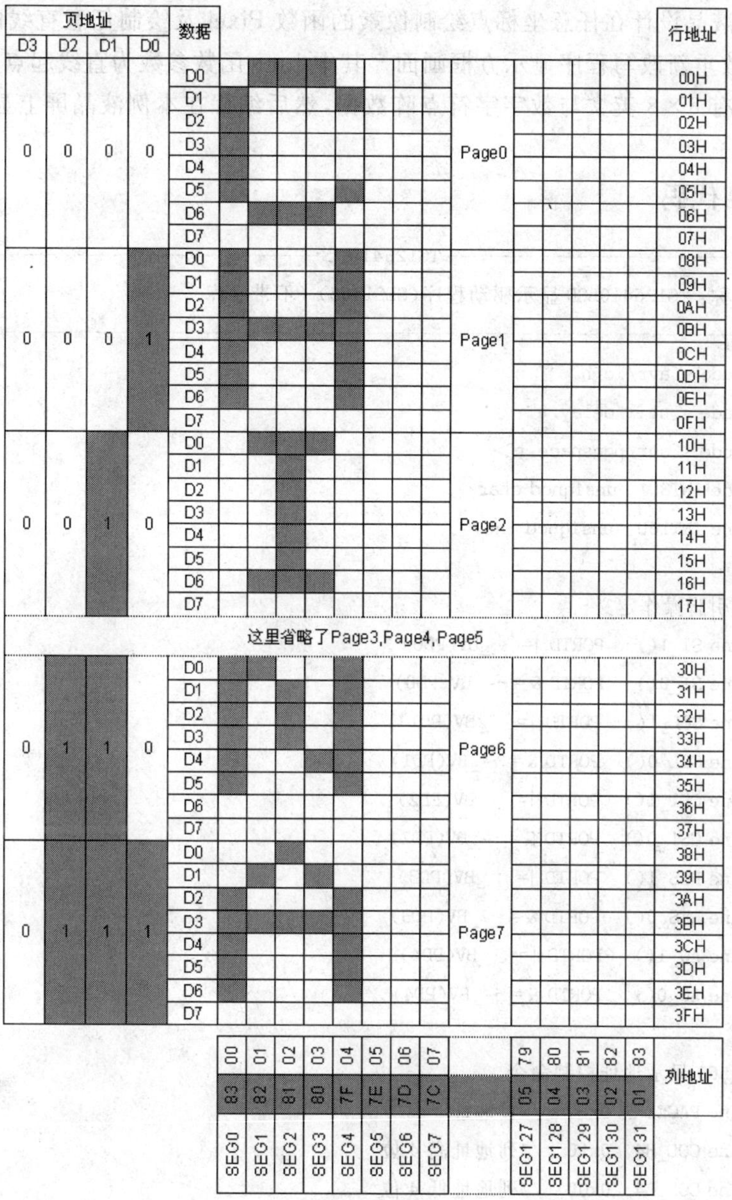

图 4-31 TG126410 液晶的页、行、列地址示意图

另外,如果已经将一幅画面的点阵数据写入 DDRAM,在使用行地址设置命令动态修改显示起始行时会导致画面滚动。例如:起始行设为 30 行时,屏幕最顶端开始显示的将是 DDRAM 中的第 30 行数据,向上滚出的部分将出现在屏幕下方。

在阅读本例全屏显示、全屏不显示、平铺显示 R、显示方框、显示画面等子程序时,可参照图 4-31 及本例液晶命令表进行对比分析。

2. 实训要求

① 通过本例液晶命令测试像素反相及画面左右水平翻转的显示效果。

② 设置本例液晶工作于并行模式,仍实现与本例类似的显示效果。

③ 为本例液晶设计在任意坐标点绘制像素的函数 Pixel 及绘制任意直线的函数 Line,利用所编写的函数重新改写程序显示方框画面。其中 Line 函数参数为直线起点与终点坐标。

④ 提取所有 8×8 英文与数字字符点阵数据,然后编程在本例液晶屏上显示任意指定的字符串。

3. 源程序代码

```
001  //----------------------------- TG126410.c -----------------------------
002  //   名称:TG126410LCD 显示驱动程序(SEG1565)(不带字库)
003  //------------------------------------------------------------------------
004  #include <avr/io.h>
005  #include <util/delay.h>
006  #include <avr/pgmspace.h>
007  #define INT8U    unsigned char
008  #define INT16U   unsigned int
009
010  //液晶引脚操作定义
011  #define SI_1()    PORTD |=  _BV(PD0)
012  #define SI_0()    PORTD &= ~_BV(PD0)
013  #define SCL_1()   PORTD |=  _BV(PD1)
014  #define SCL_0()   PORTD &= ~_BV(PD1)
015  #define CS1_1()   PORTD |=  _BV(PD2)
016  #define CS1_0()   PORTD &= ~_BV(PD2)
017  #define RES_1()   PORTD |=  _BV(PD3)
018  #define RES_0()   PORTD &= ~_BV(PD3)
019  #define A0_1()    PORTD |=  _BV(PD4)
020  #define A0_0()    PORTD &= ~_BV(PD4)
021
022  //SEG1565 显示地址控制命令
023  #define PAGE      0xB0    //页地址
024  #define COL_H4    0x10    //列地址高 4 位
025  #define COL_L4    0x00    //列地址低 4 位
026  #define LINE      0x40    //行地址
027
028  //大写字母 R 的 8x8 点阵(纵向取模,字节倒序)
029  const INT8U R[8] = { 0x00,0xFE,0x12,0x32,0x52,0x8C,0x00,0x00 };
030
031  //案例文件夹下 BMP 位图文件的点阵数据(存放于程序 Flash 空间)---------------
032  prog_uchar ICONs_Picture[1024] = { //纵向取模,字节倒序
033  0x00,0x00,0x00,0x00,0x00,0x00,0x00,0x00,0x00,0x00,0x00,0x00,0x00,0x00,0x00,
034  0x00,0x00,0x00,0x00,0x00,0x00,0x00,0x00,0x00,0x00,0x00,0x00,0x00,0x00,0x00,
```

……限于篇幅,这里省略了图像的大部分点阵数据

```
095     0x00,0x00,0x00,0x00,0x00,0x00,0x00,0x00,0x00,0x00,0x00,0x00,0x00,0x00,0x00,
096     0x00,0x00,0x00,0x00,0x00,0x00,0x00,0x00,0x00,0x00,0x00,0x00,0x00,0x00,0x00
097     };
098
099     //-----------------------------------------------------------------
100     // 写指令
101     //-----------------------------------------------------------------
102     void Write_Command(INT8U cmd)
103     {
104         INT8U i;
105         CS1_0(); A0_0(); _delay_us(4);      //A0 设为 0,选择命令寄存器
106         for(i = 0; i<8; i++)                //串行写入一字节命令
107         {
108             SCL_0(); if (cmd & 0x80) SI_1(); else SI_0();
109             cmd <<= 1;
110             SCL_1(); _delay_us(4);          //时钟上升沿写入
111         }
112         _delay_us(4);
113         CS1_1();
114     }
115
116     //-----------------------------------------------------------------
117     // 写数据
118     //-----------------------------------------------------------------
119     void Write_Data(INT8U dat)
120     {
121         INT8U i;
122         CS1_0(); A0_1(); _delay_us(4);      //A0 设为 1,选择数据寄存器
123         for(i = 0; i<8; i++)                //串行写入一字节数据
124         {
125             SCL_0(); if (dat & 0x80) SI_1(); else SI_0();
126             dat <<= 1;
127             SCL_1(); _delay_us(4);          //时钟上升沿写入
128         }
129         _delay_us(4);
130         CS1_1();
131     }
132
133     //-----------------------------------------------------------------
134     // LCD 初始化
135     //-----------------------------------------------------------------
136     void LCD_Initialize()
137     {
```

```c
138    RES_0(); _delay_ms(10); RES_1();
139    Write_Command(0xA2);_delay_ms(10);  //设置偏压比为1/7
140    Write_Command(0xA1);_delay_ms(10);  //设置段驱动方为逆向
141    Write_Command(0xC8);_delay_ms(10);  //设置COM扫描方为逆向
142    Write_Command(0x27);_delay_ms(10);  //设置电阻率
143    Write_Command(0x81);_delay_ms(10);  //设置电量寄存器
144    Write_Command(0x1B);_delay_ms(10);  //设置电量
145    Write_Command(0x2C);_delay_ms(10);  //依次打开倍压电路
146    Write_Command(0x2E);_delay_ms(10);  //内部电压调整
147    Write_Command(0x2F);_delay_ms(10);  //开启偏置电路功能
148    Write_Command(0xA4);_delay_ms(10);  //正常显示所有点
149    Write_Command(0xAF);_delay_ms(10);  //开显示
150 }
151
152 //-----------------------------------------------------------
153 // 全屏显示或全屏不显示(形成全黑色屏幕或底色屏幕)
154 //-----------------------------------------------------------
155 void Full_Disp_ON_OFF(INT8U k)
156 {
157    INT8U i,j;
158    Write_Command(LINE);         //设置显示起始行为第0行(高2位01为命令,低6位全0)
159    for(i = 0; i<8; i ++)        //全屏输出,共8页(0~7)
160    {
161        Write_Command(PAGE + i); //选择第i页
162        Write_Command(COL_H4);   //列地址高4位设为0000
163        Write_Command(COL_L4);   //列地址低4位设为0000
164        for(j = 0; j<128; j ++)  //输出第i页的0~127列(列地址自动递增)
165        {
166            if (k == 1) Write_Data(0xFF); //各列全部输出11111111
167            else       Write_Data(0x00);  //否则输出00000000
168        }
169    }
170 }
171
172 //-----------------------------------------------------------
173 // 显示边框
174 //-----------------------------------------------------------
175 void Disp_Frame()
176 {
177    INT8U i,j;
178    //第0页输出 ---------------------------------------------
179    Write_Command(LINE);         //设置显示起始行
180    Write_Command(PAGE);         //选择第0页
```

```c
181      Write_Command(COL_H4);           //设置起始列为第 0 列
182      Write_Command(COL_L4);
183      Write_Data(0xFF);                //垂直输出 1 列,8 个点
184      for(j = 0; j<126; j++)           //输出 126 列
185      {
186          Write_Data(0x01);            //各列为 00000001,这使最上面一行出现一条横线
187      }
188      Write_Data(0xFF);                //该页第 127 列输出 8 个点
189      //第 1~6 页输出----------------------------------------------
190      for(i = 1; i<7; i++)             //输出 1~6 页
191      {
192          Write_Command(PAGE + i);     //选择第 i 页(1~6)
193          Write_Command(COL_H4);       //设置列地址高 4 位
194          Write_Command(COL_L4);       //设置列地址低 4 位
195          Write_Data(0xFF);            //第 0 列输出 8 个点
196          for(j = 0; j<126; j++)       //接下来输出 126 列
197          {
198              Write_Data(0x00);        //输出 00000000,与屏幕底色相同
199          }
200          Write_Data(0xFF);            //第 127 列显示 8 个点
201      }
202      //第 7 页输出--------------------------------------------------
203      Write_Command(PAGE + 7);         //输出第 7 页
204      Write_Command(COL_H4);           //设置列地址高 4 位
205      Write_Command(COL_L4);           //设置列地址低 4 位
206      Write_Data(0xFF);                //第 0 列输出 8 个点
207      for(j = 0; j<126; j++)           //输出 126 列
208      {
209          Write_Data(0x80);            //各列输出 10000000,这使最下面一行输出一条横线
210      }
211      Write_Data(0xFF);                //最后一页最后一列输出 8 个点
212  }
213
214  //------------------------------------------------------------------
215  // 正显与反显棋板
216  //------------------------------------------------------------------
217  void Disp_Checker(INT8U k)
218  {
219      INT8U i,j;
220      Write_Command(LINE);             //设置显示起始行
221      for(i = 0; i<8; i++)             //全屏共 8 页
222      {
223          Write_Command(PAGE + i);     //选择第 i 列
```

```
224        Write_Command(COL_H4);          //输出列地址高4位
225        Write_Command(COL_L4);          //输出列地址低4位
226        for(j = 0; j<64; j++)           //每页64次输出
227        {
228            if (k == 0)                 //k=0或1时,每次输出2字节(2列)每页64*2=128列
229            {
230                Write_Data(0xAA); Write_Data(0x55); //正显:10101010 01010101
231            }
232            else
233            {
234                Write_Data(0x55); Write_Data(0xAA); //反显:01010101 10101010
235            }
236        }
237    }
238 }
239
240 //--------------------------------------------------------------------
241 // R字符平铺画面
242 //--------------------------------------------------------------------
243 void Disp_R()
244 {
245    INT8U i,j,k;
246    Write_Command(LINE);                 //设置显示起始行地址
247    for(i = 0; i<8; i++)                 //全屏共输出8页
248    {
249        Write_Command(PAGE + i);         //选择第i页
250        Write_Command(COL_H4);           //设置列地址高4位
251        Write_Command(COL_L4);           //设置列地址低4位
252        for(j = 0; j<16; j++)            //每页横向显示16个R
253        {                                //输出一个R字符的8列点阵数据字节
254            for(k = 0; k<8; k++) Write_Data(R[k]);
255        }
256    }
257 }
258
259 //--------------------------------------------------------------------
260 // 显示案例文件夹下的一幅图片
261 //--------------------------------------------------------------------
262 void Disp_Picture()
263 {
264    INT8U i,j;
265    Write_Command(LINE);                 //设置显示起始行地址
266    for(i = 0; i<8; i++)                 //全屏共输出8页
```

```
267    {
268        Write_Command(PAGE + i);      //选择第 i 页
269        Write_Command(COL_H4);        //设置列地址高 4 位
270        Write_Command(COL_L4);        //设置列地址低 4 位
271        //用 pgm_read_byte 从程序 Flash 空间中读取点阵数据
272        for(j = 0; j<128; j++)        //每页显示 128 列,列地址自动递增
273            Write_Data(pgm_read_byte(ICONs_Picture + i * 128 + j));
274    }
275 }
```

```
01  //-------------------------- main.c --------------------------
02  // 名称:TG126410 液晶串行模式演示
03  //----------------------------------------------------------
04  // 说明:本例用按键与开关控制 TG126410 显示不同画面,LCD 工作于串行模式。
05  //      本例所显示的几幅画面常用于对液晶屏进行显示测试
06  //
07  //----------------------------------------------------------
08  #include <avr/io.h>
09  #include <util/delay.h>
10  #define INT8U    unsigned char
11  #define INT16U   unsigned int
12
13  //按键定义
14  #define K1_DOWN() ((PINB & _BV(PB1)) == 0x00)   //前翻
15  #define K2_DOWN() ((PINB & _BV(PB4)) == 0x00)   //后翻
16  #define K3_DOWN() ((PINB & _BV(PB7)) == 0x00)   //自动刷新
17
18  //画面总数及当前画面页索引
19  INT8U MaxPage = 7, CurrentPageIndex = 0;
20  //控制是否继续显示下一幅图像的标识变量
21  enum {FALSE,TRUE} ShowNext = FALSE;
22
23  //12864LCD 显示与屏幕测试相关函数
24  extern void LCD_Initialize();
25  extern void Full_Disp_ON_OFF(INT8U k);
26  extern void Disp_Checker(INT8U k);
27  extern void Disp_Frame();
28  extern void Disp_R();
29  extern void Disp_Clip();
30  extern void Disp_Picture();
31  //----------------------------------------------------------
32  // 按键扫描
33  //----------------------------------------------------------
```

```c
34  void Scan_KEYs()
35  {
36      if(K3_DOWN())                                    //开关合上时自动刷新
37      {
38          ShowNext = TRUE;
39          if ( ++ CurrentPageIndex == MaxPage) CurrentPageIndex = 0;
40          _delay_ms(200);
41      }
42      else if(K1_DOWN())                               //前翻
43      {
44          ShowNext = TRUE;
45          if(CurrentPageIndex > 0)
46              CurrentPageIndex -- ;
47          else
48              CurrentPageIndex = MaxPage - 1;
49      }
50      else if(K2_DOWN())                               //后翻
51      {
52          ShowNext = TRUE;
53          if ( ++ CurrentPageIndex == MaxPage) CurrentPageIndex = 0;
54      }
55      PORTA = ~ _BV(CurrentPageIndex);                 //刷新指示 LED
56  }
57
58  //-----------------------------------------------------------------
59  // 主程序
60  //-----------------------------------------------------------------
61  int main()
62  {
63      DDRA = 0xFF; PORTA = 0xFF;                       //配置端口
64      DDRB = 0x00; PORTB = 0xFF;
65      DDRD = 0xFF;
66      LCD_Initialize(); _delay_ms(5);                  //液晶初始化
67      Full_Disp_ON_OFF(0);                             //全屏不显示
68      _delay_ms(200);
69      Full_Disp_ON_OFF(1);                             //全显(形成全黑色屏幕)
70      while (1)
71      {
72          Scan_KEYs();                                 //键盘扫描
73          if(ShowNext == TRUE)
74          {
75              switch(CurrentPageIndex)
76              {
```

```
77              case 0 : Disp_R();                break; //R字符平铺画面
78              case 1 : Disp_Frame();            break; //方框
79              case 2 : Full_Disp_ON_OFF(1);     break; //全显（形成全黑色屏幕）
80              case 3 : Full_Disp_ON_OFF(0);     break; //全不显（底色屏幕）
81              case 4 : Disp_Checker(1);         break; //正显棋板
82              case 5 : Disp_Checker(0);         break; //反显棋板
83              case 6 : Disp_Picture();          break; //案例文件夹下的一幅图片
84              }
85              ShowNext = FALSE;
86          }
87      }
88  }
```

4.21 用带 SPI 接口的 MCP23S17 扩展 16 位通用 I/O 端口

MCP23017/MCP23S17 都是 16 位的接口扩展芯片，前者通过 I^2C 接口与 MPU 连接，后者则通过 SPI 接口连接。本例使用 MCP23S17 进行接口扩展，GPB6 与 GPB7 引脚的按键可以控制 GPA0～7 及 GPB0～1 引脚连接的条形 LED 按不同方向滚动。本例电路及运行效果如图 4-32 所示。

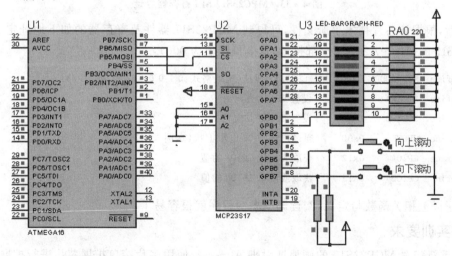

图 4-32 用带 SPI 接口的 MCP23S17 扩展 16 位通用 I/O 端口

1. 程序设计与调试

使用 MCP23S17 扩展接口时，需要首先对 SPI 接口进行初始化，SPI_MasterInit 函数完成了这项工作。除完成端口配置以外，SPCR |= _BV(SPE) | _BV(MSTR) | _BV(SPR0) 将 SPI 接口控制寄存器 SPCR 的 SPE、MSTR、SPR0 置位，其中 SPE 使能 SPI，MSTR 置位选择主机（Master）模式，SPCR 寄存器的最低 2 位为 SPR1、SPR0，它们被设为 01，选择 SCK 频率为系统时钟 16 分频。

为通过 SPI 接口进行数据传输，程序中提供了函数 SPI_Transmit，其中关键语句如下：

```
SPDR = dat;
while(!(SPSR & _BV(SPIF)));
```

第1行通过写 SPI 数据寄存器 SPDR 启动发送,程序随后开始等待 SPI 状态寄存器中 SPIF 置位,这2行与 USART 程序设计中的以下2行语句很相似:

```
UDR = c;
while(!(UCSRA & _BV(UDRE)));
```

第1行将待发送的字符放入 USART 收发缓冲器 UDR 进行发送,第2行随后轮询 USART 控制与状态寄存 UCSRA,直到 UCSRA 寄存器中的 UDRE 位被硬件置位。

有了 SPI 接口初始化函数 SPI_MasterInit 及 SPI 接口数据传送函数 SPI_Transmit,为对 MCP23S17 进行访问,还需要知道 MCP23S17 的 SPI 寄存器寻址格式。根据图 4-33 可知,访问 MCP23S17 的寄存器时,需要先发送设备操作码(0100-A2A1A0-R/W),然后发送寄存器地址,其中 R/W 位控制读/写 MCP23S17,根据该图可以很容易编写出读/写 MCP23S17 的函数。

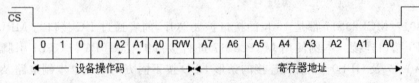

图 4-33 MPC23S17 SPI 寄存器寻址

最后,根据该芯片技术手册文件,可得到 MCP23S17 器件及寄存器的如下地址定义(本例 MCP23S17 的 A0～A2 引脚全部接地,这3位取值为 000):

```
#define MCP_ADDR  0x40   //MCP23S17 地址(地址格式:0 1 0 0-A2 A1 A0-R/W)
#define IODIRA    0x00   //设置 GPIOA 方向
#define IODIRB    0x01   //设置 GPIOB 方向
#define GPPUB     0x0D   //通过内部 100K 电阻上拉(本例未用)
#define GPIOA     0x12   //获取或设置 GPIOA 的值
#define GPIOB     0x13   //获取或设置 GPIOB 的值
```

有了以上相关函数与定义,阅读调试本例程序就很容易了。

2. 实训要求

① 重新配置 MCP23S17 的硬地址引脚 A0～A2,使用多片接口扩展芯片进行扩展实验。
② 将本例接口扩展芯片改为兼容 I^2C 接口的 MCP23017,重新编写程序,实现与本例相同的运行效果。

3. 源程序代码

```
001  //-----------------------------------------------------------
002  //  名称:用带 SPI 接口的 MCP23S17 扩展 16 位通用 I/O 端口
003  //-----------------------------------------------------------
004  //  说明:本程序将 MCP23S17 的 GPIOA 的 8 位及 GPIOB 的低 4 位设为输出端口,
005  //       将 GPIOB 的高 4 位设为输出端口,演示了条形 LED 在按键控制的下
```

```
006    //         的滚动效果
007    //
008    //--------------------------------------------------------------
009    #define F_CPU 4000000UL
010    #include <avr/io.h>
011    #include <avr/interrupt.h>
012    #include <util/delay.h>
013    #define INT8U    unsigned char
014    #define INT16U   unsigned int
015
016    //MCP23S17 器件及寄存器地址定义
017    #define    MCP_ADDR   0x40          //MCP23S17 地址(地址格式:0 1 0 0 A2 A1 A0 R/W)
018    #define    IODIRA     0x00          //设置 GPIOA 方向
019    #define    IODIRB     0x01          //设置 GPIOB 方向
020    #define    GPPUB      0x0D          //通过内部 100 kΩ 电阻上拉(本例未用)
021    #define    GPIOA      0x12          //获取或设置 GPIOA 的值
022    #define    GPIOB      0x13          //获取或设置 GPIOB 的值
023
024    //SPI 使能与禁用
025    #define SPI_EN()   PORTB &= ~_BV(PB4)
026    #define SPI_DI()   PORTB |=  _BV(PB4)
027
028    //当前演示操作序号(0,1)
029    INT8U Demo_OP_No = 0;
030    //--------------------------------------------------------------
031    // SPI 主机初始化
032    //--------------------------------------------------------------
033    void SPI_MasterInit()
034    {
035        //第 4、5、7 位分别为~CS、SI、SCK,设为输出,第 6 位为 MISO,设为输入
036        DDRB = 0B10110000; PORTB = 0xFF;
037        //SPI 使能,主机模式,16 分频
038        SPCR |= _BV(SPE) | _BV(MSTR) | _BV(SPR0);
039    }
040
041    //--------------------------------------------------------------
042    // SPI 数据传输
043    //--------------------------------------------------------------
044    INT8U SPI_Transmit(INT8U dat)
045    {
046        SPDR = dat;                           //启动数据传输
047        while(!(SPSR & _BV(SPIF)));           //等待结束
048        return SPDR;
```

```c
049     }
050
051     //-----------------------------------------------------------------
052     // 向 MCP23S17 写入器件地址、寄存器地址、命令/数据共 3 个字节
053     //-----------------------------------------------------------------
054     void Write_MCP23S17(INT8U Device_addr,INT8U Reg_addr, INT8U CD)
055     {
056         SPI_EN();
057         SPI_Transmit(Device_addr);
058         SPI_Transmit(Reg_addr);
059         SPI_Transmit(CD);
060         SPI_DI();
061     }
062
063     //-----------------------------------------------------------------
064     // 根据器件地址、寄存器地址从 MCP23S17 读字节
065     //-----------------------------------------------------------------
066     void Read_MCP23S17(INT8U Device_addr,INT8U Reg_addr, INT8U * Dat)
067     {
068         SPI_EN();
069         SPI_Transmit(Device_addr | 0x01);   //将 R/W 位设为读
070         SPI_Transmit(Reg_addr);
071         * Dat = SPI_Transmit(0xFF);
072         SPI_DI();
073     }
074
075     //-----------------------------------------------------------------
076     // 初始化 MCP23S17
077     //-----------------------------------------------------------------
078     void Initialise_MCP23S17()
079     {
080         //设置 I/O 方向(1 为输入,0 为输出)
081         Write_MCP23S17(MCP_ADDR,IODIRA,0x00);
082         Write_MCP23S17(MCP_ADDR,IODIRB,0xF0);
083         //清除 GPIOA,GPIOB 所有位
084         Write_MCP23S17(MCP_ADDR,GPIOA,0x00);
085         Write_MCP23S17(MCP_ADDR,GPIOB,0x00);
086     }
087
088     //-----------------------------------------------------------------
089     // 按键处理
090     //-----------------------------------------------------------------
091     void Key_Handle()
```

```
092    {
093        INT8U Key_Port_Status;
094        //从 MCP23S17 的 GPIOB 端口读取按键值
095        Read_MCP23S17(MCP_ADDR,GPIOB,&Key_Port_Status);
096        //根据按键改变当前演示操作序号 Demo_OP_No
097        //如果未按键则保持原演示序号
098        if ((Key_Port_Status & 0x80) == 0x00) Demo_OP_No = 0;
099        else
100        if ((Key_Port_Status & 0x40) == 0x00) Demo_OP_No = 1;
101    }
102
103    //------------------------------------------------------------------
104    // 主程序
105    //------------------------------------------------------------------
106    int main()
107    {
108        INT8U i; INT16U Pattern;
109        DDRB = 0xFF;                       //配置端口
110        SPI_MasterInit();                  //SPI 主机初始化
111        Initialise_MCP23S17();             //MCP23S17 初始化
112        while(1)
113        {
114            if (Demo_OP_No == 0)           //条形 LED 向上滚动演示
115            {
116                Pattern = 0xFFFE;
117                for (i = 0; i<10; i ++)
118                {
119                    Write_MCP23S17(MCP_ADDR,GPIOA,(INT8U)Pattern);
120                    Write_MCP23S17(MCP_ADDR,GPIOB,(INT8U)(Pattern>>8));
121                    Pattern = Pattern << 1 | 0x0001;
122                    Key_Handle();
123                    if (Demo_OP_No != 0) break;
124                    _delay_ms(10);
125                }
126            }
127            else                           //条形 LED 向下滚动演示
128            {
129                Pattern = 0x01FF;
130                for (i = 0; i<10; i ++)
131                {
132                    Write_MCP23S17(MCP_ADDR,GPIOA,(INT8U)Pattern);
133                    Write_MCP23S17(MCP_ADDR,GPIOB,(INT8U)(Pattern>>8));
```

```
134             Pattern = Pattern >> 1 | 0x0200;
135             Key_Handle();
136             if (Demo_OP_No != 1) break;
137             _delay_ms(10);
138         }
139     }
140   }
141 }
```

4.22 用 TWI 接口控制 MAX6953 驱动 4 片 5×7 点阵显示器

MAX6953 是紧凑的行共阴显示驱动器,通过 I²C 兼容的串行接口将微控制器连接至 5×7 LED 点阵屏。MAX6953 可驱动多达 4 位单色或 2 位双色的 5×7 点阵屏,6953 包含 104 个 ASCII 字符字模、复用扫描电路、行列驱动器以及用于存储每一位字符和 24 个用户自定义字符字模数据的静态 RAM。LED 的段电流由内部逐位数字亮度控制电路设定。该器件具有低功耗的关断模式、段闪烁控制以及强制所有 LED 打开的测试模式。

本例运行时,所设定的字符串将在 4 位 LED 点阵显示屏上滚动显示。本例电路及部分运行效果如图 4-34 所示。

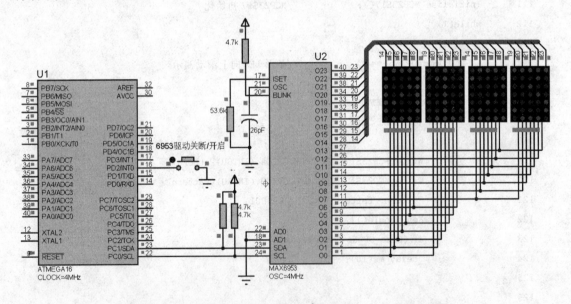

图 4-34 用 TWI 接口控制 MAX6953 驱动 4 片 5×7 点阵显示器

1. 程序设计与调试

本例单片机通过 TWI 接口与兼容 I²C 接口的 MAX6953 相连,在 TWI 通用操作宏定义中,涉及 TWI 控制寄存器 TWCR、状态寄存器 TDSR 和数据寄存器 TWDR,其中:

TWCR 中的 TWINT、TWEA、TWSTA、TWSTO、TWEN 分别为 TWI 中断标志、使能 TWI 应答、TWI START 状态标志、TWI STOP 状态标志、TWI 使能标志。

TWSR 的高 5 位为 TWI 总线状态位，twi.h 给出了读取 TWI 总线状态的宏定义：

＃define TW_STATUS (TWSR & TW_STATUS_MASK)

其中 TW_STATUS_MASK 定义为 0xF8，它用于获取该寄存器的高 5 位，不同返回值的含义可参考 ATmega16 技术手册文件，头文件＜util/twi.h＞定义了所有状态码。

最后是 8 位的 TWI 数据寄存器 TWDR，它包含的是接收或发送的字节。

本例所使用的显示驱动芯片 MAX6953 的引脚定义如下：

① O0～O13 是共阴 LED 驱动位，它们从显示器的共阴行上吸入电流。

② O14～O23 是 LED 阳极驱动位，它们向共阳列上输出电流。

③ SDA、SCL 分别是 I^2C 兼容的串行数据位与串行时钟位。

④ AD0、AD1 是地址输入位，用于设置子器件（或称从器件）地址。

⑤ ISET 用于设置段电流，在 ISET 与地之间串接 RSET 电阻可设置峰值电流。

⑥ BLINK 为闪烁控制位，输出开漏。

本例 MAX6953 的 AD0、AD1 引脚全部接地，根据技术手册可知从器件地址为 10100000。

通过单片机 TWI 接口控制从器件 6953，还需要知道其命令寄存器地址。下面给出的部分命令寄存器地址是本例中所用到的：

0x00——无操作；

0x01——第 1、0 两位的亮度设置；

0x02——第 3、2 两位的亮度设置；

0x03——设置扫描范围；

0x04——配置，控制关断及闪烁；

0x05——用户自定义字体；

0x06——出厂设置；

0x07——显示测试；

0x20～0x27——P0 显示平面的数位 0～7 的寄存器地址，本例未启用闪烁，故而未使用 P1 显示平面。

有关上述各命令寄存器的更多详细资料，可参考 MAX6953 的技术手册，根据命令寄存器地址及相关技术手册，初始化程序及读/写程序就很容易编写了。

2. 实训要求

① MAX6953 字符表 16 行 8 列共 128 个字符中，0x00～0x17 这 24 个编码为自定义字符编码，完成本例调试后，设计部分自定义字符点阵数据，通过自定义字符命令 0x05 创建并编程显示。

② 重新设计本例，用多片 MAX6953 驱动更大幅面的 LED 点阵显示屏，并实现对闪烁功能的开关控制。

③ 重新编程在其他端口某两只引脚上模拟 I^2C 时序，实现与本例相同的显示效果。

④ 改用兼容 SPI 接口的 MAX6952 重新设计本例，实现相同的显示效果。

3. 源程序代码

```
01  //-----------------------------------------------------------------
02  //   名称：用TWI接口控制MAX6953驱动4片5*7点阵显示器
03  //-----------------------------------------------------------------
04  //   说明：本例运行时，4块点阵屏将滚动显示一组信息串,信息串中的字符
05  //        点阵信息由MAX6953提供,本例不需要为各字符单独提供字模点阵。
06  //        运行过程中通过按键命令可随时关断或开启6953
07  //
08  //-----------------------------------------------------------------
09  #define F_CPU 4000000UL
10  #include <avr/io.h>
11  #include <avr/interrupt.h>
12  #include <util/twi.h>
13  #include <util/delay.h>
14  #include <string.h>
15  #define INT8U    unsigned char
16  #define INT16U   unsigned int
17  #define INT32U   unsigned long
18
19  //子器件地址
20  #define MAX6953R 0B10100001    //1 = READ
21  #define MAX6953W 0B10100000    //0 = WRITE
22
23  //TWI通用操作
24  #define Wait()          while ((TWCR & _BV(TWINT)) == 0)
25  #define START()         {TWCR = _BV(TWINT) | _BV(TWSTA) | _BV(TWEN); Wait();}
26  #define STOP()          (TWCR = _BV(TWINT) | _BV(TWSTO) | _BV(TWEN))
27  #define WriteByte(x)    {TWDR = (x);TWCR = _BV(TWINT) | _BV(TWEN); Wait(); }
28  #define ACK()           (TWCR |= _BV(TWEA))
29  #define NACK()          (TWCR &= ~_BV(TWEA))
30
31  //4块点阵屏滚动显示的信息串
32  char LED_String[] = "LEDSHOW: <---- 0123456789";
33  //-----------------------------------------------------------------
34  // 写MAX6953子程序
35  //-----------------------------------------------------------------
36  INT8U MAX6953_Write(INT8U addr, INT8U dat)
37  {
38      START();                                        //启动
39      if(TW_STATUS != TW_START)      return 0;
40      WriteByte(MAX6953W);                            //发送器件地址
```

```
41      if(TW_STATUS != TW_MT_SLA_ACK)   return 0;
42      WriteByte(addr);                              //发送从器件寄存器地址
43      if(TW_STATUS != TW_MT_DATA_ACK) return 0;
44      WriteByte(dat);                               //发送数据
45      if(TW_STATUS != TW_MT_DATA_ACK) return 0;
46      STOP();
47      _delay_ms(2);
48      return 1;
49  }
50
51  //-----------------------------------------------------------------
52  // MAX6953 初始化
53  //-----------------------------------------------------------------
54  void MAX6953_INIT()
55  {
56      MAX6953_Write(0x01, 0xFF);    //数位 0、1 的亮度设置(最大亮度)
57      MAX6953_Write(0x02, 0xFF);    //数位 2、3 的亮度设置(最大亮度)
58      MAX6953_Write(0x03, 0x03);    //设置扫描位数范围为 0~3(共 4 片点阵屏)
59      MAX6953_Write(0x04, 0x01);    //设置非关断模式
60      MAX6953_Write(0x07, 0x00);    //不进行测试
61  }
62
63  //-----------------------------------------------------------------
64  // 主程序
65  //-----------------------------------------------------------------
66  int main()
67  {
68      INT8U i,j;
69      DDRD = 0x00; PORTD = 0xFF;    //配置端口
70      MCUCR = 0x02;                 //INT0 为下降沿触发
71      GICR  = 0x40;                 //INT0 中断使能
72      SREG  = 0x80;                 //使能总中断(或使用 sei()函数)
73      MAX6953_INIT();               //MAX6953 初始化设置
74      while(1)
75      {
76          for (i = 0; i <= strlen(LED_String) - 4; i ++)
77          {
78              //将第 i 个字符开始的 4 个字符逐个发送到
79              //MAX6953 各数位地址：0x20,0x21,0x22,0x23
80              for (j = 0; j<4; j ++)
81                  MAX6953_Write(0x20 | j, (INT8U)LED_String[i + j]);
82              _delay_ms(300);
83          }
```

```
84        _delay_ms(2000);
85      }
86  }
87
88  //------------------------------------------------------------
89  // INT0 中断函数控制点阵屏关断或开启
90  //------------------------------------------------------------
91  ISR (INT0_vect)
92  {
93      static INT8U Shut_Down_6953 = 0x01;
94      Shut_Down_6953 ^= 0x01;
95      MAX6953_Write(0x04, 0x00 | Shut_Down_6953);   //关断 0x00,非关断 0x01
96  }
```

4.23 用 TWI 接口控制 MAX6955 驱动 16 段数码管显示

MAX6955 也是一种紧凑型的显示驱动器,兼容 I^2C 接口,可驱动多达 16 位 7 段、8 位 14 段、8 位 16 段或 128 个分立的 LED,器件还包括 5 条 I/O 扩展线。器件内部包含全部 14 段和 16 段 104 个 ASCII 字符的字模、7 段显示使用的十六进制字模、多工扫描电路、阳极和阴极驱动器以及用于存储各位显示的静态 RAM。显示位的最大段电流可用单个外部电阻设定,各位的显示亮度可用内部的 16 级数字亮度控制电路独立调节,限斜率段电流驱动器降低 EMI。MAX6955 还包含低功耗关断模式、限制扫描位寄存器、段闪烁控制以及强制所有 LED 点亮的测试模式。

本例电路及运行效果如图 4-35 所示。

1. 程序设计与调试

本例单片机通过 TWI 接口与兼容 I^2C 接口的 MAX6955 相连,MAX6955 的引脚定义如下:

① P0~P4 是通用的 I/O 端口(GPIO),可配置为逻辑输入或开漏输出。

② AD0、AD1 是地址输入位,用于设置子器件地址。

③ SDA、SCL 分别是 I^2C 兼容的串行数据位与串行时钟位。

④ O0~O18 是位码/段码驱动线,当作为位码驱动线时,O0~O7 从数码管共阴极吸入电流,当作为段码驱动线时,O0~O18 向阳极输出电流。

⑤ ISET 用于设置段电流,串接到 ISET 与 GND 之间的 R_{SET} 电阻可设置峰值电流。

⑥ BLINK 为闪烁时钟输出,输出开漏。

⑦ OSC 为多重时钟输入,使用内部振荡器时要将电容 C_{SET} 连接在 OSC 与 GND 之间。使用外部时钟时,要使用 1~8 MHz CMOS 时钟驱动 OSC。

⑧ OSC_OUT 为时钟推挽输出。

MAX6955 与上一案例中 MAX6953 的控制命令类似,具体细节请参考技术手册文件。

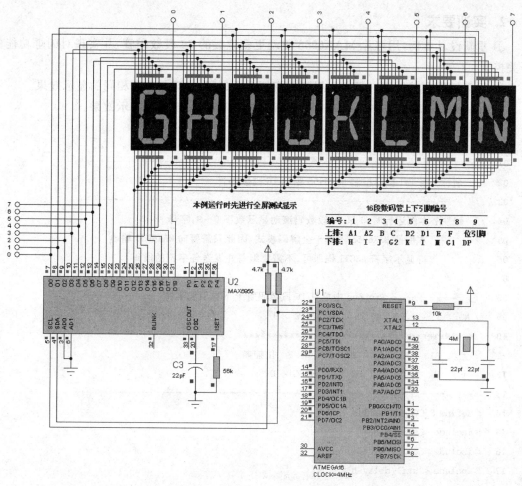

图 4-35 用 TWI 接口控制 MAX6955 驱动 16 段数码管显示

由于 MAX6955 的 O0～O18 引脚中，O0～O7 采用了段/位复用技术，在设计本例电路时，要参考表 4-17 来连接分立式 16 段共阴数码管与驱动芯片 MAX6955。表中第 1 行 O0～O7、O8～O18 是 MAX6955 的引脚，C0～C7 对应于 8 位数码管的位引脚。关于表中 a1、a2、b、c 等引脚与 16 段数码管引脚的对应关系，可参考电路图或源程序代码的说明部分。

表 4-17 MAX6955 与 8 位分立式 16 段数码管的连接

位	O0				～			O7	O8				～						O18
0	C0	—	a1	a2	b	c	d1	d2	e	f	g1	g2	h	i	j	k	l	m	dp
1	—	C1	a1	a2	b	c	d1	d2	e	f	g1	g2	h	i	j	k	l	m	dp
2	a1	a2	C2	—	b	c	d1	d2	e	f	g1	g2	h	i	j	k	l	m	dp
3	a1	a2	b	C3	—	c	d1	d2	e	f	g1	g2	h	i	j	k	l	m	dp
4	a1	a2	b	c	C4	—	d1	d2	e	f	g1	g2	h	i	j	k	l	m	dp
5	a1	a2	b	c	d1	C5	—	d2	e	f	g1	g2	h	i	j	k	l	m	dp
6	a1	a2	b	c	d1	d2	C6	—	e	f	g1	g2	h	i	j	k	l	m	dp
7	a1	a2	b	c	d1	d2	—	C7	e	f	g1	g2	h	i	j	k	l	m	dp

2. 实训要求

① 重新设计本例,用多片 MAX6955 驱动更多位数的 16 段数码管,并实现对闪烁功能的开关控制。

② 重新编程在其他端口某 2 只引脚上模拟 I^2C 时序,实现与本例相同的显示效果。

③ 改用兼容 SPI 接口的 MAX6954 重新设计本例,仍实现本例显示效果。

3. 源程序代码

```
01  //--------------------------------------------------------------
02  // 名称:用 TWI 接口控制 MAX6955 驱动 16 段数码管
03  //--------------------------------------------------------------
04  // 说明:本例运行时,8 只 16 段数码滚动显示数字 0~9,字母 A~Z
05  //      本例使 MAX6955 工作于全解码模式,因此只需要向 MAX6955 输出
06  //      待显示字符 ASCII 码即可,不需要编写并发送各字符的段码
07  //
08  //-------------- Proteus 中单只 16 段数码管上下排引脚名称--------------
09  // NO.  1   2   3   4   5   6   7   8   9
10  //***********************************************
11  // 上:  A1  A2  B   C   D2  D1  E   F   位控制
12  // 下:  H   I   J   G2  K   L   M   G1  DP
13  //--------------------------------------------------------------
14  #define F_CPU 4000000UL
15  #include <avr/io.h>
16  #include <util/twi.h>
17  #include <util/delay.h>
18  #include <string.h>
19  #define INT8U    unsigned char
20  #define INT16U   unsigned int
21
22  //子器件地址 0xC0,0xC1
23  #define MAX6955R 0B11000001          //1 = READ
24  #define MAX6955W 0B11000000          //0 = WRITE
25
26  //TWI 通用操作
27  #define Wait()         while ((TWCR & _BV(TWINT)) == 0)
28  #define START()        {TWCR = _BV(TWINT) | _BV(TWSTA) | _BV(TWEN); Wait();}
29  #define STOP()         (TWCR = _BV(TWINT) | _BV(TWSTO) | _BV(TWEN))
30  #define WriteByte(x)   {TWDR = (x);TWCR = _BV(TWINT) | _BV(TWEN); Wait(); }
31  #define ACK()          (TWCR |=  _BV(TWEA))
32  #define NACK()         (TWCR &= ~_BV(TWEA))
33
34  //16 段数码管滚动显示的字符串
35  char SEG_LED_String[] = "0123456789ABCDEFGHIJKLMNOPQRSTUVWXYZ";
```

```c
36   //------------------------------------------------------------------
37   // 写 MAX6955 子程序
38   //------------------------------------------------------------------
39   INT8U MAX6955_Write(INT8U addr, INT8U dat)
40   {
41       START();
42       if(TW_STATUS != TW_START)            return 0;
43       WriteByte(MAX6955W);
44       if(TW_STATUS != TW_MT_SLA_ACK)       return 0;
45       WriteByte(addr);
46       if(TW_STATUS != TW_MT_DATA_ACK)      return 0;
47       WriteByte(dat);
48       if(TW_STATUS != TW_MT_DATA_ACK)      return 0;
49       STOP();
50       _delay_ms(20);
51       return 1;
52   }
53
54   //------------------------------------------------------------------
55   // MAX6955 初始化
56   //------------------------------------------------------------------
57   void MAX6955_INIT()
58   {
59       MAX6955_Write(0x01, 0xFF);     //解码模式设置(全解码)
60       MAX6955_Write(0x02, 0x03);     //亮度设置
61       MAX6955_Write(0x03, 0x07);     //设置扫描范围 0～7
62       MAX6955_Write(0x04, 0x01);     //控制寄存器设置(非关断模式)
63                                      //将 0x01 改为 0x0D 可使数码管以 0.5 s 周期闪烁
64       MAX6955_Write(0x06, 0x00);     //GPIO 设置为输出
65       MAX6955_Write(0x0C, 0x00);     //显示数字类型设置(数位 0～7 为 16 段或 7 段)
66
67       MAX6955_Write(0x07, 0x01);     //显示测试(各数码管 16 段全部点亮)
68       _delay_ms(1000);
69       MAX6955_Write(0x07, 0x00);     //关闭测试
70   }
71
72   //------------------------------------------------------------------
73   // 主程序
74   //------------------------------------------------------------------
75   int main()
76   {
77       INT8U i,j,Len = strlen(SEG_LED_String);
78       DDRD = 0xFF; PORTD = 0x00;
```

```
 79        MAX6955_INIT();                    //MAX6955 初始化设置
 80        while (1)
 81        {
 82            for (i = 0; i<Len; i += 8)
 83            {
 84                //MAX6955 数位 0~7 的地址：0x20~0x27,下面的循环每次发送 8 个字符
 85                for (j = 0; j<8 && i+j<Len; j++)
 86                    MAX6955_Write(0x20 | j, (INT8U)SEG_LED_String[i+j]);
 87                //如果最后一组不足 8 个字符则补充显示空格将余下部分清空
 88                for (; j<8; j++)
 89                    MAX6955_Write(0x20 | j, (INT8U)(' '));
 90                _delay_ms(2000);
 91            }
 92            _delay_ms(4000);
 93        }
 94    }
```

4.24 用 DAC0832 生成多种波形

DAC0832 是 8 位的 D/A 转换器件,转换结果以电流形式输出,为通过 DAC0832 生成所需要的波形,电路中采用运放 uA741 将电流信号转换为电压信号。案例电路及部分运行效果如图 4-36 所示。

1. 程序设计与调试

DAC0832 输出的是电流信号,本例用 uA741 运放将 DAC0832 经数/模转换后输出的电流信号转换为电压信号,按电路连接的不同可有单极输出和双极输出,单极输出时只有正电压或只有负电压,双极输出时电压在正负数值范围内变化。

本例将 DAC0832 的电流输出端 I_{OUT1} 连接至运放的反相输入端,I_{OUT2} 连接模拟地,得到的输出电压与参考电压 V_{REF} 反相,实现单极性输出,转换后输出的电压公式为 $-D \times V_{REF}/255$,其中 D 为输入 DAC0832 的数据字节,通过改变输入给 DAC0832 的数据字节即可改变输出波形:

① 当输出的字节值由 0x00~0xFF 循环递增时,输出电压值由 5 V 向 0 V 循环递减,从而输出锯齿波效果。
② 当输出由 0x00~0xFF 循环递增,然后再由 0xFF~0x00 循环递减时,即形成三角波效果。
③ 同样,当使用正弦函数 sin 生成输出值时,即可得到正弦波。

2. 实训要求

① 改用 DAC0808 重新设计本例。
② 本例在输出正弦波时,单片机承担了大量的运算任务。调试本例后,先用其他编程工具按一定采样频率取得正弦波数据表并存入 Flash,然后编写单片机程序,根据数据表输出正弦波形。

硬件应用 4

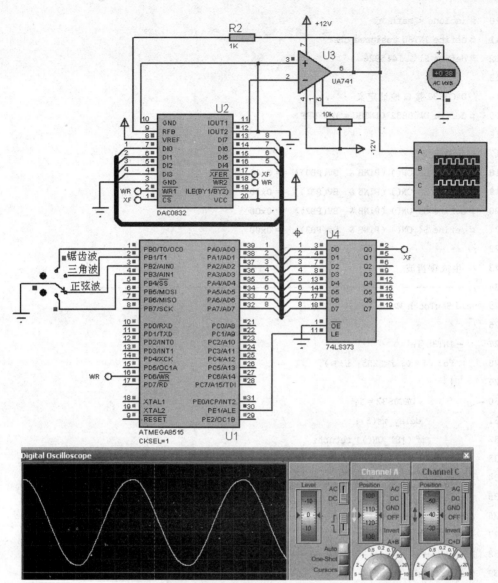

图 4-36 用 DAC0832 生成多种波形

3. 源程序代码

```
01  //------------------------------------------------------------
02  // 名称：用 DAC0832 生成多种波形
03  //------------------------------------------------------------
04  // 说明：本例运行时，通过切换开关，可分别输出锯齿波、三角波、正弦波
05  //
06  //------------------------------------------------------------
07  #define F_CPU 1000000UL
08  #include <avr/io.h>
09  #include <util/delay.h>
```

```c
10   #include <math.h>
11   #define INT8U unsigned char
12   #define PI 3.1415926
13
14   //DAC0832 接口地址定义
15   #define DAC0832 (INT8U *)0xFFFE
16
17   //开关定义
18   #define S1_ON() (PINB & _BV(PB0)) == 0x00
19   #define S2_ON() (PINB & _BV(PB1)) == 0x00
20   #define S3_ON() (PINB & _BV(PB2)) == 0x00
21   #define S4_ON() (PINB & _BV(PB3)) == 0x00
22   //-----------------------------------------------------------------
23   // 生成锯齿波
24   //-----------------------------------------------------------------
25   void SawTooth_Wave()
26   {
27       INT8U i;
28       for (i = 0; i<255; i++)
29       {
30           *DAC0832 = i;
31           _delay_ms(3);
32           if (!S1_ON()) return;
33       }
34   }
35
36   //-----------------------------------------------------------------
37   // 生成三角波
38   //-----------------------------------------------------------------
39   void Triangle_Wave()
40   {
41       INT8U i;
42       for (i = 0; i<255; i++)
43       {
44           *DAC0832 = i;
45           _delay_ms(3);
46           if (!S2_ON()) return;
47       }
48       for (i = 255; i > 0; i--)
49       {
50           *DAC0832 = i;
51           _delay_ms(3);
52           if (!S2_ON()) return;
```

```
53      }
54  }
55
56  //-----------------------------------------------------------
57  // 生成正弦波
58  //-----------------------------------------------------------
59  void Sin_Wave()
60  {
61      float i;
62      for (i = 0; i <= 2 * PI; i += 0.02)
63      {
64          * DAC0832 = 128 + sin(i) * 127;
65          _delay_us(100);
66          if (!S3_ON()) return;
67      }
68  }
69
70  //-----------------------------------------------------------
71  // 主程序
72  //-----------------------------------------------------------
73  int main()
74  {
75      DDRA = 0xFF;                                //PA 端口输出
76      DDRB = 0x00; PORTB = 0xFF;                  //PB 端口输入,内部上拉
77      MCUCR |= 0x80;                              //允许访问外部接口
78      while (1)
79      {
80          if      (S1_ON()) SawTooth_Wave();      //锯齿波
81          else if (S2_ON()) Triangle_Wave();      //三角波
82          else if (S3_ON()) Sin_Wave();           //正弦波
83          else if (S4_ON()) * DAC0832 = 0xFF;
84          else _delay_ms(100);
85      }
86  }
```

4.25 用带 SPI 接口的数/模转换芯片 MAX515 调节 LED 亮度

MAX515 是 Maxim 公司生产的一种低功耗的电压输出型 10 位串行 D/A 转换器,兼容 SPI 接口,MAX515 固定增益为 2,用+5 V 单电源工作。本例运行时,通过调节 RV1 向单片机输入模拟电压,单片机将 A/D 转换后的数字量输出给 MAX515,经 D/A 转换后所输出的模拟电压控制 LED 亮度变化。本例电路及运行效果如图 4-37 所示。

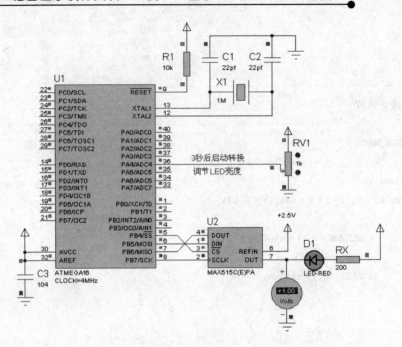

图 4-37 用带 SPI 接口的数/模转换芯片 MAX515 调节 LED 亮度

1. 程序设计与调试

AVR 单片机 A/D 转换精度为 10 位,以 A/D 转换输出的最大值为例:

对于 0B0000001111111111(即 0x03FF),这 10 位数据通过 SPI 接口写入 MAX515 时(实际写入 2 字节,共 16 位),其格式为 0B0000111111111100(即 0x0FFC),高位填充了 4Bit 0,接着是 10Bit 待写入数位,最后是 2Bit 0,串行写入 MAX515 时从高位开始,写入 DIN 引脚的比特序列为 DIN→0011111111110000。

比较 A/D 转换结果 0x03FF 和实际写入的 2 字节 0x0FFC 可知,在获取 A/D 转换结果后,向 MAX515 写入之前要先将其左移 2 位(<<2)。

AVR 单片机 A/D 转换输出的 10 位结果默认是右对齐的。如果将 ADMUX 寄存器中的 ADLAR(Left Adjust Result)位置 1,将输出结果设为左对齐,A/D 转换函数中原有语句:"ADMUX=ch;"(ch 为通道号,它影响 ADMUX 的低 4 位 MUX3~MUX0)相应修改为:"ADMUX= ch | _BV(ADLAR);",则 A/D 转换的最大值 0B0000001111111111 将变为 0B1111111111000000,即由 0x03FF 变为 0xFFC0,对于这样的输出结果,在写入 MAX515 进行 D/A 转换之前则要先将其右移 4 位(>>4)。

由于 MAX515 转换增益为 2,故输出电压公式为:

$$V_{out} = 2 \times REFIN \times x / 1024 \quad (其中 x 为输入值)$$

本例电路中输入参考电压 REFIN 设为+2.5 V,故输出电压最大值约为+5 V,如果将 REFIN 设为+1.25 V,则输出电压最大值约为+2.5 V。

2. 实训要求

① 从 Proteus 元件库中选用与 MAX515 兼容的 TLC5615 重新设计本例。
② 根据 MAX515 技术手册模拟 SPI 操作时序重新编写本例程序。

③ 删除本例中的 RV1，改写程序，通过循环语句使 LED 反复由亮到暗变化。
④ 设置 T/C1 工作于快速 PWM 模式，利用低通滤波电路实现 DAC 输出。

3. 源程序代码

```
01  //--------------------------------------------------------------
02  // 名称：用带 SPI 接口的数/模转换芯片 MAX515 调节 LED 亮度
03  //--------------------------------------------------------------
04  // 说明：本例模拟信号由 PA4 引入，转换为数字信号后由 PB4 写入 MAX515，
05  //       MAX515 进行数/模数转换后控制 LED 亮度变化
06  //
07  //--------------------------------------------------------------
08  #include <avr/io.h>
09  #include <util/delay.h>
10  #define INT8U   unsigned char
11  #define INT16U  unsigned int
12
13  //SPI 使能与禁用
14  #define SPI_EN() (PORTB &= ~_BV(PB4))
15  #define SPI_DI() (PORTB |=  _BV(PB4))
16  //--------------------------------------------------------------
17  // SPI 主机初始化
18  //--------------------------------------------------------------
19  void SPI_MasterInit()
20  {
21      //配置 SPI 端口方向
22      DDRB = 0B10110000; PORTB = 0xFF;
23      //SPI 使能,主机模式,16 分频
24      SPCR |= _BV(SPE) | _BV(MSTR) | _BV(SPR0);
25  }
26
27  //--------------------------------------------------------------
28  // SPI 数据传输
29  //--------------------------------------------------------------
30  INT8U SPI_Transmit(INT8U d)
31  {
32      SPDR = d;                        //启动数据传输
33      while(!(SPSR & _BV(SPIF)));      //等待结束
34      SPSR |= _BV(SPIF);               //清中断标志
35      return SPDR;
36  }
37
38  //--------------------------------------------------------------
39  // 对通道 CH 进行模/数转换
```

```
40  //-----------------------------------------------------------
41  INT16U ADC_Convert(INT8U CH)
42  {
43      ADMUX = CH ;                //ADC 通道选择
44      return ADC;                 //返回转换结果
45  }
46
47  //-----------------------------------------------------------
48  // 主程序
49  //-----------------------------------------------------------
50  int main()
51  {
52      INT16U dat;
53      DDRA = 0x00;                //模/数转换端口设为输入
54      SPI_MasterInit();           //SPI 主机初始化
55      ADCSRA = 0xE6;              //ADC 转换置位,启动转换,64 分频
56      _delay_ms(3000);            //延时 3 s 等待系统稳定
57      while (1)
58      {
59          dat = ADC_Convert(4);   //获取通道 AD4 的模/数转换结果
60          //向 MAX515 写入 16 位的 2 字节数据时,由高位到低位,其格式如下:
61          //0000 - XXXXXXXXXX - 00
62          //其中:高 4 位为填充 0,接着的 10 位 X 为输入值,最后是 2 位 0
63          //对右对齐输出的 10 位 A/D 转换结果,其左端共有 6 个 0,即:
64          //000000 - XXXXXXXXXX
65          //为适应写入 MAX515 的格式,dat 要先左移 2 位
66          dat <<= 2;
67
68          //通过 SPI 接口向 MAX515 发送 10 位的转换结果
69          SPI_EN();               //使能 SPI
70          SPI_Transmit(dat>>8);   //发送高 8 位(其中低 4 位有效)
71          SPI_Transmit(dat);      //发送低 8 位(其中高 6 位有效)
72          SPI_DI();               //禁用 SPI
73          _delay_ms(100);
74      }
75  }
```

4.26 正反转可控的直流电机

运行本例时,按下 K1 可使直流电机正转,按下 K2 可使直流电机反转,按下 K3 时停止,在进行相应操作时,对应 LED 将被点亮。本例电路及部分运行效果如图 4-38 所示。

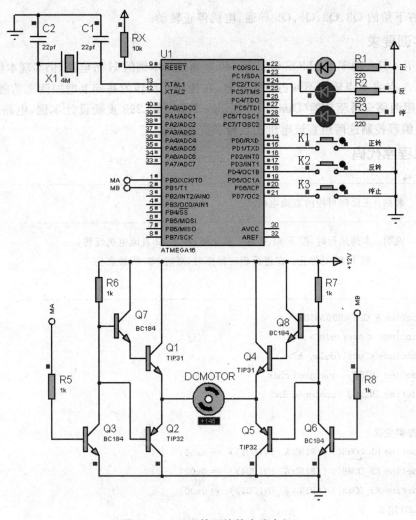

图 4-38 正反转可控的直流电机

1. 程序设计与调试

本例代码编写非常简单,案例关键在于电路的搭建,本例给出的这种直流电机驱动电路称为 H 桥驱动电路。对于图 4-38 所示电路:

当 MA 点为低电平时,Q3、Q2 截止,Q7、Q1 导通,电机左端呈现高电平;当 MB 点为高电平时,Q8、Q4 截止,Q6、Q5 导通,电机右端呈现低电平。因此,在 MA 为 0、MB 为 1 时电机正转。

反之,当 MA 点为高电平时,Q3、Q2 导通,Q7、Q1 截止,电机左端呈现低电平;当 B 点为低电平时,Q8、Q4 导通,Q6、Q5 截止,电机右端呈现高电平。因此,在 MA 为 1、MB 为 0 时电机反转。

当 MA 点和 MB 点同为低电平时,电机两端均为高电平,电机停止转动。同样,当 MA 点和 MB 点同为高电平时,电机两端均为低电平,电机停止转动。

由以上分析可知:电路中左上角 Q7、Q1 与右下角 Q6、Q5 导通时电机正转;反之,当右上角 Q8、Q4 与左下角 Q3、Q2 导通时电机反转。如果左上角与右上角的 Q7、Q1、Q8、Q4 导通或左下角与右下角的 Q3、Q2、Q6、Q5 导通,电机停止转动。

2. 实训要求

① 改用 4 只大功率 P-MOS 管 IRF9540 重新设计本例的 H 桥电路,仍实现本例运行效果。
② 向 A 点或 B 点输入不同占空比信号,在控制正反转的基础上增加调速功能。
③ 改用两路全桥驱动器(Dual Full-Bridge Driver) L298 重新设计本例,电路可加入两组直流电机,编程控制这两组直流电机正反转及变速转动。

3. 源程序代码

```
01  //------------------------------------------------------------
02  //   名称:正反转可控的直流电机
03  //------------------------------------------------------------
04  //   说明:本例运行时,按下 K1 直流电机正转,按下 K2 直流电机反转,
05  //         按下 K3 时停止。在进行相应操作时,对应 LED 将被点亮
06  //
07  //------------------------------------------------------------
08  #define F_CPU 4000000UL
09  #include <avr/io.h>
10  #include <util/delay.h>
11  #define INT8U    unsigned char
12  #define INT16U   unsigned int
13
14  //按键定义
15  #define K1_DOWN() ((PIND & _BV(PD1)) == 0x00)
16  #define K2_DOWN() ((PIND & _BV(PD4)) == 0x00)
17  #define K3_DOWN() ((PIND & _BV(PD7)) == 0x00)
18  //LED 定义
19  #define LED1_ON()  ( PORTC = 0B11111110 )
20  #define LED2_ON()  ( PORTC = 0B11111101 )
21  #define LED3_ON()  ( PORTC = 0B11111011 )
22  //电机控制端 A,B 操作定义
23  #define MA_0()  ( PORTB &= ~_BV(PB0) )
24  #define MA_1()  ( PORTB |=  _BV(PB0) )
25  #define MB_0()  ( PORTB &= ~_BV(PB1) )
26  #define MB_1()  ( PORTB |=  _BV(PB1) )
27  //------------------------------------------------------------
28  // 主程序
29  //------------------------------------------------------------
30  int main(void)
31  {
32      DDRB = 0xFF; PORTB = 0xFF;       //配置端口
33      DDRC = 0xFF; PORTC = 0xFF;
34      DDRD = 0x00; PORTD = 0xFF;
```

```
35        LED3_ON();                    //停转指示灯亮
36        while(1)
37        {
38          if (K1_DOWN())              //正转
39          {
40            while (K1_DOWN());
41            LED1_ON();  MA_0();  MB_1();
42          }
43          if (K2_DOWN())              //反转
44          {
45            while (K2_DOWN());
46            LED2_ON();  MA_1();  MB_0();
47          }
48          if (K3_DOWN())              //停止
49          {
50            while (K3_DOWN());
51            LED3_ON();  MA_0();  MB_0();
52          }
53        }
54      }
```

4.27 正反转可控的步进电机

ULN2003是高耐压、大电流达林顿陈列,由7个硅NPN达林顿管组成。ULN2003灌电流可达500 mA,并且能够在关态时承受50 V的电压,输出还可以在高负载电流并行运行。本例使用ULN2003驱动步进电机,在运行过程中,按下K1将使步进电机正转3圈,按下K2时反转3圈,在转动过程中按下K3时可使步进电机停止转动。本例电路及部分运行效果如图4-39所示。

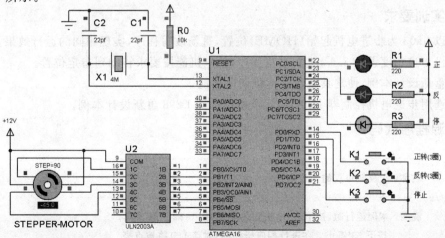

图4-39 正反转可控的步进电机

1. 程序设计与调试

本例关键在于励磁序列的定义,表 4-18 给出了四相步进电机的 3 种励磁方式,本例四相步进电机工作于 8 拍方式,参考该表可得出步进电机正转与反转控制序列数组如下:

```
//正转励磁序列为 A→AB→B→BC→C→CD→D→DA
const INT8U FFW[] = {0x01,0x03,0x02,0x06,0x04,0x0C,0x08,0x09};
//反转励磁序列为 A→AD→D→CD→C→BC→B→AB
const INT8U REV[] = {0x01,0x09,0x08,0x0C,0x04,0x06,0x02,0x03};
```

表 4-18 四相步进电机的 3 种励磁方式

STEP	单 4 拍				双 4 拍				8 拍			
	A	B	C	D	A	B	C	D	A	B	C	D
1	1	0	0	0	1	1	0	0	1	0	0	0
2	0	1	0	0	0	1	1	0	1	1	0	0
3	0	0	1	0	0	0	1	1	0	1	0	0
4	0	0	0	1	1	0	0	1	0	1	1	0
5	1	0	0	0	1	1	0	0	0	0	1	0
6	0	1	0	0	0	1	1	0	0	0	1	1
7	0	0	1	0	0	0	1	1	0	0	0	1
8	0	0	0	1	1	0	0	1	1	0	0	1

本例电机步进角度为 90°(步机电机组件中 Step Angle 属性默认值为 90)。在四相八拍方式下,按上述励磁序列,每拍可步进 45°角。对于 FFW 数组,当选用 0x01 使电机归位时,电机处于-45°角位置(选用 0x03 时,电机处于 0°角位置),循环输出 FFW 数组的每一拍后,电机总共步进 7 步,下一趟循环的第一拍 0x01 将使其到达最初的起点位置(HOME),这时才刚好形成完整的一圈。可见,每一圈的 8 拍都使其步进 7 步,下一圈的第一拍走完后才是完整的一圈。因此,本例程序在控制其正转 n 圈时,最后一圈的后面单独补上了 0x01 这一拍。反转 n 圈亦如此。

2. 实训要求

① 以 0x03 为步进电机起始(HOME)位置,重新改写程序,实现相同的运行效果。
② 设步进角度设为 3.6°,重新编写程序,使电机能按要求转动到指定位置。
③ 重新设计本例,使之具备步进电机调速功能。
④ 选用步进电机控制器 L297 与双全桥驱动器 L298 重新设计本例。

3. 源程序代码

```
01  //--------------------------------------------------------------
02  //  名称:正反转可控的步进电机
03  //--------------------------------------------------------------
04  //  说明:本例运行时,按下 K1 电机正转 3 圈,按下 K2 反转 3 圈,
05  //        按下 K3 停止。在进行相应操作时,对应 LED 将被点亮
06  //
```

```
07  //------------------------------------------------------------
08  #define F_CPU 4000000UL
09  #include <avr/io.h>
10  #include <util/delay.h>
11  #define INT8U   unsigned char
12  #define INT16U  unsigned int
13
14  //本例四相步进电机工作于 8 拍方式
15  //正转励磁序列为 A->AB->B->BC->C->CD->D->DA
16  const INT8U FFW[] = {0x01,0x03,0x02,0x06,0x04,0x0C,0x08,0x09};
17  //反转励磁序列为 A->AD->D->CD->C->BC->B->AB
18  const INT8U REV[] = {0x01,0x09,0x08,0x0C,0x04,0x06,0x02,0x03};
19
20  //按键定义
21  #define K1_DOWN() ((PIND & _BV(PD0)) == 0x00)   //K1:正
22  #define K2_DOWN() ((PIND & _BV(PD1)) == 0x00)   //K2:反
23  #define KX_DOWN() ( PIND != 0xFF )              //KX:任意键按下
24  //------------------------------------------------------------
25  // 步进电机正转或反转 n 圈(本例步进电机在 8 拍方式下每次步进 45°角)
26  //------------------------------------------------------------
27  void STEP_MOTOR_RUN(INT8U Direction,INT8U n)
28  {
29      INT8U i,j;
30      for (i = 0; i<n; i++)           //转动 n 圈
31      {
32          for (j = 0; j<8; j++)       //循环输出 8 拍
33          {
34              if(KX_DOWN()) return;   //中途按下 KX 时电机停止转动
35              if (Direction == 0)
36                  PORTB = FFW[j];     //方向为 0 时正转
37              else
38                  PORTB = REV[j];     //方向为 1 时反转
39              _delay_ms(200);
40          }
41      }
42      PORTB = 0x01;                   //最后一圈之后输出 0x01 这一拍,电机回到起点
43  }
44
45  //------------------------------------------------------------
46  // 主程序
47  //------------------------------------------------------------
48  int main()
49  {
```

```
50        INT8U r = 3;                         //转动圈数
51        DDRB = 0xFF; PORTB = FFW[0];         //控制输出,电机归位
52        DDRC = 0xFF; PORTC = 0xFF;           //LED 输出
53        DDRD = 0x00; PORTD = 0xFF;           //按键输入
54        while(1)
55        {
56            if(K1_DOWN())
57            {
58                while (K1_DOWN());           //等待 K1 释放
59                PORTC = 0xFE;                //LED1 点亮
60                STEP_MOTOR_RUN(0,r);         //电机正转 r 圈
61            }
62            if(K2_DOWN())
63            {
64                while (K2_DOWN());           //等待 K2 释放
65                PORTC = 0xFD;                //LED2 点亮
66                STEP_MOTOR_RUN(1,r);         //电机反转 r 圈
67            }
68            PORTC = 0xFB;                    //LED3 点亮
69        }
70    }
```

4.28 DS18B20 温度传感器测试

本例的 DS18B20 数字温度计是 DALLAS 公司生产的 1 - Wire 式单总线器件,每个器件都有唯一的序列号。DS18B20 体积很小,用它来组成的温度测量系统线路非常简单,只要求一个端口即可实现通信,其温度测量范围为 −55～+125 ℃,数字温度计的分辨率可以从 9 位到 12 位选择,内部可设置报警温度上、下限。

运行本例时,1602LCD 将显示 DS18B20 所测量的外部温度,调节 DS18B20 模拟改变外界温度时,新的温度值将刷新显示在 LCD 上。

案例电路及部分运行效果如图 4-40 所示。

1. 程序设计与调试

通过本例学习调试后要熟悉 DS18B20 的应用技术要点,包括 DQ 引脚的操作时序、温度传感器命令应用、所读取温度数据的格式转换、摄氏度(℃)符号的液晶显示等。

在阅读本例时需要参考图 4-41 所示的 DS18B20 内存结构表 4-19 所列的 DS18B20RAM 操作命令集及表 4-20 所列的温度寄存器字节格式。由图 4-41 可知,传感器初始上电时温度寄存器初值为 0x0550(表示 85 ℃)。

硬件应用

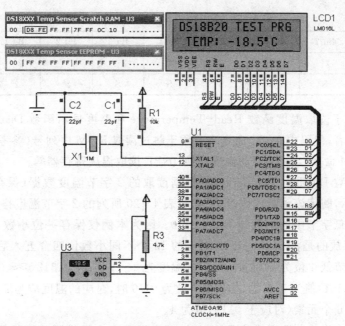

图 4-40 DS18B20 温度传感器测试

Byte 0	温度低字节 (50h)
Byte 1	温度高字节 (05h)
Byte 2	TH 寄存器或用户字节 1
Byte 3	TL 寄存器或用户字节 2
Byte 4	配置寄存器
Byte 5	保留 (FFh)
Byte 6	保留 (0Ch)
Byte 7	保留 (10h)
Byte 8	CRC

85 ℃

EEPROM

| TH 寄存器或用户字节 1 |
| TL 寄存器或用户字节 2 |
| 配置寄存器 |

图 4-41 DS18B20 内存结构图

表 4-19 DS18B20 功能命令集

命 令	说 明	协 议	总线数据操作
温度转换	开始温度转换	44H	DS18B20 将转换状态发送给主设备
读寄存器	读所有寄存器,包括 CRC 字节	BEH	DS18B20 将 9 个字节的数据发送给主设备
写寄存器	将数据写入寄存器 2,3,4 字节(即 TH,TL 和配置寄存器)	4EH	主设备向 DS18B20 发送 3 个字节数
复制	将寄存器 TH,TL 和配置寄存器数据复制到 EEPROM	48H	无
回调	由 EEPROM 向寄存器恢复 TH,TL 和配置寄存器数据	B8H	DS18B20 将恢复状态发送给主设备
读电源	主设备读取 DS18B20 电源模式	B4H	DS18B20 向主设备发送电源状态

表 4-20 DS18B20 温度寄存器字节格式

位	Bit 7	Bit 6	Bit 5	Bit 4	Bit 3	Bit 2	Bit 1	Bit 0
LSB	2^3	2^2	2^1	2^0	2^{-1}	2^{-2}	2^{-3}	2^{-4}
MSB	S	S	S	S	S	2^6	2^5	2^4

本例要点在于读取温度函数 Read_Temperature 和温度显示函数 Display_Temperature 的编写。对于前者，代码中 0xCC 命令字节用于跳过读取 ROM 序列号（参考 DS18B20 手册中的 DS18B20ROM 命令），0x44 启动温度转换，0xBE 读取温度寄存器等。

温度显示函数 Display_Temperature 根据读取的 2 字节温度数据（保存在 Temp_Value 数组中）进行显示，阅读该函数代码时，可参考表 4-20 所列的 2 字节温度格式，特别是高字节中的符号位 S 和低字节中的小数位 Bit3～Bit0。因为本例仅保存一位小数，温度小数位对照表 df_Table 中存放的是将 0000～1111 对应的 16 个不同小数位四舍五入后的结果。假设当前温度数据低字节低 4 位为 0101 时，对应的温度为 $2^{-2}+2^{-4}=0.3125\approx0.3$，因此数组第 5 个元素（对应于 0101）值为 3；又如，如果低 4 位为 0110 时，对应的温度应为 $2^{-2}+2^{-3}=0.375\approx0.4$，因此数组第 6 个元素（对应于 0110）值为 4。

本例除通过查表法获取温度小数位以外，还在源程序中提供了通过计算法获取温度小数位的代码，为便于阅读分析，代码附上了详细的说明与注释。

对于 DS18B20 的 ROM 操作命令、时序及其他技术细节，可进一步参考 DS18B20 的技术手册。

运行本例并显示温度以后，暂停程序，单击 Debug 菜单中的 DS18B20 菜单，打开 RAM 和 EEPROM 菜单，所显示的两个小窗口如图 4-38 左上角所示。当前读取的 2 字节温度值为 FED8，即 11111110 11011000，由表 4-20 所示的两字节温度寄存器格式可知该温度为负数，将该值取反加 1 后可得补码：00000001 00101000。这 16 位中最低 4 位 1000 对应于小数位，查温度小数表 df_Table 中第 8(1000) 项可得小数位 5，即 0.5 ℃，温度整数部分由高字节中的低 4 位与低字节中的高 4 位构成，即 00010010，转换为十进制数是 18，两数相加并添加"-"可得 -18.5 ℃。

为显示摄氏度（℃）符号，本例提供了以下两种方法：

方法一：

本例液晶字符编码表共 16 行 16 列（256 个），其中固定字符有 192 个。通过查阅本例液晶技术手册可知度（°）的符号编码是 0xDF(1101 1111)。根据编码 0xDF 可直接显示度（°）的符号，然后再在其后附加摄氏符号（C），缺点是度（°）的符号与摄氏符号（C）之间会一些间隔，因为它更靠近温度数据的右上角，而不是 C 的左上角。

方法二：

在本例液晶的 16 行 16 列（256 个）字符编码中，前 16 个编码被分配给自定义 CGRAM 点阵字符编码，编码依次为 0x00～0x0F。

为输出自定义的度（°）的符号，可先获取度（°）的符号点阵数据，然后将其写入液晶 CGRAM。本例写入的 CGRAM 地址空间是 0x40～0x47（共 8 字节点阵数据），其对应的字符编码为 0x00，如果要重新写入第二个自定义字符，则 CGRAM 地址区间为 0x48～0x4F，其对应字符编码为 0x01，以此类推。如果连续写入多个自定字符的点阵数据，则 CGRAM 起始地址不需要重新指定。

将度(°)的符号点阵写入 CGRAM 后,即可通过输出编码 0x00 来显示该符号了,其后再附加显示摄氏符号(C)即可。使用这种方法时可以自行调整度(°)的符号点阵数据,使其显示时更靠近摄氏符号(C)的左上角。绘制液晶字符点阵或用软件生成点阵时,注意选择横向取模,且左边为高位。

当然,使用方法二时还可以将摄氏度符号(℃)看成一个整体来获取点阵,然后再写入 CGRAM,这时的摄氏度符号输出只需使用一字节编码。

2. 实训要求

① 修改程序,使温度显示精确到 2 位小数。
② 重新设计本例,实现多点温度的测量与显示。

3. 源程序代码

```
01  //--------------------------- main.c ---------------------------
02  //   名称:DS18B20 温度传感器测试
03  //--------------------------------------------------------------
04  //   说明:运行本例时,外界温度将显示在 1602 LCD 上
05  //         调节 DS18B20 时,所模拟的外界温度值将刷新显示在液晶显示屏上,
06  //         包括正负温度及小数位
07  //
08  //--------------------------------------------------------------
09  #include <avr/io.h>
10  #include <util/delay.h>
11  #include <string.h>
12  #define INT8U  unsigned char
13  #define INT16U unsigned int
14
15  //液晶相关函数
16  extern void Initialize_LCD();
17  extern void Set_LCD_POS(INT8U x, INT8U y);
18  extern void Write_LCD_Data(INT8U dat);
19  extern void LCD_ShowString(INT8U x, INT8U y,char * str);
20
21  //温度传感器相关函数
22  extern void Read_Temperature();
23  extern void Temperature_Convert();
24  extern char Current_Temp_Display_Buffer[];
25  extern INT8U DS18B20_ERROR;
26  //--------------------------------------------------------------
27  // 显示温度信息
28  //--------------------------------------------------------------
29  void Disp_Temperature()
30  {
```

```c
31      //在第2行显示当前温度
32      LCD_ShowString(0,1,Current_Temp_Display_Buffer);
33      //摄氏度符号从第2行12列开始显示
34      Set_LCD_POS(12,1);
35      //显示摄氏温度符号℃中的度符号(°)时有两种方法:
36      //方法1:查询本例液晶手册可知该符号的编码为0xDF,直接显示该编码即可
37      Write_LCD_Data(0xDF);
38      //方法2:将该符号点阵数据写入CGRAM,0x00~0x0F全部是自定义字符的编
39      //       码。本例将该符号写入CGRAM地址0x40~0x47,对应字符编码为0x00,
40      //       因此也可以用下面的语句来度符号(°)
41      //Write_LCD_Data(0x00);
42      //最后附加显示摄氏符号C
43      Set_LCD_POS(13,1); Write_LCD_Data('C');
44  }
45
46  //-----------------------------------------------------------------
47  // 主程序
48  //-----------------------------------------------------------------
49  int main()
50  {
51      DDRB = 0x00; PORTB = 0x00;              //端口配置
52      DDRC = 0xFF;
53      DDRD = 0xFF;
54      Initialize_LCD();                       //初始化LCD
55      LCD_ShowString(0,0,"DS18B20 TEST PRG");//输出两行提示信息
56      LCD_ShowString(0,1,"    Wait...     ");
57      Read_Temperature();                     //预读温度
58      _delay_ms(1000);                        //等待1s
59      LCD_ShowString(0,1,"                ");//输出16个空格清除第二行
60      while(1)
61      {
62          Read_Temperature();                 //读取温度
63          if(!DS18B20_ERROR)
64          {
65              Temperature_Convert();          //温度转换为所需要的格式
66              Disp_Temperature();             //LCD显示温度
67              _delay_ms(100);
68          }
69      }
70  }


001  //--------------------------- DS18B20.c ---------------------------
002  // 名称:DS18B20温度传感器程序
```

```
003   //------------------------------------------------------------
004   #define F_CPU 1000000UL
005   #include <avr/io.h>
006   #include <util/delay.h>
007   #define INT8U  unsigned char
008   #define INT16U unsigned int
009
010   //DS18B20 引脚定义
011   #define DQ PB3
012   //设置数据方向
013   #define DQ_DDR_0()     DDRB &= ~_BV(DQ)
014   #define DQ_DDR_1()     DDRB |=  _BV(DQ)
015   //温度管引脚操作定义
016   #define DQ_1()         PORTB |=  _BV(DQ)
017   #define DQ_0()         PORTB &= ~_BV(DQ)
018   #define RD_DQ_VAL()   (PINB  &   _BV(DQ))  //注意保留这一行的括号
019
020   //温度小数位对照表
021   //如果不使用此表,也可以使用本例后面代码中提供的小数位计算程序
022   const INT8U df_Table[] = {0,1,1,2,3,3,4,4,5,6,6,7,8,8,9,9}; //四舍五入表
023
024   //当前读取的温度整数部分
025   INT8U CurrentT = 0 ;
026   //从 DS18B20 读取的温度值
027   INT8U Temp_Value[] = {0x00,0x00};
028   //待显示的各温度数位
029   INT8U Display_Digit[] = {0,0,0,0};
030   //传感器状态标志
031   INT8U DS18B20_ERROR = 0;
032   //当前温度显示缓冲
033   char Current_Temp_Display_Buffer[] = {" TEMP:          "};
034   //------------------------------------------------------------
035   // 初始化 DS18B20
036   //------------------------------------------------------------
037   INT8U Init_DS18B20()
038   {
039       INT8U status;
040       DQ_DDR_1();  DQ_0();     _delay_us(500);   //主机拉低 DQ,占领总线
041       DQ_DDR_0();              _delay_us(50);    //DQ 设为输入
042       status = RD_DQ_VAL();    _delay_us(500);   //读总线,为 0 时器件在线
043       DQ_1();                                    //释放总线
044       return status;                             //返回器件状态(0 为正常)
045   }
```

```
046
047    //--------------------------------------------------------------------
048    // 读 1 字节
049    //--------------------------------------------------------------------
050    INT8U ReadOneByte()
051    {
052        INT8U i, dat = 0;
053        for (i = 0; i<8; i++)              //串行读取 8 位
054        {
055            DQ_DDR_1(); DQ_0();            //写 0 拉低 DQ 占领总线
056            DQ_DDR_0();                    //读 DQ 引脚
057            if(RD_DQ_VAL()) dat |= _BV(i); //读取的第 i 位放入 dat 内对应位置
058            _delay_us(80);                 //延时
059        }
060        return dat;                        //返回读取的 1 字节数据
061    }
062
063    //--------------------------------------------------------------------
064    // 写 1 字节
065    //--------------------------------------------------------------------
066    void WriteOneByte(INT8U dat)
067    {
068        INT8U i ;
069        for (i = 0x01; i != 0x00; i <<= 1) //串行写入 8 位
070        {
071            DQ_DDR_1(); DQ_0();            //写 0 拉低 DQ 占领总线
072            if (dat & i) DQ_1(); else DQ_0(); //向 DQ 数据线写 0/1
073            _delay_us(80);                 //延时
074            DQ_1();                        //释放总线
075        }
076    }
077
078    //--------------------------------------------------------------------
079    // 读取温度值
080    //--------------------------------------------------------------------
081    void Read_Temperature()
082    {
083        if( Init_DS18B20() != 0x00 )       //DS18B20 故障
084            DS18B20_ERROR = 1;
085        {
086            WriteOneByte(0xCC);            //跳过序列号
087            WriteOneByte(0x44);            //启动温度转换
088            Init_DS18B20();                //重新启动 DS18B20
```

```
089         WriteOneByte(0xCC);                    //跳过序列号
090         WriteOneByte(0xBE);                    //读取温度寄存器
091         Temp_Value[0] = ReadOneByte();         //温度低 8 位
092         Temp_Value[1] = ReadOneByte();         //温度高 8 位
093         DS18B20_ERROR = 0;
094     }
095 }
096
097 //--------------------------------------------------------------
098 // 温度值转换
099 //--------------------------------------------------------------
100 void Temperature_Convert()
101 {
102     INT8U ng = 0; //负数标识
103     //如果不用查表法换算小数时可使用下面两行
104     //INT8U i; float Temp_Df = 0.0;
105     //如果为负数则取反加 1,并设置负数标识
106     //按技术手册说明,高 5 位为符号位,应与上 0xF8 进行 +/- 判断
107     if ( (Temp_Value[1] & 0xF0) == 0xF0)
108     {
109         Temp_Value[1] = ~Temp_Value[1];
110         Temp_Value[0] = ~Temp_Value[0] + 1;
111         if (Temp_Value[0] == 0x00) Temp_Value[1]++;
112         //负数标识置为 1
113         ng = 1;
114     }
115     //查表得到温度小数部分
116     Display_Digit[0] = df_Table[ Temp_Value[0] & 0x0F ];
117     //--------不使用查表法获取温度小数部分时可使用下面的代码--------
118     //for (i = 0; i<4; i++)
119     //{   //根据低 4 位是否为 1,分别累加:1.0/2, 1.0/4, 1.0/8, 1.0/16
120     //    if ( Temp_Value[0] & _BV(i)) Temp_Df += 1.0/ _BV(4 - i);
121     //}
122     //Display_Digit[0] = (INT8U)((Temp_Df + 0.05) * 10); //第 2 位小数四舍五入
123     //--------------------------------------------------------------
124
125     //获取温度整数部分(无符号)
126     CurrentT = (Temp_Value[0]>>4)|(Temp_Value[1]<<4);
127
128     //将整数部分分解为 3 位待显示数字
129     Display_Digit[3] = CurrentT / 100;
130     Display_Digit[2] = CurrentT % 100 / 10;
131     Display_Digit[1] = CurrentT % 10;
```

```c
132     //刷新LCD显示缓冲
133     Current_Temp_Display_Buffer[11] = Display_Digit[0] + '0';
134     Current_Temp_Display_Buffer[10] = '.';
135     Current_Temp_Display_Buffer[9] = Display_Digit[1] + '0';
136     Current_Temp_Display_Buffer[8] = Display_Digit[2] + '0';
137     Current_Temp_Display_Buffer[7] = Display_Digit[3] + '0';
138
139     //高位为0时不显示
140     if (Display_Digit[3] == 0)  Current_Temp_Display_Buffer[7] = ' ';
141     //高位为0且次高位为0时,次高位不显示
142     if (Display_Digit[2] == 0 && Display_Digit[3] == 0)
143         Current_Temp_Display_Buffer[8] = ' ';
144
145     //负数符号显示在恰当位置
146     if (ng)
147     {
148         if (Current_Temp_Display_Buffer[8] == ' ')
149             Current_Temp_Display_Buffer[8] = '-';
150         else
151             if (Current_Temp_Display_Buffer[7] == ' ')
152                 Current_Temp_Display_Buffer[7] = '-';
153             else
154                 Current_Temp_Display_Buffer[6] = '-';
155     }
156 }


001 //--------------------------- LCD1602.c ---------------------------
002 // 名称：液晶控制与显示程序
003 //-----------------------------------------------------------------
004 #include <avr/io.h>
005 #include <util/delay.h>
006 #define INT8U   unsigned char
007 #define INT16U  unsigned int
008
009 //LCD控制引脚定义
010 #define RS_1() PORTD |=  (1<<PD0)
011 #define RS_0() PORTD &= ~(1<<PD0)
012 #define RW_1() PORTD |=  (1<<PD1)
013 #define RW_0() PORTD &= ~(1<<PD1)
014 #define EN_1() PORTD |=  (1<<PD2)
015 #define EN_0() PORTD &= ~(1<<PD2)
016
017 //LCD端口定义
```

```
018    #define LCD_PORT    PORTC              //发送 LCD 数据端口
019    #define LCD_PIN     PINC               //接收 LCD 数据端口
020    #define LCD_DDR     DDRC               //LCD 端口方向数据
021    //-----------------------------------------------------------------
022    // LCD 忙等待
023    //-----------------------------------------------------------------
024    void LCD_BUSY_WAIT()
025    {
026        RS_0();  RW_1();                   //读状态寄存器
027        LCD_DDR  = 0x00;                   //将端口设为输入
028        EN_1();  _delay_us(10);
029        loop_until_bit_is_clear(LCD_PIN,7);   //LCD 忙等待,直到 LCD_PIN 最高位为 0
030        EN_0();
031        LCD_DDR = 0xFF;                    //还原 LCD 端口为输出
032    }
033
034    //-----------------------------------------------------------------
035    // 写 LCD 命令寄存器
036    //-----------------------------------------------------------------
037    void Write_LCD_Command(INT8U cmd)
038    {
039        LCD_BUSY_WAIT();
040        RS_0();  RW_0();                   //写命令寄存器
041        LCD_PORT = cmd;                    //发送命令
042        EN_1();  EN_0();                   //写入
043    }
044
045    //-----------------------------------------------------------------
046    // 写 LCD 数据寄存器
047    //-----------------------------------------------------------------
048    void Write_LCD_Data(INT8U dat)
049    {
050        LCD_BUSY_WAIT();
051        RS_1();  RW_0();                   //写数据寄存器
052        LCD_PORT = dat;                    //发送数据
053        EN_1();  EN_0();                   //写入
054    }
055
056    //-----------------------------------------------------------------
057    // 自定义字符写 CGRAM
058    //-----------------------------------------------------------------
059    void Write_NEW_LCD_Char()
060    {
```

```
061       INT8U i;
062       const INT8U Temperature_Char[8] =          //自定义温度符号点阵
063       { 0x06,0x09,0x09,0x06,0x00,0x00,0x00,0x00 };
064       Write_LCD_Command(0x40);                   //从 CGRAM 地址 0x40 开始写入
065       for (i = 0; i< 8; i++)                     //8 字节点阵写入 CGRAM 0x40~0x47
066          Write_LCD_Data(Temperature_Char[i]);
067    }
068
069   //-------------------------------------------------------------------
070   // LCD 初始化
071   //-------------------------------------------------------------------
072   void Initialize_LCD()
073   {
074       Write_LCD_Command(0x38); _delay_ms(15);    //置功能,8 位,双行,5*7
075       Write_LCD_Command(0x01); _delay_ms(15);    //清屏
076       Write_LCD_Command(0x06); _delay_ms(15);    //字符进入模式:屏幕不动,字符后移
077       Write_LCD_Command(0x0C); _delay_ms(15);    //显示开,关光标
078       Write_NEW_LCD_Char();                      //将℃中的度(°)的点阵数据写入 CGRAM
079   }
080
081   //-------------------------------------------------------------------
082   // 设置显示位置
083   //-------------------------------------------------------------------
084   void Set_LCD_POS(INT8U x, INT8U y)
085   {
086       //设置显示起始位置
087       if(y == 0) Write_LCD_Command(0x80 | x); else
088       if(y == 1) Write_LCD_Command(0xC0 | x);
089   }
090
091   //-------------------------------------------------------------------
092   // 显示字符串
093   //-------------------------------------------------------------------
094   void LCD_ShowString(INT8U x, INT8U y,char * str)
095   {
096       INT8U i = 0;
097       //设置显示起始位置
098       Set_LCD_POS(x, y);
099       //输出字符串
100       for ( i = 0; i<16 && str[i]!= '\0';i++)
101          Write_LCD_Data(str[i]);
102   }
```

4.29 SPI 接口温度传感器 TC72 应用测试

Microchip 公司生产的温度传感器 TC72 兼容 SPI 接口，温度测量范围为 -55~+125 ℃。使用 TC72 时不需要附加任何外部电路，它可以工作于连续的温度转换模式（Continuous Conversion mode）或单次转换模式（One-Shot mode）。在连续转换模式下，TC72 约每隔 150 ms 进行一次温度转换，并将获取的数据保存于温度寄存器中，后者在一次转换后即进入省电模式。本例电路及部分运行效果如图 4-42 所示。

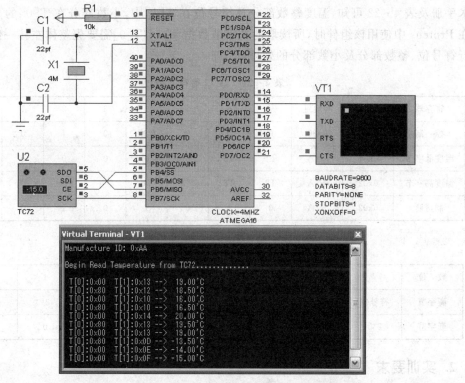

图 4-42 SPI 接口温度传感器 TC72 应用测试

1. 程序设计与调试

由于 TC72 兼容 SPI 接口，此前案例中对 SPI 接口器件进行操作的程序在本例中同样适用，编写本例程序时，只需要弄清 TC72 的寄存器地址及温度寄存器数据格式即可。

根据表 4-21，本例对 TC72 寄存器地址给出如下定义：

```
#define TC72_CTRL        0x80    //控制寄存器
#define TC72_TEMP_LSB    0x01    //温度低字节
#define TC72_TEMP_MSB    0x02    //温度高字节
#define TC72_MANU_ID     0x03    //制造商 ID
```

为将 TC72 配置为单次检测与关断省电模式，程序设置 TC72_CTRL 为 0x15，即 00010101。

为读取温度寄存器数据，程序访问寄存器地址 0x01 与 0x02，即 TC72_TEMP_LSB 与 TC72_TEMP_MSB，分别读取温度低字节和温度高字节。相关语句如下：

```
SPI_Transmit(TC72_TEMP_LSB);        //发送读温度低字节命令
T[0] = SPI_Transmit(0xFF);          //读 LSB
SPI_Transmit(TC72_TEMP_MSB);        //发送读温度高字节命令
T[1] = SPI_Transmit(0xFF);          //读 MSB
```

上述语句使用的是单字节读取的方法,本例代码中还添加了连续读取 2 字节温度数据的方法,阅读分析时可参考 TC72 的技术手册。

将 2 字节温度数据读取到 T[0]与 T[1]后,还需要将这 2 字节转换为温度数据显示。本例函数 Convert_Temperature 给出了完整的转换代码及详细说明。需要说明的是,根据 TC72 技术手册及表 4-22 可知,温度整数部分及符号位在 T[1]中,小数部分在 T[0]的高 2 位中,但在 Proteus 中使用该组件时,所读取的 2 字节数据 T[1]/T[0]需要先整体左移一位,然后再进行符号位、整数部分及小数部分的处理。

表 4-21　TC72 寄存器地址

寄存器	读地址	写地址	7	6	5	4	3	2	1	0
控制	0x00	0x80	0	0	0	单次	0	1	0	关断
温度低字节	0x01	N/A	T1	T0	0	0	0	0	0	0
温度高字节	0x02	N/A	T9	T8	T7	T6	T5	T4	T3	T2
制造商	0x03	N/A	0	1	0	0	0	0	0	0

表 4-22　TC72 温度传感器的 2 字节温度数据寄存器格式

数位	7	6	5	4	3	2	1	0
高字节	符号位	2^6	2^5	2^4	2^3	2^2	2^1	2^0
低字节	2^{-1}	2^{-2}	0	0	0	0	0	0

2. 实训要求

① 修改本例代码,将 TC72 设置为工作于连续转换模式。
② 重新设计本例,用数码管显示所读取的温度数据。

3. 源程序代码

```
001   //----------------------- SPI 接口温度传感 TC72 应用测试.c-----------------
002   // 名称:SPI 接口温度传感 TC72 应用测试
003   //-----------------------------------------------------------------------
004   // 说明:本例运行时,单片机将持续从 TC72 传感器读取温度数据并转换为
005   //      十进制温度值送串口显示
006   //
007   //-----------------------------------------------------------------------
008   #define F_CPU 4000000UL
009   #include <avr/io.h>
010   #include <util/delay.h>
```

```
011  #include <stdio.h>
012  #include <math.h>
013  #define INT8U   unsigned char
014  #define INT16U  unsigned int
015
016  //串口相关函数
017  extern void Init_USART();
018  extern void PutChar(char c);
019  extern void PutStr(char * s);
020
021  //SPI 使能与禁用(注意 TC72 是高电平使能,低电平禁用)
022  #define SPI_EN() PORTB |=  _BV(PB4)
023  #define SPI_DI() PORTB &= ~_BV(PB4)
024
025  //TC72 寄存器地址定义
026  #define TC72_CTRL       0x80    //控制寄存器
027  #define TC72_TEMP_LSB   0x01    //温度低字节
028  #define TC72_TEMP_MSB   0x02    //温度高字节
029  #define TC72_MANU_ID    0x03    //制造商 ID
030  //-----------------------------------------------------------------
031  // SPI 主机初始化
032  //-----------------------------------------------------------------
033  void SPI_MasterInit()
034  {
035      //PB4、PB5、PB7(SS,MOSI,SCK)为输出,PB6 为输入(MISO)
036      DDRB = 0B10110000; PORTB = 0xFF;
037      //SPI 使能,主机模式,16 分频
038      SPCR|= _BV(SPE) | _BV(MSTR) | _BV(SPR0);
039  }
040
041  //-----------------------------------------------------------------
042  // SPI 数据传输
043  //-----------------------------------------------------------------
044  INT8U SPI_Transmit(INT8U dat)
045  {
046      SPDR = dat;                         //启动数据传输
047      while(!(SPSR & _BV(SPIF)));         //等待结束
048      SPSR |= _BV(SPIF);                  //清中断标志
049      return SPDR;
050  }
051
052  //-----------------------------------------------------------------
053  // 向 TC72 写入 2 字节(地址,数据)
```

```
054   //-------------------------------------------------------------
055   void Write_TC72_Aaddr_Dat(INT8U addr, INT8U dat)
056   {
057       SPI_EN();
058       SPI_Transmit(addr);
059       SPI_Transmit(dat);
060       SPI_DI();
061   }
062
063   //-------------------------------------------------------------
064   // 写 TC72 配置数据
065   //-------------------------------------------------------------
066   void Config_TC72()
067   {
068       //配置为单次转换与关断模式
069       Write_TC72_Aaddr_Dat(TC72_CTRL,0x15);
070   }
071
072   //-------------------------------------------------------------
073   // 从 TC72 读取 2 字节温度数据
074   //-------------------------------------------------------------
075   void Read_TC72_Temperature(INT8U T[])
076   {
077       Config_TC72(); _delay_ms(200);
078       SPI_EN();
079       SPI_Transmit(TC72_TEMP_MSB);            //发送读温度高字节命令
080       //连续读取 2 字节(连续读取时先得到的是高字节,后得到的是低字节)
081       T[1] = SPI_Transmit(0xFF);              //读高字节
082       T[0] = SPI_Transmit(0xFF);              //读低字节
083       SPI_DI();
084
085       //还可以使用以下单字节读取的方法
086       //SPI_EN();
087       //SPI_Transmit(TC72_TEMP_LSB);          //发送读温度低字节命令
088       //T[0] = SPI_Transmit(0xFF);            //读 LSB
089       //SPI_DI();
090       //SPI_EN();
091       //SPI_Transmit(TC72_TEMP_MSB);          //发送读温度高字节命令
092       //T[1] = SPI_Transmit(0xFF);            //读 MSB
093       //SPI_DI();
094   }
095
096   //-------------------------------------------------------------
```

```c
097    // 读 TC72 制造商 ID
098    //-----------------------------------------------------------------
099    INT8U Read_Manufacture_ID()
100    {
101        INT8U d;
102        SPI_EN();
103        SPI_Transmit(TC72_MANU_ID);            //发送读制造商 ID 命令
104        d = SPI_Transmit(0xFF);                //读取 MID
105        SPI_DI();
106        return d;
107    }
108
109    //-----------------------------------------------------------------
110    // 将读取的 2 字节温度数据转换为十进制温度
111    //-----------------------------------------------------------------
112    float Convert_Temperature(INT8U T[])
113    {
114        float TempX = 0.0;                     //浮点温度值
115        int Sign = 1;                          //正负标识,默认为正数
116        //将 16 位的两字节数据 T[1] T[0] 整体左移 1 位
117        //根据 TC72 技术手册,T[1]与 T[0]不需要整体左移
118        //但 Proteus7.5 版的 TC72 器件读取的两字节温度数据
119        //需要左移 1 位后再进行转换
120        T[1] <<= 1;
121        if (T[0] & 0x80) T[1] |= 0x01;
122        T[0] <<= 1;
123        //如果高位为 1 则为负,将两字节取反加 1
124        if ( T[1] & 0x80 )
125        {
126            T[1] = ~T[1];                      //T[1]取反
127            T[0] = ~T[0] + 0x01;               //T[0]取反加 1
128            if (T[0] == 0x00) T[1] += 0x01;    //如果 T[0]取反加 1 后为 0x00 则进位
129            Sign = -1;                         //设"-"符号
130        }
131        //得到整数部分
132        TempX = (float)T[1];
133        //分别累加两位小数部分
134        if (T[0] & 0x80) TempX += 0.5;
135        if (T[0] & 0x40) TempX += 0.25;
136        //附加符号位并返回温度
137        return Sign * TempX;
138    }
139
```

```c
140  //-----------------------------------------------------------------
141  // 主程序
142  //-----------------------------------------------------------------
143  int main()
144  {
145      INT8U Temp[2];
146      int d,f;
147      float Current_Temp = 0.00,Pre_Temp = 0.00;
148      char DisplayBuffer[50];
149      DDRD = 0xFF;                                //配置端口
150      Init_USART();
151      SPI_MasterInit();                           //SPI 主机初始化
152      Config_TC72();
153      _delay_ms(300);
154      //读取并显示制造商 ID
155      sprintf(DisplayBuffer,"Manufacture ID：0x%02X\r\n",Read_Manufacture_ID());
156      PutStr(DisplayBuffer);
157      //提示开始读取温度
158      PutStr("Begin Read Temperature from TC72.............\n\n");
159      while(1)
160      {
161          //第 1 次读取温度
162          Read_TC72_Temperature(Temp);
163          //格式转换
164          Current_Temp = Convert_Temperature(Temp);
165          //第 2 次读取温度
166          Read_TC72_Temperature(Temp);
167  
168          //如果连续 2 次获取的温度不一致则继续
169          if (Current_Temp != Convert_Temperature(Temp)) continue;
170          //如果温度未变化则继续
171          if (Current_Temp == Pre_Temp) continue;
172  
173          Pre_Temp = Current_Temp;
174          //生成待显示字符串(由于 GCC 的 sprintf 不支持%f,因此需要转换)
175          d = (int)Current_Temp;                   //整数部分
176          f = (int)(fabs(Current_Temp - d) * 100); //小数部分
177          sprintf(DisplayBuffer," T[0]:0x%02X   T[1]:0x%02X --> %3d.%02d´C\n",
178                  Temp[0],Temp[1],d,f);
179          //串口输出温度转换结果
180          PutStr(DisplayBuffer);
181      }
182  }
```

```
01  //---------------------------- usart.c ----------------------------
02  //    名称：串口程序
03  //----------------------------------------------------------------
04  #define  F_CPU    4000000UL                        //4 MHz 晶振
05  #include <avr/io.h>
06  #include <util/delay.h>
07  #define INT8U    unsigned char
08  #define INT16U   unsigned int
09
10  //----------------------------------------------------------------
11  // USART 初始化
12  //----------------------------------------------------------------
13  void Init_USART()
14  {
15      UCSRB = _BV(RXEN) | _BV(TXEN) | _BV(RXCIE);   //允许接收和发送,接收中断使能
16      UCSRC = _BV(URSEL)| _BV(UCSZ1) | _BV(UCSZ0);  //8 位数据位,1 位停止位
17      UBRRL = (F_CPU / 9600 / 16 - 1) % 256;        //波特率:9600
18      UBRRH = (F_CPU / 9600 / 16 - 1) / 256;
19  }
20
21  //----------------------------------------------------------------
22  // 发送 1 个字符
23  //----------------------------------------------------------------
24  void PutChar(char c)
25  {
26      if(c == '\n') PutChar('\r');
27      UDR = c;
28      while(!(UCSRA & _BV(UDRE)));
29  }
30
31  //----------------------------------------------------------------
32  // 发送字符串
33  //----------------------------------------------------------------
34  void PutStr(char * s)
35  {
36      while (* s) PutChar( * s ++ );
37  }
```

4.30　SHT75 温、湿度传感器测试

　　SHT75 是瑞士 SENSIRION 生产的一种高度集成的温、湿度传感器,具有 14 位的温度和 12 位的湿度全量程标定数字输出。传感器包含 1 个电容性聚合体相对湿度传感器和 1 个带

隙(bandgap)温度传感器,14 位 A/D 转换器以及 1 个 2-Wires 式串行接口电路。湿度在 0~100%RH 范围内能达到±1.8%的高精度,温度能在 25 ℃时把误差控制在±0.3 ℃的范围内。SHT75 工作电压为 2.4~5.5 V,体积小、功耗低,使用电池供电可以长期稳定运行,防浸泡特性使其在高湿环境下也能长期正常工作,它是各类温湿度测量系统应用设计的首选传感器。本例电路及部分运行效果如图 4-43 所示。

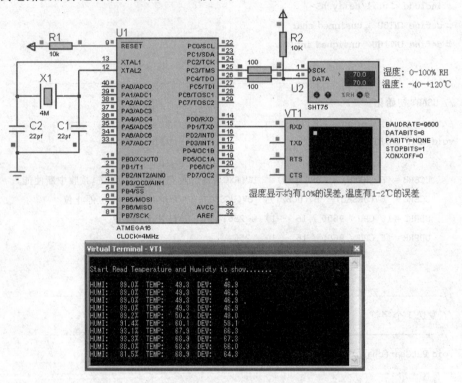

图 4-43 SHT75 温、湿度传感器测试

1. 程序设计与调试

空气湿度(Humidity)有绝对湿度和相对湿度之分,日常生活中所指的湿度为相对湿度 RH (Relative Humidity),单位为%RH,空气湿度可通俗地理解为空气的潮湿程度。下面对有关湿度的概念作简单要说明:

绝对湿度——空气的湿度可以用空气中所含水蒸汽的密度,即单位体积的空气中所含水蒸汽的质量来表示。由于直接测量空气中水蒸汽的密度比较困难,而水蒸汽的压强随水蒸汽密度的增大而增大,所以通常用空气中水蒸汽的压强 p 来表示空气的绝对湿度。

相对湿度——相对湿度的概念用于表示空气中的水蒸汽离饱和状态的远近程度,某温度时空气的绝对湿度 p 与同一温度下水的饱和汽压 ps 的百分比称为此时空气的相对湿度,不同温度下水的饱和汽压可以查表得到,在绝对湿度 p 不变而降低温度时,水的饱和汽压减小使空气的相对湿度增大。

本例中还有一个概念是露点(Dew Point),它是指水蒸汽凝结开始出现时的温度(也就是空气达到饱和的温度)。

SHT75 的分辨率可以根据对现场的采集速率进行调整,一般情况下默认的测量分辨率分别为 14-bit(温度)、12-bit(湿度)。在高速采集时可通过状态寄存器将其分别降至 12-bit 和 8-bit,它对温度的测量范围为:－40～123.8 ℃,对湿度的测量范围为:0～100%RH。

为 SHT75 传感器编写程序时,需要参考 SHT75 的命令表及操作时序等。

本例的 SHT75 传感器命令集参考表 4-23 进行定义。

表 4-23 SHT75 命令表

功能	命令			
	地址	命令	读/写	十六进制命令字节
测量温度	000	0001	1	0x03
测量湿度	000	0010	1	0x05
读状态寄存器	000	0011	1	0x07
写状态寄存器	000	0011	0	0x06
软件复位,复位接口,将状态寄存器清为默认值,在执行下一命令前等待 11 ms	000	1111	0	0x1E

图 4-44 是传感器连接复位时序,传感器连接复位函数 s_ConnectionReset() 根据该时序图编写。

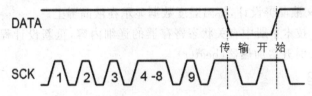

图 4-44 SHT75 连接复位时序

图 4-45 是 SHT75 的状态寄存器写时序(左)与读时序(右),写状态寄存器函数 s_Write_StatusReg(INT8U *p_value) 与读状态寄存器函数 s_Read_StatusReg(INT8U *p_value; INT8U *p_checksum) 分别根据该时序图编写。状态寄存器的最低位为精度选择位,取 0 时表示 14 位温度精度与 12 位湿度精度,取 1 时为 12 位温度精度与 8 位湿度精度。默认值为 0。

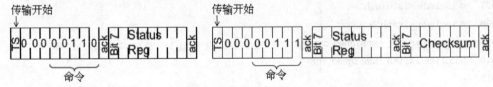

图 4-45 SHT75 状态寄存器写时序(左)与读时序(右)

图 4-46 是 SHT75 温湿度数据测量时序,函数 INT8U s_Measure(INT8U *p_value, INT8U *p_checksum, INT8U mode) 根据该时序图编写。

在计算温度与湿度值时,可参考 SHT75 技术手册中第 3 部分:转换输出到物理值(Converting Output to Physical Values),该部分给了表 Table6～8 及相应的计算公式(即表 4-24),其中 SO_{RH} 为传感器输出的相对湿度,SO_T 为传感器输出温度。最后的结果由表 4-24 后面的公式计算。本例计算温湿度的函数 Calc_STH75(float *p_humidity, float *p_temperature) 即根据该表格系数与相应公式编写。

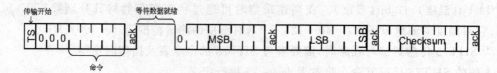

图 4-46　SHT75 温湿度数据测量时序

表 4-24　温湿度转换系数与计算公式

湿度转换系数				温度补偿系数			温度转换系数	
SO_{RH}	c1	c2	c3	SO_T	t1	t2	d1(@5V)	d2
12bit	−4.0	0.0405	$−2.8×10^{−6}$	14-bit	0.01	0.00008	−40	0.01
8bit	−4.0	0.648	$−7.2×10^{−4}$	12-bit	0.01	0.00128	−40	0.04

计算公式：$RH_{linear} = c1 + c2 \cdot SO_{RH} + c3 \cdot SO_{RH}^2$

$RH_{true} = (T_℃ − 25) \cdot (t1 + t2 \cdot SO_{RH}) + RH_{linear}$

$Temperature = d1 + d2 \cdot S_{OT}$　(@5 V)

2. 实训要求

① 重新修改本例,用数码管分别显示温湿度数据。

② 重新改用中文液晶屏设计,将温湿度数据显示在液晶屏上。

③ 阅读 SHT75 技术手册中有关状态寄存器的详细内容,重新设计程序使系统能够在相对湿度大于 95%RH 时开启加热器(heater)。

3. 源程序代码

```
001  //------------------------------ SHT75.c ------------------------------
002  //　名称：SHT75 传感器程序(参照 SENSIRION 公司提供的 8051 版代码改编)
003  //---------------------------------------------------------------------
004  #define F_CPU 4000000UL
005  #include <avr/io.h>
006  #include <util/delay.h>
007  #include <stdio.h>
008  #include <math.h>
009  #define INT8U   unsigned char
010  #define INT16U  unsigned int
011
012  //传感器引脚定义
013  #define SCL   PC3
014  #define SDA   PC4
015
016  //传感器引脚操作定义
017  #define SCL_0()      PORTC &= ~_BV(SCL)   //串行时钟
018  #define SCL_1()      PORTC |=  _BV(SCL)
019  #define SDA_0()      PORTC &= ~_BV(SDA)   //串行数据
020  #define SDA_1()      PORTC |=  _BV(SDA)
021  #define SDA_DDR_0()  DDRC  &= ~_BV(SDA)   //SDA 数据方向
```

```
022    #define SDA_DDR_1()      DDRC  |=  _BV(SDA)
023    #define Get_SDA_Bit()  (PINC & _BV(SDA))      //获取 SDA 引脚数据(保留括号)
024
025    //SHT75 传感器命令集                            //地址 命令  读/写
026    #define MEASURE_TEMP 0x03                      //000  0001  1
027    #define MEASURE_HUMI 0x05                      //000  0010  1
028    #define STATUS_REG_W 0x06                      //000  0011  0
029    #define STATUS_REG_R 0x07                      //000  0011  1
030    #define RESET         0x1E                     //000  1111  0
031
032    //是否应答
033    #define NACK  0
034    #define ACK   1
035
036    //温湿度信息显示缓冲
037    char HT_Display_Buffer[20];
038    //定义温度与湿度符号
039    enum {TEMP,HUMI};
040    extern void PutStr(char * s);
041    //-----------------------------------------------------------------
042    // 写 1 字节到 SHT75 并检查应答
043    //-----------------------------------------------------------------
044    INT8U s_Write_Byte(INT8U dat)
045    {
046        INT8U i,error = 0;
047        SDA_DDR_1();
048        for (i = 0x80; i > 0; i >>= 1)              //从字节高位开始向 SDA 写入 8 位
049        {
050           if (i & dat) SDA_1(); else SDA_0();
051           SCL_1();_delay_us(5); SCL_0();           //模拟传感器总线约 5 μs 脉宽时钟
052        }
053        SDA_1();                                    //释放数据线
054        SDA_DDR_0();                                //SDA 设为读
055        SCL_1();
056        error = Get_SDA_Bit() ? 1 : 0;              //正常时 SDA 将被 SHT75 拉低
057        SCL_0();
058        return error;                               //无应答时返回 1
059    }
060
061    //-----------------------------------------------------------------
062    // 从传感器读 1 字节,在 ack = 1 时发送应答
063    //-----------------------------------------------------------------
064    INT8U s_Read_Byte(INT8U ack)
065    {
066        INT8U i,val = 0x00;
```

```c
067        SDA_DDR_1();                              //SDA 方向设为写
068        SDA_1();                                  //拉高 SDA 释放数据线
069        SDA_DDR_0();                              //SDA 方向设为读
070        for (i = 0x80; i > 0; i >>= 1)            //读取 8 位,先读取的为高位
071        {
072            SCL_1();                              //模拟总线时钟
073            if (Get_SDA_Bit()) val |= i;          //读取 1 位
074            SCL_0();
075        }
076        SDA_DDR_1();
077        if (!ack) SDA_1(); else SDA_0();          //根据参数 ack 拉高或拉低 SDA
078        SCL_1();                                  //第 9 个时钟读取应答
079        _delay_us(5);                             //脉宽约 5 μs
080        SCL_0();
081        SDA_1();                                  //释放数据线
082        return val;
083    }
084
085    //----------------------------------------------------
086    // 传输开始
087    //----------------------------------------------------
088    void s_TransStart()
089    {
090        SDA_1();
091        SCL_0();   _delay_us(1);
092        SCL_1();   _delay_us(1);
093        SDA_0();   _delay_us(1);
094        SCL_0();   _delay_us(3);
095        SCL_1();   _delay_us(1);
096        SDA_1();   _delay_us(1);
097        SCL_0();
098    }
099
100    //----------------------------------------------------
101    // 传感器连接复位
102    //----------------------------------------------------
103    void s_ConnectionReset()
104    {
105        INT8U i;
106        SDA_1(); SCL_0();                         //初始状态
107        for(i = 0; i<9; i++ )                     //模拟 9 个时钟周期
108        {
109            SCL_1(); SCL_0();
110        }
111        s_TransStart();                           //传输开始
```

```
112     }
113
114  //----------------------------------------------------------------
115  // 传感器软复位
116  //----------------------------------------------------------------
117  INT8U s_SoftReset()
118  {
119      INT8U error = 0;
120      s_ConnectionReset();                        //连接通信复位
121      error + = s_Write_Byte(RESET);              //向传感器发送复位命令
122      return error;                               //传感器无响应时返回1
123  }
124
125  //----------------------------------------------------------------
126  // 读状态寄存器
127  //----------------------------------------------------------------
128  INT8U s_Read_StatusReg(INT8U * p_value, INT8U * p_checksum)
129  {
130      INT8U error = 0;
131      s_TransStart();                             //传输开始
132      error = s_Write_Byte(STATUS_REG_R);         //向传感器发送命令 STATUS_REG_R
133      * p_value = s_Read_Byte(ACK);               //读状态寄存器(8位)
134      * p_checksum = s_Read_Byte(NACK);           //读取校验和(8位)
135      return error;                               //传感器无响应时返回1
136  }
137
138  //----------------------------------------------------------------
139  // 写状态寄存器
140  //----------------------------------------------------------------
141  INT8U s_Write_StatusReg(INT8U * p_value)
142  {
143      INT8U error = 0;
144      s_TransStart();                             //传输开始
145      error + = s_Write_Byte(STATUS_REG_W);       //向传感器发送命令 STATUS_REG_W
146      error + = s_Write_Byte( * p_value);         //发送状态寄存器的值
147      return error;                               //传感器无响应时返回1
148  }
149
150  //----------------------------------------------------------------
151  // 带检验码的温度与湿度测量
152  //----------------------------------------------------------------
153  INT8U s_Measure(INT8U * p_value, INT8U * p_checksum, INT8U mode)
154  {
155      INT8U i = 0, error = 0;
156      s_TransStart();                             //传输开始
```

```c
157         switch(mode)                              //向传感器发送命令
158         {
159             case TEMP : error + = s_Write_Byte(MEASURE_TEMP); break;
160             case HUMI : error | = s_Write_Byte(MEASURE_HUMI); break;
161             default   : break;
162         }
163         SDA_DDR_0();
164         while (Get_SDA_Bit()!= 0x00 && ++ i<40) _delay_ms(100);
165         if(Get_SDA_Bit()) error + = 1;             //超时
166         * (p_value)     = s_Read_Byte(ACK);        //读第 1 字节(MSB)
167         * (p_value + 1) = s_Read_Byte(ACK);        //读第 2 字节(LSB)
168         * p_checksum    = s_Read_Byte(NACK);       //读检验和
169         return error;
170     }
171
172 //---------------------------------------------------------------
173 // 计算温湿度
174 //---------------------------------------------------------------
175 void Calc_STH75(float * p_humidity ,float * p_temperature)
176 {
177     const float C1 = - 4.0;                //12 位,系数 C1
178     const float C2 = + 0.0405;             //12 位,系数 C2
179     const float C3 = - 0.0000028;          //12 位,系数 C3
180     const float T1 = + 0.01;               //14 位 @ 5 V,系数 T1
181     const float T2 = + 0.00008;            //14 位 @ 5 V,系数 T2
182     float rh = * p_humidity;               // rh:     湿度 12-Bit
183     float t  = * p_temperature;            // t:      温度 14-Bit
184     float rh_lin;                          // rh_lin: 线性湿度
185     float rh_true;                         // rh_true:温度补偿湿度
186     float t_C;                             // t_C :   温度(℃)
187     t_C = t * 0.01 - 40;                   //计算温度
188     rh_lin = C3 * rh * rh + C2 * rh + C1;  //计算湿度
189     rh_true = (t_C - 25) * (T1 + T2 * rh) + rh_lin;//计算:温度补偿湿度
190     if(rh_true > 100) rh_true = 100;       //将湿度数据限制在正常范围之内
191     if(rh_true<0.1) rh_true = 0.1;         //即 0.1% ~ 100%
192     * p_temperature = t_C;                 //返回温度[℃]
193     * p_humidity = rh_true;                //返回湿度[ % RH]
194 }
195
196 //---------------------------------------------------------------
197 // 根据输入的湿度与温度计算露点
198 //---------------------------------------------------------------
199 float Calc_Dew_point(float h,float t)
200 {
201     float logEx,dew_point;
```

```
202        logEx = 0.66077 + 7.5 * t / (237.3 + t) + (log10(h) - 2);
203        dew_point = (logEx - 0.66077) * 237.3 / (0.66077 + 7.5 - logEx);
204        return dew_point;
205    }
206
207    //------------------------------------------------------------
208    // 传感器测试(读取湿度与温度数据并进行转换计算,送虚拟终端显示)
209    //------------------------------------------------------------
210    void Temp_and_Humi_Sensors_Test()
211    {
212        INT8U a[2],b[2];                    //读传感器湿度与温度,各两字节
213        float x,y,d;                        //计算转换后的湿度、温度、露点
214        INT8U error,checksum;               //错误及校验和
215        s_ConnectionReset();                //连接复位
216        while(1)
217        {
218            error = 0;
219            error += s_Measure((INT8U *)a, &checksum, HUMI);   //测量湿度
220            error += s_Measure((INT8U *)b, &checksum, TEMP);   //测量温度
221            if(error != 0 ) s_ConnectionReset();              //出错时传感器连接复位
222            else
223            {
224                x = (float)(a[0] * 256 + a[1]); //将两字节温度转换为 float 类型
225                y = (float)(b[0] * 256 + b[1]); //将两字节湿度转换为 float 类型
226                Calc_STH75(&x,&y);              //计算湿度与温度
227                d = Calc_Dew_point(x,y);        //计算露点
228
229                //生成指定格式的待输出字符串(GCC 中 sprintf 不支持 %f 输出,因此需要转换)
230                sprintf(HT_Display_Buffer,"HUMI: %5d.%1d%%   TEMP: %5d.%1d  DEW: %5d.%1d\n",
231                    (int)x, (int)(fabs(x-(int)x)*10),
232                    (int)y, (int)(fabs(y-(int)y)*10),
233                    (int)d, (int)(fabs(d-(int)d)*10));
234
235                PutStr(HT_Display_Buffer);      //向虚拟终端输出结果
236            }
237            _delay_ms(800);                     //延时近 0.8 s,以免传感器过热
238        }
239    }


01    //-------------------------- uart.c --------------------------
02    //  名称:串口程序
03    //------------------------------------------------------------
04    #define F_CPU 4000000UL
05    #include <avr/io.h>
06    #include <util/delay.h>
```

```c
07  #define INT8U   unsigned char
08  #define INT16U  unsigned int
09  //----------------------------------------------------------------
10  // USART 初始化
11  //----------------------------------------------------------------
12  void Init_USART()
13  {
14      UCSRB = _BV(RXEN) | _BV(TXEN) | _BV(RXCIE);    //允许接收和发送,接收中断使能
15      UCSRC = _BV(URSEL)| _BV(UCSZ1)| _BV(UCSZ0);    //8 位数据位,1 位停止位
16      UBRRL = (F_CPU / 9600 / 16 - 1) % 256;         //波特率:9600
17      UBRRH = (F_CPU / 9600 / 16 - 1) / 256;
18  }
19
20  //----------------------------------------------------------------
21  // 发送 1 个字符
22  //----------------------------------------------------------------
23  void PutChar(char c)
24  {
25      if(c == '\n') PutChar('\r');
26      UDR = c;
27      while(!(UCSRA & _BV(UDRE)));
28  }
29
30  //----------------------------------------------------------------
31  // 发送字符串
32  //----------------------------------------------------------------
33  void PutStr(char * s)
34  {
35      while ( * s) PutChar( * s ++ );
36  }
```

```c
01  //------------------------------ main.c ------------------------------
02  // 名称:SHT75 温湿度传感器测试
03  //----------------------------------------------------------------
04  // 说明:本例运行时,虚拟终端中将持续刷新显示温、湿度信息
05  //
06  //----------------------------------------------------------------
07  #define F_CPU 4000000UL
08  #include <avr/io.h>
09  #include <util/delay.h>
10  #include <stdio.h>
11  #define INT8U   unsigned char
12  #define INT16U  unsigned int
13  extern void Init_USART();
14  extern void Temp_and_Humi_Sensors_Test();
```

```
15      extern void PutStr(char * s);
16      //----------------------------------------------------------------
17      // 主程序
18      //----------------------------------------------------------------
19      int main()
20      {
21          DDRC = 0xFF; PORTC = 0xFF;           //配置端口
22          Init_USART();                         //初始化串口
23          PutStr("\nStart Read Temperature and Humidty to show.......\n\n");
24          Temp_and_Humi_Sensors_Test();        //传感器测试（读取温湿度数据并转换显示）
25          while (1);
26      }
```

4.31 用 SPI 接口读/写 AT25F1024

兼容 SPI 接口的 AT25F1024、2048、4096 分别是 1-Mbit、2-Mbit 和 4-Mbit 的串行可编程 Flash 存储器。本例使用的 1-Mbits(128-KBytes) AT25F1024 分为 4 个区（sector），每个区 32 KB，各区又分为 128 页，每页有 256 个字节空间。本例运行时，按下 K1 将清除芯片内所有数据，并在存储空间最前面和最后面分别写入 256 个有序字节和随机字节，按下 K2、K3 可以分别读取和显示这些字节，按下 K4 时可显示制造商 ID。案例电路及部分运行效果如图 4-47 所示。

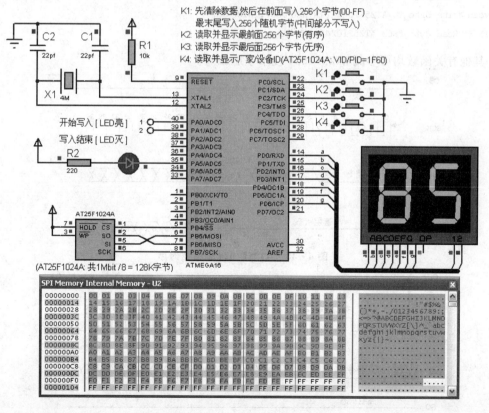

图 4-47 用 SPI 接口读/写 AT25F1024

1. 程序设计与调试

设计访问 AT25F1024 的程序时,参考其技术手册文件,可查到表 4-25 所列的相关操作指令,包括使能与禁止写、读/写状态寄存器、读/写数据字节、删除区域数据或芯片数据、读取厂商与产品 ID 等。源程序最前面的 AF25F1024 操作指令集即根据该表格编写。

表 4-25 AT25F1024 指令集

指令名称	指令格式	操 作
WREN	0000 * 110	使能写
WRDI	0000 * 110	禁止写
RDSR	0000 * 101	读状态
WRSR	0000 * 001	写状态
READ	0000 * 011	读字节
PROGRAM	0000 * 010	写字节
SECTOR ERASE	0101 * 010	删除区域数据
CHIP ERASE	0110 * 010	删除内存中所有区域数据
RDID	0001 * 101	读取厂商与产品 ID

图 4-48 与图 4-49 给出了 AT25F1024 的数据读/写时序。本例的写字节函数与读字节函数就是分别根据这两个时序图编写完成的:

```
void Write_Byte_TO_AT25F1024A(INT32U addr,INT8U dat)
INT8U Read_Byte_FROM_AT25F1024A(INT32U addr)
```

其他有关函数均可参阅 AT25F1024 技术手册编写。

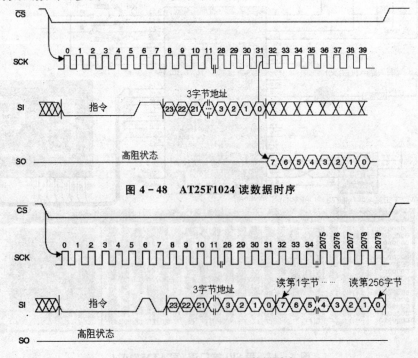

图 4-48 AT25F1024 读数据时序

图 4-49 AT25F1024 写数据时序

2. 实训要求

① 查阅本例存储芯片技术手册文件,编程对该芯片前 1/4、1/2 或整个区域数据设置写保护。

② 查阅 AT25F2048 与 AF25F4096 的技术手册文件,编程对这两种存储器数据进行读/写操作。

3. 源程序代码

```
001  //----------------------------------------------------------------
002  //  名称:用 SPI 接口读/写 AT25F1024A
003  //----------------------------------------------------------------
004  //  说明:本例以 AVR 单片机为 SPI 主机,AT25F1024A 为 SPI 从机
005  //        按下 K1 时先删除芯片中未保护区域的所有数据,然后从开始处写入
006  //        256 个字节(0x00~0xFF),最末尾 256 字节空间写入随机数
007  //        (其余部分不写入)
008  //        按下 K2 时读取最前面的 256 个字节并显示
009  //        按下 K3 时读取最后面的 256 个字节并显示
010  //        按下 K4 时显示 VID/PID
011  //        (显示格式均为十六进制数)
012  //
013  //----------------------------------------------------------------
014  #define F_CPU 4000000UL
015  #include <avr/io.h>
016  #include <util/delay.h>
017  #define INT8U      unsigned char
018  #define INT16U     unsigned int
019  #define INT32U     unsigned long
020
021  //AT25F1024A 指令集
022  #define WREN           0x06            //使能写
023  #define WRDI           0x04            //禁止写
024  #define RDSR           0x05            //读状态
025  #define WRSR           0x01            //写状态
026  #define READ           0x03            //读字节
027  #define PROGRAM        0x02            //写字节
028  #define SECTOR_ERASE   0x52            //删除区域数据
029  #define CHIP_ERASE     0x62            //删除芯片数据
030  #define RDID           0x15            //读厂商与产品 ID
031
032  //按键定义
033  #define K1_DOWN() ((PINC & _BV(PC0)) == 0x00)    //写入两组字节
034  #define K2_DOWN() ((PINC & _BV(PC2)) == 0x00)    //读前 256 字节并显示
035  #define K3_DOWN() ((PINC & _BV(PC4)) == 0x00)    //读后 256 字节并显示
036  #define K4_DOWN() ((PINC & _BV(PC6)) == 0x00)    //显示厂家和产品 ID
```

```
037
038  //LED 开关定义
039  #define LED_ON()   ( PORTA &= ~_BV(PA5) )
040  #define LED_OFF()  ( PORTA |=  _BV(PA5) )
041
042  //SPI 使能与禁用
043  #define SPI_EN() (PORTB &= 0xEF)
044  #define SPI_DI() (PORTB |= 0x10)
045
046  //0~F 的数码管段码表(共阴数码管)
047  INT8U SEG_CODE[] =
048  {
049      0x3F,0x06,0x5B,0x4F,0x66,0x6D,0x7D,0x07,
050      0x6F,0x77,0x7F,0x7C,0x39,0x5E,0x79,0x71
051  };
052  //读/写字节数据的临时存放空间及有效数据长度
053  INT8U  TMP_Buffer[256];
054  INT16U Buffer_LEN = 256;
055  //分解后的待显示数位
056  INT8U Display_Buffer[] = {0,0};
057  //------------------------------------------------------------
058  // 数码管显示 1 字节(十六进制)
059  //------------------------------------------------------------
060  void Show_Count_ON_DSY()
061  {
062      PORTA = 0xFF;
063      PORTD = SEG_CODE[Display_Buffer[1]];
064      PORTA = 0xFE;
065      _delay_ms(2);
066      PORTA = 0xFF;
067      PORTD = SEG_CODE[Display_Buffer[0]];
068      PORTA = 0xFD;
069      _delay_ms(2);
070  }
071
072  //------------------------------------------------------------
073  // SPI 主机初始化
074  //------------------------------------------------------------
075  void SPI_MasterInit()
076  {
077      //第 4、5、7 位/SS、MOSI、SCK 为输出,第 6 位 MISO 为输入
078      DDRB = 0B10110000; PORTB = 0xFF;
079      //SPI 使能,主机模式,16 分频
```

```
080      SPCR|= _BV(SPE) | _BV(MSTR) | _BV(SPR0);
081  }
082
083  //-----------------------------------------------------------------
084  // SPI 数据传输
085  //-----------------------------------------------------------------
086  INT8U SPI_Transmit(INT8U dat)
087  {
088      SPDR = dat;                              //启动数据传输
089      while(!(SPSR & _BV(SPIF)));              //等待结束
090      SPSR |= _BV(SPIF);                       //清中断标志
091      return SPDR;
092  }
093
094  //-----------------------------------------------------------------
095  // 读 AT25F1024A 芯片状态
096  //-----------------------------------------------------------------
097  INT8U Read_SPI_Status()
098  {
099      INT8U status;
100      SPI_EN();
101      SPI_Transmit(RDSR);                      //发送读状态指令
102      status = SPI_Transmit(0xFF);             //读取状态寄存器
103      SPI_DI();
104      return status;
105  }
106
107  //-----------------------------------------------------------------
108  // 读取 AT25F1024A 的厂商和产品 ID
109  //-----------------------------------------------------------------
110  void Get_VID_PID()
111  {
112      SPI_EN();
113      SPI_Transmit(RDID);                      //发送读取 ID 指令
114      TMP_Buffer[0] = SPI_Transmit(0xFF);      //读取厂商代码 VID
115      TMP_Buffer[1] = SPI_Transmit(0xFF);      //读取产品代码 PID
116      SPI_DI();
117  }
118
119  //-----------------------------------------------------------------
120  // AT25F1024A 忙等待
121  //-----------------------------------------------------------------
122  void Busy_Wait()
```

```c
123  {
124      while(Read_SPI_Status() & 0x01);              //忙等待
125  }
126
127  //--------------------------------------------------------------
128  // 删除 AT25F1024A 芯片未加保护的所有区域数据
129  //--------------------------------------------------------------
130  void ChipErase()
131  {
132      SPI_EN();
133      SPI_Transmit(WREN);                            //使能写
134      SPI_DI();
135      Busy_Wait();
136
137      SPI_EN();
138      SPI_Transmit(CHIP_ERASE);                      //清除芯片数据指令
139      SPI_DI();
140      Busy_Wait();
141  }
142
143  //--------------------------------------------------------------
144  // 向 AT25F1024A 写入 3 个字节的地址 0x000000~0x01FFFF
145  //--------------------------------------------------------------
146  void Write_3_Bytes_AT25F1024A_Address(INT32U addr)
147  {
148      SPI_Transmit((INT8U)(addr >> 16 & 0xFF));      //先发送最高的地址字节
149      SPI_Transmit((INT8U)(addr >> 8  & 0xFF));      //再发送次高的地址字节
150      SPI_Transmit((INT8U)(addr & 0xFF));            //最后发送低位地址字节
151  }
152
153  //--------------------------------------------------------------
154  // 从指定地址读单字节
155  //--------------------------------------------------------------
156  INT8U Read_Byte_FROM_AT25F1024A(INT32U addr)
157  {
158      INT8U  dat;
159      SPI_EN();
160      SPI_Transmit(READ);                            //发送读指令
161      Write_3_Bytes_AT25F1024A_Address(addr);        //发送3字节地址
162      dat = SPI_Transmit(0xFF);                      //读取字节数据
163      SPI_DI();
164      return dat;
165  }
```

```c
166
167  //-----------------------------------------------------------------
168  // 从指定地址读多字节到缓冲
169  //-----------------------------------------------------------------
170  void Read_Some_Bytes_FROM_AT25F1024A(INT32U addr, INT8U * p, INT16U len)
171  {
172      INT16U i;
173      SPI_EN();
174      SPI_Transmit(READ);                          //发送读指令
175      Write_3_Bytes_AT25F1024A_Address(addr);      //发送3字节地址
176      for( i = 0; i<len; i ++ )                    //读取多字节数据
177          p[i] = SPI_Transmit(0xFF);
178      SPI_DI();
179  }
180
181  //-----------------------------------------------------------------
182  // 向 AT25F1024A 指定地址写入单字节数据
183  //-----------------------------------------------------------------
184  void Write_Byte_TO_AT25F1024A(INT32U addr,INT8U dat)
185  {
186      SPI_EN();
187      SPI_Transmit(WREN);                          //使能写
188      SPI_DI();
189      Busy_Wait();
190      SPI_EN();
191      SPI_Transmit(PROGRAM);                       //写指令
192      Write_3_Bytes_AT25F1024A_Address(addr);      //发送3字节地址
193      SPI_Transmit(dat);                           //写字节数据
194      SPI_DI();
195      Busy_Wait();
196  }
197
198  //-----------------------------------------------------------------
199  // 向 AT25F1024A 指定地址开始写入多字节数据
200  //-----------------------------------------------------------------
201  void Write_Some_Bytes_TO_AT25F1024A(INT32U addr,INT8U * p,INT16U len)
202  {
203      INT16U i;
204      SPI_EN();
205      SPI_Transmit(WREN);                          //使能写
206      SPI_DI();
207      Busy_Wait();
208      SPI_EN();
```

```
209        SPI_Transmit(PROGRAM);                      //写指令
210        Write_3_Bytes_AT25F1024A_Address(addr);     //发送 3 字节地址
211        for (i = 0; i<len; i ++ )                   //写多字节数据
212          SPI_Transmit(p[i]);
213        SPI_DI();
214        Busy_Wait();
215    }
216
217    //-------------------------------------------------------------------
218    // 主程序
219    //-------------------------------------------------------------------
220    int main()
221    {
222        INT32U i;
223        INT8U Current_Data,Current_Disp_Index = 0,LOOP_SHOW_FLAG = 0;
224        DDRA = 0xFF; PORTA = 0xFF;                  //配置端口
225        DDRD = 0xFF; PORTD = 0xFF;
226        DDRC = 0x00; PORTC = 0xFF;
227        TCCR0 = 0x01;                               //未分频
228        TIMSK = _BV(TOIE0);                         //允许 T/C0 定时器溢出中断
229        SPI_MasterInit();                           //SPI 主机初始化
230        while(1)
231        {
232            Begin:
233            //K1:向 AT25F1024A 写入数据
234            if(K1_DOWN()) //---------------------------------------------
235            {
236                //先点亮 LED
237                LED_ON();
238                //删除芯片全部内容
239                ChipErase();
240                // 下面两个循环使用的是单字节逐个写入的方法…………
241                // 前面 256 字节空间写入 0x00～0xFF
242                // for (i = 0x000000; i<= 0x0000FF; i ++ )
243                // {
244                //     Write_Byte_TO_AT25F1024A(i,(INT8U)i);
245                //     Busy_Wait();
246                // }
247                // 最末尾 256 个字节空间全部写入随机字节(随机字节由 T/C0 提供)
248                // for (i = 0x1FFF00; i<= 0x1FFFFF; i ++ )
249                // {
250                //     Write_Byte_TO_AT25F1024A(i,(TCNT0>>6) | (TCNT0<<2));
251                //     Busy_Wait();
```

```
252             // }
253             //下面使用的是顺序写入的方法.........................
254             //先准备待写入有序字节数组
255             for (i = 0; i<256; i++) TMP_Buffer[i] = i;
256             //从指定地址开始顺序写入
257             Write_Some_Bytes_TO_AT25F1024A(0x000000,TMP_Buffer,256);
258             //先准备待写入随机字节数组(随机字节由 T/C0 提供)
259             for (i = 0; i<256; i++) TMP_Buffer[i] = (TCNT0>>6) | (TCNT0<<2);
260             //从指定地址开始顺序写入
261             Write_Some_Bytes_TO_AT25F1024A(0x1FFF00,TMP_Buffer,256);
262             while (K1_DOWN());
263             //完成后关闭 LED
264             LED_OFF();
265         }
266         //K2:读取并显示前 256 个字节
267         if (K2_DOWN()) //------------------------------------------
268         {
269             //从指定地址顺序读取多字节到缓冲
270             Read_Some_Bytes_FROM_AT25F1024A(0x000000,TMP_Buffer,256);
271             // 下面是单字节逐个读取的代码
272             // for (i = 0x000000; i< = 0x0000FF; i++ )
273             // TMP_Buffer[(INT8U)i] = Read_Byte_FROM_AT25F1024A(i);
274             while (K2_DOWN());
275             Current_Disp_Index = 0;
276             Buffer_LEN = 256;
277             LOOP_SHOW_FLAG = 1;
278         }
279         //K3:读取并显示后 256 个字节
280         if (K3_DOWN()) //------------------------------------------
281         {
282             //从指定地址顺序读取多字节到缓冲
283             Read_Some_Bytes_FROM_AT25F1024A(0x1FFF00,TMP_Buffer,256);
284             // 下面是单字节逐个读取的代码
285             // for (i = 0x1FFF00; i< = 0x1FFFFF; i++ )
286             // TMP_Buffer[(INT8U)(i - 0x1FFF00)] = Read_Byte_FROM_AT25F1024A(i);
287             while (K3_DOWN());
288             Current_Disp_Index = 0;
289             Buffer_LEN = 256;
290             LOOP_SHOW_FLAG = 1;
291         }
292         //K4:显示厂家和设备 ID
293         if (K4_DOWN()) //------------------------------------------
294         {
```

```
295                  Get_VID_PID();                    //读取厂商与产品ID(VID/PID)
296                  Buffer_LEN = 2;                   //设置显示缓冲有效数据长度为2
297                  Current_Disp_Index = 0;
298                  LOOP_SHOW_FLAG = 1;
299                  while (K4_DOWN());
300              }
301              //循环显示数据
302              if (LOOP_SHOW_FLAG)  //-----------------------------------------
303              {
304                  Current_Data = TMP_Buffer[Current_Disp_Index];
305                  Display_Buffer[1] = Current_Data / 16;
306                  Display_Buffer[0] = Current_Data % 16;
307                  //每个数显示保持一段时间
308                  for (i = 0 ; i<150; i++)
309                  {
310                      //数码管显示2位十六进制数
311                      Show_Count_ON_DSY();
312                      //显示过程中如果某键按下则停止显示
313                      if (PINC != 0xFF)
314                      {
315                          LOOP_SHOW_FLAG = 0;
316                          PORTD = 0x00;
317                          goto Begin;
318                      }
319                  }
320                  //显示索引循环递增( 0～Buffer_LEN - 1)
321                  Current_Disp_Index = (Current_Disp_Index + 1) % Buffer_LEN;
322              }
323          }
324      }
```

4.32 用 TWI 接口读/写 24C04

本例用到的 AT24C04 是 4-Kbit(512-Byte)的 EEPROM,兼容 I^2C 接口总线,它与单片机通信时只需要通过两根串行线,一根是双向的串行数据线 SDA,另一根是时钟线 SCL。该存储器件占用很少的资源和 I/O 引脚,且具有工作电源宽、抗干扰能力强、功耗低、数据不易丢失和支持在线编程等特点。本例运行时,按下 K1 将向 AT24C04 写入 512 个字节数据,按下 K2 或 K3 时将分别读取并显示前后各 256 个字节数据。电路及运行效果如图 4-50 所示。

1. 程序设计与调试

本例程序要点在于字节读/写函数设计,这两个函数分别参考时序图 4-51 和图 4-52

编写:

```
INT8U I2C_Write(INT16U addr,INT8U dat)
INT8U I2C_Read(INT16U addr)
```

在参阅时序图时,其中 START 后的 DEVICE ADDRESS(器件地址)可参考表 4-26 的 24C04 器件地址字节格式,高 4 位固定为 1010,本例程序最前面定义了从器件(或称子器件)地址:

```
#define DEV_SUB_ADDR 0xA0
```

定义中 0xA0 的高 4 位即 1010,0xA0 的后 4 位为 0000,分别对应于该表格中的 A2/A1/页选择位/读/写位。其中 A2/A1 用于在 DEVICE ADDRESS 中指定共用 SDA 与 SCL 的外部多达 4 片 24C04 中的一片,因为 24C04 硬地址配置引脚有 A2/A1,硬地址有 4 种组合,因此 A2/A1 对应的取值有 00、01、10、11。本例中 A2 与 A1 全部接地,这两位为 00。

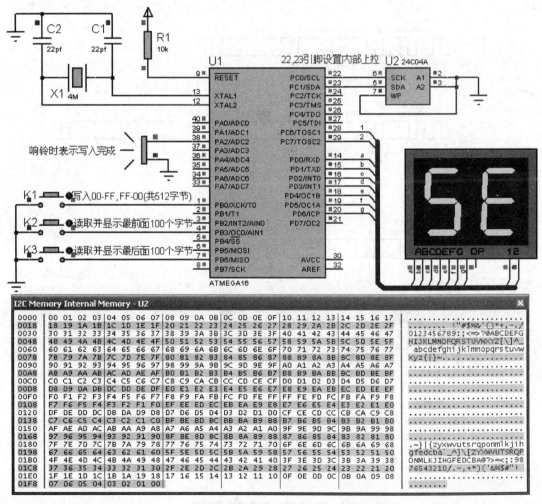

图 4-50 用 TWI 接口读/写 24C04

最后讨论一下 P0 位,对于 512 KB 的 24C04 串行存储器,其地址位共 9 位($2^9=512$)。图

4-51、图 4-52 所示多个时序图中,在 DEVICE ADDRESS 后接着需要给出待读/写的字节地址 BYTE ADDR(时序图中为 WORD ADDRESS),该字节仅 8 位(A7～A0),而 9 位地址的最高位 A8 则附加在 DEVICE ADDRESS 中提供,这一位就是 P0。显然,发送器件地址的第 1 字节(也称控制字节)"携带"了 24C04 内部空间字节地址的最高位。明白这一点后再来分析字节读/写函数中的以下语句就很清楚了:

WriteByte(DEV_SUB_ADDR | (INT8U)(addr >> 8 << 1))

该语句中 addr 为 16 位的无符号整数(对于 24C04,这 16 位中仅有低 9 位是有效的地址位),为将 9 位地址的高位 A8 填充到 DEVICE ADDRESS 的倒数第 2 位 P0,可先将最高的第 9 位移到最低位,即 addr>>8,然后再将其左移 1 位,最后将得到的 8 位字节与 DEV_SUB_ADDR(即 0xA0)作或操作即可。要注意这里不要将 addr>>8<<1 简写为 addr>>7,因为这样不能保证最低位为 0,由于要向指定地址写字节,因此控制字节的最低位 R/W 必须为 0。

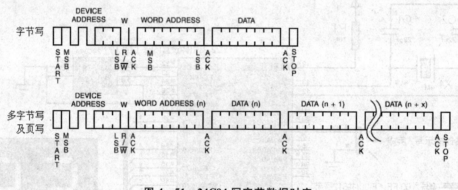

图 4-51 24C04 写字节数据时序

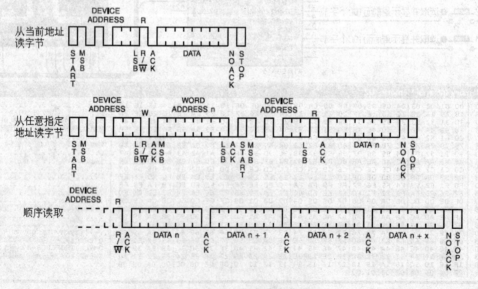

图 4-52 24C04 各类读字节时序

同样,根据读字节操作时序编写的函数中有如下语句:

WriteByte(DEV_SUB_ADDR | (INT8U)(addr >> 8 << 1) | 0x01)

它将控制字节的最低位置为1,接下来的每8个时钟周期都将从相应地址读取1字节数据。twi.h中将符号TWI_READ定义为1,因此上述语句还可以写成:

```
WriteByte(DEV_SUB_ADDR | (INT8U)(addr >> 8 << 1) | TWI_READ);
```

阅读本例程序的其他编写细节时,可进一步参考阅读AT24C04的技术手册文件。

表 4-26 24C04器件地址字节格式

	器件编码				硬地址位		块选择	读/写
位	7	6	5	4	3	2	1	0
器件选择	1	0	1	0	A2	A1	P0	R/W

说明:该地址高4位固定为1010,A2/A1与器件A2/A1引脚对应,用于选择器件硬地址,P0为24C04共9位地址中的最高位(即A0~A8中的第A8位)。表中7~1位对应时序图中的DEVICE ADDRESS。

2. 实训要求

① 参考图4-51、图4-52提供的读/写时序,编写从任意指定地址读取多字的函数及从任意指定地址写入多字节的函数。

② 重新选择24C08/16/32/64/128等系列芯片,利用单片机的TWI接口编程对它们进行数据读/写。

3. 源程序代码

```
001  //--------------------------------------------------------
002  // 名称:用TWI接口读/写24C04
003  //--------------------------------------------------------
004  // 说明:按下K1时向24C04中写入 0x00~0xFF,0xFF~0x00(共 512 个字节),
005  //       响铃时表示写入结束,按下K2或K3时,可分别读取最前面的100个或
006  //       最后面的100个字节,并以十六进制方式循环显示
007  //
008  //--------------------------------------------------------
009  #define F_CPU 4000000UL
010  #include <avr/io.h>
011  #include <util/delay.h>
012  #include <util/TWI.h>
013  #define INT8U    unsigned char
014  #define INT16U   unsigned int
015
016  // 部分 IIC-24CXX EEPROM 地址格式--------------------------
017  // 使用其他型号 IIC-24CXX EEPROM 时可根据这些格式可改写程序
018  // 1 0 1 0 E2  E1 E0 R/~W     24C01/24C02
019  // 1 0 1 0 E2  E1 A8 R/~W     24C04
020  // 1 0 1 0 E2  A9 A8 R/~W     24C08
021  // 1 0 1 0 A10 A9 A8 R/~W     24C16
022  //--------------------------------------------------------
```

```
023
024   //按键定义
025   #define Write_512_Key_DOWN()  ((PINB & 0x01) == 0x00)  //写入
026   #define Read_F100_Key_DOWN()  ((PINB & 0x08) == 0x00)  //读前100个显示
027   #define Read_R100_Key_DOWN()  ((PINB & 0x40) == 0x00)  //读后100个显示
028
029   //蜂鸣器定义
030   #define BEEP() (PORTA ^= _BV(PA2))
031
032   //定义子器件地址
033   #define DEV_SUB_ADDR 0xA0
034
035   //TWI 通用操作
036   #define Wait()         while ((TWCR & _BV(TWINT)) == 0)
037   #define START()        {TWCR = _BV(TWINT) | _BV(TWSTA) | _BV(TWEN); Wait();}
038   #define STOP()         (TWCR = _BV(TWINT) | _BV(TWSTO) | _BV(TWEN))
039   #define WriteByte(x)   {TWDR = (x); TWCR = _BV(TWINT) | _BV(TWEN); Wait(); }
040   #define ACK()          (TWCR |=  _BV(TWEA))
041   #define NACK()         (TWCR &= ~_BV(TWEA))
042   #define TWI()          {TWCR = _BV(TWINT) | _BV(TWEN); Wait(); }
043
044   //0~F 的数码管段码表(共阴数码管)
045   const INT8U SEG_CODE[] =
046   {
047     0x3F,0x06,0x5B,0x4F,0x66,0x6D,0x7D,0x07,
048     0x6F,0x77,0x7F,0x7C,0x39,0x5E,0x79,0x71
049   };
050
051   //读取100个字节数据的临时存放空间
052   INT8U TMP_Buffer[100];
053   //分解后的待显示数位
054   INT8U Display_Buffer[] = {0,0};
055   //-----------------------------------------------------------------
056   // 响铃子程序
057   //-----------------------------------------------------------------
058   void Play_BEEP()
059   {
060     INT16U i;
061     for (i = 0 ; i < 300; i++)
062     {
063         BEEP(); _delay_us(200);
064     }
065   }
```

```c
066
067   //-----------------------------------------------------------------
068   // 数码管上显示(PC6、PC7 分别连接 2 只数码管共阴引脚)
069   //-----------------------------------------------------------------
070   void Show_Count_ON_DSY()
071   {
072       PORTD = 0x00;                                    //暂时关闭段码
073       PORTD = SEG_CODE[Display_Buffer[1]];             //发送段码
074       PORTC = (PORTC | _BV(PC7)) & ~_BV(PC6);          //发送位码
075       _delay_ms(2);
076       PORTD = 0x00;                                    //显示第 2 位数,操作同上
077       PORTD = SEG_CODE[Display_Buffer[0]];
078       PORTC = (PORTC | _BV(PC6)) & ~_BV(PC7);
079       _delay_ms(2);
080   }
081
082   //-----------------------------------------------------------------
083   // 从 IIC 中指定地址读 1 字节
084   //-----------------------------------------------------------------
085   INT8U I2C_Read(INT16U addr)
086   {
087       INT8U dat;
088       START();
089       if (TW_STATUS != TW_START)           return 0;
090       //下面地址部分的(INT8U)(addr >> 8 << 1)对应于 A8 位,其他部分代码同此
091       WriteByte(DEV_SUB_ADDR | (INT8U)(addr >> 8 << 1));   //写控制字节(含最高位 A8)
092       if (TW_STATUS != TW_MT_SLA_ACK)      return 0;
093       WriteByte((INT8U)addr);                              //发送 EEPROM 地址
094       if (TW_STATUS != TW_MT_DATA_ACK)     return 0;
095       START();                                             //重新启动
096       if (TW_STATUS != TW_REP_START)       return 0;
097       WriteByte(DEV_SUB_ADDR | (INT8U)(addr >> 8 << 1) | 0x01);  //发送读操作命令
098       if (TW_STATUS != TW_MR_SLA_ACK)      return 0;
099       TWI();
100       if (TW_STATUS != TW_MR_DATA_NACK)    return 0;
101       dat = TWDR;                                          //读取 1 字节
102       STOP();
103       return dat;
104   }
105
106   //-----------------------------------------------------------------
107   // 向 IIC24C04A 中指定地址写 1 字节
108   //-----------------------------------------------------------------
```

```c
109    INT8U I2C_Write(INT16U addr,INT8U dat)
110    {
111        START();
112        Wait();
113        if(TW_STATUS != TW_START)          return 0;
114        WriteByte(DEV_SUB_ADDR |(INT8U)(addr >> 8 << 1));    //写控制字节(含最高位 A8)
115        Wait();
116        if(TW_STATUS != TW_MT_SLA_ACK)     return 0;
117        WriteByte((INT8U)addr);                              //发送 EEPROM 地址
118        Wait();
119        if(TW_STATUS != TW_MT_DATA_ACK) return 0;
120        WriteByte(dat);                                      //向该地址写 1 字节数据
121        Wait();
122        if(TW_STATUS != TW_MT_DATA_ACK) return 0;
123        STOP();
124        return 1;
125    }
126
127    //-----------------------------------------------------------------
128    // 主程序
129    //-----------------------------------------------------------------
130    int main()
131    {
132        INT16U i, Current_Disp_Index = 0;
133        INT8U  dat = 0x00, Current_Data, LOOP_SHOW_FLAG = 0;
134        DDRC = 0xF0; PORTC = 0xFF;                           //配置端口
135        DDRA = 0xFF; PORTA = 0xFF;
136        DDRD = 0xFF; PORTD = 0xFF;
137        DDRB = 0x00; PORTB = 0xFF;
138        while(1)
139        {
140            Begin:
141            //K1:写入 512 个字节(00~FF, FF~00)
142            if(Write_512_Key_DOWN()) //----------------------------------------
143            {
144                //关闭 2 只数码管
145                PORTC |= _BV(PB6) | _BV(PB7);
146                //在 24C04 前半部分空间写入 0x00~0xFF
147                for (i = 0x0000; i<= 0x00FF; i ++ )
148                {
149                    I2C_Write(i,dat ++ );
150                    _delay_ms(2);
151                }
```

```
152            //在 24C04 后半部分空间写入 0xFF~0x00
153            for ( i = 0x0100; i< = 0x01FF; i ++ )
154            {
155                I2C_Write(i, -- dat);
156                _delay_ms(2);
157            }
158            Play_BEEP();
159            while (Write_512_Key_DOWN());        //等待释放
160            LOOP_SHOW_FLAG = 0;
161        }
162
163        //K2:读取并显示前 100 个字节
164        if (Read_F100_Key_DOWN()) //------------------------------------
165        {
166            for ( i = 0x0000; i < = 0x0063; i ++ )
167            {
168                TMP_Buffer[(INT8U)i] = I2C_Read(i);
169                _delay_ms(2);
170            }
171            while (Read_F100_Key_DOWN());        //等待释放
172            Current_Disp_Index = 0;
173            LOOP_SHOW_FLAG = 1;
174        }
175        //K3:读取并显示后 100 个字节
176        if (Read_R100_Key_DOWN()) //------------------------------------
177        {
178            for ( i = 0x01FF; i > 0x01FF - 100; i -- )
179            {
180                TMP_Buffer[99 - (INT8U)(0x01FF - i)] = I2C_Read(i);
181                _delay_ms(4);
182            }
183            while (Read_R100_Key_DOWN());        //等待释放
184            Current_Disp_Index = 0;
185            LOOP_SHOW_FLAG = 1;
186        }
187        if (LOOP_SHOW_FLAG) //------------------------------------
188        {
189            Current_Data = TMP_Buffer[Current_Disp_Index];
190            Display_Buffer[1] = Current_Data / 16;
191            Display_Buffer[0] = Current_Data % 16;
192            //每个数显示保持一段时间
193            for ( i = 0 ; i<150; i ++ )
194            {
```

```
195                //数码管显示2位十六进制数
196                Show_Count_ON_DSY();
197                //显示过程中如果有键按下则停止显示
198                if (Write_512_Key_DOWN() || Read_F100_Key_DOWN() || Read_R100_Key_DOWN())
199                {
200                    LOOP_SHOW_FLAG = 0;
201                    PORTA = 0xFF;
202                    goto Begin;
203                }
204            }
205            //显示索引循环递增(0~99)
206            Current_Disp_Index = (Current_Disp_Index + 1) % 100;
207        }
208    }
209 }
```

4.33　MPX4250压力传感器测试

本例使用了Motorola公司生产的压力传感器MPX4250。程序运行时，传感器向单片机输入模拟电压信号，经A/D转换后，再根据技术手册提供的公式进行换算，最后将压力值显示在4位数码管上。案例电路及部分运行效果如图4-53所示。

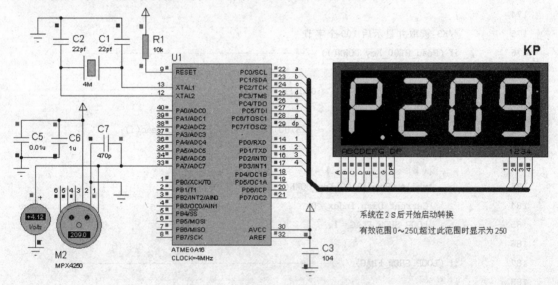

图4-53　MPX4250压力传感器测试

1. 程序设计与调试

有了A/D转换案例程序的学习与调试，本例的编写就显得很简单了，剩下的唯一关键仅在于压力传感器的输出电压与压力值之间的换算关系。根据图4-54所示的压力传感器的压力/电压输出曲线与转换函数，程序中第50行语句的编写就很容易了：

```
Pressure_Value = (AD_Result * 5.0 / 1023.0 / 5.1 - 0.04) / 0.00369 + 1.99;
```

该语句中,AD_Result 为 10 位的模/数转换结果,+1.99 为本例所设置的 Error 值。根据上述公式和 Error 设置,在实际测试过程中,对于较低的压力转换,其误差在 1~4 kP 以内,在较高的压力下则误差很小。

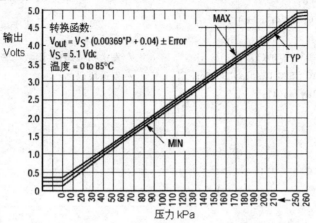

图 4-54 MPX4250 压力传感器电压输出曲线与转换函数

2. 实训要求

① 重新设置 Error 值,观察在较高压力和较低压力下的显示误差情况。

② 改用液晶显示屏,将压力值实时显示在液晶显示屏上,为第 5 章电子秤的仿真设计打下基础。

3. 源程序代码

```
01  //--------------------------------------------------------
02  // 名称:MPX4250 压力传感器测试
03  //--------------------------------------------------------
04  // 说明:本例运行时,MPX4250 通过 PA7 向单片机输入模拟电压,经模/数
05  //       转换并通过公式换算后,数码管将显示出当前压力值
06  //
07  //--------------------------------------------------------
08  #define  F_CPU   4000000UL
09  #include <avr/io.h>
10  #include <util/delay.h>
11  #define INT8U   unsigned char
12  #define INT16U  unsigned int
13
14  //共阴数码管 0~9 的数字编码,最后一位为黑屏
15  const INT8U SEG_CODE[] =
16  { 0x3F,0x06,0x5B,0x4F,0x66,0x6D,0x7D,0x07,0x7F,0x6F,0x00 };
17  //分解后的待显示数位段码缓冲(第一位是大写字母 P)
18  INT8U SEG_Display_Buffer[] = {0xF3,0,0,0};
19  //--------------------------------------------------------
```

```
20   // 数码管显示压力
21   //--------------------------------------------------------------
22   void Show_PRESS_ON_DSY()
23   {
24       INT8U i = 0;
25       for (i = 0; i<4; i++)
26       {
27           PORTD = ~_BV(i);                    //发送扫描码(共阴数码管加~)
28           PORTC = SEG_Display_Buffer[i];      //发送段码
29           _delay_ms(4);
30       }
31   }
32
33   //--------------------------------------------------------------
34   // 主程序
35   //--------------------------------------------------------------
36   int main()
37   {
38       int AD_Result, Pressure_Value;          //模/数转换结果及压力换算结果
39       DDRA = 0x7F; PORTA = 0xFF;              //配置端口(PA7 为模拟输入)
40       DDRC = 0xFF; PORTC = 0xFF;
41       DDRD = 0xFF; PORTD = 0xFF;
42       ADCSRA = 0xE6;                          //ADC 转换置位,启动转换,64 分频
43       _delay_ms(2000);                        //延时等待系统稳定
44       ADMUX = 0x07;                           //选择模/数传换通道 AD7
45       while(1)
46       {
47           //读取转换结果(10 位精度,获取的值为 0~1023)
48           AD_Result = ADCL + (ADCH << 8);
49           //根据 MPX4250 技术手册,经下面的公式换算出当前压力
50           Pressure_Value = (AD_Result * 5.0 / 1023.0 / 5.1 - 0.04) / 0.00369 + 1.99;
51           //将压力值转换到显示缓冲,并对高位及次高位的 0 作相应的屏蔽处理
52           SEG_Display_Buffer[1] = SEG_CODE[ Pressure_Value / 100 ];
53           SEG_Display_Buffer[2] = SEG_CODE[ Pressure_Value / 10 % 10 ];
54           SEG_Display_Buffer[3] = SEG_CODE[ Pressure_Value % 10 ];
55           if (SEG_Display_Buffer[1] == 0x3F)
56           {
57               SEG_Display_Buffer[1] = 0x00;
58               if (SEG_Display_Buffer[2] == 0x3F) SEG_Display_Buffer[2] = 0x00;
59           }
60           //数码管显示
61           Show_PRESS_ON_DSY();
62       }
63   }
```

4.34 MMC 存储卡测试

MMC 卡即多媒体卡（Multimedia Card），由西门子公司和 SanDisk 于 1997 年推出。1998 年 1 月，14 家公司联合成立了 MMC 协会（MultiMediaCard Association，即 MMCA）。MMC 的发展目标主要是针对数码影像、音乐、手机、PDA、电子书、玩具等产品。MMC 的工作电压为 2.7~3.6 V，写/读电流分别为 27 mA 和 23 mA，功耗很低。MMC 卡把存储单元和控制器设计到一张卡上，智能控制单元使 MMC 保证了兼容性和灵活性。

本例对 MMC 存储卡进行读/写仿真测试。在系统运行时，按下 K1、K2 可分别向 MMC 卡的第 0 块与第 1 块中分别写入 512 字节数据。按下 K3、K4 可分别读取这些字节数据并发送到虚拟终端显示。本例电路及部分运行效果如图 4-55 所示。

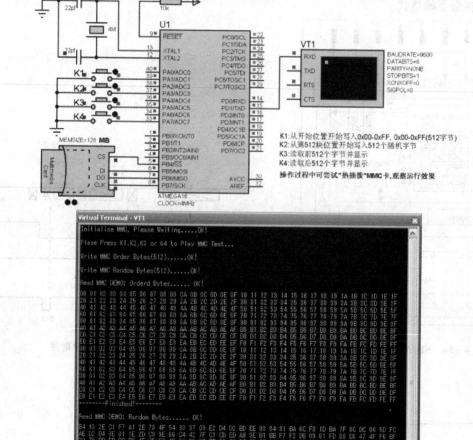

图 4-55　MMC 存储卡测试

1. 程序设计与调试

MMC 存储卡可工作于 MMC 模式和 SPI 模式,前者是标准的默认模式,具有 MMC 的全部特性。SPI 模式则是 MMC 存储卡可选的第二种模式,它是 MMC 协议的一个子集,主要用于仅需要少量卡(一般是 1 块卡)和低速数据传输的场合。本例 MMC 卡工作于 SPI 模式。

图 4-56 给出了 SD/MMC 卡的引脚名称与内部结构,其中 CS、CMD/DI、CLK/SCLK、DAT/DO 分别与单片机的 PB4(/SS)、PB5(MOSI)、PB6(MISO)、PB7(SCK)相连。

MMC 卡的读/写模式包括流式(Stream)、多块(Multi-Block)和单块(Single-Block)。数据传送以块为单位时,默认的块大小为 512 字节。

通过 SPI 接口读/写 MMC 卡时,需要查阅 MMC 技术资料,特别是各命令字节、命令格式、操作时序等。图 4-57~图 4-60 分别给出了复位命令时序、初始化命令时序、单块读时序及单块写时序,各时序图中同时给出了对应的命令字节 CMDx。表 4-27 给出了 48 位(6 字节)的完整命令帧格式。

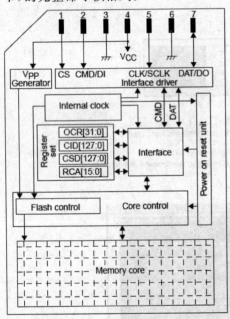

图 4-56 SD/MMC 卡结构图

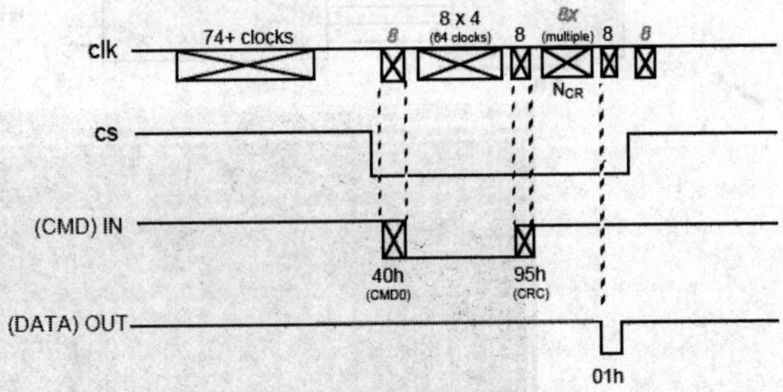

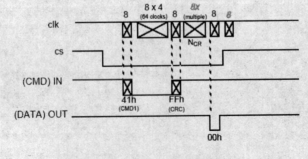

图 4-57 MMC 卡复位命令时序

图 4-58 MMC 卡初始化命令时序

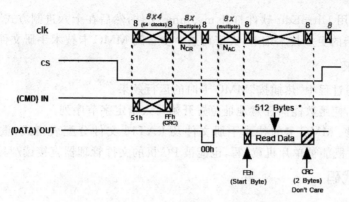

图 4-59 读 MMC 卡单个块字节命令时序

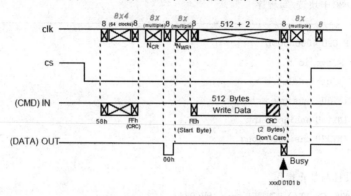

图 4-60 写 MMC 卡单个块字节命令时序

表 4-27 MMC 卡 48 位的命令帧格式

0	1	Bit5~Bit0	Bit31 ~ Bit0	Bit6~0	1
起始位	主机	命令(CMD)	参数(Argument)	CRC	结束位

发送 6 字节的 MMC 卡命令帧时总是以一个起始位开始,以 7 位的冗余校验字段 CRC 及一个停止位结束。命令帧起始 2 位固定为"01",接下来是 6 位的二进制命令编码,这 8 位构成的字节是发送给 MMC 卡的第一个 CMD 字节。在第一个字节后面是 4 个字节的参数(Argument),参数的具体含义与当前命令相关。

有了上述说明及相关时序图与命令帧格式表,本例 3 个重要的 MMC 卡相关函数就很容易编写与阅读了:

① MMC 卡初始化函数:INT8U MMC_Initialise();

② 从 address 地址读取单个块字节数据:INT8U MMC_Read_Block(INT32U address);

③ 向 address 地址开始写入单个块字节数据函数:INT8U MMC_Write_Block(INT32U address,INT8U * buffer)。

在 Proteus 仿真环境下,读/写 MMC 卡存储介质时,实际上是在访问 MMC 卡的映象文件(Card Image File)。本例将 MMC 卡映象文件设为 my.mmc,该文件名直接填写在属性对话框中即可。运行仿真案例时,如果 my.mmc 文件尚不存在,则 Proteus 将自动创建该文件,在写 MMC 卡后,如果要观察写入情况,除了可通过虚拟终端显示 MMC 卡所保存的字节数据以外,还可以直接用 UltraEdit 软件打开 my.mmc 文件,然后在十六进制方式下查看。

有关 MMC 卡的更多技术细节,大家可进一步参阅 MMC 卡技术手册文件。

2. 实训要求

① 观察读/写过程中"热插拔"MMC 卡时的运行效果。

② 改写程序,使函数能向任意地址位置开始写入指定字节序列。

③ 进一步研究 MMC 卡的技术手册文件及 FAT16 文件分配表格式,重新设计本例,使 MMC 卡数据文件既能被单片机读/写,也能被 PC 机的文件管理器直接读/写。

3. 源程序代码

```
001   //--------------------------    mmc.c   ----------------------------
002   // 名称:MMC 卡块读/写程序
003   //------------------------------------------------------------------
004   #define F_CPU 4000000UL
005   #include <avr/io.h>
006   #include <util/delay.h>
007   #define INT8U  unsigned char
008   #define INT16U unsigned int
009   #define INT32U unsigned long
010
011   //MMC 卡使能与禁止操作
012   #define MMC_CS_EN() PORTB &= ~ _BV(PB4)
013   #define MMC_CS_DI() PORTB |=   _BV(PB4)
014
015   //块字节读写缓冲(512 字节)
016   extern INT8U Block_bytes[512];
017   //写 SPI 接口函数
018   extern INT8U SPI_Send(INT8U data);
019
020   //MMC 卡操作命令帧(6 字节,48 位)
021   INT8U cmd[6] = { 0x00,0x00,0x00,0x00,0x00,0x00 };
022   //------------------------------------------------------------------
023   // MMC 命令帧清零
024   //------------------------------------------------------------------
025   void clear_cmd_frame()
026   {
027       INT8U i = 0;
028       for (i = 0; i<6; i++) cmd[i] = 0x00;      //6 字节 MMC 命令帧清零
029   }
030
031   //------------------------------------------------------------------
032   // 写 MMC 命令帧
033   //------------------------------------------------------------------
```

```c
034    INT8U MMC_Write_Command(INT8U * cmd_frame)
035    {
036        INT8U i = 0,k = 0,temp = 0xFF;
037        MMC_CS_DI();                              //禁止片选
038        SPI_Send(0xFF);                           //发送8个时钟
039        MMC_CS_EN();                              //片选有效
040        //发送6字节命令帧(48位)
041        for(i = 0; i<6; i++) SPI_Send(cmd_frame[i]);
042        while(temp == 0xFF)
043        {
044            temp = SPI_Send(0xFF);                //等待响应
045            if( k++ > 200) return temp;           //超时返回
046        }
047        return temp;
048    }
049
050    //--------------------------------------------------------------
051    // MMC 初始化
052    //--------------------------------------------------------------
053    INT8U MMC_Initialise()
054    {
055        INT16U timeout = 0;
056        INT8U  i = 0;
057        clear_cmd_frame();                        //命令帧清零
058        cmd[0] = 0x40;                            //设置CMD0(0x40....0x95)(复位)
059        cmd[5] = 0x95;
060        _delay_ms(500);
061        for(i = 0;i<16; i++) SPI_Send(0xFF);      //发送时钟脉冲
062        if(MMC_Write_Command(cmd) != 0x01) return 0;  //发送MMC复位命令CMD0
063        cmd[0] = 0x41;                            //设置CMD1(0x41....0xFF)(初始化)
064        cmd[5] = 0xFF;
065        while(MMC_Write_Command(cmd) != 0x00)     //发送MMC初始化命令CMD1
066            if(timeout++ > 0xFFFE) return 0;      //等待初始化完成
067                                                  //容量大的MMC卡需要较长时间
068        return 1;
069    }
070
071    //--------------------------------------------------------------
072    // 从 address 地址读取单个块字节数据
073    //--------------------------------------------------------------
074    INT8U MMC_Read_Block(INT32U address)
075    {
076        INT16U i;
```

```c
077     clear_cmd_frame();                                  //命令帧清零
078     cmd[0] = 0x51;                                      //设置 CMD17(0x51....0xFF)(读单个块)
079     cmd[5] = 0xFF;
080     address = address<<9;                               //地址<<9 位,取 512 的整数倍
081     cmd[1]  = address>>24;                              //将 address 分解到
082     cmd[2]  = address>>16;                              //4 字节的命令帧参数中
083     cmd[3]  = address>>8;
084     cmd[4]  = address>>0;
085     if(MMC_Write_Command(cmd) != 0x00) return 0;        //发送 CMD17
086     while(SPI_Send(0xFF) != 0xFE) _delay_us(1);         //等待数据接受开始(0xFE)
087     for(i = 0;i<512; i++)                               //读取块数据(512 字节)
088         Block_bytes[i] = SPI_Send(0xFF);
089     SPI_Send(0xFF);                                     //取走 2 字节的 CRC
090     SPI_Send(0xFF);
091     return 1;
092 }
093
094 //-----------------------------------------------------------------
095 // 向 address 地址开始写入单个块字节数据(buffer 为数据缓冲指针)
096 //-----------------------------------------------------------------
097 INT8U MMC_Write_Block(INT32U address,INT8U * buffer)
098 {
099     INT16U i,Dout;
100     clear_cmd_frame();                                  //命令帧清零
101     cmd[0] = 0x58;                                      //设置 CMD24(0x58....0xFF)(写单个块)
102     cmd[5] = 0xFF;
103     address = address<<9;                               //地址<<9 位,取 512 的整数倍
104     cmd[1]  = address>>24;                              //将 address 分解到
105     cmd[2]  = address>>16;                              //4 字节的命令帧参数中
106     cmd[3]  = address>>8;
107     cmd[4]  = address>>0;
108     if(MMC_Write_Command(cmd) != 0x00) return 0;        //发送 CMD24
109     SPI_Send(0xFF);                                     //发送填充字节
110     SPI_Send(0xFE);                                     //发送数据开始标志 0xFE
111     //将块读写缓冲 Block_bytes 中的 512 字节数据写入 MMC
112     for(i = 0;i<512; i++) SPI_Send(Block_bytes[i]);
113     SPI_Send(0xFF);                                     //写入 2 字节 CRC
114     SPI_Send(0xFF);
115     Dout = SPI_Send(0xFF) & 0x1F;                       //读取 XXX0 0101 字节
116     if(Dout != 0x05) return 0;                          //如果未能读到 XXX0,则 0101 写入失败
117     while(SPI_Send(0xFF) == 0x00) _delay_us(1);         //忙等待
118     return 1;
119 }
```

```
01  //-------------------------- usart.c --------------------------
02  //名称：串口程序
03  //-----------------------------------------------------------
04  #define   F_CPU   4000000UL                    //4 MHz 晶振
05  #include <avr/io.h>
06  #include <util/delay.h>
07  #define INT8U   unsigned char
08  #define INT16U  unsigned int
09  //-----------------------------------------------------------
10  // USART 初始化
11  //-----------------------------------------------------------
12  void Init_USART()
13  {
14      UCSRB = _BV(RXEN) | _BV(TXEN) | _BV(RXCIE);   //允许接收和发送,接收中断使能
15      UCSRC = _BV(URSEL)| _BV(UCSZ1)| _BV(UCSZ0);   //8 位数据位,1 位停止位
16      UBRRL = (F_CPU / 9600 / 16 - 1) % 256;        //波特率:9600
17      UBRRH = (F_CPU / 9600 / 16 - 1) / 256;
18  }
19
20  //-----------------------------------------------------------
21  // 发送 1 个字符
22  //-----------------------------------------------------------
23  void PutChar(char c)
24  {
25      if(c == '\n') PutChar('\r');
26      UDR = c;
27      while(!(UCSRA & _BV(UDRE)));
28  }
29
30  //-----------------------------------------------------------
31  // 发送字符串
32  //-----------------------------------------------------------
33  void PutStr(char * s)
34  {
35      while ( * s) PutChar( * s ++ );
36  }


01  //-------------------------- spi.c --------------------------
02  // 名称：SPI 接口程序
03  //-----------------------------------------------------------
04  #define F_CPU 4000000UL
05  #include <avr/io.h>
```

```
06      #include <util/delay.h>
07      #define INT8U   unsigned char
08      #define INT16U  unsigned int
09      //-----------------------------------------------------------
10      // SPI 初始化
11      //-----------------------------------------------------------
12      void SPI_Initialise()
13      {
14          //4、5、6、7 位分别对应单片机 SS:输出,MOSI:输出,MISO:输入,SCK:输出
15          DDRB = 0B10111111;
16          SPCR |= _BV(SPE) | _BV(MSTR) | _BV(SPR1) | _BV(SPR0);
17          PORTB |= _BV(PB4);
18      }
19
20      //-----------------------------------------------------------
21      // SPI 发送数据
22      //-----------------------------------------------------------
23      INT8U SPI_Send(INT8U data)
24      {
25          INT8U t;
26          SPDR = data;
27          while(!(SPSR & _BV(SPIF))) _delay_us(1);
28          t = SPDR;
29          return t;
30      }


001     //------------------------  main.c  ------------------------
002     // 名称:MMC 存储卡测试
003     //-----------------------------------------------------------
004     // 说明:本例运行时,按下 K1 将向 MMC 卡第 0 块写入 512 个有序字节,按下 K2 时
005     //      将向第 512 块写入 512 个随机字节,按下 K3 与 K4 时将分别读取并通过
006     //      虚拟终端显示这些字节数据
007     //
008     //-----------------------------------------------------------
009     #define F_CPU 4000000UL
010     #include <avr/io.h>
011     #include <util/delay.h>
012     #include <stdio.h>
013     #include <stdlib.h>
014     #define INT8U   unsigned char
015     #define INT16U  unsigned int
016     #define INT32U  unsigned long
017
```

```
018   //定义按键操作
019   #define K1_DOWN() (PINA == (INT8U)~_BV(PA1))
020   #define K2_DOWN() (PINA == (INT8U)~_BV(PA3))
021   #define K3_DOWN() (PINA == (INT8U)~_BV(PA5))
022   #define K4_DOWN() (PINA == (INT8U)~_BV(PA7))
023
024   //MMC 相关函数
025   extern void SPI_Initialise();
026   extern INT8U MMC_Initialise();
027   extern INT8U MMC_Read_Block(INT32U address);
028   extern INT8U MMC_Write_Block(INT32U address,INT8U * buffer);
029   //串口相关函数
030   extern void Init_USART();
031   extern void PutChar(char c);
032   extern void PutStr(char * s);
033
034   //当前按键操作代号
035   INT8U OP = 0;
036   //MMC 块字节读/写缓冲
037   INT8U Block_bytes[512];
038   //MMC 卡操作错误标识(为 1 表示正常,为 0 表示出错)
039   INT8U ERROR_Flag = 1;
040   //------------------------------------------------------------
041   // 以十六进制形式显示所读取的字节
042   //------------------------------------------------------------
043   void Show_Byte_by_HEX(INT8U * Buffer, INT32U Len)
044   {
045       INT32U i; char s[4];
046       for (i = 0; i<Len; i++)
047       {
048           //每行显示 32 个字节
049           if (i % 32 == 0) PutChar('\r');
050           //将第 i 个字节的十六进制数据转换为字符串 s,注意在 X 后面添加一个空格
051           sprintf(s," %02X ",Buffer[i]);
052           PutStr(s);
053       }
054       PutStr("\r-------------- Finished! --------------\r");
055   }
056
057   //------------------------------------------------------------
058   // 主程序
059   //------------------------------------------------------------
060   int main()
```

```c
061    {
062        INT32U i;
063        DDRA = 0x00; PORTA = 0xFF;
064        DDRD = 0xFF; PORTD = 0xFF;
065        //SPI,USART 初始化
066        SPI_Initialise(); Init_USART(); _delay_ms(100);
067        //初始化 MMC
068        PutStr("Initialise MMC, Please Waiting......");
069        ERROR_Flag = MMC_Initialise();
070        if (ERROR_Flag) PutStr("OK! \r\r"); else PutStr("ERROR! \r\r");
071
072        //提示进行 K1~K4 操作
073        PutStr("Plase Press K1,K2,K3 or K4 to Play MMC Test...\r\r");
074        //设置随机种子
075        srand(300);
076        while(1)
077        {
078            while (PINA == 0xFF); //未按键则等待----------------------------
079            if      (K1_DOWN()) OP = 1;
080            else if (K2_DOWN()) OP = 2;
081            else if (K3_DOWN()) OP = 3;
082            else if (K4_DOWN()) OP = 4;
083            //如果上次 MMC 出错则重新初始化 SPI 接口与 MMC 卡
084            if (ERROR_Flag == 0) //------------------------------------------
085            {
086                PutStr("Re-Initialise MMC, Please Waiting......");
087                SPI_Initialise();
088                _delay_ms(100);
089                ERROR_Flag = MMC_Initialise();
090                if (ERROR_Flag) PutStr("OK! \r\r");
091                else
092                {
093                    PutStr("ERROR! \r\r"); goto next;
094                }
095            }
096            //根据按键操作代号分别进行操作,因为上述可能的重新初始化会耗费较多时间
097            //如果在这里仍用 K1~K4 的 DOWN 判断时,按键可能已经释放,从而导致判断失效
098            //因此这里使用的是提前获取的按键操作代号
099            if (OP == 1) //--------------------------------------------------
100            {
101                PutStr("Write MMC Order Bytes(512)......");
102                //写入 512 字节:0x00~0xFF,0x00~0xFF
103                for(i = 0; i<512; i++) Block_bytes[i] = (INT8U)i;
```

```
104            ERROR_Flag = MMC_Write_Block(0,Block_bytes);
105            if (ERROR_Flag) PutStr("OK! \r\r");
106            else PutStr("ERROR! \r\r");
107        }
108        else if (OP == 2) //---------------------------------------------
109        {
110            PutStr("Write MMC Random Bytes(512)......");
111            //在 MMC 第 512 块位置开始写入 512 个随机字节
112            for(i = 0; i<512; i++) Block_bytes[i] = (INT8U)rand();
113            ERROR_Flag = MMC_Write_Block(512,Block_bytes);
114            if (ERROR_Flag) PutStr("OK! \r\r");
115            else PutStr("ERROR! \r\r");
116        }
117        else if (OP == 3) //---------------------------------------------
118        {
119            PutStr("\r\r\rRead MMC DEMO: Orderd Bytes......");
120            //读 MMC 第 0 块数据
121            ERROR_Flag = MMC_Read_Block(0);
122            if (ERROR_Flag)
123            {
124                PutStr(" OK! \r\r");
125                //显示所读取的 512 个字节
126                Show_Byte_by_HEX(Block_bytes,512);
127            }
128            else PutStr(" ERROR * * *! \r\r");
129        }
130        else if (OP == 4) //---------------------------------------------
131        {
132            PutStr("\r\r\rRead MMC DEMO: Random Bytes......");
133            //从 512 字节位置开始读 1 个扇区数据
134            ERROR_Flag = MMC_Read_Block(512);
135            if (ERROR_Flag)
136            {
137                PutStr(" OK! \r\r");
138                //显示所读取的 512 个字节
139                Show_Byte_by_HEX(Block_bytes,512);
140            }
141            else PutStr(" ERROR * * *! \r\r");
142        }
143        next: while (PINA != 0xFF); //等待释放按键---------------------
144    }
145 }
```

4.35 红外遥控发射与解码仿真

Proteus 提供了兼容 SIRC(索尼红外编码格式)的 IRLINK 组件,这使得本例在虚拟环境下仿真红外遥控收发成为可能。本例运行时,按下发射器上的任何一按键,对应的 12 位编码将被"发送"到接收端的红外接收头,经程序解码后,12-Bit 的编码值将显示在 3 只数码管上。案例电路及部分运行效果如图 4-61 所示。

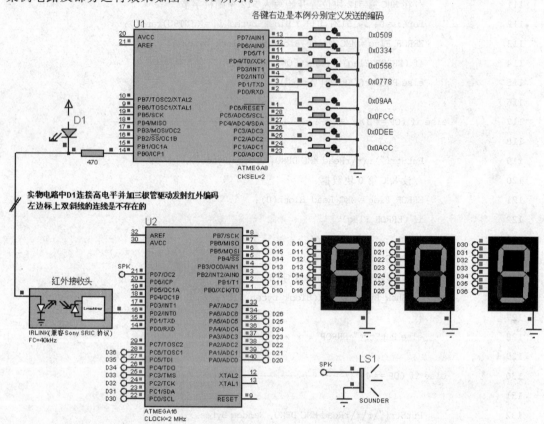

图 4-61 红外遥控发射与解码仿真

1. 程序设计与调试

红外光的波长为 950 nm,低于人眼的可见光谱,因此我们是看不见这种光线的。

在大量的消费类电子产品中都使用红外遥控器对受控设备进行非接触式的操作控制,生活中能发出红外光的物体很多,甚至人体也是能发出红外光的,为使红外遥控器发出的红外信号能将指定的编码信号发给接收端,因此接收端所能接收的信号必须区别于噪音信号。

为解决这个问题,在发送编码时需要将待发送编码进行调制(Modulation)。图 4-62 所示的红外信号发射与接收示意图中,发送端的 LED 按一定频率闪烁,而接收端被调谐到这个频率,因此它仅能够被这个频率"引起注意"而忽略该频率以外的其他信号。这个频率就是收发双方所使用的载波频率。

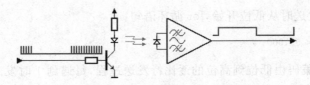

图 4-62　红外信号发射与接收示意图

通过红外信号发送编码时，不同的公司使用了不同的编码格式与协议，例如：JVC Protocol、NEC Protocol、Nokia NRC17、Sharp Protocol、Sony SIRC、Philips RC-5、Philips RC-6、Philips RECS80 等。本例使用的 Proteus 组件 IRLINK 兼容 SONY 的 SIRC 协议。

SIRC 红外控制协议有 3 个版本：12 位版本、15 位版本及 20 位版本。本例程序使用的是 12 位的版本，其中 5 位为地址编码，7 位为命令编码，使用载波频率为 40 kHz。其中地址编码（例如 TV、VCR）与命令编码（例如＋频道、－音量等）是预定义的。

SONY 的 SIRC 协议使用脉宽调制(Pulse Width Modulation)，使用不同的脉冲宽度来对比特位进行编码。由图 4-63 可知，对于 40 kHz 的载波，它用 1.2 ms 载波脉冲宽度表示逻辑"1"，用 0.6 ms 载波宽度表示逻辑"0"，载波脉冲之间用 0.6 ms 的固定空闲周期进行分隔。

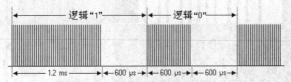

图 4-63　SIRC 分别用 1.2 ms 与 0.6 ms 宽度表示逻辑 1 与逻辑 0

由图 4-64 可知，在发送 12 位的编码之前要先发送 2.4 ms 宽度的脉冲信号作为起始信号，随后是 0.6 ms 的标准空闲间隔周期，接下来再发送 7 位命令与 5 位地址，且都是从低位开始发送。该示意图中所发送的 7 位命令为 19(0010011)，5 位地址为 1(00001)。

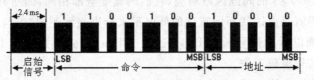

图 4-64　SIRC 红外数据信号格式示例

有了上述知识准备后，开始编写调试本例程序就比较容易了。由于当前版本的 Proteus 中尚没有调制发送 SIRC 载波与编码的仿真器件，本例使用了两片 AVR 单片机，其中 ATmega8 用于生成载波信号，调制(Modulate)发送自定义的 SIRC 编码，另一片单片机 ATmega16 则通过兼容 SIRC 的 IRLINK 组件接收红外信号并进行解调(Demodulate)。前者充当了"红外遥控器"的角色，后者则是受红外遥控器控制的设备。

下面首先讨论为 ATmega8 编写的程序，由于图 4-63 中的载波脉冲宽度有 3 种，即 2.4 ms、1.2 ms、0.6 ms，它们分别是 600 μs 的 4 倍、2 倍、1 倍，为简化设计，程序中首先编写了输出 600 μs 红外载波的子程序 Emit_IR_Carrier_Nx600us(INT8U N)，调用时分别给出参数值 4、2、1 即可输出 3 种不同宽度的载波，它们将分别表示起始信号，逻辑"1"与逻辑"0"。

有了子程序 Emit_IR_Carrier_Nx600us 以后，在发送 12 位(7＋5)红外编码数据的函数 Emit_D12(INT16U D12) 中就可以很方便地调用它了。函数中首先发送 2.4 ms 起始信号，然

后发送12位编码,发送时从低位开始,for 循环语句:

```
for (i = 0x0001; i<0x1000; i<<=1)
```

控制了这12位编码由低位到高位的逐比特发送过程,每遇到1时发送1.2 ms 宽度载波脉冲,每遇到0时则发送0.6 ms 宽度载波脉冲,每发送完一位后接着送出0.6 ms 的空闲区,该空间区可分隔所调制的各比特位。

运行本例时,用虚拟示波器的 A 通道和 B 通道观察 IRLINK 的输入/输出端信号时,可观察到如图4-65所示的两组波形,上面是发送的调制信号,前面最宽的"白色区域"是2.4 ms 的载波信号,所有高频率脉冲对应的"白色区域"之间的相间的"黑色区域"是0.6 ms 的间隔区域,对上面这一组信号从后向前观察,可得到了010100001001,它就是按下 K1 时发送的编码"509"。虚拟示波器中的第二组波形是通过 IRLINK 解调的结果,其中载波已被去掉,在 ATmega16 接收到的一组脉冲中已经可以清晰的观察到"0"和"1"两种逻辑状态了。

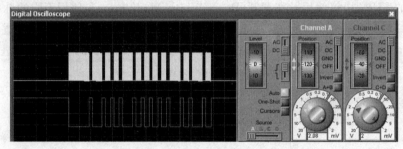

图4-65 用虚拟示波观察编码"509"的波形

下面再来讨论第二块单片机以接收到第二组信号后应如何解析出对应的12位的 SIRC 编码。在第二组波形中,低电平与高电平并非是 SIRC 编码中的"0"和"1",仔细观察就会发现,所有的高电平与600 μs 的间隔区域对应,它们的宽度全部相同,而所有的低电平则具有不同的宽度,SIRC 编码就是由这些不同宽度的低电平来分别表示逻辑"0"与逻辑"1"的。

由 IRLINK 解调以后的信号通过 INT0 送入 ATmega16,通过编写 INT0 中断程序可进一步完成解调后的信号解码工作。

ATmega16 的程序中第60行开始提供了中断函数:ISR(INT0_vect)。

中断函数在跳过2.4 ms 的起始信号区域以后开始"收集"12位的 SIRC 编码,函数中的 for 循环完成了这项工作:

```
for (i = 0; i<12; i++)
{…}
```

中断函数内对相关语句给出了非常详细的注释与说明,阅读时可参照图4-64仔细分析。

对于解析出来的12位编码,本例将其看成3个独立字节,将其分别显示在3只数码管上,根据 SIRC 编码格式,还可将这12位分离为7位命令与5位地址再进行显示或相应处理。

2. 实训要求

① 将本例发射与解码程序分别进行适当修改,在实物电路上完成遥控测试。

② 分析研究 Nokia NRC17 协议的技术资料,重新编写本例程序,实现 Nokia NRC17 红外编码的发送与接收。

3. 源程序代码

```
01  //--------------------------------------------------------------
02  //    名称:红外遥控仿真发射器
03  //--------------------------------------------------------------
04  //    说明:本例运行时,按键键值以 40 kHz 红外线载波发射出去,所模拟的载波
05  //         数据格式符合索尼红外遥控编码格式(SIRC)
06  //
07  //--------------------------------------------------------------
08  #define F_CPU 2000000UL
09  #include <avr/io.h>
10  #include <avr/interrupt.h>
11  #include <util/delay.h>
12  #define INT8U    unsigned char
13  #define INT16U   unsigned int
14
15  //按键定义
16  #define K1_DOWN()   (PIND & _BV(PD7)) == 0x00
17  #define K2_DOWN()   (PIND & _BV(PD5)) == 0x00
18  #define K3_DOWN()   (PIND & _BV(PD3)) == 0x00
19  #define K4_DOWN()   (PIND & _BV(PD1)) == 0x00
20  #define K5_DOWN()   (PIND & _BV(PD0)) == 0x00
21  #define K6_DOWN()   (PINC & _BV(PC4)) == 0x00
22  #define K7_DOWN()   (PINC & _BV(PC2)) == 0x00
23  #define K8_DOWN()   (PINC & _BV(PC0)) == 0x00
24
25  //红外发射管定义
26  #define IRLED_BLINK()   PORTB ^= _BV(PB0)
27  #define IRLED_1()       PORTB |= _BV(PB0)
28  #define IRLED_0()       PORTB &= ~_BV(PB0)
29  //--------------------------------------------------------------
30  // 发送 N 倍的 600 μs 载波(1/40K/2≈12 μs)
31  //--------------------------------------------------------------
32  void Emit_IR_Carrier_Nx600us(INT8U N)
33  {
34      INT8U i;
35      for (i = 0; i < N * 50; i++)
36      {
37          _delay_us(12); IRLED_BLINK(); //通过 LED 输出载波脉冲 010101...
38      }
39  }
40
41  //--------------------------------------------------------------
```

```c
42    // 发送 12 位数据
43    //-------------------------------------------------------------
44    void Emit_D12(INT16U D12)
45    {
46        INT16U i;
47        //首先发送引导部分 2.4 ms 载波(4 * 600 μs = 2.4 ms)
48        Emit_IR_Carrier_Nx600us(4);
49        IRLED_0();  _delay_us(600);//输出 600 μs 空白区
50        //接着发送 12 位的命令与数据码(7 + 5)
51        for ( i = 0x0001; i<0x1000; i << = 1)
52        {
53            //从低位开始,每遇到 1/0 时分别输出 1.2 ms/600 μs 载波
54            if ( D12 & i)
55                Emit_IR_Carrier_Nx600us(2); //输出 1.2 ms 载波
56            else
57                Emit_IR_Carrier_Nx600us(1); //输出 600 μs 载波
58            //接着输出 600 μs 的低电平
59            IRLED_0();  _delay_us(600);
60        }
61    }
62
63    //-------------------------------------------------------------
64    // 主程序
65    //-------------------------------------------------------------
66    int main()
67    {
68        DDRC = 0x00; PORTC = 0xFF;                //配置端口
69        DDRD = 0x00; PORTD = 0xFF;
70        DDRB = 0xFF;
71        while(1)
72        {
73            if     (K1_DOWN()) Emit_D12(0x0509);
74            else if (K2_DOWN()) Emit_D12(0x0334);
75            else if (K3_DOWN()) Emit_D12(0x0556);
76            else if (K4_DOWN()) Emit_D12(0x0778);
77            else if (K5_DOWN()) Emit_D12(0x09AA);
78            else if (K6_DOWN()) Emit_D12(0x0FCC);
79            else if (K7_DOWN()) Emit_D12(0x0DEE);
80            else if (K8_DOWN()) Emit_D12(0x0AAC);
81            _delay_ms(10);
82        }
83    }
```

```c
001  //-----------------------------------------------------------------
002  //     名称：红外遥控器受控端程序
003  //-----------------------------------------------------------------
004  //     说明：程序运行时,根据 SONY 红外协议接收数据并解码,然后将 12 位编码
005  //           以十六进制数形式显示在 3 只数码管上
006  //
007  //-----------------------------------------------------------------
008  #define F_CPU 2000000UL
009  #include <avr/io.h>
010  #include <avr/interrupt.h>
011  #include <util/delay.h>
012  #define INT8U    unsigned char
013  #define INT16U   unsigned int
014
015  //蜂鸣器定义
016  #define BEEP() PORTD ^= _BV(PD7)
017  //读取红外输入信号
018  #define Read_IR() (PIND & _BV(PD2))
019
020  //0~9,A~F 的数码管段码
021  const INT8U SEG_CODE[] =
022  { 0x3F,0x06,0x5B,0x4F,0x66,0x6D,0x7D,0x07,
023    0x7F,0x6F,0x77,0x7C,0x39,0x5E,0x79,0x71
024  };
025
026  //接收到的 12 位红外数据及上次接收的数据
027  INT16U IR_D12 = 0x0000, Old_IR_D12 = 0x0000;
028  //12 位二进制编码分解为 3 个十六进制数位
029  INT8U Digit_Buffer[] = {0,0,0};
030  //-----------------------------------------------------------------
031  // 输出提示音
032  //-----------------------------------------------------------------
033  void Sounder()
034  {
035      INT8U i;
036      for (i = 0; i<200; i++)
037      {
038          BEEP(); _delay_us(280);
039      }
040  }
041
042  //-----------------------------------------------------------------
043  // 主程序
```

单片机 C 语言程序设计实训 100 例——基于 AVR＋Proteus 仿真

```
044    //------------------------------------------------------------
045    int main()
046    {
047        DDRD = ~_BV(PD2); PORTC = 0xFF;      //配置端口
048        DDRA = 0xFF;              PORTA = 0x40;
049        DDRB = 0xFF;              PORTB = 0x40;
050        DDRC = 0xFF;              PORTC = 0x40;
051        MCUCR = 0x02;                        //INT0 为下降沿触发
052        GICR |= _BV(INT0);                   //INT0 中断使能
053        SREG  = 0x80;                        //使能总中断
054        while(1);
055    }
056
057    //------------------------------------------------------------
058    // INT0 中断函数（通过实测，以 122、242 为两个时长的上限）
059    //------------------------------------------------------------
060    ISR (INT0_vect)
061    {
062        INT8U i;
063        INT16U IR_us = 0;                    //红外载波时长
064        GICR &= ~_BV(INT0);                  //禁止外部中断
065        _delay_ms(2);                        //红外信号引导部分宽度为 2.4 ms
066        if (Read_IR() != 0x00) goto end;     //如果 2 ms 后已经变为高则退出
067
068        //2.4 ms 的前导信号还未接收完成则继续，
069        //如果红外前导信号确实出现则继续延时，直到出现高电平
070        //跳过总计 2.4 ms 的前导信号
071        while (Read_IR() == 0x00)
072        {
073            _delay_us(1);
074            if ( ++ IR_us > 2400) goto end;  //异常时退出
075        }
076        //收集 12 位编码
077        for (i = 0; i<12; i ++ )
078        {
079            //等待 IR 变为低电平，跳过 600 μs 空白区
080            while (Read_IR() != 0x00)
081            {
082                _delay_us(1);
083                if ( ++ IR_us > 600) goto end;  //异常时退出
084            }
085            //计算低电平时长
086            IR_us = 0;
```

```
087         while (Read_IR() == 0x00)
088         {
089             _delay_us(1);
090             if (++IR_us > 300) goto end;   //超过该值时异常退出
091         }
092         //12位红外数据的高位默认补0
093         IR_D12 >>= 1;
094         //如果时长为1200μs则在高位补1
095         //通过对本代码检测,两者计时上限分别为:122,242,
096         //故这里选择150为0/1的分界值
097         if (IR_us > 150) IR_D12 |= 0x0800;
098     }
099     //本例定义的发射端发送来的编码为下列之一:
100     //0x0509/0x0334/0x0556/0x0778/0x09AA/0x0FCC/0x0DEE/0x0AAC
101     //下面将当前编码分解为3个十六进制数位并显示
102     if (Old_IR_D12 != IR_D12)
103     {
104         Old_IR_D12 = IR_D12;                    //保存本次编码
105         PORTC = SEG_CODE[IR_D12 >> 0 & 0x000F]; //分解显示第3位
106         PORTA = SEG_CODE[IR_D12 >> 4 & 0x000F]; //分解显示第2位
107         PORTB = SEG_CODE[IR_D12 >> 8 & 0x000F]; //分解显示第1位
108         Sounder();                              //输出提示音
109     }
110     //重新允许INT0中断
111     end: GICR |= _BV(INT0);
112 }
```

第 5 章
综合设计

通过前几章的学习实践,读者已经在 AVR 单片机基础程序设计及外围扩展硬件的程序设计方面打下了很好的基础。本章将在此基础上进一步提出数十个综合设计案例,这些案例有的综合应用了更多的程序设计技术,有的整合应用了更多的外围硬件。通过对本章案例的学习调试与研究,对各案例设计实训要求的独立实践,读者 AVR 单片机 C 程序开发能力会得到进一步锻炼,C 程序设计水平会得到很大提高。

5.1 多首电子音乐的选播

本例单片机内置了三段自定义的电子音乐,按下连接 PD 端口的"选播"键时将触发 INT0 中断,中断例程控制切换播放另一段音乐,在选播指定音乐后,按下"启停"键可启动播放,在播放过程中再次按下该键时可终止播放。

本例电路及部分运行效果如图 5-1 所示。

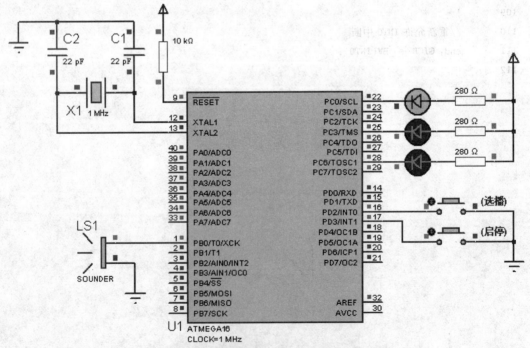

本例三段电子音乐是任意编写,读者可自行修改代码
每段音乐输出后将停顿2s,然后继续

图 5-1 多首电子音乐的选播

1. 程序设计与调试

本例提供了标准的 0~15 号音符延时表 Tone_Delay_Table,输出各音符频率所需要的定时初值推算方法已经在第 3 章有关案例中讨论过了,本例给出的 Tone_Delay_Table 数组内容如下:

```
INT16U Tone_Delay_Table[] =
{
    64021,64103,64260,64400,64524,64580,64684,64777,
    64820,64898,64968,65030,65058,65110,65157,65178
};
```

各段音乐则分别用 2 个独立数组 MusicX_Tone、MusicX_Time 提供。2 个数组分别给出了音符表和节拍表,音符索引由主程序控制,T/C1 定时器根据当前音符索引获取不同的延时初值,从而实现不同声音频率的输出。由于音符索引等全局变量在中断程序中被使用,编写程序时注意添加 volatile 关键字。

为简化 3 段音乐的选播设计,本例程序将 3 个音符数组和 3 个节拍数组名称分别"收集"在两个指针数组 Music_Tone_Ptr 与 Music_Time_Ptr 中,代码如下:

```
volatile INT8U * Music_Tone_Ptr[] = { Music1_Tone, Music2_Tone, Music3_Tone },
               * Music_Time_Ptr[] = { Music1_Time, Music2_Time, Music3_Time };
```

这样处理后,选播按钮驱动的代码设计就可以大大简化了。

另外,本例程序综合应用了 INT0 和 INT1 两个外部中断以及 T/C1 定时器溢出中断。这些中断的综合应用方法已经在第 3 章有关中断案例中出现过,通过本例的调试学习,综合应用多种中断的程序设计能力会得到进一步提高。

2. 实训要求

① 用 2 个二维数组分别提供 3 段音乐的音符表与节拍表,并自编一段新的音乐添加到数组中,然后再向电路中添加条形 LED,重新编程使选播不同音乐段时能根据不同声音频率显示不同长度的 LED。

② 本例程序中启动或停止音符输出时都是通过设置 TIMSK 完成的,完成本例调试后,改用设置 TCCR1B 来启停音符输出。

③ 在电路中使用音频功放芯片 LM386 驱动扬声器输出所设计的音乐。

3. 源程序代码

```
001  //--------------------------------------------------------------
002  //  名称:多首电子音乐的选播
003  //--------------------------------------------------------------
004  //  说明:本例运行时,每次按下 K1 将切换播放下一首电子音乐,对应的
005  //        LED 指示灯将被点亮
006  //
007  //--------------------------------------------------------------
008  #define F_CPU 1000000UL
009  #include <avr/io.h>
```

```
010    #include <avr/interrupt.h>
011    #include <util/delay.h>
012    #define INT8U    unsigned char
013    #define INT16U   unsigned int
014
015    //指示灯控制(任一 LED 点亮时都会关闭其他指示灯)
016    #define LED1_ON()   PORTC = 0xFE
017    #define LED2_ON()   PORTC = 0xF7
018    #define LED3_ON()   PORTC = 0xBF
019    //蜂鸣器
020    #define BEEP()  PORTB ^= _BV(PB0)
021    //音符延时表,它们分别对应于 0~15 号音符的输出频率
022    INT16U Tone_Delay_Table[] =
023    {
024        64021,64103,64260,64400,64524,64580,64684,64777,
025        64820,64898,64968,65030,65058,65110,65157,65178
026    };
027
028    //第一段(Tone 为音符,Time 为节拍)
029    INT8U Music1_Tone[] =
030    { 3,5,5,3,2,1,2,3,5,3,2,3,5,5,3,2,1,2,3,2,1,1,0xFF };
031    INT8U Music1_Time[] =
032    { 2,1,1,2,1,1,1,2,1,1,1,2,1,1,2,1,1,1,2,1,1,1,0xFF };
033
034    //第二段
035    INT8U Music2_Tone[] =
036    { 1,3,3,3,3,5,4,2,5,3,7,6,5,5,7,4,4,3,6,7,2,1,0xFF };
037    INT8U Music2_Time[] =
038    { 2,1,1,2,1,1,1,2,1,1,3,2,1,1,2,4,1,1,2,1,1,1,0xFF };
039
040    //第三段
041    INT8U Music3_Tone[] =
042    { 0,1,2,3,4,5,5,6,7,8,9,10,11,12,13,14,15,15,14,13,12,11,10,9,8,7,6,5,4,3,2,1,0xFF};
043    INT8U Music3_Time[] =
044    { 1,1,1,1,1,1,1,1,1,1, 1, 1, 1, 1, 1, 1, 1, 1, 1, 1, 1, 1,1,1,1,1,1,1,1,1,1,1,0xFF};
045
046    //音符与延时指针数组
047    volatile INT8U * Music_Tone_Ptr[] = { Music1_Tone, Music2_Tone, Music3_Tone },
048                   * Music_Time_Ptr[] = { Music1_Time, Music2_Time, Music3_Time };
049    //音乐片段索引,音符索引
050    volatile INT8U Music_Idx = 2, Tone_Idx = 0;
051    //从当前数组中取音符的位置
052    volatile INT8U i = 0;
```

```c
053     //暂停控制
054     volatile enum bool { FALSE = 0, TRUE = 1 } Pause = TRUE;
055     //------------------------------------------------------------
056     // 主程序
057     //------------------------------------------------------------
058     int main()
059     {
060         DDRB = 0xFF;                              //端口配置
061         DDRC = 0xFF;
062         DDRD = ~(_BV(PD2) | _BV(PD3));            //中断引脚设为输入
063         PORTC = 0xFF;                             //LED 初始时全部关闭
064         PORTD = _BV(PD2) | _BV(PD3);              //中断输入引脚设为内部上拉
065         TCCR1B = 0x01;                            //T1 预设分频:1(未分频)
066         MCUCR = 0x82;                             //INT0,INT1 均为下降沿触发
067         GICR = _BV(INT0) | _BV(INT1);             //INT0,INT1 中断许可
068         SREG = 0x80;                              //开中断
069         while (1)
070         {
071             //暂停控制
072             if ( Pause ) { _delay_ms(200); continue;}
073             //Tone_Idx 是当前音乐片段中的第 i 个音符的序号(取值为 0~15 中的某一个)
074             //它将用于获取对应的延时,以便输出对应的频率
075             Tone_Idx = Music_Tone_Ptr[Music_Idx][i];
076             if ( Tone_Idx == 0xFF )
077             {
078                 _delay_ms(2000);                  //每段音乐播放结束后停顿一段时间
079                 i = 0;                            //回到当前音乐片段的第 0 个音符
080                 continue;                         //继续播放
081             }
082             TIMSK = _BV(TOIE1);                   //启动定时器溢出中断,开始输出当前音符
083             //音符输出时长(节拍)由各段音乐中 MusicX_Time 数组中对应音符的延时值决定
084             _delay_ms( Music_Time_Ptr[Music_Idx][Tone_Idx] * 200 );
085             TIMSK = 0x00;                         //禁止定时器溢出中断,停止当前音符输出
086             i ++ ;                                //取音符位置变量 i 递增
087         }
088     }
089
090     //------------------------------------------------------------
091     // T1 定时器溢出中断控制音符输出
092     //------------------------------------------------------------
093     ISR (TIMER1_OVF_vect)
094     {
095         //如果遇到音乐片段结束标志则返回
```

```c
096        if ( Tone_Idx == 0xFF ) return;
097        //根据 Tone_Delay_Table[ Tone_Idx ]设置定时初值
098        //该初值即决定了输出的频率
099        TCNT1 = Tone_Delay_Table[ Tone_Idx ];
100        BEEP();
101    }
102
103 //-----------------------------------------------------------------
104 // 按键触发 INT0 中断,控制音乐段切换
105 //-----------------------------------------------------------------
106 ISR (INT0_vect)
107 {
108     TIMSK = 0x00;              //禁止定时器溢出中断,音符输出停止
109     //切换到另一段音乐
110     if (Music_Idx == 2) Music_Idx = 0; else Music_Idx ++ ;
111     //切换到新的一段音乐后总是从其第 0 个音符开始输出
112     i = 0;
113     //打开对应的指示灯
114     switch (Music_Idx)
115     {
116         case 0: LED1_ON(); break;
117         case 1: LED2_ON(); break;
118         case 2: LED3_ON(); break;
119     }
120     _delay_ms(1000);           //在开始另一段音乐输出前暂停 1 s
121     Pause = FALSE;             //取消暂停
122     TIMSK = _BV(TOIE1);        //允许定时器溢出中断,音符输出继续
123 }
124
125 //-----------------------------------------------------------------
126 // 播放启/停控制
127 //-----------------------------------------------------------------
128 ISR (INT1_vect)
129 {
130     Pause = ! Pause;
131     if (Pause)
132     {
133         PORTC = 0xFF;          //如果停止则关闭所有 LED
134         TIMSK = 0x00;          //停止音符输出
135     }
136     else
137     {
138         //否则打开对应指示灯
```

```
139          switch (Music_Idx)
140          {
141              case 0: LED1_ON(); break;
142              case 1: LED2_ON(); break;
143              case 2: LED3_ON(); break;
144          }
145          //允许定时器溢出中断,输出音符
146          TIMSK = _BV(TOIE1);
147      }
148  }
```

5.2 电子琴仿真

本例程序运行过程中,数码管将显示键盘矩阵按键,蜂鸣器输出按键对应的音符,按键保持时间越长则音符输出时间也越长。调试本例后要熟练掌握键盘矩阵程序与具体应用环境的整合设计方法。本例电路及部分运行效果如图 5-2 所示。

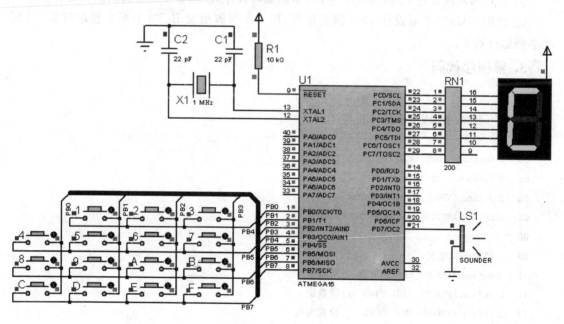

图 5-2 电子琴仿真

1. 程序设计与调试

4×4 键盘矩阵扫描程序在第 3 章中已经讨论过了,这里不再讨论 Key.c 的程序设计方法。本例主程序持续扫描键盘矩阵,在获取按键号 KeyNo 后,根据该键值可从频率表 TONE_FRQ 中获取相应频率 TONE_FRQ[KeyNo],由该频率即可计算出延时值。由于本例 T/C1 预设为 1 分频,因此可得如下延时计算公式:

$$OCR1A = F\_CPU / 2 / TONE\_FRQ[KeyNo]$$

该延时值直接赋给了16位的输出比较寄存器OCR1A,每次设置OCR1A后,紧接着将TCNT1置为0,TCNT1在1分频计数时钟的驱动下从0开始不断累加,TCNT1在每次累加到与OCR1A匹配时自动归0,并由0开始重新继续累加,匹配OCR1A后再次归0,如此往复。

主程序在判断按键并设置OCR1A与TCNT1后,TCNT1反复累加计数(计时),不断与OCR1A匹配,如果允许比较匹配中断,中断程序中的SPK()输出010101…序列即形成了音符输出,按下不同按键时,OCR1A的值不同,SPK()被调用的时间间隔不同,因此输出的频率也不同。主程序通过以下3行实现对声音输出的控制:

```
Enable_TIMER1_OCIE();        //允许T/C1比较匹配中断,播放当前音符
while (KeyMatrix_Down());    //等待释放
Disable_TIMER1_OCIE();       //释放当前按键后禁止T/C1比较匹配中断,停止播放
```

上述3行中,第2行持续扫描键盘,矩阵按键一旦释放即导致第3行被执行,比较匹配中断被禁止,虽然禁止比较匹配中断后,TCNT1与OCR1A的匹配仍不断地出现,但声音却不会输出。

2. 实训要求

① 修改程序,通过设置TCCR1B分频的方法允许或禁止声音输出。
② 将蜂鸣器改接在PD5(OC1A)引脚,重新编写程序,使用非中断方式输出按键音符。
③ 使用74C922扩展设计4×4键盘矩阵,用DA引脚触发INT0中断来获取键值,仍实现本例运行效果。

3. 源程序代码

```
01  //---------------------------- Key.c ----------------------------
02  //  名称:键盘矩阵扫描程序
03  //---------------------------------------------------------------
04  # include <avr/io.h>
05  # include <util/delay.h>
06  # define INT8U   unsigned char
07  # define INT16U  unsigned int
08
09  //键盘端口定义
10  # define KEYPORT_DATA PORTB   //写数据
11  # define KEYPORT_PIN  PINB    //读数据
12  # define KEYPORT_DDR  DDRB    //设置方向
13  //当前按键序号,该矩阵中序号范围为0~15,16表示无按键
14  INT8U KeyNo = 16 ;
15  //---------------------------------------------------------------
16  // 判断键盘矩阵是否有键按下
17  //---------------------------------------------------------------
18  INT8U KeyMatrix_Down()
19  {
20      //高4位输出,低4位输入,高4位先置0,放入4行
```

```c
21      KEYPORT_DDR = 0xF0; KEYPORT_DATA = 0x0F; _delay_ms(1);
22      return KEYPORT_PIN != 0x0F ? 1 : 0;
23  }
24
25  //-----------------------------------------------------------------
26  // 键盘矩阵扫描子程序
27  //-----------------------------------------------------------------
28  void Keys_Scan()
29  {
30      //在判断是否有键按下的函数 KeyMatrix_Down 中,
31      //高 4 位输出,低 4 位输入,高 4 位先置 0,放入 4 行
32      //按键后 00001111 将变成 0000XXXX,X 中有 1 个为 0,3 个仍为 1
33      //下面判断按键发生于 0~3 列中的哪一列
34      switch (KEYPORT_PIN)
35      {
36          case 0B00001110: KeyNo = 0; break;
37          case 0B00001101: KeyNo = 1; break;
38          case 0B00001011: KeyNo = 2; break;
39          case 0B00000111: KeyNo = 3; break;
40          default: KeyNo = 0xFF;
41      }
42
43      //高 4 位输入,低 4 位输出,低 4 位先置 0,放入 4 列
44      KEYPORT_DDR = 0x0F; KEYPORT_DATA = 0xF0; _delay_ms(1);
45
46      //按键后 11110000 将变成 XXXX0000,X 中 1 个为 0,3 个仍为 1
47      //下面对 0~3 行分别附加起始值 0、4、8、12
48      switch (KEYPORT_PIN)
49      {
50          case 0B11100000: KeyNo += 0; break;
51          case 0B11010000: KeyNo += 4; break;
52          case 0B10110000: KeyNo += 8; break;
53          case 0B01110000: KeyNo += 12;break;
54          default: KeyNo = 0xFF;
55      }
56  }
01  //--------------------------- main.c ---------------------------
02  // 名称:电子琴仿真
03  //-----------------------------------------------------------------
04  // 说明:本例在键盘矩阵上模拟演奏电子琴,数码管显示键号。
05  //       按下不同按键时将输出不同频率音符,按键长按时发出长音,
06  //       短按时发出短音
07  //
```

```
08  //------------------------------------------------------------
09  #define  F_CPU   1000000UL              //1 MHz 晶振
10  #include <avr/io.h>
11  #include <avr/interrupt.h>
12  #define INT8U   unsigned char
13  #define INT16U  unsigned int
14
15  //蜂鸣器定义
16  #define SPK()  (PORTD ^= _BV(PD7))
17  //定时器比较中断启停定义
18  #define Enable_TIMER1_OCIE()   (TIMSK |= _BV(OCIE1A))
19  #define Disable_TIMER1_OCIE()  (TIMSK &= ~_BV(OCIE1A))
20
21  //C 调音符频率表(部分)
22  const INT16U TONE_FRQ[] =
23  { 0,262,294,330,349,392,440,494,523,587,659,698,784,880,988,1046 };
24  //共阳数码管段码表(0~F)
25  const INT8U SEG_CODE[] =
26  {
27    0xC0,0xF9,0xA4,0xB0,0x99,0x92,0x82,0xF8, //0 1 2 3 4 5 6 7
28    0x80,0x90,0x88,0x83,0xC6,0xA1,0x86,0x8E  //8 9 A B C D E F
29  };
30  //键盘矩阵相关变量与程序
31  extern INT8U KeyNo;
32  extern INT8U KeyMatrix_Down();
33  extern void Keys_Scan();
34  //------------------------------------------------------------
35  // 主程序
36  //------------------------------------------------------------
37  int main()
38  {
39      DDRB = 0x00; PORTB = 0xFF;            //配置端口
40      DDRC = 0xFF; PORTC = 0xFF;
41      DDRD = 0xFF; PORTD = 0xFF;
42      PORTC = 0xBF;                         //数码管初始显示"-"
43      TCCR1A = 0x00;                        //TC1 与 OC1A 不连接,禁止 PWM 功能
44      TCCR1B = 0x09;                        //T1 预设分频:1
45                                            //CTC 模式(比较匹配时 TC1 自动清零)
46      sei();                                //开中断
47      while(1)
48      {
49          if (KeyMatrix_Down()) Keys_Scan(); //有键按下则扫描按键
50          else continue;
```

```
51        if (KeyNo == 0 || KeyNo >= 16)    //按键无效或按下0键则继续
52            continue;                      //(本例删除了0号键)
53        PORTC = SEG_CODE[KeyNo];           //数码管显示键值
54        OCR1A = F_CPU / 2 / TONE_FRQ[KeyNo]; //根据键值对应频率计算延时
55        TCNT1 = 0;
56        Enable_TIMER1_OCIE();              //允许T/C1比较匹配中断,输出当前音符
57        while (KeyMatrix_Down());          //等待释放
58        Disable_TIMER1_OCIE();             //释放当前按键后禁止匹配中断,停止输出
59    }
60 }
61
62 //-----------------------------------------------------------------
63 // T1定时器比较匹配中断程序,控制音符频率输出
64 //-----------------------------------------------------------------
65 ISR (TIMER1_COMPA_vect)
66 {
67    SPK();
68 }
```

5.3 普通电话机拨号键盘应用

本例设计综合应用了1602液晶显示程序与4×3键盘矩阵扫描程序,案例运行时,所按下的电话号码将显示在1602液晶屏上。案例电路及部分运行效果如图5-3所示。

1. 程序设计与调试

本例设计综合应用了键盘矩阵扫描程序与1602字符液晶显示程序。

液晶显示程序可参考阅读此前讨论过的其他有关液晶案例,此略。

下面主要讨论案例中4×3键盘矩阵的扫描程序,本例给出了2个4×3键盘矩阵扫描函数GetKey,第一个扫描函数单独给出了键盘扫描码表与键盘特征码表:

```
INT8U KeyScanCode[] = {0xEF,0xDF,0xBF,0x7F};
INT8U KeyCodeTable[] =
{ 0xEE,0xED,0xEB,0xDE,0xDD,0xDB,0xBE,0xBD,0xBB,0x7E,0x7D,0x7B };
```

4个键盘扫描码0xEF、0xDF、0xBF、0x7F的高4位分别为1110、1101、1011、0111,它们分别用于扫描键盘的第0、1、2、3行。由于每行各有3个按键,当其中任何一个按键按下时,各扫描码的返回值对应的也有3种,键盘特征码表KeyCodeTable给出了共4×3种特征码。显然,该码表中每3个特征码为一组,总共有4组,它们分别与4个扫描码对应。

有了上述码表后,通过4次大循环发送扫描码,再通过3次小循环分别检查当前读取的特征码,并将其与12个特征码进行比对,如此即可得到当前按键键值。

对于程序中给出的4×3键盘矩阵的第2种扫描函数GetKey,其设计思想与前一种方法是相同的,只是去掉了扫描码表与特征码表数组及双重循环语句,改用4组switch来分别扫

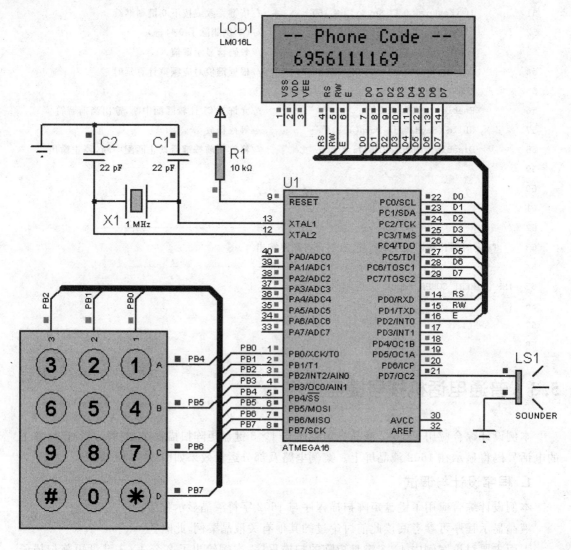

图 5-3　1602LCD 显示电话拨号键盘按键实验

描 4 行,再对每行各 3 列中某键按下时的返回特征码进行比对,比对吻合时即可得到当前键值。

2. 实训要求

① 修改电路,将键盘 4 行与 PB0～PB3 连接,3 列与 PB5～PB7 连接,重新编写键盘扫描程序实现本例功能。

② 在电话拨号键盘中的"＊"号键上实现退格功能,在"＃"号键上实现清除功能。

3. 源程序代码

```
01  //------------------------------ Key.c ------------------------------
02  //  名称:电话键盘矩阵扫描程序(4*3)
03  //-----------------------------------------------------------------
04  #define F_CPU 1000000UL
```

```
05  #include <avr/io.h>
06  #include <util/delay.h>
07  #define INT8U   unsigned char
08  #define INT16U  unsigned int
09
10  //键盘端口定义
11  #define KEYPORT_DATA PORTB
12  #define KEYPORT_DDR  DDRB
13  #define KEYPORT_PIN  PINB
14  /*
15  //-----------------------------------------------------------
16  // 键盘扫描
17  //-----------------------------------------------------------
18  INT8U GetKey()
19  {
20      INT8U i,j,k = 0;
21      //键盘扫描码
22      INT8U KeyScanCode[] = {0xEF,0xDF,0xBF,0x7F};
23      //键盘特征码
24      INT8U KeyCodeTable[] =
25      { 0xEE,0xED,0xEB,0xDE,0xDD,0xDB,0xBE,0xBD,0xBB,0x7E,0x7D,0x7B };
26      //低4位设为输入,高4位先放入4个0
27      KEYPORT_DDR = 0xF0; KEYPORT_DATA = 0x0F; _delay_ms(1);
28      //扫描键盘获取按键序号
29      if(KEYPORT_PIN != 0x0F)
30      {
31          for (i = 0; i < 4; i++)
32          {
33              //输出扫描码
34              KEYPORT_DDR = 0xFF;
35              KEYPORT_DATA = KeyScanCode[i];
36              for (j = 0; j < 3; j++)
37
38                  k = i * 3 + j; //i行j列键号为k
39                  //检查低4位的变化
40                  KEYPORT_DDR = 0xF0;
41                  //如果读取的端口值与第k个特征码吻合则返回键值k
42                  if (KEYPORT_PIN == KeyCodeTable[k]) return k;
43              }
44          }
45      }
46      else return 0xFF;
47  } */
```

```c
48
49    //-----------------------------------------------------------------
50    // 本例键盘扫描还可用下面的代码代替
51    //-----------------------------------------------------------------
52    INT8U GetKey()
53    {
54        //高 4 位输出,低 4 位输入,高 4 位先放入 4 个 0,低 4 位内部上拉
55        KEYPORT_DDR = 0xF0; KEYPORT_DATA = 0x0F;
56        _delay_ms(1);
57        //扫描键盘获取按键序号
58        if(KEYPORT_PIN != 0x0F)
59        {
60            KEYPORT_DDR  = 0xF0;          //高 4 位(4)行设为输出,低 4 位(仅连接 3 列)设为输入
61            KEYPORT_DATA = 0xEF;          //4 行放置扫描码 1110,列设内部上拉
62            _delay_ms(1);
63            switch (KEYPORT_PIN)          //读低 4 位
64            {
65                case 0xEE: return 0;      //低 4 位为 1110, -->0
66                case 0xED: return 1;      //低 4 位为 1101, -->1
67                case 0xEB: return 2;      //低 4 位为 1011, -->2
68            }
69            KEYPORT_DDR  = 0xF0;          //高 4 位输出,低 4 位输入
70            KEYPORT_DATA = 0xDF;          //4 行放置扫描码 1101,列设内部上拉
71            _delay_ms(1);
72            switch (KEYPORT_PIN)          //读低 4 位
73            {
74                case 0xDE: return 3;      //低 4 位为 1110, -->3
75                case 0xDD: return 4;      //低 4 位为 1101, -->4
76                case 0xDB: return 5;      //低 4 位为 1011, -->5
77            }
78            KEYPORT_DDR  = 0xF0;          //高 4 位输出,低 4 位输入
79            KEYPORT_DATA = 0xBF;          //4 行放置扫描码 1011,列设内部上拉
80            _delay_ms(1);
81            switch (KEYPORT_PIN)          //读低 4 位
82            {
83                case 0xBE: return 6;      //低 4 位为 1110, -->6
84                case 0xBD: return 7;      //低 4 位为 1101, -->7
85                case 0xBB: return 8;      //低 4 位为 1011, -->8
86            }
87            KEYPORT_DDR  = 0xF0;          //高 4 位输出,低 4 位输入
88            KEYPORT_DATA = 0x7F;          //4 行放置扫描码 0111,列设内部上拉
89            _delay_ms(1);
90            switch (KEYPORT_PIN)          //读低 4 位
```

```
91          {
92              case 0x7E: return 9;       //低4位为1110,-->9
93              case 0x7D: return 10;      //低4位为1101,-->10
94              case 0x7B: return 11;      //低4位为1011,-->11
95          }
96          return 0xFF;
97      }
98      else return 0xFF;
99  }
01  //----------------------------- main.c -----------------------------
02  // 名称：普通电话拨号键盘应用
03  //------------------------------------------------------------------
04  // 说明：本例将电话拨号键盘上所拨号码显示在1602液晶屏上
05  //
06  //------------------------------------------------------------------
07  #define F_CPU 1000000UL
08  #include <avr/io.h>
09  #include <avr/interrupt.h>
10  #include <util/delay.h>
11  #define INT8U   unsigned char
12  #define INT16U  unsigned int
13
14  //液晶及键盘相关函数
15  extern void Initialize_LCD();
16  extern void Write_LCD_Command(INT8U cmd);
17  extern void Write_LCD_Data(INT8U dat);
18  extern void LCD_ShowString(INT8U x, INT8U y,char * str);
19  extern INT8U GetKey();
20
21  //蜂鸣器操作定义
22  #define SPK()  PORTD ^= _BV(PD7)
23  //键盘序号与键盘符号映射表
24  const char Key_Table[] = {'1','2','3','4','5','6','7','8','9','*','0','#'};
25  //或写成:
26  //const char Key_Table[] = "123456789*0#";
27  //键盘拨号数字缓冲(初始时为17个空格)
28  char Dial_Code_Str[] = {"                 "};
29  //计时累加变量
30  INT16U tCount = 0;
31  //按键键值
32  INT8U KeyNo;
33  //------------------------------------------------------------------
34  // T0控制按键声音
```

```c
35   //------------------------------------------------------------
36   ISR (TIMER0_OVF_vect)
37   {
38       TCNT0 = 256 - F_CPU / 8.0 * 0.0006;        //重设 600 μs 定时初值
39       SPK();
40       if ( ++tCount == 200 )                     //累计 120 ms(600 * 200)后关闭声音
41       {
42           tCount = 0;
43           TIMSK = 0x00;
44       }
45   }
46
47   //------------------------------------------------------------
48   // 主程序
49   //------------------------------------------------------------
50   int main()
51   {
52       INT8U i = 0,j;
53       DDRC = 0xFF;                               //配置端口
54       DDRD = 0xFF;
55       DDRB = 0x00; PORTB = 0xFF;
56
57       TCCR0 = 0x02;                              //预设分频:8
58       TCNT0 = 256 - F_CPU / 8.0 * 0.0006;        //晶振 1 MHz,600 μs 定时初值
59       TIMSK = 0x01;                              //允许 T0 定时器溢出中断
60       sei();                                     //开中断
61
62       Initialize_LCD();                          //初始化 LCD
63       LCD_ShowString(0,0," -- Phone Code -- ");  //显示固定信息部分
64       while(1)
65       {
66           //获取按键,无按键时继续扫描
67           if ((KeyNo = GetKey()) == 0xFF) continue;
68           //本例不处理 * 号键与 # 号键
69           if ( KeyNo == 9 || KeyNo == 11) continue;
70           //超过 11 位时清空
71           if ( ++i == 11)
72           {
73               i = 0;
74               for (j = 0;j < 16; j++ ) Dial_Code_Str[j] = ' ';
75           }
76           //将待显示字符放入待显示的拨号串中
77           Dial_Code_Str[i] = Key_Table[KeyNo];
```

```
78              //在第 2 行显示号码
79              LCD_ShowString(0, 1, Dial_Code_Str);
80              //启动 T0 中断输出按键音
81              TIMSK = 0x01;
82              //等待释放
83              while (GetKey() != 0xFF);
84          }
85      }
```

5.4　1602 LCD 显示仿手机键盘按键字符

　　本例键盘矩阵仿照手机键盘,在每个按键上集成了多个按键字符,可选择输入电话号码或英文字符。案例运行过程中,通过"*"号键可切换英文/电话号码数字输入,当选择号码输入时,屏幕提示"TEL>",直接按下各按键时,各键位对应的数字字符将显示在 LCD 上。当选择英文输入时,屏幕提示"ENG>",多数按键上都安排有多个字符,当依次按下不同按键时,各按键的第一个英文字符将直接显示在 LCD 上;在一个按键上连续按下时,如果时间间隔<1.5 s,程序会允许在该键所有字符中循环选择输入某个字符;如果同一按键按下的时间间隔>1.5 s,则最近显示的字符将被确认显示在 LCD 上;如果在某键上连续快速按下(<1.5 s)选择了某个字符;当快速按下其他按键(<1.5 s)时,此键上最后选择的字符也将被确认显示在 LCD 上。本例电路及部分运行效果如图 5-4 所示。

1. 程序设计与调试

　　本例综合了键盘矩阵扫描与 1602 字符液晶显示功能,案例中 4×3 的键盘矩阵扫描程序与第 4 章中 4×4 键盘矩阵扫描程序设计方法相同,唯一的差别是键盘矩阵减少了一列,因此扫描程序中第一个 switch 语句内也相应减少了一个 case 语句。

　　与上一案例不同的是本例在同一按键上仿照手机键盘集成了多个按键字符,案例重点在于输入英文字符时,同键<1.5 s 的连按处理。为完成规定的设计要求,主程序发现所输入的是英文字符且是在同一按键上操作时随即启动定时器开始计时,每次计时超过 1.5s 时停止计时;主程序中探测到同一按键再次按下时,代码判断 2 次连按的时间间隔是否在 1.5 s 以内,如果在该时间以内则认为是循环选择同一按键上的多个字符,否则将确认输入最后选择的字符。主程序会在每次确认输入一个字符后停止定时器溢出中断且将计时间隔变量 tSpan 归 0,只有遇到同键按下时才启动定时器溢出中断。

　　在定时器溢出中断程序中,每当计时变量 tSpan 累加超过 30,即超过 1.5 s 时禁止溢出中断,如果此时不禁止中断,这可能使某次连按过程中一次较长的暂停使计时变量 tSpan 不断累加而超过 255 后,再次从 0 开始累加计时,本来是一次较长的停顿就会被误判为一次较短的时间间隔。

　　对于本例键盘扫描程序的相关细节,大家可以参考程序后面所附带的详细注释仔细分析研究,并思考进一步对源程序设计加以改进。

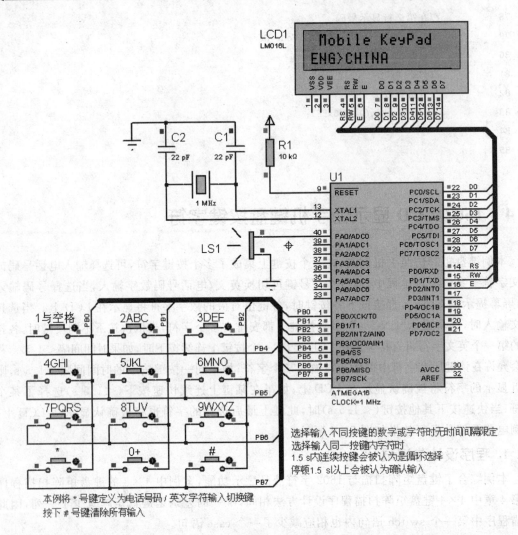

图 5-4 1602 LCD 显示仿手机键盘按键字符

2. 实训要求

① 进一步修改程序,使本例具备大小写字母输入功能。
② 改用 4×4 键盘矩阵解码芯片 74C922 重新设计本例,仍实现仿手机键盘功能。

3. 源程序代码

```
01  //-------------------------------- Key.c --------------------------------
02  //    名称:键盘矩阵扫描程序(4x3)
03  //------------------------------------------------------------------------
04  #include <avr/io.h>
05  #include <util/delay.h>
06  #define INT8U   unsigned char
07  #define INT16U  unsigned int
08
09  //键盘端口定义
```

```c
10   #define KEYPORT_DATA PORTB
11   #define KEYPORT_DDR  DDRB
12   #define KEYPORT_PIN  PINB
13   //当前按键序号,该矩阵中序号范围为 0~15,0xFF 表示无按键
14   INT8U KeyNo = 0xFF ;
15   //----------------------------------------------------------------
16   // 判断键盘矩阵是否有键按下
17   //----------------------------------------------------------------
18   INT8U KeyMatrix_Down()
19   {
20       //高 4 位输出,低 4 位输入,高 4 位先置 0,放入 4 行
21       KEYPORT_DDR = 0xF0; KEYPORT_DATA = 0x0F; _delay_ms(1);
22       return KEYPORT_PIN != 0x0F ? 1 : 0;
23   }
24
25   //----------------------------------------------------------------
26   // 4x3 键盘矩阵扫描
27   //----------------------------------------------------------------
28   void Keys_Scan()
29   {
30       //在判断是否有键按下的函数 KeyMatrix_Down 中,
31       //高 4 位输出,低 4 位输入,高 4 位先置 0,放入 4 行
32       //按键后 00001111 将变成 0000XXXX,X 中有 1 个为 0,3 个仍为 1
33       //下面判断按键发生于 0~2 列中的哪一列
34       switch (KEYPORT_PIN)
35       {
36         case 0B00001110: KeyNo = 0; break;
37         case 0B00001101: KeyNo = 1; break;
38         case 0B00001011: KeyNo = 2; break;
39         default: KeyNo = 0xFF;
40       }
41       //高 4 位输入,低 4 位输出,低 4 位先置 0,放入 4 列
42       KEYPORT_DDR = 0x0F; KEYPORT_DATA = 0xF0; _delay_ms(1);
43       //按键后 11110000 将变成 XXXX0000,X 中 1 个为 0,3 个仍为 1
44       //下面对 0~3 行分别附加起始值 0、3、6、9
45       switch (KEYPORT_PIN)
46       {
47         case 0B11100000: KeyNo += 0; break; //此行可省,这里为了对称而保留
48         case 0B11010000: KeyNo += 3; break;
49         case 0B10110000: KeyNo += 6; break;
50         case 0B01110000: KeyNo += 9; break;
51         default: KeyNo = 0xFF;
52       }
```

```
053     }
001     //-------------------------- main.c --------------------------
002     // 名称：手机键盘仿真
003     //---------------------------------------------------------
004     // 说明：按下仿手机键盘矩阵按键时,对应按键字符显示在 1602 LCD 上
005     //       本例可选择输入电话号码或英语字符序列,实现的效果仿真
006     //       手机的电话或字符串输入(例如使用拼音输入法)效果
007     //
008     //---------------------------------------------------------
009     #define F_CPU 1000000UL
010     #include <avr/io.h>
011     #include <avr/interrupt.h>
012     #include <util/delay.h>
013     #include <string.h>
014     #define INT8U   unsigned char
015     #define INT16U  unsigned int
016
017     //液晶及键盘相关函数,相关变量
018     extern void Initialize_LCD();
019     extern void Write_LCD_Command(INT8U cmd);
020     extern void Write_LCD_Data(INT8U dat);
021     extern void LCD_ShowString(INT8U x, INT8U y,char * str);
022     extern void Keys_Scan();
023     extern INT8U KeyMatrix_Down();
024     extern INT8U KeyNo;
025
026     //蜂鸣器定义
027     #define SPK() PORTA ^= _BV(PA0)
028     //12 个键盘按键字符总表(每个按键有 1~5 个字符)
029     //注意串长应设为 6,因为实际最大串长为 5,设为 6 时才能使串尾附带结束标志'\0'
030     //另外,其中第一个字符串中"1"的后面有一个空格
031     const char KeyPad_Chars[12][6] =
032     {"1 ","2ABC","3DEF","4GHI","5JKL","6MNO","7PQRS","8TUV","9WXYZ"," * ","0+","#"};
033
034     INT8U Inner_Idx = 0;           //同键位的内部索引
035     INT8U tSpan = 0;               //同键位连续按键的时间间隔
036     char  Input_Buffer[16];        //输入缓冲
037     INT8U Buffer_Index = 0;        //缓冲索引
038     INT8U ENG_TEL = 1;             //输入内容切换标识(ENG:英文输入,TEL:电话输入)
039     //---------------------------------------------------------
040     // 蜂鸣器
041     //---------------------------------------------------------
042     void Beep()
```

```
043    {
044        INT8U i;
045        for ( i = 0; i < 30; i ++ )
046        {
047            SPK(); _delay_us(300);
048        }
049    }
050
051    //------------------------------------------------------------
052    // 定时器 0 跟踪同位按键的时间间隔 (30 × 50 ms = 1.5 s)
053    //------------------------------------------------------------
054    ISR (TIMER0_OVF_vect)
055    {
056        //设置定时初始 50 ms
057        TCNT0 = 256 - F_CPU / 1024 * 0.05;
058        //tSpan 最大值限制在 31 以内即可
059        //不加限制时会使某次较长的延时累加使 tSpan 超过 255 后
060        //累加又从 0 开始,而程序判断时它可能刚好还在 30 以内
061        //从而导致较长的延时却被误判为较短的延时
062        if (tSpan < 31) tSpan ++ ; else TIMSK = 0x00;
063    }
064
065    //------------------------------------------------------------
066    // 功能键处理 *(9):切换输入,#(11)键清除内容
067    //------------------------------------------------------------
068    void Function_Key_Process()
069    {
070        if (KeyNo == 9)                  //输入内容标识切换
071        {
072            ENG_TEL = !ENG_TEL;
073            Inner_Idx = ENG_TEL ? 1:0;   //如果是输入英文,内部索引为 1,否则设为 0
074        }
075        Buffer_Index = 0;                //输入缓冲索引归 0
076        Input_Buffer[0] = '\0';          //将输入缓冲设为空串
077        if (ENG_TEL)
078            LCD_ShowString(0, 1, "ENG>        ");  //显示输入英文
079        else
080            LCD_ShowString(0, 1, "TEL>        ");  //显示输入电话
081        while (KeyMatrix_Down());        //等待释放按键
082    }
083    //------------------------------------------------------------
084    // 主程序
085    //------------------------------------------------------------
```

```c
086    int main()
087    {
088        INT8U Pre_KeyNo = 0xFF;                    //上一按键特征码
089        DDRA = 0xFF; PORTA = 0xFF;                 //配置端口
090        DDRB = 0x00; PORTB = 0xFF;
091        DDRC = 0xFF;
092        DDRD = 0xFF;
093        TCCR0 = 0x05;                              //预设分频:1024
094        TCNT0 = 256 - F_CPU / 1024.0 * 0.05;       //晶振 1 MHz,50 ms 定时初值
095        TIMSK = 0x01;                              //允许 T0 定时器溢出中断
096        sei();                                     //开中断
097
098        Initialize_LCD();                          //初始化 LCD
099        //显示固定信息部分(初始显示 ENG>表示输入英文字符序列)
100        LCD_ShowString(0, 0, " Mobile KeyPad  ");
101        LCD_ShowString(0, 1, "ENG>            ");
102        while(1)
103        {
104            //有键按下则扫描,否则不作任何处理
105            if (KeyMatrix_Down()) Keys_Scan(); else continue;
106            if (KeyNo == 0xFF ) continue;
107            //功能键处理(9[*]:切换英文/数字,11[#]:清除所有输入)
108            if (KeyNo == 9 || KeyNo == 11)
109            {
110                Function_Key_Process(); Beep(); continue;
111            }
112
113            //如果是输入数字则直接显示
114            if (!ENG_TEL) goto SHOW_MOBILE_KEY;
115            //如果输入的不是英文字母则继续(英文字符在1~8号键)
116            if (KeyNo < 1 || KeyNo > 8) continue;
117
118            //否则输入的是英文字符序列,以下代码将根据是否为同位按键进行相应处理
119            if (Pre_KeyNo != KeyNo) //按下新按键--------------------------
120            {
121                Pre_KeyNo = KeyNo;                 //保存当前按键
122                Inner_Idx = 1;                     //输入英文时内部索引起点为1
123            }
124            else //否则按下的是相同位置按键--------------------------
125            {
126                //同位按键时间间隔在 50 ms * 30 = 1.5 s 以内则认为是连续按键
127                if (tSpan < 31)
128                {
```

```
129                    //连续按键时在键内循环递增字符索引
130                    if ( ++ Inner_Idx == strlen(KeyPad_Chars[KeyNo])) Inner_Idx = 1;
131                    //因为是连续短按,故将每次显示后递增的输入缓冲索引后退一格,
132                    //以便替换此前输入的字符
133                    -- Buffer_Index;
134                }
135                else Inner_Idx = 1;              //否则按键内英文字符索引回归起点索引1
136            }
137            tSpan = 0;   TIMSK = 0x01;           //时间间隔归0,计时开始
138
139            SHOW_MOBILE_KEY;                     //显示按键字符
140            if (Buffer_Index >= 12) continue;    //输入缓冲限制在12个字符以内
141            //更新输入缓冲字符串并送LCD显示
142            Input_Buffer[Buffer_Index ++ ] = KeyPad_Chars[KeyNo][Inner_Idx];
143            Input_Buffer[Buffer_Index] = '\0';
144            LCD_ShowString(4,1,Input_Buffer);
145            Beep();                              //输出提示音
146            while (KeyMatrix_Down());            //等待释放按键
147        }
148  }
```

5.5 数码管模拟显示乘法口诀

运行本例时,每次按下 K1 按键可使数码管随机显示乘法口诀,再次按下时显示口诀结果。为使数码管获得较高亮度,本例使用非反向驱动器 7407 驱动数码管显示。本例电路及部分运行效果如图 5-5 所示。

1. 程序设计与调试

本例用随机函数随机生成被乘数与乘数,使用随机函数 rand 时注意添加头文件<stdlib.h>。除可以使用随机函数生成口诀题的被乘数与乘数外,还可以使用定时器计数寄存器来获取随机数。

本例数码管用定时器溢出中断刷新显示,编写程序时注意将数码管位索引变量 i 设为静态变量(static),变量 i 在 0~5 的范围内循环取值,定时器溢出中断每隔 4 ms 刷新显示下一位数码管。由于本例使用的是共阴数码管,所输入的位码字节中只能有一位是 0,因此要注意在 _BV(i)的前面添加按位取反运算符"~"。

对于本例电路,在 7407 驱动芯片输出端要注意添加上拉电阻。

2. 实训要求

① 在电路中添加 4×4 键盘矩阵,用于输入每道口诀题的答案,输入错误时能提示重新输入。

② 改用 12864 液晶屏与 4×4 键盘矩阵重新设计本例,液晶屏每屏能随机显示 3 道口诀

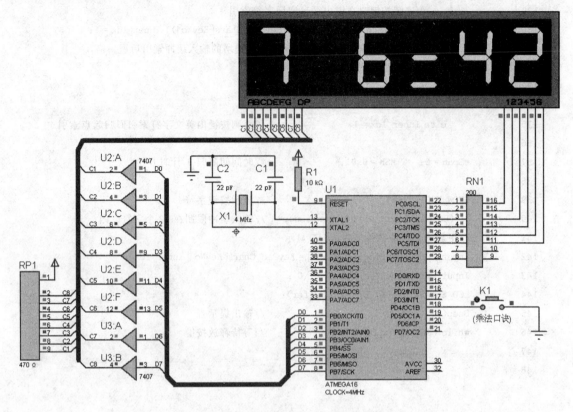

图 5-5　数码管模拟显示乘法口诀

题,通过键盘可分别输入 3 道题的答案。在完成 10 道题后能显示最后成绩,并滚动显示答错的口诀题。

3. 源程序代码

```
01   //-------------------------------------------------------------
02   // 名称:数码管随机模拟显示乘法口诀
03   //-------------------------------------------------------------
04   // 说明:每按下一次 K1 时会模拟显示一道乘法口诀
05   //      第 1、3 位数码管显示被乘数与乘数
06   //      第 4 位数码管显示等号
07   //      第 5、6 位数码管显示乘积(第 2 次按下 K1 时才显示乘积)
08   //
09   //-------------------------------------------------------------
10   #define F_CPU    4000000UL
11   #include <avr/io.h>
12   #include <avr/interrupt.h>
13   #include <stdlib.h>
14   #define INT8U    unsigned char
15   #define INT16U   unsigned int
16
```

```
17  //K1 按键判断
18  #define K1_DOWN() ((PIND & _BV(PD4)) == 0x00)
19  //0～9 的共阴数码管段码,最后 3 位 0x00、0x48、0x08 分别是黑屏,等号,下划线
20  //其索引分别为 10,11,12
21  const INT8U SEG_CODE[] =
22  { 0x3F,0x06,0x5B,0x4F,0x66,0x6D,0x7D,0x07,0x7F,0x6F,0x00,0x48,0x08};
23
24  //存放被乘数,乘数,乘积(乘积前面的 11 表示显示的是等号)初始显示"0 0 = 0"
25  INT8U M_ABC[] = {0,10,0,11,10,0};
26  INT8U Result;                          //两数乘积
27  INT8U i = 0;                           //数码管待显示数字索引
28  //------------------------------------------------------------
29  // 随机生成被乘数与乘数,计算结果但不显示
30  //------------------------------------------------------------
31  void Get_Random_Num_A_B()
32  {
33      //随机生成被乘数、乘数
34      M_ABC[0] = rand() % 9 + 1;
35      M_ABC[2] = rand() % 9 + 1;
36      //计算乘积
37      Result = M_ABC[0] * M_ABC[2];
38      //显示结果的 4、5 两位时,先显示下划线,12 是下划线"_"的段码索引
39      M_ABC[4] = 12;
40      M_ABC[5] = 12;
41  }
42
43  //-------------------------------------------------------------
44  // 主程序
45  //-------------------------------------------------------------
46  int main()
47  {
48      INT8U  Show_Answer_Flag = 0;        //口诀结果显示标识
49      DDRB = 0xFF;   PORTB = 0xFF;        //配置端口
50      DDRC = 0xFF;   PORTC = 0xFF;
51      DDRD = 0x00;   PORTD = 0xFF;
52      srand(87);                          //设置随机种子
53      TCCR0 = 0x03;                       //预设分频:64
54      TCNT0 = 256 - F_CPU / 64.0 * 0.004; //晶振 4 MHz,4 ms 定时初值
55      TIMSK = 0x01;                       //允许 T0 定时器溢出中断
56      sei();                              //开中断
57      while(1)
58      {
59          while(!K1_DOWN());              //未按下时等待
```

```c
60      while ( K1_DOWN());                   //等待释放
61      if (!Show_Answer_Flag)                //显示新的乘数、被乘数,不显示答案
62          Get_Random_Num_A_B();
63      else
64      {
65          //分解乘积(在4、5两位中显示)
66          M_ABC[4] = Result / 10;
67          M_ABC[5] = Result % 10;
68          //当乘积的十位数(即数组中的第4位)为0时不显示
69          if (M_ABC[4] == 0) M_ABC[4] = 10;
70      }
71      Show_Answer_Flag = ! Show_Answer_Flag;  //切换标识
72  }
73  }
74
75  //-----------------------------------------------------------------
76  // T0 定时器溢出中断程序(控制数码管扫描显示)
77  //-----------------------------------------------------------------
78  ISR (TIMER0_OVF_vect )
79  {
80      static INT8U i = 0;                   //数码管位索引
81      TCNT0 = 256 - F_CPU / 64.0 * 0.004;   //位间延时 4 ms
82      PORTC = ~_BV(i);                      //发送位扫描码
83      PORTB = SEG_CODE[ M_ABC[i] ];         //发送段码
84      if ( ++i == 6 ) i = 0;                //i指向6位数码管中的下一位
85  }
```

5.6 用 DS1302 与数码管设计的可调电子钟

本例用时钟芯片 DS1302 设计可调式电子时钟,当前日期时间用两组 8 位集成式数码管显示,数码管选用 MAX7219 驱动,按键调节部分使用了 74HC148 编码芯片。当有键按下时 GS 引脚触发 INT1 中断(下降沿触发),INT1 中断程序根据不同按键分别实现对日期时间的调节,其中最后 2 个按键用于保存或取消调节。案例电路及部分运行效果如图 5-6 所示。

1. 程序设计与调试

本例添加了日期时间的调节与写入功能,程序运行过程中按下任何按键时,编码芯片 74HC148 的 GS 引脚都将触发 INT1 中断,中断程序通过读取编码芯片的 A2~A0 引脚即可判断是哪一按键被按下。

当按下"年、月、日、时、分"按键时,程序进入调整状态,变量 Run_or_Adjust 被设为 0;按下"保存"或"取消"按键时,Run_or_Adjust 被重新设为 1,程序恢复到正常状态,不断读取并刷新显示当前日期时间。

在调节日期时,为保证日期的合法性,每次修改年、月、日 3 项中的任何一项时,都要调用 Validate_Date 函数对所调节后的日期进行合法性判断并对数据进行校正。

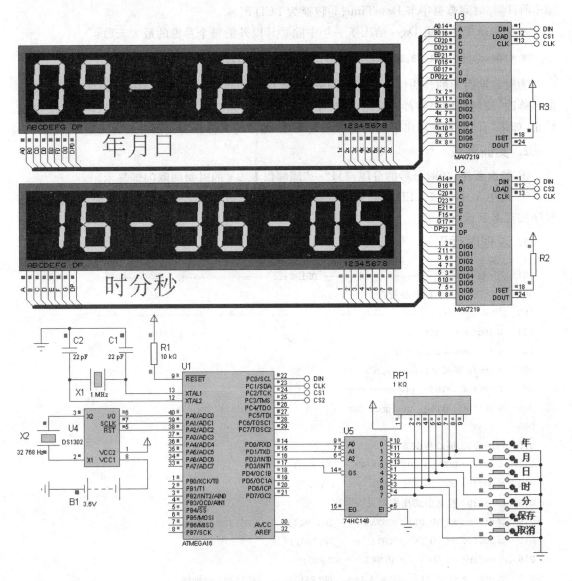

图 5-6 用 DS1302 与数码管设计的可调电子钟

完成日期时间调节后,为将数据写入 DS1302,函数 SetDateTime 首先对 DS1302 解除写保护,这可通过写 DS1302 的控制字节地址 0x8E(10001110)实现,写入字节的最高位为 WP 位(写保护,write-protect),设为 1 为写保护,设为 0 则解除保护。SetDateTime 函数中,第一行解除保存和最后一行加保护的语句如下:

```
Write_DS1302(0x8E,0x00);        //写控制字,取消写保护
Write_DS1302(0x8E,0x80);        //加保护
```

由于调节后的数据被保存在 DateTime 数组中,SetDateTime 函数通过 for 循环将数组中的值逐一写入 DS1302,写秒、分、时…的地址依次为 0x80、0x82、0x84…,本例中星期数据可不

写入。需要注意的是,DateTime 数组中存放的是十进制的日期时间数据,而 DS1302 的时钟数据是 BCD 码,因此在写入时要通过表达式(DateTime[i]/10<<4) | (DateTime[i]%10)将第 i 项日期/时间数据字节 DateTime[i]转换为 BCD 码。

本例程序中的数组 Days 给出了一年中除 2 月以外的每个月份的最大天数:

```
INT8U Days[] = {0,31,28,31,30,31,30,31,31,30,31,30,31};
```

为对日期时间的合法性进行判断与处理,程序中提供了函数 Validate_Date(),只要是日期被修改,校验程序都会首先根据当前"年"是否为闰年来获取 2 月的天数,然后再对"日"进行校正,如果"日"的设置超出了当前月的最大天数,函数将其修正为当前月最大天数。

2. 实训要求

① 修改程序,使时分秒的分隔符号"—"能够以 0.5 s 的时间间隔闪烁显示。
② 改用 8 片 5×7 LED 点阵屏显示日期,另外 8 片 5×7 LED 点阵屏显示时间,重新编写程序实现本例运行效果。

3. 源程序代码

```
001  //------------------------------DS1302.c------------------------------
002  //  DS1302 实时时钟程序
003  //--------------------------------------------------------------------
004  #include <avr/io.h>
005  #include <string.h>
006  #include <util/delay.h>
007  #define INT8U    unsigned char
008  #define INT16U   unsigned int
009
010  //DS1302 接口数据方向
011  #define DDR_IO_RD() DDRA &= ~_BV(PA0)
012  #define DDR_IO_WR() DDRA |=  _BV(PA0)
013  //DS1302 控制引脚操作定义
014  #define WR_IO_0()  (PORTA &= ~_BV(PA0))    //DS1302 I/O 线(W/R)
015  #define WR_IO_1()  (PORTA |=  _BV(PA0))
016  #define RD_IO()    ( PINA &  _BV(PA0))
017  #define SCLK_1()   (PORTA |=  _BV(PA1))    //DS1302 时钟线
018  #define SCLK_0()   (PORTA &= ~_BV(PA1))
019  #define RST_1()    (PORTA |=  _BV(PA2))    //DS1302 复位线
020  #define RST_0()    (PORTA &= ~_BV(PA2))
021
022  //0,1,2,3,4,5,6 分别对应周日,周一~周六(本例未使用)
023  char * WEEK[] = {"SUN","MON","TUS","WEN","THU","FRI","SAT"};
024  //所读取的日期时间
025  INT8U DateTime[7];
026  //--------------------------------------------------------------------
027  // 向 DS1302 写入 1 字节
```

```c
028   //-----------------------------------------------------------------
029   void Write_Byte_TO_DS1302(INT8U x)
030   {
031       INT8U i;
032       DDR_IO_WR();                              //写 DS1302 I/O 口
033       for(i = 0x01; i != 0x00 ; i <<= 1)        //写 1 字节(上升沿写入)
034       {
035           if (x & i) WR_IO_1(); else WR_IO_0(); SCLK_0();SCLK_1();
036       }
037   }
038
039   //-----------------------------------------------------------------
040   // 从 DS1302 读取 1 字节
041   //-----------------------------------------------------------------
042   INT8U Get_Byte_FROM_DS1302()
043   {
044       INT8U i,dat = 0x00;
045       DDR_IO_RD();                              //读 DS1302 I/O 口
046       for(i = 0; i < 8; i++)                    //串行读取 1 字节(下降沿读取)
047       {
048           SCLK_1(); SCLK_0();if (RD_IO()) dat |= _BV(i);
049       }
050       return dat / 16 * 10 + dat % 16;          //将 BCD 码转换为十进制数并返回
051       //或   return (dat >> 4) * 10 + (dat & 0x0F);   //括号不能省略
052   }
053
054   //-----------------------------------------------------------------
055   // 从 DS1302 指定地址读数据
056   //-----------------------------------------------------------------
057   INT8U Read_Data(INT8U addr)
058   {
059       INT8U dat;
060       RST_1();                                  //将 RST 拉高
061       Write_Byte_TO_DS1302(addr);               //向 DS1302 写地址
062       dat = Get_Byte_FROM_DS1302();             //从指定地址读字节
063       RST_0();                                  //将 RST 拉低
064       return dat;
065   }
066
067   //-----------------------------------------------------------------
068   // 向 DS1302 指定地址写数据
069   //-----------------------------------------------------------------
070   void Write_DS1302(INT8U addr,INT8U dat)
```

```c
071  {
072      RST_1();
073      Write_Byte_TO_DS1302(addr);        //写地址
074      Write_Byte_TO_DS1302(dat);         //写数据
075      RST_0();
076  }
077
078  //-----------------------------------------------------------------
079  // 读取当前日期时间
080  //-----------------------------------------------------------------
081  void GetDateTime()
082  {
083      INT8U i,addr = 0x81;               //从读秒地址 0x81 开始
084      for(i = 0; i < 7; i++)             //依次读取 7 字节,分别是秒、分、时、日、月、周、年
085      {
086          DateTime[i] = Read_Data(addr);
087          addr += 2;                     //读日期时间地址依次为 0x81、0x83、0x85...
088      }
089  }
090
091  //-----------------------------------------------------------------
092  // 设置时间
093  //-----------------------------------------------------------------
094  void SetDateTime()
095  {
096      INT8U i;
097      Write_DS1302(0x8E,0x00);           //写控制字节,取消写保护
098      //秒、分、时、日、月、周、年依次写入(因为本例未涉及星期调节,第 5 项可不写入)
099      for(i = 0; i < 7 ; i++)
100      {
101          //秒的起始地址 10000000(0x80),
102          //后续依次是分、时、日、月、周、年,写入地址每次递增 2(即 0x80、0x82、0x84...)
103          //2 位的十进制日期时间数据要转换为 BCD 码后再写入
104          Write_DS1302(0x80 + 2 * i, (DateTime[i]/10<<4) | (DateTime[i] % 10));
105      }
106      Write_DS1302(0x8E,0x80);           //加保护
107  }
```

```c
001  //--------------- 用 DS1302 与数码管设计的可调式电子钟.c---------------
002  // 名称:用 DS1302 与数码管设计的可调式电子钟
003  //-----------------------------------------------------------------
004  // 说明:本例运行时,当前日期时间将显示在两组数码管上,本例还添加了
005  //      日期时间的调节功能
```

```
006  //
007  //----------------------------------------------------------------
008  #include <avr/io.h>
009  #include <avr/interrupt.h>
010  #include <util/delay.h>
011  #define INT8U    unsigned char
012  #define INT16U   unsigned int
013
014  //引脚操作定义
015  #define DIN_1()  PORTC |=  (INT8U)_BV(PC0)
016  #define DIN_0()  PORTC &= ~(INT8U)_BV(PC0)
017  #define CLK_1()  PORTC |=  (INT8U)_BV(PC1)
018  #define CLK_0()  PORTC &= ~(INT8U)_BV(PC1)
019  #define CS1_1()  PORTC |=  (INT8U)_BV(PC2)
020  #define CS1_0()  PORTC &= ~(INT8U)_BV(PC2)
021  #define CS2_1()  PORTC |=  (INT8U)_BV(PC3)
022  #define CS2_0()  PORTC &= ~(INT8U)_BV(PC3)
023
024  //读/写 DS1302 日期时间函数及缓存变量
025  extern void   GetDateTime();
026  extern void   SetDateTime();
027  extern INT8U DateTime[];
028
029  //年月日显示缓冲
030  INT8U YMD_Disp_Buffer[] = {0,0,10,0,0,10,0,0};
031  //时分秒显示缓冲
032  INT8U HMS_Disp_Buffer[] = {0,0,10,0,0,10,0,0};
033  //继续显示时间或调节时间(1 为正常运行,0 为调节时间)
034  volatile INT8U Run_or_Adjust = 1;
035  //1～12 月每月的天数,其中 2 月天数通过闰年判断再进行调整
036  volatile INT8U Days[] = {0,31,28,31,30,31,30,31,31,30,31,30,31};
037  //----------------------------------------------------------------
038  // 向片号为 Clip_NO 的 MAX7219 写数据
039  //----------------------------------------------------------------
040  void Write(INT8U Addr,INT8U Dat,INT8U Clip_NO)
041  {
042      INT8U i;
043      if (Clip_NO == 1) CS1_0(); else CS2_0();      //第 0 片或第 1 片 MAX7219 片选
044      for(i = 0; i < 8; i++)                        //串行写入 8 位地址 Addr
045      {
046          CLK_0(); if (Addr & 0x80) DIN_1(); else DIN_0();
047          CLK_1(); _delay_us(2);
048          CLK_0(); Addr <<= 1;
```

```c
049         }
050         for(i = 0; i < 8; i++)                      //串行写入 8 位数据 Dat
051         {
052             CLK_0(); if (Dat & 0x80)  DIN_1(); else DIN_0();
053             CLK_1(); _delay_us(2);
054             CLK_0(); Dat <<= 1;
055         }
056         if (Clip_NO == 1) CS1_1(); else CS2_1();     //禁止片选
057     }
058
059 //-----------------------------------------------------------------
060 // MAX7221 初始化
061 //-----------------------------------------------------------------
062 void Init_MAX72XX(INT8U i)
063 {
064     Write(0x09,0xFF, i);     //编码模式地址 0x09,0x00~0xFF,1 为解码,0 为不解码
065     Write(0x0A,0x07, i);     //亮度地址 0x0A,0x00~0x0F,0x0F 最亮
066     Write(0x0B,0x07, i);     //扫描数码管个数地址 0BH,最多扫描 8 只数码管
067     Write(0x0C,0x01, i);     //工作模式地址 0x0C,0x00:关闭;0x01:正常
068 }
069
070 //-----------------------------------------------------------------
071 // 刷新日期时间显示缓冲
072 //-----------------------------------------------------------------
073 void Refresh_DateTime_Buffer()
074 {
075     YMD_Disp_Buffer[0] = DateTime[6] / 10;   //年
076     YMD_Disp_Buffer[1] = DateTime[6] % 10;
077     YMD_Disp_Buffer[3] = DateTime[4] / 10;   //月
078     YMD_Disp_Buffer[4] = DateTime[4] % 10;
079     YMD_Disp_Buffer[6] = DateTime[3] / 10;   //日
080     YMD_Disp_Buffer[7] = DateTime[3] % 10;
081     HMS_Disp_Buffer[0] = DateTime[2] / 10;   //时
082     HMS_Disp_Buffer[1] = DateTime[2] % 10;
083     HMS_Disp_Buffer[3] = DateTime[1] / 10;   //分
084     HMS_Disp_Buffer[4] = DateTime[1] % 10;
085     HMS_Disp_Buffer[6] = DateTime[0] / 10;   //秒
086     HMS_Disp_Buffer[7] = DateTime[0] % 10;
087 }
088
089 //-----------------------------------------------------------------
090 // 主程序
091 //-----------------------------------------------------------------
```

```c
092    int main()
093    {
094        INT8U i;
095        DDRD = 0x00; PORTD = 0xFF;                //配置端口
096        DDRA = 0xFF;
097        DDRC = 0xFF;
098        Init_MAX72XX(0);                          //初始化两片 MAX7219
099        Init_MAX72XX(1);
100        MCUCR = 0x08;                             //INT1 下降沿触发
101        GICR = _BV(INT1);                         //允许 INT1 中断
102        sei();                                    //开中断
103        while (1)
104        {
105            if (Run_or_Adjust) GetDateTime();     //读 DS1302 实时时钟
106            Refresh_DateTime_Buffer();            //刷新日期时间显示缓冲
107
108            for(i = 0; i < 8; i++)                //显示时分秒
109              Write( i + 1, HMS_Disp_Buffer[i],0);
110            for(i = 0; i < 8; i++)                //显示年月日
111              Write( i + 1, YMD_Disp_Buffer[i],1);
112            _delay_ms(200);
113        }
114    }
115
116    //------------------------------------------------------------------
117    // 日期合法性判断及校正
118    //------------------------------------------------------------------
119    void Validate_Date()
120    {
121        //判断是否为闰年,更新 Days 数组中 2 月的天数
122        if ((DateTime[6] / 4 == 0 && DateTime[6] / 100 != 0) ||
123            (DateTime[6] / 400 == 0))
124        Days[2] = 29; else Days[2] = 28;
125        //如果当前月份中设置的天数大于合法的最大天数则将其限制在最大值以内
126        if (DateTime[3] > Days[DateTime[4]]) DateTime[3] = Days[DateTime[4]];
127    }
128
129    //------------------------------------------------------------------
130    // INT1 中断控制日期时间调节
131    //------------------------------------------------------------------
132    ISR (INT1_vect)
133    {
134        //获取按键序号 1~7(0 号键未用)
```

```
135     //由于74HC148的0～7号输入引脚对应的输出编码是111～000,而不是000～111,
136     //因此要对PIND取反,获取的编码是取反后的低3位
137     INT8U i = ~PIND & 0x07;
138     //如果按下的不是"确认"与"取消"键则进入调节状态,时间停止运行
139     if ( i != 6 && i != 7) Run_or_Adjust = 0;
140     switch(i) //年、月、日、时、分的调节/保存/取消
141     {
142         case 1: if ( ++ DateTime[6] == 99) DateTime[6] = 0;    //年(00～99)
143                 Validate_Date();
144                 break;
145         case 2: if ( ++ DateTime[4] == 13) DateTime[4] = 1;    //月(1～12)
146                 Validate_Date();
147                 break;
148         case 3: if ( ++ DateTime[3] == Days[DateTime[4]] + 1)
149                     DateTime[3] = 1;                           //日(1～28/29/30/31)
150                 Validate_Date();
151                 break;
152         case 4: if ( ++ DateTime[2] == 24) DateTime[2] = 0;    //时(0～23)
153                 break;
154         case 5: if ( ++ DateTime[1] == 60) DateTime[1] = 0;    //分(00～59)
155                 break;
156         case 6: SetDateTime();          //将所设置的日期时间写入DS1302
157                 Run_or_Adjust = 1;      //恢复运行
158                 break;
159         case 7: Run_or_Adjust = 1;      //恢复运行,取消所调节的日期时间
160                 break;
161     }
162 }
```

5.7 用DS1302与LGM12864设计的可调式中文电子日历

本例运行时,12864液晶屏将同时显示当前日期、星期及时间信息。调节日期时间数据时,当前所选中的调节对象将被反相显示,日期时间的调节与保存和此前案例设计类似。本例电路及部分运行效果如图5-7所示。

1. 程序设计与调试

本例程序设计要点在于调节日期时如何使星期能够自动刷新显示。本例程序中,该任务由函数RefreshWeekDay()完成。

为简化计算,RefreshWeekDay()函数从1999-12-31开始推算,已知1999年最后一天是星期五,程序从2000-1-1开始向后推算,假设当前日期是yyyy-mm-dd,程序中第一个for循环从2000-1-1开始推出yyyy-1-1是星期几(w),为避免累加天数时出现溢出,本例

采取了边累加边对 7 取余的方法,而不是先累加出总天数,最后再对 7 进行一次取余。

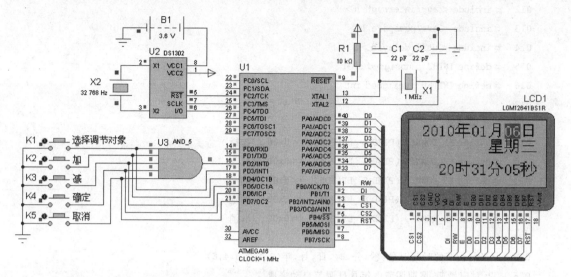

图 5-7 用 DS1302 与 LGM12864 设计的可调式中文电子日历

在推算出 yyyy-1-1 是星期几以后,接着先算出从 yyyy-1-1 至 yyyy-mm-dd 共有多少天,这个天数由变量 d 保存,在得出 yyyy-1-1 是星期 w 及 yyyy-mm-dd 是当前年的第 d 天以后,由表达式:(w+d) ％ 7 可得出 yyyy-mm-dd 是星期几,该表达式所得出的值 0~6 分别对应于星期日、星期一~星期六。由于 DS1302 中的星期日、星期一~星期六对应于数字 1~7,因此实际返回的星期为:(w+d) ％ 7+1。

另外,由于本例所使用的汉字字模点阵数据需要占用较多的内存空间,本例将它们存放于 Flash 程序空间,定义点阵数组时使用了 prog_uchar 类型,LCD12864.c 中的程序也作了相应修改。在阅读与调试本例时,要注意与此前其他案例作对比分析。

2. 实训要求

① 修改程序,使当前被选中的调节对象能闪烁显示。
② 将本例扩展中断的与门芯片改成编码芯片 74HC148,仍实现本例所设定的功能。
③ 为本例添加闹铃功能,使时钟运行到所设定的时间时能输出自定义的闹铃声音。

3. 源程序代码

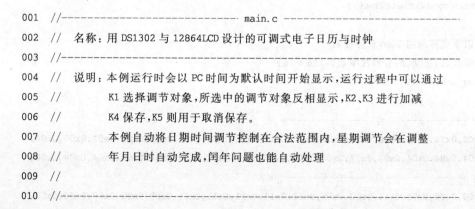

```c
011    #include <avr/io.h>
012    #include <avr/interrupt.h>
013    #include <avr/pgmspace.h>
014    #include <util/delay.h>
015    #define INT8U    unsigned char
016    #define INT16U   unsigned int
017
018    //按键定义
019    #define K1_DOWN() (PIND & _BV(PD3)) == 0x00    //选择
020    #define K2_DOWN() (PIND & _BV(PD4)) == 0x00    //加
021    #define K3_DOWN() (PIND & _BV(PD5)) == 0x00    //减
022    #define K4_DOWN() (PIND & _BV(PD6)) == 0x00    //确定
023    #define K5_DOWN() (PIND & _BV(PD7)) == 0x00    //取消
024
025    //当前调节的时间对象:秒,分,时,日,月,年(0,1,2,3,4,6)
026    //5 对应星期,星期调节由年月日调节自动完成
027    char Adjust_Index = -1;
028
029    //一年中每个月的天数,2月的天数由年份决定
030    INT8U MonthsDays[] = {0,31,0,31,30,31,30,31,31,30,31,30,31};
031
032    //所读取的日期时间(分别是秒,分,时,日,月,周,年)
033    extern INT8U DateTime[7];
034    //在调节日期时间时,用该位决定是否反相显示
035    extern INT8U Reverse_Display ;
036
037    //12864LCD 及 DS1302 相关函数
038    extern void LCD_Initialize();
039    extern void Display_A_Char_8X16(INT8U P,INT8U L,INT8U * M);
040    extern void Display_A_WORD(INT8U P,INT8U L,INT8U * M);
041    extern void Display_A_WORD_String(INT8U P,INT8U L,INT8U C,INT8U * M);
042    extern void GetDateTime();
043    extern void SetDateTime();
044
045    //以下点阵均用 Zimo 软件提取
046    //年月日,星期,时分秒汉字点阵(16 * 16)-----------------------------------
047    prog_uchar DATE_TIME_WORDS[] =
048    {
049    /*--------------年--------------*/
050    0x40,0x20,0x10,0x0C,0xE3,0x22,0x22,0x22,0xFE,0x22,0x22,0x22,0x22,0x02,0x00,0x00,
051    0x04,0x04,0x04,0x04,0x07,0x04,0x04,0x04,0xFF,0x04,0x04,0x04,0x04,0x04,0x04,0x00,
052    /*--------------月-------------- */
053    0x00,0x00,0x00,0x00,0x00,0xFF,0x11,0x11,0x11,0x11,0x11,0xFF,0x00,0x00,0x00,0x00,
```

```
054    0x00,0x40,0x20,0x10,0x0C,0x03,0x01,0x01,0x01,0x21,0x41,0x3F,0x00,0x00,0x00,0x00,
055    /*--------------日--------------*/
056    0x00,0x00,0x00,0xFE,0x42,0x42,0x42,0x42,0x42,0x42,0x42,0xFE,0x00,0x00,0x00,0x00,
057    0x00,0x00,0x00,0x3F,0x10,0x10,0x10,0x10,0x10,0x10,0x10,0x3F,0x00,0x00,0x00,0x00,
058    /*--------------星--------------*/
059    0x00,0x00,0x00,0xBE,0x2A,0x2A,0x2A,0xEA,0x2A,0x2A,0x2A,0x2A,0x3E,0x00,0x00,0x00,
060    0x00,0x48,0x46,0x41,0x49,0x49,0x49,0x7F,0x49,0x49,0x49,0x49,0x41,0x40,0x00,
061    /*--------------期--------------*/
062    0x00,0x04,0xFF,0x54,0x54,0x54,0xFF,0x04,0x00,0xFE,0x22,0x22,0x22,0xFE,0x00,0x00,
063    0x42,0x22,0x1B,0x02,0x02,0x0A,0x33,0x62,0x18,0x07,0x02,0x22,0x42,0x3F,0x00,0x00,
064    /*--------------时--------------*/
065    0x00,0xFC,0x44,0x44,0x44,0xFC,0x10,0x90,0x10,0x10,0x10,0xFF,0x10,0x10,0x10,0x00,
066    0x00,0x07,0x04,0x04,0x04,0x07,0x00,0x00,0x03,0x40,0x80,0x7F,0x00,0x00,0x00,0x00,
067    /*--------------分--------------*/
068    0x80,0x40,0x20,0x98,0x87,0x82,0x80,0x80,0x83,0x84,0x98,0x30,0x60,0xC0,0x40,0x00,
069    0x00,0x80,0x40,0x20,0x10,0x0F,0x00,0x00,0x20,0x40,0x3F,0x00,0x00,0x00,0x00,0x00,
070    /*--------------秒--------------*/
071    0x12,0x12,0xD2,0xFE,0x91,0x11,0xC0,0x38,0x10,0x00,0xFF,0x00,0x08,0x10,0x60,0x00,
072    0x04,0x03,0x00,0xFF,0x00,0x83,0x80,0x40,0x40,0x20,0x23,0x10,0x08,0x04,0x03,0x00
073    };
074
075    //星期几的汉字点阵(16×16)------------------------------------------
076    prog_uchar WEEKDAY_WORDS[] =
077    {
078    /*--------------日--------------*/
079    0x00,0x00,0x00,0xFE,0x42,0x42,0x42,0x42,0x42,0x42,0x42,0xFE,0x00,0x00,0x00,0x00,
080    0x00,0x00,0x00,0x3F,0x10,0x10,0x10,0x10,0x10,0x10,0x10,0x3F,0x00,0x00,0x00,0x00,
081    /*--------------一--------------*/
082    0x00,0x80,0x80,0x80,0x80,0x80,0x80,0x80,0x80,0x80,0x80,0x80,0x80,0xC0,0x80,0x00,
083    0x00,0x00,0x00,0x00,0x00,0x00,0x00,0x00,0x00,0x00,0x00,0x00,0x00,0x00,0x00,0x00,
084    /*--------------二--------------*/
085    0x00,0x00,0x04,0x04,0x04,0x04,0x04,0x04,0x04,0x04,0x04,0x06,0x04,0x00,0x00,0x00,
086    0x00,0x10,0x10,0x10,0x10,0x10,0x10,0x10,0x10,0x10,0x10,0x10,0x10,0x18,0x10,0x00,
087    /*--------------三--------------*/
088    0x00,0x04,0x84,0x84,0x84,0x84,0x84,0x84,0x84,0x84,0x84,0x84,0x84,0x04,0x00,0x00,
089    0x00,0x20,0x20,0x20,0x20,0x20,0x20,0x20,0x20,0x20,0x20,0x20,0x20,0x20,0x20,0x00,
090    /*--------------四--------------*/
091    0x00,0xFE,0x02,0x02,0x02,0xFE,0x02,0x02,0xFE,0x02,0x02,0x02,0x02,0xFE,0x00,0x00,
092    0x00,0x7F,0x28,0x24,0x23,0x20,0x20,0x20,0x21,0x22,0x22,0x22,0x22,0x7F,0x00,0x00,
093    /*--------------五--------------*/
094    0x00,0x02,0x82,0x82,0x82,0x82,0xFE,0x82,0x82,0x82,0xC2,0x82,0x02,0x00,0x00,0x00,
095    0x20,0x20,0x20,0x20,0x20,0x3F,0x20,0x20,0x20,0x20,0x3F,0x20,0x20,0x30,0x20,0x00,
096    /*--------------六--------------*/
```

```
097   0x10,0x10,0x10,0x10,0x10,0x91,0x12,0x1E,0x94,0x10,0x10,0x10,0x10,0x10,0x10,0x00,
098   0x00,0x40,0x20,0x10,0x0C,0x03,0x01,0x00,0x00,0x01,0x02,0x0C,0x78,0x30,0x00,0x00
099   };
100
101   //半角数字点阵(8×16) ------------------------------------------------------------
102   prog_uchar DIGITS[] =
103   {
104     0x00,0xE0,0x10,0x08,0x08,0x10,0xE0,0x00,0x00,0x0F,0x10,0x20,0x20,0x10,0x0F,0x00,//0
105     0x00,0x10,0x10,0xF8,0x00,0x00,0x00,0x00,0x00,0x20,0x20,0x3F,0x20,0x20,0x00,0x00,//1
106     0x00,0x70,0x08,0x08,0x08,0x88,0x70,0x00,0x00,0x30,0x28,0x24,0x22,0x21,0x30,0x00,//2
107     0x00,0x30,0x08,0x88,0x88,0x48,0x30,0x00,0x00,0x18,0x20,0x20,0x20,0x11,0x0E,0x00,//3
108     0x00,0x00,0xC0,0x20,0x10,0xF8,0x00,0x00,0x00,0x07,0x04,0x24,0x24,0x3F,0x24,0x00,//4
109     0x00,0xF8,0x08,0x88,0x88,0x08,0x08,0x00,0x00,0x19,0x21,0x20,0x20,0x11,0x0E,0x00,//5
110     0x00,0xE0,0x10,0x88,0x88,0x18,0x00,0x00,0x00,0x0F,0x11,0x20,0x20,0x11,0x0E,0x00,//6
111     0x00,0x38,0x08,0x08,0xC8,0x38,0x08,0x00,0x00,0x00,0x00,0x3F,0x00,0x00,0x00,0x00,//7
112     0x00,0x70,0x88,0x08,0x08,0x88,0x70,0x00,0x00,0x1C,0x22,0x21,0x21,0x22,0x1C,0x00,//8
113     0x00,0xE0,0x10,0x08,0x08,0x10,0xE0,0x00,0x00,0x00,0x31,0x22,0x22,0x11,0x0F,0x00 //9
114   };
115
116   INT8U H_Offset = 10, V_Page_Offset = 0; //水平与垂直偏移
117   //------------------------------------------------------------------------------
118   // 判断是否为闰年
119   //------------------------------------------------------------------------------
120   INT8U isLeapYear(INT16U y)
121   {
122     return ( y % 4 == 0 && y % 100 != 0 ) || ( y % 400 == 0 );
123   }
124
125   //------------------------------------------------------------------------------
126   // 求自 2000.1.1 开始的任何一天是星期几
127   // 函数没有通过求出总天数后再求星期几,
128   // 因为求总天数可能会越出 INT16U 的范围
129   //------------------------------------------------------------------------------
130   void RefreshWeekDay()
131   {
132     INT16U i, d,w = 5; //已知 1999.12.31 是周五
133     //从 2000.1.1 开始推算出当前年－1 年.12.31 是星期几(w)
134     for (i = 2000; i < 2000 + DateTime[6]; i++)
135     {
136       d = isLeapYear(i) ? 366 : 365;
137       w = (w + d) % 7;
138     }
139
```

```c
140        //计算出当前所设置的年月日是该年的第几天(d)
141        for (d = 0,i = 1; i < DateTime[4] ; i++ )
142            d + = MonthsDays[i];
143        d + = DateTime[3];
144
145        //根据 w 与 d 计算出当前年/月/日是星期几
146        //0～6 表示星期日,星期一,二,...,六,为了与 DS1302 的星期匹配
147        //返回值需要加 1,由计算的 0～6 对应返回 1～7
148        DateTime[5] = (w + d) % 7 + 1;
149    }
150
151    //-----------------------------------------------------------------
152    // 年月日时分 ++ / --
153    //-----------------------------------------------------------------
154    void DateTime_Adjust(char x)
155    {
156        switch ( Adjust_Index )
157        {
158            case 6：//年 00～99
159                if (x ==   1 && DateTime[6] < 99) DateTime[6] ++ ;
160                if (x == - 1 && DateTime[6] > 0)  DateTime[6] -- ;
161                //获取 2 月天数
162                MonthsDays[2] = isLeapYear(2000 + DateTime[6]) ? 29 : 28;
163                //如果年份变化后当前月份的天数大于上限则设为上限
164                if ( DateTime[3] > MonthsDays[DateTime[4]] )
165                    DateTime[3] = MonthsDays[DateTime[4]];
166                RefreshWeekDay();//刷新星期
167                break;
168            case 4：//月 01～12
169                if (x ==   1 && DateTime[4] < 12) DateTime[4] ++ ;
170                if (x == - 1 && DateTime[4] > 1)  DateTime[4] -- ;
171                //获取 2 月天数
172                MonthsDays[2] = isLeapYear(2000 + DateTime[6]) ? 29 : 28;
173                //如果月份变化后当前月份的天数大于上限则设为上限
174                if(DateTime[3] > MonthsDays[DateTime[4]] )
175                    DateTime[3] = MonthsDays[DateTime[4]];
176                RefreshWeekDay();//刷新星期
177                break;
178            case 3：//日 01 - 28/29/30/31;调节之前首先根据年份得出该年中 2 月的天数
179                MonthsDays[2] = isLeapYear(2000 + DateTime[6]) ? 29 : 28;
180                //根据当前月份决定调节日期的上限
181                if (x == 1 && DateTime[3] < MonthsDays[DateTime[4]]) DateTime[3] ++ ;
182                if (x == - 1 && DateTime[3] > 1)  DateTime[3] -- ;
```

```c
183                RefreshWeekDay(); //刷新星期
184                break;
185        case 2: //时
186                if (x ==  1 && DateTime[2] < 23) DateTime[2] ++ ;
187                if (x == -1 && DateTime[2] > 0)  DateTime[2] -- ;
188                break;
189        case 1: //分
190                if (x ==  1 && DateTime[1] < 59) DateTime[1] ++ ;
191                if (x == -1 && DateTime[1] > 0)  DateTime[1] -- ;
192                break;
193        case 0: //秒
194                if (x ==  1 && DateTime[1] < 59) DateTime[0] ++ ;
195                if (x == -1 && DateTime[1] > 0)  DateTime[0] -- ;
196                break;
197     }
198 }
199
200 //-----------------------------------------------------------------
201 // 主程序
202 //-----------------------------------------------------------------
203 int main()
204 {
205     DDRA = 0xFF; PORTA = 0xFF;
206     DDRB = 0xFF; PORTB = 0xFF;              //配置端口
207     DDRC = 0xFF; PORTC = 0xFF;
208     DDRD = 0x00; PORTD = 0xFF;
209     LCD_Initialize();                        //初始化 LCD
210     //显示年的固定前两位(20XX)
211     //-----------------------------------------------------------------
212     Display_A_Char_8X16(V_Page_Offset,0  + H_Offset,
213                         (prog_uchar *)(DIGITS + 2 * 16));
214     Display_A_Char_8X16(V_Page_Offset,8  + H_Offset,
215                         (prog_uchar *)(DIGITS));
216     //显示固定汉字:年月日
217     //-----------------------------------------------------------------
218     Display_A_WORD(V_Page_Offset, 32 + H_Offset,
219                         (prog_uchar *)(DATE_TIME_WORDS + 0 * 32));
220     Display_A_WORD(V_Page_Offset, 64 + H_Offset,
221                         (prog_uchar *)(DATE_TIME_WORDS + 1 * 32));
222     Display_A_WORD(V_Page_Offset, 96 + H_Offset,
223                         (prog_uchar *)(DATE_TIME_WORDS + 2 * 32));
224     //显示固定汉字:星期
225     //-----------------------------------------------------------------
```

```c
226     Display_A_WORD(V_Page_Offset + 2, 64 + H_Offset,
227                             (prog_uchar * )(DATE_TIME_WORDS + 3 * 32));
228     Display_A_WORD(V_Page_Offset + 2, 80 + H_Offset,
229                             (prog_uchar * )(DATE_TIME_WORDS + 4 * 32));
230     //显示固定汉字:时分秒
231     //------------------------------------------------------------
232     Display_A_WORD(V_Page_Offset + 5, 32 + H_Offset,
233                             (prog_uchar * )(DATE_TIME_WORDS + 5 * 32));
234     Display_A_WORD(V_Page_Offset + 5, 64 + H_Offset,
235                             (prog_uchar * )(DATE_TIME_WORDS + 6 * 32));
236     Display_A_WORD(V_Page_Offset + 5, 96 + H_Offset,
237                             (prog_uchar * )(DATE_TIME_WORDS + 7 * 32));
238
239     TCCR0 = 0x05;                           //预分频:1024
240     TCNT0 = 256 - F_CPU / 1024.0 * 0.05;    //晶振 4 MHz,0.05 s 定时
241     TIMSK = 0x01;                           //使能 T0 中断
242     MCUCR = 0x02;                           //INT0 为下降沿触发
243     GICR  = 0x40;                           //INT0 中断使能
244     sei();                                  //使能中断
245     while(1)
246     {
247         //如果未执行调节操作则正常读取当前时间
248         if (Adjust_Index == - 1) GetDateTime(); else _delay_ms(100);
249     }
250 }
251
252 //------------------------------------------------------------
253 // 定时器 0 中断刷新 LCD 显示,Reverse_Display 决定当前显示的内容是否反相
254 //------------------------------------------------------------
255 ISR (TIMER0_OVF_vect)
256 {
257     TCNT0 = 256 - F_CPU / 1024.0 * 0.05;    //晶振 4 MHz,0.05 s 定时
258     //年(后两位)
259     Reverse_Display = Adjust_Index == 6;
260     Display_A_Char_8X16(V_Page_Offset,16 + H_Offset,
261                         (prog_uchar * )(DIGITS + DateTime[6] / 10 * 16));
262     Display_A_Char_8X16(V_Page_Offset,24 + H_Offset,
263                         (prog_uchar * )(DIGITS + DateTime[6] % 10 * 16));
264     //月
265     Reverse_Display = Adjust_Index == 4;
266     Display_A_Char_8X16(V_Page_Offset,48 + H_Offset,
267                         (prog_uchar * )(DIGITS + DateTime[4] / 10 * 16));
268     Display_A_Char_8X16(V_Page_Offset,56 + H_Offset,
```

```c
269                                     (prog_uchar *)(DIGITS + DateTime[4] % 10 * 16));
270         //日
271         Reverse_Display = Adjust_Index == 3;
272         Display_A_Char_8X16(V_Page_Offset,80 + H_Offset,
273                                     (prog_uchar *)(DIGITS + DateTime[3] / 10 * 16));
274         Display_A_Char_8X16(V_Page_Offset,88 + H_Offset,
275                                     (prog_uchar *)(DIGITS + DateTime[3] % 10 * 16));
276         //星期
277         Reverse_Display = 0;
278         Display_A_WORD(V_Page_Offset + 2,96 + H_Offset,
279                                     (prog_uchar *)(WEEKDAY_WORDS + (DateTime[5] - 1) * 32));
280         //时
281         Reverse_Display = Adjust_Index == 2;
282         Display_A_Char_8X16(V_Page_Offset + 5,16 + H_Offset,
283                                     (prog_uchar *)(DIGITS + DateTime[2] / 10 * 16));
284         Display_A_Char_8X16(V_Page_Offset + 5,24 + H_Offset,
285                                     (prog_uchar *)(DIGITS + DateTime[2] % 10 * 16));
286         //分
287         Reverse_Display = Adjust_Index == 1;
288         Display_A_Char_8X16(V_Page_Offset + 5,48 + H_Offset,
289                                     (prog_uchar *)(DIGITS + DateTime[1] / 10 * 16));
290         Display_A_Char_8X16(V_Page_Offset + 5,56 + H_Offset,
291                                     (prog_uchar *)(DIGITS + DateTime[1] % 10 * 16));
292         //秒
293         Reverse_Display = Adjust_Index == 0;
294         Display_A_Char_8X16(V_Page_Offset + 5,80 + H_Offset,
295                                     (prog_uchar *)(DIGITS + DateTime[0] / 10 * 16));
296         Display_A_Char_8X16(V_Page_Offset + 5,88 + H_Offset,
297                                     (prog_uchar *)(DIGITS + DateTime[0] % 10 * 16));
298    }
299
300    //-----------------------------------------------------------------
301    // 键盘中断(INT0)
302    //-----------------------------------------------------------------
303    ISR (INT0_vect)
304    {
305         if (K1_DOWN)                                //选择调节对象
306         {
307             if ( Adjust_Index == -1 || Adjust_Index == 0) Adjust_Index = 7;
308             Adjust_Index --;
309             //跳过对星期的调节,星期由年/月/日共同决定,不能单独调节
310             if (Adjust_Index == 5) Adjust_Index = 4;
311         }
```

```c
312     else if (K2_DOWN() && Adjust_Index != -1)           //加
313         DateTime_Adjust( 1 );
314
315     else if (K3_DOWN() && Adjust_Index != -1)           //减
316         DateTime_Adjust( -1 );
317
318     else if (K4_DOWN() && Adjust_Index != -1)           //确定
319     {
320         //将调节后的时间写入 DS1302 后时间继续正常显示
321         SetDateTime();
322         Adjust_Index = -1;
323     }
324     else if (K5_DOWN() && Adjust_Index != -1)           //取消
325     {
326         //操作索引重设为 -1,时间继续正常显示
327         Adjust_Index = -1;
328     }
329 }
```

```c
001 //--------------------------- LCD12864.c ---------------------------
002 // 名称：LCD12864 显示驱动程序（不带字库）
003 //------------------------------------------------------------------
004 #include <avr/io.h>
005 #include <avr/pgmspace.h>
006 #include <util/delay.h>
007 #include <string.h>
008 #define INT8U    unsigned char
009 #define INT16U   unsigned int
010 //液晶起始行,页,列命令定义
011 #define LCD_START_ROW   0xC0            //起始行
012 #define LCD_PAGE        0xB8            //页指令
013 #define LCD_COL         0x40            //列指令
014 //液晶控制引脚
015 #define RW              PB0             //读/写
016 #define DI              PB1             //数据/命令选择
017 #define E               PB2             //使能
018 #define CS1             PB3             //左半屏选择
019 #define CS2             PB4             //右半屏选择
020 #define RST             PB5             //复位
021 //液晶端口
022 #define LCD_PORT        PORTA           //液晶 DB0~DB7
023 #define LCD_DDR         DDRA            //设置数据方向
024 #define LCD_PIN         PINA            //读状态数据
```

```c
025  #define LCD_CTRL        PORTB                        //液晶控制端口
026  //液晶引脚操作定义
027  #define RW_1()   LCD_CTRL |=  _BV(RW)
028  #define RW_0()   LCD_CTRL &= ~_BV(RW)
029  #define DI_1()   LCD_CTRL |=  _BV(DI)
030  #define DI_0()   LCD_CTRL &= ~_BV(DI)
031  #define E_1()    LCD_CTRL |=  _BV(E)
032  #define E_0()    LCD_CTRL &= ~_BV(E)
033  #define CS1_1()  LCD_CTRL |=  _BV(CS1)
034  #define CS1_0()  LCD_CTRL &= ~_BV(CS1)
035  #define CS2_1()  LCD_CTRL |=  _BV(CS2)
036  #define CS2_0()  LCD_CTRL &= ~_BV(CS2)
037  #define RST_1()  LCD_CTRL |=  _BV(RST)
038  #define RST_0()  LCD_CTRL &= ~_BV(RST)
039  //是否反相显示(白底黑字/黑底白字,不同背光的液晶会有不同)
040  INT8U Reverse_Display = 0;
041  //-----------------------------------------------------------------
042  // 等待液晶就绪
043  //-----------------------------------------------------------------
044  void Wait_LCD_Ready()
045  {
046      Check_Busy:
047      LCD_DDR  = 0x00;                                  //设置数据方向为输入
048      LCD_PORT = 0xFF;                                  //内部上拉
049      RW_1(); asm("nop"); DI_0();                       //读状态寄存器
050      E_1();  asm("nop"); E_0();
051      if (LCD_PIN & 0x80) goto Check_Busy;
052  }
053
054  //-----------------------------------------------------------------
055  // 向 LCD 发送命令
056  //-----------------------------------------------------------------
057  void LCD_Write_Command(INT8U cmd)
058  {
059      Wait_LCD_Ready();                                 //等待 LCD 就绪
060      LCD_DDR  = 0xFF;                                  //设置方向为输出
061      LCD_PORT = 0xFF;                                  //初始输出高电平
062      RW_0(); asm("nop"); DI_0();                       //写命令寄存器
063      LCD_PORT = cmd;                                   //发送命令
064      E_1();  asm("nop"); E_0();
065  }
066
067  //-----------------------------------------------------------------
```

```c
068    // 向 LCD 发送数据
069    //------------------------------------------------------------
070    void LCD_Write_Data(INT8U dat)
071    {
072        Wait_LCD_Ready();                              //等待 LCD 就绪
073        LCD_DDR  = 0xFF;                               //设置方向为输出
074        LCD_PORT = 0xFF;                               //初始输出高电平
075        RW_0(); asm("nop"); DI_1();                    //写数据寄存器
076        //发送数据,根据 Reverse_Display 决定是否反相显示
077        if ( !Reverse_Display )  LCD_PORT = dat; else LCD_PORT = ~dat;
078        E_1();   asm("nop"); E_0();
079    }
080
081    //------------------------------------------------------------
082    // 初始化 LCD
083    //------------------------------------------------------------
084    void LCD_Initialize()
085    {
086        CS1_1(); CS2_1();
087        LCD_Write_Command(0x38);              _delay_ms(15);
088        LCD_Write_Command(0x0F);              _delay_ms(15);
089        LCD_Write_Command(0x01);              _delay_ms(15);
090        LCD_Write_Command(0x06);              _delay_ms(15);
091        LCD_Write_Command(LCD_START_ROW); _delay_ms(15);
092    }
093
094    //------------------------------------------------------------
095    //
096    // 通用显示函数
097    //
098    // 从第 P 页第 L 列开始显示 W 个字节数据,数据在 r 所指向的缓冲
099    // 每字节 8 位是垂直显示的,高位在下,低位在上
100    // 每个 8 * 128 的矩形区域为一页
101    // 整个 LCD 又由 64 * 64 的左半屏和 64 * 64 的右半屏构成
102    //------------------------------------------------------------
103    void Common_Show(INT8U P, INT8U L, INT8U W, prog_uchar * r)
104    {
105        INT8U i;
106        //显示在左半屏或左右半屏
107        if( L < 64 )
108        {
109            CS1_1(); CS2_0();
110            LCD_Write_Command( LCD_PAGE + P );
```

```c
111         LCD_Write_Command( LCD_COL  + L );
112         //全部显示在左半屏
113         if( L + W < 64 )
114         {
115             for(i = 0;i < W;i ++ ) LCD_Write_Data(pgm_read_byte(r + i));
116         }
117         //如果越界则跨越左右半屏显示
118         else
119         {
120             //左半屏显示
121             for(i = 0;i< 64 - L;i ++ ) LCD_Write_Data(pgm_read_byte(r + i));
122             //右半屏显示
123             CS1_0(); CS2_1();
124             LCD_Write_Command( LCD_PAGE + P );
125             LCD_Write_Command( LCD_COL );
126             for(i = 64 - L;i < W;i ++ ) LCD_Write_Data(pgm_read_byte(r + i));
127         }
128     }
129     //全部显示在右半屏
130     else
131     {
132         CS1_0(); CS2_1();
133         LCD_Write_Command( LCD_PAGE + P );
134         LCD_Write_Command( LCD_COL + L - 64 );
135         for( i = 0;i < W; i++ )  LCD_Write_Data(pgm_read_byte(r + i));
136     }
137 }
138
139 //-----------------------------------------------------------------
140 // 显示一个 8 * 16 点阵字符
141 //-----------------------------------------------------------------
142 void Display_A_Char_8X16(INT8U P,INT8U L,prog_uchar * M)
143 {
144     Common_Show( P,     L, 8, M );              //显示上半部分 8 * 8
145     Common_Show( P + 1, L, 8, M + 8 );          //显示下半部分 8 * 8
146 }
147
148 //-----------------------------------------------------------------
149 // 显示一个 16 * 16 点阵汉字
150 //-----------------------------------------------------------------
151 void Display_A_WORD(INT8U P,INT8U L,prog_uchar * M)
152 {
153     Common_Show( P,     L, 16, M );             //显示汉字上半部分 16 * 8
```

```
154        Common_Show( P + 1,L, 16, M + 16);               //显示汉字下半部分 16 * 8
155    }
156
157 //--------------------------------------------------------------------
158 // 显示一串 16 * 16 点阵汉字
159 //--------------------------------------------------------------------
160 void Display_A_WORD_String( INT8U P, INT8U L, INT8U C, prog_uchar * M)
161 {
162     INT8U i;
163     for ( i = 0; i < C; i ++ )
164     {
165         Display_A_WORD(P, L + i * 16, M + i * 32);
166     }
167 }
```

5.8 用 PG12864LCD 设计的指针式电子钟

本例采用 PG12864 液晶屏作为显示元件,液晶屏模拟表盘与时分秒指针显示当前时钟,液晶屏右边同时以数字方式显示当前时间,在调节时间时,当前被选中的调节对象下面将出现下划线,在保存或取消调节后下划线消失,时钟继续正常运行。本例电路及部分运行效果如图 5-8 所示。

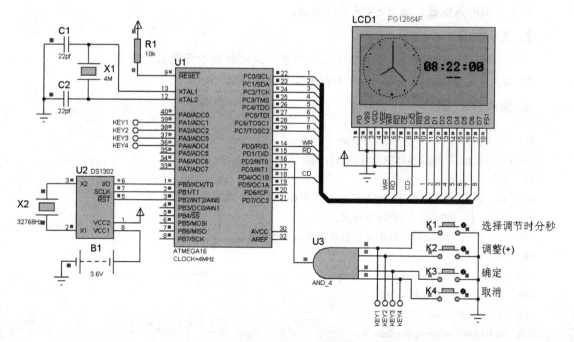

图 5-8 用 PG12864LCD 设计的指针式电子钟

1. 程序设计与调试

本例程序包含 main.c、PG12864.c、PG12864.h、DS1302.c 共 4 个文件,读者在阅读调试本例时可重点关注表盘绘制及指针移动代码。

函数 Clock_Plate() 通过 2 个 for 循环分别完成表盘外圈及 12 个刻度的绘制。在绘制表盘外圈时,Clock_Plate() 函数的第一个 for 循环以 0.1 个弧度的间隔绘点形成外圈,如果需要绘制更连续的外圈,可进一步减少步长或者在相邻两个点之间绘制直线,这样都可形成更平滑的外圈。第二个 for 循环步长 2×PI / 12,通过 12 次循环即可绘制出 12 个刻度。

在移动指针时,主程序中提供了重绘指针函数 Repaint_A_Hand(INT8U i),在绘制移动的秒针时(i=2),每次转过 2×PI 弧度的 1/60,当绘制移动的时针与分针(i=0/1)时,每次转过 2×PI 弧度的 1/12,变量 m 根据 i 分别取值 60 与 12。下面的语句根据当前指针 i 对应的时间 DateTime[i](秒/分/时)即可得出第 i 只指针的当前弧度 r:

$$r = DateTime[i]/m \times 2 \times PI + 1.5 \times PI;$$

注意:DateTime[i]/m×2×PI 后面要 +1.5×PI 或 −0.5×PI,因为时钟的 0 刻度位置在垂直向上的方向,而后续使用的弧度 r 以水平向右方向为 0 刻度,因而需要添加偏移弧度。

为绘制不同长度的指针,数组 HMS_Hand_Length 设置秒针、分针、时针长度分别为 24、20、15,根据当前指针所指向的弧度及指针长度即可得到指针终点坐标(x,y),下面 3 行代码即可完成当前指针的绘制:

```
x = HMS_Hand_Length[i] * cos(r);
y = HMS_Hand_Length[i] * sin(r);
Line (30,30, x + 30, y + 30, 1);
```

对于本例的其他设计细节,这里不再赘述。

2. 实训要求

① 修改程序,使液晶右半屏能以中文与数字方式同时显示日期时间信息。
② 参考上一案例的实训要求,在本例中同样添加闹铃功能。

3. 源程序代码

```
001  //------------------------------ main.c ------------------------------
002  //   名称:用 PG12864LCD 设计的指针式电子钟
003  //--------------------------------------------------------------------
004  //   说明:本例利用 PG12864LCD 设计了指针式电子钟,电子钟由表盘、
005  //        时针、分针、秒针等构成。
006  //        时钟运行过程中可进行时分秒的调节和保存
007  //
008  //--------------------------------------------------------------------
009  #define F_CPU 4000000UL
010  #include <avr/io.h>
011  #include <avr/pgmspace.h>
012  #include <avr/interrupt.h>
013  #include <util/delay.h>
```

```
014    #include <stdio.h>
015    #include "PG12864.h"
016    #define INT8U  unsigned char
017    #define INT16U unsigned int
018    //如果引入头文件 math.h 则可以直接使用 PI 的符号常量定义：M_PI
019    #define PI 3.1415926
020    extern void cls();                                      //清屏
021    extern INT8U LCD_Initialise();                          //LCD 初始化
022    extern INT8U LCD_Write_Command(INT8U cmd);              //写无参数的命令
023                                                           //写双参数命令
024    extern INT8U LCD_Write_Command_P2(INT8U cmd,INT8U para1,INT8U para2);
025    extern INT8U LCD_Write_Data(INT8U dat);                 //写数据
026    extern void Set_LCD_POS(INT8U row, INT8U col);          //设置当前地址
027                                                           //绘制线条
028    extern void Line(INT8U x1,INT8U y1,INT8U x2,INT8U y2, INT8U Mode);
029    extern void Pixel(INT8U x,INT8U y, INT8U Mode);         //画点函数
030                                                           //显示字符串
031    extern INT8U Display_Str_at_xy(INT8U x,INT8U y,char * fmt);
032    extern INT8U LCD_WIDTH;
033    extern INT8U LCD_HEIGHT;
034    extern void GetDateTime();                              //从 DS1302 获取时间
035    extern void SetDateTime();                              //设置时间
036
037    //按键定义
038    #define K1_ON() (PINA & _BV(PA1)) == 0x00               //选择调整时、分、秒
039    #define K2_ON() (PINA & _BV(PA2)) == 0x00               //调整(+)
040    #define K3_ON() (PINA & _BV(PA3)) == 0x00               //确定(写入 DS1302)
041    #define K4_ON() (PINA & _BV(PA4)) == 0x00               //取消
042
043    //所读取的日期时间
044    extern INT8U DateTime[7];
045    //当前调节的时间对象:秒,分,时(0,1,2),为 -1 时表示时钟正常运行
046    char Adjust_Index = -1;
047    //保存前一秒、分、时数据,用于在绘制当前新的指针时擦除上次绘制的指针
048    INT8U TimeBack[] = {-1, -1, -1};
049    //秒,分,时针的长度
050    INT8U HMS_Hand_Length[] = {24,20,15};
051    //数字式时钟的显示串缓冲
052    char DisplayBuffer[] = "00:00:00";
053    //---------------------------------------------------------------
054    // 显示数字式时钟
055    //---------------------------------------------------------------
056    void ShowDigitTime()
```

```
057    {
058        DisplayBuffer[0] = DateTime[2] / 10 + '0';
059        DisplayBuffer[1] = DateTime[2] % 10 + '0';
060        DisplayBuffer[3] = DateTime[1] / 10 + '0';
061        DisplayBuffer[4] = DateTime[1] % 10 + '0';
062        DisplayBuffer[6] = DateTime[0] / 10 + '0';
063        DisplayBuffer[7] = DateTime[0] % 10 + '0';
064        Display_Str_at_xy(64,23,DisplayBuffer);
065    }
066
067    //------------------------------------------------------------
068    // 绘制电子钟圆形面板
069    //------------------------------------------------------------
070    void Clock_Plate()
071    {
072        float sta,x,y;
073        //绘制表盘外围圆圈,如果希望绘制较连续的圆圈线条,
074        //可减少步长,将 0.1 改为 0.02
075        for ( sta = 0; sta <= 2 * PI; sta += 0.1 )
076        {
077            x = sin(sta);
078            y = cos(sta);
079            Pixel(30 + 30 * x, 30 + 30 * y ,1);
080        }
081        //绘制 1~12 点的刻度,每隔 2 * PI/12 绘制一段
082        for ( sta = 0; sta <= 2 * PI; sta += 2 * PI / 12 )
083        {
084            x = sin(sta);
085            y = cos(sta);
086            Pixel(30 + 27 * x, 30 + 27 * y ,1);
087            Pixel(30 + 26 * x, 30 + 26 * y ,1);
088        }
089    }
090
091    //------------------------------------------------------------
092    // 重绘 HMS 中的某一指针(参数 0、1、2 分别为秒、分、时)
093    //------------------------------------------------------------
094    void Repaint_A_Hand(INT8U i)
095    {
096        float r,m; INT16U x,y;
097        //指针 2 对应于 12,指针 0,1 对应于 60,该值用于弧度划分
098        //无论使用 12 小时制还是 24 小时制,这里都要用 12
099        m = ( i == 2 ) ? 12.0 : 60.0;
```

```c
100         //擦除指针 i
101         r = TimeBack[i] / m * 2 * PI + 1.5 * PI;
102         x = HMS_Hand_Length[i] * cos(r);
103         y = HMS_Hand_Length[i] * sin(r);
104         Line (30,30, x + 30, y + 30, 0);
105         //重绘新的指针 i
106         r = DateTime[i] / m * 2 * PI + 1.5 * PI;
107         x = HMS_Hand_Length[i] * cos(r);
108         y = HMS_Hand_Length[i] * sin(r);
109         Line (30,30, x + 30, y + 30, 1);
110         //时间备份,以便用于下次绘制新指针时擦除原指针
111         TimeBack[i] = DateTime[i];
112     }
113
114 //-----------------------------------------------------------------
115 // 时间变化时重绘
116 // 秒针与分针时钟接近重叠,或分钟与时针接近重叠时也要重绘
117 //-----------------------------------------------------------------
118 void Display_HMS_Hand()
119 {
120     Repaint_A_Hand(0);                      //绘制秒针
121     Repaint_A_Hand(1);                      //绘制分针
122     Repaint_A_Hand(2);                      //绘制时针
123 }
124
125 //-----------------------------------------------------------------
126 // 主程序
127 //-----------------------------------------------------------------
128 int main()
129 {
130     DDRA = 0x00; PORTA = 0xFF;              //配置端口
131     DDRB = 0xFF;
132     DDRC = 0xFF;
133     DDRD = 0xFF & ~_BV(PD2); PORTD |= _BV(PD2);
134     TCCR0 = 0x05;                           //预分频:1024
135     TCNT0 = 256 - F_CPU / 1024.0 * 0.05;    //晶振 4 MHz,0.05 s 定时
136     TIMSK = 0x01;                           //使能 T0 中断
137     MCUCR = 0x02;                           //INT0 为下降沿触发
138     GICR  = 0x40;                           //INT0 中断使能
139     LCD_Initialise();                       //初始化 LCD
140     Set_LCD_POS(0,0);  cls();               //从 LCD 左上角开始清屏
141     Clock_Plate();                          //绘制时钟面板
142     sei();                                  //使能中断
```

```c
143         while(1)
144         {
145             //如果未执行调节操作则正常读取当前时间
146             if (Adjust_Index == -1) GetDateTime(); else _delay_ms(1000);
147         }
148     }
149
150     //------------------------------------------------------------
151     // T0 定时器刷新 LCD 时间显示
152     //------------------------------------------------------------
153     ISR (TIMER0_OVF_vect)
154     {
155         TCNT0 = 256 - F_CPU / 1024.0 * 0.05;              //恢复 T0 定时初值
156         //定时器不能每秒显示一次 DS1302 时钟,因为定时器程序自身执行需要时间
157         //每秒刷新显示时间时会出现掉秒现象,例如显示了 12:09:04 后出现 12:09:06
158         //因此需要在 1 s 内显示时间,但这样又可能取到相同时间,如果遇到相同时间
159         //时仍在 LCD 上刷新指针,这时会出现抖动感
160         //下面的语句使程序仅在取得的时间变化时才刷新显示,否则返回
161         if ( DateTime[0] == TimeBack[0] &&
162              DateTime[1] == TimeBack[1] &&
163              DateTime[2] == TimeBack[2] ) return;
164
165         Display_HMS_Hand();                 //显示当前时间指针
166         ShowDigitTime();                    //同时显示数字式时间
167     }
168
169     //------------------------------------------------------------
170     // 键盘中断(INT0)
171     //------------------------------------------------------------
172     ISR (INT0_vect)
173     {
174         if (K1_ON())//选择调节对象
175         {
176             if ( Adjust_Index == -1 || Adjust_Index == 0) Adjust_Index = 3;
177             Adjust_Index -- ;//在 2,1,0 中循环选择,对应调节时,分,秒
178             //在数字时钟 XX:XX:XX 下对应位置显示横线,标识当前调节对象
179             if      (Adjust_Index == 2) Display_Str_at_xy(64,34," --      ");
180             else if (Adjust_Index == 1) Display_Str_at_xy(64,34,"    --   ");
181             else if (Adjust_Index == 0) Display_Str_at_xy(64,34,"       --");
182         }
183         else if (K2_ON() && Adjust_Index != -1)    //调整(递增,溢出时回 0 继续)
184         {
185             if      (Adjust_Index == 2) DateTime[2] = (DateTime[2] + 1) % 24;//时
```

```c
186             else if (Adjust_Index == 1) DateTime[1] = (DateTime[1] + 1) % 60;//分
187             else if (Adjust_Index == 0) DateTime[0] = (DateTime[0] + 1) % 60;//秒
188         }
189         else if (K3_ON() && Adjust_Index != -1)          //确定
190         {
191             SetDateTime();                               //将调节后的时间写入 DS1302
192             Display_Str_at_xy(64,34,"    ");             //擦除标识调节对象的横线
193             Adjust_Index = -1;                           //操作索引重设为-1,时间继续正常显示
194         }
195         else if (K4_ON() && Adjust_Index != -1)          //取消
196         {
197             Display_Str_at_xy(64,34,"    ");
198             Adjust_Index = -1;
199         }
200 }


001 //----------------------------DS1302.c----------------------------
002 //   DS1302 实时时钟程序
003 //----------------------------------------------------------------
004 #include <avr/io.h>
005 #include <string.h>
006 #include <util/delay.h>
007 #define INT8U   unsigned char
008 #define INT16U  unsigned int
009
010 //DS1302引脚定义
011 #define IO   PB0
012 #define SCLK PB1
013 #define RST  PB2
014 //DS1302接口数据方向
015 #define DDR_IO_RD() DDRB &= ~_BV(IO)
016 #define DDR_IO_WR() DDRB |=  _BV(IO)
017 //DS1302控制引脚操作定义
018 #define WR_IO_0() (PORTB &= ~_BV(IO))     //DS1302 IO线(W/R)
019 #define WR_IO_1() (PORTB |=  _BV(IO))
020 #define RD_IO()   ( PINB &  _BV(IO))
021 #define SCLK_1()  (PORTB |=  _BV(SCLK))   //DS1302 时钟线
022 #define SCLK_0()  (PORTB &= ~_BV(SCLK))
023 #define RST_1()   (PORTB |=  _BV(RST))    //DS1302 复位线
024 #define RST_0()   (PORTB &= ~_BV(RST))
025
026 //星期字符串表(本例未使用)
027 char * WEEK[] = {"SUN","MON","TUS","WEN","THU","FRI","SAT"};
```

```c
028    //所读取的日期时间
029    INT8U DateTime[7];
030    //-----------------------------------------------------------------
031    // 向 DS1302 写入 1 字节
032    //-----------------------------------------------------------------
033    void Write_Byte_TO_DS1302(INT8U x)
034    {
035        INT8U i;
036        DDR_IO_WR();                                        //写 DS1302 I/O 口
037        for(i = 0x01; i != 0x00 ; i <<= 1)                  //写 1 字节(上升沿写入)
038        {
039            if (x & i) WR_IO_1(); else WR_IO_0(); SCLK_0();SCLK_1();
040        }
041    }
042
043    //-----------------------------------------------------------------
044    // 从 DS1302 读取 1 字节
045    //-----------------------------------------------------------------
046    INT8U Get_Byte_FROM_DS1302()
047    {
048        INT8U i,dat = 0x00;
049        DDR_IO_RD();                                        //读 DS1302 I/O 口
050        for(i = 0; i < 8 ; i++)                             //串行读取 1 字节(下降沿读取)
051        {
052            SCLK_1(); SCLK_0();if (RD_IO()) dat |= _BV(i);
053        }
054        return dat / 16 * 10 + dat % 16;                    //将 BCD 码转换为十进制数并返回
055    }
056
057    //-----------------------------------------------------------------
058    // 从 DS1302 指定位置读数据
059    //-----------------------------------------------------------------
060    INT8U Read_Data(INT8U addr)
061    {
062        INT8U dat;
063        RST_1();                                            //将 RST 拉高
064        Write_Byte_TO_DS1302(addr);                         //向 DS1302 写地址
065        dat = Get_Byte_FROM_DS1302();                       //从指定地址读字节
066        RST_0();                                            //将 RST 拉低
067        return dat;
068    }
069
070    //-----------------------------------------------------------------
```

```c
071    // 向 DS1302 指定地址写数据
072    //------------------------------------------------------------
073    void Write_DS1302(INT8U addr,INT8U dat)
074    {
075        RST_1();
076        Write_Byte_TO_DS1302(addr);        //写地址
077        Write_Byte_TO_DS1302(dat);         //写数据
078        RST_0();
079    }
080
081    //------------------------------------------------------------
082    // 读取当前日期时间
083    //------------------------------------------------------------
084    void GetDateTime()
085    {
086        INT8U i,addr = 0x81;               //从读秒地址 0x81 开始
087        for(i = 0; i < 7; i++)             //依次读取 7 字节(秒、分、时、日、月、周、年)
088        {
089            DateTime[i] = Read_Data(addr);
090            addr += 2;                     //读日期时间地址依次为 0x81、0x83、0x85...
091        }
092    }
093
094    //------------------------------------------------------------
095    // 设置时间(本例仅设置时/分/秒)
096    //------------------------------------------------------------
097    void SetDateTime()
098    {
099        INT8U i;
100        Write_DS1302(0x8E,0x00);           //写控制字节,取消写保护
101        for(i = 0; i < 3 ; i++)            //因本例仅写入秒分时,故只需 3 次循环
102        {
103            //秒的起始地址 10000000(0x80),
104            //后续依次是分,时,日,月,周,年,写入地址每次递增 2
105            //两位的十进制日期时间数据要转换为 BCD 码后再写入
106            Write_DS1302(0x80 + 2 * i, (DateTime[i]/10<<4) | (DateTime[i] % 10));
107        }
108        Write_DS1302(0x8E,0x80);           //加保护
109    }
```

5.9 高仿真数码管电子钟

本例运行时,数码管将高仿真显示当前时间,案例中时钟调节部分添加了 12/24 小时制调

节,出现了 AM/PM 显示等。本例电路及部分运行效果如图 5-9 所示,电路中仅添加了部分作显示驱动的 74LS244 芯片,剩余部分可自行添加。

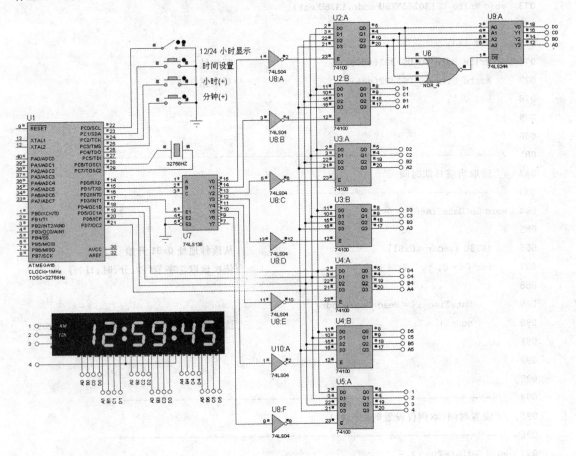

图 5-9 高仿真数码管电子钟

1. 程序设计与调试

本例用 Proteus 提供的电子钟组件实现了高度仿真的显示效果,电子钟显示屏由矩形外框与 3 类时钟仿真组件组成,它们分别是:

① 6 只七段 BCD 码数码管组件(7SEG),向数码管 4 只引脚输入 0000~1001 时可分别显示 0~9,程序中不需要编写段码表。

② 时分秒数字之间的分隔冒号(Colon)组件(":",CLKCOL),该组件仅有一只引脚,高电平时":"点亮,反之则关闭。

③ 一块时钟指示(Indicator)组件(CLKIND),该组件的显示信息分为 3 行,由上到下分别是(AM/PM)、(12/24)、(SET)。对于(12/24),在低电平时(12)点亮,反之则(24)点亮;在(12)点亮时,如果(AM/PM)为低电平则(AM)点亮,反之则(PM)点亮;如果(12/24)为高电平,(24)被点亮,这时对(AM/PM)的控制将被禁止,无论(AM/PM)引脚为高电平还是低电平,(AM/PM)都会被关闭显示。当(SET)引脚为高电平时(SET)被点亮,它指示系统进入设置状态,反之则(SET)被关闭显示,时钟重新处于正常显示状态。该组件的 3 只引脚都不允许悬空。

本例时钟由工作于异步模式的 T/C2 溢出中断控制运行,每隔 0.5 s 时":"关显示,每隔 1 s 时秒数增加,":"开显示。时钟的完整显示由函数 Display_Time()控制完成,函数中的主要语句如下:

```
for(i = 0; i < 7; i++)
{
    PORTD = (disp_Buffer[i] << 4) | i | _BV(E1_74LS138);    _delay_ms(2);
    PORTD &= ~_BV(E1_74LS138);                               _delay_ms(2);
}
```

该函数每次发送 7 字节数据,前 6 字节为时/分/秒的 BCD 码(各 2 位),第 7 字节是指示屏及":"号的控制码,disp_Buffer 数组中各字节的高 4 位无用,BCD 码或指示屏及":"控制码都在字节的低 4 位中。每一字节的发送与显示分两步完成:

① PD 端口高 4 位发送某位数码管 BCD 码或指示屏控制码,对 disp_Buffer[i]要左移 4 位,这 4 位将直接到达所有 7 片 74100 的 D 端,PD 端口低 3 位则向 3-8 译码器输入编码 i,取值为 000~110(本例未使用 111),在发送高 4 位与低 3 位的同时,该行还通过或 _BV(E1_74LS138)将 3-8 译器的 E1 置高电平,开译码器,7 片 74100 中的第 i 片被选通,待显示数据被正常输出。

② 2 ms 后关 3-8 译码器,之所以要关闭译码器是因为发送下一数据时,由于高 4 位先到达 74100 的 D 端,而译码器对当前第 x 片 74100 的选通是滞后的,这时本来是由第 x 片 74100 输出的编码会先由上次仍处于选通状态的第 $x-1$ 片 74100 输出,然后又很快转而由第 x 片 74100 输出,这样显然会导致数码管的显示异常。

设计 Display_Time()函数时,颠倒上述 for 循环中两行语句的先后位置,程序同样能得到正常的运行效果。

2. 实训要求

① 将电路中的"SET"开关改成按键,重新设计本例,在按下设置键后开始调整 12/24 及时/分/秒数据,再次按下"SET"键时确认设置。如果调节后超过 20 s 仍没有再按下设置键确认,则系统能取消当前设置,时钟恢复原来的状态继续运行。

② 本例用工作于异步模式的 T/C2 控制时钟运行,完成本例调试后,将 32768 Hz 晶振改接到 DS1302 时钟芯片,仍完成上面的实训要求。

3. 源程序代码

```
001 //-------------------------------------------------------------
002 // 名称:高度仿真的可调式数码管电子钟
003 //-------------------------------------------------------------
004 // 说明:本例在 Proteus 中选用了高度仿真的电子钟元器件,并添加了
005 //       时分调整功能,冒号闪烁显示,AM/PM 切换,12/24 小时制选择等
006 //
007 //-------------------------------------------------------------
008 #define F_CPU 4000000UL
009 #include <avr/io.h>
```

```c
010  #include <avr/interrupt.h>
011  #include <util/delay.h>
012  #define INT8U   unsigned char
013  #define INT16U  unsigned int
014
015  //时钟设置开关及按键
016  #define S1_ON()    ((PINC & _BV(PC0)) == 0x00)   //设置
017  #define K2_DOWN()  ((PINC & _BV(PC1)) == 0x00)   //12/24 小时
018  #define K3_DOWN()  ((PINC & _BV(PC2)) == 0x00)   //小时加
019  #define K4_DOWN()  ((PINC & _BV(PC3)) == 0x00)   //分钟加
020
021  //时钟指示组件控制引脚定义(不要误定义为1,2,3,4)
022  #define CLK_AM_PM   0     //AM/PM 切换
023  #define CLK_12_24   1     //12/24 小时制切换
024  #define CLK_SET     2     //SET 指示切换
025  #define CLK_COL     3     //冒号显示切换
026
027  //3-8 译码器使能控制引脚定义
028  #define E1_74LS138 PD3
029
030  //当前时间(时:分:秒)(本例设为 12:59:40,这样可便于快速观察到切换效果)
031  INT8U current_Time[] = {12,59,40};
032  //时分秒显示缓冲(各占2位,共6字节),
033  //第 7 个字节 0x00 控制(AM/PM),(12/24),(SET)及":"显示.
034  //该字节低 4 位的对应关系是 XXXX-0(:)0(AM/PM)0(12/24)0(SET)
035  //这与上述的 4 个 #define 对应,0x00 默认设置 AM,12,非 SET
036  INT8U disp_Buffer[] = {0,0,0,0,0,0,0x00};
037
038  //本例函数申明
039  void Add_Hour();                //+ 小时
040  void Add_Miniute();             //+ 分钟
041  void Refresh_Disp_Buffer();     //刷新显示缓冲
042  void Display_Time();            //显示时钟(包括指示屏及":")
043  void Adjust_and_Set_Clock();    //调节与设置时钟
044  //-----------------------------------------------------------
045  // 根据当前时间刷新时分秒显示缓冲
046  //-----------------------------------------------------------
047  void Refresh_Disp_Buffer()
048  {
049      INT8U i;
050      //刷新显示缓冲,将 current_Time 数组中的时/分/秒 3 个数分解为 6 个数位
051      for (i = 0; i < 3 ; i++)
052      {
```

```
053            disp_Buffer[2 * i]     = current_Time[i] / 10;
054            disp_Buffer[2 * i + 1] = current_Time[i] % 10;
055        }
056    }
057
058    //------------------------------------------------------------
059    // 加时
060    //------------------------------------------------------------
061    void Add_Hour()
062    {
063        ++ current_Time[0];                           //小时数累加
064        //如果是12小时制且当前超过12小时,小时数归1,AM/PM标志通过异或(^)运算取反
065        if ( (disp_Buffer[6] & _BV(CLK_12_24)) == 0x00 && current_Time[0] > 12 )
066        {
067            current_Time[0] = 1;
068            disp_Buffer[6] ^= _BV(CLK_AM_PM);
069        }
070        else //如果是24小时制且到达24小时则小时数归0,AM/PM标志不作处理
071        if ( (disp_Buffer[6] & _BV(CLK_12_24)) != 0x00 && current_Time[0] == 24 )
072        {
073            current_Time[0] = 0;
074        }
075    }
076
077    //------------------------------------------------------------
078    // 加分
079    //------------------------------------------------------------
080    void Add_Miniute()
081    {
082        ++ current_Time[1];                           //分钟数累加
083        if (current_Time[1] == 60)                    //满60时归0,小时递增
084        {
085            current_Time[1] = 0; Add_Hour();
086        }
087    }
088
089    //------------------------------------------------------------
090    // 显示时间
091    //------------------------------------------------------------
092    void Display_Time()
093    {
094        INT8U i;
095        //循环显示时钟显示屏的7位数据,前6个是时/分/秒,各2位
```

```c
096         //最后一字节用于控制指示屏及":"开关
097         for (i=0; i<7 ;i++)
098         {
099             //PD端口高4位发送显示屏BCD码或指示屏控制码:disp_Buffer[i],
100             //这4位将直接到达所有7片74100的D端.
101             //低3位则向3-8译码器输入编码i,取值为000～110(本例未使用111),
102             //在组合发送高4位与低3位的同时开译码器:_BV(E1_74LS138)
103             //选通7片74100中的一片
104             PORTD = (disp_Buffer[i] << 4) | i | _BV(E1_74LS138); _delay_ms(2);
105             //2ms后关3-8译码器,禁止所有74100
106             PORTD &= ~_BV(E1_74LS138);                           _delay_ms(2);
107         }
108     }
109
110     //------------------------------------------------------------
111     // 处理12/24小时制按键切换后的数据变更及AM/PM显示开关
112     //------------------------------------------------------------
113     void Handle_12_24_and_AM_PM_Switch()
114     {
115         //处理24小时制下的数据变更等问题-----------------------------
116         if ( disp_Buffer[6] & _BV(CLK_12_24) )
117         {
118             //如果切换到24小时模式时PM是点亮的,这里时应对12.PM以内的数加12
119             if ( disp_Buffer[6] & _BV(CLK_AM_PM) )
120             {
121                 if (current_Time[0] != 12) current_Time[0] += 12;
122             }
123             else if ( current_Time[0] == 12 ) //如果是12.AM则将其转换为0点
124                      current_Time[0] = 0;
125         }
126         else //处理12小时制下的数据变更及AM/PM开关问题----------------
127         {
128             //如果遇到24小时模式下的值则转换为12小时模式下的值
129             //1. 0～11........
130             if ( current_Time[0] >= 0 && current_Time[0] <= 11 )
131             {
132                 if (current_Time[0] == 0) current_Time[0] = 12;//0点转换为12.AM
133                 disp_Buffer[6] &= ~_BV(CLK_AM_PM);       //点亮AM(0～12)
134             }
135             //2. 12～23........
136             else
137             if ( current_Time[0] >= 12 && current_Time[0] < 24 )
138             {
```

```c
139             //对PM范围内的时间减12
140             if (current_Time[0] > 12) current_Time[0] -= 12;
141             disp_Buffer[6] |= _BV(CLK_AM_PM);           //点亮PM
142         }
143     }
144 }
145
146 //-----------------------------------------------------------------
147 // 时钟调整与设置
148 //-----------------------------------------------------------------
149 void Adjust_and_Set_Clock()
150 {
151     if ( !S1_ON() ) return;  //如果K1按下则进入设置状态(SET),否则返回
152
153     TIMSK = 0x00;                //禁止定时器中断,时钟停止运行,进入设置状态
154     disp_Buffer[6] |= _BV(CLK_SET);      //点亮SET
155
156     while (S1_ON())      //K1未释放时保持在设置状态
157     {
158         if (K2_DOWN())  //设置12/24小时制--------------------------
159         {
160             disp_Buffer[6] ^= _BV(CLK_12_24);        //切换12/24显示标志
161             Handle_12_24_and_AM_PM_Switch();         //处理切换后的小时变更及AM/PM开关
162             _delay_ms(50);
163         }
164
165         if (K3_DOWN())  //加小时-----------------------------------
166         {
167             //Add_Hour函数在递增小时后还要处理12/24越界问题及切换AM/PM开关
168             _delay_ms(50); Add_Hour();
169         }
170
171         if (K4_DOWN())  //加分钟-----------------------------------
172         {
173             //因为加分钟的函数不影响小时进位,故单独增加,不调用函数Add_Miniute()
174             _delay_ms(50); if ( ++ current_Time[1] == 60) current_Time[1] = 0;
175         }
176         //刷新显示缓冲并显示当前时钟---------------------------------
177         Refresh_Disp_Buffer(); Display_Time();
178     }
179
180     //允许定时器中断,退出设置状态,时钟继续正常运行
181     TIMSK = _BV(TOIE2);
```

```c
182         disp_Buffer[6] &= ~_BV(CLK_SET);                    //关闭 SET
183 }
184
185 //-----------------------------------------------------------------
186 // 主程序
187 //-----------------------------------------------------------------
188 int main()
189 {
190     DDRC = 0x00; PORTC = 0xFF;                              //配置端口
191     DDRD = 0xFF;
192     ASSR = 0x08;                                            //异步时钟使能
193     TCCR2 = 0x04;                                           //预设分频:64,32 768 Hz/64 = 512 Hz
194     TCNT2 = 0;                                              //T2 计时初值
195     TIMSK = _BV(TOIE2);                                     //允许 T2 定时器中断
196     sei();                                                  //开中断
197     while (1)
198     {
199         Adjust_and_Set_Clock();                             //检测按键,调整与设置时钟
200     }
201 }
202
203 //-----------------------------------------------------------------
204 // T/C2 溢出中断控制时钟运行
205 //-----------------------------------------------------------------
206 ISR (TIMER2_OVF_vect )
207 {
208     static INT8U tCount = 0;
209     //由于 TCNT2 溢出时自动归 0,因此不需要在中断函数中重装初值
210     //TCNT0 = 0;
211     //T2 时钟被分频为 512 Hz,TCNT0 由 0 计数到 256 时溢出,故每 0.5 s 中断一次
212     //每 0.5 s":"关闭显示
213     disp_Buffer[6] &= ~_BV(CLK_COL);
214     //每 0.5 s×2 = 1 s 刷新显示缓冲,并显示":"
215     if ( ++tCount == 2)
216     {
217         tCount = 0;
218         //每 1 s 闪烁 LED(:)打开
219         disp_Buffer[6] |= _BV(CLK_COL);
220         //秒递增,满 60 时归 0,并调用分钟递增函数
221         if ( ++current_Time[2] == 60)
222         {
223             current_Time[2] = 0; Add_Miniute();
224         }
```

```
225            //刷新时分秒显示缓冲
226            Refresh_Disp_Buffer();
227        }
228        //显示时间(含":"等信息的显示)
229        Display_Time();
230    }
```

5.10 1602 LCD 显示的秒表

本例运行时,利用 K1 按键可实现两段计时功能(1→2,3→4),计时精度为 1/100 s,K2 按键用于清零。本例电路及部分运行效果如图 5-10 所示。

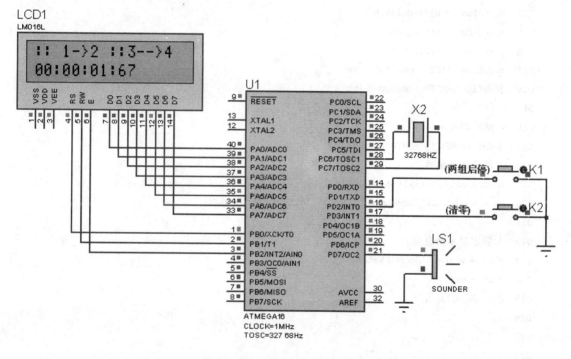

图 5-10 1602 LCD 显示的秒表

1. 程序设计与调试

本例驱动计时的 T/C2 与上一案例一样,仍工作于异步时钟模式。学习调试本例时,重点在于掌握在 K1 按键上集中 4 项不同功能的程序设计方法及 1/100 秒/秒/分/时的计时控制及显示控制。有关本例的程序设计技术已经在其他案例中讨论过了,相关细节可自行阅读分析,这里不再赘述。

2. 实训要求

① 重新设计本例,使液晶屏工作于 4 位模式,仍实现本例设定的功能。
② 删除 32768 Hz 晶振,T/C2 使用 1 分频的系统时钟,仍实现本例设定的功能。
③ 在本例电路中添加 24C04,系统能将计时值逐次保存到 24C04 中,能翻页查看历史记

录,还能将所有历史记录清除。

3. 源程序代码

```
001  //------------------------------------------------------------
002  //  名称:用1602 LCD设计的秒表
003  //------------------------------------------------------------
004  //  功能:首次按下K1时开始计时,再次按下时暂停,第3次按下时继续
005  //        累加计时,再按下时停止计时。K2用来清零秒表
006  //
007  //------------------------------------------------------------
008  #include <avr/io.h>
009  #include <avr/interrupt.h>
010  #include <util/delay.h>
011  #include <string.h>
012  #include <stdio.h>
013  #define INT8U    unsigned char
014  #define INT16U   unsigned int
015
016  //蜂鸣器定义
017  #define BEEP() PORTD ^= _BV(PD7)
018  //液晶相关函数
019  extern void Initialize_LCD();
020  extern void LCD_ShowString(INT8U x, INT8U y,char * str);
021
022  //固定显示消息串
023  char  * msg1 = {"Second Watch   0 "};
024  char  * msg2 = {" -- -- >>>>          "};
025  char  Prompts[][16] =
026  {
027      {"::1 -- -- >         "},
028      {"::1 -- -- > ::2     "},
029      {"::1->2 ::3 -- >     "},
030      {"::1->2 ::3 -->4 "}
031  };
032  //时、分、秒、百分秒计时缓冲与显示缓冲
033  INT8U Time_Buffer[]       = {0,0,0,0};
034  char  LCD_Display_Buffer[] = {"00:00:00:00"};
035  //Key_func_NO用于在一个按钮上区分4种不同操作(取值限于0、1、2、3)
036  volatile INT8U Key_func_NO = 0xFF;
037  //------------------------------------------------------------
038  // 蜂鸣器声音输出
039  //------------------------------------------------------------
040  void Sounder()
```

```
041    {
042        INT8U i;
043        for(i = 0;i < 150;i ++)
044        {
045            BEEP(); _delay_us(300);
046        }
047    }
048
049    //----------------------------------------------------------------
050    // T2 中断控制计时
051    //----------------------------------------------------------------
052    ISR(TIMER2_OVF_vect)
053    {
054        TCNT2 = -(INT8U)(4096 * 0.01 + 0.5);//T2 计时初值:0.01 s
055        Time_Buffer[0] ++ ;
056        if(Time_Buffer[0] == 100)            //1/100 s
057        {
058            Time_Buffer[0] = 0;
059            Time_Buffer[1] ++ ;
060        }
061        if(Time_Buffer[1] == 60)             //秒
062        {
063            Time_Buffer[1] = 0;
064            Time_Buffer[2] ++ ;
065        }
066        if(Time_Buffer[2] == 60)             //分
067        {
068            Time_Buffer[2] = 0;
069            Time_Buffer[3] ++ ;
070        }
071        if(Time_Buffer[3] == 24)             //时
072            Time_Buffer[3] = 0;
073        //按指定格式生成显示字符串
074        sprintf(LCD_Display_Buffer," %02d: %02d: %02d: %02d",
075          Time_Buffer[3],Time_Buffer[2],Time_Buffer[1],Time_Buffer[0]);
076        //显示时/分/秒/0.01 s
077        LCD_ShowString(0,1,LCD_Display_Buffer);
078    }
079
080    //----------------------------------------------------------------
081    // 主函数
082    //----------------------------------------------------------------
083    int main()
```

```
084    {
085        DDRA = 0xFF;                              //配置端口
086        DDRB = 0xFF;
087        DDRD = 0x00; PORTD = 0xFF;                //(外部中断输入,内部上拉)
088        ASSR = 0x08;                              //异步时钟使能
089        TCCR2 = 0x02;                             //预设分频:8,32768 Hz/8 = 4096 Hz
090        TCNT2 = -(INT8U)(4096 * 0.01 + 0.5);      //T2 计时初值 0.01 s( + 0.5 可将 40.96 进位为 41)
091        MCUCR = 0x0A;                             //INT0,INT1 中断下降沿触发
092        GICR   = 0xC0;                            //INT0,INT1 中断许可
093        sei();                                    //开中断
094        Initialize_LCD();                         //初始化 LCD
095        LCD_ShowString(0,0,msg1);                 //显示两行提示信息
096        LCD_ShowString(0,1,msg2);
097        while(1);
098    }
099
100    //-----------------------------------------------------------------
101    // INT0 中断服务程序(区分 4 档按键:0、2 为启动或继续,1、3 为暂停或停止)
102    //-----------------------------------------------------------------
103    ISR(INT0_vect)
104    {
105        //按键功能号变量 Key_func_NO 取值限制于 0、1、2、3
106        if (Key_func_NO == 3) return;
107        switch ( ++ Key_func_NO)
108        {
109            case 0:
110            case 2: TIMSK = _BV(TOIE2);           //0、2 启动/继续
111                    LCD_ShowString(0,0,Prompts[Key_func_NO]);
112                    break;
113            case 1:
114            case 3: TIMSK = 0x00;                 //1、3 暂停/停止
115                    LCD_ShowString(0,0,Prompts[Key_func_NO]);
116                    break;
117        }
118        Sounder();                                //输出提示音
119    }
120
121    //-----------------------------------------------------------------
122    // INT1 中断服务程序
123    //-----------------------------------------------------------------
124    ISR(INT1_vect)
125    {
126        INT8U i;
```

```
127         TIMSK = 0x00;                           //禁止定时器溢出中断,计时停止
128         Key_func_NO = 0xFF;                     //清除按键功能号
129         for(i = 0;i < 4; i++) Time_Buffer[i] = 0;  //清零计时缓冲
130         LCD_ShowString(0,0,msg1);               //显示固定提示信息串 msg1、msg2
131         LCD_ShowString(0,1,msg2);
132         Sounder();                              //输出提示音
133    }
```

5.11 用 DS18B20 与 MAX6951 驱动数码管设计的温度报警器

本例的温度数据用 MAX6951 驱动 6 位分立式数码管显示,在所显示的温度超过报警范围时,系统将输出报警声音,对应的报警指示灯将持续闪烁。本例电路及部分运行效果如图 5 - 11 所示。

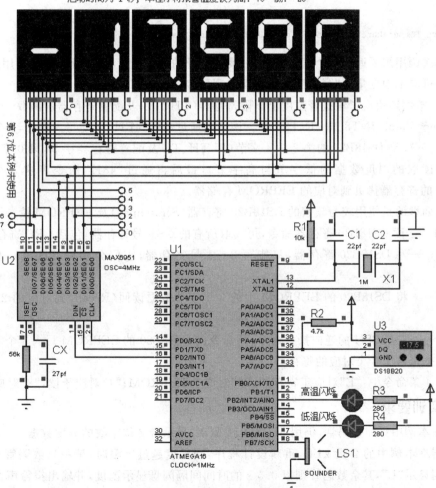

图 5 - 11 用 DS18B20 与 MAX6951 驱动数码管设计的温度报警器

单片机 C 语言程序设计实训 100 例——基于 AVR＋Proteus 仿真

1. 程序设计与调试

通过本例设计与调试,可进一步提高应用系统开发中多项功能的整合设计能力。

第 4 章中有关案例已经讨论过数码管驱动器 MAX6951 的应用,本例中该驱动器工作于全部不解码模式,程序中编写了各数字的段码表,要注意 MAX6951 使用的段码表不同于直接驱动时所使用的段码表。

另外,本例为了从 DS18B20 读取温度后,将温度符号、温度整数部分及小数部分分别独立返回,程序中提供了函数:

void Convert_Temperature(INT8 * sign, INT8U * iTemp, INT8U * fTemp)

该函数的 3 个参数分别是 1 个 INT8 * 和 2 个 INT8U * 类型,其中符号参数 sign 返回值为 1 或 -1,分别表示正温度或负温度,后 2 个参数 iTemp 与 fTemp 返回温度整数部分和小数部分。

本例程序中的温度显示与报警启停控制函数 Temp_display_and_alarm() 在调用该函数时,对于参数传递的 2 种方式:传值与传址,该函数给出的 3 个参数全部为传址,调用语句如下:

Convert_Temperature(&i_sign, &i_curr_Temp, &f_curr_Temp);

当某次调用需要返回多个值时,可通过使用传址的方法设计与调用函数,被调用函数通过指针变量可向本地变量中"写入"数据,从而实现了多值"返回"。

另外,本例还给出了写报警温度上下限寄存器(TH、TL)及配置寄存器的函数——Set_Alarm_Temp_Value(INT8 ha, INT8 la)。该函数通过命令"4EH"启动写入操作,共写入 3 个字节,它们依次是 DS18B20 的第 2、3、4 字节(即 TH、TL 及配置寄存器字节,第 0 字节与第 1 字节是待读取的温度数据的低字节与高字节),最后再通过"48H"命令将这 3 个字节由 DS18B20 的寄存器拷贝到对应的 EEPROM 存储器。

下面列举的是使用较为频繁的 DS18B20 寄存器(Scratchpad)及 EEPROM 读/写命令:

BEH——读 DS18B20 寄存器命令,可读取所有的 0~8 号寄存器,包括 CRC 寄存器。

4EH——写 DS18B20 寄存器,只能写 2~4 号寄存器,它们分别是 TH、TL 及配置寄存器。

B8H——将 DS18B20 的 EEPROM 中的 3 个字节数据读回(Recall)到对应的 2~4 号寄存器。

48H——它是 B8H 的逆向操作命令,该命令向 DS18B20 的 EEPROM 写入 3 个字节,这 3 个字节数据来自于 3 个对应的寄存器。

上述 4 条命令中:"E"对应于寄存器,"8"对应于 EEPROM;"4"对应于读,"8"对应于写。

2. 实训要求

① 在本例中添加数码管,仍用 MAX6951 驱动,显示带 2 位小数的温度数据。

② 删除本例中的 2 只 LED,重新设计程序:当温度越过上限时,第一只数码管稳定显示"H",否则显示"L",其余数码管则以 0.5 s 的时间间隔闪烁显示温度,并输出报警声音。

3. 源程序代码

```
001  //---------------------------- main.c ----------------------------
```

```c
002   //  名称：用数码管与 DS18B20 设计温度报警器
003   //------------------------------------------------------------
004   //  说明：本例将报警温度设为高：70，低：-20，当 DS18B20 感知到温度达到此
005   //        临界值时相应的 LED 闪烁，同时系统发出报警声
006   //
007   //------------------------------------------------------------
008   #define F_CPU 1000000UL
009   #include <avr/io.h>
010   #include <avr/interrupt.h>
011   #include <util/delay.h>
012   #define INT8      signed   char
013   #define INT8U     unsigned char
014   #define INT16U    unsigned int
015
016   //双色自闪烁 LED 及蜂鸣器定义
017   #define HI_BI_LED_ON()     PORTB &= ~_BV(PB2)
018   #define HI_BI_LED_OFF()    PORTB |=  _BV(PB2)
019   #define LO_BI_LED_ON()     PORTB &= ~_BV(PB5)
020   #define LO_BI_LED_OFF()    PORTB |=  _BV(PB5)
021   #define BEEP_0()           PORTB &= ~_BV(PB7)
022   #define BEEP_1()           PORTB |=  _BV(PB7)
023
024   //DS18B20 相关函数与变量
025   extern void Read_Temperature();
026   extern void Set_Alarm_Temp_Value();
027   extern void Convert_Temperature(INT8 * sign,INT8U * iTemp,INT8U * fTemp);
028   extern INT8U DS18B20_ERROR;
029   extern INT8   Alarm_Temp_HL[2];
030
031   //MAX695X 引脚操作定义
032   #define CLK_1() PORTD |=  _BV(PD0)
033   #define CLK_0() PORTD &= ~_BV(PD0)
034   #define CS_1()  PORTD |=  _BV(PD1)
035   #define CS_0()  PORTD &= ~_BV(PD1)
036   #define DIN_1() PORTD |=  _BV(PD2)
037   #define DIN_0() PORTD &= ~_BV(PD2)
038
039   //在非解码模式下 MAX6950/1 对应的段码表，此表不同于直接驱动时所使用的段码表
040   //原来的各段顺序是：    DP、G、F、E、D、C、B、A
041   //用 MAX6950/1 驱动顺序:DP、A、B、C、D、E、F、G
042   //除小数点位未改变外，其他位是逆向排列的
043   //下表中最后一位为黑屏
044   const INT8U SEG_CODE_695X[] =
```

```
045         {0x7E,0x30,0x6D,0x79,0x33,0x5B,0x5F,0x70,0x7F,0x7B,0x00};
046    //报警标志
047    INT8U HI_Alarm = 0, LO_Alarm = 0;
048    //待显示的各温度数位,显示格式:-XX.X℃ / XXX.X℃ (-55.0 ~ 125.0)
049    INT8U Temp_Display_Buffer[] = {0x00,0x00,0x00,0x00,0x63,0x4E};
050    //------------------------------------------------------------
051    // 向 MAX695X 写数据
052    //------------------------------------------------------------
053    void Write(INT8U Addr,INT8U Dat)
054    {
055         INT8U i;
056         CS_0();
057         for(i = 0; i < 8; i ++)              //串行写入 8 位地址 Addr
058         {
059            CLK_0(); if (Addr & 0x80) DIN_1(); else DIN_0();
060            CLK_1(); _delay_us(20);
061            Addr <<= 1;
062         }
063         for(i = 0; i < 8; i ++)              //串行写入 8 位数据 Dat
064         {
065            CLK_0(); if (Dat & 0x80)  DIN_1(); else DIN_0();
066            CLK_1(); _delay_us(20);
067            Dat <<= 1;
068         }
069         CS_1();
070    }
071
072    //------------------------------------------------------------
073    // MAX695X 初始化
074    //------------------------------------------------------------
075    void Init_MAX695X()
076    {
077         Write(0x02,0x07);                    //设置亮度:中等亮度
078         Write(0x03,0x05);                    //扫描所有数码管
079         Write(0x04,0x01);                    //非关断 0x01;关断 0x00
080    }
081
082    //------------------------------------------------------------
083    // 温度显示,报警启停控制
084    //------------------------------------------------------------
085    void Temp_display_and_alarm()
086    {
087         INT8  i_sign;                        //温度符号(1 为正,-1 为负),注意类型为 INT8
```

```
088    INT8U i_curr_Temp;                    //无符号的整数部分
089    INT8U f_curr_Temp;                    //无符号的小数部分
090    INT8U i;
091    //将2字节的温度数据转换为有符号的整数部分和无符号的小数部分
092    Convert_Temperature(&i_sign, &i_curr_Temp, &f_curr_Temp);
093    Temp_Display_Buffer[3] = SEG_CODE_695X[f_curr_Temp];//小数段码
094
095    //将整数部分分解为3位待显示数字
096    Temp_Display_Buffer[0] = i_curr_Temp / 100;           //百位
097    Temp_Display_Buffer[1] = i_curr_Temp % 100 / 10;      //十位
098    Temp_Display_Buffer[2] = i_curr_Temp % 10;            //个位
099    if(Temp_Display_Buffer[0] == 0)                       //高位为0则不显示
100    {
101       Temp_Display_Buffer[0] = 10;
102       if(Temp_Display_Buffer[1] == 0)                    //高位为0且次高也为0时
103          Temp_Display_Buffer[1] = 10;                    //该位同样不显示
104    }
105    //得到整数部分的段码(最后一位整数加小数点)
106    Temp_Display_Buffer[0] = SEG_CODE_695X[Temp_Display_Buffer[0]];
107    Temp_Display_Buffer[1] = SEG_CODE_695X[Temp_Display_Buffer[1]];
108    Temp_Display_Buffer[2] = SEG_CODE_695X[Temp_Display_Buffer[2]] | 0x80;
109    //负符号显示
110    if (i_sign == -1)
111    {
112       if (i_curr_Temp >= 10) Temp_Display_Buffer[0] = 0x01;//两位前加"-"
113       else                   Temp_Display_Buffer[1] = 0x01;//一位前加"-"
114    }
115    //写MAX6951,全部不解码,通过发送段码显示
116    Write(0x01,0B00000000);
117    for(i = 0; i < 6; i++) Write( 0x60 | i, Temp_Display_Buffer[i]);
118
119    //高低温报警标志设置
120    //(与定义为INT8的有符号字节类型 Alarm_Temp_HL 比较,这样可区分正负比较)
121    HI_Alarm = i_sign * i_curr_Temp >= Alarm_Temp_HL[0] ? 1 : 0;
122    LO_Alarm = i_sign * i_curr_Temp <= Alarm_Temp_HL[1] ? 1 : 0;
123    }
124
125    //----------------------------------------------------------------
126    // 定时器T0溢出中断持续读取温度管数据
127    // 并控制报警输出及数码管显示
128    //----------------------------------------------------------------
129    ISR (TIMER0_OVF_vect)
130    {
```

```c
131        static INT8U Bx = 0;
132        TCNT0 = 256 - F_CPU / 1024.0 * 0.2;              //0.2 s 定时初值
133        Read_Temperature();                              //读取温度
134        if (!DS18B20_ERROR) Temp_display_and_alarm();    //温度显示并设置报警标识
135        if (HI_Alarm) HI_BI_LED_ON(); else HI_BI_LED_OFF();    //高温 LED 闪烁
136        if (LO_Alarm) LO_BI_LED_ON(); else LO_BI_LED_OFF();    //低温 LED 闪烁
137        if (HI_Alarm || LO_Alarm)                        //报警声音输出
138        {
139            if (Bx) BEEP_1(); else BEEP_0();
140            Bx = !Bx ;
141        }
142    }
143
144    //-----------------------------------------------------------
145    // 主程序
146    //-----------------------------------------------------------
147    int main()
148    {
149        DDRA = 0xFF; DDRB = 0xFF;
150        DDRC = 0xFF; DDRD = 0xFF;
151        Init_MAX695X();                                  //695X 初始化
152        HI_BI_LED_OFF();
153        LO_BI_LED_OFF();
154        Set_Alarm_Temp_Value(70,-20);                    //设置报警温度上下限
155        Read_Temperature();                              //读取温度
156        _delay_ms(1000);                                 //1 s 延时
157        TCCR0 = 0x05;                                    //T0 预设分频:1024
158        TCNT0 = 256 - F_CPU / 1024.0 * 0.2;              //晶振 1 MHz,0.2 s 定时初值
159        TIMSK = _BV(TOIE0);                              //允许定时器 0 溢出中断读取温度
160        sei();                                           //开中断
161        while(1);
162    }


001    //----------------------------DS18B20.c----------------------------
002    //  名称:DS18B20 温度传感器程序
003    //-----------------------------------------------------------
004    #include <avr/io.h>
005    #include <util/delay.h>
006    #define INT8      signed char
007    #define INT8U     unsigned char
008    #define INT16U    unsigned int
009    //DS18B20 引脚定义
010    #define DQ PA5
```

```
011    //设置数据方向
012    #define DQ_DDR_0()      DDRA &= ~_BV(DQ)
013    #define DQ_DDR_1()      DDRA |=  _BV(DQ)
014    //温度管引脚操作定义
015    #define DQ_1()          PORTA |=  _BV(DQ)
016    #define DQ_0()          PORTA &= ~_BV(DQ)
017    #define RD_DQ_VAL()    (PINA &   _BV(DQ))     //注意保留这一行的括号
018
019    //温度小数对照表(4 位的温度值 0000~1111 对应 16 个小数位)
020    const INT8U df_Table[] = {0,1,1,2,3,3,4,4,5,6,6,7,8,8,9,9};
021    //从 DS18B20 读取的温度值
022    INT8U Temp_Value[] = {0x00,0x00};
023    //传感器状态标志
024    INT8U DS18B20_ERROR = 0;
025    //------------------------------------------------------------
026    //读取报警温度上下限,为进行正负数比较,此处注意设为 INT8 类型(不是 INT8U)
027    //取值范围为 -128 ~ +127,DS18B20 支持范围为 -50 ~ +125
028    INT8 Alarm_Temp_HL[2];
029    //------------------------------------------------------------
030    // 初始化 DS18B20
031    //------------------------------------------------------------
032    INT8U Init_DS18B20()
033    {
034        INT8U status;
035        DQ_DDR_1();  DQ_0();       _delay_us(500);   //主机拉低 DQ,占领总线
036        DQ_DDR_0();                _delay_us(50);    //DQ 设为输入
037        status = RD_DQ_VAL();      _delay_us(500);   //读总线,为 0 时器件在线
038        DQ_1();                                      //释放总线
039        return status;                               //返回器件状态(0 为正常)
040    }
041
042    //------------------------------------------------------------
043    // 读 1 字节
044    //------------------------------------------------------------
045    INT8U ReadOneByte()
046    {
047        INT8U i, dat = 0;
048        for (i = 0; i < 8; i++)                      //串行读取 8 位
049        {
050            DQ_DDR_1(); DQ_0();                      //写 0 拉低 DQ 占领总线
051            DQ_DDR_0();                              //读 DQ 引脚
052            if(RD_DQ_VAL()) dat |= _BV(i);           //读取的第 i 位放入 dat 内对应位置
053            _delay_us(80);                           //延时
```

```c
054        }
055        return dat;                                    //返回读取的 1 字节数据
056    }
057
058    //------------------------------------------------------------
059    // 写 1 字节
060    //------------------------------------------------------------
061    void WriteOneByte(INT8U dat)
062    {
063        INT8U i ;
064        for (i = 0x01; i != 0x00; i <<= 1)             //串行写入 8 位
065        {
066            DQ_DDR_1(); DQ_0();                        //写 0 拉低 DQ 占领总线
067            if (dat & i) DQ_1(); else DQ_0();          //向 DQ 数据线写 0/1
068            _delay_us(80);                             //延时
069            DQ_1();                                    //释放总线
070        }
071    }
072
073    //------------------------------------------------------------
074    // 读取温度值
075    //------------------------------------------------------------
076    void Read_Temperature()
077    {
078        if( Init_DS18B20() != 0x00 )                   //DS18B20 故障
079            DS18B20_ERROR = 1;
080        else
081        {
082            WriteOneByte(0xCC);                        //跳过序列号
083            WriteOneByte(0x44);                        //启动温度转换
084            Init_DS18B20();
085            WriteOneByte(0xCC);                        //跳过序列号
086            WriteOneByte(0xBE);                        //读取温度寄存器
087            Temp_Value[0] = ReadOneByte();             //读取当前温度低 8 位
088            Temp_Value[1] = ReadOneByte();             //读取当前温度高 8 位
089            Alarm_Temp_HL[0] = ReadOneByte();          //读取高温报警值
090            Alarm_Temp_HL[1] = ReadOneByte();          //读取低温报警值
091            DS18B20_ERROR = 0;
092        }
093    }
094
095    //------------------------------------------------------------
096    // 设置 DS18B20 温度报警值(含配置寄存器)(注意两字节的温度数据为有符号数)
```

```
097   //-----------------------------------------------------------------
098   void Set_Alarm_Temp_Value(INT8 ha, INT8 la)
099   {
100       Init_DS18B20();
101       WriteOneByte(0xCC);                      //跳过序列号
102       WriteOneByte(0x4E);                      //发送写 DS18B20 寄存器命令
103       WriteOneByte(ha);                        //写 TH 寄存器
104       WriteOneByte(la);                        //写 TL 寄存器
105       WriteOneByte(0x7F);                      //写配置寄存器(设为 12 位精度)
106       Init_DS18B20();
107       WriteOneByte(0xCC);                      //跳过序列号
108       WriteOneByte(0x48);                      //将寄存器数据写入 EEPROM
109   }
110
111   //-----------------------------------------------------------------
112   // 转换温度数据,返回温度符号(INT8),整数部分和小数部分(INT8U)
113   //-----------------------------------------------------------------
114   void Convert_Temperature(INT8 * sign,INT8U * iTemp,INT8U * fTemp)
115   {
116       * sign = 1;//温度符号符号为正
117       //如果为负数则取反加 1,并设置负号标识
118       if ( (Temp_Value[1] & 0xF8) == 0xF8)
119       {
120           Temp_Value[1] = ~Temp_Value[1];
121           Temp_Value[0] = ~Temp_Value[0] + 1;
122           if (Temp_Value[0] == 0x00) Temp_Value[1]++ ;
123           * sign = -1;
124       }
125       //查表得到温度小数部分
126       * fTemp = df_Table[ Temp_Value[0] & 0x0F ];
127       //获取温度整数部分
128       * iTemp = (Temp_Value[0] >> 4)|(Temp_Value[1] << 4);
129   }
```

5.12 用 1602 LCD 与 DS18B20 设计的温度报警器

本例设置了 DS18B20 报警温度上下限,温度超出 -20~70 ℃ 的范围时将触发报警信号,另外还添加了 DS18B20 的 ROMCODE 及报警温度下限显示功能。本例电路及部分运行效果如图 5-12 所示。

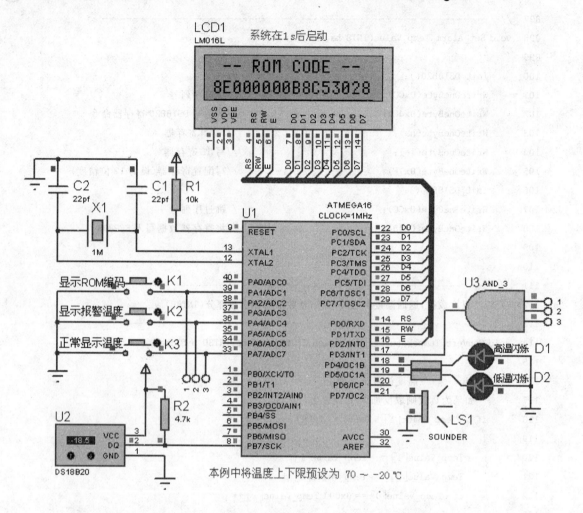

图 5-12 用 1602 LCD 与 DS18B20 设计的温度报警器

1. 程序设计与调试

本例与上一案例有较多相似之处。对于本例，下面重点讨论 DS18B20 的光刻 ROM-CODE 的作用，ROMCODE 读取与显示以及如何在 1-Wire 方式下利用 ROMCODE 实现多点温度监测。

DS18B20 的 8 字节 64 位唯一光刻 ROMCODE 在出厂时即被设定，这 64 位由高到低分别是：

① 8 位的循环冗余校验码 CRC (cyclic redundancy check)；
② 48 位的序列号(Serial Number)；
③ 8 位的 DS18B20 1-Wire 家族代码(family code)28H。

其中最低的 8 位家族代码(family code)28H 是固定的，最高的 8 位 CRC 是其后 56 位（48+8）编码的循环冗余校验码，总共 64 位 ROMCODE 可以看成是各 DS18B20 的唯一"地址码"。正是由于 DS18B20 具有唯一"地址码"，在 1-Wire 单总线上才可能同时挂装多个 DS18B20 而不会产生混淆。

要分别读取不同的 DS18B20 的数字温度，首先要分别获取各温度传感器的 ROMCODE，本例函数 Display_RomCode 即可用于读取并显示单只 DS18B20 的 ROMCODE。

由技术手册可知,读取 ROMCODE 的命令是"33H",该函数在初始化传感器后随即发送读 ROMCODE 命令,然后用 8 次循环读取 8 个字节(64 位)的 ROMCODE,所读取的各字节按十六进制形式转换为 2 位字符,由于读取顺序是先低字节后高字节,语句 sprintf(t,"%02X", ReadOneByte())先将当前字节转换为 2 位大写字符(十六进制形式,a~f 转换为大写),内存复制函数 memcpy 则将每次读取并转换得到的 2 个字符按由后向前的顺序(14,15)(12,13)…(2,3)(0,1)逐一存入字符串 RomCodeString。

在读取所有 8 字节 64 位 ROMCODE 后,Display_RomCode 再调用 LCD_show_string 函数在液晶屏上显示 ROMCODE。

如果希望 Proteus 仿真环境下的多只 DS18B20 具有不同的 ROMCODE,可在其属性对话框中设置 ROM Serial Number。现假定有 4 只 DS18B20 的 ROMCODE 已经被分别提前读取,接下来它们被同时挂装到单片机 PB7 引脚上,为分别读取 4 个传感器的温度数据,代码可按下述流程编写:

① 主机发送复位脉冲,传感器以存在脉冲(presence pulse)响应,完成初始化过程,这可用本例提供的函数 Init_DS18B20()完成。

② 主机发送 ROM 匹配命令"55H",对应语句:WriteOneByte(55H)。

③ 主机发送 8 字节(64 位)ROMCODE,使用 for 循环连续 8 次调用函数 WriteOneByte。

④ 主机发送启动温度转换命令"44H",对应语句:WriteOneByte(44H)。

⑤ 如果 DS18B20 使用寄生电源(Parasite Power,由数据线供电),在转换期间主机要对 DQ 引脚应用强上拉,如果使用独立供电可不应用强上拉。

⑥ 主机发送复位脉冲,传感器以存在脉冲响应,再次完成初始化。

⑦ 主机再次发送 ROM 匹配命令"55H",语句略。

⑧ 主机再次发送 8 字节(64 位)ROMCODE,语句略。

⑨ 主机发送读 DS18B20 寄存器命令"BEH",语句略。

⑩ 读取 0~8 号寄存器数据,共 9 字节数据。如果只需要读取温度数据,可只读取 9 个寄存器中的前 2 个。读取时根据需要 2 次或更多次调用函数 ReadOneByte()即可。

通过上述步骤可完成对其中一只传感器数字温度的读取操作,再次执行上述步骤时发送另一传感器的 ROMCODE,这样即可完成对另一只温度传感器的读取操作。如此反复循环,所有 DS18B20 的数字温度即可被逐一读取。

2. 实训要求

① 本例首先向 DS18B20 的寄存器及 EEPROM 写入报警温度上限与下限值,后面读取的报警温度值则来自于刚写入的 2、3 号寄存器 TH 与 TL。如果下次上电时不再重新写入报警温度上下限数据,此时 2、3 号寄存器中将不存在报警温度上下限设置。完成本例调试后进一步改进程序,解决这个问题。

② 在 PB7 引脚上同时挂装 2~3 个 DS18B20,重新编程实现多点温度检测,各点温度可在液晶屏上翻页查看,在所读取温度的平均值超出设定范围时触发报警器。

③ 改用温度传感器 DS1621 或 LM35 重新设计本例。

3. 源程序代码

```
001  //————————————————DS1302.c————————————————
```

```c
002  //    名称：DS18B20温度传感器程序(单只传感器,采用非寄生供电方式)
003  //-----------------------------------------------------------
004  #include <avr/io.h>
005  #include <avr/interrupt.h>
006  #include <util/delay.h>
007  #include <stdio.h>
008  #include <string.h>
009  #define INT8      signed char            //有符号字节整数
010  #define INT8U     unsigned char
011  #define INT16U    unsigned int
012
013  //DS18B20引脚定义
014  #define DQ PB7
015  //设置数据方向
016  #define DQ_DDR_0()      DDRB &= ~_BV(DQ)
017  #define DQ_DDR_1()      DDRB |=  _BV(DQ)
018  //温度管引脚操作定义
019  #define DQ_1()          PORTB |=  _BV(DQ)
020  #define DQ_0()          PORTB &= ~_BV(DQ)
021  #define RD_DQ_VAL()    (PINB &   _BV(DQ))//注意保留这一行的括号
022
023  //温度小数对照表(仅保存一位小数,已四舍五入)
024  const INT8U df_Table[] = {0,1,1,2,3,3,4,4,5,6,6,7,8,8,9,9};
025  //传感器状态标志
026  INT8U DS18B20_ERROR = 0;
027  //当前温度显示缓冲
028  char Curr_Temp_DispBuffer[] = {"  TEMP:          "};
029  //ROM光刻编码提示信息及64位ROMCODE
030  char RomCodePrompt[] = {" -- ROM CODE -- "};
031  char RomCodeString[] = {"0000000000000000"};
032  //报警温度提示信息及报警温度上下限值
033  char Alarm_Temp[]       = {" -- ALARM TEMP -- "};
034  char Alarm_HI_LO_STR[] = {"Hi:      Lo:      "};
035  //从DS18B20读取的2字节当前温度数据(需要转换才能得到当前有符号温度值)
036  INT8U Temp_Value[] = {0x00,0x00};
037  //-----------------------------------------------------------
038  //报警温度上下限,DS18B20温度范围可在:-55～+125℃
039  //数组中前一位为高温值,后一位为低温值
040  //因为后面要进行有符号数的比较,注意这里设为有符号字节整数类型
041  INT8 Alarm_Temp_HL[2];
042  //-----------------------------------------------------------
043  //高、低温报警标志
044  volatile INT8U HI_Alarm = 0, LO_Alarm = 0;
```

```c
045    //液晶相关函数
046    extern void Set_LCD_POS(INT8U x, INT8U y);
047    extern void Write_LCD_Data(INT8U dat);
048    extern void Write_LCD_Command(INT8U cmd);
049    extern void LCD_ShowString(INT8U x, INT8U y,char * str);
050    //-----------------------------------------------------------
051    // 初始化 DS18B20
052    //-----------------------------------------------------------
053    INT8U Init_DS18B20()
054    {
055        INT8U status;
056        DQ_DDR_1();   DQ_0();      _delay_us(500); //主机拉低DQ,占领总线
057        DQ_DDR_0();                _delay_us(50);  //DQ 设为输入
058        status = RD_DQ_VAL();      _delay_us(500); //读总线,为0时器件在线
059        DQ_1();                                    //释放总线
060        return status;                             //返回器件状态(0 为正常)
061    }
062
063    //-----------------------------------------------------------
064    // 读 1 字节
065    //-----------------------------------------------------------
066    INT8U ReadOneByte()
067    {
068        INT8U i, dat = 0;
069        for (i = 0; i < 8; i++)               //串行读取8位
070        {
071            DQ_DDR_1(); DQ_0();               //写0拉低DQ占领总线
072            DQ_DDR_0();                       //读DQ引脚
073            if(RD_DQ_VAL()) dat |= _BV(i);    //读取的第i位放入dat内对应位置
074            _delay_us(80);                    //延时
075        }
076        return dat;                           //返回读取的1字节数据
077    }
078
079    //-----------------------------------------------------------
080    // 写 1 字节
081    //-----------------------------------------------------------
082    void WriteOneByte(INT8U dat)
083    {
084        INT8U i ;
085        for (i = 0x01; i != 0x00; i <<= 1)    //串行写入8位
086        {
087            DQ_DDR_1(); DQ_0();               //写0拉低DQ占领总线
```

```c
088             if (dat & i) DQ_1(); else DQ_0();      //向 DQ 数据线写 0/1
089             _delay_us(80);                          //延时
090             DQ_1();                                 //释放总线
091         }
092 }
093
094 //--------------------------------------------------------------------
095 // 读取温度值
096 //--------------------------------------------------------------------
097 void Read_Temperature()
098 {
099     if( Init_DS18B20() != 0x00 )                    //DS18B20 故障
100         DS18B20_ERROR = 1;
101     else
102     {
103         WriteOneByte(0xCC);                         //跳过序列号
104         WriteOneByte(0x44);                         //启动温度转换
105         Init_DS18B20();
106         WriteOneByte(0xCC);                         //跳过序列号
107         WriteOneByte(0xBE);                         //读取 DS18B20 寄存器(Scratchpad)
108         Temp_Value[0] = ReadOneByte();              //温度寄存器低 8 位
109         Temp_Value[1] = ReadOneByte();              //温度寄存器高 8 位
110         Alarm_Temp_HL[0] = ReadOneByte();           //读高温报警值 TH
111         Alarm_Temp_HL[1] = ReadOneByte();           //读低温报警值 TL
112         DS18B20_ERROR = 0;
113     }
114 }
115
116 //--------------------------------------------------------------------
117 // 温度转换与显示(同时刷新报警标志)
118 //--------------------------------------------------------------------
119 void Convert_and_Show_Temp()
120 {
121     INT8U ng = 0; //负数标识
122     //当前读取的温度整数部分(有符号)
123     INT8  Curr_int_temp = 0;
124     //小数部分(仅用于附在整数后面显示,不需要再设为有符号)
125     INT8U Curr_df_temp = 0;
126     //如果为负数则取反加 1,并设置负数标识
127     //按技术手册说明,高 5 位为符号位,与上 0xF8 进行 +/- 判断
128     if ( (Temp_Value[1] & 0xF8) == 0xF8)
129     {
130         Temp_Value[1] = ~Temp_Value[1];
```

```
131         Temp_Value[0] = ~Temp_Value[0] + 1;
132         if (Temp_Value[0] == 0x00) Temp_Value[1]++;
133         //负数标识置为1
134         ng = 1;
135     }
136     //温度整数部分
137     Curr_int_temp = ((Temp_Value[0] & 0xF0)>>4)|((Temp_Value[1] & 0x07)<<4);
138     //上面这一行可以改写成:
139     //Curr_int_temp = ( Temp_Value[0] >> 4 ) | ( Temp_Value[1] << 4 );
140     //温度小数部分
141     Curr_df_temp = df_Table[ Temp_Value[0] & 0x0F ];
142
143     //如果为负温度则在整数部分前面加"-"
144     if (ng) Curr_int_temp = - Curr_int_temp;
145     //显示当前温度提示文字" -- CURRENT TEMP -- "
146     LCD_ShowString(0,0," -- CURRENT TEMP -- ");
147     //生成LCD显示输出字符串(因GCC不支持sprintf中使用%f,这里是分开显示的)
148     sprintf(Curr_Temp_DispBuffer," TEMP: %3d.%1d",Curr_int_temp,Curr_df_temp);
149     LCD_ShowString(0,1,Curr_Temp_DispBuffer);
150
151     //在最后面补充显示温度符号℃(根据本例1602液晶技术手册,其中"°"的编码为0xDF)
152     //在度的符号后面再输出C('C'的编码为0x43)
153     LCD_ShowString(12,1,"\xDF\x43");           //注意"\x"不要写成"\0x"
154     //上面这一行还可以用下面的代码代替
155     //Set_LCD_POS(12,1); Write_LCD_Data(0xDF);Set_LCD_POS(13,1); Write_LCD_Data('C');
156
157     //刷新报警标志(报警温度仅为1字节整数,因此不进行小数部分比较)
158     HI_Alarm = (Curr_int_temp >= Alarm_Temp_HL[0]) ? 1:0;
159     LO_Alarm = (Curr_int_temp <= Alarm_Temp_HL[1]) ? 1:0;
160 }
161
162 //-----------------------------------------------------------------
163 // 设置DS18B20温度报警值(含配置)
164 //-----------------------------------------------------------------
165 void Set_Alarm_Temp_Value(int ht,int lt)
166 {
167     Init_DS18B20();                     //初始化DS18B20
168     WriteOneByte(0xCC);                 //跳过序列号
169     WriteOneByte(0x4E);                 //发送写DS18B20寄存器命令
170     WriteOneByte(ht);                   //写TH
171     WriteOneByte(lt);                   //写TL
172     WriteOneByte(0x7F);                 //写配置寄存器,12位精度(最高精度)
173     Init_DS18B20();                     //重新初始化
```

```
174        WriteOneByte(0xCC);                        //跳过序列号
175        WriteOneByte(0x48);                        //将 TH、TL 及 Config 寄存器写入对应的 EEPROM
176    }
177
178    //------------------------------------------------------------------
179    // 显示 RomCode
180    //------------------------------------------------------------------
181    void Display_RomCode()
182    {
183        INT8U i;
184        char t[3];
185        LCD_ShowString(0,0,RomCodePrompt);         //第 1 行显示提示信息串
186        Init_DS18B20();                            //初始化 DS18B20
187        WriteOneByte(0x33);                        //发送读 RomCode 命令
188        for (i = 0; i < 8; i++)                    //读取 8 字节(64 位)RomCode,从低字节开始读取
189        {
190            sprintf(t,"%02X",ReadOneByte());       //将当前字节转换为十六进制字符串(2 字符)
191            //将各字节转换后的 2 个十六进制字符由后向前存入 RomCodeString
192            //各字节的 2 字符存入顺序依次是:(14,15)(12,13)(10,11)……(2,3)(0,1)
193            memcpy(RomCodeString + 14 - 2 * i, t, 2);
194            //上面这一行还可以改成以下两行
195            //RomCodeString[15 - 2 * i - 1] = t[0];
196            //RomCodeString[15 - 2 * i]     = t[1];
197        }
198        LCD_ShowString(0,1,RomCodeString);         //第 2 行显示 64 位 RomCode(共 16 个十六进制字符)
199    }
200
201    //------------------------------------------------------------------
202    // 显示报警温度
203    //------------------------------------------------------------------
204    void Disp_Alarm_Temperature()
205    {
206        sprintf(Alarm_HI_LO_STR,"Hi:%4d Lo:%4d ",Alarm_Temp_HL[0],Alarm_Temp_HL[1]);
207        LCD_ShowString(0,0,Alarm_Temp);            //显示标题文字
208        LCD_ShowString(0,1,Alarm_HI_LO_STR);       //显示高低报警温度
209    }


001    //------------------------------ main.c ------------------------------
002    // 名称:用 1602 LCD 与 DS18B20 设计的温度报警器
003    //------------------------------------------------------------------
004    // 说明:本例运行时,如果按下 K1,K2,K3 可分别显示 ROMCODE,报警温度上下限,
005    //       以及实时显示当前温度,在当前温度在 70~-20 ℃ 范围之外时报警指
006    //       示灯闪烁,并同时输出报警声音
```

```
007  //
008  //------------------------------------------------------------
009  #include <avr/io.h>
010  #include <avr/interrupt.h>
011  #include <util/delay.h>
012  #include <string.h>
013  #define INT8U   unsigned char
014  #define INT16U  unsigned int
015
016  //液晶相关函数
017  extern void Initialize_LCD();
018  extern void Write_LCD_Command(INT8U cmd);
019  extern void LCD_ShowString(INT8U x, INT8U y,char * str);
020
021  //温度传感器相关函数与相关变量
022  extern void Read_Temperature();
023  extern void Convert_and_Show_Temp();
024  extern void Set_Alarm_Temp_Value(int ha,int la);
025  extern void Display_RomCode();
026  extern void Disp_Alarm_Temperature();
027  extern char   Current_Temp_Display_Buffer[];
028  extern INT8U DS18B20_ERROR;
029  extern volatile INT8U HI_Alarm, LO_Alarm;
030
031  //按键定义
032  #define K1_DOWN() (PINA & _BV(PA1)) == 0x00 //查看 ROMCODE
033  #define K2_DOWN() (PINA & _BV(PA4)) == 0x00 //显示报警温度
034  #define K3_DOWN() (PINA & _BV(PA7)) == 0x00 //正常显示温度,越界时报警
035
036  //报警指示灯操作定义
037  #define H_LED_Blink() PORTD ^=   _BV(PD4)   //高温报警闪烁
038  #define L_LED_Blink() PORTD ^=   _BV(PD5)   //低温报警闪烁
039  #define H_LED_OFF()   PORTD &= ~_BV(PD4)    //高温指示灯灭
040  #define L_LED_OFF()   PORTD &= ~_BV(PD5)    //低温指示灯灭
041
042  //蜂鸣器定义
043  #define BEEP() PORTD ^= _BV(PD7)
044  //当前操作码,初始设 3,默认进行温度显示与报警,主程序与中断函数
045  //共享此变量,注意添加 volatile.
046  volatile INT8U curr_op = 3;
047  //------------------------------------------------------------
048  // 主函数
049  //------------------------------------------------------------
```

```c
050   int main()
051   {
052       DDRA = 0x00; PORTA = 0xFF;              //配置端口
053       DDRC = 0xFF;
054       DDRD = ~_BV(PD3); PORTD |= _BV(PD3);
055
056       Initialize_LCD();                        //液晶初始化并显示提示信息
057       LCD_ShowString(0,0,"DS18B20 DEMO PRG");
058       LCD_ShowString(0,1,"   waiting...   ");
059
060       TCCR0 = 0x01;                            //预分频:1
061       TCNT0 = 256 - F_CPU / 1 * 0.0002;        //晶振 1 MHz,200 μs 定时
062       MCUCR = 0x08;                            //INT1 为下降沿触发
063       GICR  = _BV(INT1);                       //INT1 中断使能
064       SREG  = 0x80;                            //开中断
065
066       Set_Alarm_Temp_Value(70,-20);            //设置报警温度上下限为 70 ℃、-20℃
067       Read_Temperature();                      //读取当前温度
068       _delay_ms(1000);                         //延时 1 s
069       while(1)
070       {
071           switch (curr_op)                     //根据当前操作代号 curr_op 完成不同操作
072           {
073               case 1: Display_RomCode();       //显示 DS18B20 RomCode
074                       break;
075               case 2: Disp_Alarm_Temperature();//显示报警温度上下限
076                       break;
077               case 3: Read_Temperature();      //读取当前温度
078                       if ( !DS18B20_ERROR )
079                       {
080                           Convert_and_Show_Temp();  //转换并显示温度
081                           if (HI_Alarm == 1 || LO_Alarm == 1)  //越界时报警
082                           {
083                               TIMSK |=  _BV(TOIE0); _delay_ms(400);
084                               TIMSK &= ~_BV(TOIE0); _delay_ms(400);
085                           }
086                           else { H_LED_OFF(); L_LED_OFF();}//否则关闭 LED
087                       }
088                       break;
089           }
090           _delay_ms(100);
091       }
092   }
```

```
093
094    //------------------------------------------------------------
095    // INT1 中断根据不同按键选择不同操作代号
096    //------------------------------------------------------------
097    ISR (INT1_vect)
098    {
099        if     (K1_DOWN()) curr_op = 1;      //根据不同按键设置不同的操作代号
100        else if (K2_DOWN()) curr_op = 2;
101        else if (K3_DOWN()) curr_op = 3;
102        Write_LCD_Command(0x01);              //清除屏幕(0x01 为清屏命令)
103        _delay_ms(50);
104    }
105
106    //------------------------------------------------------------
107    // 定时器中断,控制警报声音输出及对应指示灯闪烁
108    //------------------------------------------------------------
109    ISR (TIMER0_OVF_vect)
110    {
111        static INT16U tCount = 0;             //计时累加变量(注意设为静态存储类型)
112        TCNT0 = 256 - F_CPU / 1 * 0.0002;     //重设定时初值
113        BEEP();                                //报警声音输出
114        if ( ++tCount == 1200)                //报警时控制对应指示灯闪烁
115        {
116            tCount = 0;
117            if (HI_Alarm) H_LED_Blink();      //高温闪烁
118            if (LO_Alarm) L_LED_Blink();      //低温闪烁
119        }
120    }
```

5.13 温控电机在 L298 驱动下改变速度与方向运行

L298 芯片是一种高电压、大电流双 H 桥式单片集成驱动器,封装形式有 Multiwatt15(V/H)和 PowerSO20,其中 Multiwatt15 封装有垂直式(Vertical)的 L298N 和水平式的 L298HN(Horizontal),PowerSO20 封装有 L298P,L298 可输入标准的 TTL 逻辑电平,可驱动感性负载,如继电器、螺线管、直流电机与步进电机等。本例使用的是 Multiwatt15V 封装的 L298N,它可以驱动两路直流电机,本例仅用它驱动一路电机,当外界温度在 45 ℃以上时电机加速正转,当温度达到 75 ℃及以上时电机全速正转;外界温度小于 10 ℃时电机加速反转,温度在 0 ℃及以下时达到全速反转;温度回到 10~45 ℃之间时电机逐渐停止转动。案例电路及部分运行效果如图 5-13 所示。

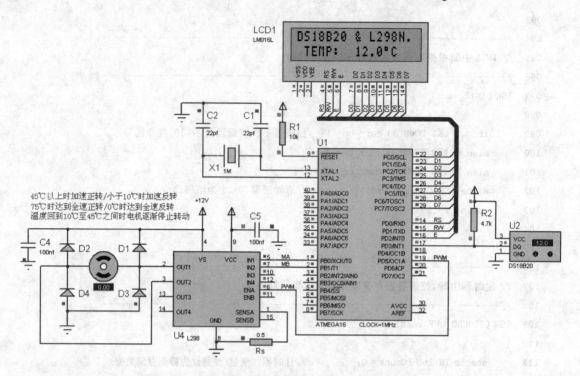

图 5-13 温控电机在 L298 驱动下改变速度与方向运行

1. 程序设计与调试

对于本例所使用的用于控制直流电机的 L298N 驱动器,下面简要说明其引脚功能:

① IN1/IN2 引脚是 TTL 兼容的 H 桥 A 控制输入端,OUT1/OUT2 是 H 桥 A 输出;

② IN3/IN4 与 OUT3/OUT4 则对应 H 桥 B 的输入与输出;

③ SENSA 与 SENDB 引脚分别与地之间串接 R_S 电阻,分别控制 H 桥 A/B 的负载电流;

④ VS 为功率输出部分提供电压,VCC 为逻辑控制部分提供电压;

⑤ ENA 与 ENB 分别使能或禁止 H 桥 A/B。

第 3 章中已经讨论过直流电机正反转控制的 H 桥驱动电路,在本例中:

① ENA 为高电平时,IN1/IN2=(1,0)则电机正转,IN1/IN2=(0,1)则电机反转;

② ENA 为高电平时,IN1=IN2,即 IN0/IN1=(0,0)或(1,1)时,电机快速过渡到停止状态;

③ ENA 为低电平时,电机不受 IN1 与 IN2 控制,由自由运行状态逐渐过渡到停止状态。

根据上述 L298N 驱动器的简要说明,本例的程序编写就比较容易了。下面再讨论一下电机的转速控制问题,对于使能 H 桥 A 的 ENA 引脚,本例通过向其输入 PWM 信号来调节电机正转或反转转速。

为通过输出 PWM 信号控制电机转速,主程序通过下面两行语句使 T/C1 工作于 10 位正向 PWM 方式:

```
TCCR1A = 0x83;          //10 位 PWM(1023),正向 PWM
TCCR1B = 0x02;          //时钟 8 分频,PWM 频率: F_CPU/8/2046
```

PWM 波形由 OC1A 引脚输出,程序通过调整 OCR1A 寄存器的值即可改变输出波形的占空比,在正向 PWM 模式下,OCR1A 取值越大则占空比越大,电机转速越快,反之则越慢,但两个端点值 0 和 1023 例外,OCR1A 取 0 时占空比为 100%,取值 1023 时则为 0%。正是因为这个原因,当 OCR1A 取值越来越大时,如果到达极值 1023 则将其重新赋值为 0,反之,在递减 OCR1A 的过程中,如果 OCR1A 到达 0 时则将其重新赋值为 1023。

本例程序通过占空比控制变量 PWMx 调节 OCR1A,重新改变输出占空比,实现对电机的调速控制,源程序给出了对相关语句的详细说明,这里不再赘述。

2. 实训要求

① 在案例电路中再添加一路直流电机和一只温度传感器,使系统可同时显示两个位置的温度并控制电机运行。

② 进一步编程加强本例功能,用 3 个自定义液晶字符循环显示来模拟显示电机正转,另 3 个自定义字符则用于模拟显示电机反转。

3. 源程序代码

```
001  //----------------------------- main.c -----------------------------
002  //   名称:温控电机在 L298N 驱动下改变速度与方向运行
003  //------------------------------------------------------------------
004  //   说明:本例运行过程中:
005  //       1. 外界温度在 45 ℃ 以上时电机加速正转/小于 10 ℃ 时加速反转
006  //       2. 温度达到 75 ℃ 及以上时电机全速正转/温度在 0 ℃ 及以下时达到全速反转
007  //       3. 温度回到 10~45 ℃ 之间时电机快速过渡到停止状态
008  //       4. 通过虚拟示波器可观察 PWM 波形
009  //
010  //------------------------------------------------------------------
011  #include <avr/io.h>
012  #include <avr/interrupt.h>
013  #include <util/delay.h>
014  #include <string.h>
015  #include <stdio.h>
016  #define INT8      signed char
017  #define INT8U     unsigned char
018  #define INT16U    unsigned int
019
020  //温度传感器相关函数及相关变量
021  extern void Read_Temperature();
022  extern void Convert_Temp_Data();
023  extern volatile INT8U DS18B20_ERROR;
024  extern volatile INT8U Temp_Value[];
025  extern volatile INT8  Curr_int_temp ;
026  extern volatile INT8U Curr_df_temp;
027
028  //液晶相关函数
```

```c
029    extern void Initialize_LCD();
030    extern void Set_LCD_POS(INT8U x,INT8U y);
031    extern void Write_LCD_Data(INT8U dat);
032    extern void LCD_ShowString(INT8U x,INT8U y,char * str);
033
034    //L298N 控制引脚操作定义
035    #define MA_1()    PORTB |=  _BV(PB0)
036    #define MA_0()    PORTB &= ~_BV(PB0)
037    #define MB_1()    PORTB |=  _BV(PB1)
038    #define MB_0()    PORTB &= ~_BV(PB1)
039    //-----------------------------------------------------------------
040    // 主函数
041    //-----------------------------------------------------------------
042    int main()
043    {
044        DDRB = 0xFF;                                //端口定义
045        DDRC = 0xFF;
046        DDRD = 0xFF & ~_BV(PD3); PORTD |= _BV(PD3);
047
048        Initialize_LCD();                           //初始化液晶,然后输出两行提示信息
049        LCD_ShowString(0,0,"DS18B20 & L298N.");
050        LCD_ShowString(0,1,"Control Motor...");
051        Read_Temperature();                         //读取当前温度(含报警温度)
052        _delay_ms(1000);                            //延时 1 s 后在第二行输出 16 个空格,清除第二行
053        LCD_ShowString(0,1,"                ");
054
055        TCCR1A = 0x83;                              //10 位 PWM(1023),正向 PWM
056        TCCR1B = 0x02;                              //时钟 8 分频,PWM 频率:F_CPU/8/2046
057        //设置 T0 中断
058        TCCR0 = 0x05;                               //预分频:1024
059        TCNT0 = 256 - F_CPU / 1024 * 0.2;           //晶振 1 MHz,0.2 s 定时
060        TIMSK = _BV(TOIE0);                         //允许 T0 定时器中断
061        sei();                                      //开中断
062        while(1);
063    }
064
065    //-----------------------------------------------------------------
066    // 定时器中断,持续读取当前温度,刷新 LCD 显示并控制 L298N 变速变向运行
067    //-----------------------------------------------------------------
068    ISR(TIMER0_OVF_vect)
069    {
070        //上次读取的温度数据备份
071        static INT8U Back_Temp_Value[] = {0x00,0x00};
```

```
072         //当前温度显示缓冲
073         char Curr_Temp_DispBuffer[17];
074         //PWMx通过改变比较寄存器OCR1A来改变占空比
075         INT16U PWMx = 0;
076
077         Read_Temperature();                    //读取温度
078         if ( DS18B20_ERROR ) return;           //读错时返回
079         //读取正常且温度发生变化则刷新显示,否则返回
080         if ( Temp_Value[0] != Back_Temp_Value[0] ||
081             Temp_Value[1] != Back_Temp_Value[1] )
082         {
083             //备份本次读取的温度数据
084             Back_Temp_Value[0] = Temp_Value[0];
085             Back_Temp_Value[1] = Temp_Value[1];
086             //转换温度数据,得到温度的整数与小数部分
087             Convert_Temp_Data();
088
089             //生成LCD显示输出字符串Curr_Temp_DispBuffer
090             //(因GCC不支持sprintf使用%f,这里将整数与小数部分分开构造)
091             //格式串中\xDF\x43是:"°"与"C"的编码
092             sprintf(Curr_Temp_DispBuffer," TEMP: %3d.%1d\xDF\x43",
093                                         Curr_int_temp,Curr_df_temp);
094             //按格式:" TEMP:XXX.X℃ "显示当前温度值及温度符号"℃ "
095             LCD_ShowString(0,1,Curr_Temp_DispBuffer);
096         }
097         else return;
098
099         //温度到达75度或0度时,电机全速转动,占空比为100%
100         if (Curr_int_temp > 75 ) Curr_int_temp = 75;
101         if (Curr_int_temp < 0 )  Curr_int_temp = 0;
102         //大于或等于高温45度时加速正转,75度时全速运行
103         if ( Curr_int_temp >= 45 )
104         {
105             MA_1(); MB_0();                    //正转
106             PWMx = (Curr_int_temp - 45) / 30.0 * 1023;
107         }
108         //小于或等于低温10度时加速反转,0度时全速运行
109         else if ( Curr_int_temp <= 10 )
110         {
111             MA_0(); MB_1();                    //反转
112             PWMx = (10 - Curr_int_temp) / 10.0 * 1023;
113         }
114         //否则快速过渡到停止
```

```c
115        else
116        {
117            MA_0(); MB_0(); //或 MA_1(); MB_1(); //电机停止
118            PWMx = 1023;    //设 1023 时可使 PWMx 异或为 0,EA 将呈现高电平,电机快速停止
119            //PWMx = 0;     //如果设为 0,则 EA 将呈现低电平,电机由自由转动过渡逐渐停止
120        }
121        //PWMx 遇到极值时用异或(^)交换 0->1023,1023->0 (1023 即 0x03FF)
122        if (PWMx == 0 || PWMx == 1023) PWMx ^= 0x03FF;
123        OCR1A = PWMx;                              //调整输出比较寄存器
124        TCNT0 = 256 - F_CPU / 1024 * 0.2;          //重设 T/C0 定时初值
125    }


001    //------------------------------DS18B20.c-------------------------------
002    //  名称：DS18B20 温度传感器程序
003    //----------------------------------------------------------------------
004    #include <avr/io.h>
005    #include <util/delay.h>
006    #define INT8      signed char         //有符号字节整数
007    #define INT8U     unsigned char
008    #define INT16U    unsigned int
009
010    //DS18B20 引脚定义
011    #define DQ PD3
012    //设置数据方向
013    #define DQ_DDR_0()     DDRD &= ~_BV(DQ)
014    #define DQ_DDR_1()     DDRD |= _BV(DQ)
015    //温度管引脚操作定义
016    #define DQ_1()         PORTD |= _BV(DQ)
017    #define DQ_0()         PORTD &= ~_BV(DQ)
018    #define RD_DQ_VAL()    (PIND & _BV(DQ))    //注意保留这一行的括号
019
020    //温度小数表(低字节中的低四位对应 16 个小数位)
021    const INT8U df_Table[] = {0,1,1,2,2,3,3,4,4,5,6,6,7,8,8,9,9};
022    //传感器状态标志
023    volatile INT8U DS18B20_ERROR = 0;
024    //从 DS18B20 读取的 2 字节当前温度数据(需要转换才能得到当前有符号温度值)
025    volatile INT8U Temp_Value[] = {0x00,0x00};
026    //以下两变量的值由 Temp_Value 中的 2 字节转换而来
027    //当前读取的温度整数部分(有符号字节整数)
028    volatile INT8  Curr_int_temp = 0;
029    //当前读取的温度小数部分(仅用于附在整数后面显示,不需要再设为有符号)
030    volatile INT8U Curr_df_temp = 0;
031    //----------------------------------------------------------------------
```

```
032    // 初始化 DS18B20
033    //--------------------------------------------------------------------
034    INT8U Init_DS18B20()
035    {
036        INT8U status;
037        DQ_DDR_1();  DQ_0();      _delay_us(500); //主机拉低 DQ,占领总线
038        DQ_DDR_0();               _delay_us(50);  //DQ 设为输入
039        status = RD_DQ_VAL();     _delay_us(500); //读总线,为 0 时器件在线
040        DQ_1();                                   //释放总线
041        return status;                            //返回器件状态(0 为正常)
042    }
043
044    //--------------------------------------------------------------------
045    // 读 1 字节
046    //--------------------------------------------------------------------
047    INT8U ReadOneByte()
048    {
049        INT8U i, dat = 0;
050        for (i = 0; i < 8; i++)              //串行读取 8 位
051        {
052            DQ_DDR_1(); DQ_0();              //写 0 拉低 DQ 占领总线
053            DQ_DDR_0();                      //读 DQ 引脚
054            if(RD_DQ_VAL()) dat |= _BV(i);   //读取的第 i 位放入 dat 内对应位置
055            _delay_us(80);                   //延时
056        }
057        return dat;                          //返回读取的 1 字节数据
058    }
059
060    //--------------------------------------------------------------------
061    // 写 1 字节
062    //--------------------------------------------------------------------
063    void WriteOneByte(INT8U dat)
064    {
065        INT8U i ;
066        for (i = 0x01; i != 0x00; i <<= 1)   //串行写入 8 位
067        {
068            DQ_DDR_1(); DQ_0();              //写 0 拉低 DQ 占领总线
069            if (dat & i) DQ_1(); else DQ_0();//向 DQ 数据线写 0/1
070            _delay_us(80);                   //延时
071            DQ_1();                          //释放总线
072        }
073    }
074
```

```c
075  //------------------------------------------------------------
076  // 读取温度值
077  //------------------------------------------------------------
078  void Read_Temperature()
079  {
080      if( Init_DS18B20() != 0x00 )              //DS18B20 故障
081          DS18B20_ERROR = 1;
082      else
083      {
084          WriteOneByte(0xCC);                    //跳过序列号匹配
085          WriteOneByte(0x44);                    //启动温度转换
086          Init_DS18B20();
087          WriteOneByte(0xCC);                    //跳过序列号
088          WriteOneByte(0xBE);                    //读取温度寄存器
089          Temp_Value[0] = ReadOneByte();         //温度低 8 位
090          Temp_Value[1] = ReadOneByte();         //温度高 8 位
091          DS18B20_ERROR = 0;
092      }
093  }
094
095  //------------------------------------------------------------
096  // 温度数据转换
097  //------------------------------------------------------------
098  void Convert_Temp_Data()
099  {
100      INT8U ng = 0; //负数标识
101      //如果为负数则取反加 1,并设置负数标识
102      //按技术手册说明,高 5 位为符号位,与上 0xF8 进行 +/- 判断
103      if ( ((Temp_Value[1] & 0xF8) == 0xF8)
104      {
105          Temp_Value[1] = ~Temp_Value[1];
106          Temp_Value[0] = ~Temp_Value[0] + 1;
107          if (Temp_Value[0] == 0x00) Temp_Value[1]++ ;
108          //负数标识置为 1
109          ng = 1;
110      }
111      //温度整数部分
112      Curr_int_temp = (Temp_Value[0] >> 4) | (Temp_Value[1] << 4);
113      //温度小数部分
114      Curr_df_temp = df_Table[ Temp_Value[0] & 0x0F ];
115      //如果为负温度则在整数部分前面加"-"
116      if (ng) Curr_int_temp = - Curr_int_temp;
117  }
```

5.14 PG160128中文显示日期时间及带刻度显示当前温度

本例运行时,液晶屏除以中文方式显示当前日期时间及环境温度信息以外,还以图形方式显示当前温度信息。本例电路及部分运行效果如图 5-14 所示。

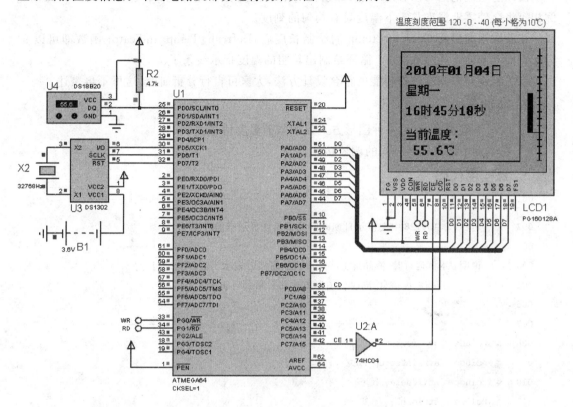

图 5-14 PG160128 中文显示日期时间及带刻度显示当前温度

1. 程序设计与调试

本例综合应用了 DS1302、DS18B20 及 PG12864 液晶,对液晶屏的显示控制通过接口扩展方式完成。通过对此前有关案例的学习与调试,大家已经掌握了这些芯片及器件的技术要点与程序设计方法,在完成本例的设计调试后,要进一步提高液晶屏特殊显示功能的设计能力。

本例源程序中提供了刷新显示温度指示器的函数 Refresh_Temp_Indicator(),它以 0 ℃ 刻度为起点,在向上至 120 ℃、向下至 −40 ℃ 的范围内绘制指示线条,超出此范围的则限制在此范围之内。

每当温度变化时(仅针对温度的整数部分),Refresh_Temp_Indicator 函数首先擦除先绘制的指示线条,由于较粗的指示线条由 6 条细线构成,因而擦除操作需要 6 次循环。

在擦除线条之后,为从 0~Curr_int_temp 绘制线条,程序首先将 Curr_int_temp 的值限制于 −40~120 范围之内。根据当前温度 Curr_int_temp,以下两行语句可分别计算出从 0 ℃ 位置(纵坐标为 91)向上或向下绘制线条的长度,其中 ceil 是取最高限度函数(ceiling,或称为取天花板函数),它用于获取大于/等于当前参数的最小整数:

len＝ceil(Curr_int_temp / 120.0 * (91－7))
len＝ceil(－Curr_int_temp / 40.0 * (119－91))

其中第一行为顶端留下 7 像素空间，实际可用的绘制范围为：7～91（共 84 像素）；第二行为底端预留 9 个像素(128－119＝9)，实际可用的绘制范围为：91～119（共 28 像素）。

由以上绘制范围可以看出，上下像素比与上下温度比是相等的，即 84∶28＝120∶40，该比例相等将会使零上温度与零下温度具有均匀的刻度。

在获取当前温度 Curr_int_temp 的绘制长度后，Refresh_Temp_Indicator 函数即可以 91 为起点向上或向下通过 6 次 for 循环绘制出较粗的温度指示线条了。

有关本例对多项软硬件功能的整合设计方法，大家可自行分析研究，这里不再赘述。

2. 实训要求

① 改写本例程序，以另一种图形方式显示当前温度信息。
② 在本例中添加日期时间的调校功能。

3. 源程序代码

```
001  //---------------------------- main.c ----------------------------
002  //    名称：PG160128 中文显示日期时间及带刻度显示当前温度
003  //----------------------------------------------------------------
004  //    说明：本例运行时，液晶屏上将用中文刷新实时显示当前日期时间与
005  //          当前温度信息，同时以图形方式动态显示当前温度
006  //
007  //----------------------------------------------------------------
008  #include <avr/io.h>
009  #include <avr/interrupt.h>
010  #include <util/delay.h>
011  #include <stdio.h>
012  #include <math.h>
013  #define INT8     signed   char
014  #define INT8U    unsigned char
015  #define INT16U   unsigned int
016  #define INT32U   unsigned long
017
018  //PG160128D 相关函数
019  extern void LCD_Initialise();
020  extern void Display_Str_at_xy(INT8U x,INT8U y,char * Buffer,INT8U wb);
021  extern void Line(INT8U x1,INT8U y1,INT8U x2,INT8U y2,INT8U Mode);
022
023  //DS1302 实时时钟程序相关函数与变量
024  extern void GetDateTime();
025  extern void Read_Temperature();
026  extern volatile INT8U DateTime[7];
027  extern char * WeeksTable[];
```

```
028
029    //DS18B20 温度传感器相关函数与变量
030    extern INT8U DS18B20_ERROR;
031    extern void Read_Temperature();
032    extern void Convert_Temp_Data();
033    extern volatile INT8  Curr_int_temp;
034    extern volatile INT8U Curr_df_temp;
035
036    //LCD 字符串显示缓冲
037    char Disp_Str_Buffer[14];
038    //------------------------------------------------------------------
039    // 主程序
040    //------------------------------------------------------------------
041    int main()
042    {
043        INT8U i;
044        MCUCR |= _BV(SRE);                  //SRE 位置 1,允许访问外部 SRAM/XMEM
045        XMCRA = 0x00;
046        DDRA = 0xFF;                        //配置端口
047        DDRC = 0xFF;
048        DDRD = 0xFF;
049
050        LCD_Initialise();                   //初始化 LCD
051        //绘制方框
052        Line(10,10,135,10,1);
053        Line(10,10,10, 120,1);
054        Line(10,120,135,120,1);
055        Line(135,120,135,10,1);
056        //绘制垂直线
057        Line(155,7,155,119,1);
058        //绘制刻度
059        for (i = 2; i < 18; i ++ ) Line(153,i * 7 ,157,i * 7,1);
060        //加长绘制 0 度线
061        Line(149,91,159,91,1);
062        Display_Str_at_xy(16,88,"当前温度:",0);
063        Display_Str_at_xy(60,104,"℃ ",0);
064
065        TCCR0 = 0x05;                       //预分频:1024
066        TCNT0 = 256 - F_CPU / 1024.0 * 0.05;  //晶振 4 MHz,0.05 s 定时
067        TIMSK = 0x01;                       //使能 T0 中断
068        sei();                              //开中断
069        Read_Temperature();                 //预读取温度
070        _delay_ms(3000);
```

```c
071        while(1);
072   }
073
074   //----------------------------------------------------------------
075   // 刷新温度指示线条
076   //----------------------------------------------------------------
077   void Refresh_Temp_Indicator()
078   {
079       INT8U i,len;
080       //擦除原有的指示线条
081       for (i = 0; i < 6; i++)
082           Line(143 + i,0,143 + i,127,0);
083       //在绘制刻度指示线条时将值限制在 -40~120 之内.
084       if (Curr_int_temp > 120) Curr_int_temp = 120;
085       if (Curr_int_temp < -50) Curr_int_temp = -40;
086       //根据正负温度整数部分计算线条长度
087       if (Curr_int_temp > 0)                    //零上温度
088       {
089           len = ceil(Curr_int_temp / 120.0 * (91 - 7));
090           for (i = 0; i < 6 ; i++)
091               Line(143 + i ,91,143 + i ,91 - len,1);
092       }
093       else if (Curr_int_temp < 0)               //零下温度
094       {
095           len = ceil(-Curr_int_temp / 40.0 * (119 - 91));
096           for (i = 0; i < 6 ; i++)
097               Line(143 + i ,91,143 + i ,91 + len,1);
098       }
099   }
100
101   //----------------------------------------------------------------
102   // 定时器0刷新LCD显示(每次均备份上次读取的时间与温度,显示前进行比较,
103   // 如果变化则刷新显示,这样可减少液晶屏的显示抖动)
104   //----------------------------------------------------------------
105   ISR (TIMER0_OVF_vect)
106   {
107       static INT8U DateTimeBack[7];         //备份上次读取的时间
108       static INT8  TempBack = 85;           //温度整数部分备份(有符号数)
109       INT8U i;
110       TCNT0 = 256 - F_CPU / 1024.0 * 0.05;  //晶振4 MHz,0.05 s定时
111
112       GetDateTime();                         //读取当前日期时间
113       //显示年月日
```

```
114     if ( DateTime[6] != DateTimeBack[6] || DateTime[4] != DateTimeBack[4] ||
115          DateTime[3] != DateTimeBack[3] )
116     {
117         sprintf(Disp_Str_Buffer,"20%02d年%02d月%02d日",
118                               DateTime[6],DateTime[4],DateTime[3]);
119         Display_Str_at_xy(16,24,Disp_Str_Buffer,0);
120     }
121     //显示星期
122     if ( DateTime[5] != DateTimeBack[5])
123     {
124         sprintf(Disp_Str_Buffer,"星期%s",WeeksTable[DateTime[5]-1]);
125         Display_Str_at_xy(16,44,Disp_Str_Buffer,0);
126     }
127     //显示时分
128     if ( DateTime[2] != DateTimeBack[2] || DateTime[1] != DateTimeBack[1] )
129     {
130         sprintf(Disp_Str_Buffer," %02d时%02d分",DateTime[2],DateTime[1]);
131         Display_Str_at_xy(16,64,Disp_Str_Buffer,0);
132     }
133     //显示秒(为减少"时分"显示在秒频繁更新时的抖动,这里将其单独显示)
134     if ( DateTime[0] != DateTimeBack[0] )
135     {
136         sprintf(Disp_Str_Buffer," %02d秒",DateTime[0]);
137         Display_Str_at_xy(72,64,Disp_Str_Buffer,0);
138     }
139     //备份本次读取的时钟信息
140     for (i = 0; i < 7; i++) DateTimeBack[i] = DateTime[i];
141     //读取并显示当前温度
142     Read_Temperature();
143     //传感器错误时返回
144     if ( DS18B20_ERROR ) return;
145     //转换温度数据
146     Convert_Temp_Data();
147     //温度未变化时返回
148     if (TempBack == Curr_int_temp) return;
149     //备份本次读取的温度整数部分
150     TempBack = Curr_int_temp;
151     //生成待输出温度字符串
152     sprintf(Disp_Str_Buffer,"%3d.%d℃ ",Curr_int_temp,Curr_df_temp);
153     //显示温度
154     Display_Str_at_xy(16,104,Disp_Str_Buffer,0);
155     //刷新刻度指示线条
156     Refresh_Temp_Indicator();
```

```
157  }
```

```
001  //--------------------------- LCD_160128.c ---------------------------
002  // 名称:PG160128LCD 显示控制程序
003  //-------------------------------------------------------------------
004  #include <avr/io.h>
005  #include <avr/pgmspace.h>
006  #include <util/delay.h>
007  #include <string.h>
008  #include <stdio.h>
009  #include <math.h>
010  #include "LCD_160128.h"
011  #define INT8U   unsigned char
012  #define INT16U  unsigned int
```

……限于篇幅,这里省略了此前案例中出现过的类似代码

```
122  struct typFNT_GB16 // 汉字字模显示数据结构
123  {
124      char  Index[2];
125      INT8U Msk[24];
126  };
127
128  //本例汉字点阵库
129  const struct typFNT_GB16 GB_16[] = { //12x12 点阵,宋体小五号,用 Zimo 软件取得点阵
130  {{"年"},{0x20,0x00,0x3F,0xE0,0x42,0x00,0x82,0x00,0x3F,0xC0,0x22,0x00,
131         0x22,0x00,0xFF,0xE0,0x02,0x00,0x02,0x00,0x02,0x00,0x00,0x00}},
132  {{"月"},{0x1F,0x80,0x10,0x80,0x10,0x80,0x1F,0x80,0x10,0x80,0x10,0x80,
133         0x1F,0x80,0x10,0x80,0x10,0x80,0x20,0x80,0x43,0x80,0x00,0x00}},
134  {{"日"},{0x3F,0xC0,0x20,0x40,0x20,0x40,0x20,0x40,0x3F,0xC0,0x20,0x40,
135         0x20,0x40,0x20,0x40,0x20,0x40,0x3F,0xC0,0x20,0x40,0x00,0x00}},
136  {{"时"},{0x00,0x80,0xF0,0x80,0x9F,0xE0,0x90,0x80,0x94,0x80,0xF2,0x80,
137         0x92,0x80,0x90,0x80,0xF0,0x80,0x90,0x80,0x03,0x80,0x00,0x00}},
138  {{"分"},{0x11,0x00,0x11,0x00,0x20,0x80,0x20,0x80,0x40,0x40,0xBF,0xA0,
139         0x08,0x80,0x08,0x80,0x10,0x80,0x20,0x80,0xC7,0x00,0x00,0x00}},
140  {{"秒"},{0x31,0x00,0xE1,0x00,0x25,0x40,0xFD,0x20,0x25,0x20,0x75,0x00,
141         0x69,0x40,0xA0,0x40,0xA0,0x80,0x23,0x00,0x3C,0x00,0x00,0x00}},
142  {{"星"},{0x3F,0xC0,0x20,0x40,0x3F,0xC0,0x20,0x40,0x3F,0xC0,0x24,0x00,
143         0x3F,0xC0,0x44,0x00,0xBF,0xC0,0x04,0x00,0xFF,0xE0,0x00,0x00}},
144  {{"期"},{0x49,0xE0,0xFD,0x20,0x49,0x20,0x79,0xE0,0x49,0x20,0x79,0x20,
145         0x49,0xE0,0xFD,0x20,0x29,0x20,0x45,0x20,0x82,0x60,0x00,0x00}},
146
147  {{"一"},{0x00,0x00,0x00,0x00,0x00,0x00,0x00,0x00,0x00,0x00,0x40,0xFF,0xE0,
148         0x00,0x00,0x00,0x00,0x00,0x00,0x00,0x00,0x00,0x00,0x00,0x00}},
149  {{"二"},{0x00,0x00,0x00,0x80,0x7F,0xC0,0x00,0x00,0x00,0x00,0x00,0x00,
```

```
150          0x00,0x00,0x00,0x00,0x00,0x00,0xFF,0xE0,0x00,0x00,0x00,0x00}},
151  {{"三"},{0x00,0x80,0x7F,0xC0,0x00,0x00,0x00,0x00,0x00,0x00,0x3F,0x80,
152          0x00,0x00,0x00,0x00,0x00,0x00,0x00,0x40,0xFF,0xE0,0x00,0x00}},
153  {{"四"},{0x7F,0xE0,0x49,0x20,0x49,0x20,0x49,0x20,0x49,0x20,0x49,0x20,
154          0x51,0x20,0x61,0xE0,0x40,0x20,0x7F,0xE0,0x40,0x20,0x00,0x00}},
155  {{"五"},{0x7F,0xC0,0x08,0x00,0x08,0x00,0x08,0x00,0x7F,0x80,0x08,0x80,
156          0x08,0x80,0x10,0x80,0x10,0x80,0x10,0x80,0xFF,0xE0,0x00,0x00}},
157  {{"六"},{0x08,0x00,0x04,0x00,0x04,0x00,0xFF,0xE0,0x00,0x00,0x12,0x00,
158          0x11,0x00,0x20,0x80,0x20,0x80,0x40,0x40,0x80,0x40,0x00,0x00}},
159  {{"日"},{0x3F,0xC0,0x20,0x40,0x20,0x40,0x20,0x40,0x3F,0xC0,0x20,0x40,
160          0x20,0x40,0x20,0x40,0x20,0x40,0x3F,0xC0,0x20,0x40,0x00,0x00}},
161
162  {{"当"},{0x04,0x00,0x44,0x40,0x24,0x80,0x05,0x00,0xFF,0xC0,0x00,0x40,
163          0x00,0x40,0x7F,0xC0,0x00,0x40,0x00,0x40,0xFF,0xC0,0x00,0x00}},
164  {{"前"},{0x11,0x00,0x0A,0x40,0xFF,0xE0,0x00,0x00,0x79,0x40,0x49,0x40,
165          0x79,0x40,0x49,0x40,0x79,0x40,0x48,0x40,0x59,0xC0,0x00,0x00}},
166  {{"温"},{0x8F,0xC0,0x48,0x40,0x0F,0xC0,0x88,0x40,0x4F,0xC0,0x40,0x00,
167          0x5F,0xC0,0x95,0x40,0x95,0x40,0x95,0x40,0xBF,0xE0,0x00,0x00}},
168  {{"度"},{0x02,0x00,0x7F,0xE0,0x48,0x80,0x7F,0xE0,0x48,0x80,0x4F,0x80,
169          0x40,0x00,0x5F,0x80,0x45,0x00,0x87,0x00,0xB8,0xE0,0x00,0x00}},
170  {{":"},{0x00,0x00,0x00,0x00,0x0C,0x00,0x0C,0x00,0x00,0x00,0x00,0x00,
171          0x00,0x00,0x0C,0x00,0x0C,0x00,0x00,0x00,0x00,0x00,0x00,0x00}},
172  {{"℃"},{0x00,0x00,0xE7,0x40,0xA8,0xC0,0xF0,0x40,0x10,0x00,0x10,0x00,
173          0x10,0x00,0x10,0x40,0x08,0x40,0x07,0x80,0x00,0x00,0x00,0x00}}
174  };
……限于篇幅,这里省略了此前案例中出现过的类似代码
191  //--------------------------------------------------------------
192  // 状态位 STA1,STA0 判断(读写指令和读/写数据)
193  //--------------------------------------------------------------
194  INT8U Status_BIT_01()
195  {
196      INT8U i;
197      for(i = 10;i > 0;i--)
198      {
199          if((*LCMCW & 0x03) == 0x03) break;
200      }
201      return i;                        //错误时返回 0
202  }
203
204  //--------------------------------------------------------------
205  // 状态位 ST3 判断(数据自动写状态)
206  //--------------------------------------------------------------
207  INT8U Status_BIT_3()
```

```c
208  {
209      INT8U i;
210      for(i = 10; i > 0; i--)
211      {
212          if((*LCMCW & 0x08) == 0x08) break;
213      }
214      return i;                          //错误时返回 0
215  }
216
217  //------------------------------------------------------------
218  // 写双参数的指令
219  //------------------------------------------------------------
220  INT8U LCD_Write_Command_P2(INT8U cmd, INT8U para1, INT8U para2)
221  {
222      if(Status_BIT_01() == 0) return 1;
223      *LCMDW = para1;
224      if(Status_BIT_01() == 0) return 2;
225      *LCMDW = para2;
226      if(Status_BIT_01() == 0) return 3;
227      *LCMCW = cmd;
228      return 0;                          //成功时返回 0
229  }
230
231  //------------------------------------------------------------
232  // 写单参数的指令
233  //------------------------------------------------------------
234  INT8U LCD_Write_Command_P1(INT8U cmd, INT8U para1)
235  {
236      if(Status_BIT_01() == 0) return 1;
237      *LCMDW = para1;
238      if(Status_BIT_01() == 0) return 2;
239      *LCMCW = cmd;
240      return 0;                          //成功时返回 0
241  }
242
243  //------------------------------------------------------------
244  // 写无参数的指令
245  //------------------------------------------------------------
246  INT8U LCD_Write_Command(INT8U cmd)
247  {
248      if(Status_BIT_01() == 0) return 1;
249      *LCMCW = cmd;
250      return 0;                          //成功时返回 0
```

```
251    }
252
253    //--------------------------------------------------------------
254    // 写数据
255    //--------------------------------------------------------------
256    INT8U LCD_Write_Data(INT8U dat)
257    {
258        if(Status_BIT_3() == 0) return 1;
259        * LCMDW = dat;
260        return 0;                              //成功时返回 0
261    }
262
263    //--------------------------------------------------------------
264    // 读数据
265    //--------------------------------------------------------------
266    INT8U LCD_Read_Data()
267    {
268        if(Status_BIT_01() == 0) return 1;
269        return * LCMDW;
270    }
```
……限于篇幅,这里省略了此前案例中出现过的类似代码

```
01    //----------------------------LCD_160128.h----------------------------
02    // 名称:160128LCD 显示控制程序头文件
03    //--------------------------------------------------------------------
```
……限于篇幅,这里省略了此前案例中出现过的类似代码
```
29    //T6963C 端口定义
30    #define LCMDW    (INT8U *)0x8000          //数据口
31    #define LCMCW    (INT8U *)0x8100          //命令口
```
……限于篇幅,这里省略了此前案例中出现过的类似代码

5.15 液晶屏曲线显示两路 A/D 转换结果

本例用 PG160128 液晶屏曲线显示两路模/数转换结果,调节两个可变电阻时,液晶屏上除仍以数字方式显示当前电压外,还将电压变化轨迹以曲线方式绘制在液晶屏上。本例电路及部分运行效果如图 5-15 所示。

1. 程序设计与调试

本例学习与调试要点部分仍在于液晶屏特殊显示功能的设计与实现。

本例程序中,只有当前电压发生连续变化时才会在液晶屏连续绘制曲线。对于 A/D 通道 0,变量 Pre_CH0_Result 用于保存其上一次的 A/D 转换结果,以便判断当前转换结果是否发

生变化。

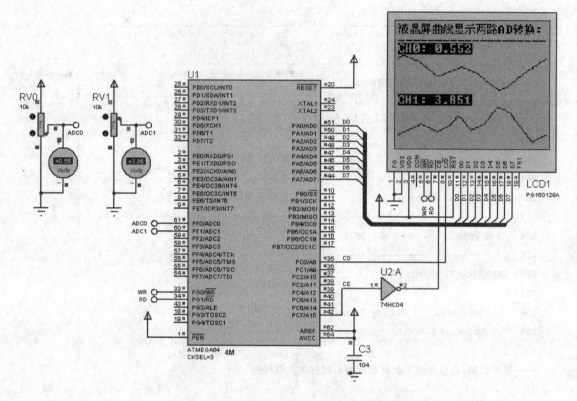

图 5-15 液晶屏曲线显示两路模/数转换结果

为绘制出较为平滑的曲线,主程序使用了在上一坐标点与当前坐标点之间绘制直线的方法。程序中的变量 y0 是根据当前转换结果 AD_Result 计算得到的当前点的纵坐标,计算语句如下:

$$y0 = fabs(40 - AD\_Result * 40 / 1023.0)$$

语句中的 40 是 y0 的最大取值范围,由于液晶屏纵坐标是由上向下增长的,这与平面几何中的坐标系统第一象限是相反的,因而还要用 40 减去 AD_Result * 40 / 1023.0,为避免该语句中因乘除运算的精度问题而导致可能出现负数,语句中还需要使用绝对值函数 fabs。

横坐标 x0 总是 +1 递增。如果当前的 x0 为 0,则上一像素的纵坐标 py0 与当前点纵坐标 y0 相等,即 py0 = y0。

经过以上分析与计算,程序中已经得到了上一坐标点 (x0, py0) 和当前坐标点 (x0+1, y0),在这两个点之间用 Line 绘制直线,如此绘制下去,最后得到的就是平滑的曲线了。

另一通道 CH1 的程序设计方法与上面讨论的通道 CH0 类似,其代码设计细节留给大家自行阅读分析。另外,本例使用 Line 函数在相邻两点之间绘制直线之前,总是先调用 Line 函数完成了一次擦除操作,其设计目的留给大家自行分析,这里不再继续讨论了。

2. 实训要求

① 重新设计程序,以上、下两个 180°扇形的方式显示两路 A/D 转换结果。

② 在本例电路中使用温度传感器 DS18B20,以自定义图形方式(譬如三角形斜坡方式)显

示外界温度变化。

3. 源程序代码

```c
01  //-------------------------- main.c --------------------------
02  //  名称：液晶屏曲线显示两路模/数转换结果
03  //------------------------------------------------------------
04  //  说明：本例运行时，AD转换端口的两路模/数转换结果除以数字方式显示
05  //        在液晶屏上以外，变化过程还会以曲线方式呈现出来
06  //
07  //------------------------------------------------------------
08  #include <avr/io.h>
09  #include <util/delay.h>
10  #include <stdio.h>
11  #include <math.h>
12  #define INT8U   unsigned char
13  #define INT16U  unsigned int
14
15  //PG160128 相关函数
16  extern void LCD_Initialise();
17  extern void Display_Str_at_xy(INT8U x,INT8U y,char * Buffer,INT8U wb);
18  extern void Line(INT8U x1,INT8U y1,INT8U x2,INT8U y2,INT8U Mode);
19  //LCD 字符串显示缓冲
20  char Disp_Str_Buffer[14];
21  //------------------------------------------------------------
22  // 对通道 CH 进行模/数转换
23  //------------------------------------------------------------
24  INT16U ADC_Convert(INT8U CH)
25  {
26      //ADC 通道选择
27      ADMUX = CH;
28      //ADC 转换置位,启动转换,64 分频
29      ADCSRA = 0xE6; _delay_ms(10);
30      //读取并返回转换结果
31      return (INT16U)(ADCL + (ADCH << 8));
32      //或使用: return ADC;
33  }
34
35  //------------------------------------------------------------
36  // 主程序
37  //------------------------------------------------------------
38  int main()
39  {
40      INT16U AD_Result, Pre_CH0_Result = 0, Pre_CH1_Result = 0;
```

```
41      INT8U x0 = 0,y0 = 0,x1 = 0,y1 = 0;
42      INT8U py0 = 0,py1 = 0;
43      float f_result;
44
45      MCUCR |= _BV(SRE);              //SRE 位置 1,允许访问外部 SRAM/XMEM
46      ADCSRA = 0xE6;                  //ADC 转换置位,启动转换,64 分频
47      _delay_ms(1000);                //延时等待系统稳定
48      LCD_Initialise();               //初始化 LCD
49      Display_Str_at_xy(0,0,"液晶屏曲线显示两路 AD 转换:",0);
50      Display_Str_at_xy(0,12,"------------------",0);
51      ADC_Convert(0); _delay_ms(100);ADC_Convert(1);
52      while(1)
53      {
54          //通道 0 转换与显示----------------------------
55          AD_Result = ADC_Convert(0);     //获取通道 0 转换结果
56          //由 10 位精度数字转换为模拟电压
57          f_result = (float)(AD_Result * 5.0 /1023.0);
58          //按指定格式生成输出字符串
59          sprintf(Disp_Str_Buffer,"CH0: %d.%-3d",
60              (int)f_result,(int)((f_result - (int)f_result) * 1000));
61          //液晶显示字符串
62          Display_Str_at_xy(0,20,Disp_Str_Buffer,1);
63          //如果本次转换与上次结果比较后有变化则刷新曲线
64          if (Pre_CH0_Result != AD_Result)
65          {
66              //备份本次转换结果
67              Pre_CH0_Result = AD_Result;
68              //显示曲线 0 (显示区域 0,33 -- 159,73)
69              y0 = fabs(40 - AD_Result * 40 / 1023.0);
70              if (x0 == 0)    py0 = y0;
71              if ( ++x0 == 160) x0 = 0;
72              Line(x0,33,x0 + 1,73,0);
73              Line(x0,33 + py0,x0 + 1,33 + y0,1);
74              py0 = y0;
75          }
76          //通道 1 转换与显示----------------------------
77          //以下注释可参考上面通道 0 的转换说明
78          AD_Result = ADC_Convert(1);
79          f_result = (float)(AD_Result * 5.0 / 1023.0);
80          sprintf(Disp_Str_Buffer,"CH1: %d.%-3d",
81              (int)f_result,(int)((f_result - (int)f_result) * 1000));
82          Display_Str_at_xy(0,74,Disp_Str_Buffer,1);
83          if (Pre_CH1_Result != AD_Result)
```

```
 84                 {
 85                     Pre_CH1_Result = AD_Result;
 86                     //显示曲线1（显示区域 0,87 -- 159,127）
 87                     y1 = fabs(40 - AD_Result * 40 / 1023.0);
 88                     if (x1 == 0)    py1 = y1;
 89                     if ( ++x1 == 160) x1 = 0;
 90                     Line(x1,87,x1 + 1,159,0);
 91                     Line(x1,87 + py1,x1 + 1,87 + y1,1);
 92                     py1 = y1;
 93                 }
 94             }
 95     }
```

```
001     //--------------------------LCD_160128.c--------------------------
002     // 名称：PG160128LCD 显示控制程序
003     //----------------------------------------------------------------
```

……限于篇幅,本例省略了其他案例中出现过的类似代码

```
128     //本例汉字点阵库
129     const struct typFNT_GB16 GB_16[] = { //12 * 12 点阵,宋体小五号,用 Zimo 软件取得点阵
130     {{"液"},{0x81,0x00,0x5F,0xE0,0x25,0x00,0x85,0xC0,0xAA,0x40,0x4E,0xC0,
131             0x5A,0x40,0x49,0x80,0xC8,0x80,0x49,0x40,0x4E,0x20,0x00,0x00}},
132     {{"晶"},{0x1F,0x80,0x10,0x80,0x1F,0x80,0x10,0x80,0x1F,0x80,0x00,0x00,
133             0x7B,0xE0,0x4A,0x20,0x7B,0xE0,0x4A,0x20,0x7B,0xE0,0x00,0x00}},
134     {{"屏"},{0x7F,0xC0,0x40,0x40,0x7F,0xC0,0x50,0x80,0x49,0x00,0x5F,0xC0,
135             0x49,0x00,0x7F,0xE0,0x49,0x00,0x91,0x00,0xA1,0x00,0x00,0x00}},
136     {{"转"},{0x21,0x00,0xF9,0x00,0x47,0xE0,0x61,0x00,0xA7,0xE0,0xFA,0x00,
137             0x23,0xC0,0x38,0x40,0xE0,0x80,0x23,0x00,0x20,0x80,0x00,0x00}},
138     {{"换"},{0x22,0x00,0x27,0x80,0xF8,0x80,0x2F,0xC0,0x29,0x40,0x39,0x40,
139             0xE9,0x40,0x3F,0xE0,0x22,0x80,0x24,0x40,0xF8,0x20,0x00,0x00}},
140     {{"显"},{0x3F,0x80,0x20,0x80,0x3F,0x80,0x20,0x80,0x3F,0x80,0x00,0x00,
141             0x4A,0x40,0x2A,0x40,0x2A,0x80,0x0B,0x00,0xFF,0xE0,0x00,0x00}},
142     {{"示"},{0x00,0x80,0x7F,0xC0,0x00,0x00,0x00,0x00,0xFF,0xE0,0x04,0x00,
143             0x14,0x80,0x24,0x40,0x44,0x20,0x84,0x20,0x1C,0x00,0x00,0x00}},
144     {{"两"},{0xFF,0xE0,0x12,0x00,0x12,0x00,0x7F,0xC0,0x52,0x40,0x52,0x40,
145             0x5B,0x40,0x64,0xC0,0x48,0x40,0x40,0x40,0x41,0xC0,0x00,0x00}},
146     {{"路"},{0xF2,0x00,0x93,0xC0,0x94,0x40,0xFA,0x80,0xA1,0x00,0x22,0x80,
147             0xB7,0xE0,0xAA,0x40,0xA2,0x40,0xFA,0x40,0x83,0xC0,0x00,0x00}},
148     {{"结"},{0x21,0x00,0x21,0x00,0x4F,0xE0,0x91,0x00,0xE1,0x00,0x2F,0xE0,
149             0x50,0x00,0xE7,0xC0,0x04,0x40,0x34,0x40,0xC7,0xC0,0x00,0x00}},
150     {{"果"},{0x3F,0xC0,0x24,0x40,0x3F,0xC0,0x24,0x40,0x3F,0xC0,0x04,0x00,
151             0xFF,0xE0,0x0E,0x00,0x15,0x00,0x24,0x80,0xC4,0x60,0x00,0x00}},
152     {{"曲"},{0x09,0x00,0x09,0x00,0x7F,0xE0,0x49,0x20,0x49,0x20,0x49,0x20,
153             0x7F,0xE0,0x49,0x20,0x49,0x20,0x49,0x20,0x7F,0xE0,0x00,0x00}},
```

154   {{"线"},{0x22,0x80,0x22,0x40,0x52,0x60,0x97,0x80,0xE2,0x60,0x4F,0x80,
155   0xB2,0x40,0xC2,0x80,0x31,0x20,0xC6,0xA0,0x18,0x60,0x00,0x00}}
156   };
……限于篇幅,本例省略了其他案例中出现过的类似代码

5.16　用 74LS595 与 74LS154 设计的 16×16 点阵屏

本例用串入并出芯片 74LS595 和 4-16 译码器 74LS154 控制 16×16 点阵屏汉字滚动显示。案例电路及部分运行效果如图 5-16 所示。

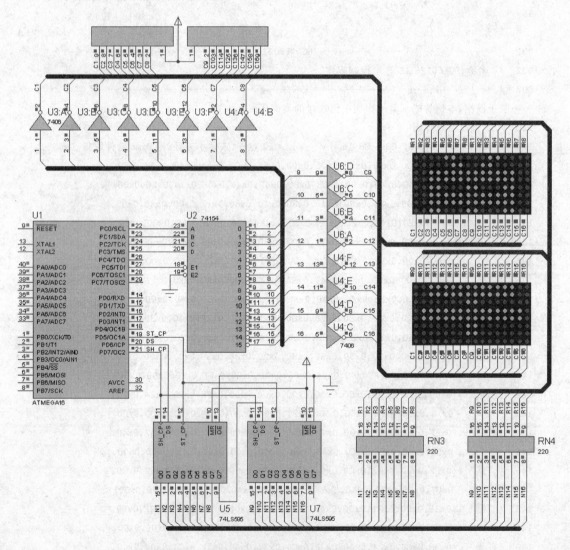

图 5-16　用 74LS595 与 74LS154 设计的 16×16 点阵屏

1. 程序设计与调试

本例点阵屏共有 16 行,两字节的行码由两片 595 的并行输出端提供,16 列由 4-16 译码器控制扫描选通。由于在本例电路布局下,点阵屏的列是共阳的,而译码器的译码输出位是低电平的,因此译码器的输出端选用了反向放大器 7406。

本例点阵屏的扫描显示由 T/C0 定时器溢出中断程序控制实现,显示过程如下:

① 中断函数内的静态变量 Scan_Column 首先获取当前待扫描列号,其取值在 0~15 列范围内反复循环,Scan_Column 初值设为 15(0x0F),这样可使得首次调用时通过 +1 而从第 0 列开始扫描显示。实际上 Scan_Column 的初值可设为 0~15 中的任何一列,因为下一步中的函数 Serial_Input_Pin 在取行码并发送时,所取的行码总是与 Scan_Column 对应,因而不会出现显示偏移或错位现象。

② 程序两次调用函数 Serial_Input_Pin,向 74LS595 串行输入当前列的上下各 8 行点阵数据。

③ 在译码器选通当前列之前,函数 Parallel_Output_595() 将等待垂直显示的 16 位数据由 595 的并行输出端输出到点阵屏当前列的 16 行,完成 16 位行码发送。

④ PC 端口低 4 位向译码器输入列号 Scan_Column,要注意的是每次都需要先清零低 4 位,然后再输入新的列号。

⑤ 开译码器译码,通过 7406 反向后选通当前的共阳列,该列点阵显示完毕。

⑥ 重设定时初值为 2 ms。

在定时器溢出中断的驱动下,上述过程将每隔 2 ms 被执行一遍,每次约 32 ms 可完成一个汉字全部 16 列的刷新显示。

由于中断函数内还使用了汉字索引变量 wIndex,而该变量的控制由主程序完成,在主程序内该变量每隔 300 ms 递增一次,由此即可形成每个汉字在显示屏上保持刷新显示 300 ms,然后继续循环显示下一汉字的滚动显示效果。

2. 实训要求

① 分析本例汉字的取模方式,用 Zimo 软件重新取得另一组汉字点阵,将新的点阵数据替换本例中的点阵数据,仍实现本例运行效果。

② 在本例基础上进一步设计出 32×16 的 LED 点阵屏,实现多个汉字的滚动显示。

③ 在系统中整合串口通信功能,将用 Zimo 等软件获取的汉字点阵数据通过串口调试助手软件发送给单片机,单片机能根据接收到的点阵数据在 LED 显示屏上显示汉字信息。

④ 用自己熟悉的 Windows 平台可视化软件开发工具设计上位机程序,用户在上位机程序中输入任意汉字信息,在单击发送按钮后上位机程序能自动获取所输入汉字的点阵信息并发送给下位单片机显示。

3. 源程序代码

```
001    //------------------------------------------------------------
002    //  名称:用 74LS595 与 74LS154 设计的 16 * 16 点阵屏
003    //------------------------------------------------------------
004    //  说明:本例综合使用了串入并出芯片 74LS595,4-16 译码器 74LS154
005    //       在 16 * 16 点阵屏上实现多个汉字交替显示效果
```

```
006   //
007   //------------------------------------------------------------
008   #define  F_CPU    4000000UL
009   #include <avr/io.h>
010   #include <avr/pgmspace.h>
011   #include <avr/interrupt.h>
012   #include <util/delay.h>
013   #define INT8U    unsigned char
014   #define INT16U   unsigned int
015
016   //74595 及 74154 相关引脚定义
017   #define ST_CP         PD5           //输出锁存器控制脉冲
018   #define DS            PD6           //串行数据输入
019   #define SH_CP         PD7           //移位时钟脉冲
020   #define E1_74LS154    PC5           //74LS154 译码器使能端
021
022   //74595 及 74154 相关引脚操作
023   #define ST_CP_1()   PORTD |=  _BV(ST_CP)
024   #define ST_CP_0()   PORTD &= ~_BV(ST_CP)
025   #define DS_1()      PORTD |=  _BV(DS)
026   #define DS_0()      PORTD &= ~_BV(DS)
027   #define SH_CP_1()   PORTD |=  _BV(SH_CP)
028   #define SH_CP_0()   PORTD &= ~_BV(SH_CP)
029
030   //74154 译码器使能与禁止
031   #define EN_74LS154()  PORTC &= ~_BV(E1_74LS154)
032   #define DI_74LS154()  PORTC |=  _BV(E1_74LS154)
033
034   //存放于 Flash 空间的待显示文字点阵
035   prog_uchar Word_Set_OF_16x16[][32] =
036   {
037       /*---------------单--------------*/
038       { 0xFF,0xFF,0xFF,0xE7,0x03,0xE4,0x03,0xE4,
039         0x92,0xE4,0x90,0xE4,0x91,0xE4,0x03,0x80,
040         0x03,0x80,0x91,0xE4,0x90,0xE4,0x92,0xE4,
041         0x03,0xE4,0x03,0xE4,0xFF,0xE7,0xFF,0xFF },
042       /*---------------片--------------*/
043       { 0xFF,0xFF,0xFF,0x9F,0xFF,0xC7,0x01,0xE0,
044         0x01,0xF8,0xCF,0xFC,0xCF,0xFC,0xCF,0xFC,
045         0xCF,0xFC,0xC0,0xFC,0xC0,0x80,0xCF,0x80,
046         0xCF,0xFF,0xCF,0xFF,0xFF,0xFF,0xFF,0xFF },
047       /*---------------机--------------*/
048       { 0xE7,0xF9,0x67,0xFC,0x00,0x80,0x00,0x80,
```

```
049        0x67,0xFE,0xE7,0xDC,0xFF,0x8F,0x01,0xC0,
050        0x01,0xF0,0xF9,0xFF,0xF9,0xFF,0x01,0xC0,
051        0x01,0x80,0xFF,0x9F,0xFF,0x8F,0xFF,0xFF },
052     /*--------------C-------------*/
053     { 0xFF,0xFF,0xFF,0xFF,0xFF,0xFF,0x1F,0xFC,
054        0xEF,0xFB,0xF7,0xF7,0xFB,0xEF,0xFB,0xEF,
055        0xFB,0xEF,0xFB,0xEF,0xF7,0xF7,0xE3,0xFB,
056        0xFF,0xFF,0xFF,0xFF,0xFF,0xFF,0xFF,0xFF },
057     /*--------------语-------------*/
058     { 0x9F,0xFF,0x9D,0xFF,0x11,0x80,0x13,0xC0,
059        0xFF,0xE7,0x39,0xFF,0x29,0x81,0x09,0x81,
060        0x01,0xCD,0x21,0xCD,0x29,0xCD,0x09,0xCD,
061        0x09,0x81,0x39,0x81,0x3F,0xFF,0xFF,0xFF },
062     /*--------------言-------------*/
063     { 0xF3,0xFF,0xF3,0xFF,0x53,0x81,0x53,0x81,
064        0x53,0xC9,0x53,0xC9,0x50,0xC9,0x50,0xC9,
065        0x53,0xC9,0x53,0xC9,0x53,0x81,0x53,0x81,
066        0xF3,0xFF,0xF3,0xFF,0xFF,0xFF,0xFF,0xFF },
067     /*--------------程-------------*/
068     { 0x9B,0xF3,0x9B,0xF9,0x03,0x80,0x01,0x80,
069        0x99,0xFC,0x99,0xF9,0xFF,0x9F,0x41,0x92,
070        0x41,0x92,0x49,0x80,0x49,0x80,0x49,0x92,
071        0x41,0x92,0x41,0x92,0xFF,0x9F,0xFF,0xFF },
072     /*--------------序-------------*/
073     { 0xFF,0x9F,0x01,0xC0,0x01,0xE0,0xF9,0xFF,
074        0xF9,0xFC,0xC9,0xFC,0xC9,0x9C,0x88,0x9C,
075        0x08,0x80,0x49,0xC0,0x09,0xFC,0x89,0xFC,
076        0xC9,0xF8,0xF9,0xF8,0xFF,0xFF,0xFF,0xFF },
077     /*--------------设-------------*/
078     { 0x9F,0xFF,0x9F,0xFF,0x1C,0xC0,0x11,0xC0,
079        0xFB,0xE7,0x0F,0x97,0x00,0x9C,0x20,0xC8,
080        0x3C,0xC3,0x3C,0xE7,0x20,0xE1,0x00,0xC8,
081        0x0F,0x9E,0xCF,0x9F,0xCF,0xDF,0xFF,0xFF },
082     /*--------------计-------------*/
083     { 0x9F,0xFF,0x9F,0xFF,0x19,0x80,0x13,0x80,
084        0xF7,0xCF,0x9F,0xE7,0x9F,0xFF,0x9F,0xFF,
085        0x9F,0xFF,0x01,0x80,0x01,0x80,0x9F,0xFF,
086        0x9F,0xFF,0x9F,0xFF,0x9F,0xFF,0xFF,0xFF }
087 };
088
089 //待显示汉字索引,注意添加 volatile
090 volatile INT8U wIndex = 0;
091 //------------------------------------------------------------
```

```c
092  // 595 串行输入子程序
093  //------------------------------------------------------------
094  void Serial_Input_Pin(INT8U dat)
095  {
096      INT8U i;
097      for(i = 0x80; i != 0x00; i >>= 1)          //从高位开始向 595 串行输入 8 位
098      {
099          if (dat & i) DS_1(); else DS_0();
100          SH_CP_0(); _delay_us(2);
101          SH_CP_1(); _delay_us(2);               //移位时钟脉冲上升沿移位
102      }
103  }
104
105  //------------------------------------------------------------
106  // 595 并行输出子程序
107  //------------------------------------------------------------
108  void Parallel_Output_595()
109  {
110      ST_CP_0(); _delay_us(2);
111      ST_CP_1(); _delay_us(2);                   //上升沿将数据送到输出锁存器
112  }
113
114  //------------------------------------------------------------
115  // T/C0 溢出中断,在主程序中的延时期间以 2 ms 的间隔动态显示每列数据
116  // 所显示的每列数据由两片 595 并行输出
117  //------------------------------------------------------------
118  ISR (TIMER0_OVF_vect)
119  {
120      //当前扫描列
121      static INT8U Scan_Column = 0x0F;
122      //当前扫描列号加 1,屏蔽高 4 位,Scan_Column = 0 ~ 15 (0x00~0x0F)
123      Scan_Column = (Scan_Column + 1) & 0x0F;
124      //从 Flash 内存读取汉字点阵串行发送给两片 595 芯片
125      Serial_Input_Pin(pgm_read_byte(&Word_Set_OF_16x16[wIndex][Scan_Column * 2 + 1]));
126      Serial_Input_Pin(pgm_read_byte(&Word_Set_OF_16x16[wIndex][Scan_Column * 2]));
127
128      DI_74LS154(); _delay_us(1);                //禁止译码
129      Parallel_Output_595();                     //2 片 595 并行输出 16 位行码
130      PORTC = (PORTC & 0xF0) | Scan_Column;      //PC 低 4 位清 0,放入新的列号(0~15),等待译码
131      EN_74LS154(); _delay_us(1);                //使能译码
132      TCNT0 = 256 - F_CPU / 64.0 * 0.002;        //重置延时初值(2 ms)
133  }
134
```

```
135    //-----------------------------------------------------------------
136    // 主程序
137    //-----------------------------------------------------------------
138    int main( )
139    {
140        INT8U Total_Word = sizeof(Word_Set_OF_16x16) / 32;    //全角字符个数
141        DDRC   = 0xFF; DDRD   = 0xFF;                          //配置端口
142        TCCR0 = 0x03;                                          //预设分频:64
143        TCNT0 = 256 - F_CPU / 64.0 * 0.002;                    //晶振 4 MHz,2 ms 定时初值
144        TIMSK = 0x01;                                          //允许T0定时器溢出中断
145        sei();
146        while(1)
147        {
148            //下一个待显示的文字索引
149            for (wIndex = 0; wIndex < Total_Word; wIndex ++ )
150            {
151                _delay_ms(300);                                //每个汉字保持显示 300ms
152            }
153        }
154    }
```

5.17 用 8255 与 74LS154 设计的 16×16 点阵屏

本例与上一案例实现的功能相同,唯一的区别在于本例中的点阵屏行码改由接口扩展芯片 8255 提供,而上一案例中使用是两片串入并出芯片 74LS595。本例电路及部分运行效果如图 5-17 所示。

1. 程序设计与调试

前面已提到,本例与上一案例实现的功能相同,LED 点阵屏的刷新显示过程也相同,两者的程序非常相似,唯一的差别是本例 16 位的行码改用 8255 的 PA 与 PB 端口提供。对于 T/C0 定时器溢出中断控制的显示屏刷新显示程序,上一案例通过两次调用 Serial_Input_Pin 串行写入 16 位,再调用 Parallel_Output_595()并行输出 16 位来提供行码,而本例则用 8255 的 PA 与 PB 端口输出语句替换了上一案例中的串入并出函数:

```
* PA = ~pgm_read_byte(Word_Set_OF_16x16 + wIndex * 32 + Col_Index);
* PB = ~pgm_read_byte(Word_Set_OF_16x16 + wIndex * 32 + Col_Index + 16);
```

第 4 章已经讨论过 8255 的程序设计方法,大家可参考此前 8255 的有关案例,进一步熟练掌握 8255 的端口定义,端口配置及端口读/写程序设计方法。

2. 实训要求

① 在本例基础上进一步设计出更大点阵的 LED 显示屏,实现每屏多个汉字的滚动显示。

② 编写程序使点阵屏具备多种可选的汉字显示特效，例如水平逐列滚动显示、垂直逐行滚动显示、百页窗式显示等。

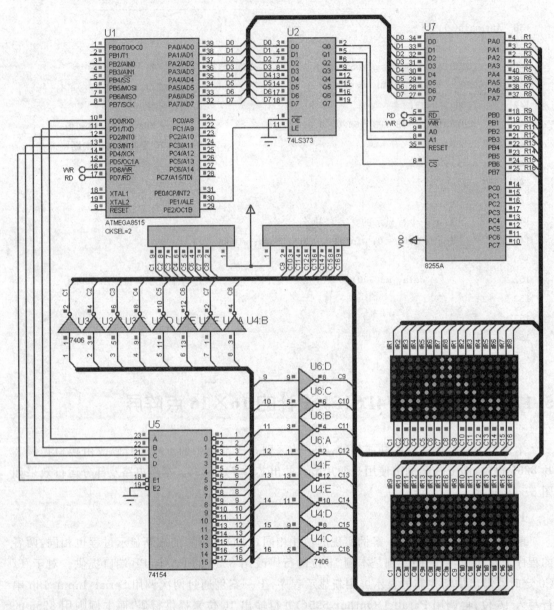

图 5-17 用 8255 与 74LS154 设计的 16×16 点阵屏

3. 源程序代码

```
001  //-----------------------------------------------------------
002  // 名称：用 8255 与 74LS154 设计的 16*16 点阵屏
003  //-----------------------------------------------------------
004  // 说明：本例用 8255 扩展接口，发送 4 片 8*8 点阵屏的行编码，列码由 4-16
005  //      译码器控制，实现了 16*16 点阵文字的显示
006  //
```

```
007  //--------------------------------------------------------------
008  #define  F_CPU    2000000UL
009  #include <avr/io.h>
010  #include <avr/pgmspace.h>
011  #include <avr/interrupt.h>
012  #include <util/delay.h>
013  #define INT8U    unsigned char
014  #define INT16U   unsigned int
015
016  //PA、PB、PC 端口及命令端口地址定义
017  #define PA   (INT8U *)0xFF00
018  #define PB   (INT8U *)0xFF01
019  #define PC   (INT8U *)0xFF02
020  #define COM  (INT8U *)0xFF03
021
022  //74LS154 译码器开关
023  #define EN_74LS154()  PORTD &= ~_BV(PD4)
024  #define DI_74LS154()  PORTD |=  _BV(PD4)
025  //存放在 Flash 内存中的汉字点阵数据
026  prog_uchar Word_Set_OF_16x16[] =
027  {
028  /* -- 上 -- */
029  0x00,0x00,0x00,0x00,0x00,0x00,0xFF,0xFF,0x60,0x60,0x60,0x60,0x60,0x60,0x00,0x00,
030  0x30,0x30,0x30,0x30,0x30,0x30,0x3F,0x3F,0x30,0x30,0x30,0x30,0x30,0x30,0x30,0x00,
031  /* -- 海 -- */
032  0x30,0x63,0x66,0x04,0x30,0xFC,0xFF,0x37,0x76,0xF6,0x36,0xF6,0xF6,0x06,0x00,0x00,
033  0x30,0x7E,0x0E,0x00,0x03,0x1F,0x1F,0x1B,0x1F,0x5F,0x7B,0x7F,0x3F,0x1B,0x03,0x00,
034  /* -- 大 -- */
035  0x00,0x30,0x30,0x30,0x30,0x30,0xFF,0xFF,0x30,0x30,0x30,0x30,0x30,0x30,0x00,0x00,
036  0x00,0x40,0x60,0x30,0x18,0x0E,0x07,0x03,0x06,0x0C,0x18,0x30,0x60,0x40,0x00,0x00,
037  /* -- 众 -- */
038  0x00,0x60,0x60,0x30,0xD8,0xCC,0x07,0x07,0x0C,0xD8,0xF0,0x20,0x60,0x60,0x00,0x00,
039  0x00,0x30,0x18,0x0C,0x07,0x0F,0x58,0x60,0x30,0x1F,0x0F,0x18,0x30,0x60,0x40,0x00,
040  /* -- 汽 -- */
041  0x00,0x22,0x66,0xCC,0x20,0xB8,0x9F,0xAF,0xAC,0xAC,0xAC,0xAC,0xAC,0x0C,0x00,0x00,
042  0x20,0x70,0x3C,0x06,0x00,0x01,0x01,0x01,0x01,0x01,0x01,0x3F,0x7F,0x60,0x30,0x00,
043  /* -- 车 -- */
044  0x00,0x0C,0x8C,0xEC,0xFC,0xBC,0x8F,0xEF,0xEC,0x8C,0x8C,0x8C,0x8C,0x0C,0x00,0x00,
045  0x00,0x18,0x19,0x19,0x19,0x19,0x19,0x7F,0x7F,0x19,0x19,0x19,0x19,0x18,0x00,0x00,
046  /* -- 有 -- */
047  0x00,0x0C,0x8C,0xCC,0xEC,0xFC,0x7F,0x6F,0x6C,0x6C,0x6C,0xEC,0xEC,0x0C,0x0C,0x00,
048  0x02,0x03,0x01,0x00,0x7F,0x7F,0x09,0x09,0x09,0x09,0x69,0x7F,0x3F,0x00,0x00,0x00,
049  /* -- 限 -- */
```

```
050    0x00,0xFE,0xFE,0x66,0xFE,0x9E,0x00,0xFE,0xFE,0xD6,0xD6,0xD6,0xFE,0xFE,0x00,0x00,
051    0x00,0x7F,0x7F,0x0C,0x0F,0x07,0x00,0x7F,0x7F,0x30,0x0F,0x1C,0x36,0x62,0x20,0x00,
052    /* -- 公 -- */
053    0x00,0x80,0xC0,0x70,0x1E,0x0E,0xC0,0xC0,0x00,0x0E,0x1E,0x30,0x60,0xC0,0x80,0x00,
054    0x00,0x01,0x30,0x38,0x3C,0x37,0x33,0x30,0x10,0x16,0x1E,0x38,0x30,0x00,0x00,0x00,
055    /* -- 司 -- */
056    0x00,0x30,0xB6,0xB6,0xB6,0xB6,0xB6,0xB6,0xB6,0x36,0x06,0xFE,0xFE,0x00,0x00,0x00,
057    0x00,0x00,0x1F,0x1F,0x19,0x19,0x19,0x19,0x1F,0x1F,0x60,0x60,0x7F,0x3F,0x00,0x00
058    };
059
060    //当前待显示的汉字索引
061    //T0 中断程序要使用主程序中不断变化的 wIndex,因此前面必须添加 volatile
062    volatile INT8U wIndex = 0xFF;
063    //待显示汉字总个数
064    INT8U Total_Words = sizeof(Word_Set_OF_16x16) / 32;
065    //--------------------------------------------------------------
066    // 定时器 0 中断,以 2 ms 的间隔动态显示每列数据
067    // 所显示的每列数据由 8255 并行输出
068    //--------------------------------------------------------------
069    ISR (TIMER0_OVF_vect)
070    {
071        static INT8U Col_Index = 0xFF;
072        TCNT0 = 256 - F_CPU / 64.0 * 0.002;              //重置延时初值
073        DI_74LS154();                                     //关闭译码器
074        Col_Index = (Col_Index + 1) & 0x0F;              //列号递增
075
076        //从 Flash 内存中读取并通过 8255 的 PA 与 PB 端口发送当前列上下各 8 行汉字点阵
077        *PA = ~pgm_read_byte(Word_Set_OF_16x16 + wIndex * 32 + Col_Index);
078        *PB = ~pgm_read_byte(Word_Set_OF_16x16 + wIndex * 32 + Col_Index + 16);
079
080        PORTD = (PORTD & 0xF0) | Col_Index;              //向译码器输入列码 0~15
081        EN_74LS154();                                     //使能译码,选通 Col_Index 列
082    }
083
084    //--------------------------------------------------------------
085    // 主程序
086    //--------------------------------------------------------------
087    int main()
088    {
089        DDRA  = 0xFF; DDRD  = 0xFF;                       //配置端口
090        MCUCR |= 0x80;                                    //允许访问外部存储器/接口等
091        TCCR0 = 0x03;                                     //预设分频:64
092        TCNT0 = 256 - F_CPU / 64.0 * 0.002;              //晶振 4 MHz,2 ms 定时初值
```

```
093                                              //8255 工作方式选择:
094     * COM = 0x80;                            //PA,PB 均输出,工作于方式 0
095     TIMSK |= _BV(TOIE0);                     //允许 T0 溢出中断
096     sei();                                   //开中断
097     while(1)                                 //循环显示汉字
098     {
099         //待显示汉字索引在 0~Total_Words-1 之间循环
100         for (wIndex = 0; wIndex < Total_Words; wIndex ++ )
101         {
102             _delay_ms(500);                  //每个汉字保持显示 500 ms
103         }
104     }
105 }
```

5.18 8×8 LED 点阵屏仿电梯数字滚动显示

本例运行时,按下对应楼层按键,点阵屏数字将从当前位置向上或向下平滑滚动显示到指定楼层位置,在到达终点后蜂鸣器输出提示音。案例电路及部分运行效果如图 5-18 所示。

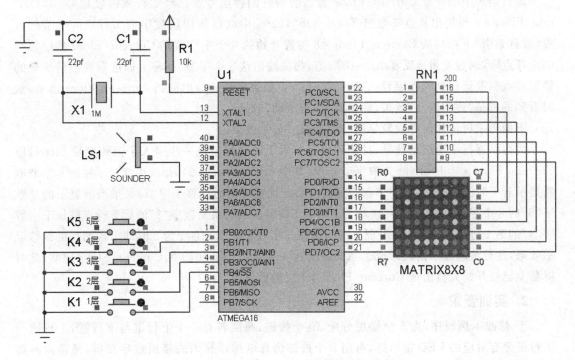

图 5-18 8×8 LED 点阵屏仿电梯数字滚动显示

1. 程序设计与调试

本例设计与调试要点在于 LED 点阵屏的滚动显示控制部分。电路中的 8×8 点阵屏左边 8 根引脚连接行码,右边 8 根引脚连接列码。在 LED 屏上显示数字时,R0~R7 负责行扫描,而 C0～C7 则是当前选通行中的 8 个点阵数据位,也称列码字节。在本例电路中,显示屏同一行上的各位 LED 是共阳的,C0～C7 对应输出的列码字节中,0 对应的 LED 将被点亮,而 1 对应的 LED 则熄灭。

为本例电路中的 LED 点阵屏取字模时,须选择"横向取模,字节不倒序",以 3 的点阵数据为例:0x00,0x3C,0x42,0x1C,0x02,0x42,0x3C,0x00//3。这 8 个字节与 LED 显示的 8 行对应,前 3 个与后 3 个是对称的,观察图 5-18 也可以看出,"3"的上 3 行与下 3 行点阵是完全相同的,由此也可以明显看出其取模方式为横向取模,至于取模时的字节是否倒序,这要看电路中 PC0～PC7 是与 C0～C7 还是 C7～C0 对连。

本例 LED 屏扫描显示由 T/C0 定时器溢出中断控制实现,对于下面的 3 行代码:

```
PORTD = _BV(r);                    //发送行扫描码(共阳行的扫描码)
i = Current_Floor * 8 + offset + r;  //计算列码字节索引
PORTC = ~Table_OF_Digits[i];       //发送列码(用~转换共阴共阳编码)
```

第 1 行代码选通 LED 屏的第 r 行(r 取值范围为 0～7,电路中的 R0～R7,由_BV(r)也可以看出该行是共阳的),第 2 行取得待输出的列码字节索引 i,第 3 行输出列码字节,也就是第 r 行中的 8 个点阵数据。

楼层数字滚动显示的设计要点在于上面 3 行代码中的第 2 行。

该行语句中的变量 Current_Floor 为当前所处的楼层号或已经运行到的楼层号,由 Current_Floor * 8 可得出从点阵数组 Table_OF_Digits 中取得该楼层数字第 1 行点阵字节的位置(或称索引/下标),从 Current_Floor * 8 位置开始的 8 个字节就是 Current_Floor 楼层数字的全部点阵,通过变量 r 反复由 0～7 取值,扫描输出这 8 个字节,屏幕上即可看到当前所处的楼层号或当前运行到的楼层号:Current_Floor。如果刷新一段时间后 Current_Floor 递增,这时看到的将是"逐字滚动"效果,而不是"逐行滚动"效果。

下面再来讨论如何形成数字的"逐行滚动"显示效果。

为得到逐行平滑滚动效果,计算列码字节索引的代码中进一步引入了偏移变量 offset,以 Current_Floor * 8 + offset 为取字节起点(其中 offset 初值为 0),每次由变量 r 控制 8 字节刷新显示若干时间后,再将取字节起点通过 offset 向前或向后偏移 1 字节,如果当前显示的是数字"3"的 8 个字节,则当 offset 递增为 1 时,LED 屏显示的将是数字"3"的后 7 行点阵加下一数字"4"的第 1 行点阵,LED 屏出现 1 行的偏移显示效果。当 offset 为 2 时即出现两行的偏移显示效果,逐行滚动显示由此形成。当偏移到达 8 字节时,offset 归 0,Current_Floor 递增,此时屏幕上已经开始完整出现 Current_Floor+1 层的数字了。

2. 实训要求

① 修改本例程序,为 5 个楼层分配 10 个按键,每层各有一个上行键与下行键,上行键与下行键旁有对应的 LED 指示灯,再用 5 个按键仿真电梯轿箱内的楼层数字按键,轿箱内各数字按键旁边有 LED 指示灯。编程仿真电梯在 5 个楼层中的运行过程,电梯上行时程序控制电机正转,否则反转;电梯到达各设定的楼层时停顿 2 s,然后继续运行。系统完成各楼层人员的上下行要求及电梯轿箱内所指定到达的楼层要求后停止运行,此时电梯内外各 LED 指示灯将处于熄灭状态,LED 点阵显示屏保持显示当前停留的楼层。

② 用接口扩展芯片设计更高楼层的电梯运行仿真系统,系统可显示两位楼层号,能仿真

开门与关门电机、上行与下行电机，能仿真楼层到达提示音等，电梯内的楼层显示屏可改用液晶显示屏。

3. 源程序代码

```
001  //--------------------------------------------------------------
002  // 名称:8*8 LED 点阵屏仿电梯数字滚动显示
003  //--------------------------------------------------------------
004  // 说明:本例模拟了电梯显示屏上下滚动显示楼层的效果,当目标楼层大于
005  //       当前楼层时将向上滚动显示,反之则向下滚动显示,到达目标楼层时
006  //       将发出蜂鸣声
007  //
008  //--------------------------------------------------------------
009  #define F_CPU    4000000UL
010  #include <avr/io.h>
011  #include <avr/interrupt.h>
012  #include <util/delay.h>
013  #define INT8U   unsigned char
014  #define INT16U  unsigned int
015
016  #define BEEP() PORTA ^= _BV(PA0)              //蜂鸣器定义
017  const INT8U Table_OF_Digits[] =               //0~9 的数字点阵
018  {
019      0x00,0x3C,0x66,0x42,0x42,0x66,0x3C,0x00,//0
020      0x00,0x08,0x38,0x08,0x08,0x08,0x3E,0x00,//1
021      0x00,0x3C,0x42,0x04,0x08,0x32,0x7E,0x00,//2
022      0x00,0x3C,0x42,0x1C,0x02,0x42,0x3C,0x00,//3
023      0x00,0x0C,0x14,0x24,0x44,0x3C,0x0C,0x00,//4
024      0x00,0x7E,0x40,0x7C,0x02,0x42,0x3C,0x00,//5
025      0x00,0x3C,0x40,0x7C,0x42,0x42,0x3C,0x00,//6
026      0x00,0x7E,0x44,0x08,0x10,0x10,0x10,0x00,//7
027      0x00,0x3C,0x42,0x24,0x5C,0x42,0x3C,0x00,//8
028      0x00,0x38,0x46,0x42,0x3E,0x06,0x3C,0x00 //9
029  };
030
031  INT8U  Current_Floor = 1,Dest_Floor = 1;      //当前楼层,目标楼层
032  //--------------------------------------------------------------
033  // 主程序
034  //--------------------------------------------------------------
035  int main()
036  {
037      DDRA  = 0xFF;                              //配置端口
038      DDRB  = 0x00;  PORTB = 0xFF;
039      DDRC  = 0xFF;
```

```c
040     DDRD   = 0xFF;
041     TCCR0 = 0x03;                           //T0 预设分频:64
042     TCCR1B = 0x01;                          //T1 预设分频:1
043     TCNT0 = 256 - F_CPU / 64.0 * 0.004;     //T0,4 ms 定时初值
044     TCNT1 = 65536 - F_CPU / 1 * 0.0005;     //T1,500 μs 定时初值
045     TIMSK = _BV(TOIE0);                     //允许 T0 定时器溢出中断
046     sei();                                  //开中断
047     while (1);
048 }
049
050 //----------------------------------------------------------------
051 // T1 定时器控制声音输出
052 //----------------------------------------------------------------
053 ISR (TIMER1_OVF_vect )
054 {
055     static INT8U tCount = 0;                //计时累加变量
056     TCNT1  = 65536 - F_CPU / 1 * 0.0005;    //重设初值 500 μs
057     BEEP();                                 //蜂鸣器输出(频率为 1 kHz)
058     if ( ++ tCount == 150)                  //150 * 500 μs 后停止蜂鸣器输出
059     {
060         TIMSK & = ~ _BV(TOIE1);
061         tCount = 0;
062     }
063 }
064
065 //----------------------------------------------------------------
066 // T0 定时器控制楼层数字滚动及刷新显示
067 //----------------------------------------------------------------
068 ISR (TIMER0_OVF_vect )
069 {
070     //楼层到达提示音输出控制
071     static INT8U NoSound = 0;
072     //每屏点阵的刷新次数控制变量,用于避免一屏点阵的过快滚动
073     static INT8U x = 0;
074     //每屏数字有 8 行字节,r 为当前行号
075     static INT8U r = 0;
076     //取字节偏移量,因为可能出现负数,注意定义为
077     //signed char/char 或 int 类型
078     //不要定义为 unsigned char(INT8U)或 unsigned int(INT16U)
079     static signed char offset = 0;
080
081     INT8U i;
```

```
082     TCNT0 = 256 - F_CPU / 64.0 * 0.004;
083     //在停止滚动时,如果有键按下则判断目标楼层
084     if (PINB != 0xFF && Current_Floor == Dest_Floor)
085     {
086         if (PINB == 0xFE) Dest_Floor = 5; else
087         if (PINB == 0xFD) Dest_Floor = 4; else
088         if (PINB == 0xFB) Dest_Floor = 3; else
089         if (PINB == 0xF7) Dest_Floor = 2; else
090         if (PINB == 0xEF) Dest_Floor = 1;
091         NoSound = 1;
092     }
093
094     //以下程序由 PORTD 发送行扫描码,PORTC 发送列码字节(对应于一行中的 8 列,或 8 位)
095     //PORTD 每次选通一行,PORTC 随即发送这一行上的 8 位
096     PORTD = _BV(r);                          //发送行扫描码
097     i = Current_Floor * 8 + offset + r;      //计算列码字节索引
098     PORTC = ~Table_OF_Digits[i];             //发送列码(用~转换共阴共阳编码)
099
100     //上升显示------------------------------------
101     if (Current_Floor < Dest_Floor)
102     {
103         if( ++r == 8)       //每屏需要完成 8 行刷新,输出 8 个字节(对应于 8 行 LED)
104         {
105             r = 0;
106             if ( ++x == 4)   //每屏被整体刷新 4 次后 offset 后偏,以便形成上滚效果
107             {
108                 x = 0;       //偏移为 8 时归 0,Current_Floor 进入下一层
109                 if ( ++offset == 8) { offset = 0; Current_Floor ++ ; }
110             }
111         }
112     }
113     //下降显示------------------------------------
114     else if (Current_Floor > Dest_Floor)
115     {
116         if( ++r == 8)    //每屏需要完成 8 行刷新,输出 8 个字节(对应于 8 行 LED)
117         {
118             r = 0;
119             if ( ++x == 4)//每屏被整体刷新 4 次后 offset 前偏,以便形成下滚效果
120             {
121                 x = 0;       //偏移为 -8 时归 0,Current_Floor 进入上一层
122                 if ( --offset == -8) { offset = 0; Current_Floor -- ; }
123             }
124         }
```

```
125         }
126         //停止滚动,保持稳定的刷新显示,并且输出声音----------------
127         else
128         {
129             if( ++r == 8) r = 0;
130             if (NoSound) { NoSound = 0; TIMSK |= _BV(TOIE1); }
131         }
132 }
```

5.19 用内置 EEPROM 与 1602 液晶设计的带 MD5 加密的电子密码锁

本例用 AVR 单片机 EEPROM 保存密码,输入正确密码时开锁灯亮,液晶屏显示开锁成功;开锁成功后用户可按下重设密码键设置新密码,在输入 10 位以内的新密码后按下存入键可将新密码用 MD5 算法加密并写入 EEPROM,下次开锁时用新密码才能打开。案例电路及部分运行效果如图 5-19 所示。

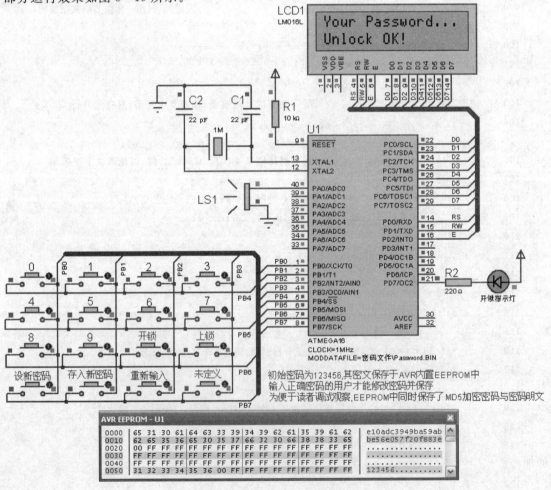

图 5-19 用内置 EEPROM 与 1602 液晶设计的带 MD5 加密的电子密码锁

1. 程序设计与调试

MD5 算法即信息摘要算法(Message Digest Algorithm 5),在 20 世纪 90 年代初由 MIT 的计算机科学实验室和 RSA Data Security Inc 发明,经历的版本有 MD2/MD3/MD4。MD5 广泛用于加密技术,很多系统用户密码都以 MD5 加密方式保存,用户登录时,系统将用户输入的密码转换成 MD5 值,然后再与系统中保存的 MD5 值比较,以此来验证用户的合法性,这样比保存密码明文要安全得多。密码明文容易被窃取和使用,而经 MD5 加密后的密码,由于其不可逆运算的特征,即使 MD5 加密后的密码被窃取,系统安全也不会受到威胁。

下面简单介绍 MD5 加密算法:

MD5 以 512 位(bit)分组来处理输入的信息,每一分组又被划分为若干子分组,经过了一系列的处理后,算法的输出由 4 个 32 位分组组成,将这 4 个 32 位分组组合后将生成一个 128 位散列值,这 128 位二进制数相当于 16 个字节,由这 16 个字节转换的"字节串"就是最后输出的 32 个字符(每字节转换为 2 个字符)。

本例 MD5 算法中,上下文结构变量 context 的 buffer 成员是 512 位的信息处理缓冲,state 成员保存 MD5 算法的 4 个 32 位初始幻数及最终的组合输出数位,count 成员保存信息位长。

在初始化上下文结构变量 context 以后,算法首先调用 MD5Update 函数对原始信息串进行变换。核心变换函数为 MD5Update,对于长串会进行尽可能多次的 MD5 四轮变换,每次进行的四轮变换由函数 MD5Transform 完成,变换后的结果存入于 context 的状态成员 state。

MD5 算法接着再进行信息串填充,使其位长度对 512 求余的结果等于 448(即 512−64),信息的位长度被扩展至 $n \times 512 + 448$ 位(bit),即 $n \times 64 + 56$ 字节(n 为一个正整数)。

MD5 算法填充信息串时,在原始信息的后面填充一个 1 和若干个 0,直到满足上面的条件为止。MD5.c 中使用的数组 PADDING[64]={0x80,0,0,…}用于填充处理,该数组所有字节展开为二进制数时就是 10000000……,它以 1 个 1 开头,后面是 511 个 0,共 512 位。实际填充时会使用其第 0 个字节开始的若干个连续字节。

在进行填充处理后再调用核心函数 MD5Update 继续进行变换,完成填充及变换后再使 64 位二进制表示的填充前信息长度参与变换,此时是第 3 次调用 MD5Update 函数,本例中附加的填充前信息长度由 8 字节的 bits 数组给出。

MD5 加密算法中,4 个加密幻数为:
a=0x01234567,b=0x89abcdef,c=0xfedcba98,d=0x76543210

它们按 Little Endian 方式初始存放于 context→state 中。

MD5 加密的四轮变换函数 MD5Transform 使用了以下 4 个非线性函数(每轮 1 个):

F(x,y,z)=(x & y) | ((~x) & z)

G(x,y,z)=(x & z) | (y & (~z))

H(x,y,z)=x ^ y ^ z

I(x,y,z)=y ^ (x | (~z))

在经过 MD5Final 的最后变换以后,context→state 中所保存的 16 字节数据就是待输出的加密数据,这 16 个字节被复制到摘要字节数组 digest,程序最后将这 16 个字节转换为十六进制字符,每字节转换为 2 个字符,得到最后的加密输出字符串。

为利于进一步理解本例的 MD5 加密算法,下面给出对原始密码"123456"进行 MD5 加密的跟踪过程：

① 调用 MD5Init 函数初始化 context，初始化以后的 context 各成员初值如下：

位长成员 count[0]~count[1]：0x00000000 00000000；

状态成员 state[0]~state[3]：0x10325476 98BADCFE EFCDAB89 67452301；

缓冲成员 buffer：64 个 0x00。

② 首次调用 MD5 核心计算函数 MD5Update：MD5Update(&context，(INT8U *)str，len)。

本次调用 MD5Update 对原始信息串进行变换处理，处理后的 context 内容如下：

count[0]~count[1]：0x00000030 00000000，即 count＝48（这里的 48 表示原始串长为 6 字节，共 48 位）；

state[0]~state[3]：0x10325476 98BADCFE EFCDAB89 6745230；

缓冲成员 buffer 前 6 个字节为 0x31~36，buffer 中被填入"123456"的 ASCII 码，其余全部为 0x00。

③ MD5Final 函数 2 次调用 MD5Update 函数：

第 1 次调用 MD5Update 函数：MD5Update(context，(INT8U *)PADDING，padLen)

对信息位进行填充处理，填充时使用了字节数组 PADDING[64]。

count[0]~count[1]：0x000001C0 00000000，即 count＝448，由于原始串长 6 字节，故需要填充 50 字节达到 56 字节，即 448 位。

state[0]~state[3]：0x10325476 98BADCFE EFCDAB89 6745230；

缓冲成员 buffer：31 32 33 34 35 36 80 00 …… 00，其中 80 开始的 50 个字节为填充字节，以 1 个二进制 1 开头，后面为 447 个 0，buffer 的最后 8 个字节仍为 0x00。

再次调用 MD5Update 函数：MD5Update(context，bits，8)，附加用 64 位(8 字节)表示的填充前串长进行变换：

count[0]~count[1]：0x00000200 00000000，即 count＝512；（512＝448 ＋ 64 ）

state[0]~state[3]：0x39DC0AE1 0xAB59BA49 0x57E056BE 0x3E880FF2；

buffer 的内容不变。

最后输出的 MD5 加密密码为：e10adc3949ba59abbe56e057f20f883e

该字符串是将 state[0]~state[3] 中 4 个十六进制长整数逆转并转换为小写以后的结果。为将初始密码"123456"进行 MD5 加密以后的密码存入单片机的 EEPROM 存储器，需要先将"e10adc3949ba59abbe56e057f20f883e"保存到 Password.bin 文件。要将这一密文字符串写入 Password.bin，可使用 Turbo C 编写程序或直接使用 UltraEdit 完成。

创建 Password.bin 文件以后，打开单片机属性窗口找到"Advanced Properties"下拉框，选择"Initial contents of EEPROM"项，在其后面的文本框中选择 Password.bin 文件即可完成对 EEPROM 的初始数据绑定。

本例其他功能设计留给大家自行分析，这里不再进行更多分析与说明。

2. 实训要求

① 跟踪本例中 MD5 加密函数，观察串长超过 64 的字符串的加密过程，特别要注意的是加密程序 MD5.c 中的第 109~121 行。

② 用 4×4 键盘解码芯片 74C922 重新设计本例，仍实现本例功能。

③ 选用另一种加密算法重新设计本例。

3. 源程序代码

```
001  //------------------------------ main.c ------------------------------
002  //  名称：用内置 EEPROM 与 1602 液晶设计的带 MD5 加密的电子密码锁
003  //--------------------------------------------------------------------
004  //  说明：初始密码由 Passwrod.BIN 设定为：
005  //        "e10adc3949ba59abbe56e057f20f883e",它由明文密码"123456"进行
006  //        MD5 加密后得到
007  //
008  //        数字键 0~9 中用于输入密码,密码不超过 10 位,输入完成后按下
009  //        "开锁键"开锁,密码正确时 LED 点亮,液晶屏显示开锁成功
010  //        另外,本例还具备：上锁,重新输入密码,保存新密码,清除等功能
011  //        重设密码时要求先输入正确的密码并成功开锁
012  //
013  //--------------------------------------------------------------------
014  #include <avr/io.h>
015  #include <avr/eeprom.h>
016  #include <util/delay.h>
017  #include <string.h>
018  #define INT8U   unsigned char
019  #define INT16U  unsigned int
020
021  //电子锁指示灯开关定义
022  #define LED_ON()   PORTD &= ~_BV(PD7)
023  #define LED_OFF()  PORTD |= _BV(PD7)
024  //蜂鸣器
025  #define BEEP()     PORTA ^= _BV(PA0)
026
027  //液晶相关函数
028  extern void Initialize_LCD();
029  extern void LCD_ShowString(INT8U x, INT8U y,char * str);
030  //MD5 加密函数
031  extern char * MD5String(char * str);
032  //键盘扫描相关函数即按键键值
033  extern INT8U Keys_Scan();
034  extern INT8U KeyMatrix_Down();
035  extern INT8U KeyNo;
036
037  //LCD 提示字符串
038  const char * Title_Text = "Your Password...";
039  //显示缓冲
040  char DSY_BUFFER[10] = "";
```

```c
041    //保存在 EEPROM 中的密码(MD5 加密密码,其长度为 32 位)
042    char EEPROM_Password[33];
043    //用户输入的密码(密码不超过 10 位)
044    char UserInputPassword[11];
045    //-----------------------------------------------------------------
046    // 蜂鸣器子程序
047    //-----------------------------------------------------------------
048    void Sounder()
049    {
050        INT8U i;
051        for (i = 0; i < 100; i++)
052        {
053            _delay_ms(1); BEEP();
054        }
055    }
056
057    //-----------------------------------------------------------------
058    // 清除密码
059    //-----------------------------------------------------------------
060    void Clear_Password()
061    {
062        UserInputPassword[0] = '\0';
063        DSY_BUFFER[0] = '\0';
064    }
065
066    //-----------------------------------------------------------------
067    // 读取 EEPROM 中的密码(以'\0'或 0xFF 为结果标志)
068    //-----------------------------------------------------------------
069    void Read_EEPROM_Password()
070    {
071        INT8U i, * addr = 0x0000;
072        for (i = 0; i < 40; i++, addr++)
073        {
074            eeprom_busy_wait();
075            EEPROM_Password[i] = (char)eeprom_read_byte(addr);
076            if ( EEPROM_Password[i] == '\0' ||
077                 EEPROM_Password[i] == 0xFF ) break;
078        }
079        if (EEPROM_Password[i] != '\0') EEPROM_Password[i] = '\0';
080    }
081
082    //-----------------------------------------------------------------
083    // 将新密码保存到 EEPROM,为便于读者调试观察
```

```
084     // 本函数同时保存了新密码的明文和密文,保存位置分别为:0x0050,0x0000)
085     //---------------------------------------------------------------
086     void Save_Password_TO_EEPROM()
087     {
088         INT8U i, * addr = 0x0000;
089         //对新输入的密码用 MD5 加密
090         char * ps = MD5String(UserInputPassword);
091         //保存所输入新密码的密文,注意循环终止条件中的"<=",
092         //这是为了保证将字符串末尾的´\0´也写入 EEPROM
093         for (i = 0; i <= strlen(ps); i++, addr++)
094         {
095             eeprom_busy_wait();
096             eeprom_write_byte(addr,(INT8U)ps[i]);
097         }
098         //同时在 0x0050 地址保存明文,以便于调试观察,实际应用时应该删除
099         addr = (INT8U *)0x0050;
100         for (i = 0; i <= strlen(UserInputPassword); i++, addr++)
101         {
102             eeprom_busy_wait();
103             eeprom_write_byte(addr,(INT8U)UserInputPassword[i]);
104         }
105     }
106
107     //---------------------------------------------------------------
108     // 主程序
109     //---------------------------------------------------------------
110     int main()
111     {
112         INT8U i = 0;
113         INT8U IS_Valid_User = 0;
114         DDRA = 0xFF; PORTA = 0xFF;              //配置端口
115         DDRC = 0xFF;
116         DDRD = 0xFF;
117         LED_OFF();                              //初始时关闭 LED 指示灯
118         Initialize_LCD();                       //LCD 初始化
119         LCD_ShowString(0,0,(char *)Title_Text); //在第 0 行显示提示信息
120
121         //AVR EEPROM 的密码已由初始化 Password.BIN 文件导入
122         //下面将 EEPROM 中预设的密码读入 EEPROM_Password
123         Read_EEPROM_Password();
124         while(1)
125         {
126             //如果键盘矩阵有键按下则扫描键值,否则提前进入下一趟循环
```

```c
127        if (KeyMatrix_Down()) Keys_Scan(); else continue;
128        //如果键值有效则发出按键声音,否则提前进入下一趟循环
129        if (KeyNo != 0xFF) Sounder(); else continue;
130        switch ( KeyNo )
131        {
132            //处理数字密码按键 0~9--------------
133            case 0:case 1: case 2: case 3: case 4:
134            case 5:case 6: case 7: case 8: case 9:
135
136                if ( i <= 9 )//密码限制在 10 位以内
137                {
138                    //如果 i 为 0 则执行一次清屏(输出 16 个空格符)
139                    if (i == 0 ) LCD_ShowString(0,1,"                ");
140
141                    UserInputPassword[i] = KeyNo + '0';
142                    UserInputPassword[i + 1] = '\0';
143
144                    DSY_BUFFER[i] = '*';
145                    DSY_BUFFER[ ++ i] = '\0';
146
147                    LCD_ShowString(0,1,DSY_BUFFER);
148                }
149                break;
150            case 10: //按 A 键开锁------------------------
151                //将读取的密码串与用户输入的密码进行 MD5 加密后的字符串比较
152                if (strcmp(MD5String(UserInputPassword),EEPROM_Password) == 0)
153                {
154                    Clear_Password();
155                    LCD_ShowString(0,1,"Unlock OK!      ");
156                    IS_Valid_User = 1;
157                    LED_ON();
158                }
159                else
160                {
161                    Clear_Password();
162                    LCD_ShowString(0,1,"ERROR !         ");
163                    IS_Valid_User = 0;
164                    LED_OFF();
165                }
166                i = 0;
167                break;
168
169            case 11: //按 B 键上锁------------------------
```

```c
170                LED_OFF();
171                Clear_Password();
172                LCD_ShowString(0,0,(char*)Title_Text);
173                LCD_ShowString(0,1,"                ");
174                i = 0;
175                IS_Valid_User = 0;
176                break;
177
178        case 12: //按 C 键设置新密码--------------
179                //如果是合法用户则提示输入新密码
180                if ( !IS_Valid_User ) LCD_ShowString(0,1,"No rights !     ");
181                else
182                {
183                   i = 0;
184                   LCD_ShowString(0,0,"New Password:   ");
185                   LCD_ShowString(0,1,"                ");
186                }
187                break;
188
189        case 13: //按 D 键保存新密码--------------
190                if ( !IS_Valid_User ) LCD_ShowString(0,1,"No rights !     ");
191                else
192                {
193                   //如果密码有效则保存新输入的密码
194                   if (strlen(UserInputPassword) != 0)
195                   {
196                      //为便于查看 EEPROM 内的密码数据,本例同时保存了两套密码
197                      //即:加密密码与未加密密码
198                      Save_Password_TO_EEPROM();
199                      LCD_ShowString(0,1,"Password Saved! ");
200                      _delay_ms(1000); //1 s 后重新提示输入密码开锁
201                      LCD_ShowString(0,0,(char*)Title_Text);
202                      LCD_ShowString(0,1,"                ");
203                      //重新读取 EEPROM 中的新密码,保存到 EEPROM_Password 字符串中
204                      //或者用 strcpy 将 UserInputPassword 直接拷贝到 EEPROM_Password
205                      //以便后续开锁时与新密码比对.
206                      Read_EEPROM_Password();
207                   }
208                   else LCD_ShowString(0,1,"Password Empty! ");
209                   i = 0;
210                }
211                break;
212
```

```
213             case 14: //按 E 键消除所有输入
214                 i = 0;
215                 Clear_Password();
216                 LCD_ShowString(0,1,"                ");
217             }
218             while (KeyMatrix_Down()); //如果按键未释放则等待
219     }
220 }
```

```
001 //-------------------------------- MD5.c --------------------------------
002 // 名称：MD5 加密程序
003 //------------------------------------------------------------------------
004 #include <stdio.h>
005 #include <string.h>
006 #define INT8U    unsigned char
007 #define INT16U   unsigned int
008 #define INT32U   unsigned long
009 #define PINT8U   unsigned char *
010
011 //MD5 变换程序常量
012 #define S11 7
013 #define S12 12
014 #define S13 17
015 #define S14 22
016 #define S21 5
017 #define S22 9
018 #define S23 14
019 #define S24 20
020 #define S31 4
021 #define S32 11
022 #define S33 16
023 #define S34 23
024 #define S41 6
025 #define S42 10
026 #define S43 15
027 #define S44 21
028
029 typedef struct        //MD5 加密处理上下文结构
030 {
031     INT32U count[2];  //信息位长(bits length)
032     INT32U state[4];  //MD5 加密初始幻数及 MD5 摘要计算数据(128 位,16 字节,32 个十六进制字符)
033     INT8U buffer[64]; //处理缓冲(512 位)
034 } MD5_CTX;
```

```
035
036    static INT8U PADDING[64] = //512个填充位,第1位为1,其他位为0
037    {
038      0x80,0,0,0,0,0,0,0,0,0,0,0,0,0,0,0,0,0,0,0,0,0,
039      0,0,0,0,0,0,0,0,0,0,0,0,0,0,0,0,0,0,0,0,0,0,
040      0,0,0,0,0,0,0,0,0,0,0,0,0,0,0,0,0,0,0,0
041    };
042
043    //MD5加密的基本位操作函数F、G、H、I,其中x、y、z全部为32-bit的长整型数据
044    #define F(x, y, z) (((x) & (y)) | ((~x) & (z)))
045    #define G(x, y, z) (((x) & (z)) | ((y) & (~z)))
046    #define H(x, y, z) ((x) ^ (y) ^ (z))
047    #define I(x, y, z) ((y) ^ ((x) | (~z)))
048
049    //将x循环左移n位
050    #define ROTATE_LEFT(x, n) (((x) << (n)) | ((x) >> (32 - (n))))
051
052    //FF、GG、HH与II分别用于第1、2、3、4轮转换
053    #define FF(a, b, c, d, x, s, ac) \
054    {(a) += F((b),(c),(d)) + (x) + (INT32U)(ac);(a) = ROTATE_LEFT((a),(s));(a) += (b);}
055    #define GG(a, b, c, d, x, s, ac) \
056    {(a) += G((b),(c),(d)) + (x) + (INT32U)(ac);(a) = ROTATE_LEFT((a),(s));(a) += (b);}
057    #define HH(a, b, c, d, x, s, ac) \
058    {(a) += H((b),(c),(d)) + (x) + (INT32U)(ac);(a) = ROTATE_LEFT((a),(s));(a) += (b);}
059    #define II(a, b, c, d, x, s, ac) \
060    {(a) += I((b),(c),(d)) + (x) + (INT32U)(ac);(a) = ROTATE_LEFT((a),(s));(a) += (b);}
061
062    //MD5相关函数申明
063    void MD5Init   (MD5_CTX * context);
064    void MD5Update(MD5_CTX * context, INT8U * input,INT16U inputLen);
065    void MD5Final  (INT8U digest[16], MD5_CTX * context);
066    static void MD5Transform(INT32U [4], INT8U [64]);
067    static void Encode(INT8U  *, INT32U *, INT16U);
068    static void Decode(INT32U *, INT8U  *, INT16U);
069    //-----------------------------------------------------------------
070    // MD5初始化
071    //-----------------------------------------------------------------
072    void MD5Init(MD5_CTX * context)
073    {
074      //初始位长(bits length)为0
075      context->count[0] = 0;
076      context->count[1] = 0;
077      //4个用于计算摘要的长整型幻数为:
```

```
078        //A: 01 23 45 67
079        //B: 89 AB CD EF
080        //C: FE DC DA 98
081        //D: 76 54 32 10
082        //按 Little Endian 方式存放于 state
083        context->state[0] = 0x67452301;
084        context->state[1] = 0xEFCDAB89;
085        context->state[2] = 0x98BADCFE;
086        context->state[3] = 0x10325476;
087    }
088
089    //-------------------------------------------------------------
090    // MD5 核心计算更新过程
091    //-------------------------------------------------------------
092    void MD5Update(MD5_CTX * context, INT8U * input, INT16U inputLen)
093    {
094        INT16U i, index, partLen;
095        //将位长 >> 3 然后 & 0x3F, 即 / 8 % 64, 得到字节数对 64 的余数, 存放于变量 index
096        //在本例 3 次对 MD5Update 的调用中, 首次调用该函数处理原始串时, index 将为 0
097        index = (INT16U)((context->count[0] >> 3) & 0x3F);
098        //将字节长度 inputLen 转换为位长(<<3 即 *8), 累加到 count[0], 如果溢出则向 count[1]进位
099        if ((context->count[0] += ((INT32U)inputLen << 3)) < ((INT32U)inputLen << 3))
100            context->count[1]++;
101        //count[1]累加 intputlen 扩展为 32 位并 *8 以后的高 32 位
102        //即 intput * 8 >> 32 位, 也就是 intputlen >> 29
103        //本例中由于 inputlen 仅定义为 16 位, 扩展为 32 位并 *8 以后, 实际最大有效位为 19 位.
104        //故本例(INT32U)inputLen >> 29 实际恒为 0.
105        context->count[1] += ((INT32U)inputLen >> 29);
106        //摘取部分的字节长度(64-余数 index)
107        partLen = 64 - index;
108        //进行尽可能多次的变换
109        if (inputLen >= partLen)
110        {
111            //将 input 中的前 partlen 个字节拷贝到 context->buffer 中从 index 开始的位置
112            //初始调用 MD5Update 处理原始串时, index = 0, partLen = 64
113            memcpy((PINT8U)&context->buffer[index], (PINT8U)input, partLen);
114            //对 context->state 及 context->buffer 进行四轮变换
115            MD5Transform(context->state, context->buffer);
116            //对 input 中从从 partlen 开始的每 64 个字节与 state 进行变换, 直到超出 inputLen
117            for (i = partLen; i + 63 < inputLen; i += 64)
118                MD5Transform(context->state, &input[i]);
119
120            index = 0;
```

```c
121         }
122         else i = 0;
123     //将 input 中长度不足 64 字节未参与变换的部分复制到 conext->buffer 中 index 开始的位置
124     //初始调用 MD5Update 时,index = 0
125     memcpy((PINT8U)&context->buffer[index],(PINT8U)&input[i],inputLen - i);
126 }
127
128 //--------------------------------------------------------------
129 // MD5 进行最后变换处理,并将加密结果写入摘要数组 digest
130 //--------------------------------------------------------------
131 void MD5Final(INT8U digest[16], MD5_CTX * context)
132 {
133     INT8U bits[8];
134     INT16U index, padLen;
135     //将保存于 count 中用 2 个长整数表示的位长转换为用 8 个字节数组 bits 表示
136     Encode(bits, context->count, 8);
137     //求字节长度对 64 的余数,以便求取填充字节
138     index = (INT16U)((context->count[0] >> 3) & 0x3F);
139     //计算待填充字节的个数,计算表达式为:(n*64 + 56) - 原始串总字节数
140     //其中 n 为整数,index<56 时取 56 - index
141     //否则取 64 + 56 - index,即 120 - index
142     padLen = (index < 56) ? (56 - index) : (120 - index);
143     //用补位填充字节再进行 MD5 更新计算,调用变换函数
144     //补位填充字节数组 PADDING 中仅第 1 字节为 0x80,以二进制的 1 开头,其他为全 0
145     MD5Update(context,(INT8U *)PADDING, padLen);
146     //最后用 8 字节表示的原始串长进行 MD5 更新计算,调用变换函数
147     //至此,信息串长为:n*64 + 56 + 8
148     MD5Update(context, bits, 8);
149     //将 context->state 中的 4 个长整数转换为 16 个字节,存入摘要数组 digest
150     //digest 所保存的就是最后将输出的 MD5 加密结果
151     Encode(digest, context->state, 16);
152     //将 context 全部清零
153     memset((PINT8U)context, 0, sizeof (*context));
154 }
155
156 //--------------------------------------------------------------
157 // MD5 四轮转换程序
158 //--------------------------------------------------------------
159 static void MD5Transform(INT32U state[4], INT8U block[64])
160 {
161     //变换之前 a、b、c、d 首先分别获取上次变换后的 state[0]~state[3]的值
162     INT32U a = state[0], b = state[1], c = state[2], d = state[3], x[16];
163     //将 512 位的 block 解码为长整型(INT32U)数组 x(16 个元素)
```

```c
164       Decode (x, block, 64);
165       //第一轮变换--------------------------
166       FF (a, b, c, d, x[ 0], S11, 0xd76aa478); //1
167       FF (d, a, b, c, x[ 1], S12, 0xe8c7b756); //2
168       FF (c, d, a, b, x[ 2], S13, 0x242070db); //3
169       FF (b, c, d, a, x[ 3], S14, 0xc1bdceee); //4
170       FF (a, b, c, d, x[ 4], S11, 0xf57c0faf); //5
171       FF (d, a, b, c, x[ 5], S12, 0x4787c62a); //6
172       FF (c, d, a, b, x[ 6], S13, 0xa8304613); //7
173       FF (b, c, d, a, x[ 7], S14, 0xfd469501); //8
174       FF (a, b, c, d, x[ 8], S11, 0x698098d8); //9
175       FF (d, a, b, c, x[ 9], S12, 0x8b44f7af); //10
176       FF (c, d, a, b, x[10], S13, 0xffff5bb1); //11
177       FF (b, c, d, a, x[11], S14, 0x895cd7be); //12
178       FF (a, b, c, d, x[12], S11, 0x6b901122); //13
179       FF (d, a, b, c, x[13], S12, 0xfd987193); //14
180       FF (c, d, a, b, x[14], S13, 0xa679438e); //15
181       FF (b, c, d, a, x[15], S14, 0x49b40821); //16
182       //第二轮变换--------------------------
183       GG (a, b, c, d, x[ 1], S21, 0xf61e2562); //17
184       GG (d, a, b, c, x[ 6], S22, 0xc040b340); //18
185       GG (c, d, a, b, x[11], S23, 0x265e5a51); //19
186       GG (b, c, d, a, x[ 0], S24, 0xe9b6c7aa); //20
187       GG (a, b, c, d, x[ 5], S21, 0xd62f105d); //21
188       GG (d, a, b, c, x[10], S22, 0x02441453); //22
189       GG (c, d, a, b, x[15], S23, 0xd8a1e681); //23
190       GG (b, c, d, a, x[ 4], S24, 0xe7d3fbc8); //24
191       GG (a, b, c, d, x[ 9], S21, 0x21e1cde6); //25
192       GG (d, a, b, c, x[14], S22, 0xc33707d6); //26
193       GG (c, d, a, b, x[ 3], S23, 0xf4d50d87); //27
194       GG (b, c, d, a, x[ 8], S24, 0x455a14ed); //28
195       GG (a, b, c, d, x[13], S21, 0xa9e3e905); //29
196       GG (d, a, b, c, x[ 2], S22, 0xfcefa3f8); //30
197       GG (c, d, a, b, x[ 7], S23, 0x676f02d9); //31
198       GG (b, c, d, a, x[12], S24, 0x8d2a4c8a); //32
199       //第三轮变换--------------------------
200       HH (a, b, c, d, x[ 5], S31, 0xfffa3942); //33
201       HH (d, a, b, c, x[ 8], S32, 0x8771f681); //34
202       HH (c, d, a, b, x[11], S33, 0x6d9d6122); //35
203       HH (b, c, d, a, x[14], S34, 0xfde5380c); //36
204       HH (a, b, c, d, x[ 1], S31, 0xa4beea44); //37
205       HH (d, a, b, c, x[ 4], S32, 0x4bdecfa9); //38
206       HH (c, d, a, b, x[ 7], S33, 0xf6bb4b60); //39
```

```
207        HH (b, c, d, a, x[10], S34, 0xbebfbc70);  //40
208        HH (a, b, c, d, x[13], S31, 0x289b7ec6);  //41
209        HH (d, a, b, c, x[ 0], S32, 0xeaa127fa);  //42
210        HH (c, d, a, b, x[ 3], S33, 0xd4ef3085);  //43
211        HH (b, c, d, a, x[ 6], S34, 0x04881d05);  //44
212        HH (a, b, c, d, x[ 9], S31, 0xd9d4d039);  //45
213        HH (d, a, b, c, x[12], S32, 0xe6db99e5);  //46
214        HH (c, d, a, b, x[15], S33, 0x1fa27cf8);  //47
215        HH (b, c, d, a, x[ 2], S34, 0xc4ac5665);  //48
216        //第四轮变换------------------------
217        II (a, b, c, d, x[ 0], S41, 0xf4292244);  //49
218        II (d, a, b, c, x[ 7], S42, 0x432aff97);  //50
219        II (c, d, a, b, x[14], S43, 0xab9423a7);  //51
220        II (b, c, d, a, x[ 5], S44, 0xfc93a039);  //52
221        II (a, b, c, d, x[12], S41, 0x655b59c3);  //53
222        II (d, a, b, c, x[ 3], S42, 0x8f0ccc92);  //54
223        II (c, d, a, b, x[10], S43, 0xffeff47d);  //55
224        II (b, c, d, a, x[ 1], S44, 0x85845dd1);  //56
225        II (a, b, c, d, x[ 8], S41, 0x6fa87e4f);  //57
226        II (d, a, b, c, x[15], S42, 0xfe2ce6e0);  //58
227        II (c, d, a, b, x[ 6], S43, 0xa3014314);  //59
228        II (b, c, d, a, x[13], S44, 0x4e0811a1);  //60
229        II (a, b, c, d, x[ 4], S41, 0xf7537e82);  //61
230        II (d, a, b, c, x[11], S42, 0xbd3af235);  //62
231        II (c, d, a, b, x[ 2], S43, 0x2ad7d2bb);  //63
232        II (b, c, d, a, x[ 9], S44, 0xeb86d391);  //64
233
234        //将变换后的 a、c、b、d 分别累加到 state[0]~state[3]
235        state[0] + = a; state[1] + = b; state[2] + = c; state[3] + = d;
236        //将数组 x 清零
237        memset ((PINT8U)x, 0, sizeof (x));
238    }
239
240    //------------------------------------------------------------------
241    // 将 32 位的长整型数组 input 转换为 8 位的字节数组 output,(INT32U) -- >(INT8U)
242    //------------------------------------------------------------------
243    static void Encode(INT8U * output,INT32U * input,INT16U len)
244    {
245        INT16U i, j;
246        for (i = 0, j = 0; j < len; i ++ , j + = 4)
247        {
248            output[j]     = (INT8U)( input[i] & 0xFF);
249            output[j + 1] = (INT8U)((input[i] >> 8)  & 0xFF);
```

```c
250            output[j + 2] = (INT8U)((input[i] >> 16) & 0xFF);
251            output[j + 3] = (INT8U)((input[i] >> 24) & 0xFF);
252        }
253  }
254
255  //------------------------------------------------------------
256  // 将 8 位的字节数组 intput 转换为 32 位的长整型数组 output,(INT8U)-->(INT32U)
257  //------------------------------------------------------------
258  static void Decode(INT32U * output,INT8U * input,INT16U len)
259  {
260        INT16U i, j;
261        for (i = 0, j = 0; j < len; i++, j += 4) output[i] =
262           ((INT32U)input[j]) |
263           (((INT32U)input[j + 1]) << 8) |
264           (((INT32U)input[j + 2]) << 16) |
265           (((INT32U)input[j + 3]) << 24);
266  }
267
268  //------------------------------------------------------------
269  // 对原始字符串 str 进行 MD5 加密并返回密文字符串
270  //------------------------------------------------------------
271  char * MD5String(char * str)
272  {
273        INT8U i;
274        MD5_CTX context;                        //MD5 加密上下文结构变量
275        INT8U digest[16];                       //摘要字节数组
276        INT16U len = strlen(str);               //原始字符串长
277
278        static char MD5Str[33];                 //最后输出的 MD5 加密字符串
279        MD5Init(&context);                      //初始化 context
280        MD5Update(&context, (INT8U *)str, len); //首次更新 context
281        MD5Final(digest, &context);             //MD5 最终变换处理
282
283        //将 16 字节的摘要数组转换为 32 个十六进制字符,存入 MD5Str
284        for (i = 0; i < 16; i++)
285           sprintf(MD5Str + 2 * i, "%02x",digest[i]);
286
287        return MD5Str;
288  }
```

5.20　12864LCD 显示 24C08 保存的开机画面

本例 AT24C08 中预先保存有一幅画面,运行本系统时单片机程序从 AT24C08 中读取该

画面并显示在 LGM12641BS1R(128x64)液晶屏上。本例电路及运行效果如图 5-20 所示。

1. 程序设计与调试

本例程序设计与调试要点在于如何读/写 24C08 存储器，24C08 存储空间为 1K 字节，访问 24C08 时需要 10 位内存地址。该存储器硬地址引脚仅有 A2，在同一 I²C 总线上可并联两片 24C08 存储器。

由 24C08 技术手册可知，其控制字节为 1010－A2－P1－P0－R/W。其中 A2 为硬地址位，P1 与 P0 为 10 位内存地址的高 2 位。对于接收到的 10 位地址 addr，为将其中的最高位 2 位分离出来，可使用语句：

page=(INT8U)(addr>>8<<1)   或

page=(INT8U)((addr>>7)&0x06)

第 1 行语句将最高 2 位移到最低 2 位后再左移 1 位，与控制字节中的 P1～P0 位匹配，注意这种写法不能简写为直接右移 7 位，因为这样不能确保首先将最低的 R/W 位设为 0。

第 2 行语句先右移 7 位，使 10 位地址的最高 2 位与 P1～P0 匹配，同时通过 &0x06 将除这 2 位以外的其他位清零。对于第一种写法，要避免函数所接收到的地址可能非法（例如可能超过 10 位），也应将最后结果 & 0x06。

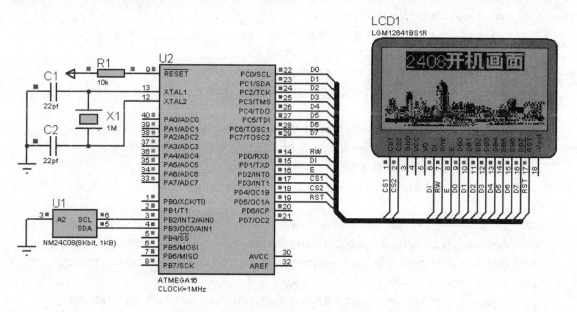

图 5-20 12864LCD 显示 24C08 保存的开机画面

有关本例其他代码的设计与调试问题，大家可进一步参阅 AT24C08 的技术手册文件。

2. 实训要求

① 重新改用 TWI 接口程序读/写 AT24C08 存储器。

② 将某网络 IP 地址、子网掩码、网关、2 个 DNS 地址存入 24C08，系统运行时各项地址信息能显示在 LCD 屏上。完成该设计后进一步在电路中添加矩阵键盘，实现对各项地址信息的设置与保存。

3. 源程序代码

```
001  //----------------------------- main.c -----------------------------
002  // 名称:开机显示 24C08 中的画面
003  //-----------------------------------------------------------------
004  // 说明:开机时系统从 24C08 中读取画面并显示到 12864LCD
005  //       如果需要先将数据写入 I²C,然后再读取并显示,可将本例中
006  //       用/* */注释掉的代码重新允许执行
007  //
008  //-----------------------------------------------------------------
009  #include <avr/io.h>
010  #include <avr/pgmspace.h>
011  #include <util/delay.h>
012  #define INT8U   unsigned char
013  #define INT16U  unsigned int
014
015  //12864LCD 相关函数
016  extern void LCD_Initialize();
017  extern void Display_A_Char(INT8U,INT8U,INT8U *);
018  extern void Display_A_WORD(INT8U,INT8U,INT8U *);
019  extern void Display_A_WORD_String(INT8U,INT8U,INT8U,INT8U *);
020  extern void Display_Image(INT8U,INT8U,INT8U,INT8U,INT8U *);
021  //I2C 相关函数
022  extern INT8U AT24CxxRead(INT8U Slave,INT16U addr,INT8U * Buffer,INT8U N);
023  extern INT8U AT24CxxWrite(INT8U Slave, INT16U addr,INT8U * Buffer,INT8U N);
024  //开机时先显示在 LCD 上的文字
025  const INT8U Word_String[] =
026  {
027  /*--------------- 24 --------------*/
028  0xFF,0x9F,0xEF,0xF7,0xF7,0xEF,0x1F,0xFF,0xFF,0xFF,0xFF,0x3F,0xDF,0xEF,0x07,0xFF,
029  0xFF,0xCF,0xD7,0xDB,0xDD,0xDE,0xDF,0xFF,0xFF,0xF9,0xFA,0xFB,0xFB,0xFB,0xC0,0xFB,
030  /*--------------- 08 --------------*/
031  0xFF,0x1F,0xEF,0xF7,0xF7,0xF7,0xEF,0x1F,0xFF,0x9F,0x6F,0xF7,0xF7,0xF7,0x6F,0x9F,
032  0xFF,0xF0,0xEF,0xDF,0xDF,0xDF,0xEF,0xF0,0xFF,0xF3,0xED,0xDE,0xDE,0xDE,0xED,0xF3,
033  /*--------------- 开 --------------*/
034  0x3F,0x39,0x39,0x39,0x01,0x01,0x39,0x39,0x39,0x01,0x01,0x39,0x39,0x39,0x3F,0xFF,
035  0xFF,0xDF,0x9F,0xC7,0xE0,0xF8,0xFF,0xFF,0xFF,0x80,0x80,0xFF,0xFF,0xFF,0xFF,0xFF,
036  /*--------------- 机 --------------*/
037  0xE7,0x67,0x00,0x00,0x67,0xE7,0xFF,0x01,0x01,0xF9,0xF9,0x01,0x01,0xFF,0xFF,0xFF,
038  0xF9,0xFC,0x80,0x80,0xFE,0xDC,0x8F,0xC0,0xF0,0xFF,0xFF,0xC0,0x80,0x9F,0x8F,0xFF,
039  /*--------------- 画 --------------*/
040  0xFF,0x19,0x19,0xF9,0x09,0x09,0x69,0x09,0x69,0x09,0x09,0xF9,0x19,0x19,0xFF,0xFF,
041  0xFF,0xC0,0xC0,0xCF,0xC8,0xC8,0xCB,0xC8,0xCB,0xC8,0xC8,0xCF,0x80,0x80,0xFF,0xFF,
```

```
042    /*--------------- 面 --------------- */
043    0xF9,0x09,0x09,0xC9,0x09,0x09,0x41,0x41,0x09,0x09,0xC9,0xC9,0x09,0x09,0xF9,0xFF,
044    0xFF,0x80,0x80,0xCF,0xC0,0xC0,0xCB,0xCB,0xC0,0xC0,0xCF,0xCF,0x80,0x80,0xFF,0xFF
045    };
046
047    //-----------------------------------------------------------------
048    // 保存到 24C08 的图片:某城市图片,宽度 * 高度 = 128 * 40(共 128 * 40/8 = 640 字节)
049    // 这些数据已经存入了 24C08 芯片,故下面不需要重新调用写入 24C08 的代码
050    //(如果不在本例中做 24C08 写入实验,下面的点阵数组可省略)
051    //-----------------------------------------------------------------
052    /* prog_uchar Start_Screen_Image[] = {
053    0x00,0x00,0x00,0x00,0x00,0x00,0x00,0x00,0x00,0x00,0x00,0x00,0x00,0x00,0x00,0x00,
054    0x00,0x00,0x00,0x00,0x00,0x00,0x00,0x00,0x00,0x00,0x00,0x00,0x00,0x00,0x00,0x00,
......限于篇幅,这里省略了待写入 24C08 存储器的图像点阵数据
091    0x6F,0x37,0x67,0x7C,0x25,0x7C,0x24,0x54,0x2C,0x42,0x24,0x24,0x21,0x30,0x23,0x14,
092    0x03,0x24,0x01,0x24,0x05,0x20,0x07,0x20,0x27,0x21,0x23,0x27,0x17,0x27,0x15,0x23
093    }; */
094
095    //显示缓冲,因 RAM 限制,仅定义为 64 字节
096    INT8U DisplayBuffer[64];
097    //-----------------------------------------------------------------
098    // 主程序
099    //-----------------------------------------------------------------
100    int main()
101    {
102        INT8U p; //INT8U i,
103        DDRC = 0xFF; PORTC = 0xFF;
104        DDRD = 0xFF; PORTD = 0xFF;
105        DDRB = 0xFF; PORTB = 0xFF;
106        //初始化 LCD
107        LCD_Initialize();
108        //首先显示"2408 开机画面"
109        //从第 0 页开始,左边距 16,共显示 6 个 16x16 的汉字与数字信息,
110        //每 2 个数字合为一个汉字.
111        Display_A_WORD_String(0 ,16, 6, (INT8U * )Word_String);
112        //-----------------------------------------------------------------
113        //将屏幕图像写入 24C08,本例中可省略,因为数据已经绑定到了 $I^2C$
114        //每页写入时需要保证适当的延时,否则会出现间隔性写入失败
115        //-----------------------------------------------------------------
116        /* for(i = 0 ; i < 40; i ++)
117        {
118            AT24CxxWrite(0xa0,i * 16,(prog_uchar * )(Start_Screen_Image + i * 16),16);
119            _delay_ms(10);
```

```
120        } */
121
122     //-------------------------------------------------------------
123     //从 1K 字节的 24C08 中读取 640 个字节的屏幕图像
124     //因 RAM 空间有限,单次仅读取 64 字节放在显示缓冲 DisplayBuffer 中
125     //每次循环显示 128 字节,每 128 字节分别显示在第 3、4、5、6、7 页
126     //每页左边距为 0
127     //-------------------------------------------------------------
128     for(p = 0; p < 5 ;p++)
129     {
130         AT24CxxRead(0xa0,p * 2 * 64,DisplayBuffer,64);
131         Display_Image( 3 + p, 0,  64, 1, DisplayBuffer);
132         AT24CxxRead(0xa0,(p * 2 + 1) * 64,DisplayBuffer,64);
133         Display_Image( 3 + p, 64, 64, 1, DisplayBuffer);
134     }
135     while (1);
136 }


001 //----------------------------24C08.c---------------------------
002 // 名称:AT24C08 读/写程序
003 // (本例未使用 TWI 接口程序,改用模拟 I²C 时序读/写 AT24C08 存储器)
004 //-------------------------------------------------------------
005 #include <avr/io.h>
006 #include <avr/pgmspace.h>
007 #include <util/delay.h>
008 #define INT8U   unsigned char
009 #define INT16U  unsigned int
010 #define INT32U  unsigned long
011
012 //AT24XXXX 引脚定义
013 #define SCL PB2
014 #define SDA PB3
015 //AT24XXXX 引脚操作定义
016 #define SDA_1()     PORTB |= _BV(SDA)
017 #define SDA_0()     PORTB &= ~_BV(SDA)
018 #define SCL_1()     PORTB |= _BV(SCL)
019 #define SCL_0()     PORTB &= ~_BV(SCL)
020 #define SDA_DDR_1() DDRB |= _BV(SDA)
021 #define SDA_DDR_0() DDRB &= ~_BV(SDA)
022 #define R_SDA()     PINB & _BV(SDA)
023 //-------------------------------------------------------------
024 // 起始位
025 //-------------------------------------------------------------
```

```
026    void Start()
027    {
028        SDA_1(); _delay_us(4);
029        SCL_1(); _delay_us(4);
030        SDA_0(); _delay_us(4);
031        SCL_0();
032    }
033
034    //------------------------------------------------------------
035    // 停止位
036    //------------------------------------------------------------
037    void Stop()
038    {
039        SDA_0(); _delay_us(4);
040        SCL_1(); _delay_us(4);
041        SDA_1(); _delay_us(4);
042        SDA_0();
043    }
044
045    //------------------------------------------------------------
046    // 输出 ACK(ACK/NACK)
047    //------------------------------------------------------------
048    void W_ACK(INT8U a)
049    {
050        SCL_0(); _delay_us(4);
051        SDA_0(); if(a) SDA_1(); _delay_us(4);
052        SCL_1(); _delay_us(4);
053        SCL_0();
054    }
055
056    //------------------------------------------------------------
057    // 读 ACK
058    //------------------------------------------------------------
059    INT8U R_ACK()
060    {
061        INT8U n = 10;
062        SCL_0(); _delay_us(4);
063        SDA_DDR_0();                           //SDA 设为输入
064        SDA_1();                               //内部上拉
065        SCL_1();
066        _delay_us(4);
067        while(R_SDA() && n) n --;
068        SCL_0();
```

```
069         SDA_DDR_1();                              //SDA 设为输出
070         return n ? 0 : 1;
071 }
072
073 //------------------------------------------------------------
074 // 写 1 字节
075 //------------------------------------------------------------
076 INT8U WriteByte(INT8U dat)
077 {
078     INT8U i;
079     SCL_0();
080     for(i = 0x80; i != 0x00; i >>= 1)
081     {
082         if(dat & i) SDA_1(); else SDA_0(); _delay_us(4);
083         SCL_1();  _delay_us(4);
084         SCL_0();  _delay_us(4);
085     }
086     return R_ACK();
087 }
088
089 //------------------------------------------------------------
090 // 读 1 字节
091 //------------------------------------------------------------
092 INT8U ReadByte()
093 {
094     INT8U dat = 0,i;
095     SCL_0();
096     SDA_DDR_0();                              //SDA 设为输入
097     SDA_1();                                  //内部上拉
098     for(i = 0;i < 8; i++)
099     {
100         dat <<= 1;
101         SCL_1(); _delay_us(4); if(R_SDA()) dat |= 0x01;
102         SCL_0(); _delay_us(4);
103     }
104     SDA_DDR_1();
105     return dat;
106 }
107
108 //------------------------------------------------------------
109 // 从 AT24C08 连续读取数据
110 //------------------------------------------------------------
111 INT8U AT24CxxRead(INT8U Slave,INT16U addr,INT8U * Buffer,INT8U N)
```

```c
112     {
113         //将AT24C08共10位地址的高2位移到技术手册中控制字节内A2,P1,P0中的
114         //P1,P0对应位置,针对格式1010-A2-P1-P0-R/W.根据本例电路,其中A2固定为0
115         // page = 0000 - 0 - P1 - P0 - 0
116         //(注意不要将下面的语句简化为直接右移7位)
117         INT8U page = (INT8U)(addr >> 8 << 1);
118         //要防止接收到超过10位的异常地址addr,上面语句可改成
119         //INT8U page = (INT8U)(addr >> 7) & 0x06;
120
121         Start();                                    //I²C启动
122         if (WriteByte( Slave | page)) return 0;     //器件地址(及页地址)
123         if (WriteByte(addr))        return 0;       //器件数据地址
124         Start();                                    //重新启动
125         //器件数据地址,读操作
126         if (WriteByte( Slave | page | 0x01)) return 0;
127         while(N--)                                  //读取N位
128         {
129             *(Buffer++) = ReadByte();
130             if(N) W_ACK(0); else W_ACK(1);          //前N-1位发送ACK,最后一位发送NACK
131         }
132         Stop();                                     //I²C停止
133         return 1;
134     }
135
136     //-----------------------------------------------------------------
137     // 将Flash存储器中的多个字节连续写入AT24C08
138     //-----------------------------------------------------------------
139     INT8U AT24CxxWrite(INT8U Slave, INT16U addr,prog_uchar * Buffer,INT8U N)
140     {
141         INT8U i, page = (INT8U)(addr >> 8 << 1);
142         Start();                                    //I²C启动
143         if (WriteByte(Slave | page)) return 0;      //器件地址(及页地址)
144         if (WriteByte(addr))        return 0;       //器件数据地址
145         for(i = 0; i < N; i++)                      //写入N个字节数据
146         {
147             if (WriteByte(pgm_read_byte(&Buffer[i]))) return 0; //发送数据
148             _delay_ms(2);
149         }
150         Stop();                                     //I²C停止
151         return 1;
152     }
```

5.21 12864LCD 显示 EPROM27C256 保存的开机画面

本例在 EPROM 存储器 27C256 中预先保存了一幅图像数据,案例运行时单片机程序从 27C256 中读取画面数据并显示在 12864 液晶显示屏上。本例电路及运行效果如图 5-21 所示。

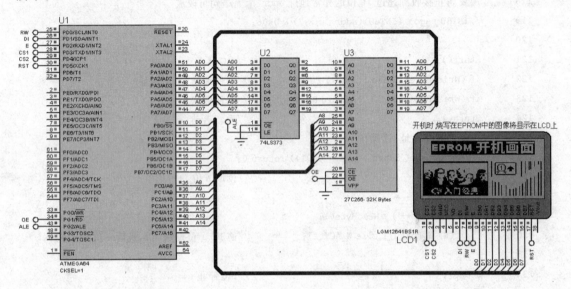

图 5-21 12864LCD 显示 EPROM27C256 保存的开机画面

1. 程序设计与调试

27C256 的 A0~A14 地址引脚可寻址 $2^{15}=32K$ 字节内存空间,$\overline{CE}$ 为片选引脚,$\overline{OE}$ 为输出使能引脚,VCC 与 GND 引脚在 Proteus 中被隐藏,VPP 引脚用于提供编程电压(本例中未连接)。

根据本例电路可定义外部内存起始地址:
#define EXTMEM_START_ADDR (INT8U *)0x8000
根据该定义可知外部第 i 字节空间地址为:
EXTMEM_START_ADDR + i
访问该字节空间数据时可用表达式:
EXTMEM_START_ADDR[i]   或   *(EXTMEM_START_ADDR + i)

对于 27C256 所存储的图像数据,可先通过工具软件或自编程序生成 bin 文件,然后进行烧写,在 Proteus 仿真环境中则只需要通过设置 27C256 的 Image File 属性为该 bin 文件即可。

在 Image File 属性的下面还有:File Base Address(hex)与 File Address Shift(bits)属性,它用于重新映射 bin 文件,其中 Base 设置从 bin 文件中读入数据的起始地址,Shift 指明跳过的字节数。下面是 2 个设置示例:

① 将本例 Base Address 设为 0x0020,Shift 设置为 0,读入 27C256 中的数据将从 bin 文件的第 0x0020 地址位置开始顺序读入字节。

② 假设某电路中有 2 片 27C256 共保存 64K（32K×2＝64K）字节数据，地址范围为 0x0000～0xFFFF，现要求一片 27C256 中保存偶地址字节数据，另一片中保存奇地址字节数据，则 2 片 27C256 的设置分别如下：

第 1 片：BASE＝0x0000　SHIFT＝1；

第 2 片：BASE＝0x0001　SHIFT＝1。

最后讨论一下如何生成待绑定到 27C256 的初始图像文件的 Turbo C 程序：为将数据写入 bin 文件，以便映射到 27C256，首先需要用 Zimo 软件按本例液晶取模方式获取某图形文件（BPM、JPG、GIF、PNG 等）点阵，然后用 Windows 平台编程工具将所获取的点阵字节写入 bin 文件。下面用 Turbo C 生成 bin 文件的源程序可供大家参考：

```
# include <stdio.h>
unsigned char bitmap[] = //128x40
{
  0xFF,0x03,0x03,0x03,0x03,0x03,0x03,0x03,0x03,0x03,0x03,0x03,
  ……限于篇幅，这里省略了本例所使用的图像点阵数据
  0xFF,0x00,0x00,0x00,0xFF,0x00,0x00,0x00,0xFF,0x00,0x00,0xFF
};
void main()
{
  FILE * fp;
  fp = fopen("c:\\27C256.bin","wb");
  fwrite(bitmap,1,128 * 64,fp);
  fclose(fp);
}
```

2. 实训要求

① 本例 EPROM 芯片使用了扩展接口 AD0～AD7、A8～A15，而液晶屏则未使用扩展接口，完成本例调试后，重新修改电路，使液晶屏与 EPROM 共用扩展接口，完成 EPROM 数据读取与液晶屏显示。

② 在本例中再添加 1 片 27C256 存储器，存储多幅图像点阵数据，编程实现本例液晶的多幅图像滚动显示效果。

3. 源程序代码

```
001  //---------------------------- main.c ----------------------------
002  //   名称：开机显示 EPROM27C256 中的画面
003  //----------------------------------------------------------------
004  //   说明：开机时系统从 EPROM27C256 中读取画面并显示到 12864LCD
005  //
006  //----------------------------------------------------------------
007  # include <avr/io.h>
008  # include <util/delay.h>
009  # define INT8U   unsigned char
```

```
010    #define INT16U   unsigned int
011
012    //12864LCD 相关函数
013    extern void LCD_Initialize();
014    extern void Display_A_Char(INT8U,INT8U,INT8U *);
015    extern void Display_A_WORD(INT8U,INT8U,INT8U *);
016    extern void Display_A_WORD_String(INT8U,INT8U,INT8U,INT8U *);
017    extern void Display_Image(INT8U,INT8U,INT8U,INT8U,INT8U *);
018    extern void Display_Image(INT8U P,INT8U L,INT8U W,INT8U H,INT8U * G);
019    //外部内存地址地址定义
020    #define EXTMEM_START_ADDR (INT8U *)0x8000
021    //开机时首先显示在 LCD 上的文字
022    const INT8U Word_String[] =
023    {
024    /*-------------- EP -------------- */
025    0xFF,0x0F,0x0F,0x4F,0x4F,0x4F,0x4F,0xFF,0xFF,0x0F,0x0F,0xCF,0xCF,0x0F,0x1F,0xFF,
026    0xFF,0xF0,0xF0,0xF2,0xF2,0xF2,0xF2,0xFF,0xFF,0xF0,0xF0,0xFC,0xFC,0xFC,0xFE,0xFF,
027    /*-------------- RO -------------- */
028    0xFF,0x0F,0x0F,0x4F,0x4F,0x4F,0x0F,0x1F,0xFF,0xFF,0x3F,0x1F,0xCF,0xCF,0xCF,0x1F,
029    0xFF,0xF0,0xF0,0xFE,0xFE,0xFC,0xF8,0xF3,0xF7,0xFF,0xFC,0xF8,0xF3,0xF3,0xF3,0xF8,
030    /*-------------- M -------------- */
031    0x3F,0xFF,0x0F,0x0F,0x0F,0x1F,0xFF,0xFF,0x1F,0x0F,0xFF,0xFF,0xFF,0xFF,0xFF,0xFF,
032    0xFC,0xFF,0xFF,0xF0,0xF0,0xFE,0xF0,0xF0,0xFE,0xF0,0xF0,0xFF,0xFF,0xFF,0xFF,0xFF,
033    /*-------------- 开 -------------- */
034    0x3F,0x39,0x39,0x39,0x01,0x01,0x39,0x39,0x39,0x01,0x01,0x39,0x39,0x39,0x3F,0xFF,
035    0xFF,0xDF,0x9F,0xC7,0xE0,0xF8,0xFF,0xFF,0xFF,0x80,0x80,0xFF,0xFF,0xFF,0xFF,0xFF,
036    /*-------------- 机 -------------- */
037    0xE7,0x67,0x00,0x00,0x67,0xE7,0xFF,0x01,0x01,0xF9,0xF9,0x01,0x01,0xFF,0xFF,0xFF,
038    0xF9,0xFC,0x80,0x80,0xFE,0xDC,0x8F,0xC0,0xF0,0xFF,0xFF,0xC0,0x80,0x9F,0x8F,0xFF,
039    /*-------------- 画 -------------- */
040    0xFF,0x19,0x19,0xF9,0x09,0x09,0x69,0x09,0x69,0x09,0x09,0xF9,0x19,0x19,0xFF,0xFF,
041    0xFF,0xC0,0xC0,0xCF,0xC8,0xC8,0xCB,0xC8,0xCB,0xC8,0xC8,0xCF,0x80,0x80,0xFF,0xFF,
042    /*-------------- 面 -------------- */
043    0xF9,0x09,0x09,0xC9,0x09,0x09,0x41,0x41,0x09,0x09,0xC9,0xC9,0x09,0x09,0xF9,0xFF,
044    0xFF,0x80,0x80,0xCF,0xC0,0xC0,0xCB,0xCB,0xC0,0xC0,0xCF,0xCF,0x80,0x80,0xFF,0xFF
045    };
046
047    //-------------------------------------------------------------------------
048    // 烧写到 EPROM27C256 的屏幕图像数据,宽度 * 高度 = 128 * 40（共 128 * 40/8 = 640 字节）
049    // 这些数据已经通过 BIN 文件绑定到 Proteus 中的 27C256EPROM 芯片
050    //-------------------------------------------------------------------------
051    //const INT8U Start_Screen_Image[] = {
052    //0xFF,0x03,0x03,0x03,0x03,0x03,0x03,0x03,0x03,0x03,0x03,0x03,0x03,0x03,0x03,0x03,
```

```
053     //0x03,0x03,0x03,0x03,0x03,0x03,0x03,0x03,0x03,0x03,0x03,0x03,0x03,0x03,0x03,0x03,
        ……限于篇幅,这里省略了大部分图像数据
090     //0x00,0xFF,0x00,0x00,0xFF,0x00,0x00,0x00,0xFF,0x00,0x00,0xFF,0x00,0x00,0xFF,0x00,
091     //0xFF,0x00,0x00,0x00,0xFF,0x00,0x00,0x00,0xFF,0x00,0x00,0x00,0xFF,0x00,0x00,0xFF
092     //};
093
094     //-----------------------------------------------------------------
095     // 主程序
096     //-----------------------------------------------------------------
097     int main()
098     {
099         INT8U Page;
100         DDRA = 0xFF; PORTA = 0xFF;
101         DDRB = 0xFF; PORTB = 0xFF;
102         DDRC = 0xFF; PORTC = 0xFF;
103         DDRD = 0xFF; PORTD = 0xFF;
104         //允许访问外部存储器
105         MCUCR |= 0x80;
106         //初始化 LCD
107         LCD_Initialize();
108         //首先显示"EPROM 开机画面"
109         //从第 0 页开始,左边距9,共显示 7 个 16*16 的汉字与数字信息,
110         //每 2 个字母合为一个汉字,M 单独占一个汉字宽度
111         Display_A_WORD_String(0 ,9, 7,(INT8U *)Word_String);
112         //-----------------------------------------------------------------
113         //接着从外部 EPROM 中读取 640 个字节的屏幕图像
114         //外部内存起始地址为:EXTMEM_START_ADDR
115         //每次循环读取并显示 128 字节
116         //每 128 字节分别显示在第 3、4、5、6、7 页,每页左边距为 0
117         //-----------------------------------------------------------------
118         for(Page = 0; Page < 5; Page ++)
119         {
120             Display_Image( Page + 3, 0, 128, 1,
121                             (INT8U *)(EXTMEM_START_ADDR + Page * 128));
122         }
123         while (1);
124     }
```

5.22 I^2C – AT24C1024×2 硬字库应用

本例在两块 AT24C1024 芯片中内置了 16×16 点阵汉字库文件,汉字库文件 HZK16 共 262 KB,两块芯片各保存 128K,多出的部分(262K－128×2＝6 KB)被截除。本例运行时,程

序根据汉字内码得到区位码,再根据区位码从硬件字库中提取汉字点阵,所提取的字库点阵再进一步转换为本例液晶屏汉字显示所需要的格式,最后显示在液晶屏上。本例显示任何汉字时,不再需要使用要用专门的取字模软件(例如 Zimo 软件)提取固定汉字字模。本例电路及程序运行效果如图 5-22 所示。

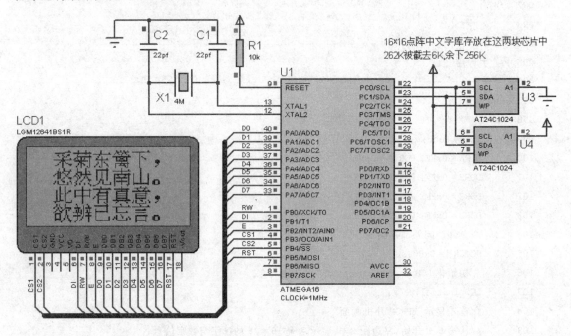

图 5-22　I²C－AT24C1024×2 硬字库应用

1. 程序设计与调试

由于当前版本的 Proteus 中没有兼容 I²C 接口的大容量 EEPROM,本例使用了 2 片具有 128K 字节空间的 AT24C1024 分别保存汉字库的前、后两部分。拆分字库文件时可以自己编写 TC 程序完成,也可以直接使用本书案例压缩包中提供的文件拆分软件。

本例程序读取各汉字内码后,将两字节汉字内码分别减去 0xA0 得到区位码,再根据区位码求出汉字点阵在字库中的位置。由于汉字被存放于 94 行 94 列的区域中,每个汉字点阵占 32 字节(16×16/8=32),根据上述字库结构,由汉字区位码(即汉字在字库表中的行/列位置)可得出汉字点阵在字库中起点位置(或称偏移位置)计算公式:

Offset＝(94×(SectionCode－1) + (PlaceCode－1))×32L

其中 SectionCode 与 PlaceCode 分别为区位与位码。

汉字库文件 HZK 中各汉字的 32 字节点阵是逐行取模的,每行 16 个像素,由 2 个字节保存,从上到下 16 行共 32 字节,其取模格式如图 5-23(左)所示。

本例液晶显示汉字时,需要的汉字点阵取模顺序是从汉字上半部分开始,从左到右垂直取得 16 字节,且各字节是高位在下、低位在上,然后再从左到右取得汉字下半部分的 16 字节。取模格式如图 5-22(右)所示。

由于两者取模方式不同,本例还需要将 HZK 点阵格式转换为 LCD 点阵格式。

本例中函数 Read_HZ_dot_Matrix_AND_Convert_TO_LCD_Fmt 首先根据汉字内码得到区位码,根据区位码计算偏移量 Offset,再从两片 24C1024 读取汉字点阵,然后将这 32 字节的 HZK 点阵格式转换为 LCD 点阵格式,由图 5-23 左边的 HZK 取模格式转换为右边的 LCD 取模格式,转换程序算法如下:

① 外层循环控制 4 个独立的块(block)分别进行转换,上两块序号为 0、1,下两块序号为 2、3,循环控制变量 block=0～3。

② 内层循环扫描 HZK 格式下当前块内的 8 列,生成 LCD 格式下的 8 个字节,LCD 格式下当前块内的第 i 个字节即 HZK 格式下当前块内的第 i 列,循环控制变量 i=0～7。

③ 最内层循环获取 HZK 格式下当前块内第 i 列中的 8 位,循环获取各位的控制变量 j=0～7,每次遇到位 1 时即写入 LCD 格式下当前块内第 i 字节的第 j 位。

案例源程序中对各语句给出了很详细的说明,阅读时可参考注释语句仔细分析。

本例的 256K 字节汉字库数据被拆分为两部分,分别存放于 2 片 AT24C1024 存储器中,变量 Offset 为 18 位数据,可寻址整个汉字库空间。由 18 位数据的最高位可判断当前汉字的 32 字节点阵数据处于哪一片存储器,Offset 的低 17 位可寻址一片 AT24C1024 内的所有存储空间。从该器件中读取字节时,需要发送一个控制字节与两个地址字节。其控制字节格式是:

1010－＊－A1－P0－R/W

"＊"号对应的 A2 位不使用,A1 位是硬地址位,2 片 EEPROM 的 A1 引脚分别连接低电平与高电平,18 位 Offset 的最高位对应于 A1 位,用于选择 2 片存储器之一,控制字节之后接着发送的是 2 字节地址(16 位),17 位存储器地址的最高位先于这 2 字节,由最前面的控制字节中的 P0 位携带发送。

掌握上述技术要点后,AT24C1024 的读字节程序就很容易编写了。

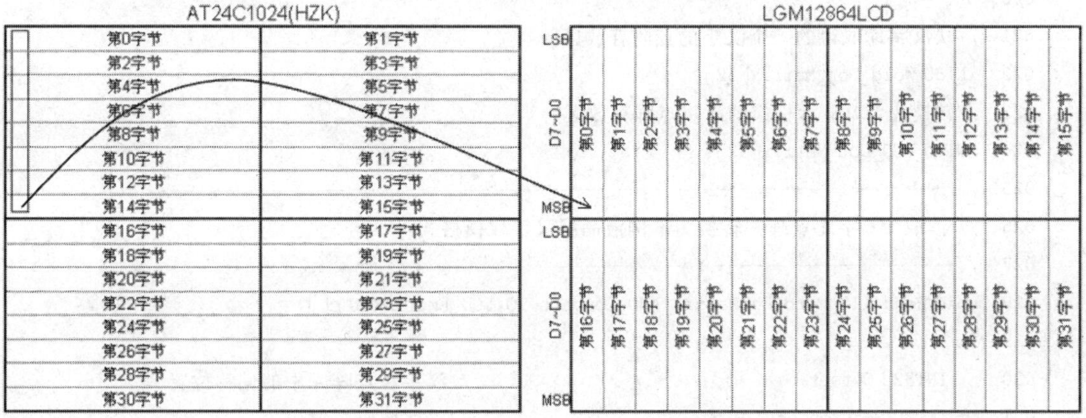

图 5-23 16×16 点阵汉字在 HZK(左)及本例 LCD(右)中的取模格式

2. 实训要求

① 本例各汉字的 32 字节点阵数据是通过逐个读取单字节方式获取的,完成本例调试后,进一步阅读 AT24C1024 技术手册中顺序读取多字节的操作时序,改用从指定地址连续读取多字节的方法重新编写本例程序。

② 本例仅实现了全角汉字和全角英文及数字等字符的显示,完成本例调试后进一步改编本例,使之能实现各类中英文全角或半角字符的混合显示。

③ 尝试将案例中的液晶屏改成 32×16 LED 点阵屏,实现任意设定字符串的滚动显示。

3. 源程序代码

```
001  //-------------------------------- main.c --------------------------------
002  //  名称：IIC-AT24C1024×2 硬字库应用
003  //------------------------------------------------------------------------
004  //  说明：本例运行时，液晶屏将显示几行文字，这些文字的点阵由本例
005  //        程序自动从 2 片 AT24C1024 中读取
006  //
007  //------------------------------------------------------------------------
008  #include <avr/io.h>
009  #include <util/delay.h>
010  #include <string.h>
011  #define INT8U   unsigned char
012  #define INT16U  unsigned int
013  #define INT32U  unsigned long
014
015  //12864LCD 相关函数
016  extern void LCD_Initialize();
017  extern void Display_A_WORD_String(INT8U P,INT8U L,INT8U C,INT8U * M);
018  //I²C 相关函数
019  extern void Rec_AT24C1024_Bytes(INT8U Slave,INT32U ROM_Addr,INT8U * Buf,INT8U N);
020
021  //从汉字库取得的一个汉字的点阵存放区
022  INT8U Word_Dot_Matrix[32];
023  //转换为 LCD 显示格式的汉字点阵存放区
024  INT8U LCD_Dot_Matrix[32];
025  //------------------------------------------------------------------------
026  // 读取 I²C 字库点阵并转换为本例液晶屏汉字取模格式
027  //------------------------------------------------------------------------
028  void Read_IIC_Word_DotMatrix_AND_Convert_TO_LCD_Fmt(INT8U c[])
029  {
030      INT32U Offset;                          //汉字在点阵库中的偏移位置
031      INT8U SectionCode, PlaceCode;           //汉字区码与位码
032      INT8U AT24C1024_A1;                     //标识 24C1024 芯片编号 0、1
033      INT8U i,j,block;                        //格式转换变量
034      INT8U Idx[4] = {0,1,16,17};             //4 个板块转换的起始字节索引
035      SectionCode = c[0] - 0xA0;              //取得汉字区位码
036      PlaceCode   = c[1] - 0xA0;
037
038      //根据区位码计算该汉字点阵字节在字库中的偏移位置
039      //(18 位的 offset 可寻址 256K 点阵字库空间)
040      Offset = (94L * (SectionCode - 1) + (PlaceCode - 1)) * 32L;
041
```

```
042     //根据 Offset 的第 18 位可判断该汉字点阵处在字库前半段(第一片 24C1024)
043     //还是后半段(第二片 24C1024),变量 AT24C1024_A1 为 0/1,分别用于选择
044     //第 1 片或第 2 片 AT24C1024
045     AT24C1024_A1 = Offset >> 17 & 0x00000001;
046     //余下的 17 位 Offset 是第 1 片或第 2 片 AT24C1024 内的偏移量(可寻址 128K 字节空间)
047     Offset &= 0x0001FFFF;
048
049     //从 Offset 开始读取该汉字 32 个字节的点阵数据
050     //AT24C1024 的控制字节格式为:1010 - * - A1 - P0 - R/W(其中 * 是无用的,取值可固定为 0)
051     //变量 AT24C1024_A1 影响控制字节中的 A1 位,即 A1 位 = AT24C1024_A1
052     //它用于选择第 1 片或第 2 片 I²C 存储器
053     //传给函数的参数 Offset 现在是 17 位的,控制字节后的 2 个地址字节携带 16 位后还余下最高位
054     //Rec_AT24C1024_Bytes 函数将根据 offset 的最高位(第 17 位)决定 P0 位的值
055     Rec_AT24C1024_Bytes(0B10100000 | (AT24C1024_A1<<2), Offset, Word_Dot_Matrix, 32);
056
057     //将 16 * 16 点阵分为 4 个 8 * 8 点阵区域进行转换(汉字上半部分与下半部各占两个区域)
058     //下面循环对 4 个块分别进行转换(每块点阵为 8 * 8)
059     for (block = 0; block < 4; block ++ )
060     {
061         //由 HZK 格式下当前块中的 8 个字节生成 LCD 格式下当前块中的 8 个字节
062         //LCD 格式下的 8 字节来自于 HZK 格式下的 8 列
063         //LCD 格式下的第 i 字节即 HZK 格式下的第 i 列,i = 0~7
064         for (i = 0; i < 8; i ++ )
065         {
066             //生成 LCD 格式下的第 block 块中第 i 字节时先将其清零
067             LCD_Dot_Matrix[block * 8 + i] = 0x00;
068
069             //转换 HZK 格式下的当前块内第 i 列的 8 位,位扫描变量 j = 0~7
070             //i = 0 时,循环获取 HZK 格式下该块中 8 个字节(j = 0~7)各自的最高位(共 8 位)
071             //i = 1 时,循环获取 HZK 格式下该块中 8 个字节(j = 0~7)各自的次高位(共 8 位)
072             //依此类推...
073             for( j = 0; j < 8; j ++ )
074             {
075                 //HZK 格式下当前块中第 i 列第 j 位为 1 则将其写入
076                 //LCD 格式下当前块内第 i 字节第 j 位,依次类推...
077                 if ((Word_Dot_Matrix[Idx[block] + 2 * j] & (0x80>>i)) != 0x00)
078                     LCD_Dot_Matrix[block * 8 + i] |= _BV(j);
079             }
080         }
081     }
082 }
083
084 //-------------------------------------------------------------------
```

```c
085    // 主程序
086    //------------------------------------------------------------
087    int main()
088    {
089        INT8U i,j;
090        //Poem 中可输入任意文字,注意输入标点符号或英文数字时必须采用全角方式
091        //关于中英文及全/半角混合支持可参考"多汉字点阵屏"案例中的相关代码
092        const char Poem[][15] =
093        {
094            "采菊东篱下,",
095            "悠然见南山。",
096            "此中有真意,",
097            "欲辨已忘言。"
098        };
099        //配置端口
100        DDRA = 0xFF; PORTA = 0xFF;
101        DDRB = 0xFF; PORTB = 0xFF;
102        //初始化 LCD
103        LCD_Initialize();
104        //共显示 4 行,分别显示在 0、2、4、6 页,每行占 2 页
105        for (i = 0; i < 4; i++)
106        {
107            //显示每行文字
108            for (j = 0; j < strlen(Poem[i]); j += 2)
109            {
110                //从每行第 j 个字节,每次跨度为 2 字节(1 个汉字),
111                //取得汉字点阵并转换为本例液晶格式
112                Read_IIC_Word_DotMatrix_AND_Convert_TO_LCD_Fmt((INT8U *)(Poem[i] + j));
113
114                //从第 i 页开始,左边距 19,每次显示一个汉字
115                Display_A_WORD_String(i * 2 ,j/2 * 16 + 19 , 1, LCD_Dot_Matrix);
116            }
117        }
118        while (1);
119    }


01    //-------------------------- AT24C1024.c --------------------------
02    //   名称:用 TWI 接口读/写 AT24C1024 子程序
03    //------------------------------------------------------------
04    # include <avr/io.h>
05    # include <util/delay.h>
06    # include <util/TWI.h>
07    # define INT8U    unsigned char
```

```c
08  #define INT16U    unsigned int
09  #define INT32U    unsigned long
10
11  //TWI 通用操作
12  #define Wait()              while ((TWCR & _BV(TWINT)) == 0)
13  #define START()             {TWCR = _BV(TWINT) | _BV(TWSTA) | _BV(TWEN); Wait();}
14  #define STOP()              (TWCR = _BV(TWINT) | _BV(TWSTO) | _BV(TWEN))
15  #define TWI()               {TWCR = _BV(TWINT) | _BV(TWEN); Wait(); }
16  #define WriteByte(x)        {TWDR = (x);TWCR = _BV(TWINT) | _BV(TWEN); Wait();}
17  #define ACK()               (TWCR |=   _BV(TWEA))
18  #define NACK()              (TWCR &= ~ _BV(TWEA))
19  //------------------------------------------------------------------
20  // 从 AT24C1024 读 1 字节
21  //------------------------------------------------------------------
22  INT8U Read_A_Byte(INT8U Slave,INT32U ROM_Addr)
23  {
24      INT8U page,dat; INT16U addr16;
25      //AT24C1024 控制字节格式:1010 - * - A1 - P0 - R/W
26      //一片 AT24C1024 的存储空间为 128K 字节,需要 17 位地址进行寻址
27      //地址的最高位对应于控制字节(或称器件地址字节)中的 P0 位
28      page = (INT8U)((ROM_Addr>>16) & 0x00000001) << 1;
29      //在控制字节后是 16 位的字地址
30      addr16 = (INT16U)(ROM_Addr & 0x0000FFFF);
31      START();
32      if (TW_STATUS != TW_START)          return 0;
33      //发送器件地址及页地址
34      WriteByte(Slave | page);
35      if (TW_STATUS != TW_MT_SLA_ACK)     return 0;
36      //下面再发送余下的 16 位地址
37      //其中 17 位地址的最高位已由控制字节中的 P0 位携带
38      WriteByte((INT8U)(addr16 >> 8));            //先发高 8 位
39      if (TW_STATUS != TW_MT_DATA_ACK)    return 0;
40      WriteByte((INT8U)(addr16 & 0x00FF));        //再发低 8 位
41      if (TW_STATUS != TW_MT_DATA_ACK)    return 0;
42      START();
43      if (TW_STATUS != TW_REP_START)      return 0;
44      //器件地址(读)
45      WriteByte(Slave | 0x01 | page);
46      if (TW_STATUS != TW_MR_SLA_ACK)     return 0;
47      //启动主 I²C 读方式
48      TWI();
49      if (TW_STATUS != TW_MR_DATA_NACK)   return 0;
50      dat = TWDR;
```

```c
51        STOP();
52        return dat;
53  }
54
55  //------------------------------------------------------------
56  // 从 AT24C1024 接收多字节
57  //------------------------------------------------------------
58  void Rec_AT24C1024_Bytes(INT8U Slave,INT32U ROM_Addr,INT8U * Buf,INT8U N)
59  {
60      INT8U i;
61      for ( i = 0; i < N; i++ )
62      {
63          Buf[i] = Read_A_Byte(Slave, ROM_Addr + i);
64      }
65  }
```

5.23 SPI－AT25F2048 硬件字库应用

兼容 SPI 接口的 AT25F2048 具有 256K 字节内存，本例将 16×16 点阵汉字库文件 HZK 存放于该 EEPROM 中，HZK 文件共有 262K 字节，本例截除了多出的 6K 数据。案例电路如图 5-24 所示，所实现的运行效果与上一案例相同。

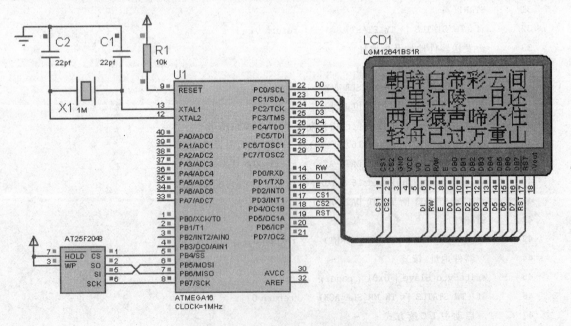

图 5-24　SPI－AT25F2048 硬件字库应用

1. 程序设计与调试

本例运行效果与上一案例完全相同,不同之处仅在于使用了容量较大的兼容 SPI 接口的 AT25F2048 存储器(256K 字节),由于空间扩展了一倍,本例不需要再将字库分割为两部分,分别由两片 EEPROM 保存。

根据 AT25F2048 技术手册文件可知,在读取字节之前首先需要发送读字节命令 READ (0x03),然后发送 3 字节地址 addr(INT32U 类型),32 位的长整型地址变量 addr 实际有效位为 18 位,可寻址 256K EEPROM 内存空间。发送 3 字节地址的语句如下:

```
SPI_Transmit((INT8U)(addr >> 16));
SPI_Transmit((INT8U)(addr >> 8));
SPI_Transmit((INT8U)(addr));
```

在发送 3 个字节地址 addr 以后即可通过连续发送 0xFF 来连续接收 32 个字节的点阵数据:

```
for( i = 0; i < len; i ++ ) p[i] = SPI_Transmit(0xFF);
```

与上一案例一样,本例中的偏移变量 Offset 也是 18 位的,通过区位码获取汉字点阵在字库中的起始位置 Offset,从 SPI 接口存储器中的 Offset 位置即可读取 32 字节汉字点阵数据:

```
Read_Some_Bytes_FROM_AT25F1024A(Offset,Word_Dot_Matrix,32)
```

由于本例 LCD 与上一案例相同,因而本例的汉字点阵数据格式转换算法也与上一案例相同,转换函数中余下的代码与上一案例中的对应代码完全相同。

2. 实训要求

① 改用取模方式不同于本例的其他液晶屏,重新设计程序,仍实现相同的运行效果。

② 改用 AT25F4096 存储器(512K 字节),同时保存中英文字库文件,实现全角与半角字符的混合显示。

③ 在字库中最末尾的部分空白区域设计保存若干特殊字符点阵数据,例如扬声器点阵、时钟面板点阵、各种气象标志点阵等,编程实现对这些特殊字符点阵的读取、转换与液晶显示。

3. 源程序代码

```
01  //----------------------------- main.c -----------------------------
002 //  名称:SPI - AT25F2048 硬件字库应用
003 //------------------------------------------------------------------
004 //  说明:本例与上一案例的差别在于字库存放在兼容 SPI 接口的 AT25F2048
005 //        存储器中
006 //
007 //------------------------------------------------------------------
008 #include <avr/io.h>
009 #include <string.h>
010 #define INT8U   unsigned char
011 #define INT16U  unsigned int
012 #define INT32U  unsigned long
```

```
013
014     //12864LCD 相关函数
015     extern void LCD_Initialize();
016     extern void Display_A_WORD_String(INT8U P,INT8U L,INT8U C,INT8U * M);
017     //SPI 相关函数
018     extern void SPI_MasterInit();
019     extern void Read_Some_Bytes_FROM_AT25F1024A(INT32U addr, INT8U * p, INT16U len);
020
021     //从汉字库取得的一个汉字的点阵存放区
022     INT8U Word_Dot_Matrix[32];
023     //转换为 LCD 显示格式的汉字点阵存放区
024     INT8U LCD_Dot_Matrix[32];
025     //-----------------------------------------------------------------
026     // 读取 SPI 字库汉字点阵并将字库点阵格式转换为本例液晶屏汉字取模格式
027     //-----------------------------------------------------------------
028     void READ_SPI_Word_DotMatrix_AND_Convert_TO_LCD_Fmt(INT8U c[])
029     {
030         INT32U Offset;                              //汉字在点阵库中的偏移位置
031         INT8U SectionCode, PlaceCode;               //汉字区码与位码
032         INT8U i,j,block;                            //格式转换变量
033         INT8U Idx[4] = {0,1,16,17};                 //4 个板块转换的起始字节索引
034         SectionCode = c[0] - 0xA0;                  //取得汉字区位码
035         PlaceCode   = c[1] - 0xA0;
036
037         //根据区位码计算该汉字在字库中的偏移位置
038         Offset = (94L * (SectionCode - 1) + (PlaceCode - 1)) * 32L;
039         //从 SPI 接口存储器 AT25F2048 中 Offset 位置读取该汉字点阵
040         Read_Some_Bytes_FROM_AT25F1024A(Offset,Word_Dot_Matrix,32);
041
042         //将 16*16 点阵分为 4 个 8*8 点阵区域进行转换(汉字上半部分与下半部各占两个区域)
043         //下面循环对 4 个块分别进行转换(每块点阵为 8x8)
044         for (block = 0; block < 4; block ++)
045         {
046             //由 HZK 格式下当前块中的 8 个字节生成 LCD 格式下当前块中的 8 个字节
047             //LCD 格式下的 8 字节来自于 HZK 格式下的 8 列
048             //LCD 格式下的第 i 字节即 HZK 格式下的第 i 列,i = 0~7
049             for (i = 0; i < 8; i++)
050             {
051                 //生成 LCD 格式下的第 block 块中第 i 字节时先清将其 0
052                 LCD_Dot_Matrix[block * 8 + i] = 0x00;
053
054                 //转换 HZK 格式下的当前块内第 i 列的 8 位,位扫描变量 j = 0~7
055                 //i = 0 时,循环获取 HZK 格式下该块中 8 个字节(j = 0~7)各自的最高位(共 8 位)
```

```
056             //i=1时,循环获取HZK格式下该块中8个字节(j=0~7)各自的次高位(共8位)
057             //依此类推...
058             for( j = 0; j < 8; j++)
059             {
060                 //HZK格式下当前块中第i列第j位为1则将其写入
061                 //LCD格式下当前块内第i字节第j位,以此类推
062                 if ((Word_Dot_Matrix[Idx[block] + 2 * j] & (0x80>>i)) != 0x00)
063                     LCD_Dot_Matrix[block * 8 + i] |= _BV(j);
064             }
065         }
066     }
067 }
068
069 //------------------------------------------------------------------
070 // 主程序
071 //------------------------------------------------------------------
072 int main()
073 {
074     INT8U i,j;
075     //Poem中可输入任意文字,注意输入标点符号或英文数字时必须采用全角方式
076     //关于中英文及全/半角混合支持可参考"多汉字点阵屏"案例中的相关代码
077     const char Poem[][16] =
078     {
079         "朝辞白帝彩云间",
080         "千里江陵一日还",
081         "两岸猿声啼不住",
082         "轻舟已过万重山"
083     };
084     //配置端口
085     DDRC = 0xFF; PORTC = 0xFF;
086     DDRD = 0xFF; PORTD = 0xFF;
087     //SPI主机初始化
088     SPI_MasterInit();
089     //初始化LCD
090     LCD_Initialize();
091     //共显示4行,分别显示在0、2、4、6页,每行占2页
092     for (i = 0; i < 4; i++)
093     {
094         //显示每行文字
095         for (j = 0; j < strlen(Poem[i]); j += 2)
096         {
097             //从每行第j个字节,每次跨度为2字节(1个汉字)
098             //取得汉字点阵并转换为本例液晶格式
```

```
099                     READ_SPI_Word_DotMatrix_AND_Convert_TO_LCD_Fmt((INT8U *)(Poem[i] + j));
100
101             //从第 i 页开始,左边距 7,每次显示一个汉字
102             Display_A_WORD_String(i*2 ,j/2*16 + 7, 1, LCD_Dot_Matrix);
103         }
104     }
105     while (1);
106 }


001 //--------------------------AT25F2048.c--------------------------
002 // 名称:用 SPI 接口读/写 AT25F2048 子程序
003 //--------------------------------------------------------------
004 #include <avr/io.h>
005 #include <util/delay.h>
006 #define INT8U    unsigned char
007 #define INT16U   unsigned int
008 #define INT32U   unsigned long
009
010 // AT25F2048 指令集
011 #define WREN          0x06            //使能写
012 #define WRDI          0x04            //禁止写
013 #define RDSR          0x05            //读状态
014 #define WRSR          0x01            //写状态
015 #define READ          0x03            //读字节
016 #define PROGRAM       0x02            //写字节
017 #define SECTOR_ERASE  0x52            //删除区域数据
018 #define CHIP_ERASE    0x62            //删除芯片数据
019 #define RDID          0x15            //读厂商与产品 ID
020 //SPI 使能与禁用
021 #define SPI_EN() (PORTB &= 0xEF)
022 #define SPI_DI() (PORTB |= 0x10)
023 //--------------------------------------------------------------
024 // SPI 主机初始化
025 //--------------------------------------------------------------
026 void SPI_MasterInit()
027 {
028     //设置 SS、MOSI、SCK 为输出,MISO 为输入
029     DDRB = 0B10110000; PORTB = 0xFF;
030     //SPI 使能,主机模式,16 分频
031     SPCR |= _BV(SPE) | _BV(MSTR) | _BV(SPR0);
032 }
033
034 //--------------------------------------------------------------
```

```
035    // SPI 数据传输
036    //--------------------------------------------------------------
037    INT8U SPI_Transmit(INT8U dat)
038    {
039        SPDR = dat;                              //启动数据传输
040        while(!(SPSR & _BV(SPIF)));              //等待结束
041        SPSR |= _BV(SPIF);                       //清中断标志
042        return SPDR;
043    }
044
045    //--------------------------------------------------------------
046    // 读 AT25F2048 芯片状态
047    //--------------------------------------------------------------
048    INT8U Read_SPI_Status()
049    {
050        INT8U status;
051        SPI_EN();
052        SPI_Transmit(RDSR);                      //发送读状态指令
053        status = SPI_Transmit(0xFF);
054        SPI_DI();
055        return status;
056    }
057
058    //--------------------------------------------------------------
059    // AT25F2048 忙等待
060    //--------------------------------------------------------------
061    void Busy_Wait()
062    {
063        while(Read_SPI_Status() & 0x01);         //忙等待
064    }
065
066    /*
067    //--------------------------------------------------------------
068    // 删除 AT25F2048 芯片未加保护的所有区域数据
069    //--------------------------------------------------------------
070    void ChipErase()
071    {
072        SPI_EN();
073        SPI_Transmit(WREN);                      //使能写
074        SPI_DI();
075        Busy_Wait();
076        SPI_EN();
077        SPI_Transmit(CHIP_ERASE);                //清除芯片数据指令
```

```c
078        SPI_DI();
079        Busy_Wait();
080    }
081    */
082
083    //------------------------------------------------------------
084    // 向 AT25F2048 写入 3 个字节的地址 0x000000 - 0x01FFFF
085    //------------------------------------------------------------
086    void Write_3_Bytes_AT25F2048_Address(INT32U addr)
087    {
088        SPI_Transmit((INT8U)(addr >> 16 & 0xFF));
089        SPI_Transmit((INT8U)(addr >> 8  & 0xFF));
090        SPI_Transmit((INT8U)(addr & 0xFF));
091    }
092
093    //------------------------------------------------------------
094    // 从指定地址读单字节
095    //------------------------------------------------------------
096    INT8U Read_Byte_FROM_AT25F2048(INT32U addr)
097    {
098        INT8U   dat;
099        SPI_EN();
100        SPI_Transmit(READ);                      //发送读指令
101        Write_3_Bytes_AT25F2048_Address(addr);   //发送 3 字节地址
102        dat = SPI_Transmit(0xFF);                //读取字节数据
103        SPI_DI();
104        return dat;
105    }
106
107    //------------------------------------------------------------
108    // 从指定地址读多字节到缓冲
109    //------------------------------------------------------------
110    void Read_Some_Bytes_FROM_AT25F2048(INT32U addr, INT8U * p, INT16U len)
111    {
112        INT16U i;
113        SPI_EN();
114        SPI_Transmit(READ);                      //发送读指令
115        Write_3_Bytes_AT25F2048_Address(addr);   //发送 3 字节地址
116        for( i = 0; i < len; i++ )               //读数据序列
117            p[i] = SPI_Transmit(0xFF);
118        SPI_DI();
119    }
120
```

```
121    //------------------------------------------------------------
122    // 向 AT25F2048 指定地址写入单字节数据
123    //------------------------------------------------------------
124    void Write_Byte_TO_AT25F2048(INT32U addr,INT8U dat)
125    {
126        SPI_EN();
127        SPI_Transmit(WREN);                    //使能写
128        SPI_DI();
129        Busy_Wait();
130        SPI_EN();
131        SPI_Transmit(PROGRAM);                 //写指令
132        Write_3_Bytes_AT25F2048_Address(addr); //发送 3 字节地址
133        SPI_Transmit(dat);                     //写字节数据
134        SPI_DI();
135        Busy_Wait();
136    }
137    /*
138    //------------------------------------------------------------
139    // 向 AT25F2048 指定地址开始写入多字节数据
140    //------------------------------------------------------------
141    void Write_Some_Bytes_TO_AT25F2048(INT32U addr,INT8U * p,INT16U len)
142    {
143        INT16U i;
144        SPI_EN();
145        SPI_Transmit(WREN);                    //使能写
146        SPI_DI();
147        Busy_Wait();
148        SPI_EN();
149        SPI_Transmit(PROGRAM);                 //写指令
150        Write_3_Bytes_AT25F2048_Address(addr); //发送 3 字节地址
151        for (i = 0; i < len; i++)              //写数据序列
152          SPI_Transmit(p[i]);
153        SPI_DI();
154        Busy_Wait();
155    }
156    */
```

5.24 带液晶显示的红外遥控调速仿真

本例通过红外遥控器调节受控端的电机转速，PG160128 液晶屏用于显示当前相对转速。本例电路及程序运行效果如图 5-25 所示。

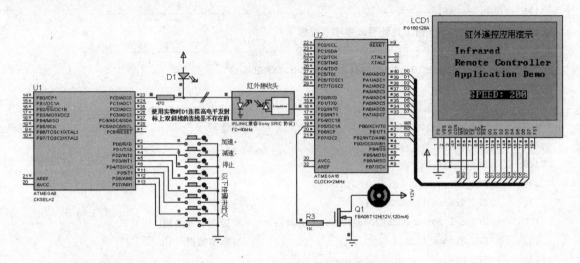

图 5-25 带液晶显示的红外遥控调速仿真

1. 程序设计与调试

本例整合了红外遥控收发、液晶显示、PWM 电机调速 3 项功能，受控端程序根据遥控器的"＋"/"－"按键分别增加或减少输出比较寄存器 OCR1A 的值，从而改变 PD5（OC1A）引脚输出信号的占空比，实现对电机转速的控制，液晶屏同时显示出当前所调转速的相对值。

阅读调试本例时，可参考第 3 章与第 4 章中的相关案例进行分析。有此前章节的相关案例作基础，本例的设计与调试就显得比较容易了。

2. 实训要求

① 修改受控端程序，仿照遥控调节 TV 音量的显示效果，使液晶屏能以"进程条"方式显示当前转速大小。

② 进一步修改受控端程序，以遥控菜单的方式上下选择某项功能，按下 OK 键时则执行相应功能。

③ 改用 Nokia N17 红外遥控协议重新设计本例的发送与接收程序，实现所设定的遥控功能。

3. 源程序代码

```
001  //---------------------- 红外遥控器受控端程序.c ----------------------
002  // 名称：红外遥控器受控端程序
003  //------------------------------------------------------------------
004  // 说明：程序运行时，根据 SONY 红外协议接收数据并解码，然后根据接收到
005  //       的不同编码完成不同的操作
006  //
007  //------------------------------------------------------------------
008  #define F_CPU 2000000UL
009  #include <avr/io.h>
010  #include <avr/interrupt.h>
011  #include <util/delay.h>
```

```
012  #include <stdio.h>
013  #define INT8U    unsigned char
014  #define INT16U   unsigned int
015
016  //端口设备操作定义
017  #define LED1_ONOFF()   PORTB ^= _BV(PB7)        //LED1
018  #define LED2_ONOFF()   PORTB ^= _BV(PB4)        //LED2
019  #define MOTOR_SP()     PORTA ^= _BV(PA0)        //电机
020  //读取红外输入信号
021  #define Read_IR()      (PIND & _BV(PD2))
022  //当前速度值(初始值设为 200)
023  volatile INT16U Current_Speed = 200;
024  //当前接收到的 12 位红外编码
025  volatile INT16U IR_D12 = 0x0000;
026
027  //液晶屏相关函数
028  extern void Clear_Screen();
029  extern char LCD_Initialise();
030  extern void Display_Str_at_xy(INT8U x,INT8U y,char * Buffer,INT8U wb);
031  //当前速度显示缓冲
032  char Speed_Disp_Buff[10];
033  //------------------------------------------------------------
034  // PWM 调速并显示
035  //------------------------------------------------------------
036  void PWM_speed_and_show()
037  {
038      TCCR1A = 0x83; OCR1A = Current_Speed;
039      sprintf(Speed_Disp_Buff,"SPEED:%4d",Current_Speed);
040      Display_Str_at_xy(41,90,Speed_Disp_Buff,1);
041  }
042
043  //------------------------------------------------------------
044  // 主程序
045  //------------------------------------------------------------
046  int main()
047  {
048      DDRD = 0xFF & ~_BV(PD2);              //配置端口
049      DDRA = 0xFF;
050      DDRB = 0xFF;
051      LCD_Initialise();                      //LCD 初始化
052      Clear_Screen();                        //清屏
053      Display_Str_at_xy(34,8, "红外遥控应用演示",0);
054      Display_Str_at_xy(20,30, "Infrared",0);
```

```c
055        Display_Str_at_xy(20,46,"Remote Controller",0);
056        Display_Str_at_xy(20,62,"Application Demo",0);
057
058        TCCR1A = 0x83;                        //10 位 PWM(1023),正向 PWM
059        TCCR1B = 0x02;                        //时钟 8 分频,PWM 频率:F_CPU/8/2046
060        PWM_speed_and_show();                 //PWM 调整并显示
061        MCUCR = 0x02;                         //INT0 为下降沿触发
062        GICR |= _BV(INT0);                    //INT0 中断使能
063        sei();                                //使能总中断
064        while(1);
065    }
066
067    //------------------------------------------------------------------
068    // INT0 中断函数(通过实测,以 122,242 为两个时长的上限)
069    //------------------------------------------------------------------
070    ISR(INT0_vect)
071    {
072        INT8U i;
073        INT16U IR_us = 0;                     //红外载波时长
074        GICR &= ~_BV(INT0);                   //禁止外部中断
075        _delay_ms(2);                         //红外信号引导部分共长 2.4 ms
076        if (Read_IR() != 0x00) goto end;      //如果 2 ms 后已经变为高则退出
077
078        while (Read_IR() == 0x00)
079        {
080            _delay_us(1);
081            if (++IR_us > 2400) goto end;     //异常时退出
082        }
083        //收集 12 位数据
084        for (i = 0; i < 12; i++)
085        {
086            //等待 IR 变为低电平,跳过 600 μs 空白区
087            while (Read_IR() != 0x00)
088            {
089                _delay_us(1);
090                if (++IR_us > 600) goto end;  //异常时退出
091            }
092            //计算低电平时长
093            IR_us = 0;
094            while (Read_IR() == 0x00)
095            {
096                _delay_us(1);
097                if (++IR_us > 300) goto end;  //超过该值时异常退出
```

```
098             }
099             //12位红外数据的高位默认补0
100             IR_D12 >>= 1;
101             //如果时长为1200则在高位补1
102             //通过对本代码检测,两者计时上限分别为:122,242,
103             //故这里选择150为0/1的分界值
104             if (IR_us > 150) IR_D12 |= 0x0800;
105         }
106
107         //根据12位的红外遥控信号完成不同操作
108         switch (IR_D12)
109         {
110             case 0x0771: if (Current_Speed <= 920)    //加速
111                             Current_Speed += 100;
112                          PWM_speed_and_show();
113                          break;
114             case 0x0334: if (Current_Speed >= 120)    //减速
115                             Current_Speed -= 100;
116                          PWM_speed_and_show();
117                          break;
118             case 0x0556: Current_Speed = 200;         //停止时还原为200
119                          TCCR1A = 0x00;               //电机停止
120                          break;
121             case 0x0778: break;                       //以下操作未定义
122             case 0x09AA: break;
123             case 0x0BCC: break;
124             case 0x0DEE: break;
125             case 0x0F00: break;
126         }
127         //重新允许INT0中断
128     end: GICR |= _BV(INT0);
129 }
```

```
01  //--------------------    红外遥控仿真发射器.c    --------------------
02  //  名称:红外遥控仿真发射器
03  //--------------------------------------------------------------
04  //  说明:本例运行时,按键键值以40 kHz红外线载波发射出去,所模拟的载波
05  //       数据格式符合索尼红外遥控编码格式
06  //
07  //--------------------------------------------------------------
08  #define F_CPU 2000000UL
09  #include <avr/io.h>
10  #include <avr/interrupt.h>
```

```c
11  #include <util/delay.h>
12  #define INT8U    unsigned char
13  #define INT16U   unsigned int
14
15  //按键定义
16  #define K1_DOWN()    (PIND & _BV(PD0)) == 0x00
17  #define K2_DOWN()    (PIND & _BV(PD1)) == 0x00
18  #define K3_DOWN()    (PIND & _BV(PD2)) == 0x00
19  #define K4_DOWN()    (PIND & _BV(PD3)) == 0x00
20  #define K5_DOWN()    (PIND & _BV(PD4)) == 0x00
21  #define K6_DOWN()    (PIND & _BV(PD5)) == 0x00
22  #define K7_DOWN()    (PIND & _BV(PD6)) == 0x00
23  #define K8_DOWN()    (PIND & _BV(PD7)) == 0x00
24
25  //红外发射管操作定义
26  #define IRLED_BLINK()   PORTC ^= _BV(PC0)
27  #define IRLED_1()       PORTC |= _BV(PC0)
28  #define IRLED_0()       PORTC &= ~_BV(PC0)
29  //-----------------------------------------------------------------
30  // 发送 N 倍的 600 μs 载波(1/40K/2≈12 μs)
31  //-----------------------------------------------------------------
32  void Emit_IR_Wave_Nx600us(INT8U N)
33  {
34      INT8U i;
35      for (i = 0; i < N * 50; i++)
36      {
37          _delay_us(12); IRLED_BLINK();
38      }
39  }
40
41  //-----------------------------------------------------------------
42  // 发送 12 位数据
43  //-----------------------------------------------------------------
44  void Emit_D12(INT16U D12)
45  {
46      INT16U i;
47      //首先发送引导部分 2.4 ms 的 40 kHz 载波
48      Emit_IR_Wave_Nx600us(4);
49      IRLED_0(); _delay_us(600);
50      //共发送 12 位的命令与数据码(7 + 5)
51      for (i = 0x0001; i < 0x1000; i <<= 1)
52      {
53          //从低位开始,每遇到 1/0 时分别输出 1.2 ms/600 μs 载波
```

```
54          if ( D12 & i)
55              Emit_IR_Wave_Nx600us(2);
56          else
57              Emit_IR_Wave_Nx600us(1);
58          //输出 600 μs 的低电平
59          IRLED_0();  _delay_us(600);
60      }
61  }
62
63  //------------------------------------------------------------
64  // 主程序
65  //------------------------------------------------------------
66  int main()
67  {
68      DDRC = 0xFF;                                    //配置端口
69      DDRD = 0x00; PORTD = 0xFF;
70      while(1)
71      {
72          if    (K1_DOWN()) Emit_D12(0x0771);
73          else if (K2_DOWN()) Emit_D12(0x0334);
74          else if (K3_DOWN()) Emit_D12(0x0556);
75          else if (K4_DOWN()) Emit_D12(0x0778);
76          else if (K5_DOWN()) Emit_D12(0x09AA);
77          else if (K6_DOWN()) Emit_D12(0x0BCC);
78          else if (K7_DOWN()) Emit_D12(0x0DEE);
79          else if (K8_DOWN()) Emit_D12(0x0F00);
80          _delay_ms(10);
81      }
82  }
```

5.25　能接收串口信息的带中英文硬字库的 80×16 点阵显示屏

　　本例整合了 74HC595+74HC154 设计的 LED 点阵屏、SPI 接口硬字库及串口接收 3 项功能。运行时 LED 屏首先滚动显示"★点阵演示 V1.0★..."，该字符串同时包含有全角与半角字符，所显示的点阵数据来自于含有中英文字库的 SPI 接口存储器 AT25F4096。另外，在案例运行过程中，按规定格式在串口助手软件中输入的汉字或半角英文字符可以直接发送到 LED 点阵屏滚动显示。本例电路及程序运行效果如图 5-26 所示。

1. 程序设计与调试

　　本例 EEPROM 保存了 16×16 点阵的中文字库及 8×16 点阵的英文字库，该合并字库文件由中文字库文件 HZK 与英文字库文件 ASC 构成。下面介绍 2 种合并方法。

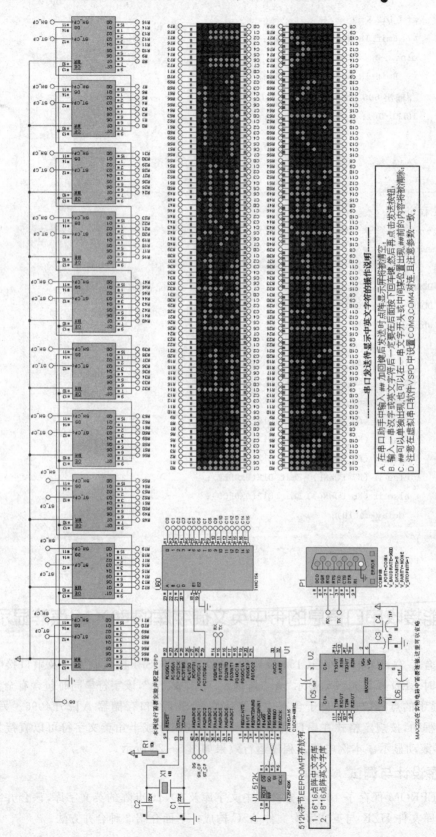

图5-26 能接收串口信息的带中英文硬字库的80×16点阵显示屏

(1) 使用案例压缩包中提供的"文件拆分与合并器.exe"

假设要将两个文件合并为 HZK_ASC.bin 文件,在运行该软件之前要先将 HZK 改名为 HZK_ASC.3h0,再将 ASC 改名为 HZK_ASC.3h1,然后运行该软件,单击"Join"或"合并"选项卡,在"File to join"或"打开要合并的文件"框中选择 HZK_ASC.3h0,这时生成的文件将自动命名为 HZK_ASC,该文件名可手动添加后缀".bin",单击"开始合并"按钮后,后缀为 3h0 与 3h1 的文件将自动被合并到 HZK_ASC.bin 中(例如还有同名,但后缀为 3h2 的文件,那么该文件也会被合并)。

(2) 使用 DOS 命令"copy"合并 2 个文件

为避免在 DOS 命令行状态下出现过长的路径名,可首先将原始文件拷贝到 C 盘根下某一名称简短的文件夹中(例如 C:\my_HA),然后单击 Windows 菜单中的"开始"→"运行",在命令框中输入"cmd"进入 DOS 命令窗口,在该窗口中依次输入如下命令:

```
C:
CD\my_HA
copy  /b  HZK + ASC  HZK_ASC.bin
```

第 1 行命令将当前盘符设为 C 盘,如果当前已经处于 C 盘某文件夹中,则该行命令可以省略,第 2 行命令用于进入 my_HA 文件夹,第 3 行命令将二进制文件 HZK 与 ASC 合并复制到 HZK_ASC.bin 文件中,其中的/b 参数不可省略。

合并后的 HZK_ASC.bin 文件中,0～267 615 字节(0x00000000～0x0004155F)是汉字及全角字符点阵字节,每个字符占 32 字节,从 267 616(0x00041560)开始是半角英文字符点阵字节,每个字符占 16 字节,图 5-27 中从 0x00041560 开始的灰色部分就是半角字符点阵数据。

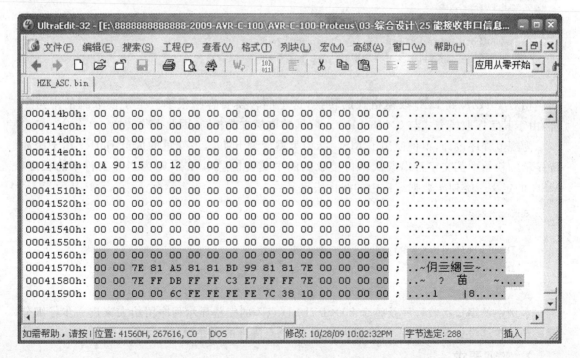

图 5-27 由 HZK 与 ASC 合并成的中英文点阵字库

对于合并后的点阵字库,全角与半角字符点阵在字库的偏移位置计算公式分别如下:
全角:Offset=(94L * (SectionCode - 1) + (PlaceCode - 1)) * 32L
半角:Offset=267616L | bMsg.Buffer[i] * 16

前者通过区位码可计算出偏移位置,后者则通过 ASCII 编码乘以 16 再加上 267616L 计算偏移位置,公式中的 bMsg.Buffer[i]是第 i 个半角字符的 ASCII 码。

此前相关案例中进行过 HZK 点阵格式到 LCD 点阵格式的转换。类似地,在本例电路中,对于含有 32 个字节点阵的全角字符,在发送 LED 屏显示时也需要将 HZK_ASC 点阵格式转换为 LED 屏点阵格式。

以第一块 16×16 点阵 LED 屏左边的两片 8×8LED 屏为例,R0～R7 连接两块屏的上端引脚,C0～C7 连接第一块屏下端的引脚,C8～C15 连接第二块屏下端的引脚,扫描显示这块 8×16 的点阵区域时,16 行点阵字节(每行 8 个点)逐一发送给 R0～R7,每发送一个点阵字节的同时,4-16 译码器选通 C0～C15 其中之一所对应的一个共阴行(注意不是一列,虽然这里使用了符号 C),可见这块 8×16 的点阵区域是逐行显示的,而且行的扫描是由上到下,每 16 次扫描完成一次 8×16 点阵的刷新,即一块 16×16 点阵左半部分的刷新。

再观察该 16×16 点阵区域的右半边,它同样是 2 片 8×8LED 屏构成的 8×16 点阵区域,由上至下 16 行的选通仍由 C0～C15 完成,每行的点阵则由 R8～R15 输入。

综合观察以上扫描刷新过程可知,一块 16×16 的点阵区域是分成左右 2 块 8×16 的区域同时扫描显示完成的,为适应本例 LED 屏以 8×16 的点阵区域为最小刷新显示单位的设计布局,转换函数将 HZK 中点阵格式为 16 行依次左→右、左→右取模的方式转换为先取左半边 16 行,再右半边 16 行,下面的代码片段完成了这项转换:

```
for (k = 0; k < 16; k ++)
{
    WORD_Dots_Buffer[j + k]      = Temp_Buf[2 * k];
    WORD_Dots_Buffer[j + k + 16] = Temp_Buf[2 * k + 1];
}
```

相对于 HZK 到 LCD 取模格式的转换,这里的转换要容易很多。至于读取到的半角字符,由于其字库取模方式与 8×16 LED 点阵屏的取模方式相同,因此无须转换。

为规范程序设计,本例使用了 MSG 结构类型变量 bMsg,该变量的成员 Buffer 用于缓冲待显示的初始中英文字符串或从串口接收到的中英文信息串,Len 则为当前字符串的长度,MSG 的定义于类似于数据结构中的线性表定义。

```
struct MSG
{
    INT8U  Buffer[MAX_WORD_COUNT * 2 + 2];
    INT16U Len;
} bMsg;
```

本例中的串口接收程序及整个 80×16 LED 点阵的完整显示程序留给大家进一步仔细分析。经过本例设计与调试后,要掌握大幅面 LED 点阵屏的程序设计技术。

2. 实训要求

① 本例未考虑显示屏的功率驱动问题,完成本例调试后在电路中添加显示驱动器,仍实

现本例运行效果。

② 为本例添加多种显示特效，例如由下向上滚动显示、逐字飞入显示、百叶窗式显示。

③ 将本例 LED 显示屏改成 80×32 点阵，编程实现更大幅面 LED 屏的显示功能。

④ 用自己所熟悉的 Windows 平台软件开发工具设计上位机软件，通过 PC 机串口将待显示中英文信息发送给下位机 LED 点阵屏滚动显示。

3. 源程序代码

```
001   //-------------- AT25F4096.c --------------------------------
002   //    名称:用 SPI 接口读/写 AT25F4096 子程序
003   //------------------------------------------------------------
004   #define F_CPU 4000000UL
005   #include <avr/io.h>
006   #include <util/delay.h>
007   #define INT8U    unsigned char
008   #define INT16U   unsigned int
009   #define INT32U   unsigned long
010
011   //AT25F4096 指令集
012   #define WREN          0x06        //使能写
013   #define WRDI          0x04        //禁止写
014   #define RDSR          0x05        //读状态
015   #define WRSR          0x01        //写状态
016   #define READ          0x03        //读字节
017   #define PROGRAM       0x02        //写字节
018   #define SECTOR_ERASE  0x52        //删除区域数据
019   #define CHIP_ERASE    0x62        //删除芯片数据
020   #define RDID          0x15        //读厂商与产品 ID
021   //SPI 使能与禁用
022   #define SPI_EN() (PORTB &= 0xEF)
023   #define SPI_DI() (PORTB |= 0x10)
024   //-----------------------------------------------------------
025   // SPI 主机初始化
026   //-----------------------------------------------------------
027   void SPI_MasterInit()
028   {
029       //SPI 接口配置
030       DDRB = 0b10110000; PORTB = 0xFF;
031       //SPI 使能,主机模式,16 分频
032       SPCR |= _BV(SPE) | _BV(MSTR) | _BV(SPR0);
033   }
034
035   //-----------------------------------------------------------
```

```c
036   // SPI 数据传输
037   //-----------------------------------------------------------------
038   INT8U SPI_Transmit(INT8U dat)
039   {
040       SPDR = dat;                          //启动数据传输
041       while(!(SPSR & _BV(SPIF)));          //等待结束
042       SPSR |= _BV(SPIF);                   //清中断标志
043       return SPDR;
044   }
045
046   //-----------------------------------------------------------------
047   // 读 AT25F4096 芯片状态
048   //-----------------------------------------------------------------
049   INT8U Read_SPI_Status()
050   {
051       INT8U status;
052       SPI_EN();
053       SPI_Transmit(RDSR);                  //发送读状态指令
054       status = SPI_Transmit(0xFF);
055       SPI_DI();
056       return status;
057   }
058
059   //-----------------------------------------------------------------
060   // AT25F4096 忙等待
061   //-----------------------------------------------------------------
062   void Busy_Wait()
063   {
064       while(Read_SPI_Status() & 0x01);     //忙等待
065   }
066
067   //-----------------------------------------------------------------
068   // 向 AT25F4096 写入 3 个字节的地址 0x000000～0x01FFFF（实际有效位为 19 位）
069   //-----------------------------------------------------------------
070   void Write_3_Bytes_AT25F4096_Address(INT32U addr)
071   {
072       SPI_Transmit((INT8U)(addr >> 16));
073       SPI_Transmit((INT8U)(addr >> 8));
074       SPI_Transmit((INT8U)(addr));
075   }
076
077   //-----------------------------------------------------------------
078   // 从指定地址读单字节
```

```c
079    //------------------------------------------------------------
080    INT8U Read_Byte_FROM_AT25F4096(INT32U addr)
081    {
082        INT8U   dat;
083        SPI_EN();
084        SPI_Transmit(READ);                          //发送读指令
085        Write_3_Bytes_AT25F4096_Address(addr);       //发送3字节地址
086        dat = SPI_Transmit(0xFF);                    //读取字节数据
087        SPI_DI();
088        return dat;
089    }
090
091    //------------------------------------------------------------
092    // 从指定地址读多字节到缓冲
093    //------------------------------------------------------------
094    void Read_Some_Bytes_FROM_AT25F4096(INT32U addr, INT8U * p, INT16U len)
095    {
096        INT16U i;
097        SPI_EN();
098        SPI_Transmit(READ);                          //发送读指令
099        Write_3_Bytes_AT25F4096_Address(addr);       //发送3字节地址
100        for( i = 0; i < len; i++ )                   //读数据序列
101            p[i] = SPI_Transmit(0xFF);
102        SPI_DI();
103    }
104
105    //------------------------------------------------------------
106    // 向 AT25F4096 指定地址写入单字节数据
107    //------------------------------------------------------------
108    void Write_Byte_TO_AT25F4096(INT32U addr,INT8U dat)
109    {
110        SPI_EN();
111        SPI_Transmit(WREN);                          //使能写
112        SPI_DI();
113        Busy_Wait();
114        SPI_EN();
115        SPI_Transmit(PROGRAM);                       //写指令
116        Write_3_Bytes_AT25F4096_Address(addr);       //发送3字节地址
117        SPI_Transmit(dat);                           //写字节数据
118        SPI_DI();
119        Busy_Wait();
120    }
```

```
//------------------------------ main.c ------------------------------
// 名称：能接收串口信息的带中英文硬字库的80*16点阵显示屏
//--------------------------------------------------------------------
// 说明：本例运行时,点阵屏将滚动显示一组固定信息
//       当接收到串口发送来的中英文/全角/半角字符时,点阵屏将开始
//       滚动显示新接收到的信息
//
//--------------------------------------------------------------------
#define F_CPU 4000000UL
#include <avr/io.h>
#include <avr/interrupt.h>
#include <string.h>
#include <stdio.h>
#include <util/delay.h>
#define INT8      signed char
#define INT8U     unsigned char
#define INT16U    unsigned int
#define INT32U    unsigned long

//74595 及 74154 相关引脚定义
#define DS              PA0                    //串行数据输入
#define SH_CP           PA1                    //移位时钟脉冲
#define ST_CP           PA2                    //输出锁存器控制脉冲
#define E1_74HC154      PC7                    //74HC154 译码器使能

//74595 及 74154 相关引脚操作
#define DS_1()      PORTA |=  _BV(DS)
#define DS_0()      PORTA &= ~_BV(DS)
#define SH_CP_1()   PORTA |=  _BV(SH_CP)
#define SH_CP_0()   PORTA &= ~_BV(SH_CP)
#define ST_CP_1()   PORTA |=  _BV(ST_CP)
#define ST_CP_0()   PORTA &= ~_BV(ST_CP)

//74154 译码器使能与禁止
#define EN_74HC154()    PORTC &= ~_BV(E1_74HC154)
#define DI_74HC154()    PORTC |=  _BV(E1_74HC154)

//SPI 相关函数
extern void SPI_MasterInit();
extern void Read_Some_Bytes_FROM_AT25F4096(INT32U addr, INT8U *p, INT16U len);

//最多可接收的汉字个数
#define MAX_WORD_COUNT 50
```

```c
044    //开始时待显示的中英文字符串
045    //及从串口接收的中英文数字等字符信息都将覆盖保存到 bMsg 中
046    struct MSG
047    {
048        INT8U  Buffer[MAX_WORD_COUNT * 2 + 2];
049        INT16U Len;
050    } bMsg;
051
052    //缓冲可保存汉字点阵数据的最大汉字个数(如果为半角字符则 * 2)
053    #define MAX_DOT_WORD_COUNT 20
054    //待显示汉字点阵数据缓冲
055    INT8U WORD_Dots_Buffer[MAX_DOT_WORD_COUNT * 32];
056    //------------------------------------------------------------
057    // USART 初始化
058    //------------------------------------------------------------
059    void Init_USART()
060    {
061        UCSRB = _BV(RXEN) | _BV(RXCIE);              //允许接收,接收中断使能
062        UCSRC = _BV(URSEL)| _BV(UCSZ1)| _BV(UCSZ0);  //8 位数据位,1 位停止位
063        UBRRL = (F_CPU / 9600 / 16 - 1) % 256;       //波特率:9600
064        UBRRH = (F_CPU / 9600 / 16 - 1) / 256;
065    }
066
067    //------------------------------------------------------------
068    // 串行输入子程序
069    //------------------------------------------------------------
070    void Serial_Input_595(INT8U dat)
071    {
072        INT8U i;
073        for(i = 0x80; i != 0x00; i >>= 1)            //由高位到低位,串行输入 8 位
074        {
075            if (dat & i) DS_1(); else DS_0();
076            SH_CP_0(); _delay_us(2);
077            SH_CP_1(); _delay_us(2);                 //移位时钟脉冲上升沿移位
078        }
079    }
080
081    //------------------------------------------------------------
082    // 并行输出子程序
083    //------------------------------------------------------------
084    void Parallel_Output_595()
085    {
086        ST_CP_0(); _delay_us(1);
```

```
087        ST_CP_1(); _delay_us(1);                    //上升沿将数据送到输出锁存器
088    }
089
090    //-------------------------------------------------------------------
091    // 根据 bMsg.Buffer,从硬字库读取全角或半角字符点阵数据并完成必要转换
092    //-------------------------------------------------------------------
093    void Read_SPI_Word_Dot_Matrix_AND_Convert()
094    {
095        INT16U  i,j = 0,k;
096        INT32U Offset;                              //汉字在点阵库中的偏移位置
097        INT8U SectionCode, PlaceCode;               //汉字区码与位码
098        INT8U Temp_Buf[32];                         //转换用临时缓冲
099        for (i = 0; i < MAX_DOT_WORD_COUNT * 32; i ++) //清空点阵缓冲
100            WORD_Dots_Buffer[i] = 0x00;
101
102        i = 0;
103        while ( i < bMsg.Len )
104        {
105            if ( bMsg.Buffer[i] >= 0xA0 )            //处理汉字编码
106            {
107                //取得汉字区位码
108                SectionCode = bMsg.Buffer[ i ]     - 0xA0;
109                PlaceCode   = bMsg.Buffer[ i + 1 ] - 0xA0;
110
111                //根据当前汉字区位码计算其点阵在字库中的偏移位置
112                Offset = (94L * (SectionCode - 1) + (PlaceCode - 1)) * 32L;
113
114                //从 SPI 存储器 AT25F4096 读取 32 字节汉字点阵
115                Read_Some_Bytes_FROM_AT25F4096(Offset,Temp_Buf,32);
116
117                //汉字字库中点阵格式为 16 行依次左->右,左->右取字节,为适应点阵屏显示
118                //下面将其转换为先取左半边 16 行,再取右半边 16 行
119                for (k = 0; k < 16; k ++)
120                {
121                    WORD_Dots_Buffer[j + k]      = Temp_Buf[2 * k];
122                    WORD_Dots_Buffer[j + k + 16] = Temp_Buf[2 * k + 1];
123                }
124                //每个汉字点阵保存到 WORD_Dots_Buffer 后跳过 32 字节
125                //(每个汉字点阵占 32 字节)
126                //从 bMsg.Buffer 中取字符的索引递增 2(每个汉字编码占两 2 字节)
127                j += 32; i += 2;
128            }
129            else //处理半角字符编码
```

```c
130             {
131                 //ASCII 字符偏移地址 = ASCII 字库在合成字库中的起始地址 + ASCII 码 * 16
132                 //半角的 ASCII 字符点阵在合成字库中汉字点阵字库的后面,汉字点阵共计 267616 字节
133                 Offset =   267616L + bMsg.Buffer[i] * 16;
134                 Read_Some_Bytes_FROM_AT25F4096(Offset,WORD_Dots_Buffer + j,16);
135                 //每个半角 ASCII 字符点阵保存到 WORD_Dots_Buffer 以后跳过 16 字节
136                 //(每个 ASCII 字符点阵占 16 字节)
137                 //从 bMsg.Buffer 中取字符的索引递增 1(每个 ASCII 字符编码占 1 字节)
138                 j += 16; i ++ ;
139             }
140         }
141 }
142
143 //----------------------------------------------------------------
144 // 主程序
145 //----------------------------------------------------------------
146 int main()
147 {
148     INT8U i,j,z,d = 0;
149
150     DDRA = 0xFF; PORTA = 0xFF;                  //配置端口
151     DDRC = 0xFF; PORTC = 0xFF;
152     DDRD = 0x02; PORTD = 0xFF;
153
154     //在显示缓冲中先预设初始时待显示的字符串
155     strcpy((char * )bMsg.Buffer,"★点阵演示 V1.0★...");
156     bMsg.Len = strlen((char * )bMsg.Buffer);
157
158     SPI_MasterInit();                           //SPI 主机初始化
159     Init_USART();                               //串口初始化
160     sei();                                      //接收中断许可
161
162     //根据 bMsg.Buffer 从 SPI 存储器读取全角或半角字符点阵数据并完成必要的转换
163     Read_SPI_Word_Dot_Matrix_AND_Convert();
164
165     while(1)
166     {
167         for (z = 0; z <= bMsg.Len - 10; z ++ )
168         {
169             for(d = 0; d < 10; d ++ )           //此循环用于控制显示滚动的速度
170             {
171                 for(i = 0; i < 16 ; i ++ )      //完成每个汉字的 16 列扫描
172                 {
```

```c
173                    //数据串行输入 595(5 块 16*16 点阵屏,共 10 片 595)
174                    for (j = 0; j < 5; j++)
175                    {
176                        Serial_Input_595(WORD_Dots_Buffer[z * 16 + j * 32 + i + 16]);
177                        Serial_Input_595(WORD_Dots_Buffer[z * 16 + j * 32 + i]);
178                    }
179
180                    DI_74HC154();              //先禁用译码器
181                    Parallel_Output_595();     //595 数据并行输出
182
183                    PORTC = (PORTC & 0xF0) | i; //写译码器
184                    EN_74HC154();              //使能译码器,译码输出,选通第 i 列
185
186                    _delay_ms(2);
187                }
188            }
189        }
190    }
191 }
192
193 //-----------------------------------------------------------------
194 // 串口接收中断函数
195 //-----------------------------------------------------------------
196 ISR (USART_RXC_vect)
197 {
198     //将当前接收到的字符存入 c
199     INT8U c = UDR;
200     //接收到'\r'时忽略
201     if ( c == '\r' ) return;
202     //如果接收到'\n'表示本次接收完毕
203     if ( c == '\n' )
204     {
205         //重新从 SPI 存储器读取 bMsg.Buffer 的汉字点阵
206         Read_SPI_Word_Dot_Matrix_AND_Convert();
207         return;
208     }
209     //缓存新接收的字符
210     if ( bMsg.Len < MAX_WORD_COUNT * 2) bMsg.Buffer[bMsg.Len ++ ] = c;
211     //任何时候接收到"##"时清空缓冲
212     if ( bMsg.Len >= 2 && bMsg.Buffer[bMsg.Len - 1] == '#'
213             && bMsg.Buffer[bMsg.Len - 2] == '#')
214     {
215         bMsg.Len = 0;
```

```
216     }
217 }
```

5.26 用 AVR 与 1601 LCD 设计的计算器

本例用单行字符液晶、简易计算器键盘、矩阵键盘解码芯片及 AVR 单片机设计了整数计数器,该计算器仿真案例可进行四则运算的单次或连续运算,案例暂不支持带优先级的表达式求值。例电路及部分运行效果如图 5-28 所示。

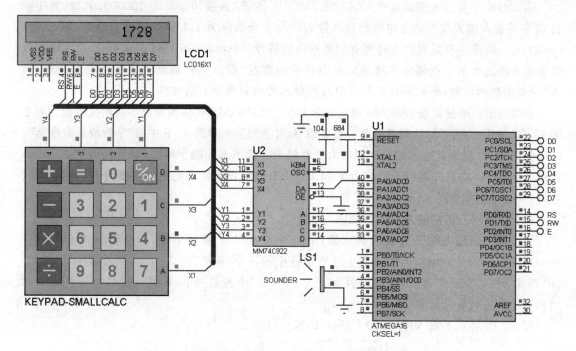

图 5-28 用 AVR 与 1601 LCD 设计的计算器

1. 程序设计与调试

本例程序设计要点在于单行液晶以右端为起点的显示设计与计算器的输入及数据运算程序设计,下面分别讨论这两项设计:

(1) 本例液晶的显示程序设计

与此前字符液晶程序设计不同的是,本例未通过调用宏定义 RS_1()、RS_0()、RW_1()、RW_0()来选择寄存器及设置读/写操作,本例给出了这些操作的 4 种组合所对应的操作地址定义:

```
#define LCD_CMD_WR      0x00    //RW,RS = 00
#define LCD_DATA_WR     0x01    //RW,RS = 01
#define LCD_BUSY_RD     0x02    //RW,RS = 10
#define LCD_DATA_RD     0x03    //RW,RS = 11(本例未用)
```

将上述地址定义直接发给液晶控制端口 LCD_CONTROL(本例为 PORTD)即可设置写

命令寄存器、写数据寄存器、读取忙状态、读数据共4项操作,这样设计比使用宏调用的方法各少用了一条指令。

本例液晶显示设计的第2个差异是所有显示的内容总是从右端开始,且字符向左移位,这样可使得任何时候输入的操作数或运算结果总是右对齐显示。为实现该设计要求,液晶初始化函数 Initialize_LCD()中使用了语句:

```
Write_LCD_Command(LCD_SETMODE    + 0x03);//自动递增,显示左移
Write_LCD_Command(LCD_SETDDADDR  + 0x0F);//初始显示位置在右边
```

第1行的字符进入模式命令 LCD_SETMODE 附带"参数"0x03(即 0B00000011),其中的11将字符进入模式设置命令中的最后2位 I/D 与 S 全部设为1,I/D 位被设为递增(Increasement),S 位被设为有数据进入时原有的显示内容移位(Display Shift on data entry),实现的效果是每次新进入的字符都会将液晶屏上原有的内容左"推"一格,最新进入的字符总是被"插入"到最末尾的位置,最后的效果是任何时候显示的内容都是右对齐的。

第2行语句通过设置 DDRAM 地址命令 LCD_SETDDADDR 将液晶显示起始位置设为右边第15格(0x0F)。要了解这两条命令的更多细节,可参阅第4章表4-9中的"字符液晶命令集"。

另外,每次显示新输入的数字串或由计算结果转换出来的数字串时,都首先调用了 ClearScreen()函数。它首先调用了清屏命令 LCD_CLS,然后再重新将起始位置设为右边第15格。注意:在这里不能使用 LCD_HOME 命令。

(2) 计算器的数据输入与运算处理

为了能对所输入的任意表达式求值,main.c 中引入了变量 KeyChar 与 Last_OP,其中 KeyChar 保存的是刚刚输入的键盘上任意字符中的一个,包括"+、-、*、/"及数字等;Last_OP 则用于保存最近的操作符,其取值为"+、-、*、/"中的某一个,其默认初值为0,用于表示目前暂不能进行任何运算。

图5-29展示了输入序列"20*36="的求值过程。

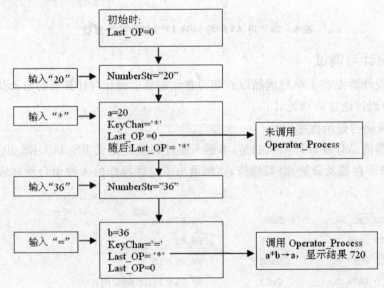

图5-29 输入序列"20*36="的计算过程

综合设计

当输入序列为"20＊"时,由于此时a＝20,Last_OP还不是"＊"号,因而不会调用Operator_Process进行运算处理,随后Last_OP才取得"＊";当继续输入"36",随后再输入"＝"时,b＝36,KeyChar为"＝",此时的Last_OP还是"＊",它刚好是a、b的运算符,调用Operator_Process即可得到运算结果,在结果求出并显示以后,因为KeyChar保存的是"＝",Last_OP没有遇到新的操作符,它被还原为0。

如果用户输入的序列是"20＊36＋9＝",这时情况又如何呢?

显然,当KeyChar取得"＋"时,Last_OP仍为"＊",前2个数的运算仍得以正常进行,结果保存在变量a中,此时a＝720。由于KeyChar新取得的符号是运算符,在"＊"的运算之后,Last_OP重新取得该运算符,即Last_OP＝'＋',随后再输入9,再接着KeyChar又取得了"＝",这时调用Operator_Process,完成的运算是720＋9,结果仍存入a中,并且Last_OP再次变为0。

由以上分析可见,本例设计可以很好地处理单次运算或连续运算,实际上本例设计对于出现的异常输入序列也能很好处理。

参考上述两例求值过程,大家可进一步分析与跟踪下面5个输入序列的计算过程:

① 210＊36＊＝
② 23＊＊8＝
③ 23＋9＊8－12＋＊/＝
④ 59＊＝32＋9/8＝
⑤ 23＊－9＊80＝＊12/9＝

其中第5行不会被解析为"23＊(－9)＊80＝＊12/9＝",而是会被解析为"23－9＊80＝＊12/9＝",其原因留给大家自行分析。通过上述跟踪,大家会进一步理解Last_OP及KeyChar在求解输入表达式序列过程中所扮演的角色。

通过分析上述输入序列中的异常序列时,大家还会明白为什么调用运算处理函数Operator_Process时,除了要求Last_OP非0(即只能是4个运算符中的一个),还添加了Number_Idx非0的条件,即:

if (Last_OP && Number_Idx) Operator_Process(Last_OP);

2. 实训要求

① 用数码管替换本例的显示器件,并用定时器控制输出按键提示音,重新编程实现本例的整数计算器功能。

② 从Proteus元件库中选择计算器键盘"KEYPAD－CALCULATOR"替换本例小键盘,并进一步改写本例程序,使计算器能实现浮点数运算。

③ 使用双堆栈技术实现带优先级的表达式运算,例如对表达式2＋3×4求值时,其结果为14而不是20。

3. 源程序代码

```
001  //-----------------------------LCD1601.c-----------------------------
002  // 名称：1601液晶显示驱动程序
003  //-------------------------------------------------------------------
004  #include <avr/io.h>
```

```
005    #include <util/delay.h>
006    #include "LCD1601.h"
007    #define INT8U    unsigned char              //参阅案例压缩包
008    #define INT16U   unsigned int
009
010    //液晶端口定义
011    #define LCD_PORT         PORTC      //发送 LCD 数据/命令端口
012    #define LCD_PIN          PINC       //接收 LCD 数据/状态端口
013    #define LCD_DDR          DDRC       //LCD 端口数据方向
014    #define LCD_CONTROL      PORTD      //液晶控制端口
015    //液晶寄存器地址定义(写命令,写数据,读忙状态,读数据寄存器)
016    #define LCD_CMD_WR       0x00       //RW,RS = 00
017    #define LCD_DATA_WR      0x01       //RW,RS = 01
018    #define LCD_BUSY_RD      0x02       //RW,RS = 10
019    #define LCD_DATA_RD      0x03       //RW,RS = 11
020    //液晶命令集
021    #define LCD_CLS          0x01       //清屏
022    #define LCD_HOME         0x02       //光标归位
023    #define LCD_SETMODE      0x04       //进入模式设置
024    #define LCD_SETVISIBLE   0x08       //开显示
025    #define LCD_SHIFT        0x10       //移位方式
026    #define LCD_SETFUNCTION  0x20       //功能设置
027    #define LCD_SETCGADDR    0x40       //设置 CGRAM 地址
028    #define LCD_SETDDADDR    0x80       //设置 DDRAM 地址
029    //液晶使能引脚操作定义
030    #define EN_1() (LCD_CONTROL |= _BV(PD2))
031    #define EN_0() (LCD_CONTROL &= ~_BV(PD2))
032    //-----------------------------------------------------------------
033    // LCD 忙等待
034    //-----------------------------------------------------------------
035    void LCD_BUSY_WAIT()
036    {
037        INT8U LCD_Status;
038        LCD_DDR     = 0x00;                         //方向设为输入
039        LCD_CONTROL = LCD_BUSY_RD;                  //读状态寄存器
040        do
041        {
042            EN_1(); asm("nop"); LCD_Status = LCD_PIN;   //读取状态
043            EN_0();
044        } while (LCD_Status & 0x80);                //液晶忙时继续
045    }
046
047    //-----------------------------------------------------------------
```

```
048    // 写 LCD 命令寄存器
049    //----------------------------------------------------------------
050    void Write_LCD_Command(INT8U cmd)
051    {
052        LCD_DDR     = 0xFF;                              //设为输出
053        LCD_PORT = cmd;                                  //发送命令
054        LCD_CONTROL = LCD_CMD_WR;                        //写命令寄存器
055        EN_1(); asm("nop"); EN_0();                      //写入
056        LCD_BUSY_WAIT();                                 //忙等待
057    }
058
059    //----------------------------------------------------------------
060    // 写 LCD 数据寄存器
061    //----------------------------------------------------------------
062    void Write_LCD_Data(INT8U dat)
063    {
064        LCD_DDR     = 0xFF;                              //设为输出
065        LCD_PORT = dat;                                  //发送数据
066        LCD_CONTROL = LCD_DATA_WR;                       //写数据寄存器
067        EN_1(); asm("nop"); EN_0();                      //写入
068        LCD_BUSY_WAIT();                                 //忙等待
069    }
070
071    //----------------------------------------------------------------
072    // LCD 初始化
073    //----------------------------------------------------------------
074    void Initialize_LCD()
075    {
076        Write_LCD_Command(LCD_SETFUNCTION + 0x10);       //单行 8 位模式
077        Write_LCD_Command(LCD_SETVISIBLE  + 0x04);       //开显示,关光标
078        Write_LCD_Command(LCD_SETMODE     + 0x03);       //自动递增,显示左移
079        Write_LCD_Command(LCD_SETDDADDR   + 0x0F);       //初始显示位置在右边第 15 格
080    }
081
082    //----------------------------------------------------------------
083    // 清屏
084    //----------------------------------------------------------------
085    void ClearScreen()
086    {
087        Write_LCD_Command(LCD_CLS);                      //清屏
088        Write_LCD_Command(LCD_SETDDADDR + 0x0F);         //从右边第 15 格开始显示
089    }
090
```

```
091  //-----------------------------------------------------------------
092  // 显示字符串
093  //-----------------------------------------------------------------
094  void ShowString(char * str)
095  {
096      INT8U i = 0;
097      ClearScreen();                                    //刷新显示之前先清屏
098      while (str[i] && i < MAX_DISPLAY_CHAR)            //输出字符串 str
099      {
100          Write_LCD_Data(str[i++]);
101      }
102  }


001  //---------------------------- main.c -----------------------------
002  // 名称：用 AVR 与 1601LCD 设计的计算器
003  //-----------------------------------------------------------------
004  // 说明：本例运行时,可完成整数的加、减、乘、除 4 种运算,该计算器
005  //       不支持带优先级的表达式运算,但允许连续进行整数运算。
006  //       如果运算结果超出有效范围则显示 * ERR *
007  //
008  //-----------------------------------------------------------------
009  #include <avr/io.h>
010  #include <avr/pgmspace.h>
011  #include <util/delay.h>
012  #include <stdio.h>
013  #include <string.h>
014  #include <stdlib.h>
015  #include <ctype.h>
016  #include "LCD1601.h"
017  #define INT8U unsigned char
018
019  //蜂鸣器及键盘相关定义
020  #define BEEP()         PORTB ^= _BV(PB2)              //蜂鸣器定义
021  #define Key_Pressed    (PINA & _BV(PA0))              //按键判断
022  #define Key_NO         ((PINA & 0xF0) >> 4)           //按键键值
023  //计算器相关变量,状态及字符表定义
024  char   Last_OP = 0;                                   //最近的操作符
025  long   a = 0, b = 0;                                  //操作数 a,b
026  char   LCD_DISP_BUFFER[17];                           //LCD 显示缓冲
027  char   NumberStr[17];                                 //输入数字串缓冲
028  INT8U  Number_Idx = 0;                                //数字串缓冲索引
029  const char KEY_CHAR_TABLE[] = "741C8520963=/*-+";     //键盘字符表
030  //-----------------------------------------------------------------
```

```
031    // 根据操作符完成运算或清屏等操作
032    //------------------------------------------------------------
033    void Operator_Process(char OP)
034    {
035        //根据 OP 分别完成"+","-","*","/",'C'操作
036        switch( OP )
037        {
038            case '+' : a + = b;         break;
039            case '-' : a - = b;         break;
040            case '*' : a * = b;         break;
041            case '/' : if (b)                           //除数非 0 时才进行运算
042                      {
043                          a /= b;  break;
044                      }
045                      else                              //否则提示出错,复位变量并返回
046                      {
047                          ShowString(" * ERR * ");
048                          a = b = 0;
049                          Last_OP = 0;
050                          return;
051                      }
052            case 'C' : a = b = 0;
053                       Last_OP = 0;   break;
054        }
055        //显示结果
056        sprintf(LCD_DISP_BUFFER," % ld",a);
057        ShowString(LCD_DISP_BUFFER);
058    }
059
060    //------------------------------------------------------------
061    // 蜂鸣器输出提示音
062    //------------------------------------------------------------
063    void Sounder()
064    {
065        INT8U i;
066        for (i = 0; i < 20; i ++)
067        {
068            BEEP(); _delay_us(350);
069        }
070    }
071
072    //------------------------------------------------------------
073    // 主程序
```

```c
074   //------------------------------------------------------------
075   int main()
076   {
077       char KeyChar;
078       DDRA = 0x00; PORTA = 0xFF;                            //配置端口
079       DDRB = 0xFF;
080       DDRC = 0xFF;
081       DDRD = 0xFF;
082       //初始化 LCD 并在最右端显示"0"
083       Initialize_LCD(); ShowString("0");
084       for(;;)
085       {
086           //如果无按键则继续------------------------------------------------
087           if (!Key_Pressed) { _delay_ms(10); continue; }
088           //输出按键音
089           Sounder();
090           //根据键值获取按键字符
091           KeyChar = KEY_CHAR_TABLE[Key_NO];
092           //------------------------------------------------------------
093           if (isdigit(KeyChar)) //如果输入的是数字字符则存入 NumberStr
094           {
095               if (Number_Idx != MAX_DISPLAY_CHAR - 2)
096               {
097                   NumberStr[Number_Idx] = KeyChar;
098                   NumberStr[ ++ Number_Idx] = '\0';
099                   ShowString(NumberStr);
100               }
101           }
102           //------------------------------------------------------------
103           else //如果输入的是" + , - , * , / , C, = "中的某一个则进行运算或清零等处理
104           {
105               //将 NumberStr 字符串转换为长整数 a 或 b
106               if (Number_Idx != 0)
107               {
108                   if (Last_OP == 0)
109                       a = strtol(NumberStr,'\0',10);
110                   else
111                       b = strtol(NumberStr,'\0',10);
112               }
113               //如果为"C"则清 0 且将相关变量复位
114               if (KeyChar == 'C')           Operator_Process('C');
115               //如果为" = , + , - , * , /"且此前有数字字符输入则进行运算
116               else
```

```
117        if ( Last_OP && Number_Idx ) Operator_Process(Last_OP);
118
119        //NumberStr 数字缓冲索引归 0,并清除数字串输入缓冲
120        Number_Idx = 0; NumberStr[0] = '\0';
121        //Last_OP 保存最近按下的操作符
122        if (KeyChar != 'C' && KeyChar != '=')
123             Last_OP = KeyChar;
124        else
125             Last_OP = 0;
126     }
127     //等待释放按键
128     while (Key_Pressed);
129   }
130 }
```

5.27 电子秤仿真设计

本例综合应用计算器(乘法)、压力传感器、键盘解码器及 1602 英文液晶,案例运行过程中,用户可设置当前商品单价,当压力变化时(本例未将压力单位换算为质量单位),液晶屏将实时计算并刷新显示金额。本例电路及程序部分运行效果如图 5-30 所示。

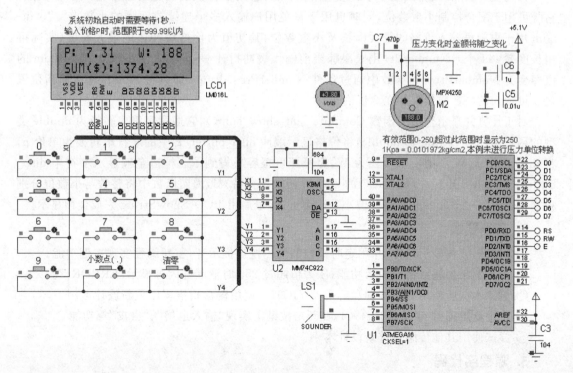

图 5-30 电子秤仿真设计

1. 程序设计与调试

压力数据转换的程序设计比较简单,本例忽略对这一部分的讨论。

下面重点讨论价格输入功能设计与金额计算功能设计,Calc.c 中的 KeyBoard_Handle() 与 Compute_and_show_sum() 分别完成了这两项功能。

为简化矩阵键盘输入扫描,案例使用了 74C922 解码芯片,这样可使得读取按键的代码变得非常简单,键盘操作处理函数 KeyBoard_Handle() 首先读取按键,在进行金额计算之前,该函数需要完成的处理要求如下:

① 将输入价格的范围限制在 0~999.99;
② 输入价格的整数部分已达到 3 位时只允许输入小数部分;
③ 任何时候只要开始输入了小数点,程序即开始限制可输入的小数位,保证所输入的小数位不超过 2 位;
④ 不允许输入 2 个以上的连续或间隔小数点;
⑤ 价格中没有非 0 整数部分时,允许用户直接从小数点开始输入,例如输入"0.83"时可改成直接输入".83";
⑥ 价格清零处理。

KeyBoard_Handle() 函数将所输入的价格数位存放于字符串 disp_buffer_P,在字符串长为 3 时,如果还未输入过小数点时则只允许输入小数点及小数位,否则返回,这样可限制只能输入 3 位整数。

为处理小数点问题,函数中引入变量 havedot,它用于标识当前是否已经输入了小数点,它既可用于配合控制小数数位,同时也用于避免用户输入多个连续或间隔的小数点"."。dtnum 用于限制可输入价格的最大串长及小数数位,其初值为价格缓冲区的最大长度(实际可用长度要少 1 个),NumberPtr 用来跟踪当前输入缓冲指针,一旦输入了小数点,则 dtbum 的值即变为 NumberPtr+2,函数中通过条件 NumberPtr<dtnum 即可将 NumberPtr 所指位置之后可输入的小数数位限制在 2 以内。

对于计算并显示金额的函数 Compute_and_show_sum(),它通过字符串转换为 double 类型的函数 strtod (string to double)将价格显示缓冲 disp_buffer_P 中的字符串转换为单价 p,将 disp_buffer_W 中的质量转换为 W,金额即可很容易得到了。构造金额显示字符串 disp_buffer_SUM 时,由于 AVR-GCC 的 sprintf 函数不支持%f,因而函数中将整数与小数位分别独立构造,其中"+0.005"将第 3 位小数四舍五入,最后由 LCD_ShowString 完成金额显示。

2. 实训要求

① 用数码管作显示器件,并用定时器控制输出按键提示音,重新编程实现本例功能。
② 为本例添加超重错误提示功能,压力值超过 250 时液晶屏闪烁显示"ERROR!"。
③ 删除本例所使用的矩阵键盘解码器 74C922,使用键盘扫描程序重新设计本例。
④ 将键盘矩阵由 4×3 改成 4×4,在新增按键上实现"输入退格"、"去皮"等功能。
⑤ 尝试使用其他传感器重新设计本例。

3. 源程序代码

```
001  //----------------------------Calc.c----------------------------
002  // 名称:电子秤价格输入与金额计算程序
```

```
003  //------------------------------------------------------------
004  #include <avr/io.h>
005  #include <util/delay.h>
006  #include <stdio.h>
007  #include <string.h>
008  #include <stdlib.h>
009  #include <ctype.h>
010  #define INT8U   unsigned char
011  #define INT16U unsigned int
012
013  //蜂鸣器定义
014  #define BEEP() PORTB ^= _BV(PB4)
015  //按键判断及按键键值
016  #define Key_Pressed (PINA & _BV(PA1))        //DA(PA1)为高电平时有键按下
017  #define Key_NO      ((PINA & 0xF0) >> 4)    //解码器输出线连接在 PA 高 4 位
018  //键盘字符表(其中注意 2、5、8 后各保留一个空格)
019  const char KEY_CHAR_TABLE[] = "012 345 678 9.C";
020  //液晶显示字符串函数
021  extern void LCD_ShowString(INT8U x, INT8U y, char * str);
022
023  //LCD 显示输出缓冲(价格/质量/金额)的最大长度
024  //因为要预留结束标志,实际串长比定义少 1 位
025  #define PLEN    7
026  #define WLEN    4
027  #define SUMLEN 10
028  //LCD 显示输出缓冲(价格/质量/金额)
029  char disp_buffer_P[PLEN];
030  char disp_buffer_W[WLEN];
031  char disp_buffer_SUM[SUMLEN];
032  //价格输入缓冲的指针
033  INT8U NumberPtr = 0;
034
035  //------------------------------------------------------------
036  // 蜂鸣器输出
037  //------------------------------------------------------------
038  void Sounder()
039  {
040      INT16U i;
041      for (i = 0; i < 350; i++)
042      {
043          BEEP(); _delay_us(220);
044      }
045  }
```

```
046
047   //-----------------------------------------------------------------
048   // 处理运算并显示金额
049   //-----------------------------------------------------------------
050   void Compute_and_show_sum()
051   {
052       double p,w;
053       p = strtod(disp_buffer_P,'\0');        //将价格字符串转换为double类型
054       w = strtod(disp_buffer_W,'\0');        //将质量字符串转换为double类型
055       p *= w;                                //计算金额
056       sprintf(disp_buffer_SUM,"%ld.%02ld",(long)p,
057                       (long)((p - (long)p + 0.005) * 100));
058       LCD_ShowString(7,1,"         ");       //清除金额(输出9个空格)
059       LCD_ShowString(7,1,disp_buffer_SUM);   //显示金额
060   }
061
062   //-----------------------------------------------------------------
063   // 处理键盘操作
064   //-----------------------------------------------------------------
065   void KeyBoard_Handle()
066   {
067       char  KeyChar;
068       //是否已经输入了价格P的小数点
069       static INT8U havedot = 0;
070       //在还没有输入价格中的小数点时可继续输入字符的个数
071       static INT8U dtnum = PLEN;
072       //如果有键按下则获取按键字符(根据解码器 DA 引脚是否输出高电平来判断)
073       if (Key_Pressed)
074       {
075           //每次按键时输出按键提示音
076           Sounder();
077           //根据键值获取按键字符
078           KeyChar = KEY_CHAR_TABLE[Key_NO];
079           //如果输入的是数字字符或小数点(但此前未输入过小数点)
080           //-----------------------------------------------------------------
081           if (isdigit(KeyChar) || (KeyChar == '.' &&!havedot))
082           {
083               //在目前还未输入小数点,且当前输入的不是小数点,而此时串长已为3时返回
084               //(由于输入范围为0~999.99,程序不允许输入3位以上的整数)
085               if (strlen(disp_buffer_P) == 3 && (KeyChar != '.' && !havedot)) return;
086
087               //将所输入的字符存入缓冲
088               if (NumberPtr < dtnum)
```

```
089             {
090                 //如果输入的第一个字符是'0'或'.'则直接处理为"0."
091                 //这样设计可允许用户在没有非0的价格整数位时直接从小数点开始输入
092                 //例如要输入"0.86"时可直接输入".86"
093                 if ( NumberPtr == 0 && (KeyChar == '0' || KeyChar == '.'))
094                 {
095                     disp_buffer_P[ NumberPtr ++ ] = '0'; KeyChar = '.';
096                     disp_buffer_P[ NumberPtr ++ ] = '.';
097                 }
098                 else
099                 {
100                     //否则正常存入新输入字符
101                     disp_buffer_P[ NumberPtr ++ ] = KeyChar;
102                 }
103                 disp_buffer_P[ NumberPtr ] = '\0';      //加串终点标志
104                 LCD_ShowString(3,0,disp_buffer_P);//刷新显示价格
105             }
106
107             //遇到小数点且此前未输入过小数点则开始限定可输入的小数位
108             if (KeyChar == '.' &&!havedot)
109             {
110                 dtnum = NumberPtr + 2;
111                 havedot = 1;
112             }
113         }
114         //清除当前所输入的价格
115         //------------------------------------------------------------
116         else if (KeyChar == 'C')
117         {
118             NumberPtr = 0;                     //disp_buffer_P数字缓冲指针归0
119             havedot = 0;                       //小数点输入标志清零
120             dtnum = PLEN - 2;                  //复位小数点后可输入字符个数
121
122             //清除价格及金额输出缓冲
123             disp_buffer_P[0]   = '\0';
124             disp_buffer_SUM[0] = '\0';
125
126             LCD_ShowString(3,0,"      ");      //输出6个空格,清除价格
127             LCD_ShowString(7,1,"         ");   //输出9个空格,清除金额
128         }
129         if (Key_Pressed) Compute_and_show_sum();   //计算并显示总金额
130         while (Key_Pressed);                       //等待按键释放
131     }
```

132 }

```
01  //--------------------------- main.c ---------------------------
02  //  名称：电子秤仿真设计
03  //-------------------------------------------------------------
04  //  说明：本例运行时,LCD 显示当前压力(未转换为质量),所输入的价格将
05  //        直接与该值相乘,LCD 显示计算后的应付金额
06  //
07  //-------------------------------------------------------------
08  #define F_CPU 1000000UL
09  #include <avr/io.h>
10  #include <avr/pgmspace.h>
11  #include <util/delay.h>
12  #include <stdio.h>
13  #include <string.h>
14  #include <stdlib.h>
15  #include <ctype.h>
16  #define INT8U   unsigned char
17  #define INT16U  unsigned int
18
19  //蜂鸣器输出
20  extern void Sounder();
21  //液晶相关函数
22  extern void Initialize_LCD();
23  extern void LCD_ShowString(INT8U x, INT8U y,char * str);
24  //键盘处理及金额计算与显示函数
25  extern void KeyBoard_Handle();
26  extern void Compute_and_show_sum();
27  //液晶显示缓冲(质量)
28  extern char disp_buffer_W[];
29  //模/数转换结果及压力换算结果
30  volatile INT16U AD_Result,Pre_Result = 0,Pressure_Value;
31  //-------------------------------------------------------------
32  // 主程序
33  //-------------------------------------------------------------
34  int main()
35  {
36      DDRA = 0x00; PORTA = 0xFF;                  //配置端口
37      DDRB = 0xFF;
38      DDRC = 0xFF;
39      DDRD = 0xFF;
40      Initialize_LCD();                           //初始化 LCD
41      LCD_ShowString(0,0,"P:       W:");          //第一行显示 P:W:标志(价格/质量)
```

```
42                                                      //其中"P:"后面空8格
43      LCD_ShowString(0,1,"SUM($):");                  //第二行显示SUM标志(金额)
44      ADMUX = 0x00;                                   //选择模/数转换通道AD0
45      ACSR = _BV(ACD);                                //禁止模拟比较器
46      ADCSRA = 0xC7;                                  //使能A/D转换,128分频
47      _delay_ms(1000);                                //延时等待系统稳定
48
49      while(1)
50      {
51          //开始A/D转换(SC:Start Conversion)
52          ADCSRA |= _BV(ADSC);
53          //读取转换结果(10位精度,获取的值为0~1023)
54          AD_Result = ADC;
55          //根据MPX4250技术手册,经下面的公式换算出当前压力
56          Pressure_Value = (AD_Result * 5.0 / 1023.0 / 5.1 - 0.04) / 0.00369 - 3.45;
57          //--------------------------------------------------------------
58          //...在这里可根据压力到质量的转换公式再次进行转换
59          //--------------------------------------------------------------
60
61          //转换显示结果
62          sprintf(disp_buffer_W,"%-d",Pressure_Value);
63          LCD_ShowString(13,0,"    ");                 //输出4个空格,清除质量
64          LCD_ShowString(13,0,disp_buffer_W);
65          KeyBoard_Handle();                           //处理键盘操作
66          if (Pre_Result != AD_Result )                //压力变化则计算金额
67          {
68              Compute_and_show_sum();
69              Pre_Result = AD_Result;
70              Sounder();
71          }
72          _delay_ms(100);
73      }
74  }
```

5.28 模拟射击训练游戏

本例在PG160128液晶屏上模拟射击训练游戏程序,程序启动时液晶屏显示游戏封面,随后显示射击游戏区域。游戏默认提供弹药20发,K1与K2键用于上下移动枪支位置,以便跟踪随机移动的被射击目标,按下K3时发射并输出逼真的模拟枪声,每次发射时如果击中则加1分,弹药用完后可按下K4重新开始。本例电路及程序运行效果如图5-31所示。

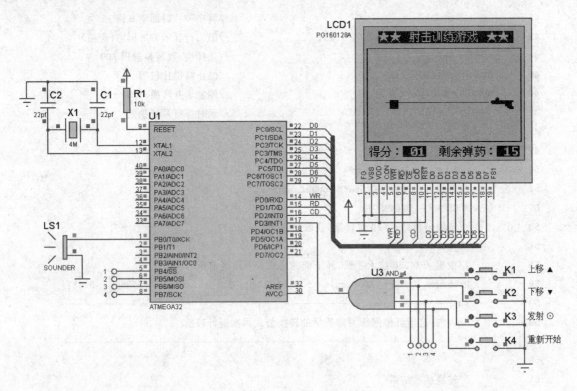

图 5-31 模拟射击训练游戏

1. 程序设计与调试

本例设计要点在于目标物体的随机移动、枪支在按键控制下的上下移动和击中判断以及枪声的模拟输出。下面逐一进行讨论：

(1) 目标物体的随机移动

为控制目标物体随机移动，程序中启用了 T/C0 定时器溢出中断，定时器控制目标物体每隔 1.5 s 移动一次，移动之前先根据目标物体当前的横纵坐标(Target_x,Target_y)清除处于当前位置的目标物体，然后再用随机函数 random 生成新的坐标(Target_x,Target_y)，并在新的位置绘制目标物体。目标物体上次所处纵坐标位置由 INT1 中断中的 Pre_Target_y 备份，为形成明显的随机移动感，当本次纵坐标值与上次纵坐标值之差小于 4 时，定时器中断函数内的 while 循环会反复获取新的随机纵坐标 Target_y，只到满足条件为止。

(2) 4 个操作按键的处理

本例 4 个按键通过 4 输入的与门触发 INT1 下降沿中断，在 INT1 中断函数内完成按键处理。其中前 2 个按键通过修改枪支的纵坐标 gun_y（分别－8/＋8）来上下移动枪支。

中断函数内最主要的部分在于按下 K3 时的发射功能设计，每次按下 K3 时，通过允许 T/C1 溢出中断来模拟输出逼真的枪声，然后再绘制和清除弹道，并递减弹药。对于 K3 按键，最重要的是判断是否击中目标，击中判断可通过比较枪支与目标物体的纵坐标变量 gun_y 与 Target_y 来完成，函数内通过检查 gun_y＋4 是否处于(Targeg_y,Target_y＋11)这个区间，如果处于这个区间则即被认为击中，其中"＋4"是因为 gun_y 是枪支的纵坐标，而弹道线的纵坐标为 gun_y＋4，击中判断就是检查弹道线纵坐标是否处于 Targeg_y～Target_y＋11 这个范围以内。

为避免同一物体在同一位置被多次击中而反复得分,这里还进一步引入变量 Pre_Target_y 来解决这个问题,每当上述击中条件成立,而目标物体纵坐标未改变时,Score 不再累加得分。

(3) 枪声的模拟输出

如同本书多个案例使用定时器控制输出声音一样,本例使用了 T/C1 定时器溢出中断控制输出模拟枪声,T/C1 定时器溢出中断中定义的静态变量 Tcnt1x 初值为 0,Tcnt1x 使 T/C1 定时/计数寄存器 TCNT1 在中断触发过程中由 0xFFF0~0xFE50 递减取值,由于 T/C1 时钟为 4M/8,故蜂鸣器的输出频率范围为 4M/8/(65 536 − 0xFFF0)/2 ~ 4M/8/(65 536 − 0xFE50)/2,即 4M/256~4M/6912。

计算后可得频率范围为 15.6 kHz~579 Hz,人耳可听到的范围为 20 kHz~20 Hz,T/C1 定时器溢出中断模拟了由接近人耳可听到的最高频率到较低频率的快速衰减过程,从而输出了逼真的枪声。图 5-32 给出了使用 MathCad2000 生成的模拟输出的枪声频率的衰减曲线。

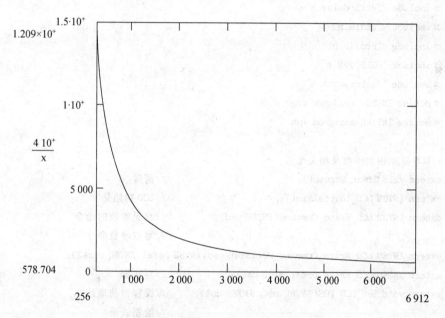

图 5-32 模拟输出的枪声频率的衰减曲线

2. 实训要求

① 本例直接用 GB-2312 字库中的全角字符"■"代替被射击目标,完成本例调试后重新绘制被射击目标的原始图形及被击中时的图形(例如飞碟等),改写本例程序,实现更逼真的射击游戏效果。

② 重新设计本例游戏模式,将原有矩阵区域内的水平射击改成枪支可在某个固定点对扇形区域的目标进行射击,原有的上下移动键改成射击角度加减键,在瞄准过程中允许根据当前枪支所指方向在屏幕上绘制虚线弹道。

③ 基于本例硬件环境设计太空入侵者(Space Invaders)游戏,编写时可参考 Proteus 所提供的 PIC 单片机汇编版的该套游戏的运行效果。

3. 源程序代码

```
001   //--------------------------- main.c ---------------------------
002   // 名称:射击训练游戏
003   //-------------------------------------------------------------
004   // 说明:程序启动时液晶屏显示游戏封面,然后显示游戏区,默认弹药为20发,
005   //      K1、K2键用于向上或向下移动枪支,跟踪目标,K3用于发射并模拟枪声,
006   //      在每次发射时,如果击中则加1分,在击中后如果目标物体尚未移动时,
007   //      程序不重复加分.弹药用完后可按下K4重新开始
008   //-------------------------------------------------------------
009   #define F_CPU 4000000UL
010   #include <avr/io.h>
011   #include <avr/pgmspace.h>
012   #include <avr/interrupt.h>
013   #include <util/delay.h>
014   #include <stdio.h>
015   #include <stdlib.h>
016   #include "PG160128.h"
017   #include "PictureDots.h"
018   #define INT8U  unsigned char
019   #define INT16U unsigned int
020
021   //LCD 显示相关函数及相关变量
022   extern void Clear_Screen();                              //清屏
023   extern INT8U LCD_Initialise();                           //LCD 初始化
024   extern INT8U LCD_Write_Command(INT8U cmd);               //写无参数的命令
025                                                           //写双参数命令
026   extern INT8U LCD_Write_Command_P2(INT8U cmd,INT8U para1,INT8U para2);
027   extern INT8U LCD_Write_Data(INT8U dat);                  //写数据
028   extern void Set_LCD_POS(INT8U row, INT8U col);           //设置当前地址
029                                                           //绘制线条
030   extern void Line(INT8U x1,INT8U y1, INT8U x2,INT8U y2, INT8U Mode);
031                                                           //显示字符串(wb 设置反相)
032   extern void Display_Str_at_xy(INT8U x,INT8U y,char* Buffer,INT8U wb);
033                                                           //从指定位置开始显示图像
034   extern void Draw_Image(prog_uchar * G_Buffer, INT8U Start_Row, INT8U Start_Col);
035   extern INT8U LCD_WIDTH, LCD_HEIGHT;                     //LCD 宽度与高度
036   extern prog_uchar Game_Surface[], Gun_Image[];          //游戏封面与枪支图像点阵数组
037
038   //按键定义
039   #define K1_DOWN() (PINB & _BV(PB4)) == 0x00             //上移
040   #define K2_DOWN() (PINB & _BV(PB5)) == 0x00             //下移
041   #define K3_DOWN() (PINB & _BV(PB6)) == 0x00             //发射
```

```
042    #define K4_DOWN()  (PINB & _BV(PB7)) == 0x00        //重新开始
043    //蜂鸣器
044    #define BEEP()     PORTB ^= _BV(PB0)
045
046    INT8U HCount = 0,LCount = 0;                        //控制模拟枪声的延时变量
047    INT8U Score = 0, Bullet_Count = 20;                 //得分,剩余弹药数
048    INT8U Target_x = 0, Target_y = 0;                   //目标物体位置
049    INT8U Pre_Target_y = 0;                             //目标物体上次所在纵坐标位置
050    INT8U gun_y = 20;                                   //枪支纵坐标(其中横坐标固定为16*8)
051    //-----------------------------------------------------------------
052    // 显示成绩与剩余弹药数
053    //-----------------------------------------------------------------
054    void Show_Score_and_Bullet()
055    {
056        char dat_str[4] = {' ',0,0,0};
057        //显示成绩
058        dat_str[1] = Score / 10 + '0';
059        dat_str[2] = Score % 10 + '0';
060        Display_Str_at_xy(37,117,dat_str,1);
061
062        //显示剩余弹药数
063        dat_str[1] = Bullet_Count / 10 + '0';
064        dat_str[2] = Bullet_Count % 10 + '0';
065        Display_Str_at_xy(134,117,dat_str,1);
066    }
067
068    //-----------------------------------------------------------------
069    // 键盘中断(INT1)
070    //-----------------------------------------------------------------
071    ISR (INT1_vect)
072    {
073        //枪支位置上移------------------------------------------------
074        if (K1_DOWN())
075        {
076            if (gun_y != 0) Display_Str_at_xy(16*8,gun_y,"  ",0);
077            gun_y -= 8;
078            if (gun_y < 20 ) gun_y = 20;
079            Draw_Image(Gun_Image,gun_y,16);
080        }
081        //枪支位置下移------------------------------------------------
082        else if (K2_DOWN())
083        {
084            if (gun_y != 0) Display_Str_at_xy(16*8,gun_y,"  ",0);
```

```
085
086        gun_y + = 8;
087        if (gun_y > 100 ) gun_y = 100;
088        Draw_Image(Gun_Image,gun_y,16);
089    }
090    //发射,绘制与擦除弹道线条,模拟枪声,判断成绩--------------
091    else if (K3_DOWN())
092    {
093        //如果有剩余弹药则为 T/C1 提供 8 分频时钟(设 0x02),模拟枪声输出,否则直接返回
094        if (Bullet_Count != 0) TCCR1B = 0x02; else return;
095        //绘制弹道线条
096        Line(10 , gun_y + 4 , 125 , gun_y + 4 , 1);
097        _delay_ms(80);
098        //80ms 后擦除弹道线条
099        Line(10 , gun_y + 4 , 125 , gun_y + 4 , 0);
100        //弹药递减
101        if (Bullet_Count != 0 )
102        {
103            Bullet_Count -- ;
104            //判断成绩
105            //Pre_Target_y 用于保存目标物体上次所在纵坐标位置
106            //避免物体在同一位置被反复多次击中而多次得分
107            if ( (gun_y + 4) >  Target_y && (gun_y + 4) <  Target_y + 11 &&
108                  Pre_Target_y != Target_y )
109            {
110                Score ++ ;   Pre_Target_y = Target_y ;
111            }
112        }
113        //刷新显示成绩与弹药数
114        Show_Score_and_Bullet();
115    }
116    //成绩与弹药数复位------------------------------------
117    else if (K4_DOWN())
118    {
119        Score = 0; Bullet_Count = 20;
120        Show_Score_and_Bullet();
121    }
122 }
123
124 //-------------------------------------------------------------------
125 // 定时器 0 溢出中断控制目标物体随机移动
126 //-------------------------------------------------------------------
127 ISR (TIMER0_OVF_vect)
```

```c
128  {
129      static INT8U tCount = 0;
130      TCNT0 = 256 - F_CPU / 1024.0 * 0.05;
131      //累加延时 30 * 0.05s
132      if ( ++ tCount != 30) return;
133      tCount = 0;
134
135      //清除原位置目标物体
136      if (Target_x != 0 && Target_y != 0)
137      Display_Str_at_xy(Target_x,Target_y," ",0);
138      Target_x = random() % 60 + 8 ;        //随机生成新坐标位置
139      Target_y = random() % 80 + 20;
140      while ( abs(Pre_Target_y - Target_y) < 4)
141      {
142          Target_y = random() % 80 + 20;
143      }
144      //在新位置绘制目标物体
145      Display_Str_at_xy(Target_x,Target_y,"■",0);
146  }
147
148  //-----------------------------------------------------------------
149  // 定时器1溢出中断模拟枪声输出
150  //-----------------------------------------------------------------
151  ISR (TIMER1_OVF_vect)
152  {
153      static INT16U Tcnt1x = 0x0000;
154      BEEP();
155      TCNT1 = -- Tcnt1x;
156      if (Tcnt1x == 0xFE50)
157      {
158          //重设定时初值变量
159          Tcnt1x = 0x0000;
160          //T/C1 无时钟,枪声输出停止
161          TCCR1B = 0x00;
162      }
163  }
164
165  //-----------------------------------------------------------------
166  // 主程序
167  //-----------------------------------------------------------------
168  int main()
169  {
170      DDRB = 0x0F; PORTB = 0xFF;            //配置端口
```

```c
171        DDRC = 0xFF;
172        DDRD = 0xF7;
173        LCD_Initialise();                      //液晶初始化
174        Clear_Screen();                        //清屏
175        Draw_Image(Game_Surface,6,0);          //显示游戏封面
176        _delay_ms(3000);
177        Clear_Screen();                        //随后清除封面
178        //显示固定文字
179        Display_Str_at_xy(12,1,"★★ 射击训练游戏 ★★",1);
180        Display_Str_at_xy(2,117,"得分:",0);
181        Display_Str_at_xy(75,117,"剩余弹药:",0);
182        Show_Score_and_Bullet();               //显示成绩与弹药
183        Line(0,18,159,18,1);                   //用4条直线绘制游戏区边框
184        Line(159,18,159,112,1);
185        Line(159,112,0,112,1);
186        Line(0,112,0,18,1);
187        Draw_Image(Gun_Image,gun_y,16);        //在初始位置绘制枪支
188        //设置 T/C0,T/C1,INT1 中断
189        TCCR0 = 0x05;                          //T/C0 预分频:1024
190        TCNT0 = 256 - F_CPU / 1024.0 * 0.05;   //T/C0 在 4 MHz/1024 时钟下设置0.05 s定时
191        TCCR1B = 0x00;                         //T/C1 无时钟(枪声无输出)
192        //允许 T/C0,T/C1 定时器溢出中断
193        //前者控制目标随机移动,后者模拟枪声输出,初始时无输出
194        TIMSK   = _BV(TOIE0) | _BV(TOIE1);
195        MCUCR = 0x08;                          //INT1 为下降沿触发
196        GICR  = _BV(INT1);                     //INT1 中断使能
197        SREG  = 0x80;                          //使能中断
198        while(1);
199    }


001    //----------------------------- LCD_160128.c -----------------------------
002    //   名称:PG12864LCD 显示驱动程序(T6963C)(不带字库)
003    //------------------------------------------------------------------------
……限于篇幅,这里省略了部分类似代码
158    //本例汉字点阵库
159    const struct typFNT_GB16 GB_16[] = { //12*12 点阵,宋体小五号,用 Zimo 软件取得点阵
160    {{"得"},{0x27,0xC0,0x24,0x40,0x57,0xC0,0x94,0x40,0x27,0xC0,0x60,0x00,
161            0xAF,0xE0,0x20,0x80,0x2F,0xE0,0x24,0x80,0x21,0x80,0x00,0x00}},
162    {{"分"},{0x11,0x00,0x11,0x00,0x20,0x80,0x20,0x80,0x40,0x40,0xBF,0xA0,
163            0x08,0x80,0x08,0x80,0x10,0x80,0x20,0x80,0xC7,0x00,0x00,0x00}},
164    {{":"},{0x00,0x00,0x00,0x00,0x0C,0x00,0x0C,0x00,0x00,0x00,0x00,0x00,
165            0x00,0x00,0x0C,0x00,0x0C,0x00,0x00,0x00,0x00,0x00,0x00,0x00}},
166    {{"★"},{0x04,0x00,0x04,0x00,0x0E,0x00,0x0E,0x00,0xFF,0xE0,0x7F,0xC0,
```

```
167         0x1F,0x00,0x1F,0x00,0x3B,0x80,0x20,0x80,0x40,0x40,0x00,0x00}},
168 {{"■"},{0x00,0x00,0x7F,0xC0,0x7F,0xC0,0x7F,0xC0,0x7F,0xC0,0x7F,0xC0,
169         0x7F,0xC0,0x7F,0xC0,0x7F,0xC0,0x7F,0xC0,0x00,0x00,0x00,0x00}},
170
171 {{"射"},{0x20,0x40,0x78,0x40,0x48,0x40,0x7F,0xE0,0x48,0x40,0x7A,0x40,
172         0x49,0x40,0xF9,0x40,0x28,0x40,0x48,0x40,0x99,0xC0,0x00,0x00}},
173 {{"击"},{0x04,0x00,0x04,0x00,0x7F,0xC0,0x04,0x00,0x04,0x00,0xFF,0xE0,
174         0x04,0x00,0x44,0x40,0x44,0x40,0x44,0x40,0x7F,0xC0,0x00,0x00}},
175 {{"训"},{0x44,0x40,0x25,0x40,0x05,0x40,0x05,0x40,0xC5,0x40,0x45,0x40,
176         0x45,0x40,0x45,0x40,0x55,0x40,0x68,0x40,0x10,0x40,0x00,0x00}},
177 {{"练"},{0x22,0x00,0x4F,0xE0,0x42,0x00,0x9F,0x80,0xE4,0x80,0x44,0x80,
178         0xAF,0xE0,0xC0,0x80,0x34,0xC0,0xC8,0xA0,0x13,0xA0,0x00,0x00}},
179 {{"游"},{0x91,0x00,0x49,0xE0,0x3E,0x00,0x93,0xE0,0x5C,0x40,0x54,0x80,
180         0x55,0xE0,0x94,0x80,0x94,0x80,0xA4,0x80,0x4D,0x80,0x00,0x00}},
181 {{"戏"},{0x02,0x80,0xF2,0x40,0x12,0x40,0x13,0xE0,0x9E,0x00,0x52,0x40,
182         0x22,0x80,0x31,0x00,0x49,0x20,0x42,0xA0,0x8C,0x60,0x00,0x00}},
183
184 {{"剩"},{0x7C,0x20,0x10,0xA0,0xFE,0xA0,0x54,0xA0,0xD6,0xA0,0x54,0xA0,
185         0xD6,0xA0,0x38,0xA0,0x54,0xA0,0x92,0x20,0x10,0xE0,0x00,0x00}},
186 {{"余"},{0x04,0x00,0x0A,0x00,0x11,0x00,0x20,0x80,0xDF,0x60,0x04,0x00,
187         0x7F,0xC0,0x15,0x00,0x24,0x80,0x44,0x40,0x9C,0x40,0x00,0x00}},
188 {{"弹"},{0x04,0x40,0xE2,0x80,0x2F,0xC0,0x29,0x40,0xEF,0xC0,0x89,0x40,
189         0xEF,0xC0,0x21,0x00,0x3F,0xE0,0x21,0x00,0xC1,0x00,0x00,0x00}},
190 {{"药"},{0x11,0x00,0xFF,0xE0,0x11,0x00,0x22,0x00,0x4B,0xE0,0x74,0x20,
191         0x22,0x20,0x59,0x20,0x61,0x20,0x18,0x40,0xE1,0xC0,0x00,0x00}}
192 };
```

……限于篇幅，这里省略了部分类似代码

```
598
599 //-------------------------------------------------------------
600 // 绘制图像（图像数据来自于Flash程序ROM空间）
601 //-------------------------------------------------------------
602 void Draw_Image(prog_uchar * G_Buffer, INT8U Start_Row, INT8U Start_Col)
603 {
604     INT16U i,j,W,H;
605     //图像行数控制（G_Buffer的前2个字节分别为图像宽度与高度）
606     W = pgm_read_byte(G_Buffer + 1);
607     for(i = 0;i < W;i++)
608     {
609         Set_LCD_POS(Start_Row + i,Start_Col);
610         LCD_Write_Command(LC_AUT_WR);
611
612         //绘制图像每行像素
613         H = pgm_read_byte(G_Buffer);
```

```
614             for(j=0; j<H/8; j++)
615                 LCD_Write_Data(pgm_read_byte(G_Buffer + i*(H/8) + j + 2));
616             LCD_Write_Command(LC_AUT_OVR);
617         }
618 }
001 //-------------------- PictureDots.h --------------------------------------
002 // 游戏封面数据存放于 Flash 程序空间
003 //-----------------------------------------------------------------------
004 prog_uchar Game_Surface[] = { 160,110, //游戏封面:160*110
005     0x00,0x00,0x00,0x00,0x00,0x00,0x00,0x00,0x00,0x00,0x00,0x00,0x00,0x00,0x00,
006     0x00,0x00,0x00,0x00,0x00,0x00,0x00,0x00,0x00,0x00,0x00,0x00,0x00,0x00,0x00,
    ……限于篇幅,这里省略了游戏封面的大部分点阵数据
141     0x00,0xF8,0x00,0x00,0x00,0x00,0x00,0x00,0x00,0x00,0x00,0x00,0x80,0x00,0xE0,
142     0x00,0x00,0xC0,0x00,0x00,0x20,0x00,0x00
143 };
144
145 //-----------------------------------------------------------------------
146 // 枪支图像数据存放于 Flash 程序空间
147 //-----------------------------------------------------------------------
148 prog_uchar Gun_Image[] = { 24,12, //枪支图像,W/H:24*12
149     0x03,0x00,0x00,0x07,0x80,0x00,0x07,0x80,0x00,0x7F,0xFF,0xFE,0xFF,0xFF,0xFF,
150     0xFF,0xFC,0x7F,0xFF,0xFC,0x00,0x01,0xFC,0x00,0x01,0xFC,0x00,0x00,0x7F,0x00,0x00,
151     0x7F,0x00,0x00,0x1F
152 };
```

5.29 PC 机通过 485 远程控制单片机

基于 RS-232 总线的串行通信系统设计简单、易于使用,但其传输速度慢、传输距离短、易受外界电气干扰的缺点,使其无法完全满足工业应用系统的需求。RS-485 总线作为其替代标准,在工业应用系统中地位十分重要,它在通信速率、传输距离、多机连接等方面均有很大提高。本例运行时,通过上位机软件(本例直接使用串口助手软件)发送的数字将通过 485 总线传输给单片机,显示在 4 位数码管上。本例电路及部分运行效果如图 5-33 所示。

1. 程序设计与调试

RS-485 总线采用平衡发送和差分接收方式实现通信,发送端将串口的 TTL 电平信号转换成差分信号由 A、B 两路输出,接收端再将差分信号还原成 TTL 电平信号。由于传输线通常使用双绞线,且采用差分方式传输,因而具有很强的抗共模干扰能力,总线收发器灵敏度很高,可以检测到低至 200 mV 的电压。

RS-485 最大通信距离约为 1219 m,最大传输速率为 10 Mb/s,要传输更长距离时,需添加 485 中继器。

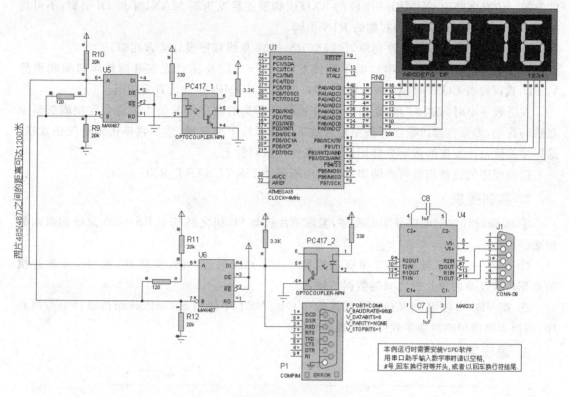

图 5-33　PC 机通过 485 远程控制单片机

RS-485 采用半双工工作方式，支持多点数据通信，总线拓扑结构多采用终端匹配的总线型结构，即采用一条总线将各个节点串接起来，RS-485 总线一般最大支持 32 个节点。

本例所使用的 MAX487 芯片是 MAXIM 公司生产的用于 RS-485 总线通信的低功耗半双工收发器件，芯片内集成了一个驱动器和一个接收器，符合 RS-422A 和 RS-485 总线通信标准。

下面是 MAX487 芯片的引脚功能：

RO——接收器输出（Receiver Output）；

DI——驱动器输入（Driver Input）；

$\overline{\text{RE}}$——接收器输出使能（Receiver Output Enable），低电平允许，高电平禁止；

DE——驱动器输出使能（Driver Output Enable），高平电允许，低电平禁止；

A——接收器非反向输入端和驱动器非反向输出端；

B——接收器反向输入端和驱动器反向输出端。

本例以 PC 机为主控机，通过 RS-232/485 转换电路接入 RS-485 总线，由于本例 PC 机仅使用 485 总线向单片机单向发送数据，发送端 MAX487 的 DE、$\overline{\text{RE}}$引脚固定连接高电平，使能发送；接收端的 DE、$\overline{\text{RE}}$固定连接低电平，使能接收。

为避免干扰，收发双方均使用了光耦隔离器件 PC417，在实物电路中 PC417 的引脚 6 接高电平。另外，由于 Proteus 组件限制，本例未进一步在电路添加 DC-DC 电源隔离模块，在实际应用设计中建议添加电源隔离模块。

在实物电路图中，PC 机串口连接 CONN-D9 发送数据，在仿真时数据通过 COMPIM 组件发送。仿真电路中 COMPIM 组件的 RXD 引脚要连接发送端 MAX487 的 DI 引脚,不可连接到本例电路中 MAX232 的右端的 R1N 引脚。

本例电路的程序设计非常简单,代码与 RS-232 总线程序设计非常相似。

运行本例时,PC 端使用串口助手软件发送,运行之前要注意先安装虚拟串口驱动程序 VSPD,建议设置 COM3 与 COM4 对连,串口助手与 COMPIM 的设置要相同。

发送数字串时,以"＃"号、空格符、回车换行符开头的数字串的前 4 位将会直接刷新显示在数码管上,如果直接以数字开头则输入数字串后要按下回车键,然后再单击发送按钮发送,这样才能使每次发送的数字立即刷新显示在 4 位数码管上。

接收程序的设计细节可参阅串口接收中断函数 ISR（USART_RXC_vect）。

2. 实训要求

① 重新设计本例电路并编写程序,实现单片机与 PC 机之间基于 RS-485 总线的双向数据通信。

② 在上一设计基础上,基于半双工的 RS-485 总线通信网络,实现 PC 机与 2 个单片机的数据传输及及两单片机之间的数据传输。

③ 在 VB6 中使用 MSCOMM 组件或在 C＃.NET 中使用 SerialPort 组件设计上位机程序,替换本例借用串口助手软件所实现的功能。

3. 源程序代码

```
01   //------------------------------------------------------------
02   //  名称：基于 485 通信的单片机程序
03   //------------------------------------------------------------
04   //  说明：本例运行时,PC 机通过串口发送的数字串的前 4 位将显示在数码管上
05   //
06   //------------------------------------------------------------
07   #define  F_CPU   4000000UL           //4 MHz 晶振
08   #include <avr/io.h>
09   #include <avr/interrupt.h>
10   #include <util/delay.h>
11   #define INT8U   unsigned char
12   #define INT16U  unsigned int
13
14   #define MAXLEN 4                     //可接收数字的最大个数
15   struct                               //数字串接收缓冲结构类型
16   {
17       INT8U Buf_array[MAXLEN];         //缓冲空间
18       INT8U Buf_Len;                   //当前缓冲长度
19   } Receive_Buffer;                    //接收缓冲结构类型变量
20
21   INT8U Clear_Buffer_Flag = 0;         //清空缓冲标志
22
23   //共阳数码管 0~9 的段码表,最后一位为黑屏
```

```c
24  const INT8U SEG_CODE[] =
25  {0xC0,0xF9,0xA4,0xB0,0x99,0x92,0x82,0xF8,0x80,0x90,0x00};
26
27  //-----------------------------------------------------------------
28  // USART 初始化
29  //-----------------------------------------------------------------
30  void Init_USART()
31  {
32      UCSRB = _BV(RXEN) | _BV(RXCIE);                //允许接收,接收中断使能
33      UCSRC = _BV(URSEL)| _BV(UCSZ1)| _BV(UCSZ0);    //8 位数据位,1 位停止位
34      UBRRL = (F_CPU / 9600 / 16 - 1) % 256;         //波特率:9600
35      UBRRH = (F_CPU / 9600 / 16 - 1) / 256;
36  }
37
38  //-----------------------------------------------------------------
39  // 显示所接收数字串的前 4 位(数字串由 PC 串口发送,单片机串口接收)
40  //-----------------------------------------------------------------
41  void Show_Received_Digits()
42  {
43      INT8U i;
44      for(i = 0 ; i < 4; i++)
45      {
46          PORTB = _BV(i);                                       //发送位码
47          PORTA = SEG_CODE[ Receive_Buffer.Buf_array[i] ];      //发送段码
48          _delay_ms(4);
49      }
50  }
51
52  //-----------------------------------------------------------------
53  // 主程序
54  //-----------------------------------------------------------------
55  int main()
56  {
57      Receive_Buffer.Buf_Len = 0;              //缓冲长度清零
58      DDRA = 0xFF; PORTA = 0xFF;               //配置端口
59      DDRB = 0xFF; PORTB = 0x00;
60      DDRD = 0xF6; PORTD = 0xFF;
61      Init_USART();                            //串口初始化
62      sei();                                   //开中断
63      while(1) Show_Received_Digits();         //显示所接收到数字
64  }
65
66  //-----------------------------------------------------------------
```

```
67    // 串口接收中断函数(接收 PC 机数据)
68    //--------------------------------------------------------------
69    ISR(USART_RXC_vect)
70    {
71        INT8U c = UDR;
72        //接收到回车符、换行符、空格符或"#"字符则设置清空缓冲标志
73        if (c == '\r' || c == '\n' ||
74            c == ' ' || c == '#')    Clear_Buffer_Flag = 1;
75        if (c >= '0' && c <= '9')
76        {
77            //如果收到清空缓冲标志,则本次从缓冲开始位置存放
78            if (Clear_Buffer_Flag == 1)
79            {
80                Receive_Buffer.Buf_Len = 0;
81                Clear_Buffer_Flag = 0;
82            }
83            //如果缓冲未满则存入新数字
84            if (Receive_Buffer.Buf_Len < MAXLEN)
85            {
86                //缓存新接收的数字(由 ASCII 字符转换为数字)
87                Receive_Buffer.Buf_array[Receive_Buffer.Buf_Len] = c - '0';
88                //刷新缓冲长度(不超过最大长度)
89                Receive_Buffer.Buf_Len ++ ;
90            }
91        }
92    }
```

5.30 用 IE 访问 AVR+RTL8019 设计的以太网应用系统

  Ethernut 是一个开放硬件和软件设计方案的嵌入式系统协议栈的统称,德国 egnite Software Gmbh 公司负责 Ethernut 的硬件与软件升级,在网站 http://www.ethernut.de 可找到 Ethernut 的全部硬件及软件源代码,网站还提供了大量实例供参考,用户可以方便地对其进行增删或修改,定制出适合自己的以太网(Ethernet)解决方案。

  运行本例时,通过 IE 浏览器访问以 Atmega128 与 RTRL8019 为核心设计的以太网应用系统,通过单击所设计 WEB 页中的超链接,可实现 LED 状态查询、电机启/停控制、admin 用户密码设置等功能。本例电路如图 5-34 所示。

1. 程序设计与调试

  本例基于 Etnernut-4.9.7 的 http 应用案例进行设计,设计与调试涉及 6 个方面的内容:
(1) 以太网控制器 RTL8019AS 简介
  RTL8019AS 是一种全双工即插即用的以太网控制器,它在一块芯片上集成了 RTL8019

内核和一个 16 KB 的 SDRAM 存储器,兼容 RTL8019 控制软件和 NE2000 8-bit 或 16-bit 的传输,支持 UTP、AUI、BNC 和 PNP 自动检测模式,支持外接闪存读/写操作,支持 I/O 地址的完全解码,支持 4 个诊断 LED 可编程输出。其接口符合 Ethernet2 和 IEEE802.3 (10Base5、10Base2、10BaseT)标准。

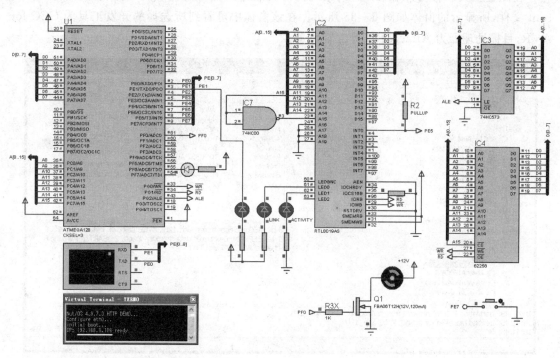

图 5-34 用 IE 访问 AVR+RTL8019 设计的以太网应用系统

以太网控制器 RTL8019AS 采用 100 脚 PQFP 封装,其主要引脚说明如下:

A0～A19——地址总线;

D0～D15——数据总线;

INT0～INT7——中断控制总线;

AEN——地址使能端;

SMEMRB——存储器读控制;

SMEMWB——存储器写控制;

LED0——网络通信冲突指示;

LED1——RX 接收数据指示;

LED2——TX 发送数据指示;

LEDBNC——介质类型指示;

IOCS16B——16 位 I/O 口方式;

IORB——端口读控制;

IOWB——端口写控制;

RSTDRV——复位驱动器。

(2) Nut/OS 的安装、配置与编译

进行本例开发设计之前,需要首先从 www.ethernut.de 下载安装包 ethernut-4.9.7.exe

并安装，默认安装目录为 c:\etnernut-4.9.7。

完成安装后，安装程序会接着自动提示否运行配置工具软件 configurator，如果忽略该操作，也可以在开始程序菜单中的"Ethernut.4.9.7"下运行 configurator 工具。

在配置工具软件中单击 open 菜单，打开 C:\ethernut-4.9.7\nut\conf\ethernut13h.conf 文件，所显示的窗体如图 5-35 所示。在该窗体中可看到所选择的开发工具为 GCC for AVR，目标处理器为 Atmega128 等配置信息。

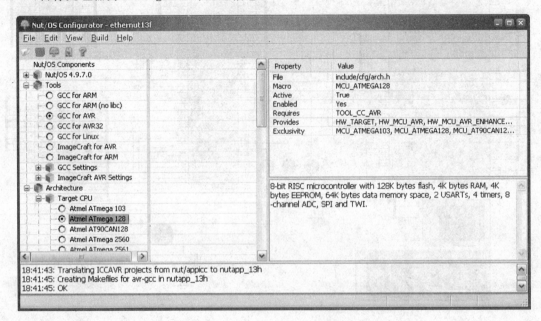

图 5-35 Nut/OS 配置

接下来单击 Edit→Settings，打开 NutConf Settings 窗体，在该窗体中完成如下设置：

① Repository 中的库文件（Repository File）默认为 nut\conf\repository.nut；

② Build 中的源目录（Source Directory）默认为 nut，平台（Platform）选择 avr/gcc，构建目录（Build Directory）设为 nutbld_13h；

③ Tools 中的工具目录（Tool Directory）默认为 C:\ethernut-4.9.7\nut\tools\win32；

④ Samples 中的应用案例目录（Application Directory）设为 nutapp_13h，编程器软件（Programmer）默认选择 avr-dude。

完成上述设置后单击 OK，然后再单击菜单 Build→Build Nut/OS 构建应用于本目标系统的 Nut/OS，完成后再单击 Build→Create Sample Directory 生成案例文件夹。

完成上述操作后，c:\ethernut-4.9.7 下会出现两个文件夹，它们分别是 nutbld_13h 和 nutapp_13h，前者是所生成的目标系统的 Nut/OS 所有库函数文件，后者是该目标系统平台的应用案例集。

应用案例文件夹 nutapp_13h 有 8 个 make 文件及 2 个 .mk 文件，余下的就是大量的应用案例文件夹，其中之一是 httpd，本例基于 httpd 设计完成。

为避免破坏原始案例文件及文件夹，设计本例程序时，可先在 c:\ethernut-4.9.7 下建立新文件夹"用 IE 访问 AVR 以太网应用系统"，然后将 nutapp_13h 下的所有 make 文件及 httpd 文件夹复制到"c:\ethernut-4.9.7\用 IE 访问 AVR 以太网应用系统"下,当然,其中 makevars.avr32-gcc 和 makevars.arm-gcc 可不必复制。

要特别注意的是,新目录下的所有 make 文件及 httpd 文件夹的深度必须与原始文件及文件夹深度相同,否则会使后续操作出现大量编译错误。

(3) 嵌入式系统中的 WEB 页设计

在开始本例程序设计之前,要先设计出将存放于 Atmega128 单片机的 WEB 页文件,这些 WEB 页文件通过网页设计工具 DreamWeaver 设计,先存放于 httpd/web_files 下。下面是该 WEB site 中的所有相关文件:

index.html——首页文件,它实际上是由顶框架 top 与主框架 main 构成的框架集页面;
top.html——顶框架中的页面文件,显示 Flash 动画及标题内容、所有操作链接等;
main.html——初始时显示在主框架中的页面文件,显示 Ethernut.4.9.7 的相关信息;
setpassword.html——设置 admin 用户密码的 form 页面文件;
flash/surface.swf——为加强页面视觉效果而设计的 Flash 动画文件;
run_status.html——返回 LED 状态,电机运行状态的页面。

本例压缩包中提供了上述文件,限于篇幅,这里不讨论使用 DreamWeaver 工具软件设计上述页面文件的操作方法与操作过程。

上述文件中的前 5 个在运行过程所显示的内容保持不变(包括 Flash 动画文件),这些文件也被称为静态文件;第 6 个文件所显示的是当前 LED 及 MOTOR 的状态,其内容是变化的,这类文件也被称为动态文件。

对于 1~5 号文件,它们以静态文件形式被固定生成到 urom.c,每个文件所有字节将都被生成到该文件内的一个数组中。

urom.c 由 C:\ethernut-4.9.7\nut\tools\win32 下的工具程序 crurom.exe 生成,在后续编译过程中,该工具将会被自动调用,它根据指定的 web_files 中的相关文件生成 urom.c。

第 6 号文件仅仅是为了便于后续 C 程序设计中动态生成状态页面的编写而提供的一个样板页面,它的所有 HTML 标记语言将被移植到 httpdserv.c 程序内的相关函数中,标记语言中有关 LED 及 MOTOR 状态的部分将会由 fprintf_P 函数动态生成,然后返回到客户端的 IE 浏览器内。

(4) HTTP 服务程序设计

使用 configurator 创建案例文件夹时,nutapp_13h/httpd 下会自动出现项目文件 httpd.prj,但该文件并非 AVRStudio 的项目文件,编写本例 C 程序前,需要首先在 AVRStudio 中创建项目文件"用 IE 访问基于 RTL8019 设计的以太网应用系统.aps",然后添加 C 程序文件 httpserv.c。

对于静态页面的返回,C 程序中不需要单独提供动态生成响应页面的函数,Nut/OS 会自动响应并返回客户端单击链接所请求的 html 页面。

本例程序设计要点在于动态页面的返回,单片机程序对带参数链接的处理,对所传送过来的表单数据的处理。

下面首先讨论获取 LED 状态、启动电机及停止电机链接的处理,这 3 个链接所指向的 URL 分别为:

admin/mcu_control.cgi? para = GETLEDSTATUS

```
admin/mcu_control.cgi? para = STARTMOTOR
admin/mcu_control.cgi? para = STOPMOTOR
```

为了保护 mcu_control.cgi 程序,链接前面添加了 admin/,程序中通过调用 Nut/OS 的 API 函数 NutRegisterAuth 来保护 admin 路径下的文件,调用语句如下:

```
NutRegisterAuth("admin", admin_password);
```

上述 3 个链接中的某一个被最先请求时,由于 URL 前面添加了路径 admin/,IE 会弹出对话框,要求输入拥有该目录权限的用户账号和密码。本例中将初始账号和密码分别设为"root"、"123456"。

由于主程序中将 cgi 请求 mcu_control.cgi 注册给函数 mcu_control,执行语句如下:

```
NutRegisterCgi("mcu_control.cgi", mcu_control);
```

通过密码验证后,对 mcu_control.cgi 的请求将交由函数 mcu_control 来处理,该函数的参数为文件流对象 stream 和请求对象 req,通过调用 Nut/OS 的 API 函数 NutHttpGetParameterName 与 NutHttpGetParameterValue 可分别获得 URL 中"?"后面所带的参数名及参数值,由所获取的参数信息即可得知客户端的 IE 用户发出了何种请求:

```
para_name = NutHttpGetParameterName(req, 0);
para_value = NutHttpGetParameterValue(req, 0);
```

在本例以太网应用系统案例中,LED 的开关是由硬件系统中的按键控制的,客户端的 IE 浏览器不控制 LED 的开关,仅查询当前 LED 开关状态。对于应用系统中的电机,其启停操作则完全由客户端的 IE 浏览器控制。

由于所收到的 3 种请求最终都要求返回操作状态,因而 mcu_control 函数中 LED 的判断分支内不执行任何处理,只有电机的 2 个判断才分别完成启停操作,最后再根据 LED 的开关状态及 MOTOR 的运行状态动态构造返回到客户端的 WEB 页,这个任务通过调用创建状态 WEB 页的函数 create_status_webpage 完成。

以其中构造 LED 状态返回标记语言部分为例,其核心部分如下:

```
static char * html_x[] = //待输出状态 WEB 页的 HTML 标记语言
{
    ......
    ".red_style{font-family:'黑体';font-size:60px;color:#FF0000;}",
    ".blk_style{font-family:'黑体';font-size:60px;color:#000000;}",
    ......
    "<div align = 'center' class = '%s'>%s</div></td><td>", //10.LED 状态格式串
    ......
};
if (led) fprintf (stream, html_x[10], "red_style", "ON");
else     fprintf (stream, html_x[10], "blk_style", "OFF");
```

当 LED 开启时,fprintf 向流对象 stream 中写入标记语言,前一个占位符%s 对应于样式名称,后一个占位符%s 对应于输出的文字"ON"或"OFF"。上述语句执行后,根据变量 led 的值,可动态返回红色黑体 60px 的"ON"或黑色黑体 60px 的"OFF",显示在客户端的 IE 浏览器中。

通过流对象 stream 返回 LED 与 MOTOR 状态页之前,还需要先执行以下两行语句:

NutHttpSendHeaderTop(stream, req, 200, "Ok");
NutHttpSendHeaderBottom(stream, req, html_mt, -1);

它们向返回的 HTTP 流中写入标准的 HTML 头信息,前者发送的是 HTTP 及服务器版本信息,后者发送的是 Content - Type、Content - Length 等信息。

对本例的第 4 个链接,单击后将返回填写密码的静态页面:setpassword.html。当按下保存密码按钮时,它所请求的 URL 地址为 admin/cgi - bin/setpassword.cgi。显然,主程序中为与上面的为 cgi 程序注册对应的处理函数一样,对于该请求中设置密码的操作,同样通过指定的函数 setpassword 来完成,该函数通过获取参数的 API 取得 2 次输入的密码,如果为合法密码则调用 eeprom 块写函数将新密码写入 0x00A0 地址,语句如下:

eeprom_write_block((uint8_t *)pwd1,(uint8_t *)0x00A0,strlen(pwd1));

阅读有关设备注册、CGI 注册、以太网配置等 API 调用及 HTTP 服务器线程编写,可参考源代码中的详细注释,或查看 Ethernut - 4.9.7 的 HTML API Reference。

(5) 编译设置

完成 httpserv.c 的编写以后,还需要一个包括所有 WEB 页文件的 urom.c,将 web_files 下的所有各文件字节分别以数组形式写入 urom.c 时,可先在开始/运行窗口中输入 cmd 命令,然后进入 httpd 文件夹(不要进入 web_files 文件夹),在 httpd 文件夹下输入以下命令并执行即可生成 urom.c 文件:

crurom -r -o urom.c web_files

编译本例时并不需要通过命令行生成 urom.c 文件,因为 ethernut 已经为 httpd 的编译准备好了 makefile 文件,使用 makefile 来创建 urom.c 并编译本例程序的方法如下:

单击 AVRStudio 工具栏上的"Edit Current Configuration Options"(编辑当前配置选项)按钮,打开"Httpserv Project Options"对话框,在如图 5-36 所示的 Httpserv 项目选项配置窗口中选中"Use External Makefile"(使用外部 Makefile 文件)选项,然后单击其后边的按钮,选中 httpd 文件下的 Makefile 文件即可。

为了便于修改该 Makefile 文件中的配置,Makefile 文件要添加到 AVRStudio 左边的 AVR GCC 窗口中的 Other Files 分支(在该分支上单击,选择 Add Existing File 即可),添加后双击打开该文件。下面对其中的几个重要部分分别加以说明:

① PROJ   =httpserv;
② WEBDIR=web_files;
③ WEBFILE=urom.c;
④ $(WEBFILE):$(WEBDIR)/index.html $(WEBDIR)/main.html\
    $(WEBDIR)/top.html $(WEBDIR)/setpassword.html\
    $(WEBDIR)/flash/Surface.swf;
⑤ $(CRUROM)-r-o$(WEBFILE) $(WEBDIR)。

上述 5 个部分中,①将项目名称设为 httpserv;②定义了 WEB 页目录,本例所有 WEB 相关文件存放于 web_files 下;③定义生成的 WEB 文件为 urom.c;④定义了 web_files 下所有待添加到 urom.c 中的文件，一行过长时可在后面添加"\"；⑤调用 crurom 工具生成 urom.c 文件。

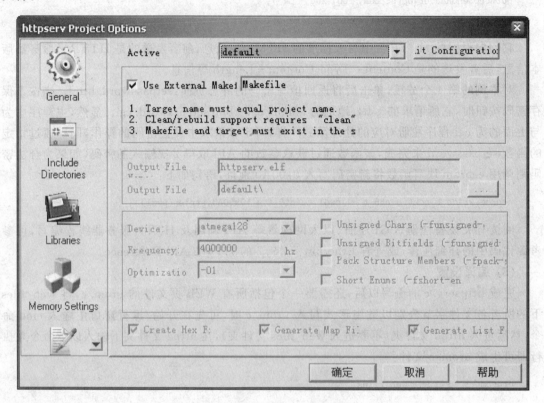

图 5-36　Httpserv 项目选项配置窗口

完成上述设置后即可编译生成 httpserv.hex 文件。

(6) WinPcap 安装调试运行

仿真调试运行本例时，需要以下 3 个部分同时运行：

① 安装并运行 Windows 包捕获程序 WinPcap（或 libpcap）；

② 在 Proteus 中运行以 ATmega128+RTL8019 为核心设计的以太网应用系统；

③ 在本机打开 IE 浏览器，根据 Proteus 虚拟终端的提示输入 WEB 地址。

本例仿真运行时，以太网控制器仿真组件 RTL8019AS 不是通过高层协议访问网络，它需要一个底层环境去直接操纵网络通信，因此要有一个不需要协议栈支持的原始的访问网络的方法，而 WinPcap 即提供了具有这种访问能力的编程接口。

WinPcap 是用于捕获网络封包的一套工具，适用于 32 位操作平台上的网络封包解析，它包含了核心的封包过滤器（packet filter）、1 个底层动态链接库（packet.dll）、1 个高层系统函数库（wpcap.dll）及可用来直接存取封包的应用程序接口。

通过 packet.dll 提供的底层 API 可直接访问网络设备驱动，它独立于视窗操作系统。作为高层的强大捕获程序库，wpcap.dll 与 Unix 下的 libpcap 兼容，它独立于下层的网络硬件和操作系统。

当 WinPcap 未安装时，在 Proteus 中仿真运行以太网应用系统时，Proteus 会提示"无法获取网络适配器列表：未能找到接口！运行本例要确保 libpcap 或 WinPcap 被完整地安装到本机"(Cannot get network adapters list: No interface found! Make sure libcap/WinPcap is properly installed on the local machine.)。

完成 WinPcap 安装,并运行 Proteus 中的以太网应用仿真系统后,通过虚拟终端可看到动态分配的 IP 地址,这个 IP 地址与本机 IP 处于同一网段,例如 192.168.1.102。在 IE 浏览器中输入 http://192.168.1.102 回车即可看到从以 Atmega128 为核心的以太网应用系统返回的 WEB 页,默认打开的是首页文件 index.html。单击首页中的 5 个链接,可分别打开 HOME 页、查询 LED 状态、启动电机、停止电机、设置 admin 用户密码。

图 5-37 显示的是 LED 当前状态及电机被远程启动后的返回状态,图 5-38 是设置以太网应用系统管理员密码的 WEB 界面,图 5-39 是保存在 EEPROM 中的管理员密码。

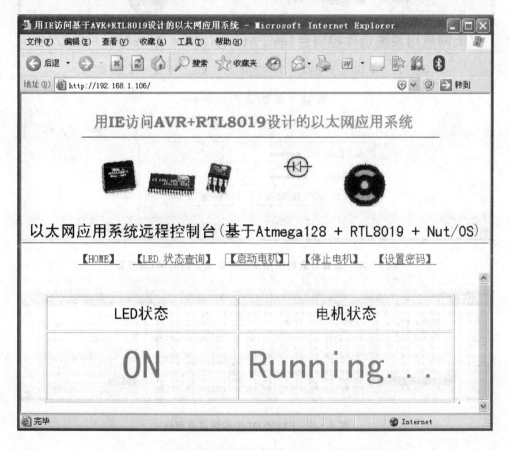

图 5-37　LED 当前状态及电机被远程启动后的返回状态

2. 实训要求

① 本例 IP 是动态分配的,完成本例调试后修改程序,首先给应用系统分配固定 IP 地址 192.168.1.100,子网掩码 255.255.255.0,如果 PC 机 IP 与以太网应用系统 IP 不在同一网段则修改 PC 机 IP 及子网掩码,然后通过 PC 机 IE 浏览器以 http://192.168.1.100 访问应用系统,在应用系统 WEB 页中添加手动设置与保存 IP 地址的功能。更改 IP 后如果 IE 访问没有响应,可进入 DOS 命令行界面,输入 arp /d 清除主机设置。另外,进行该项设计时,建议先参考 Nut/OS 的以下 API 相关资料及相关符号常量定义:

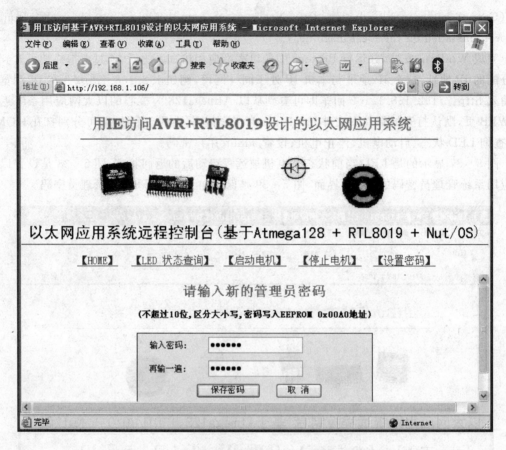

图 5-38　设置以太网应用系统管理员密码的 WEB 界面

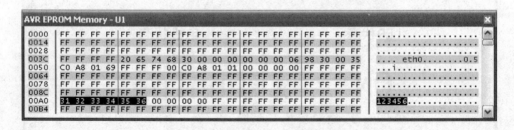

图 5-39　EEPROM 中的管理员密码

- NutNetLoadConfig(从 EEPROM 加载网络配置);
- NutNetSaveConfig(将网络配置保存到 EEPROM);
- CONFNET_EE_OFFSET（以太网配置数据在 EEPROM 内的偏移地址，默认为 64，即 0x0040);
- NutNvMemLoad(从 EEPROM 加载数据);
- NutNvMemSave(将数据保存到 EEPROM)。

其中前 2 个 API 根据所设置的符号常量 CONFNET_EE_OFFSET 分别调用后 2 个 API。

② 进一步修改程序，在本例电路中添加 DS18B20，通过单击 IE 浏览器超链接可刷新显示当前温度信息。如果熟悉 JavaScript 脚本编程，可在 WEB 页中添加 JS 程序，使浏览器可每隔 1 min 自动刷新显示当前外界环境温度数据。

③ 在仿真电路中添加 80×16 点阵的 LED 点阵屏，重新设计页面并编写程序，使以太网应用系统可接收并在点阵屏上滚动显示客户端 IE 浏览器内文本框中所填写的信息。

3. 源程序代码

```
001  //---------------------------------------------------------
002  //   名称：用 IE 访问 AVR 以太网应用系统
003  //---------------------------------------------------------
004  //   功能：本例运行时，客户端通过 IE 浏览器可以查询 LED 状态，启停电机
005  //         设置管理员密码等
006  //
007  //---------------------------------------------------------
008  //MAC 地址，如果 EEPROM 包含了有效配置则忽略此行
009  #define MY_MAC    "\x00\x06\x98\x30\x00\x35"
010  //IP 地址(如果启用了 DHCP 则忽略)
011  #define MY_IPADDR "192.168.1.100"
012  //IP 网络掩码(如果启用了 DHCP 则忽略)
013  #define MY_IPMASK "255.255.255.0"
014  //网关 IP(如果启用了 DHCP 则忽略)
015  #define MY_IPGATE "192.168.1.1"
016  //是否使用 DHCP
017  #define USE_DHCP
018  //定义文件系统设备
019  #ifndef MY_FSDEV
020  #define MY_FSDEV  devUrom
021  #endif
022
023  #include <cfg/os.h>
024  #include <string.h>
025  #include <io.h>
026  #include <fcntl.h>
027  #include <dev/board.h>
028  #include <dev/urom.h>
029  #include <dev/irqreg.h>
030  #include <arch/avr32/ihndlr.h>
031  #include <avr/eeprom.h>
032  #include <sys/version.h>
033  #include <sys/thread.h>
034  #include <sys/timer.h>
035  #include <sys/heap.h>
```

```c
036    #include <sys/confnet.h>
037    #include <sys/socket.h>
038    #include <arpa/inet.h>
039    #include <net/route.h>
040    #include <pro/httpd.h>
041    #include <pro/dhcp.h>
042
043    //服务器线程堆栈大小
044    #ifndef HTTPD_SERVICE_STACK
045    #define HTTPD_SERVICE_STACK ((580 * NUT_THREAD_STACK_MULT) + NUT_THREAD_STACK_ADD)
046    #endif
047
048    static char * html_mt = "text/html";
049    static char admin_password[16] = "root:";        //管理员账号密码
050    //--------------------------------------------------------------
051    //根据LED与MOTOR状态构造创建WEB页
052    //--------------------------------------------------------------
053    void create_status_webpage(FILE * stream, int led, int motor)
054    {
055        u_char i;
056        //待输出状态WEB页的HTML标记
057        static char * html_x[] =
058        {
059            "<html><head><style type = 'text/css'>",        //此行开始的0~9行为固定部分
060            ".title_style {font - family: '黑体';font - size: 24px;}",
061            ".red_style {font - family: '黑体';font - size: 60px;color: #FF0000;}",
062            ".blk_style {font - family: '黑体';font - size: 60px;color: #000000;}",
063            "</style></head><body><br />",
064            "<table width = '630' height = '160' border = '1' align = 'center'>",
065            "<tr><td width = '290' height = '49'><div align = 'center'>",
066            "<span class = 'title_style'>LED状态</span></div></td><td width = '326'>",
067            "<div align = 'center'><span class = 'title_style'>电机状态</span>",
068            "</div></td></tr><tr><td height = '98'>",
069            "<div align = 'center' class = '%s'>%s</div></td><td>",        //10.LED状态格式串
070            "<div align = 'center' class = '%s'>%s</div></td></tr>",        //11.MOTOR状态格式串
071            "</table></body></html>"                        //12.结尾部分
072        };
073
074        //将固定的HTML标记写入stream(0~9行).
075        for (i = 0; i < 10; i++) fputs(html_x[i],stream);
076
077        //向流中写入红色"ON"字符串标记(红色样式red_style定义在61行)
078        if (led) fprintf(stream, html_x[10], "red_style", "ON");
```

```
079        //否则向流中写入黑色"OFF"字符串标记(黑色样式 blk_style 定义在 62 行)
080        else      fprintf(stream, html_x[10], "blk_style", "OFF");
081
082        //向流中写入红色"Running..."字符串标记
083        if (motor) fprintf(stream, html_x[11],"red_style","Running...");
084        //否则向流中写入黑色" * STOP * "字符串标记
085        else      fprintf(stream, html_x[11],"blk_style"," * STOP * ");
086
087        //输出结尾部分
088        fputs(html_x[12],stream);
089    }
090
091    //----------------------------------------------------------------
092    // LED 状态查询与电机控制函数
093    // 该函数必须由 NutRegisterCgi()注册,当客户端请求 cgi-bin/mcu_Control.cgi 时
094    // 自动被 NutHttpProcessRequest()调用
095    //----------------------------------------------------------------
096    static int mcu_control(FILE * stream, REQUEST * req)
097    {
098        //led 及 motor 状态
099        int led, motor;
100        //参数名及参数值变量,根据参数决定返回 LED 状态或启/停电机
101        char * para_name, * para_value;
102
103        //3 个用户请求超链接格式
104        //admin/mcu_control.cgi? para = GETLEDSTATUS
105        //admin/mcu_control.cgi? para = STARTMOTOR
106        //admin/mcu_control.cgi? para = STOPMOTOR
107        //读取所接收到的参数名及参数值
108        para_name = NutHttpGetParameterName (req, 0);
109        para_value = NutHttpGetParameterValue(req, 0);
110
111        //根据不同参数值完成不同操作
112        if (!strcmp(para_name,"para"))
113        {
114            //根据不同参数完成不同操作
115            if (!strcmp(para_value,"GETLEDSTATUS"))   //获取 LED 状态
116            {
117                //因为无论是查询 LED 还是启停电机,该调用都要返回 LED 状态
118                //故将这里的 LED 状态查询放在 if 语句外面
119            }
120            else
121            if (!strcmp(para_value,"STARTMOTOR"))    //启动电机
```

```c
122         {
123             PORTF |= _BV(PF0);
124         }
125         else
126         if (!strcmp(para_value,"STOPMOTOR"))        //停止电机
127         {
128             PORTF &= ~_BV(PF0);
129         }
130     }
131
132     //LED 状态由 PF6 位判断(注意 led 与 motor 的状态判断返回值是相反的)
133     led =   (PORTF & _BV(PF6)) ? 0:1;
134     //MOTOR 状态由 PF0 判断
135     motor = (PORTF & _BV(PF0)) ? 1:0;
136     //以下两行发送 HTTP 头部,创建 HTTP 响应
137     //发送 HTTP 及版本行
138     NutHttpSendHeaderTop(stream, req, 200, "Ok");
139     //发送 Content-Type, Content-Lenght 等
140     NutHttpSendHeaderBottom(stream, req, html_mt, -1);
141     //根据 LED 与 MOTOR 状态构造返回 WEB 页
142     create_status_webpage(stream,led,motor);
143     //刷新返回的流
144     fflush(stream);
145     return 0;
146 }
147
148 //-----------------------------------------------------------
149 // 设置管理员密码
150 // 该函数必须由 NutRegisterCgi()注册,当客户端请求
151 // admin/cgi-bin/setpassword.cgi 时,该函数将自动
152 // 被 NutHttpProcessRequest()调用
153 //-----------------------------------------------------------
154 static int setpassword(FILE * stream, REQUEST * req)
155 {
156     u_char save_OK = 0;                    //是否保存成功
157     char * pwd1, * pwd2;                   //2 次输入的密码字符串指针
158
159     //调用获取参数 API,根据文本框的名称 pass1 与 pass2 分别获取 2 个密码
160     pwd1 = NutHttpGetParameter(req, "pass1");
161     pwd2 = NutHttpGetParameter(req, "pass2");
162
163     //检查 2 次输入的密码是否相同,且长度是否在 10 以内
164     if ( !strcmp(pwd1,pwd2) && strlen(pwd1) > 0 && strlen(pwd1) < 11)
```

```
165         {
166             //将新输入的密码保存到字符串 admin_password 的"root:"后面
167             strcpy(admin_password + 5, pwd1);
168             //新密码写入 EEPROM 中 0x00A0 地址处(包括末尾的'\0')
169             eeprom_write_block((uint8_t *)pwd1,(uint8_t *)0x00A0,strlen(pwd1));
170             //清除所有授权条目
171             NutClearAuth();
172             //注册新设置的账号密码
173             NutRegisterAuth("admin", admin_password);
174             save_OK = 1; //保存成功
175         }
176
177         //以下两行发送 HTTP 头部,创建 HTTP 响应
178         NutHttpSendHeaderTop   (stream, req, 200,    "Ok");
179         NutHttpSendHeaderBottom(stream, req, html_mt, -1);
180
181         //待输出密码保存成功与否信息 WEB 页的 HTML 标记
182         static char * html_x[] =
183         {
184             "<html><head><title>设置管理员密码</title></head>",
185             "<body><br><H1>返回信息:</H1><br>",
186             "<font color='%s'>%s</font><br></body></html>"
187         };
188
189         fputs(html_x[0], stream);                    //发送 HTML 中的固定部分
190         fputs(html_x[1], stream);                    //同上
191
192         //根据 save_OK 输出蓝色的保存成功信息或红色的保存失败信息.
193         if (save_OK)
194             fprintf(stream,html_x[2],"#0000FF","密码被成功保存!!!");
195         else
196             fprintf(stream,html_x[2],"#FF0000","**密码未能保存**");
197
198         fflush(stream);                              //刷新输出
199         return 0;
200 }
201
202 //------------------------------------------------------------------
203 // HTTP 服务线程(循环等待客户连接,处理 HTTP 请求并断开连接)
204 //------------------------------------------------------------------
205 THREAD(Service, arg)
206 {
207     TCPSOCKET * sock;                                //套接字
```

```
208         FILE * stream;                                    //文件流对象
209         u_char id = (u_char)((uptr_t)arg);
210
211         while (1)
212         {
213             //创建套接字
214             if ((sock = NutTcpCreateSocket()) == 0)
215             {
216                 printf("[%u] Creating socket failed\n", id);
217                 NutSleep(5000);
218                 continue;
219             }
220             //在80号端口监听,在获得来自客户端的连接之前该调用将被阻塞
221             NutTcpAccept(sock, 80);
222             printf("[%u] Connected, %u bytes free\n", id, NutHeapAvailable());
223
224             //等待至少具备8K的自由RAM,这可在低内存条件下保持客户连接
225             while (NutHeapAvailable() < 8192)
226             {
227                 printf("[%u] Low mem\n", id);
228                 NutSleep(1000);
229             }
230
231             //创建与套接字关联的流对象,以便于使用标准I/O调用
232             if ((stream = _fdopen((int) ((uptr_t) sock), "r+b")) == 0)
233             {
234                 printf("[%u] Creating stream device failed\n", id);
235             }
236             else
237             {
238                 //此API调用解析客户请求,发送已经注册的文件,
239                 //系统中的被请求的文件,或通过调用注册的CGI例程处理CGI请求等
240                 NutHttpProcessRequest(stream);
241                 //注销虚拟流设备
242                 fclose(stream);
243             }
244
245             NutTcpCloseSocket(sock);                        //关闭套接字
246             printf("[%u] Disconnected\n", id);              //提示连接断开
247         }
248     }
249
250 //------------------------------------------------------------------
```

```
251    // 外部中断 INT7 控制 LED 开关
252    //----------------------------------------------------------------
253    static void External_Interrupt7_IRQ(void * arg)
254    {
255        PORTF ^= _BV(PF6);                          //切换 LED 开关
256    }
257
258    //----------------------------------------------------------------
259    // 主程序(Nut/OS 在初始化后自动调用该入口函数)
260    //----------------------------------------------------------------
261    int main(void)
262    {
263        u_long baud = 115200;                       //波特率 115 200
264        u_char i;
265        //注册设备 DEV_DEBUG,初始化 UART 设备
266        NutRegisterDevice(&DEV_DEBUG, 0, 0);
267        //将流 stdout 指定给 DEV_DEBUG_NAME,操作模式为写(w)
268        freopen(DEV_DEBUG_NAME, "w", stdout);
269        //调用 I/O 设备控制函数(设置 stdout 的波特率)
270        _ioctl(_fileno(stdout), UART_SETSPEED, &baud);
271        //临时挂起当前线程 200ms
272        NutSleep(200);
273        printf("\n\nNut/OS % s HTTP DEMO...\n", NutVersionString());
274        //注册以太网控制器设备
275        if (NutRegisterDevice(&DEV_ETHER, 0, 0))
276        {
277            puts("Registering device failed\n");
278        }
279        printf("Configure % s...\n", DEV_ETHER_NAME);
280
281        u_char mac[] = MY_MAC;
282        printf("initial boot...\n");
283        //如果设置使用 DHCP 则动态配置以太网接口
284        //(mac 为介质访问地址,60 000 ms 为超时设置)
285    #ifdef USE_DHCP
286        if (NutDhcpIfConfig(DEV_ETHER_NAME, mac, 60000))
287    #endif
288        {
289            //在未使用 DHCP 时,或动态配置失败时使用静态配置
290            u_long ip_addr = inet_addr(MY_IPADDR);   //IP 地址
291            u_long ip_mask = inet_addr(MY_IPMASK);   //掩码
292            u_long ip_gate = inet_addr(MY_IPGATE);   //网关
293            printf("No DHCP...\n");
```

```
294         //按设定参数配置以太网接口
295         if (NutNetIfConfig(DEV_ETHER_NAME,mac,ip_addr,ip_mask) == 0)
296         {
297             if(ip_gate) //无 DHCP 时需要手动设置默认网关
298             {
299                 printf("hard coded gate...");
300                 //向 IP 路由表中添加新项
301                 NutIpRouteAdd(0, 0, ip_gate, &DEV_ETHER);
302             }
303             puts("OK\n");
304         }
305         else puts("failed\n");
306     }
307     //显示就绪信息及动态或静态配置的最终所使用的以太网 IP 地址
308     printf("IP: %s ready\n", inet_ntoa(confnet.cdn_ip_addr));
309
310     //注册文件系统设备
311     NutRegisterDevice(&MY_FSDEV, 0, 0);
312     //从 EEPROM 的 0x00A0 地址处读取 admin 用户的初始密码
313     //存入字符串 admin_password 中的":"之后.
314     eeprom_read_block((uint8_t *)(admin_password + 5),(uint8_t *)0x00A0,11);
315     //如是第一字节为 0x00 或 0xFF 则表示无初始密码,系统默认设置"root:123456"
316     if (admin_password[5] == 0xFF || admin_password[5] == 0x00)
317     {
318         //初始密码写入 EEPROM 中 0x00A0 地址处
319         eeprom_write_block((uint8_t *)"123456\0\0\0\0\0",(uint8_t *)0x00A0,11);
320         //设置管理员 admin 的账号 root 及初始密码 123456(root:123456)
321         strcpy((admin_password + 5),"123456");
322     }
323
324     //注册授权用户 admin 的账号密码 root:XXXXXXXXXX
325     //保护 admin/cgi-bin 下的程序文件
326     NutRegisterAuth("admin", admin_password);
327     //注册 cgi-bin 路径(前两条路径本例未用)
328     NutRegisterCgiBinPath("cgi-bin/;user/cgi-bin/;admin/cgi-bin/");
329     //注册 LED 状态查询与电机控制 cgi 程序
330     NutRegisterCgi("mcu_control.cgi", mcu_control);
331     //注册设置管理员新密码的 cgi 程序
332     NutRegisterCgi("setpassword.cgi", setpassword);
333     //创建 4 个服务线程
334     for (i = 1; i < 4; i++)
335     {
336         char thname[] = "httpd0";
```

```
337            thname[5] = ´0´ + i;
338            NutThreadCreate(thname, Service, (void *)(uptr_t) i,
339               (HTTPD_SERVICE_STACK * NUT_THREAD_STACK_MULT) + NUT_THREAD_STACK_ADD);
340        }
341        //设置线程优先级
342        NutThreadSetPriority(254);
343        //PF 端口的 PF0,PF6 设为输出
344        DDRF |=  _BV(PF0) | _BV(PF6);
345        //初始时关闭 LED,停止电机
346        PORTF |= _BV(PF6); PORTF &= ~_BV(PF0);
347        //PE 端口 PE7 设为输入,内部上拉
348        DDRE &= ~_BV(PE7); PORTE |= _BV(PE7);
349        //注册 INT7 外部中断请求函数 External_Interrupt7_IRQ
350        NutRegisterIrqHandler(&sig_INTERRUPT7, External_Interrupt7_IRQ, 0);
351        //使能 INT7 中断
352        NutIrqEnable(&sig_INTERRUPT7);
353        //或使用 sbi(EIMSK, INT7);
354        while (1)  NutSleep(60000);
355        return 0;
356    }
```

参考文献

[1] 马潮. 高档 8 位单片机 ATmega128 原理与应用指南[M]. 北京:北京航空航天大学出版社,2004.

[2] 佟长福. AVR 单片机的 GCC 程序设计[M]. 北京:北京航空航天大学出版社,2006.

[3] 周兴华. AVR 单片机 C 语言高级程序设计[M]. 北京:中国电力出版社,2008.

[4] 杨正忠. AVR 单片机应用开发指南及实例精解[M]. 北京:中国电力出版社,2008.

[5] 胡汉才. 高档 AVR 单片机原理及应用[M]. 北京:清华大学出版社,2008.

[6] 金钟夫. AVR ATmega128 单片机 C 程序设计与实践[M]. 北京:北京航空航天大学出版社,2008.

[7] 张军. AVR 单片机 C 语言程序设计实例精粹[M]. 北京:电子工业出版社,2009.

[8] 沈建良. ATmega128 单片机入门与提高[M]. 北京:北京航空航天大学出版社,2009.

[9] 朱飞. AVR 单片机 C 语言开发入门与典型实例[M]. 北京:人民邮电出版社,2009.